中国
二十一世纪的
园林之母

第五卷

CHINA

Mother of Gardens, in the Twenty-first Century

Volume 5

马金双　主编

Editor in Chief: MA Jinshuang

中国林业出版社
China Forestry Publishing House

内容提要

　　《中国——二十一世纪的园林之母》为系列丛书，记载今日中国观赏植物研究与历史以及相关的人物与机构，其宗旨是总结中国观赏植物资源及其现状，弘扬园林之母对世界植物学、乃至园林学和园艺学的贡献。全书拟分卷出版。本书为第五卷，共8章：第1章，马兜铃科马蹄香；第2章，郁金香属的历史、研究及园艺利用；第3章，中国牡丹——芍药科芍药属牡丹亚属；第4章，中国蔷薇科李亚科；第5章，木樨科连翘属；第6章，中国苦苣苔科；第7章，植物猎人——傅礼士；第8章，中国植物标本馆。

图书在版编目（CIP）数据

中国——二十一世纪的园林之母. 第五卷 / 马金双
主编. -- 北京：中国林业出版社，2023.9
ISBN 978-7-5219-2346-9

Ⅰ.①中… Ⅱ.①马… Ⅲ.①园林植物—介绍—中国
Ⅳ.①S68

中国版本图书馆CIP数据核字（2023）第178930号

责任编辑：张　华　贾麦娥
装帧设计：刘临川

出版发行：中国林业出版社
　　　　　（100009，北京市西城区刘海胡同7号，电话83143566）
电子邮箱：cfphzbs@163.com
网址：www.forestry.gov.cn/lycb.html
印刷：北京雅昌艺术印刷有限公司
版次：2023年9月第1版
印次：2023年9月第1次
开本：889mm×1194mm　1/16
印张：37
字数：1107千字
定价：498.00元

《中国——二十一世纪的园林之母》
第五卷编辑委员会

编写说明

《中国——二十一世纪的园林之母》为系列丛书，由多位作者集体创作，完成的内容组成一卷即出版一卷。

《中国——二十一世纪的园林之母》记载中国观赏植物资源以及有关的人物与机构，其顺序为植物分类群在前，人物与机构于后。收录的类群以中国具有观赏和潜在观赏价值的种类为主；其系统排列为先蕨类植物后种子植物（即裸子植物和被子植物），并采用最新的分类系统（蕨类植物：CHRISTENHUSZ et al., 2011, 裸子植物：CHRISTENHUSZ et al., 2011, 被子植物：APG IV, 2016）。人物和机构的排列基本上以汉语拼音顺序记载，其内容则侧重于历史上为中国观赏植物做出重要贡献的主要人物以及研究与收藏中国观赏植物为主的重要机构。植物分类群的记载包括隶属简介、分类历史与系统、分类群（含学名以及模式信息）介绍、识别特征、地理分布和观赏植物资源的海内外引种以及传播历史等。人物侧重于其主要经历、与中国观赏植物和机构的关系及其主要成就；而机构则侧重于基本信息、自然地理概况、历史变迁、现状以及收藏的具有特色的中国观赏植物资源及其影响等。

全书不设具体的收载文字与照片限制，不仅仅是因为类群不一、人物和机构的不同，更考虑到其多样性以及其影响。特别是通过这样的工作能够使作者们充分发挥其潜在的挖掘能力并提高其研究水平，不仅仅是记载相关的历史渊源与文化传承，更重要的是借以提高对观赏植物资源开发利用和保护的科学认知。

欢迎海内外同仁与同行加入编写行列。在21世纪的今天，我们携手总结中国观赏植物概况，不仅仅是充分展示今日园林之母的成就，同时弘扬中华民族对世界植物学、乃至园林学和园艺学的贡献；并希望通过这样的工作，锻炼、培养一批有志于该领域的人才，继承传统并发扬光大。

本丛书第一卷和第二卷于2022年秋天出版，并得到业界和读者的广泛认可。2023年再次推出第三、第四和第五卷。特别感谢各位作者的真诚奉献，使得丛书能够在三年时间内完成五卷本的顺利出版！感谢各位照片拍摄者和提供者，使得丛书能够图文并茂并增加可读性。特别感谢国家植物园（北园）领导的大力支持、有关部门的通力协助以及有关课题组与相关人员的大力支持；感谢中国林业出版社编辑们的全力合作与辛苦付出，使得本书顺利面世。

因时间紧张，加之水平有限，错误与不当之处，诚挚地欢迎各位批评指正。

编者

2023年中秋

中国是世界著名的文明古国，同时也是世界公认的园林之母！数千年的农耕历史不仅积累了丰富的栽培与利用植物的宝贵经验，而且大自然还赋予了中国得天独厚的自然条件，因而孕育了独特而又丰富的植物资源。多重因素叠加，使得我们成为举世公认的植物大国！中国高等植物总数超过欧洲和北美洲的总和，高居北半球之首，而且名列世界前茅。然而，园林之母也好，植物大国也罢，我们究竟有多少具有观赏价值或者潜在观赏价值（尚未开发利用）的植物，要比较准确或者可靠地回答这个问题，则是摆在业界面前比较困难的挑战。特别是，中国观赏植物在世界园林历史上的作用与影响，我们还有哪些经验教训值得总结，更值得我们深思。

百余年来，经过几代人的艰苦奋斗，先后完成《中国植物志》（1959—2004）中文版和英文版（*Flora of China*，1994—2013）两版国家级植物志和几十部省市区植物志，特别是近年来不断地深入研究使得数据更加准确，这使得我们有可能进一步探讨中国观赏植物的资源现状，并总结这些物种及其在海内外的传播与利用，辅之学科有关的重要人物与主要机构介绍。这在21世纪的今天，作为园林之母的中国显得格外重要。一方面我们要清楚自己的家底，总结其开发与利用的经验教训，以便进一步保护与利用；另一方面，激发民族的自豪感与优越感，进而鼓励业界更好地深入研究并探讨，充分扩展我们的思路与视野，真正引领世界行业发展。

改革开放40多年来，国人的生活水准有了极大的改善与提高，国民大众的生活不仅仅满足于温饱而更进一步向小康迈进，尤其是在休闲娱乐、亲近自然、欣赏园林之美等层面不断提出更高要求。作为专业人士，我们应该尽职尽责做好本职工作，充分展示园林之母对世界植物学、乃至园林学和园艺学的贡献。另一方面，我们要开阔自己的视野，以园林之母主人公姿态引领时代的需求，总结丰富的中国观赏植物资源，以科学的方式展示给海内外读者。中国是一个14亿人口的大国，将植物知识和园林文化融合发展，讲好中国植物故事，彰显中华文化和生物多样性魅力，提高国民素质，科学普及工作可谓任重道远。

基于此，我们组织业界有关专家与学者，对中国观赏植物以及具有潜在观赏价值的植物资源进行了总结，充分记载中国观赏植物的资源现状及其海内外引种传播历史和对世界园林界的贡献。与此同时，对海内外业界有关采集并研究中国观赏植物比较突出的人物与事迹，相关机构的概况等进行了介绍；并借此机会，致敬业界的前辈，同时激励民族的后人。

国家植物园（北园），期待业界的同仁与同事参与，我们共同谱写二十一世纪园林之母新篇章。

贺　然　魏　钰　马金双
2022年中秋

目录

内容提要

编写说明

前言

Contents

Explanation

Preface

China

01

-ONE-

马兜铃科马蹄香

Saruma henryi of Aristolochiaceae

杨　颖*

（秦岭国家植物园）

YANG Ying*

(Qinling National Botanical Garden)

* 邮箱：yying_2012@163.com

摘 要: 马蹄香(*Saruma henryi*)为马兜铃科(Aristolochiaceae)马蹄香属(*Saruma*)植物,为中国特有。本文叙述了马蹄香的基本概况以及海内外的引种历史。

关键词: 马蹄香 韩尔礼 后选模式 太白虎凤蝶 引种历史

Abstract: *Saruma henryi*, the only species of the genus *Saruma* (Aristolochiaceae), is endemic to China. The general information of *Saruma* and its introduced history both home and abroad are viewed.

Keywords: *Saruma henryi*, Augustine Henry, Lectotype, *Luehdorfia taibai*, Introduced history

扬颖,2023,第1章,马兜铃科马蹄香;中国——二十一世纪的园林之母,第五卷:001-013页.

1 马蹄香概况

马蹄香(*Saruma henryi*)是马兜铃科(Aristolochiaceae)马蹄香属(*Saruma*)植物,为中国特有属,仅有马蹄香1种。

马蹄香属的花3数,蒴果蓇葖状与其他属显著不同;马蹄香花粉母细胞的单倍体染色体数目($n=13$),体细胞染色体数目($2n=26$)等细胞特征表现出与细辛属有比较接近的亲缘关系。依据马兜铃科的地理分布、分化中心、演化及系统等方面的证据,马蹄香属是马兜铃科中现存最原始的属,该属应作为一个独立的族——马蹄香族(Trib. Sarumeae)(Gregory, 1956;马金双,1990;李思锋 等,1994)。形态特征与分子证据支持马蹄香属与细辛属互为姐妹关系,形成一个并系类群(图1)(Neinhuis et al., 2005;李明和邵鹏柱,2020)。

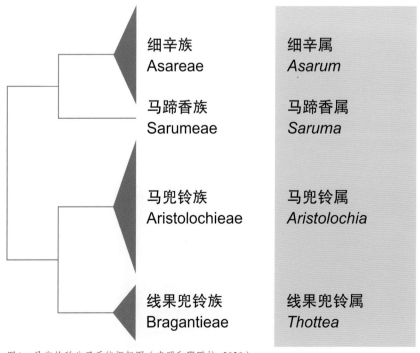

细辛族
Asareae

细辛属
Asarum

马蹄香族
Sarumeae

马蹄香属
Saruma

马兜铃族
Aristolochieae

马兜铃属
Aristolochia

线果兜铃族
Bragantieae

线果兜铃属
Thottea

图1 马兜铃科分子系统框架图(李明和邵鹏柱,2020)

《唐本草》是最早使用马蹄香一词指代该植物的典籍。马蹄香在陕西省镇坪县、太白县被叫作冷水丹、马头细辛；四川省东部地区俗名高脚细辛；贵州省俗名狗肉香。马蹄香是细辛属杜衡（*Asarum forbesii*）的中文别名。马蹄香也是忍冬科缬草属蜘蛛香（*Valeriana jatamansi*）的中文别名（中华人民共和国商业部土产废品局和中国科学院植物研究所，1961），因此常被混用。云南楚雄地区彝族、纳西族传统草药马蹄香，云南红河哈尼族彝族自治州以马蹄香为主药开发的香果健消片、消食顺气片等助消化药品均是蜘蛛香（邓士贤，1992）。

2 马蹄香属的分类

马蹄香属

Saruma Oliv. Hooker's Icon. Pl. 19: t. 1895, 1889; Type: *Saruma henryi* Oliv.

多年生直立草本；地下部分具芳香气味；叶心形互生。花单生，具花梗；花被片6，2轮，辐射对称；萼片3，卵圆形，基部与子房合生；花瓣3，雄蕊12枚，2轮，花药比花丝短，先端膨大内曲，花药内向纵裂；子房半下位，心皮6，仅基部合生；蒴果蓇葖状，成熟时腹缝开裂；种子背侧面圆凸，具横皱纹（图2至图8）。

马蹄香

Saruma henryi Oliv. Hooker's Icon. Pl.19: t. 1895 (1889)（图9）.

多年生草本，茎直立，高50~100cm，根状茎

图2 马蹄香花（杨颖 摄）

图3 马蹄香花（张勇 摄）

图4 马蹄香果实（杨颖 摄）

图5 马蹄香果实（杨颖 摄）

图6 马蹄香种子（杨颖 摄）

图7 马蹄香种子（杨颖 摄）

图8 马蹄香果实成熟（杨颖 摄）

粗壮；叶心形，被短柔毛；花单生于叶腋，花梗长约2cm，被毛；花被2轮，辐射对称；萼片被毛，长约10mm，宽约7mm；花瓣黄色，长约10mm，宽约8mm，基部耳状心形，有爪；果期宿存；雄蕊与花柱近等高，花丝长约2mm，花药长圆形，药隔不伸出；心皮大部离生，花柱不明显，柱头细小，胚珠多数，着生于心皮腹缝线上。蒴果膏葖状，成熟时沿腹缝线开裂。种子三角状倒锥形，长约3mm，背面有细密横纹。花期4～7月。（秦岭植物志，1974；黄淑美，1988；Huang et al.，2003）。

马蹄香生于海拔600～1600m山谷林下和沟边草丛中，产于重庆：涪陵区、南川区、巫溪县；四川：北川县、泸定县、通江县；甘肃：康县、麦积区；贵州：望谟县、金沙县；河南：白云山、伏牛山、辉县市、灵宝市、栾川县、洛宁县、南召县、嵩县、西峡县；湖北：保康县、丹江口市、房县、建始县、幕阜山、南漳县、神农架、兴山县；江西：武功山、玉山县；陕西：长安区、陈仓区、鄠邑区、留坝县、眉县、宁陕县、宁强县、平利县、山阳县、商南县、太白山、天竺山、旬阳县、镇安

县、镇坪县、终南山、周至县。

重庆市涪陵区，涪陵队500102-001-0606（IMC0045963）；南川区，熊济华90334（IBSC0128316、PE00917031），熊济华90586（HIB0154962、IBSC0128317、PE00917034），熊济华91591（HIB0154963、HIB0154964、IBSC0128318、PE01269881）；巫溪县，陈龙清川花-388（CCAU0002005、CCAU0002009、CCAU0002010），陈龙清川花-432（CCAU0002006、CCAU0002008），陈善埔等73W-543（SM703000730），Chen Zhiduan et al.960849（PE00917032），陈之端等960508（PE00917033），黄琴wx0239（HWA00107778、HWA00108319、HWA00108320、HWA00108321、HWA00108322、HWA00108323、HWA00108324、HWA00108325），刘正宇791258（IMC0037919），祝正银78Wu-024（EMAS1912279、EMAS1912280、EMAS1912281、EMAS1912282、EMAS1912283、EMAS1912284、EMAS1912285、EMAS1912286、EMAS1912287）。

四川省北川县，陈时夏493（EMAS1912278）祝正银493（EMAS1912272、EMAS1912273、EMAS1912274、EMAS1912275、EMAS1912276、EMAS1912277）；泸定县，沈泽昊等甘林科4860（甘孜藏族自治州林科所00008019）；通江县，通江队793（SM703000728），通江队881（SM703000623、SM703000729）。

甘肃省康县，张志英16670（PE00917028、WUK0217139、WUK0377062）；麦积区，刘立品187（QYTC0000985）。

贵州省望谟县，贵州中研所药调队289

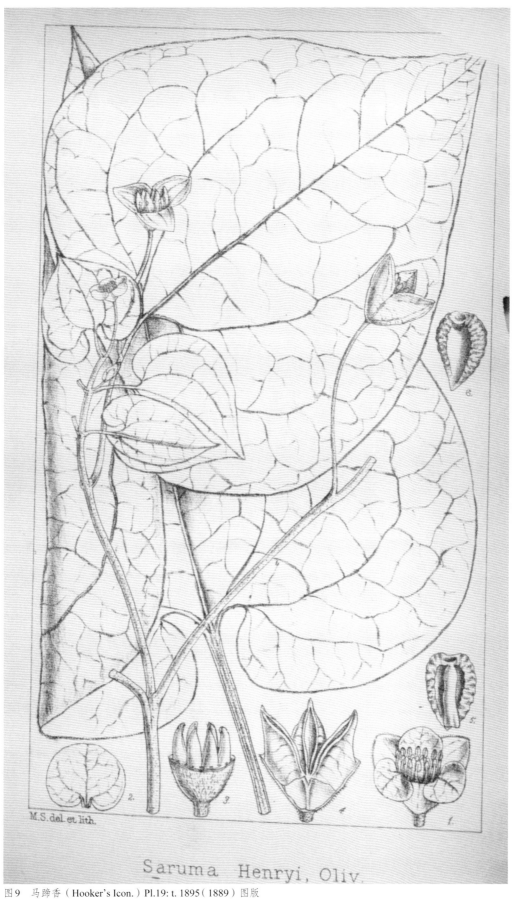

Saruma Henryi, Oliv.

图9　马蹄香（Hooker's Icon.）Pl.19: t. 1895（1889）图版

（GZTM0006785、GZTM0006786）；金沙县，普查组81（GZTM0006542、GZTM0006543）。

河南省白云山，无标本[2]；伏牛山，邝生舜006（HENU0020150），邝生舜0518（HENU0020151、HENU0020153），邝生舜171（HENU0020152）；辉县市，生科9（HEAC0012719），生科23（HEAC0017225）；灵宝市，李家美等14081201[1]（AU063392、HEAC0000368），王艳华91（HEAC0013260）；栾川县，李家美14101845（HEAC0002260），秦迎秋07号（HEAC0009961），杨文光108-2（HEAC0008632），杨文光150418007（HEAC0009968），杨文光150418008（HEAC0008721、HEAC0008722），杨文光150418009-14（HEAC0008714），杨文光1504180045（HEAC0008631）；洛宁县，李家美10（HEAC0017276），邝生舜055（HENU0020154、HENU0020155、HENU0020156、HENU0020157、HENU0020158）；南召县，无标本[2]；嵩县，Hong De-yuan et al. H97005（PE00917020）；西峡县，无采集人0405（PE00917020、PE00917018），无采集人0569（PE02230969、PE00917019），河南队1264（NAS00302774、NAS00302775），关克俭等1264（PE00917021）。

湖北省保康县，无标本[2]；丹江口市，李思峰等16687（XBGH 007682）；房县，陈炳辉213（IBSC0128319）；建始县，无标本[2]；幕阜山，无标本[2]；南漳县，无标本[2]；神农架，陈龙清IV030095（CCAU0002007），杜巍14076（WH15073369），鄂神农架队20350（HIB0154949、HIB0155008、PE00991274、PE00991275），鄂神农架队23217（HIB0154950、PE00991277），鄂神农架队23320（HIB0154948、PE00991276），徐小东、李建瑞等2162225（CCNU16002770、CCNU16002771、CCNU16002772），姚习山10100（JMSMC00000931），张代贵zdg2255（JIU05158、湖北神农架林区标本馆583373、湖北神农架林区标本馆583374、湖北神农架林区标本馆583375），张代贵zdg4444（JIU05191），中美联合鄂西植物考察队1592（HIB0154944、KUN0433298、PE00991225）；兴山县，李洪钧854（HIB0154961、HIB0155012、PE00917030），赵常明等EX2414（PE02230966）。

江西省武功山，江西调查队1714（PE00917029）；玉山县，赖书绅等6562（NAS00615775、NAS00615776）。

陕西省长安区，刘慎鄂228（WUK0020631），田先华等T935098（PE02230989），傅坤俊等10034（KUN0433301、WUK0092625）；陈仓区，无标本[2]；鄠邑区，张劲林11042404（BNU0021923）；留坝县，李思峰等（XBGH 005057）；眉县，陕西省中草药普查队123（WUK0286895、XBGH000525）；宁陕县，无标本[2]；宁强县，李思峰等14134（XBGH005550）；平利县，陕西省中草药普查队635（WUK0286896），邢吉庆21633（XBGH000526）；山阳县，李思峰等16794（XBGH007905），杨金祥等2596（PE00917024、WUK0228875、WUK0411183）；商南县，李思峰等10931（XBGH001462）；太白山，杨金祥456（PE00917026），钟补求等228（KUN0433300）；天竺山，无标本[2]；旬阳县，西北大学21（WUK0304612）；镇安县，侯喜祥770（FJSI009187、IBSC0128320、WUK0295185、WUK0397386）；镇坪县，陕西省秦考队88（XBGH000527），陕西省植被区划小组88（WUK0281107）；终南山，H.W.Kung2857（PE00917022、PE00917023、PE00917025）；周至县，秦岭植物资源调查队094（NAS00592591、NAS00592592），Zhu et al. 1688（PE02230968）[2,3]。

---

3 马蹄香后选模式指定

Saruma henryi Oliv. 发表时，作者引证了6676和6683两号标本，但没有指定模式。再查阅相关文献，未见他人为马蹄香指定后选模式。根据《国际藻类、菌物和植物命名法规》（深圳法规2018）规则9.6"合模式是当无主模式时原白中引用的任何标本，或是在原白中同时被指定为模式的两份或更多份标本中的任一标本，引用一个完整的采集或其一部分被认为引用所包括的标本"，本文遵循规则8.1、9.11、9.12和辅则9A.2的要求及相关原则，对马蹄香做出后选模式指定，以其规范马

蹄香的模式，为马蹄香确定永久依附的成分（单份标本）（Turland et al.,2018; 邓云飞 等，2021）。查阅英国邱园标本馆（K）的合模式标本（图10），发现6683号标本茎、叶和花完整且丰富，符合原始描述，故选取它作为后选模式[4]（图10-A）。

马蹄香 Saruma henryi Oliv. in Hooker's Icon. Pl.19: t. 1895 (1889). **Type**: China. Prov. Hupeh (Hubei): Fang, Received March 1889, *Dr. Aug. Henry 6683* (lectotype, K000634545, **designated here**, K!)

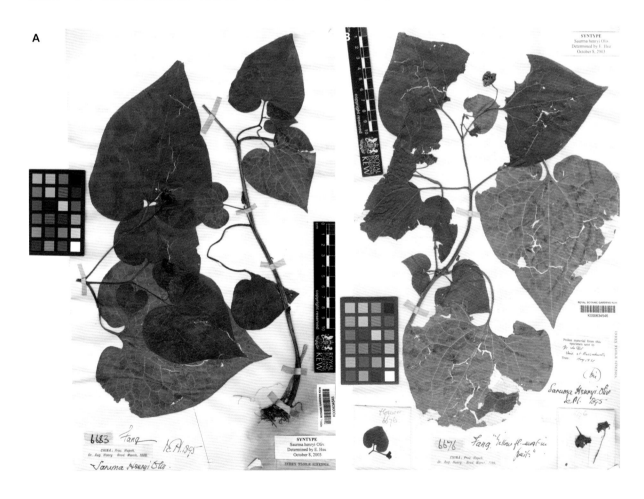

---

4 （http://apps.kew.org/herbcat/getHomePageResults.do;jsessionid=175713D29767D1D0AC40DC91B8A8ED03?homePageSearchText=Saruma+henryi&x=0&y=0&homePageSearchOption=scientific_name&nameOfSearchPage=home_page 2022 年 5 月 17 日访问）。

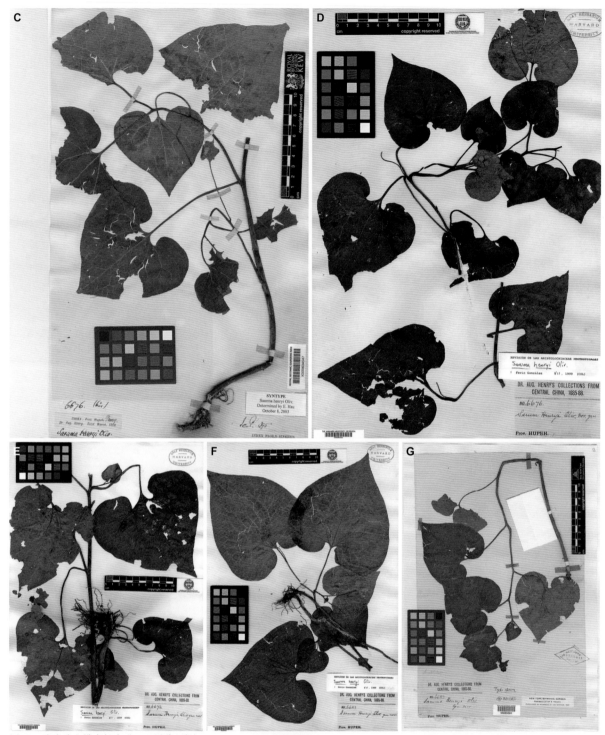

图10 马蹄香合模式标本（A-G图共7张）
注：马蹄香的合模式标本，分别保存在邱园标本馆K000634545、K000634546、K000634547；哈佛大学标本馆 HUH 00098246, GH、HUH 00098247, GH、HUH 00098248, GH；纽约植物园标本馆NY00285584[5]。

4 马蹄香的发现与海内外传播

1885年，就职于大清皇家海关总税务司（Imperial Chinese Maritime Customs Service）的爱尔兰医生韩尔礼（Augustine Henry, 1857—1930），在湖北房县采集马蹄香，并将数份采集号为"6676"和"6683"的标本寄回英国。1889年，经邱园植物学家 Daniel Oliver（1830—1916）的鉴定，确认马蹄香是马兜铃科的一个新属，并将'Asarum'细辛属的首字母 A 移动到末位，得到异位词'Saruma'作为这个新物种的属名。同时，Oliver 使用 Henry 的名字作为新物种的种加词'henryi'，以此独特的方式表达对新物种发现者的纪念（Hsu, 2005）。

韩尔礼曾经尝试引种马蹄香，但未成活。直至一个世纪后，1980年中国—美国联合鄂西植物

图11　马蹄香生境（一）（苏齐珍 摄）

图12 马蹄香生境（二）（杨颖 摄）

图13 马蹄香生境（三）（樊卫东 摄）

考察队将马蹄香引种至美国，这是马蹄香首次被引进海外（Hsu，2005）（图14）。1981年5月，日本植物学家获巢树德[6]（Mikinori Ogisu，1951—）将武汉植物园赠送的马蹄香种子带回繁殖，并于1991年将马蹄香收获的种子赠予英国。至此，英国也成功栽培了马蹄香（Hsu，2005）。

马蹄香生性喜阴、抗寒，适宜生长在潮湿、排水良好的腐殖质土壤中，具备一定的自播能力。（图11至图13）植株直立，叶片心形富有银色光泽，三瓣黄色的花朵明亮富有生机，花期自春末延续至整个夏天，作为林下花卉深受园艺爱好者喜爱，被广泛引种至海外各地。根据BGCI统计，全球有70家植物研究机构引种保育马蹄香[7]，包含美国国家树木园（US National Arboretum）、哈佛大学阿诺德树木园（The Arnold Arboretum of Harvard University）、布鲁克林植物园（Brooklyn Botanic Garden）、莫顿树木园（The Morton Arboretum）、密苏里植物园（Missouri Botanical Garden）、英国皇家植物园（Royal Botanic Gardens，Kew）、巴黎植物园（Jardin des Plantes Garden of Plantes）、德国赫恩坎珀植物园（Herren Kamper Gärten）、波兰华沙大学生命学院罗古夫树木园（Rogów Arboretum of Warsaw University of Life Sciences）等，墨西哥、日本等国家也都引种并成功繁育了马蹄香。我国西双版纳热带植物园、秦岭国家植物园、昆明植物园、华南植物园、北京市植物园[8]、武汉植物园、

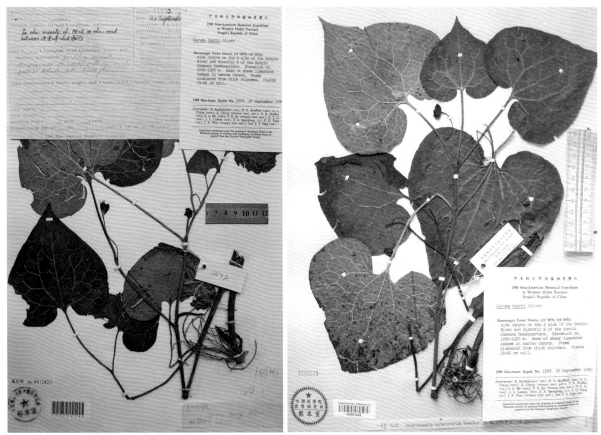

图14　中国-美国联合鄂西植物考察队马蹄香标本，分别保存在中国科学院植物研究所植物标本馆（PE）、中国科学院昆明植物研究所标本馆（KUN）、中国科学院武汉植物园标本馆（HIB）中国—美国联合鄂西植物考察队标本 PE00991225；KUN0433298；HIB0154944（未上传）[9]

6　获巢树德（Mikinori Ogisu），1951年出生于日本爱知县，博物学家。1972年在英国学习，1982年至1984年赴四川大学留学，师承方文培教授，致力于中国植物分类学研究工作。1984年伦敦林奈学会研究员。在中国发现了1个新属及60个以上的植物新种，在野外重新发现月季花 Rosa chinensis Jacq.、铁筷子 Helleborus thibetanus Franch. 等原生种。著有《追随梦幻中的植物世界》一书，参加《峨眉山植物》《峨眉山植物名录》编写工作。被成都市植物园授予首批四川植物界名人称号。
7　（https://www.cvh.ac.cn/index.php 2022年5月9日访问）。
8　北京市植物园室内栽培保存。
9　（https://tools.bgci.org/2022年3月29日访问）。

庐山植物园等7家植物园在中国迁地保护数据大平台公布马蹄香的引种记录[10]，中国科学院北京植物园、上海辰山植物园、上海植物园、陕西省西安植物园、杭州植物园也成功引种栽培[11]。

5 马蹄香与虎凤蝶

马蹄香是太白虎凤蝶（*Luehdorfia taibai*，鳞翅目凤蝶科虎凤蝶属）的自然寄主。太白虎凤蝶主要分布在陕西、四川、湖北等地，近年来甘肃省也有太白虎凤蝶记录，以海拔1 100m左右分布的马蹄香作为寄主取食生存（杨航宇和芦维忠，2011）。太白虎凤蝶常选择较为孤立的马蹄香植株产卵，且要求环境中有较厚的枯叶层和较多石块。成虫羽化交尾产卵在马蹄香叶片背面，幼虫白天藏入枯叶层中躲避天敌，晚上取食叶片，老熟幼虫在枯叶层或石缝中化蛹越冬，完成一个完整的生命周期（郭振营 等，2014）。秦岭地区还分布有中华虎凤蝶（*Luehdorfia chinensis*），以细辛属细辛（*Asarum sieboldii*）和杜衡为主要寄主，由于中华虎凤蝶不能适应马蹄香所含的次生物质而无法取食，因此与太白虎凤蝶栖息地不同（姚肖永 等，2008）。

6 马蹄香利用与保护

马蹄香在传统中药中广泛使用。马蹄香全草可分离出菲类化合物（马兜铃酸类）、黄酮类、木脂素类和生物碱类及其他化合物（王瀚民，2019），相关研究表明，马蹄香的根茎具有抗肿瘤、抗菌、抗病毒等药理活性。然而，2017年世界卫生组织国际癌症机构公布致癌物清单，其中马兜铃酸（AAs）和含马兜铃酸的植物在一类致癌物清单中。马兜铃酸I在马蹄香根、茎中含量分别为0.19%和0.01%（张萍，2012），远高于马兜铃科其他植物平均含量。因此，马蹄香应避免直接使用根和根茎，从而降低马兜铃酸摄入的风险（田婧卓 等，2017）。

近年来，马蹄香野外种群数量减少引起人们重视，生境破坏和人为采挖是引起马蹄香受到威胁的重要原因。2009年，马蹄香被列入陕西省地方重点保护植物名录。2014年，马蹄香由于生境质量衰退被IUCN红色名录评估为EN（濒危）等级[12]。2017年，马蹄香经评估其分布面积少于5 000km²，原生境面积持续减少（覃海宁 等，2017），因此被列入中国高等植物受威胁物种名录EN（濒危）等级。2021年，马蹄香评估为国家二级保护野生植物[13]。

生物学特性研究则解释了马蹄香野外种群数

---

10 （中国迁地保护植物数据大平台 https://espc. cubg. cn/records/index/index. html 2022 年 4 月 1 日访问）。
11 植物园栽培照片查询自自然标本馆（https://cfh. ac. cn/ 2023 年 2 月 13 日访问）。
12 （https://www. iucnredlist. org/species/46535/11066058 2022 年 4 月 1 日访问）。
13 （http://www. gov. cn/zhengce/zhengceku/2021-09-09/content5636409. htm2022 年 5 月 12 日访问）。

量减少的另一个原因：马蹄香种子萌发率极低，且具有休眠特性，自身繁殖困难。当种子成熟时，胚尚未分化，仍停留在原胚阶段；种皮结构致密、质地坚硬，细胞壁木质化加厚程度较高。因此人工保存马蹄香种子，需要长期保持一定的湿度，促使胚分化，突破种皮障碍，才能打破种子休眠（赵桦 等，2006）。

马蹄香是中国特有的单属种植物，是优良的园林植物，也是太白虎凤蝶的自然寄主，通过植物园引种保育与保护区就地保护相结合的方式，能够有效解决马蹄香的濒危现状。

参考文献

邓士贤，1992. 云南几种中草药的药理作用及应用 [J]. 云南医药，13(05): 304-305.

国际藻类菌物和植物命名法规编辑委员会，2021. 国际藻类、菌物和植物命名法规（深圳法规）[M]. 邓云飞、张力、李德铢，译. 北京：科学出版社：257.

郭振营，高可，李秀山，张雅林，2014. 太白虎凤蝶的生物学与生境研究 [J]. 生态学报，34(23): 6943-6953.

黄淑美，1988. 丘华兴、林有润编：中国植物志第24卷 [M]. 北京：科学出版社：268.

李明，邵鹏柱，2020. 李德铢编：中国维管植物科属志（上卷）[M]. 北京：科学出版社：726.

李思锋，陈彦生，吴振海，等，1994. 马蹄香属的核型及其系统学意义 [J]. 西北植物学报，14(2): 143-147.

马金双，1990. 马兜铃科的地理分布及其系统 [J]. 植物分类学报，27(5): 345-355.

覃海宁，杨永，董仕勇，等，2017. 中国高等植物受威胁物种名录 [J]. 生物多样性，25(7): 696-744.

田婧卓，梁爱华，刘靖，等，2017. 从马兜铃酸含量影响因素探讨含马兜铃酸中药的风险控制 [J]. 中国中药杂志，42(24): 4679-4686.

王瀚民，2019. 马蹄香化学成分及活性研究 [D]. 济南大学.

杨航宇，芦维忠，2011. 甘肃省凤蝶类新记录——太白虎凤蝶 [J]. 西北农业学报，20(3): 1-2.

姚肖永，邢连喜，松村行荣，等，2008. 虎凤蝶取食不同寄主植物试验研究 [J]. 西北大学学报（自然科学版），38(3): 439-442.

张萍，2012. 紫外分光光度法测定马蹄香植物不同器官中马兜铃酸A的含量 [J]. 价值工程，31(1): 293-294.

赵桦，杨培君，李会宁，2006. 马蹄香种子生物学特性研究 [J]. 广西植物，26(1): 14-17.

中国科学院西北植物研究所，1974. 秦岭植物志第一卷（第二册）[M]. 北京：科学出版社：647.

中华人民共和国商业部土产废品局、中国科学院植物研究所，1961. 中国经济植物志 [M]. 北京：科学出版社：2379.

GREGORY M P, 1956. A phyletic rearrangement in the Aristolochiaceae[J]. American Journal of Botany, 43(2): 110-122.

HOOKER J D, et al, 1889. Hooker's Icones Plantarum[J]. 19: t. 1895.

HSU E, 2005. SARUMA HENRYI: Aristolochiaceae[J]. *Curtis's Botanical Magazine*, 24(4): 200-204.

HUANG S M, KELLY L M, GILBERT M G, 2003. Flora of China, Vol. 5[M]. Science Press, Beijing & Missouri Botanical Garden Press, St. Louis: 446.

NEINHUIS C, WANKE S, HILU, K et al, 2005. Phylogeny of Aristolochiaceae based on parsimony, likelihood, and Bayesian analyses of trnL-trnF sequences[J]. *Plant Systematics and Evolution*. 250: 7-26.

TURLAND N J, WIERSEMA J H, FRED R B et al, 2018. International Code of Nomenclature for Algae, Fungi, and Plants (Shenzhen Code) [M]. Koeltz Scientific Books, Konigstein:152.

致谢

感谢马金双博士为本文提供的指导，感谢樊卫东高级工程师、苏齐珍高级工程师和张勇工程师为本文提供的照片。

作者介绍

杨颖（女，陕西渭南人，1992年生），山东农业大学学士（2007），MSc of University of Nottingham（2016）；2016年至今任职于秦岭国家植物园，主要从事秦岭植物资源研究，并负责秦岭国家植物园标本馆工作。

China

02

-TWO-

郁金香属的历史、研究及园艺利用

History, Research and Horticultural Utilization of *Tulipa*

屈连伟 [1*] 杨宗宗 [2**]

（ [1] 辽宁省农业科学院花卉研究所； [2] 新疆自然里信息科技有限公司 ）

QU Lianwei [1*] YANG Zongzong [2**]

（ [1] Institute of Floriculture，Liaoning Academy of Agricultural Sciences； [2] Xinjiang Ziranli Information Technology Co., Ltd ）

* 邮箱：568219189@qq.com
** 邮箱：66793871@qq.com

摘　要： 郁金香是百合科郁金香属多年生草本植物，是世界著名的球根花卉。郁金香是花海最常用的植物材料，在早春花海中发挥着不可替代的作用，近年来越来越受到人们关注。本文综述了郁金香的起源、分类和我国分布的重要种质资源，介绍了近年来我国郁金香育种研究所取得的进展，并对今后郁金香资源的利用与育种方向进行了展望，为我国优异的野生郁金香种质资源的保护、开发和利用提出了思路。

关键词： 郁金香　种质资源　分类　育种

Abstract: Tulip is a perennial herbaceous plant belonging to the genus *Tulipa* in Liliaceae. Tulip is a world-famous bulbous flower, and the most commonly used plant material in the flower sea, which has been playing irreplaceable role in early spring flower sea, attracting more and more attention in recent years. In this paper, the origin, classification and important germplasm resources of tulip distributed in China were reviewed. Tulip breeding research advances were introduced in China in recent years. The utilization of tulip resources and breeding direction in the future were prospected, which proposed ideas for the protection, development and utilization of excellent tulip germplasm resources native to China.

Keywords: Tulip, Germplasm resources, Classification, Breeding

屈连伟，杨宗宗，2023，第2章，郁金香属的历史、研究及园艺利用；中国——二十一世纪的园林之母，第五卷：015–083页.

郁金香是百合科（Liliaceae）郁金香属（*Tulipa* L.）多年生草本植物，是世界上重要的球根花卉之一。郁金香花形典雅、花色艳丽，它象征着美好、庄严、华贵和成功。在全球范围内，生产郁金香的国家大约有15个，总面积超过13 000hm²，其中种植面积最大的是荷兰，占全球面积的88%，种球产量超过43亿粒（Orlikowska et al., 2018）。

1 郁金香的发展历史

1.1　郁金香的起源

郁金香是荷兰、土耳其等国家的国花，但是其原产地并不在荷兰，目前认为是在地中海沿岸、土耳其和中东亚（Botschantzeva, 1962; Zonneveld, 2009），从喜马拉雅山西部到帕米尔高原阿赖山脉再到天山山脉的带状地区。我国和中亚国家接壤的天山山脉和帕米尔高原地区是郁金香属植物最主要的起源中心，其次是高加索地区（Dash, 2001; Hoog, 1973）。目前，这些地区仍是野生郁金香资源的主要分布地，约占世界郁金香属植物总资源的40%。

公元10—11世纪，土耳其突厥人在天山山谷里发现了野生的郁金香，带回国后开始在花园里大量种植。随着奥斯曼帝国的创建，奥斯曼人将郁金香提升到了一个前所未有的地位。在穆斯林花园里的所有花卉中，郁金香被认为是最神圣的。在苏莱曼统治时期，国王苏莱曼一世（Suleyman I, 1494—1566）（图1）特别钟爱郁金香，并在其花园中栽种了多种野生的郁金香资源，郁金香传播到了奥斯曼帝国的每个角落。在奥斯曼文化中，几乎所有的设计都含有郁金香元素，郁金香成为了国家的一种象征（Orlikowska et al., 2018; Dash, 2001; Roding, 1993）（图2）。到1550年，以土耳

图1 苏莱曼一世（1494—1566），奥斯曼土耳其文：ناميلس لول、现代土耳其文：Suleiman the Magnificent。是奥斯曼帝国第10位苏丹，也是在位时间最长的苏丹。（图片引自 https://www.discoverwalks.com）

其的港口城市君士坦丁堡（现称伊斯坦布尔）为中心的郁金香贸易市场开始出现，并迅速传到现在的比利时和法国。

1554年，奥吉尔·吉瑟林·布斯拜克（Ogier Ghiselain De Busbecq, 1522—1592）作为神圣罗马帝国驻奥斯曼帝国的大使，第一次把郁金香带到了欧洲。1559年4月，欧洲第一株郁金香出现在罗马帝国奥格斯堡市议员约翰·海因里希·赫瓦特（Johann Heinrich Herwart）的花园里。赫瓦特的朋友——詹姆斯·加勒特（James Garret）是英国最著名的植物学家之一。之后，他开展了大量的郁金香杂交培育工作（Dash, 2001）。兰贝尔·多顿斯（Rembert Dodoens, 1516—1585）（图3）在1569年出版的第一本园艺植物专著 *Florum, et Coronariarum Odoratarumque Nonnullarum Herbarum Historia* 中纪录了郁金香这个物种。"郁金香之父"卡罗卢斯·克卢修斯（Carolus Clusius, 1526—1609）（图4）于1568年

图2 伊斯坦布尔郁金香节：历史学家将1718—1730年称为奥斯曼历史上的"郁金香时代"。它提到了那些对这朵花着迷的人以及他们对郁金香花园的兴趣。然而，这不仅仅是一个审美趣味高涨的时期，它也吸引了人们的兴趣，因为在激烈的战争时期，这是一个和平繁荣的象征。（图片引自 https://eskapas.com）

图3 兰贝尔·多顿斯（Rembert Dodoens, 1516—1585; 引自 https://www.dodoenstuin.be）

图4 卡罗卢斯·克卢修斯（Carolus Clusius, 1526—1609; 引自 https://museum.evang.at）

前后移居比利时梅切伦市开始种植郁金香，于1601年进行了绘图（图5）。

　　1573年，罗马帝国皇帝马克西米利安二世（Maximilian Ⅱ, 1527—1576）邀请克卢修斯在维也纳建立皇家植物园，克卢修斯在罗马帝国种下了郁金香。1592年，克卢修斯到荷兰新成立的莱顿大学（University of Leiden）任职。1593年，克卢修斯在莱顿大学植物园种下了郁金香种球，1594年春天，郁金香第一次在荷兰的大地上开放，成为莱顿大学植物园的亮点，众多游客和商人纷至沓来，并向克卢修斯求购。由于求购不成功，1596—1598年，莱顿大学植物园的大量郁金香种球被盗。郁金香被盗事件从客观上促进了郁金香在荷兰的种植和发展，并逐渐开启了"郁金香狂热"时代。"郁金香泡沫"破灭后，郁金香的价格才能够被普通的人们所承受，郁金香迅速地开遍了荷兰的大街小巷（Orlikowska et al., 2018; Dash, 2001; Pavord, 1999）。因此，郁金香是从天山山脉

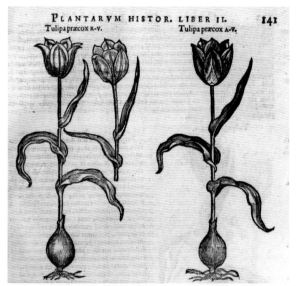

图5 卡罗卢斯·克卢修斯著作 *Rariorum plantarum historia* 中郁金香绘图（Carolus Clusius, 1601; 引自 https://th.bing.com）

和帕米尔高原地区，沿着丝绸之路，经土耳其传到维也纳，随后才传播到荷兰的。

1.2 郁金香在荷兰的发展

克卢修斯把郁金香引入荷兰后，做了大量的试验和郁金香育种研究，并首创了郁金香分类系统。他把郁金香分为早花型、中花型和晚花型3个类型。郁金香因它的美丽和稀有性受到了荷兰国民的喜爱。众多花卉公司从郁金香上看到了商机，都积极与克卢修斯联系，探讨进一步合作开发的可能。然而，克卢修斯拒绝与任何人分享这一来自异域的宝藏。后来，一些贪婪的农场主决定从克卢修斯的花园中偷这些珍奇的郁金香。就这样，久负盛名的荷兰郁金香贸易以这种不高雅的方式拉开了序幕。

1.3 郁金香大流行

克卢修斯的郁金香被盗后不久，小型的郁金香苗圃开始出现。在市场上偶尔也可以看到郁金香种球在售卖，但是数量极少，价格昂贵。17世纪初，以东印度公司为代表的贸易集团开始出现，荷兰商业空前发达，荷兰的黄金时代到来了。很多贵族开始展示他们的财富，价格相对昂贵的郁金香开始成为身份和财富的象征。很快，在荷兰国内掀起了郁金香攀比潮流，越是稀奇或来自国外的品种，越是有地位的象征，这样的郁金香拥有者越能得到尊重，拥有者自己也越感到骄傲和自豪。后来达到了没有一个贵族的花园里不种植郁金香的地步。

郁金香昂贵的价格和丰厚的利润吸引了众多投机者。投机商资金的大量注入不可避免地再次促使已经价值不菲的郁金香种球价格进一步提升。在丰厚利润的驱使下，不仅富有的商人不想错过这个机会，中产阶级和小商人也抵御不了郁金香暴利的诱惑，被卷入郁金香的炒作贸易中。在这种形势下，整个荷兰被郁金香和郁金香的种球贸易的魔力所支配，全境掀起了郁金香狂潮。单个郁金香种球的价格被推高到了匪夷所思的地步，是当时黄金价格的上百倍。后来，进一步升高到每个种球4 000荷兰盾，相当于当时木工技师年薪的10倍（Robert, 2005）。郁金香种球的贸易不仅

可以以现金的形式进行，也可以"以物易物"的形式进行。人们为了获得一个垂涎欲滴的郁金香种球，经常拿出他们的所有财产进行交换。郁金香种球到手之后再把它卖掉，从而获得巨额的利润。1637年年初，郁金香价格达到顶峰，'Semper Augustus'郁金香品种的1个鳞茎，售价高达13 000荷兰盾，当时这个价格能够在最繁华的阿姆斯特丹运河地段买一栋最为豪华的别墅（Van, 2004）（图6）。

从客观的角度来说，人们对郁金香的疯狂，促进了郁金香新品种选育和郁金香文化的发展（屈连伟，2013）。17世纪，为了追求巨额利润，荷兰的郁金香育种研究发展迅速，选育出了大量的郁金香栽培品种。其中，'Brokentulip'系列以其花色奇异（花色的变化由病毒侵染所致，但不会影响植株的健康），花型类似火焰，在当时深受人们喜爱，风靡世界，创造了单个种球最高价格的奇迹（Peter, 1989; Hirschey, 1998）。在这个时期，与郁金香相关的作品大量涌现。截至17世纪中叶，世界范围内一共有43本描写郁金香的书籍，而在荷兰创作的郁金香书籍就有34本，占当时世界郁金香书籍总量的79%。人们对郁金香的喜爱同样表现在相关的郁金香书籍的价格上。最贵的一本郁金香书籍为科斯（P. Cos）创作并于1637年出版的郁金香图册，其中收录了73个郁金香品种。这本书当时的价格相当于同一时期一个普通教育工作者年薪的15~20倍（Anne, 2007; Charles, 1841）。

1.4 郁金香贸易泡沫

大量集中的投机行为不可避免地导致了郁金香产业泡沫的破灭。1636年冬天，人们为了能够买到郁金香种球，大量还未收获的郁金香种球就被抢购一空。购买者为了将来的郁金香种球不惜举债支付给种植商大量财物，而得到的只是一个承诺或一张纸条，这样投机商承担了巨大的风险。

在1637年2月的一天，郁金香的巨大泡沫破灭了，郁金香贸易市场崩盘了。这个消息如野火燎原之势席卷全国，大家争相抛售囤积的郁金香种球。许多郁金香贸易商破产了，许多以前相当

图6　荷兰阿姆斯特丹郁金香博物馆中展示的当时一个郁金香鳞茎的价值要比一栋多层别墅的价值还要高（屈连伟 摄）

富有的人成为了无家可归的人。郁金香狂潮过后，郁金香的价格大幅下滑，但是与其他商品相比，郁金香仍然不便宜。主要是因为国外的消费者越来越喜欢郁金香这种可爱的花卉，荷兰的商人把大量的郁金香销售到荷兰以外的市场。因此，荷兰的郁金香产业在郁金香泡沫破灭后得以生存，并逐步开辟了巨大的西方市场（Garber, 2000）（图7）。

到18世纪，由于郁金香产量的提高和人们恢复了对郁金香理性的看待，郁金香的价格下降到了合理的水平，它不再是富人阶级的代名词。甚至后来人们对风信子的喜爱一度超过了郁金香。18世纪后期，由于实现了郁金香的产业化生产，不同阶级的人们又开始大量购买郁金香，来装饰自己的花园。尤其是早花品种，单一颜色品种和盆花品种更受到青睐，后来对切花郁金香产品的需求量也逐渐增加（图8）。

到19世纪中期，随着蒸汽机的发明和应用，大大降低了农场主生产郁金香的风险，促进了郁金香产业的工业化。世界范围的自由贸易也为荷兰郁金香产业的发展提供了契机。1860年，荷兰第一个"花卉种球生产综合协会"成立了，为郁金香生产者和贸易商服务（KAVB, 2013）。

1.5　荷兰郁金香产业的现状

19世纪末期，郁金香育种技术和栽培技术进一步发展，郁金香品种更加丰富。1900年，第一个郁金香种球"拍卖市场"出现了，不过拍卖活动不是在真正的建筑物内，而是在郁金香的田间地头（Segal, 1993）。在第一次世界大战期间，郁金香的生产规模缩减了一半，但1918年以后，郁金香产业迎来了前所未有的真正繁荣。郁金香种球不仅被卖到欧洲，而且出口到世界各地，如亚洲、非洲、澳大利亚、新西兰和美国等国家和地区。

图7　17世纪，小扬·布罗海尔创作的《郁金香狂热的寓言》。在作品中，把郁金香交易者描绘成了类人猿，目的是取笑郁金香狂热（引自 https://www. artplus. cz）

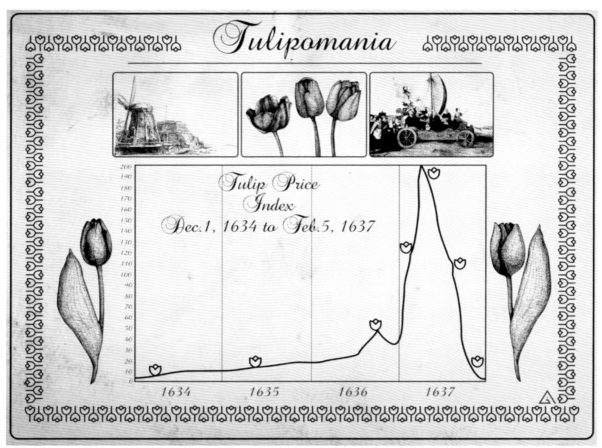

图8　郁金香狂热是荷兰黄金时代的一个时期，当时一些新引进的时尚郁金香鳞茎的合同价格达到了极高的水平，然后在1637年2月急剧崩溃。人们普遍认为，这是历史上第一次有记录的投机泡沫或资产泡沫（引自 https://eskapas.com）

目前，荷兰是世界上在郁金香育种方面最有影响力、郁金香产量最大的国家。每年用来生产郁金香种球的土地面积达到13 000hm²，占世界生产面积的88%，郁金香生产面积排在第二位的是日本，面积仅为300hm²。荷兰每年可生产郁金香种球43.2亿粒，其中有13.2亿粒种球在荷兰国内自己使用，有19亿粒出口到欧洲国家，有11亿粒出口到美国、日本等欧洲以外的国家。每年生产的郁金香种球中大约有23亿粒被用来生产郁金香切花，其中直接在荷兰境内生产郁金香切花的种球数量大约为13亿粒，在欧洲其他国家生产的数量为6.3亿粒，在欧洲以外的国家生产的数量为3.7亿粒（Buschman, 2005）。

2 郁金香属的研究历史

2.1 郁金香属的起源

郁金香属是由卡尔·冯·林奈（Carl Linne, 1707—1778）于1753年创立的。关于郁金香属的起源问题，认为真正的起源地是天山和帕米尔—阿赖地区（Hoog, 1973），从那里向四周呈递减的趋势。梁松筠（1995）通过对郁金香属植物地理分布的分析表明，郁金香属在中亚地区不仅种类多而且类型丰富，其原始和进化类群均有，说明中亚地区是郁金香属的多样化中心。

2.2 研究历史及分类系统

随着研究的不断深入，郁金香属植物的新种不断被发现。据《中国植物志》第十四卷（毛祖美，1980）记载，郁金香属植物约为150种，主要分布在亚洲、欧洲及北非地区，其中地中海至中亚地区分布最为丰富，我国有14种，其中1种为引种栽培，2种分布在东北和长江下游各地，其余11种均分布在新疆。新疆是我国野生郁金香资源分布最多的地区。

郁金香属植物的分类系统主要有Kouch系统、Baker系统、Boissier系统、Vvedenskii系统、Botschantzeva系统、Hall系统、Stork系统，Mao系统、Liang系统、Tamura系统和Van Raamsdonk& De Vries系统（梁松筠，1995; Tamura, 1998; Van Raamsdonk, 1995）。

1847年，罗布尔（Roboul）对当时已知的南欧种类进行了分类，是第一个对郁金香属进行属下分类的学者（Botschantzeva, 1962）。

1849年，科赫（Karl Heinrich Koch）根据该属鳞茎皮毛的有无将该属划分为无毛（Leiobulbos）和有毛（Eriobulbos）两大类，但没有说明分类地位（Botschantzeva, 1962）。

1873年，爱德华·奥古斯特·冯·雷格尔（Eduard August von Regel）利用当时所知道的该属的全部特征，如花被和花丝基部是否有毛、花被片基部斑块的有无及叶形等，将当时已知的26个种划分成两类，并编制了检索表。但是，由于他利用的材料较少，无法对该属较大的变异范围形成一个真正的轮廓，因此他的工作很少引起西方植物学家的注意（Regel, 1873）。

1874年，约翰·吉尔伯特·贝克（John Gilbert Baker）对Tulipeae的属与种进行了修订。他根据花柱的特征把当时已知的48种郁金香分成Eutulipa亚属（花柱不发达）和Orithyia亚属（花柱与子房等长），并将 *Eutulipa* 亚属 45 种再分成 5 个组（Section）：*Eriobulbi* 组、*Gesnerianeae* 组、*Scabriscapae* 组、*Saxatiles* 组和 *Silvestres* 组。此外，他还将 *T. oxypetala* 作为存疑种（Baker, 1874）。

1882 年，皮埃尔·埃德蒙·布瓦西耶（Pierre Edmond Boissier）将贝克的 *Eutulipa* 亚属的前三组即 *Eriobulbi* 组、*Gesnerianeae* 组和 *Scabriscapae* 组归并为 *Leiostemones* 组，而将 *Saxatiles* 组和 *Silvestres* 组归并为 *Eriostemenes* 组。同时，他认为 *Orithyia* 亚属不属于郁金香属（Boissier, 1882）。

1930 年，塔利耶夫·瓦列里·伊万诺维奇（Талиев Валерий Иванович）的研究支持布瓦西耶对组的归并意见，并对 *Silvestres* 组进行了再分，把它分成了 *Bilfloraeformis* 和 *Silvestriformes* 两个分支。他试图用地理学方法来解释郁金香属的物种形成，将 *Eriostemones* 组的种类看成是该属的祖先形式（Taliev, 1930）。

1935 年，维金斯基·阿列克谢·伊万诺维奇（Введенский Алексей Иванович）对产于苏联的 63 种进行了描述和分类。他根据鳞茎皮内侧毛的有无及类型、花丝毛的有无、子房有无花柱等特征将该属植物划分为 6 个组：*Tulipanum* 组（4 种）、*Leiostemones* 组（38 种）、*Spiranthera* 组（1 种）、*Lophophyllon* 组（1 种）、*Eriostemones* 组（16 种）和 *Orithyia* 组（3 种）。他特别强调属下组的顺序并将 *Tulipanum* 组看成是最原始的，放在该属最前面。他认为贝克和布瓦西耶系统带有很大的人为性，在缺乏亚洲西南部郁金香属植物资料的情况下对该属进行修订是很困难的（Vvedenskii, 1935a, 1935b）。

1936 年，瓦西列夫斯卡娅·维罗妮卡·卡西米罗夫纳（Василевская Вероника Казимировна）根据鳞茎皮的解剖结构将中亚郁金香的 50 多个种分为 9 类，指出由于该属许多种的遗传相似，因此单纯依靠解剖特征容易对该属的系统发育作出错误判断（Botschantzeva, 1962）。

1937 年，弗朗茨·巴克斯鲍姆（Franz Buxbaum）对郁金香族内各属间的系统发育关系进行了探讨，并勾画出了一个框架（Botschantzeva, 1962）。

1940 年，艾尔弗雷德·丹尼尔·霍尔（Alfred Daniel Hall）对世界郁金香属植物进行了较为详细的研究，在属下分类中他把布瓦西耶的 *Eriostemones* 组（花丝有毛）和 *Leiostemones* 组（花丝无毛）提升到亚属等级，同时他将所见到的 *Eriostemones* 亚属 22 种生活状态的植物划分成 3 组，而将 *Leiostemones* 亚属 48 种植物划分成 5 个亚组（Subsection），将 *Orithyia* 组单独列出，将产于东亚的 *T. edulis* 和 *T. graminifolia* 放入老鸦瓣属（*Amana* Honda）。最后，他将在《邱园植物索引》（*The Index Kewensis*）中登录的未见到生活状态的 83 种郁金香的名称按种加词字母的顺序进行了排列，并对其中一些种的分布及性状特征进行了简要说明（Hall, 1940）。

1962 年，波嫱切娃·济娜伊达·彼得罗夫娜（Бочанцева Зинаида Петровна）在对中亚郁金香属进行大量野外考察与研究的基础上完成了博士论文（*Тюльпаны: Морфология, Цитология и Биология*）并于 1962 年出版。1982 年，由荷兰植物分类学家瓦雷坎普（Varekamp）翻译成英文。该书中，她不仅对郁金香属进行了系统全面的研究，更重要的是对苏联野生郁金香属植物的分类及中亚郁金香的多样化中心进行了详细的分析。在属下分类上她采用了维金斯基（Vvedenskii, 1935）的系统，将产于苏联的野生郁金香由 63 种增加到 83 种，对这些种的形态特征以及在苏联版图内各分布区的地理分布进行了详尽的记载，并通过对一些主要特征，如花色的多样性、产地、生境与海拔、茎的生长习性、鳞茎皮内侧毛的有无及类型等，对该属在中亚从东到西的分布式样进行了论述（Botschantzeva, 1962）。

1973 年，约翰尼斯霍格·布拉泽斯（Johannes Marius Cornelis Hoog）通过对该属植物的大量收集及文献考证，对西欧郁金香属植物的引入及发展历史进行了较详细的回顾，并通过地理分布及种类分析指出天山和帕米尔—阿赖地区是该属植物的初生基因中心（primary gene centre），高加索、伊朗、土耳其及邻近地区是次生基因中心（secondary gene centre）。他还划分了该属植物自天山和帕米尔—阿赖地区的向东、向西、向南、向北四条迁移路线和自高加索地区向西、向南、向北、三条迁移路线。此外，他还将已知的该属125种植物划分为30个分布区，列举了每一个分布区的种类，并对每一种的分布区进行了总结，列出了他未见到其生活状态或标本的该属50种植物的名录（Hoog, 1973）。

1980年，毛祖美在《中国植物志》第十四卷的郁金香属编研中，对分布于中国的13种野生郁金香进行了较详细的形态描述，编制了分种检索表。在属下分类等级上她基本采用了维金斯基（Vvedenskii, 1935）及波嫱切娃（Botschantzeva, 1962）的分组观点，但将本田正次（Honda Masaji）在1935年成立的老鸦瓣属并入郁金香属，建立有苞组（Sect. Amana），我国主要分布4个组，即有苞组、毛蕊组（Sect. Eriostemones）、尤毛组（Sect. Leiostomones）和长柱组（Sect. Orithyia）。在各组的系统位置上她认为有苞组原始而放在最前面，其他3组与维金斯基及波嫱切娃的相似。

1984年，阿德莱德·路易丝·斯托克（Adélaïde Louise Stork）对世界郁金香属进行了修订。他采用布瓦西耶和霍格（Boissier, 1882; Hall, 1940）的系统，将该属植物划分为Eriostemones组和Leiostemones组2个组，并认为Eriostemones组较原始而置于该属的前面。将Leiostemones组改为Tulipa组，并将其划分为5类。在该系统中他对其划分的共约40种进行了描述，将形态特征相似的种处理为新组合或亚种，并在每个种下列出了异名，绘制了不少种的线条图、水彩图以及分布图（Stork, 1984）。

1991年，范·伊克（Van Eijk）等人对T. gesneriana的76个品种与28个郁金香属分类学种的种间杂交关系进行了详细报道。

1995年，梁松筠对狭义百合科9个属区系学进行了分析并绘制了各属的世界分布图，她基本综合了维金斯基及波嫱切娃和毛祖美对郁金香属的划分方法，将其划分为7个组：郁金香组（Sect. Tiulpanum）、无毛组［Sect. Tulipa（Leiostemones）］、扭药组（Sect. Spiranthera）、鸡冠组（Sect. Lophophyllon）、毛蕊组（Sect. Eriostemones）、长柱组（Sect. Orithyia）、有苞组

（Sect. Amana）。同时，她认为Amana组是该属较进化的类群。

1992年，范·拉姆斯东克（L.W.D. van Raamsdonk）和德·弗里斯（T. de Vries）在对该属进行生物系统学研究时基本上采用了布瓦西耶、霍格和斯托克（Boissier, 1882; Hall, 1940; Stork, 1984）将该属划分为两大类的方法，但他们将Eriostemones处理为组，划分3个亚组：Biflores、Australes和Saxatiles，并对其中18个种的35个形态特征进行了主成分和标准变量分析、杂交试验和染色体计数。1995年，他们在对Leiostemones组的种间关系和分类进行研究时将其提升为Tulipa亚属，并对供试的98个材料的34个形态性状进行了分析，对该亚属5个组共30个种进行了确认，给每一组指定了选模式种，在每一种下划分了变型。范·拉姆斯东克等人（Van Raamsdonk et al., 1992, 1995）对Tulipa亚属约31种间的1 396个杂交组合进行了研究，将郁金香属分为2个亚属8个组。

1997年，范·克雷杰（M.G.M. van Creij）等人对来自T. gesneriana的栽培品种和来自该属8个组的12个野生种的种间杂交进行了研究。

1998年，田村道夫（Michio Tamura）在对百合科的系统进行处理时，对郁金香属的划分基本上综合了维金斯基、波嫱切娃、毛祖美和梁松筠的观点，将其划分为7个组，而对种未进行处理。

谭敦炎等（2005）以18个郁金香野生种为试材，系统研究了它们的形态学性状，结果表明：有苞组与毛蕊组、无毛组、长柱组和郁金香组在分支树上各成一支。有苞组有些特征与郁金香属植物不同，如具有苞片、雌蕊花柱长度与子房长度几乎相等。通过对郁金香属植物叶表皮、花粉、种皮等形态特征和胚囊发育过程的研究，发现有苞组与狭义郁金香属存在显著的差异。通过基因序列分析，确定了有苞组和猪牙花属的亲缘关系较近，因此认为有苞组应脱离郁金香属，而独立为老鸦瓣属（Amana Honda）。

2000年，在Flora of China第24卷中，认为郁金香属在全世界约有150种，我国分布13种（含1个特有种）。相对于《中国植物志》去除了郁金香、准噶尔郁金香、异瓣郁金香，增加了四叶郁

金香、单花郁金香。

全世界郁金香属植物到底有多少种在学术界仍有争议，不同学者观点各异，有50～60种（Van Raamsdonk & De Vries, 1992, 1995）、76种（Christenhusz et al., 2013）、87种（Zonneveld, 2009）或100种（Botschantzeva, 1962; Hall, 1940）等不同的观点。《中国植物志》认为有150种（毛祖美，1980）。英国皇家植物园邱园编制的《世界选定植物科分类清单》（*World Checklist of Selected Plant Families*）列有581个郁金香属植物种的记录，其中105个种及变种被学界所认可（Govaerts, 2021）。

马滕·克里斯滕许斯（Maarten J.M.Christenhusz）对郁金香属做了分子系统学研究，接受76个野生种（Christenhusz et al., 2013）。但我们对有些具体种的划分仍存在疑问，如马滕·克里斯滕许斯认为我国特有物种新疆郁金香（*T. sinkiangensis*）与异叶郁金香（*T. heterophylla*）接近或为同一物种。新疆郁金香叶3枚，通常彼此紧靠，反曲，边缘呈皱波状；具有多花特性，有的植株花朵数多达8朵，花被片矩圆状宽倒披针形，分布于准噶尔南缘盆地海拔1 000～1 300m的平原荒漠（图9）；异叶郁金香叶2枚对生，条形或条状披针形，全缘，花单朵顶生，花被片窄披针形，生于天山北坡海拔2 100～3 100m的砾石坡地或高山阳坡草甸（图10）。无论从植株形态或生境、海拔等均不接近，亦更不相同。

由上可见，迄今为止，国内外学者对该属植物的种类记载出入较大。造成这种现象的主要原因：①缺乏各个种来源的准确记录：许多郁金香种类是由园艺公司描述的，其出处记录没有引起注意或被忽略了，同种异名现象较为严重。②许多种类具有较高的多态性：对该属植物的分类仅仅利用标本馆中的材料是远远不够的，许多种类在花色、花被片形状或基部斑块的出现和边缘的颜色等性状上变异很大，以至于将某一极端类型标本与已知种联系起来很困难，因此必须对其生活状态的性状特点进行比较考证。③不同学者对种的划分标准不同（谭敦炎，2005）。

图9　新疆郁金香（杨宗宗 摄）

图 10　异叶郁金香（屈连伟 摄）

3 郁金香属种质资源及国产郁金香属分类

3.1　郁金香属种质资源

　　作为郁金香生产大国，在 16—19 世纪，荷兰收藏了大约 2 400 份郁金香野生种和品种资源，保存于荷兰北部丽门（Limmen）的霍图斯球根公园（Hortus Bulborum）。这些种质中的 90% 在生产上已不再应用（Orlikowska et al., 2018）。土耳其作为重要的郁金香属植物基因资源多样性中心，在亚洛瓦省（Yalova）的阿塔图尔克园艺中心研究所（Atatürk Horticultural Central Research Institute）以及港口城市萨姆松（Samsun）的黑海农业研究所

（Black Sea Agricultural Research Institute）收集保存有大量的郁金香种质资源。

　　2006 年，黑海农业研究所启动了土耳其国家郁金香育种计划（The National Tulip Breeding Project）。在英国，位于英国皇家植物园邱园内的千年种子库（Millennium Seed Bank）保存有 13 个郁金香种的 21 份材料。以色列农业研究组织基因库（Israeli Gene Bank at the Agricultural Research Organization）保存有郁金香 5 个种的 74 份材料。同时，在阿塞拜疆、哈萨克斯坦、俄罗斯、捷克、拉脱维亚、立陶宛、波兰、日本等国家都保存有

郁金香的种质材料。捷克的作物保护研究所保存了郁金香属的289份材料，波兰的园艺研究所（The Research Institute of Horticulture）收集了450份郁金香属材料（Orlikowska et al., 2018）。

我国辽宁省农业科学院为国内首批获批建设的国家郁金香种质资源库，收集有郁金香种质资源500余份，包括新疆地区野生的郁金香种质资源11个种。

郁金香的园艺栽培品种达8 000多个，常用栽培品种200多个（Qu et al., 2017; Xing et al., 2017; 屈连伟 等, 2016）。现代栽培品种主要来源于早期品种之间的相互杂交或品种与野生种相互杂交。野生种对郁金香的品种演变具有重要贡献。下面是世界上利用较多的郁金香重要野生种：

3.1.1　尖瓣郁金香

Tulipa acuminata Vahl ex Hornem., Hort. Bot. Hafn. 1: 328 (1813).

识别特征：茎秆直立，无毛，中部往下为绿色，靠近花朵的茎渐变为红棕色。株高约50cm。叶片2~7枚，灰绿色，线形至戟形，有些叶缘有皱边，无毛，叶片长约30cm。花单朵顶生，黄色或浅红，常有红色条纹。花瓣细长，略卷曲，基部较宽，向上逐渐变尖，花瓣长约10cm。雄蕊花药前期略带棕红色，散粉后黄色，花丝黄色至白色。花期仲春至晚春。

地理分布：土耳其。

3.1.2　巴塔林郁金香

Tulipa batalinii Regel, Trudy Imp. S.-Peterburgsk.Bot. Sada 10: 688 (1889).

识别特征：鳞茎较小，植株高30~45cm。叶片3~9枚，莲座状，灰绿色，镰刀形，有的叶片呈明显的波浪状，叶长约15cm。花单朵顶生，碗形，亮黄色，有时略带淡红色，花径8cm。花瓣长5cm，宽1.9cm，花瓣基部钝圆，内侧中脉清晰，黄色或黄棕色。雄蕊花药黄色，花丝黄色或深棕色。花期早春至仲春。

地理分布：乌兹别克斯坦。

3.1.3　克鲁氏郁金香（淑女郁金香）

Tulipa clusiana Redouté, Liliac. 1: t. 37(1803).

识别特征：鳞茎直径2~2.5cm，外皮革质，褐色，内有绒毛。植株高约30cm。叶2~5枚，灰绿色，无毛，线形。花单朵顶生，花冠漏斗状，先端尖，有香味，花瓣长约5cm，宽2cm，白色带柠檬黄色，外层花瓣外侧红色，边缘为白色。花朵内侧基部有黑蓝色斑块，柱头小，花药紫色。花期仲春至晚春。为异源多倍体，不结实。克鲁氏郁金香有2个变种：黄花克鲁氏郁金香（*T. clusiana* var. *chrysantha*）和星状克氏郁金香（*T. clusiana* var. *stellata*），两者花瓣均为黄色，前者花药为紫色，后者花药为黄色。

地理分布：伊拉克北部和伊朗到阿富汗喜马拉雅山脉西部（巴基斯坦）。

3.1.4　福氏郁金香

Tulipa fosteriana W. Irving, Gard. Chron. Ⅲ ,39: 322 (1906).

识别特征：鳞茎较大，但鳞茎产籽球数少。植株高15~45cm。叶3枚，少有4枚，宽广平滑，叶缘紫红色，叶长20cm以上，叶宽约10cm。花单朵顶生，鲜红色，花朵内侧基部具有黑色斑块，斑块外沿黄色。花瓣端部圆形，外层花瓣长约10cm，内层花瓣略短，花瓣宽度约为长度的一半。花期早春至仲春。本种抗病毒能力强，常作抗病毒育种的亲本材料。

地理分布：帕米尔山脉、塔吉克斯坦、吉尔吉斯斯坦、乌兹别克斯坦至阿富汗。

3.1.5　郁金香

Tulipa ×gesneriana L., Sp. Pl.: 306 (1753).

识别特征：通常鳞茎较大，鳞茎皮无毛或具较少的绒毛。株高20~50cm。叶片3~4枚，卵形或披针形，顶部逐渐变尖。花瓣长5~10cm。

地理分布：一种栽培的复杂杂交种，归化于法国、意大利、挪威、俄罗斯、西班牙、瑞士和土耳其，是现代郁金香杂种的主要始祖。1753年，林奈将庭园栽培的郁金香都归属于此种名下，也是现在所有栽培郁金香的总称。具有极强的抗逆性和适应自然条件能力，目前，尚无该种的野生种分布记载。

3.1.6　格里郁金香

Tulipa greigii Regel, Gartenflora 22: 290, t.773 (1873).

识别特征：植株高20～45cm。叶3～4枚，叶片阔披针形，长约20cm，宽7～10cm，具有紫褐色长条状斑纹。花单朵顶生，杯形，鲜红色，花瓣内侧基部有黑斑，黑斑外沿亮黄色。花瓣倒卵圆形，先端尖锐。外层花瓣长7cm以上，宽约5cm，盛开时略向后弯曲，内层花瓣不弯曲。花药黄色，花丝黑色或黄色。花期仲春。该种是重要的杂交亲本之一，杂交后代性状与野生种相似，叶片都具有紫褐色长条状斑纹，有的后代花朵具有白色条纹。

地理分布：伊朗东北部、哈萨克斯坦、吉尔吉斯斯坦、塔吉克斯坦、乌兹别克斯坦。

3.1.7　矮花郁金香

Tulipa humilis Herb., Edwards's Bot. Reg.30 (Misc.): 30 (1844).

识别特征：植株高10～20cm。叶片2～5枚，灰绿色，较宽，长约15cm，叶缘常卷曲呈"U"形。花1～3朵，玫瑰粉或深紫色，花瓣内侧基部有黄、粉、黑、紫或蓝色斑块。花瓣长约2.5cm，外层花瓣的外侧常带灰绿色边缘，有黄色、橄榄绿或蓝绿色的条纹，内层花瓣比外层宽。花药黄色、蓝色或紫色，花丝黄色。花期早春。

地理分布：土耳其南部和东南部，阿塞拜疆、黎巴嫩、叙利亚、伊拉克北部、伊朗北部。

3.1.8　考夫曼郁金香

Tulipa kaufmanniana Regel, Gartenflora 26: 194, t. 906 figs 6–11 (1877).

识别特征：鳞茎卵形，中等大小，外皮褐色，内侧有绒毛。植株高15～20cm。叶片3～5枚，灰绿色，叶长约25cm，宽7.5cm。花单朵顶生，近钟形，盛开时呈肥大的星形，有时具有香

味。花朵深黄色，外层花瓣较窄，外侧除边缘外均为红色；内层花瓣宽大，红色部分较少，分布在中底部。花药橘黄色，花丝扁平，亮橙色。花期早春。

地理分布：哈萨克斯坦、吉尔吉斯斯坦、塔吉克斯坦、乌兹别克斯坦。

3.1.9　亚麻叶郁金香

Tulipa linifolia Regel, Trudy Imp. S.-Peterburgsk. Bot. Sada 8: 648, t. 5. (1884).

识别特征：植株高15～30cm。叶片3～9枚，离生，灰绿色，细长，波浪状，叶缘红色。花单朵顶生，碗形，红色，盛开时花径约8cm。花瓣内侧基部有蓝黑色斑块，斑块外沿常为奶油黄色。花瓣长约5cm，宽约1.9cm，花药紫黑色或黄色。花期晚春。

地理分布：伊朗东北部、塔吉克斯坦、阿富汗。

3.1.10　山地郁金香

Tulipa montana Lindl., Bot. Reg. 13: t. 1106 (1827).

识别特征：植株高10～25cm。叶片3～6枚，边缘向上弯曲呈"U"形，灰绿色，长约15cm。花单朵顶生，碗形，花朵朱红色，有黄色变种（_T. montana_ var. _chrysantha_）。花瓣内侧基部偶有黑绿色斑点。花药黄色，花丝红色。花期晚春。

地理分布：土库曼斯坦南部至伊朗。

3.1.11　奥氏郁金香

Tulipa orphanidea Boiss. ex Heldr., Gartenflora11: 309 (1862).

识别特征：植株高12～25cm。叶片浅绿色，2～7枚，两边上翘呈"V"形，长约20cm，叶边缘紫红色。花常1朵，最多可有5朵。花朵盛开时呈松散的星形，青铜橙色或砖红色，花瓣内侧基部有橄榄色斑块。外层花瓣边缘绿色或紫色，花瓣长约5cm，宽约2.5cm，内层花瓣略宽于外层，有时具有黄边。花药深绿色或棕色，花丝绿色或紫色。花期仲春。

地理分布：东巴尔干半岛、保加利亚、希腊、爱琴海群岛、克里特岛、土耳其西部。

3.1.12　多花郁金香

Tulipa praestans H.B.May, Gard. Chron., Ⅲ, 33: 239 (1903).

识别特征：植株高约24cm。叶片2~6枚，两边上翘呈"V"形，常波浪状，灰绿色带绒毛，长约15cm。花通常单生，有时也有多达5朵，花碗状，深橘红色。花药黄色或紫红色，花丝红色基部带黄色斑纹。花期仲春至晚春。

地理分布：塔吉克斯坦。

3.1.13　岩生郁金香

Tulipa saxatilis Sieber ex Spreng., Syst. Veg. 2: 63 (1825).

识别特征：更新鳞茎生于地下横向匍匐茎，外皮黄棕色或淡粉色。植株高15~20cm。叶片2~4枚，线形，无毛，亮绿色，叶长约15cm。花1~4朵，杯形，有香味，粉紫色。花瓣内侧基部有黄色斑块，花瓣长约5cm，宽约2.5cm。花药黄色、紫色或棕色，花丝黄色。花期仲春至晚春。

地理分布：爱琴海群岛南部、克里特岛、土耳其西部，归化于希腊和意大利。

3.1.14　斯普林格郁金香

Tulipa sprengeri Baker, Gard. Chron., Ⅲ, 15: 716 (1894).

识别特征：植株高30~50cm，茎秆无毛。叶片5~6枚，狭长，直立无毛，翠绿色，长约25cm。花单朵顶生，杯形，亮红色或棕红色。外层花瓣顶部翻卷，瓣长约6.3cm，宽1.9cm，内层花瓣较宽，约2.5cm。花药黄色，花丝红色。花期晚春或初夏。该种鳞茎增殖能力弱，但自花结实能力强，种群数量的提升主要通过种子繁殖。

地理分布：土耳其。

3.1.15　林生郁金香

Tulipa sylvestris L., Sp. Pl.: 305 (1753).
Liriopogon sylvestre (L.) Raf., Fl. Tellur. 2: 35 (1837).

识别特征：植株高约45cm。叶2~4枚，两边上翘呈"V"形，有深沟，浅绿色，长约20cm。花单朵顶生，蕾期花朵下垂，开放后直立呈星形，有香味，花径6~8cm。花黄色，外层花瓣外侧有棕绿色或红棕色，花药黄色，柱头较小。花期仲春至晚春。该种较容易栽培。

地理分布：欧洲、北非、中东和俄罗斯。

3.1.16　乌鲁米郁金香

Tulipa urumiensis Stapf, Curtis's Bot. Mag.155: t. 9288 (1932).

识别特征：更新鳞茎生于地下横向匍匐茎茎端。植株高10~15cm。叶片3~7枚，窄长，莲座状，常折叠和带皱边，亮绿色，叶长约15cm。着花1~6朵，星形，花径6cm，花黄色带白色边，外层花瓣外侧有时带红绿色条纹，内层花瓣外侧中部有绿紫色条纹。花朵内侧基部向上至少一半为黄色。雄蕊黄色。花期早春至仲春。

地理分布：伊朗西北部、哈萨克斯坦、吉尔吉斯斯坦。

3.1.17　土耳其斯坦郁金香

Tulipa turkestanica (Regel) Regel, TrudyImp. S.-Peterburgsk. Bot. Sada 3(2): 296 (1875).

识别特征：鳞茎外皮亮红色或紫色。植株高20~30cm，茎秆有毛。叶片2~3枚，线形，灰绿色，长约20cm，宽约2.5cm。着花1~12朵，盛花时呈星形，花朵较小，花径约5cm。花朵白色，外层花瓣外侧为灰绿色或绿粉色，花心具黄色斑块。花药棕色或紫色，花丝橘黄色。花期早春至仲春。

地理分布：吉尔吉斯斯坦、塔吉克斯坦、乌兹别克斯坦。

3.1.18　威登斯基郁金香

Tulipa vvedenskyi Botschantz., Bot. Mater. Gerb. Inst. Bot. Zool. Akad. NaukUzbeksk. S.S.R. 14:3 (1954).

识别特征：植株高20~26cm。叶片4~5枚，无毛，灰绿色，波浪形。花单朵顶生，碗状，较大，鲜红色或橘红色，花心具黄色斑块。花药紫色或黄色，花丝棕色。花期早春至仲春。

地理分布：塔吉克斯坦。

3.2 我国郁金香属植物及分类

郁金香属

Tulipa L. Sp. Pl. ed. 1, 305. 1753; et Gen. Pl. ed. 5, 145. 1754.Type: *Tulipa ×gesneriana* L.

具鳞茎的多年生草本。鳞茎外有多层干的薄革质或纸质的鳞茎皮，外层色深，褐色或暗褐色，内层色浅，淡褐色或褐色，上端有时上延抱茎，内面有伏贴毛或柔毛，较少无毛。茎秆少分枝，直立，无毛或有毛，往往下部埋于地下。叶通常2~4枚，少有5~6枚，有的种最下面一枚基部有抱茎的鞘状长柄，其余的在茎上互生，彼此疏离或紧靠，极少2叶对生，条形、长披针形或长卵形，伸展或反曲，边缘平展或波状。花较大，通常单朵顶生而多少呈花莛状，直立，少数花蕾俯垂，无苞片；花被钟状或漏斗形钟状；花被片6，离生，易脱落；雄蕊6枚，等长或3长3短，生于花被片基部；花药基着，内向开裂；花丝常在中部或基部扩大，无毛或有毛；子房长椭圆形，3室；胚珠多数，成两纵列生于胎座上；花柱明显或不明显，柱头3裂。蒴果椭圆形或近球形，室背开裂。种子扁平，近三角形（图11）。

约150种，产亚洲、欧洲及北非，以地中海至中亚地区为最丰富。我国有15种1变种。

有关郁金香属的形态分类，国内外学者曾作过大量的研究，到目前为止，用于该属属下分类的主要性状见表1。

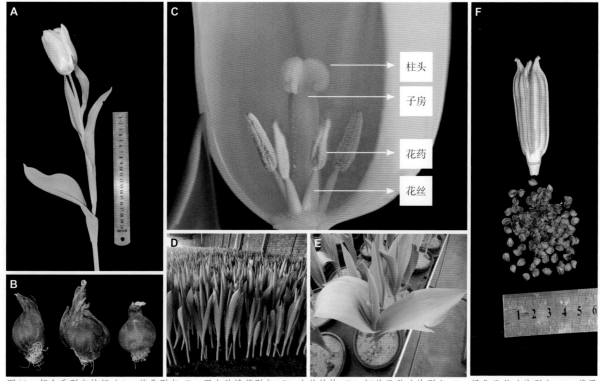

图11 郁金香形态特征（A：花朵形态；B：野生种鳞茎形态；C：小花结构；D：切花品种叶片形态；E：绿化品种叶片形态；F：蒴果和种子形态）（屈连伟 摄）

表1　郁金香属植物的分类性状

郁金香属的重要分类性状	
鳞茎	形状、大小；鳞茎皮的质地、颜色；鳞茎皮是否上延；鳞茎皮内侧毛的有无、分布
地上茎	高度；粗细；颜色；直立或匍匐；是否具毛；是否具分支
叶	叶数、形状、颜色；基生或茎生、对生或互生；叶的伸展方向、叶长；叶缘是否具毛，叶缘是否波浪状；是否具苞叶，苞叶数目、大小及在茎上的着生方式；上下部叶是否同形
花	花数、形状、颜色；花蕾是否下垂；内外花被片形状、大小和颜色以及背面是否条纹；花被片基部是否具斑块、具毛；内外轮雄蕊是否等长；花丝和花药的相对长度、花丝形状、大小和颜色，花丝是否具毛及毛的分布；花药形状、大小和颜色及顶端是否具尖头；子房形状、大小和颜色；花柱有无及长短
果实	形状、大小和颜色；果棱是否突出；是否具喙

中国郁金香属分种检索表

1. 花丝光滑无毛。

  2. 花柱近无或有，但短于子房。

    3. 茎、花梗有毛；花被片黄色，外轮花被片背面有绿色或红色彩纹。

      4. 鳞茎皮内侧全部有毛或基部及上部有毛；上、下部叶的叶形差别大，最下部叶宽大，宽度大多超过上部叶宽的2倍。

        5. 鳞茎皮革质、褐色，上端不上延，内侧基部和顶部有伏毛；蒴果圆筒形，长4～5cm，宽约1.5cm，顶端有喙，喙长4～6mm ·················· 7. 塔城郁金香 T. tarbagalaica

        5. 鳞茎皮纸质、黑褐色，上端常上延，鳞茎皮内侧全部有毛或内侧基部和顶部有伏毛；蒴果三棱形，棱部位向外凸起，果长2～3cm，宽1～2cm，顶端无喙 ···6. 阿尔泰郁金香 T. altaica

      4. 鳞茎皮内侧基部和顶部有伏毛，鳞茎皮黑褐色、薄革质；叶形差别不大，最下部叶宽度不会超过上部叶宽的2倍，叶为条形或条状披针形。

        6. 茎有毛 ··························· 3. 伊犁郁金香 T. iliensis

        6. 茎无毛 ··························· 4. 四叶郁金香 T. tetraphylla

    3. 茎上部及花梗均无毛。

      7. 内外花被片均为黄色，被片背面无其他色彩；鳞茎皮黑褐色、薄革质，内侧上部和基部有伏毛······················· 1. 准噶尔郁金香 T. suaveolens

      7. 花黄色，外花被片背面有绿色、紫红色彩晕。

        8. 花丝基部膨大，从基部向上渐窄 ·················· 2. 迟花郁金香 T. kolpakowskiana

        8. 花丝上部膨大，从上部向基部渐窄。

          9. 鳞茎皮褐色、纸质，上端上延，内侧全部有柔毛，上、下部叶形差别大，最下一枚叶明显宽大，超过上面叶宽的2倍；有明显的多花性状，有花柱，长1.5～2mm ·················· 8. 新疆郁金香 T. sinkiangensis

          9. 鳞茎皮黑褐色、薄革质至近纸质；叶形差别不大，最下部叶宽度不会超过上部叶宽的2倍，叶为条形或条状披针形；花单朵顶生，几乎没有花柱。

            10. 植株高10～15cm，鳞茎直径1～2cm，叶排列紧密，长超过花梗；蒴果较大，长3～4cm，宽2～3cm··················5. 天山郁金香 T. thianschanica

02

10. 植株高15~20cm，鳞茎直径2~4cm，叶排列疏离，长不超过花梗；蒴果较

小，长1.5~2.5cm，宽1.5~2.5cm······················

······················ 5a. 赛里木湖郁金香 T. thianschanica var. sailimuensis

2. 花柱明显，与子房近等长。

11. 叶2枚，互生；鳞茎皮内面上有伏毛；雄蕊3长3短。

12. 鳞茎皮上端上延；花被片圆钝；花药先端无尖头 ········ 12. 单花郁金香 T. uniflora

12. 鳞茎皮上端不上延；花被片先端渐尖；花药顶端有紫黑色尖头 ·············

···················· 13. 异瓣郁金香 T. heteropetala

11. 叶2枚，对生；鳞茎皮内面无毛；雄蕊6枚等长；蒴果窄三棱状，两端渐窄，先端具

长喙，喙长5~7mm ············ 14. 异叶郁金香 T. heterophylla

1. 花丝有毛。

13. 鳞茎皮内面的上部有较密的毛；花被片基部有黄斑；花丝仅基部有毛。

14. 鳞茎皮纸质，内面有伏毛，花药顶端无尖头；蒴果三棱形，有短喙。亚高山植物 ···

···················· 10. 垂蕾郁金香 T. patens

14. 鳞茎皮革质，内面有柔毛，花药顶端有紫黑色小尖头；蒴果无喙近球形。平原荒漠或低

山植物 ···················· 9. 柔毛郁金香 T. biflora

13. 鳞茎皮内面有少数的毛或无毛；花被片基部无黄斑；花丝基部有毛或全部有毛；蒴果

具喙，喙长2~3mm ············ 11. 毛蕊郁金香 T. dasystemon

1. 准噶尔郁金香（图12）

Tulipa suaveolens Roth, Ann. Bot. (Usteri) 10: 44 (1794). Neotype: KAZAKHSTAN. 'Deserta Caspica', *P.S.Pallas s.n.* (BM).(fide Christenhusz et al., 2013).

识别特征：鳞茎皮薄革质，内面上部有伏毛，少数基部有毛。茎长25~35cm，通常1/2埋于地下，无毛。叶片3~4枚，疏离，披针形或条状披针形；最下部1枚较宽。花单朵顶生；内外花被片均黄色，先端有的具尖凸或渐尖，外花被片椭圆形，内花被片长倒卵形；雄蕊等长，花丝无毛，从基部向上逐渐变窄；几无花柱。花期5月。

地理分布：新疆（裕民、托里、新源、伊宁、温泉等地）；克里米亚、哈萨克斯坦、外高加索、伊朗和土耳其邻近地区。生于平原荒漠、草原，海拔900~1 200m。

2. 迟花郁金香

Tulipa kolpakowskiana Regel, Trudy Imp. S.-Peterburgsk. Bot. Sada 5: 266 (1877). Holotype: KAZAKHSTAN. 'In Turkestania prope Wernoje et in valle fluvii Almatinka', *A. Regel s.n.* (LE; possible isotype K). (fide Christenhusz et al., 2013).

识别特征：鳞茎皮黑色，革质，内面上部被毛。茎长10~15cm，有时在顶部弯曲，通常无毛。叶片3~4枚，离生，疏离，线状披针形，通常超过花，宽0.5~1.5cm，无毛，边缘皱波状。花通常单朵顶生，常下垂；花被片黄色，很少为橙红色，略带紫色，长圆形至长圆状菱形，内花被片长圆状披针形；雄蕊等长，花丝无毛，基部渐狭；花柱极短。花期5月。

地理分布：新疆（新源）；哈萨克斯坦、吉尔吉斯斯坦、阿富汗东北部。生于平原荒漠、草原，海拔900~1 200m。

3. 伊犁郁金香（图13）

Tulipa iliensis Regel, Gartenflora 28: 162, pl. 975, f. e-d; 277, pl. 982, f. 4-6 (1879). Lectotype: KYRGYZSTAN. 'Sarybulak', 23iv.1878, *A. Regel s.n.* (P-00730916; Isolectotype BM). (fide Christenhusz et al., 2013).

图12 准噶尔郁金香（A：生境及植株；B：花朵形态；C：雄蕊及雌蕊）（杨宗宗 摄）

识别特征：鳞茎皮黑褐色，薄革质，内面上部和基部有伏毛。茎上部通常有疏或密柔毛，极少无毛。叶片3~4枚，条形或条状披针形，伸展或反曲，边缘平展或呈波状。花单朵顶生；花被片黄色，外花被片背面有绿紫红色、紫绿色或黄绿色色彩，内花被片黄色，花后期颜色变深或呈红色；雄蕊等长，花丝无毛，中部稍扩大，向两端逐渐变窄；几无花柱。蒴果卵圆形。花期4月。

地理分布：新疆（沙湾、新源、尼勒克、巩留、伊宁、奎屯、奇台、阜康、乌鲁木齐、呼图壁、玛纳斯、精河等地）；哈萨克斯坦、吉尔吉斯斯坦。生于平原荒漠、干旱山坡、碎石草地，海拔400~1 100m。

图13　伊犁郁金香（A：生境及植株；B：花形态；C：雄蕊及雌蕊）（杨宗宗　摄）

4. 四叶郁金香（图14）

Tulipa tetraphylla Regel, Trudy Imp. S.-Peterburgsk. Bot. Sada 3(2): 296 (1875). Holotype: KYRGYZSTAN. Turkestaniae in valle Kotschkura, Kaulbars, *Baro s.n.* (LE, not located). (fide Christenhusz et al., 2013)

识别特征：鳞茎皮薄革质，红棕色，内面上部被伏毛。茎长可达20cm，无毛。叶（3）5或7枚，在基部排列紧密，边缘皱波状。花1~4朵；花被片黄色，长圆形至长圆状菱形，在花初期时伸展，后反折，外轮花被片微具紫色，背面带绿色；内轮花被片背面暗绿色；花丝无毛，中部稍扩大，向两端逐渐变窄；几无花柱；蒴果卵圆形。花期4月。

地理分布：新疆（新源、巩留等地）；哈萨克斯坦、吉尔吉斯斯坦。生于干旱山坡、碎石坡地，海拔600~1 000m。

5. 天山郁金香（图15）

Tulipa thianschanica Regel, Trudy Imp. S.-Peterburgsk. Bot. Sada, prepr. 6: 508 (1879).

图 14 四叶郁金香（A：生境及植株；B：全株；C：花梗无毛）（杨宗宗 摄）

Holotype: KYRGYZSTAN. 'In montibus thianschanicis ad fluvium Agias', *A. Regel s.n.* (LE; isotypes: BM, K-000844633). (fide Christenhusz et al., 2013).

识别特征：本种与伊犁郁金香相近，但植株通常矮小，茎长10~15cm，无毛；叶片彼此紧靠而反曲；内花被片有时红色；花丝中上部多少突然扩大，向基部逐渐变窄。花期5月。

地理分布：新疆（巩留、察布查尔、昭苏）；哈萨克斯坦。生于山地草原、石质坡地，海拔1 000~1 800m。

5a. 赛里木湖郁金香（变种）（图16）

Tulipa thianschanica var. *sailimuensis* X. Wei & D.Y.Tan, Acta Phytotax. Sin. 38: 304 (2000). Holotype: CHINA. Xinjiang: Sailimuhu, 31v.1999, *D.Y.Tan & X. Wei 99036* (XJA).(fide Christenhusz et al., 2013).

识别特征：本变种与原变种主要不同在于前者植株高大，高15~25cm；鳞茎大，直径2~4cm；叶排列疏离，长不超过花梗；花朵大，直径6~8cm；蒴果较小，长1.5~2.5cm，宽1.5~2.5cm。

图15　天山郁金香（A：生境及植株；B：花形态；C：雄蕊及雌蕊）（杨宗宗　摄）

图16　赛里木湖郁金香（A：生境及幼苗植株；B：开花植株；C：花形态）（夏宜平、屈连伟 摄）

花期5月。

地理分布：新疆（博乐）。模式标本采自新疆博乐，新疆特有。生于湖边草地，海拔2 100m。

6. 阿尔泰郁金香（图17）

Tulipa altaica Pall. ex Spreng., Syst. Veg., 2: 63 (1825). Type: *P.S.Pallas s.n.*(LE, not located). Ledebour, Ic.Pl. Ross. 2: t. 134 (1830). (fide Christenhusz et al., 2013).

识别特征：鳞茎较大，直径2~3.5cm；鳞茎皮纸质，内面全部有伏毛或中部无毛，上部

上延。茎上部有柔毛。叶片3~4，边缘平展或皱波状，灰绿色，各叶片极不等宽；最下部的披针形或长卵形；上部的条形或披针状条形。花单朵顶生；花被片黄色，外花被片背面绿紫红色，萎凋时颜色变深；雄蕊等长，花丝无毛，从基部向上逐渐变窄；几无花柱。蒴果宽椭圆形。花果期5月。

地理分布：新疆（塔城、额敏、裕民、托里等地）；哈萨克斯坦、俄罗斯。生于山地阳坡、灌丛，海拔1 300~2 600m。

图17　阿尔泰郁金香（A：生境及植株；B：花形态；C：雄蕊及雌蕊）（杨宗宗　摄）

7. 塔城郁金香（图18）

Tulipa tarbagataica D.Y.Tan & X.Wei, Acta Phytotax. Sin. 38: 302 (2000). Holotype: CHINA, Xinjiang: Tacheng, in bushes, 1 200 ~ 1 600m, 13 v. 1996, *D.Y.Tan 9606* (XJA). (fide Christenhusz et al., 2013).

识别特征：鳞茎皮褐色，革质，上端不上延，内侧基部和顶部有伏毛。茎高10～15cm，有毛。叶片3枚，边缘皱波状，无毛，最下面的叶宽披针形，宽度超过上面叶宽的2倍，上面的叶线状披针形。花单朵顶生，钟形；外花被片椭圆状卵形，略锐尖，深黄色，背面青绿色或淡红色，内花被片椭圆形，深黄色；雄蕊6枚，等长；花丝深黄色，无毛，从基部向上逐渐变窄；子房卵状圆筒形；花柱退化，不明显。蒴果矩圆状，顶端稍钝且有喙，喙粗壮。

图18 塔城郁金香（A：生境及植株；B：全株；C：花形态）（屈连伟 摄）

地理分布：新疆（塔城）。生于灌丛，海拔1 200～1 600m。模式标本采自新疆塔城，新疆特有。

8. 新疆郁金香（图19）

Tulipa sinkiangensis Z.M.Mao, Fl. Reipubl. Popularis Sin. 14: 282 (1980). Holotype: CHINA. Xinjiang: Urumqi, 29 iv.1974, *Z. M.Mao et al. 8909* (XJBI). (fide Christenhusz et al., 2013).

识别特征：鳞茎皮纸质，上延，内面有密伏毛，中部毛少或无。茎无毛，偶上部有短柔毛。叶片3，反曲，边缘多少皱波状，上面有毛；下面的1枚叶长披针形或长卵形；上面的2枚较小，先端卷曲或弯曲。花1至多朵，顶生；花被片先端急尖或钝，黄色或暗红色，外花被片矩圆状宽倒披针形，背面紫绿色、暗紫色或黄绿色，内花被片倒卵形，有深色条纹；雄蕊等长，花丝无毛、从

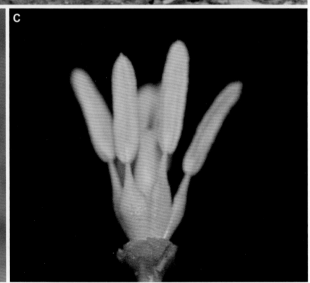

图19 新疆郁金香（A：生境及植株；B：花形态；C：雄蕊及雌蕊）（杨宗宗 摄）

基部向上逐渐扩大，中上部突然变窄，顶端几呈针形；子房狭倒卵状矩圆形。花果期4月。

地理分布：新疆（富蕴、沙湾、伊宁、奎屯、乌鲁木齐、昌吉、呼图壁等地）。生于平原荒漠、石质山坡，海拔1 000~1 300m。模式标本采自新疆乌鲁木齐，新疆特有。

9. 柔毛郁金香（图20）

Tulipa biflora Pall., Reise Russ. Reich. 3: 727 (1776). Lectotype: RUSSIA. 'Habitat ad Wolgam locisdesertis maxime argillosis, "DesertaCaspica"', *Fischer s.n.* (B-W-06559-010); syntypes are present in BM (000528948) and M. (fide Christenhusz et al., 2013).

识别特征：鳞茎皮纸质，稍上延，内面中上部有柔毛。茎通常无毛。叶片2，条形，边缘皱波状。花1~2，顶生；花被片鲜时乳白色，干后淡黄色，基部鲜黄色，先端渐尖，外花被片背面紫

图20　柔毛郁金香（A：生境及植株；B：花形态；C：雄蕊具紫黑色短尖头）（杨宗宗 摄）

绿色或黄绿色，内花被片基部有毛，中央有紫绿色或黄绿色纵条纹；雄蕊3长3短，花丝下部扩大，基部有毛，花药先端有黄色或紫黑色短尖头；花柱极短。蒴果近球形。花期4~5月。

　　地理分布：新疆（富蕴、塔城、裕民、伊宁等地）；马其顿、高加索、土耳其、埃及东部、黎凡特、沙特阿拉伯北部、乌克兰、俄罗斯南部、哈萨克斯坦、吉尔吉斯斯坦、土库曼斯坦、乌兹别克斯坦、阿富汗、伊朗、伊拉克、巴基斯坦北部。生于沙地、荒漠、山坡草地。

10. 垂蕾郁金香（图21）

Tulipa patens C. Agardh, J.J.Roemer & J.A.Schultes, Syst. Veg. ed. 15[bis]. 7: 384 (1829). Type: 'in Sibiria', *Agardh* (LD?). (fide Christenhusz et

图21 垂蕾郁金香（A：幼蕾下垂；B：花形态；C：果实形态）（屈连伟 摄）

al., 2013).

识别特征：鳞茎皮纸质，内面上部多少有伏毛，基部无毛或有毛，上端通常上延。茎无毛。叶片2~3，疏离，条状披针形或披针形。花单朵顶生，花蕾期和凋萎时下垂；花被片白色，先端长渐尖或渐尖，外花被片背面紫绿色或淡绿色，内花被片基部变窄呈柄状，并具柔毛，背面中央有紫绿色或淡绿色纵条纹；雄蕊3长3短，花丝基部扩大，具毛，花药黄色或四周紫黑色；雌蕊比雄蕊短，花柱长1~2mm。蒴果矩圆形。花期4~5月。

地理分布：新疆（塔城、霍城、温泉等地）；哈萨克斯坦、俄罗斯。生于山坡、灌丛，海拔1 400~2 00m。

11. 毛蕊郁金香（图22）

Tulipa dasystemon (Regel) Regel, Trudy Imp. S.-Peterburgsk. Bot. Sada, prepr. 6: 507 (1879).

图22 毛蕊郁金香（A：生境及植株；B：白色花朵形态；C：白色花朵雄蕊与雌蕊；D：黄色花朵形态；E：黄色花朵雄蕊与雌蕊）（杨宗宗 摄）

Holotype: KAZAKHSTAN. 'In Montibus prope Wernoje ad Fluvium Almatinka', *A. Regel* (LE; isotype PRC-454341). (fide Christenhusz et al., 2013).

识别特征：鳞茎皮纸质，内面上部多少有伏毛，很少无毛。茎无毛。叶片2，条形，伸展。花单朵顶生；花被片鲜时乳白色或淡黄色，干后变黄色，外花被片背面紫绿色，内花被片背面中央有紫绿色纵条纹，基部有毛；雄蕊3长3短，花丝全部或仅基部有毛，花药具紫黑色或黄色的短尖头；雌蕊短于或等于短雄蕊；花柱长约2mm。蒴果矩圆形，有较长的喙。花期4月。

地理分布：新疆（察布查尔等地）；哈萨克斯坦、吉尔吉斯斯坦、塔吉克斯坦、乌兹别克斯坦。生于山坡草地、林下、灌丛，海拔1 800～3 200m。

12. 单花郁金香（图23）

Tulipa uniflora (L.) Besser ex Baker, J. Linn. Soc. Bot. 14: 295 (1874). Neotype: RUSSIA. 'In Siberiae montis Sini Sopka', *E. Laxmann* (LE; isoneotype K-000844631). (fide Christenhusz et al., 2013).

识别特征：鳞茎皮呈微黑的褐色，纸质，内面上部具毛。茎10～20cm，无毛。叶2（或3）枚，线状披针形，通常超过花，无毛，绿色，有时在基部、顶端和边缘染有红色。花单朵顶生；花被片黄色，外轮花被片的背面微带紫色、绿色或暗

图23　单花郁金香 *T. uniflora*（A：生境及植株；B：花形态；C：雄蕊及雌蕊）（杨宗宗 摄）

紫色，倒披针形至倒卵形或披针形至长圆形，内轮花被背面具纵向略带紫色的条纹，中心部分为绿色，略宽于外轮；内轮雄蕊稍长于外轮；花丝基部膨大，先端逐渐狭窄，无毛。花柱长约4mm。花期5月。

地理分布：新疆（乌鲁木齐、阿勒泰等地）、内蒙古；哈萨克斯坦、蒙古、俄罗斯。生于灌丛及开阔陡崖，海拔1 200～2 400m。

13. 异瓣郁金香（图24）

Tulipa heteropetala Ledeb., Icon. Pl. Fl. Ross. 1: 21 (1829). Holotype: KAZAKHSTAN. 'Bukhtarminsk et Mont Kurtschum', *C.F.Ledebour s.n.* (LE). (fide Christenhusz et al., 2013).

识别特征：多年生草本。鳞茎皮纸质，内面

图24　异瓣郁金香（A：生境及植株；B：花形态；C：雄蕊及雌蕊）（杨宗宗　摄）

上部有伏毛。茎无毛。叶片2~3，条形，开展，边缘平展。花单朵顶生，黄色；花被片先端渐尖或钝，外花被片背面绿紫色，内花被片基部渐窄成近柄状，背面有紫绿色纵条纹；雄蕊3长3短，花丝中下部扩大，向两端逐渐变窄，无毛，花药先端有紫黑色短尖头；花柱长约4mm。花期5月。

　　地理分布：新疆（阿勒泰、哈巴河、木垒、乌鲁木齐等地）；哈萨克斯坦、俄罗斯。生于灌丛、山坡草地，海拔1 200~2 400m。

14. 异叶郁金香（图25）

Tulipa heterophylla (Regel) Baker, J. Linn. Soc., Bot. 14: 295 (1874).Holotype: CHINA. 'Tienshan: Trens Ui Ala Tau', *Semenow*[1] *s.n.* (LE).(fide Christenhusz et al., 2013).

---

1 = Semenov-Tjan-Schansky, Peter Petrovich von (1827—1914).

图25　异叶郁金香（A：生境及植株；B：全株；C：花形态）（屈连伟 摄）

　　识别特征：多年生草本。鳞茎皮纸质，内面无毛，上端稍上延。叶片2，对生，两叶近等宽，条形或条状披针形。花单朵顶生；花被片黄色，披针形，先端渐尖，外花被片背面紫绿色，内花被片背面中央紫绿色；雄蕊等长，花丝无毛，比花药长5~7倍；雌蕊通常比雄蕊长，子房约等长于花柱。蒴果窄椭圆形，两端逐渐变窄，基部具短柄，顶端有长喙。花期6月。

　　地理分布：新疆（巩留、察布查尔、昭苏、巴里坤等地）；吉尔吉斯斯坦、哈萨克斯坦。生于山坡草地、砾石质山坡，海拔2 100~3 100m。

15. 蒙古郁金香（图26）

Tulipa mongolica Y.Z.Zhao, Novon 13: 277(2003).

　　识别特征：多年生草本。鳞茎卵形，直径1~2cm，皮纸质，深棕色，内表面短柔毛，茎无

图26 蒙古郁金香（A：生境及植株；B：鳞茎；C：雌雄蕊形态）（赵利清、张重岭 摄）

毛。株高10~25cm。叶片2，紧密互生，狭披针形，长8~11cm，通常向外弯曲，两面无毛。花单朵顶生；花被片6，鲜黄色，外花被片狭倒披针形，背面绿紫色；内花被片长圆状倒卵形，内外花被片等长；雄蕊3长3短，花丝黄色，无毛，中下部稍扩大，向两端逐渐变窄，花丝是花药长度的3~5倍，花柱长约1cm。果实为蒴果，顶端有长喙。花期5月，果期6月。

地理分布：仅分布于我国内蒙古东部（赤峰至锡林郭勒）；蒙古国东部也有分布，是郁金香属植物在全球分布最东的一个物种。生于山丘砾石和草原沙地。

4 郁金香的园艺学发展及研究

4.1 郁金香的园艺分类

郁金香拥有超过400年的栽培历史（屈连伟等，2016），经过育种家的不断培育，品种达8 000多个（KAVB，2013）。这些品种有的来源于原种的人工驯化，有的来源于种间杂交，也有的来源于芽变。郁金香是高度杂合体，不同品种之间的系统关系非常复杂。郁金香的类型非常丰富，新类型的品种不断涌现，导致国际上尚未形成统一的分类系统。17世纪初，荷兰植物学家克卢修斯依据开花时间的早晚首创了郁金香分类系统，他把郁金香品种分为3类，分别为早花类、中花类和晚花类。根据花朵颜色，又可将郁金香分为白色系、黄色系、红色系、粉色系、紫色系、绿色系和复色系。根据花朵形状又可分为杯型、碗型、卵型、百合花型、鹦鹉型及重瓣型等。荷兰作为世界上开展郁金香育种最早和产业最发达的国家，在郁金香分类研究方面较为成熟。荷兰皇家球根学会（KAVB）根据郁金香花期、花型、来源等的特性将郁金香分成4大类15个类型（表2）（Orlikowska et al., 2018; 包满珠，2011）。这种分类方法基本能够将常用的郁金香品种区分开来，被绝大多数国家所接受。

4.1.1 早花类（Early Tulips）

（1）单瓣早花型（Single Early, SE）

该类型郁金香又称孟德尔早花型，是促成栽培的主要类型。株高主要集中在15~40cm，花朵高5~7cm，花径8~14cm。花单瓣（6枚），杯型或高脚杯型，花色丰富，有白、粉、红、橙、紫等色。花期在辽宁地区为4月下旬。

（2）重瓣早花型（Double Early, DE）

该类型郁金香花朵似重瓣芍药，植株比单瓣早花型矮小，株高主要集中在15~35cm，花径8~10cm。花重瓣（12枚或更多），杯型，花色以暖色居多，有白、洋红、玫红、鲜红等颜色。花期在辽宁地区为4月下旬。该类型种球繁殖能力强，适合做盆栽和花坛展示，适合促成栽培，最早出现在17世纪，目前已有100多个品种。

4.1.2 中花类（Mid-season Tulips）

（3）达尔文杂交型（Darwin Hybrid，DH）

该类型郁金香生长势健壮，为原种福氏郁金香（*T. fosteriana*）与郁金香（*T. gesneriana*）、考夫曼郁金香（*T. kaufmanniana*）等的杂交后代总称。植株较高，花莛较长，株高集中在60~70cm，花朵高10cm以上。花单瓣（6枚），豪华高脚杯型，花色以鲜红色为主，也有黄、粉、白、紫及复色。花期在辽宁地区为5月上旬。该类型生长势强、适应性强、繁殖力强，大部分的三倍体品种均属于该类型，适合做切花，也适于花坛布置。

（4）凯旋型（Triumph，TR）

凯旋型又名胜利型或喇叭型，最早可追溯到1923年，由单瓣早花型与达尔文杂交型杂交而成。生长势比达尔文杂种型稍弱，株高也略低，集中在45~50cm。花单瓣（6枚），高脚杯型，大而艳丽。花色丰富，从白色、黄色、粉色、红色至深紫色的品种都有。花期在辽宁地区为5月上旬。凯旋型郁金香种球繁殖能力较强，产籽球数量较多，在我国应用面积较大，多数品种适合作切花，可促成栽培，也可作花海展示。

4.1.3 晚花类（Late Tulips）

（5）单瓣晚花型（Single Late, SL）

该类型郁金香群体庞大，包括多个种类和类型。植株高度跨度较大，30~70cm。花单瓣（6枚），花型多，多以大花矩形为主。花色极其丰富，以红、黄色为基调，粉色、白色、紫黑色及双色品种均有。该类型生长期长，一般自然花期较晚，在辽宁地区为5月上中旬。有些品种具有分枝性，即具有多花性状。该类型适合露地栽培，也是优良的切花品种。

（6）百合花型（Lily-Flowered, LF）

百合花型郁金香品种是由荷兰植物爱好者科尔勒于1923年选育而成，其亲本为达尔文郁金香和垂花郁金香。茎秆较弱，株高45~60cm。花单瓣（6枚），花瓣细长，常扭曲，尖端反卷，类似百合花的花瓣。花色丰富，从白色至深蓝紫色品种都有。花期在辽宁地区为5月上中旬。该类型品种繁殖力强，籽球产量高，花期长，是良好的切花品种之一。

（7）边饰型（Fringed, FR）

早期的边饰型郁金香起源于品种芽变。到20世纪60~70年代，才通过人工杂交的方法选育边饰型郁金香。荷兰人撒革（Segers）兄弟在此时期通过种子实生苗，筛选出边饰型郁金香品种30多个。边饰型又名毛边型、褶边型、皱边型、流苏型等。茎秆较壮，株高主要集中在40~60cm。花单瓣（6枚）或重瓣（12枚或更多），花瓣边缘具有不规则的流苏状的褶皱装饰，呈毛刺状、针状或水晶状。花色以红、黄暖色为主，花期在辽宁地区为5月上中旬。该类型品种繁殖力强，适宜作切花和促成栽培。

（8）绿花型（Viridiflora, VF）

绿花型郁金香栽培历史悠久，早在1700年就有栽培，但此类型品种不多，仅有20多个。株高主要集中在30~50cm。花单瓣（6枚）或重瓣（12枚或更多），花瓣上带有部分绿色，通常瓣脊中线部为绿色或带绿色条纹，也有个别品种全花都是绿色。叶片较短，花期较长，花期在辽宁地区为5月上中旬。多数品种适合盆栽，少数品种可作切花栽培。

（9）伦布朗型（Rembrandt, RE）

该类型在17世纪荷兰郁金香狂热时期非常盛行，当时带各种不同色彩条纹的花瓣，是由郁金香碎色病毒（TBV）导致。而现代栽培的伦布朗型郁金香品种的花瓣特性稳定，并非由病毒引起。株高集中在40~70cm。花单瓣（6枚），花瓣的底色通常为白色、黄色或红色，并带有粉红色、红色、褐色、青铜色、黑色或紫色的条纹或斑块。花期在辽宁地区为5月上中旬。该类型的茎秆较弱，花朵较大，因此不适合在露地栽培。通常在设施条件下栽培，可作切花生产。

（10）鹦鹉型（Parrot, PA）

该类型具有较长的栽培历史，最早出现在1620年，来源于各个类型品种大花被片芽变。株高集中在30~60cm。花单瓣（6枚）或重瓣（12枚或更多），花被裂片较宽，排列有序，花瓣带流苏、卷曲扭转、向外伸展，形状似鹦鹉的羽毛，花蕾期形状似鹦鹉的嘴，因此而得名。颜色较为丰富，从白色、黄色、红色到紫色的品种都有，常双色。花期在辽宁地区为5月中旬。目前应用的品种多由达尔文杂交型和胜利型品种芽变而来，适应性较强，繁殖力也较强。

（11）重瓣晚花型（Double Late, DL）

又称牡丹花型，早期品种茎秆柔弱，常导致花蕾下垂。株高集中在45~60cm。花重瓣（12枚或更多），呈芍药、牡丹花花型。花期在辽宁地区为5月中旬。目前，应用的品种花茎竖立坚实，适宜作切花。该类型种球繁殖能力较强，产生籽球数量较多。

4.1.4 原种类及其他种（Species and Other Species）

（12）考夫曼型（Kaufmanniana, KA）

又称土耳其斯坦型，包括土耳其斯坦郁金香与其他类型郁金香的杂交种。株高集中在15~25cm，叶片平展，常有暗绿紫色斑驳或有条纹。花单瓣（6枚），花型丰富，花期较长，常见多头花。花色丰富，有白、黄、红、紫红、橙红等，花瓣外侧常带有明亮的深红色。该类型开花极早，花期在辽宁地区为4月中旬。该类型繁殖能力弱，但抗病能力强，适合作盆花栽培。

（13）福斯特型（Fosteriana, FO）

又称福氏郁金香，包括福斯特型及与其他原种和其他类型杂交的后代品种。花莛长度中等偏矮，株高集中在40~65cm，叶片宽大，颜色多为灰绿色或暗绿色，有时带紫色条纹或斑点。花朵大，花瓣较长，花色较丰富，白色经黄色至粉色或暗红色的品种都有，有时具彩缘或火焰纹花心。花期早，在辽宁地区花期为4月下旬。

（14）格里型（Greigii, GR）

又称格里克型，包括所有与格里郁金香的杂交种、亚种、变种，性状都与格里型郁金香相似。株高集中在30～50cm，多数叶片宽大，并弯向地面，通常带有紫色条纹或斑纹。花型不一，花瓣背面通常具有红色斑块。花期在辽宁地区为4月下旬。

（15）其他种（Other Species, OS）

上述分类方法中没有包括的原种、变种及由它们演变而来的品种。这些品种植株高度差异很大，高低均有。花型不一、花色丰富。花期较早或偏中，多数品种花期在辽宁地区为4月下旬。该类型品种可作切花、盆花、园林布置应用。该类型品种的种植数量较少，但因他们具有独一无二的特征，如辽宁省农业科学院选育的'丰收季节'（'Harvest Time'）具有多花性状、'和平时代'（'Peacetime'）具有很强的综合抗性、'幸运之星'（'Star of Xing Yun'）具有非常好的适应性。

表2　郁金香的园艺分类体系

早花类 Early Tulips	单瓣早花型 Single early（SE） 重瓣早花型 Double early（DE）
中花类 Mid-season Tulips	凯旋型 Triumph（TR） 达尔文杂交型 Darwin hybrids（DH）
晚花类 Late Tulips	百合花型 Lily-flowered（LF） 单瓣晚花型 Single late（SL） 边饰型 Viridiflora（VI） 伦布朗型 Rembrant（RE） 鹦鹉型 Parrot（PA） 重瓣晚花型 Double late（DL） 绿花型 Viridiflora（VI）
原种类及其他种 Species and Other Species	考夫曼型 Kaufmanniana（KA） 福斯特型 Fosteriana（FO） 格里氏型 Griegi（GR） 其他种 Other Species（OS）

4.2　主要栽培品种

郁金香栽培历史悠久，品种达8 000多个，每年还有100多个新品种陆续被育种家选育出来。这些品种有的来源于原种的人工驯化，有的来源于种间杂交，也有的来源于芽变。中国自主选育的品种有21个，正处于推广应用的初期（表3）。目前，中国郁金香产业应用的主要是国外品种，近300个（表4）。

表3　中国自主选育的郁金香品种

序号	类型	类型（中文）	中文名	英文名	颜色	选育单位	选育方法
1	TR	凯旋型	紫玉	Purple Jade	紫色	辽宁省农业科学院花卉研究所	人工杂交
2	DH	达尔文杂交型	黄玉	Yellow Jade	黄色	辽宁省农业科学院花卉研究所	芽变
3	VF	绿花型	金丹玉露	Jindanyulu	黄外侧有绿斑	辽宁省农业科学院花卉研究所	人工杂交
4	LF/FR	百合花型/边饰型	月亮女神	Moon Angel	白色	辽宁省农业科学院花卉研究所	人工杂交
5	OS	其他种	丰收季节	Harvest Time	黄色	辽宁省农业科学院花卉研究所	野生种人工驯化
6	OS	其他种	和平时代	Peacetime	黄棕绿色条纹	辽宁省农业科学院花卉研究所	野生种人工驯化
7	OS	其他种	幸运之星	Star of Xing Yun	黄紫红色条纹	辽宁省农业科学院花卉研究所	野生种人工驯化
8	OS	其他种	伊犁之春	Spring of Ili	黄粉红色条纹	辽宁省农业科学院花卉研究所	野生种人工驯化
9	OS	其他种	金色童年	Golden Childhood	黄色	辽宁省农业科学院花卉研究所	野生种人工驯化

（续）

序号	类型	类型（中文）	中文名	英文名	颜色	选育单位	选育方法
10	OS	其他种	心之梦	Hearts Dream	白色黄心	辽宁省农业科学院花卉研究所	野生种人工驯化
11	OS	其他种	银星	Silver Star	白色黄心	辽宁省农业科学院花卉研究所	野生种人工驯化
12	DE	重瓣早花型	丹素	Dan Su	粉白色	辽宁省农业科学院花卉研究所	人工杂交
13	TR	凯旋型	红颜	Hong Yan	粉红	辽宁省农业科学院花卉研究所	人工杂交
14	TR	凯旋型	粉霞	Fen Xia	粉色	辽宁省农业科学院花卉研究所	人工杂交
15	TR	凯旋型	贵妃红	Gui Fei Hong	粉红	辽宁省农业科学院花卉研究所	人工杂交
16	TR	凯旋型	红妆	Hong Zhuang	黄红	辽宁省农业科学院花卉研究所	人工杂交
17	TR	凯旋型	紫霞仙子	Zi Xia Xian Zi	紫色	辽宁省农业科学院花卉研究所	人工杂交
18	TR	凯旋型	雪域湘妃	Xue Yu Xiang Fei	白红	辽宁省农业科学院花卉研究所	人工杂交
19	DE	重瓣早花型	黄牡丹	Huang Mu Dan	黄色	辽宁省农业科学院花卉研究所	人工杂交
20	FR	边饰型	上农早霞	Shangnong Zaoxia	红色	上海交通大学	芽变
21	FR	边饰型	上农粉霞	Shangnong Fenxia	粉红色	上海交通大学	芽变

表4　中国进口的主要郁金香品种

序号	分类	类型	类型（中文）	中文名（曾用名）	英文名	颜色
1		SE	单瓣早花型	啊芙可（阿夫可）	Aafke	紫
2		SE	单瓣早花型	糖果王子	Candy Prince	白
3		SE	单瓣早花型	开普敦	Cape Town	黄
4		SE	单瓣早花型	圣诞梦（圣诞之梦）	Christmas Dream	紫
5		SE	单瓣早花型	圣诞珍珠	Christmas Pearl	粉
6		SE	单瓣早花型	紫衣王子	Purple Prince	紫
7		SE	单瓣早花型	阳光王子（快乐公主）	Sunny Prince	黄
8		SE	单瓣早花型	白色王子	White Prince	白
9		SE	单瓣早花型	黄色复兴	Yellow Revival	黄
10	早花类	DE	重瓣早花型	阿芭（阿巴）	Abba	红
11		DE	重瓣早花型	阿韦龙	Aveyron	粉紫
12		DE	重瓣早花型	哥伦布	Columbus	黄
13		DE	重瓣早花型	交火	Crossfire	红
14		DE	重瓣早花型	迪奥	Dior	粉
15		DE	重瓣早花型	重瓣普莱斯（双重价格）	Double Price	紫
16		DE	重瓣早花型	闪点	Flash Point	紫
17		DE	重瓣早花型	狐步舞	Foxy Foxtrot	粉
18		DE	重瓣早花型	拉尔戈	Largo	红
19		DE	重瓣早花型	神奇的价格	Magic Price	红
20		DE	重瓣早花型	玛格丽塔（马格瑞特）	Margarita	紫

（续）

序号	分类	类型	类型（中文）	中文名（曾用名）	英文名	颜色
21		DE	重瓣早花型	玛丽乔	Marie Jo	黄
22		DE	重瓣早花型	蒙泰拉	Monsella	黄
23		DE	重瓣早花型	蒙特卡洛	Monte Carlo	黄
24		DE	重瓣早花型	橙色蒙特	Monte Orange	橙
25		DE	重瓣早花型	维罗纳	Verona	白
26		DH	达尔文杂交型	阿德瑞姆（大王子）	Ad Rem	橙
27		DH	达尔文杂交型	美国梦	American Dream	橙
28		DH	达尔文杂交型	阿波罗（阿普多美、阿帕尔顿）	Apeldoorn	红
29		DH	达尔文杂交型	阿波罗精华	Apeldoorn's Elite	粉黄
30		DH	达尔文杂交型	杏色印记	Apricot Impression	橙
31		DH	达尔文杂交型	班雅（巴尼亚卢克）	Banja Luka	黄色红边
32		DH	达尔文杂交型	美丽阿波罗	Beauty of Apeldoorn	黄
33		DH	达尔文杂交型	领袖（大首领）	Big Chief	橙
34		DH	达尔文杂交型	羞涩阿波罗（阿帕尔顿）	Blushing Apeldoorn	黄
35		DH	达尔文杂交型	现金	Cash	橙
36		DH	达尔文杂交型	征服者	Conqueror	黄
37		DH	达尔文杂交型	大都会	Cosmopolitan	粉
38		DH	达尔文杂交型	达维橙（画橙色）	Darwiorange	橙
39		DH	达尔文杂交型	达维雪（达维斯）	Darwisnow	白
40		DH	达尔文杂交型	达维设计	Darwidesign	红
41		DH	达尔文杂交型	白日梦	Daydream	橙
42		DH	达尔文杂交型	构思的印记	Design Impression	粉
43		DH	达尔文杂交型	重瓣公主（复瓣公主）	Double Princess	粉
44	中花类	DH	达尔文杂交型	埃斯米	Esmee	橙
45		DH	达尔文杂交型	培育之王	Fotery King	红
46		DH	达尔文杂交型	保证人	Garant	黄
47		DH	达尔文杂交型	金阿波罗（阿帕尔顿）	Golden Apeldoorn	黄
48		DH	达尔文杂交型	金牛津	Golden Oxford	黄
49		DH	达尔文杂交型	金检阅	Golden Parade	黄
50		DH	达尔文杂交型	哈库	Hakuun	白
51		DH	达尔文杂交型	格鲁特	Jaap Groot	黄
52		DH	达尔文杂交型	拉利贝拉（红灯笼）	Lalibela	红
53		DH	达尔文杂交型	神秘范伊克（神秘的范埃克）	Mystic van Eijk	粉
54		DH	达尔文杂交型	新泻	Niigata	粉
55		DH	达尔文杂交型	奥利奥斯（奥莉斯）	Ollioules	粉白
56		DH	达尔文杂交型	奥运火焰	Olympic Flame	黄
57		DH	达尔文杂交型	橙色范伊克	Orange van Eijk	橙
58		DH	达尔文杂交型	奥纳	Orania	橙
59		DH	达尔文杂交型	牛津	Oxford	红
60		DH	达尔文杂交型	牛津精华	Oxford's Elite	橙
61		DH	达尔文杂交型	牛津奇迹	Oxford Wonder	黄
62		DH	达尔文杂交型	检阅	Parade	红
63		DH	达尔文杂交型	粉色印记	Pink Impression	粉

（续）

序号	分类	类型	类型（中文）	中文名（曾用名）	英文名	颜色
64		DH	达尔文杂交型	红色印记（红色印象）	Red Impression	红
65		DH	达尔文杂交型	肉色印记	Salmon Impression	粉
66		DH	达尔文杂交型	克劳斯王子（普林斯老人）	Prins Claus	橙黄
67		DH	达尔文杂交型	杏色范伊克（肉色范伊克）	Salmon van Eijk	粉
68		DH	达尔文杂交型	奥古斯汀（奥古斯汀乌斯）	Ton Augustinus	红
69		DH	达尔文杂交型	技巧	Trick	粉
70		DH	达尔文杂交型	范伊克	van Eijk	红
71		DH	达尔文杂交型	世界和平	World Peace	黄粉
72		DH	达尔文杂交型	世界真爱（人见人爱，王子）	World's Favorite	红
73		DH	达尔文杂交型	世界之火	World's Fire	红
74		TR	凯旋型	阿尔加维	Algarve	粉白
75		TR	凯旋型	雪铁龙	Andre Citroen	红色黄边
76		TR	凯旋型	南极洲	Antarctica	白
77		TR	凯旋型	阿玛尼	Armani	黑色白边
78		TR	凯旋型	旭日	Asahi	橙
79		TR	凯旋型	浅蓝	Baby Blue	紫
80		TR	凯旋型	梭鱼	Baracuda	紫
81		TR	凯旋型	巴塞罗娜	Barcelona	粉
82		TR	凯旋型	巴雷阿尔塔	Barre Alta	粉
83		TR	凯旋型	美丽潮流	Beautytrend	白
84		TR	凯旋型	示爱	Ben Van Zanten	粉
85		TR	凯旋型	波瑞亚之梦（波尔朵斯梦）	Bolroyal Dream	红
86		TR	凯旋型	蜂蜜（皇家蜂蜜）	Bolroyal Honey	黄
87		TR	凯旋型	波旁街	Bourbon Street	红
88		TR	凯旋型	伯斯特	Buster	红黄
89		TR	凯旋型	卡拉克（卡拉克里尔，人物）	Caractere	黄
90		TR	凯旋型	里约嘉年华（里约狂欢节）	Carnival de Rio	红白
91		TR	凯旋型	卡罗拉	Carola	粉红
92		TR	凯旋型	云霄	Cartago	红
93		TR	凯旋型	谢拉德（夏利）	Charade	橙
94		TR	凯旋型	干杯	Cheers	黄
95		TR	凯旋型	巡回	Circuit	粉
96		TR	凯旋型	展会	Copex	紫
97		TR	凯旋型	奶色旗帜	Creme Flag	白
98		TR	凯旋型	德耳塔女王	Deltaqueen	红白
99		TR	凯旋型	白色水流	Denise	白
100		TR	凯旋型	丹麦	Denmark	红黄
101		TR	凯旋型	终点	Destination	紫
102		TR	凯旋型	多米尼克	Dominiek	红
103		TR	凯旋型	唐吉坷德	Don Quichotre	紫
104		TR	凯旋型	道琼斯	Dow Jones	红黄
105		TR	凯旋型	王朝	Dynasty	粉白
106		TR	凯旋型	逃离（逃逸、逃脱）	Escape	红

（续）

序号	分类	类型	类型（中文）	中文名（曾用名）	英文名	颜色
107		TR	凯旋型	爱斯基摩首领（爱斯基摩领袖）	Eskimo Chief	白
108		TR	凯旋型	火焰旗帜（燃烧的旗帜）	Flaming Flag	白
109		TR	凯旋型	友谊	Friendship	黄
110		TR	凯旋型	加布里埃	Gabriella	紫白
111		TR	凯旋型	雄鹅狂想曲	Gander's Rhapsody	粉白
112		TR	凯旋型	格丽特	Gerrit van der Valk	红黄
113		TR	凯旋型	布里吉塔	Golden Brigitra	黄
114		TR	凯旋型	完美（盛大完美）	Grand Perfection	黄红条纹
115		TR	凯旋型	幸福一代	Happy Generation	红白
116		TR	凯旋型	汉尼	Hennie van der Most	红黄
117		TR	凯旋型	隐士生活	Hermitage	红
118		TR	凯旋型	荷兰美人	Holland Beauty	紫白
119		TR	凯旋型	荷兰女王	Holland Queen	红黄
120		TR	凯旋型	法国之光	Ile de France	红
121		TR	凯旋型	橙色之光	Ile de Orange	红
122		TR	凯旋型	杰克斑点	Jackpot	紫色白边
123		TR	凯旋型	赛格内特（塞涅特、简·赛格内特）	Jan Seignetre	红黄
124		TR	凯旋型	杨范内斯	Jan van Ness	黄
125		TR	凯旋型	吉米	Jimmy	橘红
126		TR	凯旋型	朱迪斯（柔道）	Judith Leyster	粉
127		TR	凯旋型	粉巨人（巨粉）	Jumbo Pink	紫
128		TR	凯旋型	克斯奈利斯	Kees Nelis	红黄
129		TR	凯旋型	凯利	Kelly	红白
130		TR	凯旋型	黄小町	Kikomachi	黄
131		TR	凯旋型	橙色帝王	King's Orange	橙
132		TR	凯旋型	功夫	Kung Fu	红白
133		TR	凯旋型	拉曼查	La Mancha	红白
134		TR	凯旋型	玛格特小姐	Lady Margot	黄
135		TR	凯旋型	范伊克夫人	Lady van Eijk	粉
136		TR	凯旋型	劳拉	Laura Fygi	红
137		TR	凯旋型	瓦文萨	Lech Walesa	粉白
138		TR	凯旋型	琳玛克	Leen van der Mark	红白
139		TR	凯旋型	浅粉王子	Light Pink Prince	粉
140		TR	凯旋型	丁香杯	Lilac Cup	淡紫色
141		TR	凯旋型	粉丁香杯	Lilac Cup Pink	粉紫
142		TR	凯旋型	芒果魅力	Mango Charm	粉
143		TR	凯旋型	马斯卡拉	Mascara	紫
144		TR	凯旋型	比赛	Match	红黄
145		TR	凯旋型	别致米奇	Mickey Chic	粉
146		TR	凯旋型	米尔德里德	Mildred (Hotshot)	红
147		TR	凯旋型	优雅小姐	Miss Elegance	粉
148		TR	凯旋型	情人（女能人）	Mistress	紫
149		TR	凯旋型	小黑人	Negrita	黑紫

序号	分类	类型	类型（中文）	中文名（曾用名）	英文名	颜色
150		TR	凯旋型	新构思	New Design	粉
151		TR	凯旋型	忍者	Ninja	红
152		TR	凯旋型	橙色卡西尼	Orange Cassini	红
153		TR	凯旋型	橙汁	Orange Juice	橙
154		TR	凯旋型	橙色忍者	Orange Ninja	橙
155		TR	凯旋型	波尔卡（培奇波尔卡）	Page Polka	白底粉边
156		TR	凯旋型	帕拉达	Pallada	紫
157		TR	凯旋型	检阅设计	Parade Design	红
158		TR	凯旋型	热情	Passionale	紫
159		TR	凯旋型	佩斯巴斯	Pays Bas	白
160		TR	凯旋型	北京	Peking	红
161		TR	凯旋型	粉旗（粉色旗帜）	Pink Flag	紫
162		TR	凯旋型	歌星	Pop Star	红黄
163		TR	凯旋型	凯萨琳娜公主（凯萨琳娜阿马利亚公主）	Prinses Catharina Amalia	橘黄
164		TR	凯旋型	紫色梦	Purple Dream	蓝
165		TR	凯旋型	紫旗	Purple Flag	紫
166		TR	凯旋型	紫衣女士（紫色少女、紫衣女人）	Purple Lady	紫
167		TR	凯旋型	红色乔其纱	Red Georgette	紫
168		TR	凯旋型	红色标签	Red Label	红
169		TR	凯旋型	红灯	Red Light	红
170		TR	凯旋型	红马克	Red Mark	红
171		TR	凯旋型	红力量	Red Power	红
172		TR	凯旋型	救援	Rescue	橙
173		TR	凯旋型	罗马帝国	Roman Empire	红白
174		TR	凯旋型	罗纳尔多	Ronaldo	黑
175		TR	凯旋型	罗莎莉	Rosalie	粉
176		TR	凯旋型	皇家十号	Royal Ten	淡紫色
177		TR	凯旋型	皇家少女（贵族圣洁）	Royal Virgin	白
178		TR	凯旋型	雪莉	Shirley	紫
179		TR	凯旋型	雪夫人	Snow Lady	白
180		TR	凯旋型	滑雪板（雪球）	Snowboard	白
181		TR	凯旋型	弹簧	Spryng	红
182		TR	凯旋型	春潮	Spryng Tide	粉
183		TR	凯旋型	条旗	Striped Flag	–
184		TR	凯旋型	烈火	Strong Fire	红
185		TR	凯旋型	纯金	Strong Gold	黄
186		TR	凯旋型	纯爱（暖爱、强烈的爱）	Strong Love	红
187		TR	凯旋型	屈服	Surrender	红
188		TR	凯旋型	施华洛世奇	Swarovski	粉
189		TR	凯旋型	甜玫瑰	Sweet Rosy	紫
190		TR	凯旋型	西内德阿莫（辛纳达的爱、斯纳达之爱）	Synaeda Amor	粉
191		TR	凯旋型	蓝色斯纳达（丝芙兰、蓝色西内德）	Synaeda Blue	紫

（续）

序号	分类	类型	类型（中文）	中文名（曾用名）	英文名	颜色
192		TR	凯旋型	高筒靴	Thijs Boots	粉
193		TR	凯旋型	永恒	Timeless	红
194		TR	凯旋型	多巴哥岛	Tobego	红
195		TR	凯旋型	汤姆（唐布什）	Tom Pouce	黄粉
196		TR	凯旋型	三A（郁金香A）	Triple A	红
197		TR	凯旋型	独特法国	Unique de France	红
198		TR	凯旋型	富兰迪（维兰迪、瓦伦迪）	Verandi	红
199		TR	凯旋型	维肯	Viking	红
200		TR	凯旋型	华盛顿	Washington	黄
201		TR	凯旋型	白梦	White Dream	白
202		TR	凯旋型	白色王朝	White Dynasty	白
203		TR	凯旋型	白旗（白色旗帜）	White Flag	白
204		TR	凯旋型	白色飞行	White Flight	白
205		TR	凯旋型	白色奇迹	White Marvel	白
206		TR	凯旋型	金色飞翔	Yellow Flight	黄
207		TR	凯旋型	横滨	Yokohama	黄
208		SL	单瓣晚花型	安娜康达	Annaconda	红
209		SL	单瓣晚花型	安托内特	Antoinette	黄
210		SL	单瓣晚花型	阿维尼翁	Avignon	红
211		SL	单瓣晚花型	大笑（微笑）	Big Smile	黄
212		SL	单瓣晚花型	羞涩美人	Blushing Beauty	黄紫
213		SL	单瓣晚花型	羞涩淑女（脸红夫人）	Blushing Lady	黄紫
214		SL	单瓣晚花型	酒红花边	Burgundy Lace	紫
215		SL	单瓣晚花型	糖果俱乐部	Candy Club	白
216		SL	单瓣晚花型	圣诞颂歌	Christmas Carol	红
217		SL	单瓣晚花型	温哥华	City of Vancouver	白
218		SL	单瓣晚花型	净水	Clearwater	白
219		SL	单瓣晚花型	色彩奇观	Colour Spectacle	红黄
220		SL	单瓣晚花型	多多尼（多多哥）	Dordogne	橙粉
221	晚花类	SL	单瓣晚花型	帝王血（国王血）	Kingsblood	红
222		SL	单瓣晚花型	莫林	Maureen	白
223		SL	单瓣晚花型	曼顿（门童）	Menton	粉
224		SL	单瓣晚花型	慕斯卡黛（米斯卡代）	MuscaDE	黄
225		SL	单瓣晚花型	粉钻石	Pink Diamond	粉
226		SL	单瓣晚花型	夜皇后	Queen of Night	黑
227		SL	单瓣晚花型	罗杜梅迪	Roi Du Midi	黄
228		SL	单瓣晚花型	美丽神殿	Temple of Beauty	红
229		SL	单瓣晚花型	丰田	Toyota	红白
230		SL	单瓣晚花型	世界表达	World Expression	红黄
231		DL	重瓣晚花型	安琪莉可	Angelique	白
232		DL	重瓣晚花型	天使希望	Angels Wish	白
233		DL	重瓣晚花型	黑英雄	Black Hero	黑
234		DL	重瓣晚花型	蓝宝石	Blue Diamond	紫

序号	分类	类型	类型（中文）	中文名（曾用名）	英文名	颜色
235		DL	重瓣晚花型	蓝色眼镜	Blue Spectacle	紫
236		DL	重瓣晚花边饰型	布雷斯特	Brest	粉白
237		DL	重瓣晚花型	新星	Creme Upstar	奶白
238		DL	重瓣晚花型	重瓣旗帜	Double Flag	紫
239		DL	重瓣晚花型	重瓣优（双面你）	Double You	紫
240		DL	重瓣晚花型	鼓乐队	Drumline	紫红
241		DL	重瓣晚花型	奶奶奖励（祖母奖励）	Granny Award	橘黄
242		DL	重瓣晚花型	亚拉巴马	Huntsville	红
243		DL	重瓣晚花型	冰激凌	Ice Cream	粉白
244		DL	重瓣晚花型	凯撒大帝	Julius Caesar	红
245		DL	重瓣晚花型	米兰达	Miranda	红
246		DL	重瓣晚花型	塔科马山	Mount Tacoma	白
247		DL	重瓣晚花型	重瓣小黑人	Negrita Double	黑紫
248		DL	重瓣晚花型	粉红迷情	Pink Magic	粉
249		DL	重瓣晚花边饰型	昆士兰	Queensland	粉白穗
250		DL	重瓣晚花型	阳光爱人（太阳的情人）	Sun Lover	黄
251		DL	重瓣晚花型	俏唇（上唇）	Toplips	红白
252		DL	重瓣晚花型	超粉（粉红女郎、至粉）	Up Pink	粉
253		DL	重瓣晚花型	超越星空	Upstar	粉
254		DL	重瓣晚花型	维克	Voque	粉
255		DL	重瓣晚花型	黄绣球（黄色小蛋糕）	Yellow Pompenette	黄
256		FO	福斯特型	杏色帝王	Apricot Emperor	橙绿
257		FO	福斯特型	烛光	Candela	黄
258		FO	福斯特型	金色普瑞斯玛	Golden Purissima	黄
259		FO	福斯特型	胡安	Juan	红
260		FO	福斯特型	莱弗伯夫人	Madame Lefeber	红
261		FO	福斯特型	橙色皇帝（橙色帝王）	Orange Emperor	橙
262		FO	福斯特型	普瑞斯玛	Purissima	白
263		FO	福斯特型	黄普瑞斯玛	Yellow Purissima	黄
264		FO	福斯特型	甜心	Sweetheart	黄
265		FR	边饰型	水晶美人	Crystal Beauty	红
266		FR	边饰型	水晶星（水晶之星）	Crystal Star	黄
267		FR	边饰型	法比奥	Fabio	红黄穗
268		FR	边饰型	花式褶边（花式）	Fancy Frills	粉
269		FR	边饰型	兰巴达（舞蹈）	Lambada	红
270		FR	边饰型	劳尔	Louvre	粉
271		FR	边饰型	马甲	Maja	粉
272		LF	百合花型	阿拉丁	Aladdin	红
273		LF	百合花型	叙事曲	Ballade	紫
274		LF	百合花型	克里斯蒂娜	Christina van Kooten	粉
275		LF	百合花型	克劳迪娅	Claudia	紫
276		LF	百合花型	端庄小姐	Elegant Lady	黄
277		LF	百合花型	火红的俱乐部	Flaming Club	红白

（续）

序号	分类	类型	类型（中文）	中文名（曾用名）	英文名	颜色
278		LF	百合花型	玛里琳	Marilyn	红白
279		LF	百合花型	麻将	Marjan	粉
280		LF	百合花型	美丽爱情（爱日照耀）	Pretry Love	红
281		LF	百合花型	漂亮女人（靓丽女士）	Pretry Woman	红
282		LF	百合花型	札幌	Sapporo	白
283		LF	百合花型	三雅（三个孩子）	Tres Chic	白
284		PA	鹦鹉型	虚张声势	Blumex Favourite	橙红
285		PA	鹦鹉型	火焰鹦鹉	Flaming Parrot	红黄白
286		PA	鹦鹉型	美丽鹦鹉	Libretro Parrot	紫白
287		PA	鹦鹉型	鹦鹉小黑人	Negrita Parrot	黑紫
288		PA	鹦鹉型	国泰民安	Parrot Prince	紫
289		PA	鹦鹉型	翠亚公主	Prinses Irene Parkiet	红绿
290		PA	鹦鹉型	洛可可	Rococo	红
291		PA	鹦鹉型	坦卡凯勒	Tancu Çiller	红
292		PA	鹦鹉型	横滨鹦鹉（洋子鹦鹉）	Yoko Parrot	黄
293		VF	绿花型	红春绿	Red Springgreen	红
294		VF	绿花型	春绿（春之绿）	Spring Green	绿
295		VF	绿花型	破春	Spryng Break	红白
296		VF	绿花型	黄春之绿	Yellow Springgreen	黄

4.3　郁金香属的园艺研究

人们通常所说的郁金香是指郁金香属植物及其杂种的总称。其花大而艳丽、颜色丰富、类型多样，深受世界人民的喜爱，享有"世界花后"的美誉，是荷兰、土耳其、匈牙利、哈萨克斯坦等国家的国花（Orlikowska et al., 2018）。郁金香也被赋予博爱、体贴、高雅、富贵、聪颖、纯洁、善良和无尽的爱等涵义。在商业上，郁金香是极其重要的观赏花卉，被广泛应用于切花、盆花、园林绿化和花海、花境。在世界范围内，各大洲均有郁金香生产栽培，其中，荷兰、日本、美国、加拿大等国家的郁金香科研和产业较为发达。荷兰是世界上在郁金香育种方面最有影响力、郁金香生产面积最大的国家，约占世界生产面积的88%。在荷兰国内，郁金香产销量也居球根花卉之首，排在第2位和第3位的分别是百合和水仙。日本的郁金香产销量排在第2位，但总量不足荷兰的1/3（Orlikowska et al., 2018）。

我国郁金香的引进和试种起始于20世纪80年代初期，到80年代中后期开始批量引种和栽培，1988年郁金香在西安首次栽培成功，并在西安植物园举办了我国首次郁金香花展（过元炯 等，1991；李瑞华 等，1987；孟小雄，1989）。郁金香在我国发展潜力巨大，从2001年开始，国内部分科研院所和高校陆续开展了郁金香科学研究工作（谭敦炎 等，2000；袁嫒 等，2014；欧阳彤 等，2008；张艳秋 等，2017；陈俊愉，2015）。目前，在新品种选育、生理生化、切花和盆花栽培技术及种球国产化技术研发方面取得了可喜的进展。国内郁金香种球年需求量也呈指数增长，由1998年的3000万粒增长到2005年的1.5亿粒，再到2018年的3亿粒，目前年需求量超过4亿粒。2015年，我国选育出了具有自主知识产权的首个郁金香新品种，2016年中国花卉协会评选并建立了我国首个"国家郁金香种质资源库"。郁金香产业已经成为我国花卉供给侧结构性改革的重要着力点，并将在乡村振兴和美丽乡村建设过程中发挥更大作用。

4.3.1 生长发育规律

郁金香是秋植球根花卉，露地栽培时郁金香种球在秋季种植，地下越冬，春季开花。在北半球温带气候条件下，郁金香通常10~11月种植，12月至翌年3月中旬地下越冬，3月下旬至4月中旬营养生长，4月下旬至5月上旬开花，6月上旬至7月上旬更新鳞茎发育成熟。其自然生长发育可分为5个时期。

（1）种植和发根期

当秋季露地土壤表层温度下降到13℃以下时，开始栽种郁金香种球。种植后郁金香的根系快速生长，3~5天即可看到根尖凸起，10天左右根长可达2cm以上。土壤封冻前，顶芽萌发但生长缓慢，整个冬季顶芽不会露出地面。郁金香鳞茎在完成花芽分化后必须经过足够时间的低温处理，即春化作用，花莛才能正常的伸长和开花。土壤封冻后，郁金香在地下休眠越冬，并完成春化作用。郁金香耐寒性极强，部分种可耐−35℃的低温。封冻前根系生长良好能够提高郁金香耐寒性，如栽种过晚导致根系生长不良或没有发根，则耐寒性明显下降。

（2）萌芽和茎叶生长期

早春冰雪开始融化，地表温度达到3~5℃时，郁金香顶芽萌发并露出地面。辽宁地区郁金香的萌芽期为3月底至4月初。刚出土时顶芽为圆锥形，逐渐生长成铅笔形。当顶芽长到10cm左右时，顶端开始变松，叶片逐渐展开。此时，根系也迅速生长，达到第2次生长高峰，吸收营养和水分的能力逐渐增强。当气温达到10~15℃，植株生长旺盛，叶片快速展开，植株生长速度可达每天2.5cm。

（3）现蕾和开花期

随着最后1枚叶片展开，其包裹的花蕾开始显露出来，此时为现蕾期。辽宁地区郁金香现蕾期一般为4月上中旬，始花期为4月下旬，末花期为5月上旬，单花期8~16天。随着气温的升高，达到15~20℃，花莛生长迅速，很快进入始花期。进入始花期后，花瓣在白天温度较高、光照较强时完全展开，在夜晚温度较低时闭合。此时，根

系吸收水分和营养能力达到峰值，母球营养消耗剧烈。

（4）更新鳞茎快速生长期

随着末花期的到来，地下更新鳞茎和籽球生长加速。母鳞茎茎盘上的每个鳞片腋内通常可着生1个小鳞茎，靠近花莛最近的1个或2个小鳞茎最终发育成更新鳞茎（能开花的较大鳞茎），其余小鳞茎发育成籽球。籽球需经过1~2年的复壮栽培才能发育成能开花的大鳞茎。郁金香花谢后到植株枯萎的这一段时期，是更新鳞茎生长最旺盛时期，大量光合作用产物以淀粉形式贮存于更新鳞茎的鳞片中。

（5）鳞茎休眠与花芽分化期

进入6月，气温达到25℃以上时，地上植株生长受到抑制，茎秆、叶片内的同化产物大量回流到地下更新鳞茎，6月中旬左右植株快速枯萎。如植株进行了人工杂交，并成功结实，则植株枯萎期会向后延迟。6月下旬，蒴果由绿转黄，顶端开裂，种子成熟。此时，地下根系死亡，母球鳞片营养耗尽并消失。更新鳞茎内可溶性糖大量转化成淀粉，最外层白色肉质鳞片逐渐转为褐色，并革质化，更新鳞茎准备进入休眠期。鳞茎休眠是长期应对夏季高温而进化出的一种适应机制，但鳞茎内部却进行着复杂的生理生化反应。通常6月底至7月初鳞茎内部开始花芽分化，约在8月中旬完成花芽分化。花芽分化的适宜温度为17~23℃，温度过高或过低都会抑制花芽分化。

4.3.2 生态习性

（1）温度

郁金香原产喜马拉雅山脉西部—帕米尔高原—天山山脉地区，是耐寒性很强的早春花卉，喜冬季湿润、夏季干燥的气候环境。在郁金香生根、营养生长、花芽分化等各生长发育阶段，温度都起着重要的作用，是影响其生长发育的主要环境因子。郁金香秋季栽种的最重要参考指标是土壤温度，一般只有表层土壤温度下降到13℃以下时，才能开始栽种。郁金香根系在4~14℃范围内可正常生长，根系生长的最适温度为9~11℃。发育良好的根系对提高郁金香的耐寒性具有重要

作用，能够确保鳞茎安全越冬。多数郁金香品种在辽宁地区能够自然越冬。植株在5~20℃条件下可正常生长，最适生长温度为15~18℃。短时间的零下温度或25℃以上温度，植株不受影响，但25℃以上温度持续1周，明显对植株生长起抑制作用。郁金香的花芽分化阶段是在鳞茎内完成的，花芽分化最适温度为17~23℃。通常花芽分化需要4~9周的时间，温度过高或者过低都将抑制花芽分化，当温度长期高于35℃时，花芽分化完全受到抑制。

郁金香在长期进化过程中形成了花朵白天开放、夜间闭合的特性。主要是因为野生郁金香的花期通常很早，此时的夜晚温度仍然很低。郁金香为了让花粉在柱头上正常萌发进而成功孕育下一代，就闭合花瓣，形成花蕾状，以提高花瓣包裹空间的温度。而白天温度上升时，花瓣重新开放，以吸引昆虫等进行授粉。郁金香花瓣的闭合和开放主要是受外界温度调控的，有研究表明，花瓣闭合能够提高内部温度3℃左右，花粉萌发率提高5%左右（Abdusalamand Tan, 2013）。此外，花朵的开放和闭合运动能够改变雄蕊和雌蕊的空间位置，从而提高野生种自花授粉率。现代栽培的郁金香品种完全遗传了野生种的这个特性，让人们每天都能欣赏到其含苞待放的最美状态。

（2）光照

郁金香属于喜光植物，光照不仅为植株光合作用提供能量，而且对郁金香的生长、开花和转色等具有重要影响。郁金香又属于日中性植物，光照时间的长短对花芽分化没有影响，但较长的日照有利于花葶伸长、花朵发育和花朵正常着色。在郁金香夏季休眠期和花芽分化期、发根期和地下越冬期不需要光照。而在萌芽及茎叶生长、现蕾和开花、更新鳞茎快速生长等时期必须要有光照。但总体来说，郁金香对光照强度要求不高，在半阴条件下即能生长良好。光照强度在8 000lx以上就能满足郁金香光合作用的需求。但光照强度过低不利于郁金香的植株正常生长，往往导致植株和叶片瘦弱、颜色变浅、花葶细长、花苞变小、花色不正，严重时叶片黄化，盲花率增加。光照过强也会对植株造成不利影响。尤其在设施栽培时，光照过强会引起设施内温度的快速上升，叶片和花瓣很容易被灼伤，花期也会明显缩短。最适合光照强度30 000~40 000lx。

（3）水分

郁金香属于较耐旱植物，但在发根、营养生长等关键时期需要充足的水分。在营养生长期，郁金香植株的含水量可达80%。水分在郁金香的光合作用、营养吸收等生理生化反应过程中起到不可或缺的作用。

在种植和发根期必须保证土壤水分充足。秋季种球种植后可进行大水漫灌或喷灌，以保证土壤含水量，促进发根和生长。冬季郁金香在地下越冬过程中，不需要浇水。春季萌芽及茎叶生长期应增加供水量，尤其，现蕾和开花期也要保证土壤水分，土壤含水量一般在55%左右。此时土壤含水量过低，极易引起消蕾，导致盲花。更新鳞茎快速生长期，充足的土壤水分有利于矿物质营养的吸收和提高光合效率，从而促进更新鳞茎的膨大生长。鳞茎休眠与花芽分化期要保持土壤干燥，不需要浇水，并且要遮蔽雨水。此时土壤含水量过高，容易导致更新鳞茎腐烂。在气调库人工贮藏郁金香鳞茎时，要严格调控空气湿度，一般控制在65%左右。如空气湿度过低，容易导致鳞茎脱水，降低开花质量；空气湿度过高，则容易导致根系提前生长，也容易引起青霉菌感染。

（4）空气

郁金香生长过程对空气没有严格的要求，但空气流通有利于植株的生长。尤其在冬季设施促成栽培时，通风有利于降低设施内空气相对湿度，从而降低病菌侵染和发病机会，并有利于增加CO_2浓度，从而提高光合效率。郁金香鳞茎在进行花芽分化和贮藏过程中对乙烯气体比较敏感。低浓度的乙烯，如0.05μL/L，就能表现出对花芽分化及对根、茎、叶生长的抑制作用。当乙烯浓度进一步升高，达到0.3μL/L时，可导致鳞茎中顶芽坏死、鳞茎栽植后发根不良，并导致盲花的产生。因此，为了确保种球质量，郁金香在人工气调库贮藏过程中要加强通风，降低乙烯气体的浓度。

（5）土壤

郁金香对土壤的适应性很强，在大多数土壤

中均可生长和开花，但在富含有机质、排水性良好的砂壤土中表现更佳。郁金香不宜在黏重土壤中栽植，如必须栽植，则要适当浅栽，也可加入河沙改良。郁金香在 pH 5.5 ~ 7.5 的环境中均可生长，最适 pH 为 6.5 ~ 7.0。EC 值在 1.5 以下可正常生长，当郁金香作水培栽植时 EC 值应适当降低。

4.3.3 繁殖技术

4.3.3.1 有性繁殖

郁金香属于高度杂合体，有性繁殖后代会产生广泛分离，因此，有性繁殖主要用于杂交育种。人工杂交育种的过程主要分为亲本栽植与人工杂交授粉和杂交种子播种及播后管理两部分。

（1）亲本栽植与人工杂交授粉

郁金香属于早春花卉，花期较短，只有 7 ~ 12 天（庞长民 等，2007；刘安成 等，2007；王晓冬 等，2010；胡新颖 等，2006），而父本花粉的采集和萌芽率检测至少需要 2 天。因此在郁金香育种过程中最好将父母本种球分开进行种植，母本种球可以直接播种于露地或者设施内。

在冬季到来之前，母本种球根系需充分生长（马永红 等，2013；曲素华 等，2007），这样有利于越过寒冷的冬天，有利于春天植株快速生长时吸收更多的营养。郁金香根系生长的最适温度为 9 ~ 11℃，因此在郁金香栽植前要先测量地温，当地温下降到 13℃时，开始栽种郁金香种球。郁金香种球最好栽种在土壤疏松透气、富含有机质、排水良好的砂壤土中（刘云峰 等，2011）。一般采用沟栽，株行距为 10cm × 15cm，覆土厚度为 15 ~ 20cm。种球栽植后立即浇水，以利于发根。

父本种球则栽种于栽培箱中或花盆中，经冷库变温处理后，于早春移至温室内进行培养。郁金香父本种球可栽植于直径大于 18cm、高大于 15cm 的花盆中，或栽植于长宽高分别为 60cm × 40cm × 23cm 的栽培箱内。种植基质可用 Jiffy 公司生产的郁金香种球专用基质，也可用体积比为 1：1：1 的经过杀菌的泥炭、腐熟土和清洁河沙混合基质（刘云峰 等，2011）。

先把栽培基质装入花盆，装到花盆的 2/3 处，然后将种球均匀地摆放在花盆内，再装入一些基质，基质上表面至少高出郁金香顶端 2cm，最后在最上面覆盖 2cm 的清洁河沙。种球栽植完成后，立即充分浇水，以利于郁金香根系生长。浇完水后，将花盆容器移入气调库中，控制库内的温度为 2℃左右，低温贮藏 12 周后，在早春提前取出移入温室内，进行正常管理。

当父本郁金香花朵充分显色、花药充分发育但尚未散粉时是花粉采集最佳的时期。采集过早，花粉尚未完全成熟，影响授粉效果；采集过晚，花粉活力已经大大下降或有可能散失。花粉采集应在晴天的早晨花朵闭合时或微开时进行。授粉前 1 天检测花粉萌发率，不萌发的花粉或萌发率低于 5% 的花粉应舍弃掉（Zhang，2010）。

采集郁金香花粉时，首先用左手拿稳花粉采集容器，并用左手轻轻扶稳花梗，右手控制镊子，夹取花药（图 27A），并将花药放入盛装花粉的容器中。1 个花朵可以采集 6 枚花药，同一品种不同植株的花药可以放入同一个花粉盛装容器内。采集花粉时要注意，如果遇到花朵打开后里面有大量的水珠或花药已经被水浸湿，则应舍弃该朵花的花药。

只采集 1 个品种的花粉，镊子可反复使用，不用消毒。如 1 次采集多个郁金香品种的花粉，则在采集完成 1 个品种后必须对镊子进行清洗消毒，可使用 75% 的酒精消毒，使残留在镊子上的花粉失活，以防止前一个郁金香品种的花粉混入到下一个品种的花粉中。每个品种花粉收集完成后，应标记好品种名等信息，以避免不同品种的花粉混淆。

花药采集后，带回实验室，放入花粉贮藏箱，干燥保存，使花药充分散粉。散粉后进行花粉的萌发率检测。郁金香花粉萌发率检测用培养基配方为：1/2 MS 基本培养基 +10% 蔗糖 +0.5% 琼脂 +0.002% 硼酸 +0.02% 硝酸钙。用棉球蘸取少量花粉，轻轻涂抹在培养基表面，盖上培养皿上盖，常温下培养 24 小时（Hanzi，2009）。一个培养皿同时可以测定 8 个郁金香品种的花粉。方法是将培养皿下盖表面 8 等分，并依次标记 8 个父本花粉的编号，按照标记将对应的花粉接种于相应的三角区域（图 27B）。经过 24 小时培养后在显微镜下观察花粉萌发情况，花粉萌发率大于 5% 的品种可以作为父本使用，小于5%或不萌发的花粉应舍去。

郁金香属于自花不亲和性植物,自交不能结实(Okazaki et al., 1992),但也必须去除花药,防止不同品种花粉相互干扰(王彩霞 等,2010;孙晓梅 等,2009)。因为,在露地生长情况下,郁金香艳丽的花朵能够吸引众多的昆虫,完成异花授粉过程。尤其郁金香的盛花期是在早春,此时开花的植物较少,昆虫没有更多的选择,大大增加了郁金香授粉的机会。因此,在郁金香花药散粉前要及时除去所有花朵的花药,否则会造成杂交父本混杂。摘除花药的工作要在花朵开放之前进行,当花药尚未完全成熟散粉前,用手指扒开花瓣,摘除花药。被摘除的花药统一放入垃圾袋中,带出杂交田。

郁金香人工授粉后,也可以采取套袋的方法防止其他花粉的干扰,但摘除花药的方法更简单易行,无须购买额外物资,可节省部分成本。此外,支撑郁金香花朵的花莛较长,不能承受太大的重量,套袋后如遇下雨和刮风的天气,很容易造成花莛折断或倒伏,从而影响后期果实成熟。

由于郁金香雌蕊柱头较大,人工授粉相对较容易。郁金香人工授粉可使用毛笔或棉签两种工具。当在温室等无风条件下授粉时,可使用毛笔进行授粉工作。多个父本按顺序一起放到授粉台上,每一个父本花粉配一只毛笔。在授粉过程中毛笔与花粉一一对应,避免不同品种的花粉互相混淆。全部授粉工作完成后,统一对全部毛笔进行清洗消毒,杀死残留在毛笔上的花粉,以备下次使用。

当在室外等有风条件下授粉时,不方便使用毛笔,最好使用棉签(图27C)。所有父本花粉统一放置于防风的箱内,一次只拿出需要授粉的花粉。授粉时左手持盛有花粉的容器同时固定住郁金香花朵,右手用棉签蘸取花粉并在柱头上授粉。授粉完成后,悬挂标注有父、母本及杂交日期等信息的标牌(图27D)。

郁金香受精完成后,子房开始迅速膨大,需

图27 郁金香杂交授粉过程(A:花粉采集;B:花粉萌发率检测;C:人工杂交授粉;D:标注信息牌)(屈连伟 摄)

要吸收大量的养分。同时，花后是郁金香地下更新球茎膨大的关键时期（夏宜平 等，1994），也需要消耗大量的养分，因此，这一时期要保证肥水的供应。此时水分供应不足，容易引起叶片尖端焦枯，花瓣枯干，开花不正常，种子数量明显减少。在肥料的使用上，可以在营养生长期施用缓释肥，也可在授粉后追施速溶性肥料，主要以磷、钾肥为主，忌施用过多的尿素（刘云峰，2011）。

郁金香的果实属于蒴果，具有3室，室背开裂。必须等到果实成熟到采收标准时，才能采收，即整个果实的颜色已经变黄，顶端略微裂开（图28A）。在收获果实时，使用剪刀或解剖刀在果实向下8cm左右割断（有利于后期取种子工作）。用解剖刀顺着开口缝隙向下划开，目的是促进果实内部的水分快速蒸发，保证杂交种子迅速干燥，降低种子霉变的风险。果实收获后，把同一个杂交编号的果实放到同一个透气的网兜内（28B），迅速放到热风干燥床上，使果实快速干燥。如果没有干燥床，也可将收获的果实悬挂于高温、低湿、避雨的通风处，或使用电风扇，加速干燥。

果实不宜采收过早，否则种子的成熟度不够，导致种子发芽率降低。另外，采收过早，果实的含水量较高，种子干燥过程需要更长的时间，大大增加了种子发霉的风险。果实也不能采收太晚，随着果实的干燥程度不断升高，顶端的开口逐渐增大，大量的杂交种子会自然散落丢失（图28C），导致收获的种子量会大大减少。

郁金香的果实完全干燥后，便可以开始进行杂交种子筛选工作。首先，把同一个杂交编号的所有种子剥出，统一放到一个敞口的牛皮纸袋中。1个纸袋装1个杂交组合的种子，并按照杂交编号由小到大排好，放到特制的箱内或郁金香种球运

图28　郁金香杂交种子收获过程（A：果实收获时状态；B：透气的网兜；C：采收过晚种子自然散落丢失；D：灯箱上清晰的有胚种子和无胚干瘪的种皮）（屈连伟 摄）

输箱内。然后，把所有的种子放到无风的室内，进行筛选。杂交种子筛选的目的是去除没有种胚、胚乳的未成熟种子、种皮和杂质。

灯箱是筛选杂交种子的高效工具，通过从下向上的灯光照射，能够清晰地分辨出哪些种子含有种胚，哪些是不具有活性的种皮或杂质（图28D）。依次将不同的杂交组合的种子倾倒在灯箱的表面，用小头的毛笔筛选隔离出育种需要的饱满的种子，然后再放回各自的敞口牛皮纸袋中，保存在通风干燥的环境中，等待播种。

（2）杂交种子播种及播后管理

郁金香杂交种子播种用土，最好使用国外进口的郁金香专用草炭。如 Jiffy 公司生产的郁金香种子播种专用土，这种草炭与郁金香种球栽培用土完全不同，购买时要加以区分。如果使用国产普通草炭，则必须先进行无菌化处理，并控制 pH 在 5.6 ~ 5.8 之间。

播种箱可选择四壁为实心（不透基质和水）、箱底为筛网状的黑箱，箱子长宽不限，高度要大于 18cm，以保证箱内栽培基质的深度达到 15cm。如选用郁金香种球运输箱，必须对箱子四周进行处理，防止浇水时种子和基质从侧面流失。

预先制作"刮土板"和"压沟板"。郁金香播种专用基质装入播种箱后，用"刮土板"刮平，刮平后的基质深度应为 15cm。然后用"压沟板"压实并开播种沟，压实后土壤深度为 13 ~ 14cm，两个播种沟之间的距离为 6cm，沟深为 1.5cm。

首先取出 1 袋装有郁金香杂交种子的纸袋，将杂交组合编号抄写在小标签上，将标签插立于播种沟前端，然后将处理好的种子均匀地播于不同的播种沟内（图29A）。播种时可轻轻震动纸袋，使种子落入沟中，也可用右手的大拇指和食指捏取少量种子，播于播种沟内。播后立即调整种子的均匀度，并把散落在沟外的种子捡回沟内。播种应在室内或

图29 郁金香杂交种子播种过程（A：将杂交种子播种到播种沟内；B：轻轻覆盖一层草炭；C：用刮土板压平；D：覆盖清洁的细河沙）（屈连伟 摄）

无风处进行，防止种子被风吹走。每1个杂交组合播种完成后，立刻将相邻的播种沟封上，以防止混入下一个要播种的杂交组合的种子。封沟时左右手均可操作，大拇指和食指轻轻将播种沟两侧的基质推入播种沟内，使之成一个平面。播种完一个播种箱后，轻轻覆盖一层草炭（图29B），再用"刮土板"将基质表面压平（图29C）。

基质压平后，在其表面均匀地覆盖一层厚约1cm的细河沙（图29D），应选择清洁无杂土，且筛除石子的河沙。覆盖河沙可以保证郁金香种子萌发需要的压力，提高出苗率；由于基质表面覆盖了一层沙子，大大降低了水分的蒸发，使基质保持良好的物理性状，并有利于浇水工作，可以防止较轻的草炭和种子被水冲走；覆盖沙子也隔绝了外界的病菌，减少了病菌侵入基质的机会，从而降低了郁金香幼苗染病概率。

覆好河沙后，立即浇水，水流不可过大，水压要适中。浇水时要分3遍进行，第1遍浇完后，关闭水阀，等待所浇的水分完全渗入基质后，再浇第2遍，第3遍也是如此操作。既要保证浇透水，又不能形成径流，以防止种子被冲走。

浇完水后，将播种箱移入1℃的冷藏室，进行低温处理，处理时间为12周。早春时将处理好的播种箱移入育苗温室，大部分杂交组合7天左右即可出苗。

郁金香实生苗较弱，只有1枚圆筒状小叶，形状似刚出苗的小葱。经过约2个月的生长，随着气温的升高，实生苗开始枯黄，地下部形成1个下垂的籽球，又称垂下球。7～8月，将1年生的籽球挖出，放于牛皮纸袋中，干燥通风保存。于秋季再次进行播种，播种和处理方法与杂交种子的播种和低温处理方法相同。郁金香的童期较长，一般经过连续栽培4～5年后，才可以开花。

4.3.3.2 无性繁殖

郁金香的无性繁殖主要有分球和组织培养2种方法。

（1）分球法

在世界范围内郁金香种球的规模化、商品化生产，都是采用分球法进行繁殖。郁金香母球秋季栽植后，在春季旺盛生长，初夏花期过后母球逐渐枯

萎消失，更新球迅速膨大。郁金香的繁殖系数一般为2～4，通常种植1个母球，可以获得1个达到开花标准的更新球和2～3个籽球。但是，繁殖系数因品种和栽培管理技术不同有一定差异。

种球选择

选择常温球，球茎应饱满、光滑、无机械损伤、鳞茎盘完好、无病斑和虫体危害痕迹，围径通常大于8cm。

种球处理

郁金香种皮自然开裂的不需要去皮，种皮完好的栽植前先剥去鳞茎盘部位的革质外皮。去皮后用70%的甲基托布津100倍液+50%的克菌丹200倍液+5%的阿维菌素200倍液，浸泡种球2小时，消毒后的种球应沥干表面水分后种植，当天消毒的种球当天或次日种植。

土壤选择与准备

要选择富含有机质、疏松透气、排水良好的砂壤土，如果土壤黏重、有机质含量较低，可使用完全腐熟的牛粪、腐叶土、泥炭和河沙进行改良。土壤的pH应控制在6.5～7.0，EC值应在1.5mS/cm以下，忌连作。

栽植前每亩施用腐熟的牛粪8m³和骨粉45kg，均匀铺于土壤表面，较瘠薄的地块每亩可再施用N：P：K=1：1：1的复合肥15～20kg，然后用大型旋耕机深翻土壤20～30cm，反复旋耕2～3次。栽植床采用南北走向，床面宽70～100cm，作业道宽40～50cm，床的长度依地块而定。

种球栽植

种球栽植时间根据地温而定，当地表温度下降到10～12℃时开始栽植，辽宁省地区10月上中旬是最佳栽植时间。栽植密度随着种球围径的减小而加大，株行距变化范围一般为5～10cm×15～20cm。覆土厚度随着种球围径的减小而变薄，覆土厚度变化范围一般为10～15cm。

栽植方法

荷兰的种球栽植和收获均采用机械化作业，如没有机械条件的情况下，可采用人工栽球。人工栽球时将栽植床的土壤挖出，深10～15cm，用开沟耙开出4～6行栽植沟，施用少量驱虫药后将郁金香种球摆放于栽植沟内，并轻轻向下按。挖第2床土壤

时，将挖出的土壤回填到第1床内，以此类推。

栽植后管理

种球栽植完成后立即浇1次透水，萌芽期及营养生长初期每7天浇水1次，叶片展开后浇水量逐渐增加，一般3～4天浇水1次，生长期间保持土壤湿度55%左右。种球定植后保持土壤温度在9～12℃两周以上，春季萌芽期及展叶期温度宜在13～15℃，当叶片完全伸展后温度应保持在15℃左右为宜，最高不宜超过25℃。郁金香喜阳光又较耐阴，应尽量增加日照时间，日照长度不宜少于8小时，光照强度8 000lx以上即可满足生长需要。

除杂株、病毒株及去花蕾

当花盛开时，将病毒株及花朵颜色不一致的杂株连球根一起挖除，然后将全部郁金香花朵摘除。整个生长季如再发现病毒植株，应立即拔除并销毁。

种球采收

植株上部叶片完全枯萎，基部仍有绿色时即可采收，在辽宁地区一般在6月下旬至7月上旬前完成采收。规模化生产时使用郁金香专用种球采收机，小面积生产时可以采用人工挖出种球。采收后的种球要马上用强水流清洗，去除泥土。然后用大功率风扇将种球快速风干。

种球分级

根据种球围径，将种球分为5个级别。围径大于12cm的种球为Ⅰ级商品种球，开花率在95%以上，可供切花和盆花促成栽培；围径11～12cm的种球为Ⅱ级商品种球，开花率在95%以上，可供切花和盆花促成栽培；围径10～11cm的种球为Ⅲ级种球，开花率可达60%～80%，主要作为繁殖材料，种植1年后达到商品种球的规格；围径8～10cm的种球为Ⅳ级种球，又称籽球，当年不能开花，作为多年繁殖材料；围径5～8cm的籽球为Ⅴ级，可作为多年繁殖材料；围径小于5cm的籽球通常舍弃。

种球采后处理

郁金香鳞茎必须经过足够时间的低温处理（春化作用），花莛才能正常的伸长和开花。根据郁金香种球采后处理的方法和温度不同，在生产上将郁金香Ⅰ级和Ⅱ级商品种球分为自然球、5度球和9度球。

（2）组织培养法

众多研究表明，郁金香的再生能力和再生率都不高，离体快繁体系不稳定。这也是世界范围内均采用分球法进行郁金香种球商品化繁殖的主要原因。郁金香的组织培养主要用于育种过程的胚挽救、外植体筛选等科学研究方面。郁金香的胚挽救技术包括种胚培养、胚珠培养和子房培养3个方面。通常采用的培养基为MS+4%蔗糖+500mg/L的蛋白胨+0.4mg/L的NAA+0.75%琼脂。接种时间一般为授粉后的7～9周，接种后在5℃黑暗条件下培养12周，然后在15℃光照条件下培养12～18周形成籽球。胚抢救是否能够成功，取决于多种因素，如亲本的基因型、外植体采集时间、使用的外植体类型及培养条件等。

郁金香的组织快繁研究方面，多数学者采用鳞片、花莛、叶片和种子等作为外植体进行愈伤组织的诱导。结果表明：鳞片作为外植体诱导愈伤的效果最好，内层鳞片诱导率可达53%，中层次之，外层鳞片诱导效果最差，诱导率仅约11.1%。通常先将鳞茎在2～5℃条件处理12周后，剥取鳞片经充分消毒后接种于MS+NAA 0.3mg/L+6-BA 2.0mg/L的培养基进行诱导。在培养基中加入浓度为0.2%的活性炭能够防止组织褐变，对愈伤组织的诱导具有一定的促进作用。

叶片、花莛、花托、子房等也可以诱导出愈伤组织，但难度更大。在试管鳞茎的分化、生根和移栽等方面的研究较为缺乏。有研究表明，BA与NAA浓度对试管鳞茎的分化有很大的影响。较高的BA/NAA的比值，可分化出更多数量的试管鳞茎。适宜郁金香试管鳞茎诱导的培养基配方为MS+BA 0.2mg/L+NAA 0.2～0.5mg/L。GA对试管鳞茎的生长和叶片生长具有很大的影响，较高的GA浓度，有利于试管鳞茎的增大和叶片的生长，适宜的GA浓度为0.2～2.0mg/L。当试管鳞茎的直径为5～10mm时，即可进行出瓶移栽，移栽成活率达98%～100%。移栽时控制环境温度在10～25℃，空气相对湿度为80%，并进行遮阴。移栽基质可采用珍珠岩或进口草炭。

5 栽培技术

5.1 露地花园景观应用栽培

郁金香花期早、开花整齐、花色丰富、花型多样，是早春花园及城市绿地景观展览的首选花卉。郁金香适合多种艺术栽培模式，可在林下栽培、可与草坪搭配、可在池边湖畔栽培、可做几何图形，也可做人物、动物图案。郁金香不仅美丽、应用艺术多样，而且较容易管理，普通人也能栽培出漂亮的郁金香花。

（1）种植规划设计

郁金香在花园栽培或景观展览应用时，首先需要提前做好图案、布局、品种搭配等规划和设计。然后根据不同设计，购买不同株高、颜色和花型的品种。如在林下栽植，可选择耐阴、株高较高的品种，如与草坪搭配种植，可选择花期一致、株高整齐的品种。最后形成设计图纸，并按照图纸进行栽植。

（2）品种选择

在品种上要选择观赏性好、适应性强、花莛坚实粗壮、整齐度高的品种，如'世界真爱''法国之光''班雅''爱斯基摩首领''阿波罗'、'检阅'、'金阿波罗'、'琳玛克'等（表5）。而有些品种植株过高或茎秆较弱，则不适合做庭院花园或景观展览，如百合花型的多数品种和重瓣型的部分品种。庭院花园和景观展览栽培的郁金香要选择未经过低温处理的自然球，种球要饱满、光滑、无机械损伤、无病虫害、围径11cm以上。

表5　适合陆地景观栽培的部分郁金香品种

品种中文名	品种英文名	植株高度（cm）	花色
世界真爱	World's Favorite	55~60	红色黄边
法国之光	Ile de France	50~60	红色
班雅	Banja Luka	50~55	红黄
阿芙珂	Aafke	40~50	粉色
爱斯基摩首领	Eskimo Chief	40~50	白色
阿波罗	Apeldoorn	50~60	樱桃红
检阅	Parade	50~60	黄色
金阿波罗	Golden Apeldoorn	50~60	黄色
琳玛克	Leen van der Mark	40~50	红底白边
克斯奈丽斯	Kees Nelis	40~50	红色黄边
牛津精华	Oxford's Elite	40~50	红色白边
粉色印记	Pink Impression	50~55	粉色
红色印记	Red Impression	45~50	红色
一级品	First Class	40~50	白底粉边
萨蒙王朝	Salmon Dynasty	40~50	黄粉白
水晶美人	Crystal Beauty	40~45	红色
水晶星	Crystal Star	40~45	黄色
黄玉	Huang Yu	35~40	黄色
紫玉	Purple Jade	25~35	紫色

（续）

品种中文名	品种英文名	植株高度（cm）	花色
天山之星	Star of Tianshan Mountain	20~25	黄色具红绿色条纹
和平时代	Peacetime	15~25	黄色
丹素	Dan Su	40~45	淡粉色
贵妃红	Gui Fei Hong	35~45	红色
红妆	Hong Zhuang	30~35	红黄
紫霞仙子	Zi Xia Xian Zi	40~45	紫色黄心
黄牡丹	Huang Mu Dan	40~45	黄色

（3）种球处理与消毒

正常情况下，健康的种球可以不用消毒，去掉鳞茎盘外部的褐色革质外皮后，可直接栽植。在冷库放置较长时间的进口种球，极易被青霉菌感染，有明显染病现象的种球，在栽植前需要进行消毒。染病较轻的可用0.5%的高锰酸钾500倍液浸泡20分钟，如果染病较重可用70%甲基托布津100倍液或50%克菌丹200倍液浸泡2小时。浸种消毒处理完成后平铺，晾干后即可栽植。

（4）土壤选择与处理

选择土壤疏松、有机质含量高的中性和微酸性砂质壤土，黏重土壤可混入清洁的河沙和草炭进行改良，pH调控为6.5~7.0。施入850kg/667m²的腐熟牛粪作为底肥。

土壤一般不用消毒，也可种植前对土壤进行深翻，利用太阳进行暴晒杀菌。如土壤病害严重，可用25kg/667m²棉隆进行土壤消毒。将药剂撒在土壤表层后，进行耕翻，使药剂与土壤充分均匀混合，保持土壤温度60%~65%。施药后用塑料覆盖，四周压严，密封消毒4周左右。消毒完成后翻耕土壤1~2次，通风换气15天左右。

（5）种球栽植

在辽宁地区栽植时间在10月中下旬，在江浙一带，栽植时间可推迟到12月初。栽植前地温下降到10~12℃，至少在上冻前2周完成栽植，以利于根系充分生长。

大面积栽植可采用沟植，一般株行距为15cm×20cm。小面积栽植时可采用穴植，或者将表层土壤全部挖出，种球按设计图案摆放完成后再回填挖出去的土壤。栽植深度要求达到15~20cm，覆土厚度达到15cm。

（6）水肥管理

栽植地块若较干燥，种球栽植后需要浇1次透水，若土壤较为湿润，也可少浇水。萌芽期及营养生长初期每7天左右浇1次水，叶生长旺期，要根据天气情况适当增加浇水量，花谢后要适当控制水量。

庭院花园及景观展览栽培郁金香主要以基肥为主，一般不用追肥。如生长过程中表现出叶片淡黄等缺肥症状时，可叶面喷施1~2次磷酸二氢钾溶液500倍液或者尿素500倍液。

（7）温度和光照管理

庭院花园及景观展览栽培郁金香的温度和光照管理与无性繁殖的要求一致。栽植后土壤温度保持9~12℃为宜，春季营养生长期15~18℃为宜。当温度较高时，可采用叶片喷雾和适当遮阴等方式进行降温，能够显著延长花期。光照强度8 000lx以上即可满足生长需要。

5.2 设施切花生产技术

（1）荷兰水培切花生产

荷兰郁金香水培切花生产方式分为2种：一种为活水系统，主要应用的容器类型有De Vries铝合金苗床、"X"型水培盘和潮汐式水培系统；另一种为静水系统，主要应用的容器类型有三角槽型盘、Flexi盘、Epire盘和针式盘。其中，荷兰大多数的郁金香水培生产是采用针式盘系统，约占生产总规模的95%。

适合水培的郁金香品种，如'道琼斯'、'世界真爱''法国之光''纯金'等，而'阿芙柯''白色奇迹'等品种在水培过程中易感染青霉病、长势差、花莛容易倒伏，不适宜进行水培。种球要选择健康、紧实、无病虫害和机械损伤，尤其要避免使用被青霉菌感染的种球。否则易导致根系生长不良、根系发黄且短小、植株生长势减弱、植株矮小、花期变短。荷兰郁金香水培切花生产通常使用的是9度球，种球购买后可马上栽植。栽植时轻轻按压种球，使起固定作用的种植盘针扎入种球外部鳞片。此步骤注意防止针扎入种球的正中部位或鳞茎盘，否则会导致花芽受到损伤和影响发根。种植盘与郁金香运输黑箱（长、宽和高分别为60cm、40cm和23cm）配合使用，种植盘大小恰好可放入黑箱。每箱栽植的种球数量根据种球围径的不同而变化，围径大于12cm可栽植78个种球，围径11～12cm可栽植114个种球。栽植完成后，将黑箱多层叠起，移入生根室，并马上浇水。浇水方式采用顶端喷淋系统，当顶层水培箱的水深度适宜后，会通过溢水口流入下面的水培箱，以此类推将全部水培箱注满。水的pH在6.5左右，EC值小于1.0mS/cm。生根期间生根室的温度控制在9℃，当根系充分生长后，降低温度至3～5℃，直到满足该品种的全部需冷量（通常为4～7周）。达到冷处理周数后，通常顶芽长度为4cm左右，即可将水培箱移入温室进行切花栽培。

也可使用常温球进行水培切花生产。当花芽完成后，即达到G点后，可以进行种球栽植，栽植方法同9度球。栽植后在生根室内进行生根处理，前期温度为9℃，生根完成后降低温度3～5℃，直到达到低温处理周数（通常为14～19周）。生根室的处理时间根据不同品种、不同处理温度和不同需求差异很大。如需要较快生长，可调控生根室温度为9℃，如需要较慢生长，可调控生根室温度为3℃。生根过程最快1周时间就可完成，最慢的可达到4周。根据生产需求，如需延迟切花上市时间，生根完成后可将温度降到1℃，进行较长期存放。

水培种植盘移入温室后，空气湿度调控在60%～80%，白天的温度调控在17～18℃，夜晚的温度调控在15℃左右，经过3～4周的栽培，进入切花采收期。花蕾部分显色的植株即可采收，采收时用手轻提花蕾，将植株拔出。采收后将植株放在传送带上，由传送带送进加工车间。后期整套的切球、捆扎等加工处理均由机器完成。工人只需将捆好扎的切花分级包装后，放入吸水花桶，再由冷藏车送往拍卖市场进行销售。

（2）国内地栽切花生产

品种的选择

切花用郁金香品种要求植株高度较高、抗逆性较强、观赏性好、生长势较强等，一般达尔文杂交型和凯旋型较适合做切花生产。如品种'世界真爱''法国之光''班雅''阿芙柯''爱斯基摩首领''阿波罗''检阅''金阿波罗''琳玛克''克斯奈丽斯''卡西尼'等（表6）。

表6　适合切花生产的部分郁金香品种

品种中文名	品种英文名	植株高度/cm	花色
世界真爱	World's Favorite	55~60	红色黄边
法国之光	Ile de France	50~60	红色
班雅	Banja Luka	50~55	红黄
阿芙柯	Aafke	40~50	粉色
爱斯基摩首领	Eskimo Chief	40~50	白色
阿波罗	Apeldoorn	50~60	樱桃红
检阅	Parade	50~60	黄色
金阿波罗	Golden Apeldoorn	50~60	黄色
琳玛克	Leen van der Mark	40~50	红底白边

（续）

品种中文名	品种英文名	植株高度 /cm	花色
克斯奈丽斯	Kees Nelis	40~50	红色黄边
卡西尼	Cassini	40~50	红色
金色检阅	Golden Parade	50~60	黄色
王朝	Dynasty	40~50	白粉
巨人粉	Jumbo Pink	50~60	粉色
道琼斯	Dow Jones	50~60	红色黄边
功夫	Kung Fu	40~50	红色白边
荷兰设计	Dutch Design	50~60	白粉相间
闪亮	Novisun	40~50	黄色
纯金	Strong Gold	50~60	黄色
米兰达	Miranda	50~60	红色
拉里贝拉	Lalibela	50~60	红色
哥伦布	Columbus	40~50	粉色白边
世界火	Worlds Fire	50~60	红色
重影	Double You	40~50	粉色
华盛顿	Washington	50~60	黄红色
小黑人	Negrita	40~50	紫色
金丹玉露	Jin Dan Yu Lu	40~50	黄色绿斑
月亮女神	Moon Angel	55~60	乳白黄色
红颜	Hong Yan	50~60	粉红色
粉霞	Fen Xia	45~55	粉紫色

种球选择与处理

切花用郁金香种球应选择5度球，Ⅰ级球（围径≥12cm）和Ⅱ级球（11cm≤围径<12cm）均可。种球要新鲜饱满、表皮光滑有光泽、鳞片完整、质地坚硬、无损伤、无病虫害。栽植前要去除鳞茎根盘上的种皮，但不能损伤鳞茎盘，以保证根的正常萌发和生长。正常情况下种球不需要消毒处理，如发现种球有较重的霉菌，则种植前进行种球消毒，用70%甲基硫菌灵100倍液+50%氟啶胺60倍液+45%咪酰胺80倍液+50%克菌丹200倍液+吡虫啉500倍液，浸泡120分钟，种球须完全浸泡在消毒液中。消毒后沥干水分晾干，当天消毒的种球尽快种植。

栽植场地准备

选择土壤疏松、有机质含量高的中性和微酸性砂质壤土。栽植前1个月进行土地整理，清除杂草及杂物。黏重土壤可混入清洁的河沙，微碱性土则用醋酸进行改良，土壤pH在5.5~7.0之间，EC值小于1.5mS/cm。施入800~850kg/667m²腐熟牛粪或等量商品有机肥作为底肥，再用20~25kg/667m²棉隆进行土壤消毒。消毒时要求耕翻拌匀，使土壤与药剂充分混合，密闭消毒时间为2~4周。消毒完成后翻耕土壤1~2次，通风换气10~15天后开始做畦。采用南北向低畦栽培，畦面宽90cm，畦背宽30cm，畦背比畦面高5cm以上。

种球的栽植

一般郁金香品种的生育期为60天左右，根据需求和品种特性安排栽植时间。按照上市时间提前2个月栽植，种植前尽量降低设施内温度，种植时地温应保持在10℃左右。

为了提高单位面积的产量，郁金香切花生产应选择适当密植。根据种球的规格，株行距略有不同，围径≥12cm的Ⅰ级球，株行距为7cm×15cm，42 286粒/667m²，11cm≤围径<12cm的Ⅱ级球，株行距为5cm×15cm，59 200粒/667m²。栽植沟深度10cm，覆土4~5cm，栽

植后应立即浇透水。郁金香每个种球的根数为100～300根，纤细且容易折断，无再生能力，所以栽植前要充分深耕，栽植后充分浇水以利于新根的萌发和伸长。

水肥管理

种球栽植后浇1次透水，整个生长期的水分应严格控制，掌握少量多次的原则，以防止土壤湿度过大造成种球腐烂。萌芽期及营养生长初期每7天浇水1次，叶片展开后浇水量逐渐增加，一般3～4天浇水1次，形成花蕾后适当控制水量，要避免湿度过大而引起徒长或植株根部腐烂。

鳞茎萌芽后施入 N：P：K=1：2：2 的水溶性复合肥，施用量 10kg/667m²，连施2～3次。蕾期叶面喷施1次500倍磷酸二氢钾溶液1次。蕾期肥水缺乏对郁金香的开花影响较大，严重时可引起盲花或花蕾提前枯萎。

光照管理

光强对郁金香的生长影响不大，但光照不足对叶片和花瓣的色泽影响较大。光照不足时红色、白色和黄色等色系花瓣着色差、鲜艳度降低，粉色和紫色系也会出现花色淡化和花色不均的现象。郁金香生长期要求的温度较低，而强光照会使设施内温度升高，所以通常在郁金香生长过程中要进行适当遮阴，通过遮阴降温等措施可以延长花期。郁金香的自然花期只有2周左右，尤其要注意防止阳光直射，否则将显著缩短花期。设施内保持日照长度8小时以上，光照强度在8 000lx以上。

温度管理

郁金香生长初期温度在5～8℃就可以正常生长，而根系生长适宜温度为9～11℃。因此在郁金香栽植初期至少2周时间要保持设施内温度为9～11℃，尤其是地温保持在9～11℃，以利于根系萌发和生长。之后温度逐渐上升，芽的萌发及展叶期温度为13～15℃，当叶片完全伸展后温度应保持在15～18℃为宜，最高不要超过25℃。温度过高则会出现徒长和畸形花，严重降低鲜切花的质量和缩短瓶插期。

切花采收

郁金香在花蕾着色时进行采收，一般于早晨7：00～8：00或傍晚17：00左右进行采收，如果产花量较多，也可在遮阴条件下，全天进行采收。选择花朵良好、花蕾无畸形、茎秆健壮的植株进行采收。采收时将植株连球根一同拔起，带球采收有利于切花的保鲜，并可以减少由留地鳞茎引起的土壤病害传播。

采后包装

从花莛基部切除鳞茎，按花莛长短进行分选。花头对齐，10支1束进行捆扎包装，捆扎位置应在花莛下部向上3～5cm处。捆束后放入2℃冷库中充分吸水30～60分钟后装箱。装箱时水平放置，花蕾前部要与箱壁保持5cm距离，以防止花蕾与箱壁摩擦，装箱后在温度2℃、相对湿度90%的条件下运输或贮存。

目前，在辽宁凌源花卉市场，花农采收后先不去除鳞茎，而是花头对齐，10支1束进行捆扎包装后，放入大塑料袋中。每个塑料袋放50扎，花头向上，运到花卉市场进行销售。花卉经纪人或批发商收购花农的产品后，再去除下部鳞茎，然后装箱，发往全国各地。

5.3 设施盆花生产

随着人们生活品质的提高，在家中欣赏盆栽郁金香成为一种新的时尚，郁金香盆花正孕育着巨大的商机。同时，随着郁金香栽培技术的发展，郁金香盆花反季节栽培及周年供应已经成为可能，但我国大部分郁金香生产企业和广大花农并没有完全掌握郁金香盆花栽培技术，郁金香盆花产业尚未形成规模。本文将辽宁省农业科学院花卉研究所10多年的郁金香盆花生产经验与技术介绍如下：

（1）品种选择

用于郁金香盆花栽培的品种，应具有生长势旺盛、盲花率低、植株高度适中的特点。因为，植株生长瘦弱严重影响盆花的观赏性；当盆栽中有1枝盲花就会影响整个盆花的销售；植株太高，容易倒伏，影响观赏效果。适合做盆花栽培的郁金香品种有'世界真爱''琳玛克''爱斯基摩首领''阿芙珂'等。

（2）种球选择与处理

只有高质量的种球才能生产出高品质的郁金香商品盆花。在盆栽条件下，每个种球分配到的土壤和营养相对有限，植株生长过程中需要的养分主要由种球本身提供。在选购郁金香种球时，种球质量的好坏直接决定盆花生产的成败。在购买时应选择种球饱满、表面光滑、外皮具有一定的光泽、无机械损伤、无病斑、霉菌或虫害现象，种球周长大于12cm的Ⅰ级种球（图30A）。

盆花生产应该选择5度球。购买种球后，应及时栽植，不能及时栽植的，可暂时贮存于5℃的冷库中。种球种植前先剥去鳞茎盘部位的革质外皮（图30B），以利于根系生长。有的品种革质外皮上延，完全包裹住了生长点，这类种球的外皮应全部剥除，以防止根系和顶芽的生长受到抑制（图30C）。

正常情况下，健康的种球栽植前不需要消毒。但如发现明显的霉菌、虫害或腐烂现象，栽种前必须进行消毒处理。可使用70%的甲基托布津100倍液+50%的克菌丹200倍液+5%的阿维菌素200倍液，浸泡种球2小时，风干后栽植。

（3）花盆选择

为方便规模化生产和运输，郁金香栽植盆不宜过大，以上口直径18～20cm为宜。为降低生产成本，可使用价格较低的再生塑料盆进行生产。

表7　适用于盆花栽培的部分郁金香品种

品种中文名	品种英文名	植株高度（cm）	花色
世界真爱	World's Favorite	55~60	红色黄边
阿芙珂	Aafke	40~50	粉色
爱斯基摩首领	Eskimo Chief	40~50	白色
阿迪瑞母	Ad Rem	50~60	红色
琳玛克	Leen van der Mark	40~50	红底白边
萨蒙王朝	Salmon Dynasty	40~50	黄粉白
红色印记	Red Impression	45~50	红色
新设计	New Design	40~50	黄粉
哈库	Hakuun	50~60	白色
达维设计	Darwi Design	50~60	粉色
黄玉	Huang Yu	35~40	黄色
紫玉	Purple Jade	25~35	紫色
天山之星	Star of Tianshan Mountain	20~25	黄色具红绿色条纹
和平时代	Peacetime	15~25	黄色
金色童年	Golden Childhood	20~25	黄色
丹素	Dan Su	40~45	白粉
贵妃红	Gui Fei Hong	35~45	粉白
红妆	Hong Zhuang	30~35	红黄
紫霞仙子	Zi Xia Xian Zi	40~45	紫黄
黄牡丹	Huang Mu Dan	40~45	黄

（4）栽培基质选择

适宜郁金香种球生长的基质为富含有机质、排水良好的轻质基质。郁金香盆花栽培基质最好使用Jiffy公司生产的郁金香栽培专用基质，不需要做消毒和灭虫处理，直接装盆使用，成本约为0.8元/盆。在买不到郁金香栽培专用基质时，也可直接调配。配方：泥炭、腐熟土和清洁河沙，体积比为1∶1∶1，或腐殖土和腐熟牛粪，体积比为10∶1，或东北草炭和珍珠岩，体积比为3∶1。

如果采用自己配制栽培基质，使用之前需要进行消毒处理。可使用50%的多菌灵可湿性粉剂600倍液，或70%的甲基托布津500倍液，或50%克菌丹800液。边向基质喷洒药剂边搅拌，使药液与基质均匀结合，然后用塑料膜密封基质24小时以上后使用。

（5）栽植方法及栽植密度

先把基质装入花盆，深度到花盆的2/3，约距花盆边缘5cm处。然后将郁金香种球均匀摆放到基质上，并向下按压，使种球稳稳地坐在基质中，最后装填剩余的基质。基质上表面距离花盆上沿不小于2cm，以利于下一步的浇水工作。如果采用重量较轻的基质，如Jiffy公司的郁金香栽培专用基质或草炭和珍珠岩混配的基质，基质最上层需要覆盖2cm厚的清洁的河沙。因为在郁金香的根系快速向下生长时，会将种球顶出基质（图30D），严重影响郁金香的生长和整体观赏性。

根据郁金香不同栽植密度（1~8株/盆，花盆上口直径为18cm）的试验，密度为3株/盆和4株/盆的郁金香生长势强，观赏效果最佳。考虑到经济效益，在郁金香盆花规模化生产中宜采用3株/盆的密度栽培，如在郁金香销售价格较高的地区，或4株/盆的销售价格显著高于3株/盆的地区可以考虑采用4株/盆的密度进行生产。

（6）水肥管理

栽培基质装盆时，含水量应在55%左右，郁金香种球栽种完成后，立即浇1次透水。如栽培基质含水量较低，种球栽植后应反复多次浇水，确保栽培基质湿润并与种球充分接触，以利于郁金香的发根。以后可每7天浇1次水，保持盆内见干见湿即可。当植株叶片开始展开，植株开始拔节时需水量逐渐增加，一般3~4天浇1次水。此时期水分不足，植株生长缓慢，叶片小，严重时可

图30　郁金香盆栽种球处理过程（A：健康的Ⅰ级种球；B：剥除鳞茎盘部位的革质外皮；C：外皮没有及时剥除，导致嫩芽弯曲生长；D：覆盖基质较少，导致郁金香种球被顶出基质）（屈连伟　摄）

导致花蕾干枯（图31）。花蕾转色前或刚转色时，即可上市销售。

郁金香对肥的需求量不高，施足底肥后，生长期间可以不进行追肥，或在现蕾前喷施1次磷酸二氢钾500倍液，或花多多均衡肥1 000倍液。底肥可用N：P：K=1：1：1的复合肥150~200g/m³，也可在生长期施用长效肥，每盆施用20粒左右。

（7）温度管理

郁金香定植后要调控室内温度为9~11℃，且至少维持2周，以利于根系生长。郁金香的根系生长迅速，1周内根长即可达到7cm。2周后可将温度调控在13~15℃，以利于芽出土和展叶。当叶片完全伸展后，可调控温度在15~20℃，最高温度不要超过25℃，过高的温度会加快郁金香的老化进程，使植株瘦弱，花朵偏小，并且花朵无光泽，花期缩短。

（8）光照管理

郁金香对光照强度不敏感，全光或半遮阴条件下均可正常生长。遮阴的主要目的是降低温度，但过度的遮光（遮阴率80%以上）对郁金香的生长不利，易造成徒长、倒伏等现象。

5.4　水培技术

随着人们生活水平提高，特别是对美好生活环境的向往和家居美化的日趋重视，更加希望在家中或室内欣赏郁金香、感受自然之美，以此愉悦精神、增进健康和增加生活情趣。传统郁金香的栽培主要是用基质栽培，易于滋生病虫、浪费资源、污染环境，且难于管理。水培郁金香清洁卫生、健康环保、观赏性高，具有美化空间、净化空气、提高生活品质等作用，深受现代都市人的青睐。为了实现让郁金香走进千家万户，融入百姓生活，辽宁省农业科学院花卉研究所郁金香科研团队，在荷兰郁金香水培盆花技术的基础上，进行了一系列的专利产品和技术研发，在国内首次将水培郁金香专利产品推入市场，走入普通家庭。

（1）水培花盆栽培技术

辽宁省农业科学院花卉研究所郁金香科研团队发明的"郁金香水培花盆"（ZL 201620424982.1），包括水分盛装器、种球栽植器和茎秆固定器3部分。碗状的水分盛装器为水培花盆的主体部分，碗形，主要作用是盛装水，供郁金香生长使用。

图31　花蕾干枯植株（屈连伟 摄）

种球栽植器用于栽植郁金香种球，圆形，有5个漏斗形栽植穴，漏斗底部有孔洞，便于根系吸收水分。茎秆固定器作用是稳定郁金香茎秆，防止倾倒，倒漏斗形，使用时与种球栽植器固定成一体，中间为郁金香鳞茎。

同时，需要选择适合水培的郁金香品种。水培的郁金香要使用5度球，周长11～12cm（直径3.5cm左右）。周长过小，影响开花质量，周长过大，不能够完全栽入种球栽植器，影响美观。像切花生产一样，栽植前需要去除种球外部的革质鳞茎皮，尤其是鳞茎盘部的外皮。同时，去除外侧的小鳞茎，这些小鳞茎不能开花，生长时还会与主球争夺营养。

将处理好的种球尖端生长点向上，栽植在种球栽植器内，保持种球直立，扣上茎秆固定器，并按紧。检查郁金香种球是否倾斜，将倾斜的种球扶正，防止根部接触不到水，而导致不能正常生长。向水分盛装器内注水，可用自来水，也可加入适量的营养液。添加水分的高度为盛装器内壁凸起处，水位恰好到达种球的鳞茎盘部位。最后将栽植好种球的栽植器稳固平放于水分盛装器上，即完成种球栽植。水培郁金香栽植好后，前2周要置于10℃左右的环境下，如家里的北窗台，有利于种球的根系生长。根系充分生长后，将水培郁金香移至办公桌或茶几上，白天温度为15～20℃，夜晚温度为10～15℃或更低，温度过高会使植株徒长，使花期缩短。控制光照强度为8 000lx以上，光照过强会导致温度快速升高，进而使花期缩短。一般水培郁金香组装后25天左右就能欣赏到美丽的花朵了（图32）。水培郁金香的花期为10天左右，若适度遮光和保持较低温度，可延长花期5～7天。

（2）水培瓶栽培技术

辽宁省农业科学院花卉研究所郁金香科研团队发明的"一种郁金香水培瓶"（ZL 201721104172.9），包括瓶体和支架2部分（图33）。瓶体为近圆柱形，

图32　水培花盆培养的郁金香开花植株（屈连伟　摄）

为主体部分，主要作用是盛水和防止植株倒伏。支架置于瓶体内，支架双面设置有尖针。支架一侧表面外圆均匀设置5个长针，另一侧表面外圆10个，内圆5个短针，外圆2个短针和内圆1个短针围成一个三角形区域，外圆10个，内圆5个短针共围成5个三角形区域，三角形区域内为镂空。使用水培瓶进行郁金香栽培时，不受种球大小的限制。如种球较大时，选择使用尖针较长的一面，如种球较小时，选择使用尖针较短的一面。每瓶可栽植郁金香种球5~8个，周长12cm以上的种球可栽植5个，较小的种球可栽植10个。

在品种选择上同样要选择适合水培的郁金香品种，并去除种球外部的革质鳞茎皮和外侧的小鳞茎。将支架平放在瓶体内，将处理后的郁金香种球根部朝下稍插入定植器的尖针上，然后向瓶体注入营养液或清水，高度到达郁金香种球根盘处，与根盘接触但不能浸到鳞茎。在郁金香生长过程中，随着营养液或清水的蒸腾和消耗变少，需及时加水，高度与第1次添加高度一致。在室内使用水培瓶进行郁金香栽培，操作简便、清洁、美观。

图33　水培瓶培养的郁金香开花植株（屈连伟　摄）

6 病虫害防治

6.1 病害

郁金香属于耐寒早春花卉，在整个生育周期内外界温度较低，因此病虫害的发生情况较轻。但如果不注意防治，也会导致毁灭性影响。郁金香生长及贮藏期主要病害有基腐病、疫病、青霉病和病毒病。

基腐病

基腐病主要危害郁金香的鳞茎，感染基腐病的植株茎、叶片发黄，根系少，严重时整个鳞茎腐烂（图34A），并具有难闻的臭味。在植株生长后期，如果田间水分较大，或遇到雨天，极易感染此病。染病时鳞茎会出现流胶现象，常形成无色的球状突起，阳光暴晒后病部呈青灰色水渍状，干燥后呈白色石灰状。此病为真菌性病害，主要是通过土壤感染鳞茎，病原菌为郁金香尖孢镰刀菌（*Fusarium axysporum var. tulipae*）。该菌可在土壤或染病的鳞茎中越冬，在贮藏期和生长期均可发病。

主要防治措施：栽植前进行种球消毒，可用70%甲基硫菌灵100倍液+45%咪酰胺80倍液或50%多菌灵可湿性粉剂100倍液，浸泡消毒2小时。生长期发病后用30%噁霉灵水剂600～700倍液直接灌根。同时，加强田间或贮藏室的通风，降低土壤或贮藏室的湿度。

疫病

郁金香疫病又称灰霉病、火疫病或褐色斑点病，主要危害郁金香的叶片，严重时花和鳞茎也可染病。叶片染病后，初期表现为淡黄色、椭圆形、水渍状凹陷（图34B），后期为灰褐色，叶片逐渐弯曲，严重时整个植株枯死。在潮湿条件下，叶片染病部位有灰色霉层，鳞茎染病部位有许多深褐色菌核，花瓣染病部位有褐色斑点，花期明显缩短。茎上病斑较长，凹陷也较深，当扩展到茎的一周时，其上部倒伏腐烂。此病为真菌性病害，病原菌为郁金香葡萄孢菌（*Botrytis tulipae*）。病菌以菌核在病株残体或土壤中越冬，可通过雨水和气流传播。在多雨、大雾的高湿天气和植株栽植密度过大、通风不良的条件下容易发生。

主要防治措施：栽植前进行种球消毒，可用50%氟啶胺60倍液+50%克菌丹200倍液浸泡消毒2小时。营养生长期要加大通风力度，并且避免过量施用氮肥，培养壮苗，提高植株抗病能力。如生长期发病可叶面喷施40%施加乐悬浮剂1200倍液、50%灭霉灵可湿性粉剂800倍液、25%阿米西达1500倍液等药剂进行消毒。

青霉病

郁金香青霉病主要危害贮藏过程中的郁金香鳞茎。染病鳞茎表面会形成一层青绿色的霉层，鳞茎盘和新根也容易染病，使根尖变黑，活力下降（图34C）。此病为真菌性病害，病原菌为青霉菌（*Penicillium tulipae*），该菌以腐生为主，郁金香鳞茎在贮藏过程中湿度过大、鳞茎有机械伤口、太阳灼伤、螨类等危害造成伤口等条件下容易发生。

主要防治措施：严格控制郁金香种球贮藏室（库）的空气湿度为65%左右。湿度过大是病害发生的重要条件，在贮藏过程中也可配合使用臭氧等杀菌措施。染病的种球在栽植前可用70%百菌清可湿性粉剂150倍液或50%速克灵可湿性粉剂100倍液或70%甲基托布津可湿性粉剂100倍液进行浸泡消毒。

病毒病

侵染郁金香的病毒主要有郁金香碎色病毒（TBV）、郁金香条纹杂色病毒（TBBV）和郁金香端部杂色病毒（TTBV）。这些病毒的感染可导致郁金香的花瓣出现杂色症状（图34D），但轻度的感染对叶片形态没有明显的影响。病毒积累严重时郁金香花瓣变小、畸形甚至无法开放，叶片变薄并有花叶状斑纹或褪绿条斑，更新鳞茎变小，产生退化现象。

图34　郁金香病虫害症状（A：郁金香基腐病；B：郁金香疫病；C：郁金香青霉病；D：郁金香病毒病；E：蚜虫危害）（屈连伟 摄）

郁金香病毒病主要通过蚜虫传播，在生产过程中应加强蚜虫的防治，并减少人为机械损伤，防止病毒通过汁液传播。在郁金香整个生育期内遇到感染病毒病的植株应立即拔除，并进行销毁或远距离深埋处理。

6.2　虫害

郁金香虫害较少，最主要的是蚜虫。危害郁金香的蚜虫主要有郁金香圆尾蚜、百合新瘤额蚜、桃蚜、郁金香叶囊管蚜和百合西圆尾蚜。蚜虫在鳞茎、幼叶、花莛、花朵等部位聚集（图34E），吸吮植株汁液，并产生黑色的蜜液，使花瓣、茎秆、叶片等部位产生伤疤，严重影响商品价值。另外，蚜虫是郁金香病毒病的主要传播介体，在生长期和贮藏期均可传播。

蚜虫对各种杀虫剂都较为敏感，如在生长季可喷施10%吡虫啉可湿性粉剂1 000倍液、1.8%阿维菌素乳油1 500倍液等，可得到很好的杀虫效果。但蚜虫繁殖很快，一旦有成虫存活，很快就能形成群体再次危害。因此，在进行蚜虫防治时，应每周喷施药剂，且每天进行巡查，如发现蚜虫聚集痕迹，无论是否已经被药物杀死，都要用小喷壶再次补喷，可达到彻底根治蚜虫的目的。

7 郁金香的价值与应用

7.1　观赏价值

郁金香颜色丰富、类型多样，是极具观赏价值的高档花卉。法国著名作家大仲马的名著《黑色郁金香》中，就曾经描述郁金香的美为"靓丽得叫人睁不开眼睛，完美得叫人喘不过气来"。郁金香的美"让人无法抗拒"，深受世界人民的喜爱，享有"世界花后"的美誉。

郁金香经过400多年的人工选育和栽培，品种达8 000多个，形成了早花、中花、晚花和15大类型等诸多品系。郁金香已经成为早春花坛、花境、花海的不可或缺的主题。单支郁金香尽显优雅，成片的郁金香花海壮观震撼。目前，国内以郁金香为主题的文旅集团迅速崛起，如江苏盐城荷兰花海、国家植物园、北京国际鲜花港、上海鲜花港、大连英歌石植物园等都把郁金香的美展现得淋漓尽致（图35）。

7.2　文化价值

郁金香高贵典雅的气质，铸就了其丰富的文化内涵和传说。中国是郁金香原产地之一，分布有10%以上的郁金香野生资源。郁金香也成为文化交流的一部分，16世纪，中国天山山谷的野生郁金香资源通过"丝绸之路"被带到欧洲，17世纪世界首次郁金香花展在奥斯曼帝国皇家花园举行，并很快在欧洲得到普及。尤其是荷兰的库肯霍夫郁金香花园，被誉为"世界最美的花园"。1977年，受当时的荷兰公主贝娅特丽克丝委托，荷兰驻华大使赠送给中国39个品种约1 000粒的郁金香种球。2014年，国家主席习近平和夫人彭丽媛对荷兰进行了友好访问，并参观了库肯霍夫花园。荷兰王后赠予彭丽媛1个新培育出的郁金香品种作为国礼，彭丽媛将这个可爱的郁金香品种命名为"国泰"，寓意为国泰民安，天下太平。

《圣经》旧约雅歌中描写的Rose of Sharon即是一种野生郁金香，《圣经》新约马太传里描述的野百合也是一种郁金香。在古罗马神话中，郁金香是布拉特神的女儿，她为了逃离秋神贝尔兹努一厢情愿的爱，而请求贞操之神迪亚那，把自己变成了郁金香花。中国的诗人墨客也创作出很多郁金香的佳句，老舍在英国留学期间创作了长篇小说《二马》，其中描写到"花池里的晚郁金香开得像一片金红的晚霞"，表现了作者对郁金香的喜爱。目前，荷兰、土耳其、匈牙利、哈萨克斯坦等国都将郁金香定为国花。郁金香也被赋予博爱、体贴、高雅、富贵、聪颖、纯洁、善良等含义。不同颜色的郁金香寓意也不同，紫色郁金香代表无尽的爱，粉色郁金香代表永远的爱和幸福，红色郁金香代表热烈的爱，白色郁金香代表纯洁，黄色郁金香代表富贵、友谊和高雅，黑色郁金香代表神秘和高贵，双色郁金香代表美丽的你和喜迎相逢。

图35　郁金香花海景观（A：江苏盐城荷兰花海；B：北京国际鲜花港；C：上海鲜花港；D：大连英歌石植物园）（屈连伟 提供）

7.3 食、药用及保护价值

新疆的荒漠、戈壁、高山和草原是中国原生郁金香的分布中心，是野生郁金香的资源宝库。2021年9月，新修订的《国家重点野生植物保护名录》中，将我国所有野生郁金香种类均列为国家二级保护野生植物。

郁金香是我国传统的中药，《本草纲目拾遗》和《中华本草》记载，郁金香主要作用是化湿辟秽、除臭和治疗脾胃湿浊、呕逆腹痛等。《中国花膳与花疗》记载，郁金香与檀香、丁香各1.5g、藿香9g、木香和蔻仁各5g、甘草和砂仁各3g，一起用水煎服，可治心腹恶气、呕逆和腹痛。郁金香的鳞茎也可供药用，《新疆中草药手册》中记述，郁金香鳞茎可药用，春季采挖，洗净，煮至透心，晒干，用时打碎。能清热解毒、清热散结。郁金香的花瓣中含矢车菊双苷、水杨酸和精氨酸等药物成分；雌蕊、茎和叶含有郁金香苷A、郁金香苷B和少量的郁金香苷C，并含多种氨基酸。郁金香苷A、B、C对枯草杆菌有抑制作用，茎和叶的酒精提取液对金黄色葡萄球菌、芽孢杆菌等具有抗菌作用。

郁金香鳞茎具有一定的食用潜力，辽宁省农业科学院郁金香团队研究发现，天山郁金香（*T. thianschanic*）鳞茎中含有丰富的蛋白质、维生素C和钙等营养。其中，蛋白质含量是苹果的94.7倍，是梨的47.3倍，是百合的5.9倍；维生素C含量是梨的47.8倍，是苹果的11.9倍，是百合的2.7倍。钙营养的含量相对最高，达到442.5mg/100g，是苹果的110.6倍，是西瓜、香蕉、桃和葡萄的53.3～88.5倍，是百合的40.2倍。此外，天山郁金香鳞茎还含有丰富的淀粉、粗纤维和多糖等维持人体正常生命活动的重要能源物质。因此，天山郁金香具有较大的食用价值开发潜力。

参考文献

包满珠，2011. 花卉学 [M]. 3 版. 北京：中国农业出版社.

陈俊愉，2015. 通过远缘杂交选育中华郁金香新品种群 [J]. 现代园林，12(4): 327.

过元炯，夏宜平，1991. 对杭州地区郁金香退化原因的研究 [J]. 浙江农业大学学报，17(1):99-102.

胡新颖，雷家军，杨永刚，2006. 郁金香引种栽培研究 [J]. 安徽农业科学，34(18): 4568-4570.

李瑞华，杨秋生. 1987. 郁金香引种研究 [J]. 华北农学报，2(3): 99-106.

梁松筠，1995. 百合科（狭义）植物的分布区对中国植物区系研究的意义 [J]. 植物分类学报，33(1): 27-51.

刘安成，张鸿景，庞长民，等，2007. 多效唑对箱栽郁金香生长控制的研究 [J]. 河北林业科技 (4): 1-2.

刘云峰，刘青林，2011. 郁金香 [M]. 北京：中国农业出版社: 20.

马永红，刘锋，张圆，2013. 郁金香露地栽培 [J]. 中国花卉园艺 (24): 28-29.

毛祖美，1980. 郁金香属 [M]// 中国植物志. 北京：科学出版社:86-97.

孟小雄. 1989. 我国野生种与引进栽培品种郁金香杂交育种首获成功 [J]. 植物学通报 (4): 11-14.

欧阳彤，姜彦成，栾启福，等，2008. 新疆野生郁金香与栽培品种的杂交性状 [J]. 植物学通报，25(6): 656-664.

庞长民，刘安成，杨玉秀，等，2007. 部分郁金香品种的花期延后栽培技术研究 [J]. 西北农林科技大学学报（自然科学版），35(9): 152-156.

曲素华，王洪力，王玉文，2007. 郁金香在沈阳地区露地栽培 [J]. 辽宁林业科技 (6): 49-50.

屈连伟，2013. 荷兰郁金香产业发展历史及瓦赫宁根大学郁金香育种研究现状 [J]. 北方园艺 (24):185-190.

屈连伟，雷家军，张艳秋，等，2016. 中国郁金香科研现状与存在的问题及发展策略 [J]. 北方园艺 (11): 188-194.

孙晓梅，谭莹莹，杨宏光，等，2009. 郁金香自交、杂交不亲和性克服方法的研究 [J]. 辽宁林业科技 (6): 12-14, 17.

谭敦炎，2005. 中国郁金香属（广义）的系统学研究 [D]. 北京：中国科学院.

谭敦炎，魏星，方瑾，等，2000. 新疆郁金香属新分类群 [J]. 植物分类学报，38(3): 302-304.

谭敦炎，张震，李新蓉，2005. 老鸦瓣属（百合科）的恢复：以形态性状的分支分析为依据 [J]. 植物分类学报，43: 262-270.

王彩霞，欧阳彤，姜彦成，等，2010. 郁金香授粉后雌蕊生理生化变化的初步研究 [J]. 林业科学研究，4(8): 622-625.

王晓冬，张华艳，韩红娟，2010. 光照强度对郁金香生长和开花的影响 [J]. 北方园艺，23(6): 87-89.

夏宜平，郑献章，裘洪波，1994. 郁金香鳞茎的膨大发育及其山地复壮研究 [J]. 园艺学报，21(11): 371-376.

袁媛，沈强，马晓红，2014. 郁金香上农早霞花色苷组成及含量变化 [J]. 上海交通大学学报（农业科学版），32(3): 81-88.

张艳秋，屈连伟，邢桂梅，2017. 郁金香杂交种子萌发和小鳞茎离体形成研究 [J]. 沈阳农业大学学报，48(1): 89-93.

ABDUSALAM A, TAN D Y, 2013. Contribution of temporal floral closure to reproductive success of the spring-flowering *Tulipa iliensis*[J]. Journal of Systematics and Evolution, 9999 (9999): 1-9.

ANNE G, 2007. Tulipmania: Money, Honor, and Knowledge in

the Dutch Golden Age[M]. Chicago: University of Chicago Press.

BAKER J G, 1874. Revision of the genera and species of Tulipeae[J]. Journal of the Linnean Society, Botany, 14: 211-310.

BOISSIER E, 1882. Flora orientalis: vol. 5[M]. Geneva & Basle: H.Georg: 191-201.

BOTSCHANTZEVA Z P, 1962. Tulips: taxonomy, morphology, cytology, phytogeography, and physiology[M]. Rotterdam: CRC Press: 1-230. Translated andedited by VAREKAMP H Q, 1982. Rotterdam: A. A. Balkema.

BUSCHMAN J C M, 2005. Globalistion-flower-flower bulbs-bulb flowers[J]. Acta Hort., 673: 27-33.

CHARLES M, 1841. Memoirs of Extraordinary Popular Delusions and the Madness of Crowds[M]. London: Richard Bentley.

CHEN S C, TAMURA M N, 2000. Liliaceae [M]//WU Z Y, RAVEN P H, HONG D Y, Flora of China: vol 24. Beijing: Science Press & St. Louis: Missouri Botanical Garden Press.

CHRISTENHUSZ MJM, GOVAERTS R, DAVID JC, et al, 2013, Tiptoe through the tulips – cultural history, molecular phylogenetics and classification of *Tulipa* (Liliaceae)[J]. Botanical Journal of the Linnean Society, 172: 280-328.

DASH M, 2001. Tulipomania: the story of the world's most coveted flower & the extraordinary passions it aroused[M]. New York: Three Rivers Press: 1-273.

GARBER P M, 2000. Famous First bubbles: The Fundamentals of Early Manias[M]. Cambridge. MA: MIT Press.

GOVAERTS RHA, 2011. World checklist of selected plant families (WCSP)[M/OL].[S.l.]: Elsevier, [2021-10-18]. http://apps.kew.org/wcsp/.

HALL A D, 1940. The genus *Tulipa*[M]. London: Royal Horticultural Society.

HANZI H E, 2009. Introgression of *Tulipa fosteriana* into *Tulipa gesneriana*. Thesis number: PBR- 80436: 1-40.

HIRSCHEY M, 1998. How much is a tulip worth[J]. Financial Analysts Journal, 8: 11-17.

HOOG M H, 1973. On the origin of *Tulipa*[M]//NAPIER E, PLATT J N. Lilies and other Liliaceae, London: Royal Horticultural Society: 47-64.

KONINKLIJKE ALGEMEENE VEREENINING VOOR BLOEMBOLLENCULTUUR (KAVB)[EB/OL]. http://www. kavb. nl/index. cfm?act=teksten_los.default&vartek st=34(2013.10.12).

OKAZAKI K, MURAKAMI K, 1992. Effects of flowering time (in forcing culture), stigma excision, and high temperature on overcoming of self incompatibility in tulip[J]. Journal of the Japanese Society for Horticultural Science, 61: 405-411.

ORLIKOWSKA T, PODWYSZYŃSKA M, MARASEK-CIOŁAKOWSKA A, et al, 2018. Tulip[M]//VAN H J. Ornamental crops [S.l.]. New York: Springer:769-802.

PAVORD A, 1999. The tulip[M]. London: Bloomsbury Publishing.

PETER M G, 1989. 'Tulipmania' [J]. Journal of Political Economy, 3: 535-560.

QU L W, XING G M, ZHANG Y Q, et al, 2017. Native species ofthe genus *Tulipa* and tulip breeding in China[J]. Acta Horticulturae, 1171: 357-365.

REGEL E, 1873. Enumeratio specierum hucusque cognitarum generis Tulipae[J]. Acta Horti Petropolitani, 2: 432-457.

ROBERT J S, 2005. Irrational Exuberance[M]. Princeton: Princeton University Press: 247-248.

RODING M, THEUNISSEN H, 1993. The tulip: a symbol oftwo nations[M]. Utrecht: M. Th. Houtsma Stichting; Istanbul:Turkish–Netherlands Association.

SEGAL S, 1993. Tulips portrayed. The tulip trade in Holland inthe 17th century[M] //RODING M, THEUNISSEN H, eds. Thetulip: a symbol of two nations. Istanbul: Turkish–Netherlands Association: 9-24.

STORK A, 1984. Tulipes sauvages et cultivées. Série documentaire 13 des Conservatoire et Jardin botaniques[M].Geneva: Conservatoire et Jardin botaniques de Genève.

TALIEV V I, 1930. Speciation process in the genus *Tulipa* (in Russian)[J]. Genetics and Breeding, 24: 57-122.

TAMURA M N, 1998. Liliaceae[M] //KUBITZKI K (eds.), The families and genera of Vascular plants, Flowering plants-Monocotyledons Liliaceae. Berlin: Springer: 350-351.

VAN CREIJ MGM, KERCKHOFFS DMFJ, VAN TUYL JM, 1997.Interspecific crosses in the genus *Tulipa* L.: identification ofpre-fertilization barriers [J]. Sexual Plant Reproduction, 10:116-123.

VAN DC, TJASKER D, 2004. Tulips from Holland[M]. London: Gollancz: 1-33.

VAN EIJK JP, RAAMSDONK LWD, EIKELBOOM W, et al, 1991. Interspecific crosses between *Tulipa gesneriana* cultivars and wild *Tulipa* species: a survey[J]. Sexual Plant Reproduction, 4(1):1-5.

VAN EIJK JP, VAN RAAMSDONK LWD, EIKELBOOM W, 1995.Crossability analysis in subgenus *Tulipa* of the genus *Tulipa* L. [J]. Botanical Journal of the Linnean Society, 117:147-158.

VAN RAAMSDONK LWD, DE VRIES T, 1992. Biosystematic studies in *Tulipa* sect. *Eriostemones* (Liliaceae) [J]. Plant Systematics and Evolution, 179: 27-41.

VAN RAAMSDONK LWD, DE VRIES T, 1995. Species relationships and taxonomy in *Tulipa* subgenus *Tulipa* (Liliaceae) [J]. Plant Systematics and Evolution, 195: 13-44.

VVEDENSKY A I, 1935a. Tulipae et Junones novae[J]. Byulleten' Sredne-Aziatskogo Gosudarstvennogo Universiteta, 21: 147-152.

VVEDENSKY A I, 1935b. Liliaceae–gen. *Tulipa*[M]// KOMAROVVL (eds.), Flora of the USSR 4. Leningrad:

Izsatel'stvo Akademii Nauk SSSR (English ed. Jerusalem, 1968): 320-364.

XING G M, QU L W, ZHANG Y Q, et al, 2017. Collection andevaluation of wild tulip (*Tulipa* spp.) resources in China[J]. Genetic resources and crop evolution, 64(4): 641-652.

ZHANG S R, 2010. Polyploidization of Lilium and Tulipa[M]. Van Hall Larenstein: University of Applied Sciences: 1-32.

ZONNEVELD B J M, 2009. The systematic value of nuclear genomesize for "all" species of *Tulipa* L. (Liliaceae) [J]. Plant Systematics and Evolution, 281: 217-245.

作者简介

屈连伟（男，辽宁辽阳人，1977年生），吉林农业大学学士（2007），中国农业科学院硕士（2011），沈阳农业大学博士（2018），荷兰瓦赫宁根大学访问学者（2012—2013）；辽宁省农业科学院花卉研究所研究员，国家大宗蔬菜产业技术体系花卉沈阳综合试验站站长，辽宁省花卉科学重点实验室主任；兼任中国园艺学会球宿根花卉分会副会长，中国郁金香专家委员会主任，全国花卉标准化技术委员会委员；选育中国首个郁金香新品种，主笔和通讯作者发表论文100多篇。

杨宗宗（男，新疆乌鲁木齐人，1984年生），植物分类学者，新疆野生动植物保护协会成员，新疆科协第九届代表，新疆青联委员，新疆第一批青少年科普教育专家。自6岁起开始着迷于中草药，自学植物分类学。发现、命名并发表了新物种8种，多个新记录物种，多篇论文发表于《植物研究》《植物资源与环境学报》《广西植物》《植物杂志》、*PhytoKeys*、*Turczaninowia*等，主编《新疆北部野生维管植物图鉴》（科学出版社，2021）。对于中亚植物类群有深入研究，并创立"自然里"植物学社，积极开展植物科普教育及保护工作。

02

China

03

-THREE-

中国牡丹——芍药科芍药属牡丹亚属

Tree Peony of China——Subgenus *Moutan, Paeonia*, Paeoniaceae

刘政安[1,2*]　李　燕[3]　彭丽平[1,2**]
[[1]中国科学院植物研究所；[2]国家植物园（南园）；[3]国家植物园（北园）]

LIU Zhengan[1,2*]　LI Yan[2]　PENG Liping[1,2**]
[[1] Institute of Botany, Chinese Academy of Sciences; [2] China National Botanical Garden (South Garden); [3] China National Botanical Garden (North Garden)]

* 邮箱：liuzhengan@ibcas.ac.cn;
** 邮箱：pengliping@ibcas.ac.cn

摘要： 牡丹属芍药科（Paeoniaceae）芍药属（*Paeonia* L.）牡丹亚属（Subgenus *Moutan*），目前共9个野生种，且全部起源于中国，属中国特有的资源植物。牡丹有文字记载的历史可追溯至东汉时期，园林栽培可追溯至隋代，已有1 600多年的历史。牡丹文化是中国花文化的核心内容之一，是中国文化的重要组成部分，在中国园林，乃至于世界园林中独树一帜。中国牡丹在隋唐政治、经济、文化繁荣的影响下开始向国外传播，日本的遣隋使、遣唐使陆续把牡丹引到日本，进而传到了欧洲、美洲等地。经国内外园艺师、牡丹爱好者的不懈努力，在不同国家民族文化的影响下，至今世界上已育出牡丹品种约2 000个；牡丹的价值也由初期注重药用、观赏阶段，发展到现代的药用、观赏、食用及生态价值综合利用阶段。本章围绕牡丹亚属的资源分类、发展历史、产业状况、海外传播以及古今中国牡丹人物几个方面，较为详尽地介绍牡丹的历史、现状及中国牡丹对世界园林的贡献。

关键词： 园林　花卉　牡丹

Abstract: Tree peony belonged to the Subgenus *Moutan*, *Paeonia*, Paeoniacea, is characteristic resource plants of China, and its all 9 wild species are originated from China. The recorded history of tree peony in China can be traced back to the Han Dynasty, and its garden cultivation to the Sui Dynasty, with a history of more than 1 600 years. Tree peony is a core part of Chinese flower culture and vital components of Chinese culture, which is unique in Chinese gardens and even in the world gardens. By the influence of political, economic, and culture prosperity in Sui and Tang Dynasties, tree peony began to introduce to Japan by Japanese envoys, and then to Europe and America. So far, about 2 000 peony cultivaries have been bred in the world with the unremitting efforts of horticulturists from different countries. At the same time, the value of tree peony has also developed from medicinal value and ornamental value in the early stage to comprehensive utilization stage with edible value and ecological value. This chapter introduces in detail the status quo of tree peony in the world and the contribution of China's unique tree peony resource plants to the world garden field from the following aspects: resource classification, development history, industry status, overseas dissemination, and ancient and modern characters associated with tree peony.

Keywords: Landscape architecture, Flower, Tree peony

刘政安，李燕，彭丽平，2023，第3章，中国牡丹——芍药科芍药属牡丹亚属；中国——二十一世纪的园林之母，第五卷：085-183页.

1 芍药科芍药属特征分类

1.1　芍药科芍药属特征

Paeonia L., Sp. Pl. 1: 530. 1753; Stern, Study Gen. *Paeonia*, 1-155. 1946; D.Y.Hong, Peonies World, 1-302. 2010. Type: *Paeonia officinalis* L.

芍药科仅包括芍药属。

芍药属特征描述： 灌木、亚灌木或多年生草本。根圆柱形或具纺锤形的块根。当年生分枝基部或茎基部具数枚鳞片。叶通常为二回三出复叶，小叶片不裂而全缘或分裂，裂片常全缘。单花顶生或数朵生枝顶、数朵生茎顶和茎上部叶腋，有时仅顶端一朵开放，大型，直径4cm以上；苞片2～6，披针形，叶状，大小不等，宿存；萼片3～5，宽卵形，大小不等；花瓣5～13（栽培者多为重瓣），倒卵形；雄蕊多数，离心发育，花丝狭线形，花药黄色，纵裂；花盘杯状或盘状，革质或肉质，完全包裹、半包裹心皮或仅包心皮基部；心皮多为2～5（稀达15），或更多，离生，有毛或无毛，向上逐渐收缩成极短的花柱，柱头扁平，向外反卷，胚珠多数，沿心皮腹缝线排成2列。蓇葖成熟时沿心皮的腹缝线开裂；种子数粒，黑色、深褐色，光滑无毛。

分布情况：1属约35种，分布于欧亚大陆温带地区。我国有17种，主要分布在西南、西北地区，少数种类在东北、华北地区及长江两岸也有分布。

代表种及其用途：牡丹（*Paeonia suffruticosa*）、芍药（*P. lactiflora*）均为我国的传统名花，根可入药，是我国重要的传统中药材，全国不少地区都有栽培，尤以河南（洛阳）、山东（菏泽）、安徽（铜陵、亳州）、重庆（垫江）、湖南（邵阳）、湖北（建始）、浙江（东阳、余姚）、内蒙古（多伦、额尔古纳）最为著名。

系统学评述：关于芍药属植物在分类系统中的地位一直是分类学领域的热点。过去不少植物学家认为芍药属属于毛茛科（Ranunculaceae）。随着植物学科的发展，20世纪初，英国的渥斯德（Wosdell W.C.）认为芍药属雄蕊群离心发育，与毛茛科中的其他属均有较大区别，应将其独立成芍药科。20世纪50年代，一些学者从形态学、解剖学、植物化学、孢粉学、胚胎学等方面进一步研究，支持成立芍药科的论点，但随后又把芍药科提升到了芍药目（Paeoniales）的地位。随着现代分子系统发育技术兴起，2008年科学家利用线粒体和脱氧核糖核酸（DNA）序列进行实验，支持芍药属属于芍药科虎耳草目，之后的研究者采用叶绿体全基因组序列进行亲缘分析，再次验证了芍药属属于虎耳草目。

芍药属中有两个亚属：牡丹亚属和芍药亚属。

牡丹亚属特征：落叶灌木；肉质块状根；茎高大，部分可达1.5m及以上，茎棕灰色。叶常为二回三出复叶，偶尔近枝顶的叶为3小叶；顶生小叶长卵形或卵形，长7~8cm，3裂至中部，裂片不裂或2~3浅裂，表面绿色，无毛，背面淡绿色，有时具白粉，沿叶脉疏生短柔毛或近无毛，小叶柄长1.2~3cm；侧生小叶窄卵形或长圆状卵形，长4.5~6.5cm，不等2裂至3浅裂或不裂，近无柄；叶柄长5~11cm，和叶轴均无毛。花单生枝顶，苞片5，萼片5，花瓣5~13，栽培者多为重瓣，有红色、紫色、白色、黄色、粉色、绿色、黑色、蓝色、复色等色系和单瓣型、荷花型、菊花型、蔷薇型、托桂型、金环型、皇冠型、绣球型、台阁型等花型；心皮多为5~10个，稀更多或更少，密生柔毛；花期4~5月。蓇葖果长圆形，密生黄褐色硬毛；果期7~8月。饱满的种子黑色或黑褐色，圆形，表面有光泽。

分布情况：牡丹亚属包括9个种，主要分布于河南、安徽、湖北、陕西、甘肃、云南、西藏等地。

代表种及其用途：杨山牡丹（*P. ostii*）、滇牡丹（*P. delavayi*）、紫斑牡丹（*P. rockii*），牡丹被誉为花中之王，全国各地的观赏牡丹多在公园及小区绿地栽培，尤以我国的河南洛阳、山东菏泽为代表的牡丹城市则更为常见；在安徽铜陵、安徽亳州、湖南邵阳、重庆垫江等地种植的牡丹，多以收获根皮药用为主；2011年后，牡丹籽油成为新资源食品后，各地发展的牡丹多以油用牡丹种植为主，油用牡丹种植面积已占全国牡丹总面积的80%以上。

1.2 牡丹亚属分类

牡丹（mǔ dān）

俗名：鼠姑、鹿韭、木芍药、百两金、洛阳花、富贵花、花王。

Paeonia suffruticosa Andrews, Bot. Rep. 6: t.373, 1804. TYPE: Andres' plate, Bot. Rep. 6: t373 (1804)（图1）。

异名：*Paeonia moutan*, *Paeonia fruticosa*, *Paeonia yunnanensis*, *Paeonia suffruticosa* var. *purpurea*

芍药属（*Paeonia* L.）是芍药科（Paeoniaceae）唯一的属。根据中国科学院植物研究所洪德元院士和周世良研究员对芍药科芍药属分类的最新研究成果可知：芍药属可分为牡丹亚属（Subgenus *Moutan*，木本）和芍药亚属（Subgenus *Paeonia*，草本）（Zhou et al., 2021），主要分布于欧亚大陆温带地区。其中，牡丹亚属主要包含9个野生种和一个杂交种（*Paeonia* × *suffruticosa* Andrews），几乎全为亚灌木。

牡丹所有野生种均原产于中国，至今已有

图1 牡丹（*Paeonia suffruticosa* Andrews）[1：花、叶、茎；2：根；3：心皮（引自《中国植物志》第27卷，41页，1979）]

1 600年的栽培历史，但是回顾牡丹亚属类群分类的历史却令我们深感遗憾，第一位进行牡丹分类的是英国人安德鲁斯（Henry C. Andrews, 1759—1835）。1804年，安德鲁斯利用亚历山大·杜肯于1787年带到邱园的栽培品种之一，发表了牡丹的第一个种 *P. suffruticosa* Andrews，首次从植物学上描述并命名牡丹（图2A），这也标志着对牡丹进行科学分类与研究的开始。现在，大家公认该种是一个具有千年以上栽培历史的中国中原种，是杂交起源的栽培种。随后，1807年，安德鲁斯在1802年从广州引入英国哈德福夏郡A. Hume爵士花园中的牡丹植株中发现，其中一株于1806年开出略泛粉色的白色单瓣花，花瓣基部的紫斑格外引人注目，将其发表为新种 *P. papaveracea* Andr.

（图2B）。这个种曾长期被西方植物学家错误地认为是栽培牡丹的野生原种紫斑牡丹（种或亚种），在1816年被降为牡丹的一个变种 *P. suffruticosa* var. *papaveracea* (Andr.) Kerner，现在已经清楚是普通栽培牡丹的一个品种，即 *P.* × *suffruticosa* Andr. 'Papaveracea'（成仿云，2005）。1808年，John Sims（1749—1831）又依据1794年引入英国的栽培品种，并以牡丹的中文名称命名了一个新种，即 *P. moutan* Sims。

芍药属的第一部专著是1818年由Anderson完成的（Anderson, 1818）。他把芍药属依木本和草本分为两个类群，木本群中，他只承认一个种——*P. moutan* Sims，两个变种——var. *papaveracea*（*P. papaveracea* Andr. 为异名）和var.

图2 安德鲁斯发表的牡丹种 [A：第一个种 *P. suffruticosa* Andrews；B：第二个种 *P. papaveracea* Andrews，现在已经清楚是普通栽培牡丹的一个品种，即 *P.* × *suffruticosa* Andr. 'Papaveracea'（成仿云，2005）]

rosea（*P. suffruticosa* Andrews 为异名）。在 1824 年，De Candolle 正式将芍药属木本类划分为牡丹亚组（Sect. *Moutan*），草本类归为芍药亚组（Sect. *Paeonia*），在牡丹亚组中，他也只承认 *P. moutan* 一个种，其下分为 3 个变种：var. *rosea*, var. *banksii* 和 var. *papaveracea*（De Candolle, 1824）。

第一位描述牡丹野生种类的应推法国植物学家弗兰切特（Adrien R. Franchet, 1834—1900）。1886 年，弗兰切特根据法国传教士 Delavay 分别在云南丽江和云南洱源采的标本在同一页上发表了两个新种：*P. delavayi* Franch.，即滇牡丹，花紫红色，苞片多而且大；*P. lutea* Delavay ex Franch.，即所谓的黄牡丹，其花黄色。至此，牡丹类群被承认的种数为 3 个（Franchet, 1886）。

1890 年，Richard Irwin Lynch（1850—1924）首次把芍药属划分为 3 个亚属，即牡丹亚属（Subgenus *Moutan*）、芍药亚属（Subgenus *Paeonia*）和北美芍药亚属（Subgenus *Onaepia*）。此时，在牡丹亚属中，只记载了一个种，即 *P. moutan* Sims，未提及 *P. delavayi* 和 *P. lutea* 两种（Lynch, 1890）。

Alfred Rehder（1863—1949）根据 W. Purdom 1910 年在陕西延安和太白山各采到的一号标本描述了一个新变种 *P. suffructicosa* var. *spontanea* Rehder（Rehder, 1920）。Vladimir Leontjevich Komarov（1869—1945）依据俄国人 G.N.Potanin 1893 年采自四川雅江县的标本发表了 *P. potanini* Komarov，指出他发现的种与 *P. delavayi* 和 *P. lutea* 相似，但他发现的种叶羽状分裂，裂片狭披针形，顶端渐尖，花瓣紫色或粉色。1931 年，Frederick Claude Stern（1884—1967）替 Stapf 发表了一个新种，即 *P. trollioides* Stapf ex Stern，依据的标本是由 G. Forrest 采自云南德钦白茫雪山，其花黄色，与 *P. delavayi* 显然属于同一群（Stern, 1931）。1939 年，奥地利人 Heinrich RE Handel-Mazzettii（1882—1940）根据瑞典人 H. Smith 采自四川马尔康地区卓斯甲的标本发表了一个新种，*P. decomposita* Hand. -Mazz.。他认为其与 *P. suffruticosa* 近缘，只不过它具多回复叶，小叶浅裂（Handel-Mazzettii, 1939）。

在牡丹亚属分类历史中值得一提的是著名牡丹芍药研究权威斯特恩（Frederick Claude Stern）在 1946 年的工作。Stern 爵士在其世界性的芍药属专著（1946）中采用 De Candolle 关于牡丹亚组的分类。他将牡丹组区分了 4 个种，并将其再分为两个亚组：肉质花盘亚组（Subsect. *Delavayanae* F.C.Stern）和革质花盘亚组（Subsect. *Vaginatae* F.C.Stern），其中前者包括 *P. delavayi*, *P. lutea* 和 *P. potanini* 3 个种，后者包括 *P. suffruticosa* 及其 var. *spontanea*。

第一位进行牡丹类群分类的中国学者是方文培（1899—1983），1958 年他对中国芍药属做了全面记载，他基本上沿袭了 Stern（1946）的分

03

类，认为中国分布有牡丹组植物6种，革质花盘亚组包括2个种，即 P. suffruticosa 及其下的一个变种和 P. szechuanica Fang，肉质花盘亚组包括4个种即 P. delavayi, P. lutea, P. yunnanensis Fang 和 P. potanini（方文培，1958）。其后，潘开玉在1979年出版的《中国植物志》中对芍药属植物进行重新修订（潘开玉，1979），其采用牡丹亚组和芍药亚组的分类，仅承认牡丹组的3个种及6个变种，即 P. suffruticosa、P. szechuanica 和 P. delavayi，栽培的牡丹 var. suffruticosa、矮牡丹 var. spontanea、紫斑牡丹 var. papaveracea、滇牡丹（原变种）var. delavayi、狭叶牡丹 var. angustiloba（把 P. potanini 作为异名）和黄牡丹 var. lutea（把 P. trollioides 作为异名）。对于云南和四川的 P. delavayi 类群，分类学家的分歧依然存在。吴征镒在1984年主编的《云南植物名录》中仍然承认 P. delavayi、P. delavayi var. angustiloba 以及 P. lutea（吴征镒，1984）。龚洵（1990）完全采纳 Stern（1946）的分类，区分出 P. delavayi、P. lutea、P. potanini、P. potanini var. trollioides 和 P. potanini f. alba（龚洵，1990）。

20世纪90年代以来，洪涛（1923—2018）及其合作者连续发表了若干新分类群。洪涛等在1992年第一次记载了作为药用丹皮广泛栽培的牡丹——杨山牡丹 P. ostii T. Hong et J.X.Zhang，其模式标本是从河南嵩县杨山引入郑州栽培的。同时，还发表了另外两个新种，P. jishanensis T. Hong et W.Z.Zhao 和 P. yananensis T. Hong et M.R.Li，其模式标本分别采自山西稷山县西丘的稷山牡丹和陕西延安万花山牡丹园背后侧柏林内的延安牡丹。此外，他们还把紫斑牡丹 P. suffruticosa subsp. rockii 从亚种等级提到种级，即 P. rockii（S.G.Haw et L.A.Lauener）T.Hong et J.J.Li（洪涛等，1992）。洪涛等在1994年描述了紫斑牡丹的一个新亚种 P. rockii subsp. linyanshanii T. Hong et G.L.Osti，其模式标本来自甘肃文县，与 P. suffruticosa subsp. rockii 的模式产地相邻。他们还把 P. suffruticosa subsp. spontanea（Rehder）S.C.Haw et L.A.Lauener 提升到种级，即 P. spontanea（Rehder）T. Hong et W.Z.Zhao，并把他们自己发表的新种 P. jishanensis 作为 P. spontanea 的异名（洪涛等，1994）。洪涛和

戴振伦在1997年发表了两个新种：一是红斑牡丹 P. ridleyi Z.L.Dai et T.Hong，其模式标本采自湖北保康老雅山长冲坪；二是保康牡丹 P. baokangensis Z.L.Dai et T.Hong，其模式标本采自湖北保康后坪镇（洪涛和戴振伦，1997）。

洪德元自1985年以中国科学院回国人员基金为基础开始对芍药属进行研究，发现芍药属的分类地位有待研究。1993年，他在国家自然科学基金委员会"八五"重大项目"中国主要濒危植物的保护生物学研究"中设置了一个专题"矮牡丹保护生物学的研究"，并派学生邱均专和裴颜龙去四川、河南、湖北、陕西和山西等地进行采集和调查。1993年考察了山西稷山和永济，1994年短暂地考察了河南嵩县和陕西延安，这期间采到大量珍贵的标本。1995年，裴颜龙和洪德元发表了卵叶牡丹 P. qiui Y.L.Pei et D.Y.Hong，其模式标本采自湖北神农架，是邱均专先生采集的，该植物就是为了感谢他的这一重要发现而以他的名字命名的（裴颜龙和洪德元，1995）。为了使得大规模的野外考察得以实施，洪德元获得了美国地理学会（The National Geographic Society）基金的资助，对牡丹所有野生类群的模式产地进行了考察。在1995年考察了四川的汶川、茂县、黑水、理县、马尔康、金川、丹巴、康定、泸定、雅江和道孚。对所谓的 P. szechuanica 整个分布区作了全面考察，也调查了 P. potanini, P. delavayi var. angustiloba 的模式产地。1996年对西藏林芝、波密、米林以及亚东作了深入考察和取样，对 P. lutea var. ludlowii 的模式产地，特别是对 P. moutan subsp. atava 的模式产地（亚东春丕谷）作了周密的考察。1997年春，到了河南嵩县杨山、内乡县宝天曼自然保护区和湖北保康县，进行了仔细调查，并再次考察秦岭太白山和陕西延安。接着赴云南考察了昆明西山、呈贡县（现呈贡区）梁王山、大理苍山、丽江、宁蒗、中甸、德钦和四川乡城、盐源等地，并于1998年春天再次去河南，调查了河南西部西峡和卢氏两县和山西南部，同年还考察了安徽巢湖的银屏山。

除了对模式产地的考察，洪德元团队还考证了每一个学名的模式，使其分类完全符合国际植

物命名法规。关于 Bruhl（1896）发表的 *Paeonia moutan* subsp. *atava*，洪德元团队在1996年对其模式产地西藏亚东春丕谷及其周围地区进行了非常仔细的寻找和询问当地居民，没有一个告知当地有野生的牡丹，甚至连栽培的牡丹也没有，然而他们在日喀则的扎什伦布寺院中却见到了紫斑牡丹 *P. rockii*。经考证，洪德元团队认为，所谓的"atava"就是紫斑牡丹，是喇嘛们从陕西带去的，应予归并。对于分布于陕西和甘肃的秦岭山脉及其东延的伏牛山、湖北的神农架的紫斑牡丹 *P. suffruticosa* subsp. *rockii* S.G.Haw et L.A.Lauener，洪德元查看了留存于爱丁堡皇家植物园的模式标本，发现洪涛与 Gian Lupo Osti（奥斯蒂，1920—2012）合作发表的 *P. rockii* subsp. *linyanshanii* T. Hong et G.L.Osti（1994）的模式标本与之几乎完全一样，属于同物异名。而秦岭北坡的紫斑牡丹尚未描述，洪德元于1998年将其确定为一个新亚种太白山紫斑牡丹 *P. rockii* subsp. *taibaishanica* D.Y.Hong（洪德元，1998）。

洪德元团队在西藏的米林和林芝多个地点看到了正在开花的大花黄牡丹 *P. lutea* var. *ludlowii* Stern et Taylor，发现与林芝、波密地区也有分布的所谓黄牡丹 *P. lutea* 界限明显，认为显然大花黄牡丹是一个独立的种。同时，他们对广泛分布于西藏东部、四川西部和西南部以及云南中部和北部的滇牡丹（*P. delavayi*）类群的分类进行处理，该类群一直被认为由4个种组成，另3个种是 *P. lutea* Delavay ex Franch.，*P. potaninii* Kom. 和 *P. trollioides* Stapf ex Stern。洪德元通过调查表明，这个类群多态性极为显著，它们的花瓣颜色、叶裂数目和宽度、苞片数目和宽度等，均有显著差异，但没有一个性状或性状的组合可以把它划分为不同种甚至种下分类群。洪德元认为原来 *P. delavayi* 分出来的多个类群只不过是一个种的一些极端形态变异而已，任何分类上的划分都是不自然的（洪德元，1998b）。

分布于四川西北部马尔康地区的牡丹野生类群（现为四川牡丹）曾有两个种名，一个为 *P. decomposita* Hand.-Mazz. (1939)，另一个为 *P. szechuanica* Fang（1958）。洪德元从瑞典 Uppsala 大学标本馆（UPS）借来了 *P. decomposita* 的模式标本，发现它与 *P. suffruticosa* 是完全不同的种，而 *P. szechuanica* Fang 就是它的异名。随后，洪德元发现四川牡丹被海拔超过 4 000m 的邛崃山和夹金山分割成两个亚种，认为它们应是两个独立的物种，即四川牡丹 *P. decomposita* Hand.-Mazz. 和圆裂牡丹 *P. rotundiloba* D.Y.Hong。

关于 *P. ostii* T. Hong et J.X.Zhang，据张家勋调查（洪德元个人通讯），该种在河南嵩县杨山有野生，洪德元团队于1994年和1997年两次去嵩县杨山未找到。但1998年春在河南西部卢氏县发现有真正野生的类型（洪德元、潘开玉和饶广远 H98005, PE）。目前，极少分布地可见该种的野生资源。洪德元和潘开玉1999年对芍药属牡丹组进行了系统的分类修订，认为该种与中国广为栽培的凤丹极为相似，因此将二者统称为凤丹（洪德元和潘开玉，1999）。

关于 *P. suffruticosa* var. *spontanea* Rehder（矮牡丹），洪德元在稷山考察多年，调查过多个居群，也采集到了延安万花山的矮牡丹，同时借阅了留存在哈佛大学的模式标本，认为洪涛等人在以山西稷山的野生牡丹发表的种 *P. jishanensis* T. Hong et W.Z.Zhao（1992）就是 *P. suffruticosa* var. *spontanea* Rehder，尽管洪涛等人把 *P. suffruticosa* var. *spontanea* Rehd. 提升为物种等级，但是洪德元认为矮牡丹的学名应该改为 *P. jishanensis* T. Hong et W.Z.Zhao。关于 *P. yananensis* T. Hong et M.R.Li（延安牡丹），洪德元认为其就是 *P. jishanensis* 和 *P. rockii* 之间的杂种，并且就是 *P. suffruticosa* var. *papaveracea* (Andrews) Kerner (Hong and Pan, 1999)。关于 *P. baokangensis* Z.L.Dai et T.Hong（保康牡丹），其实模式标本就采自后坪镇洪家院村祁新华家的宅旁，洪德元经过调查和访问，认为所谓的 *P. baokangensis* 就是在当地老乡引种 *P. rockii* 和 *P. qiui* 并栽于一起后杂交形成的，是其间的一个杂种。同时，发现红斑牡丹 *P. ridleyi* Z.L.Dai et T.Hong 的模式标本（产地为湖北保康老雅山长冲坪），与卵叶牡丹 *P. qiui* Y.L.Pei et D.Y.Hong 未有不同。对于 *P. ostii* var. *lishizhenii* B.A.Shen（1997），洪德元认为与 *P. ostii* 没有稳定的差异。

关于银屏牡丹 *Paeonia suffruticosa* subsp. *yinpingmudan*，其作为新亚种发表时所依据的两份标本实为两个实体，产自安徽巢湖的实为凤丹 *P. ostii* 的成员，而产自河南嵩县的实为一个新分类群。2007年，洪德元和潘开玉根据分子证据和新增加的形态证据，把安徽巢湖的 *P. suffruticosa* subsp. *yinpingmudan* 处理为 *P. ostii* 的异名，并依据河南的标本描述了一个新种——中原牡丹 *P. cathayana* D.Y.Hong et K.Y.Pan（Hong and Pan, 2007）。

在2010年和2011年，洪德元出版了两本专著澄清了芍药属的分类，即3组共35种（Hong, 2010 & 2011）。其中，牡丹组包含9个野生种（全部原产于中国）和一个杂交种，这个杂交种就是花王牡丹（*Paeonia* × *suffruticosa* Andrews），它包含上千个传统品种。2014年，周世良等以25个单拷贝或寡拷贝核基因，利用37个野生牡丹样本构建了高分辨率的系统发生树（可以说就是物种树，或者说至少接近物种树），其显示野生牡丹包含9个种，与依据形态分析得出的结论高度吻合，其中，中原牡丹 *Paeonia cathayana* 是多数栽培品种的亲本（图3，Zhou et al., 2014）。2021年，周世良再次将芍药属划分为2个亚属，包括牡丹亚属和芍药亚属（Zhou et al., 2021）。目前，根据洪德元和周世良的分类，牡丹亚属的9个野生种包括：中原

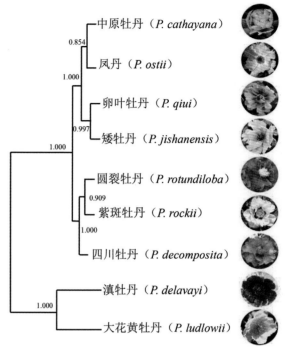

图3　牡丹的9个野生种（Zhou et al., 2014）

牡丹（*P. cathayana*）、矮牡丹（*P. jishanensis*）、卵叶牡丹（*P. qiui*）、凤丹（*P. ostii*）、紫斑牡丹（*P. rockii*）、四川牡丹（*P. decomposita*）、圆裂牡丹（*P. rotundiloba*）、滇牡丹（*P. delavayi*）和大花黄牡丹（*P. ludlowii*）（图3，表1）。

表1　牡丹亚属的分类处理

F.C.Stern (1946, 1951)	W.P.Fang (1958)	K.Y.Pan (1979)	T.Hong et al. (1992—1997)	D.Y.Hong et al. (1999 年至今)
P. delavayi	*P. delavayi*	*P. delavayi*	*P. suffruticosa*	*P. delavayi* 滇牡丹
P. lutea	*P. lutea*	var. *delavayi*	*P. rockii*	*P. ludlowii* 大花黄牡丹
P. potaninii	*P. potaninii*	var. *lutea*	*P. spontanea*	*P. decomposita* 四川牡丹
var. *potaninii*	var. *potaninii*	var. *angustiloba*	*P. jishanensis*	*P. rotundiloba* 圆裂牡丹
var. *trollioides*	var. *trollioides*	*P. szechuanica*	*P. ostii*	*P. rockii* 紫斑牡丹
P. lutea	*P. szechuanica*	*P. suffruticosa*	*P. yananensis*	subsp. *rockii* 紫斑牡丹原亚种
var. *ludlowii*（1951）	*P. suffruticosa*	var. *suffruticosa*	*P. ridleyi*	subsp. *atava* 太白山紫斑牡丹
P. suffruticosa	var. *suffruticosa*	var. *spontanea*	*P. baokangensis*	*P. jishanensis* 矮牡丹
（*P. decomposita* pro syn）	var. *spontanea*	var. *papaveracea*		*P. ostii* 凤丹
P. suffruticosa	*P. yunnanensis*			*P. qiui* 卵叶牡丹
var. *suffruticosa*				*P. cathayana* 中原牡丹
var. *spontanea*				*P.* × *suffruticosa* 牡丹

2 牡丹亚属野生资源

牡丹亚属的所有9个野生种都为中国特有。中国境内共有8个省（自治区）分布有牡丹亚属野生植物，分别是陕西、河南、山西、甘肃、湖北、四川、云南、西藏，其中陕西省同时分布着4个种及1个亚种，是资源最丰富的省份。

革质花盘亚组包括凤丹、紫斑牡丹、矮牡丹、四川牡丹、圆裂牡丹和卵叶牡丹，主要分布于子午岭、秦巴山区及青藏高原东部地区海拔3 000～7 000m的山坡灌丛及林下，肉质花盘亚组包括滇牡丹和大花黄牡丹，主要分布于云贵高原西北部及青藏高原东南部海拔2 000～3 600m的山地灌丛中，二者在水平和垂直分布上均有较为明显的区别。四川牡丹属于革质花盘亚组，但其心皮无毛，与肉质花盘亚组各种类似。从水平分布上看，除了四川牡丹外，革质花盘亚组其他种均分布于秦巴山区沿线及以北山脉地带，肉质花盘亚组4个种均分布于青藏高原东南部及云贵高原西北部，而四川牡丹仅分布在青藏高原东部地区，属于上述二者的中间区域；从垂直分布上看，除了四川牡丹外，革质花盘亚组其他5个种分布海拔为700～2 300m，肉质花盘亚组2个种分布海拔为2 000～3 600m，而四川牡丹的分布海拔基本上也处于二者之间。综合来看，四川牡丹应该是处于革质花盘和肉质花盘亚组之间的过渡种。

牡丹亚属分种检索表

1a. 花通常2或4朵顶生兼腋生，多少下垂；花盘肉质，仅包心皮基部，心皮总是无毛 ………
………………………………… **肉质花盘亚组** [Sect. 1a. *Delavayanae* (Stern)]

2a. 心皮几乎总是单生，少2枚；果4.7～7cm×2～3.3cm；花瓣、花丝和柱头总是纯黄色…
…………………………………………………… 1. 大花黄牡丹 *P. ludlowii*

2b. 心皮通常2～5（～7）枚；果小于4cm×1.5cm；花瓣、花丝和柱头不总是纯黄色………
…………………………………………………………… 2. 滇牡丹 *P. delavayi*

1b. 花单朵顶生，上举；花盘革质，花盘在花期全包或半包心皮，心皮被绒毛或无毛 ………
………………………………… **革质花盘亚组** [Sect. 1b. *Vaginayae* (Stern)]

3a. 心皮2～5枚，无毛，花盘在花期半包心皮或包心皮顶部到基部；小叶（20～）25～54
（～71）枚，全部分裂

4a. 心皮5枚，偶尔4枚，花盘在花期半包心皮；小叶（35～）37～54（～71）枚；顶生小叶椭圆形或窄菱形，顶生小叶长宽比为（1.46～）1.62～2.18（～2.55）…………
……………………………………………… 3. 四川牡丹 *P. decomposita*

4b. 心皮通常3枚，少4、2或5枚；花盘在花期全包；小叶（20～）25～37（～49）枚，顶生小叶圆形或宽菱形，顶生小叶长宽比为（1.02～）1.03～1.57（～2.20）…………
…………………………………………… 4. 圆裂牡丹 *P. rotundiloba*

3b. 心皮5（～7）枚密被绒毛或被绒毛；花盘在花期全包心皮；叶为二回三出复叶或为二至三回羽状复叶；小叶数通常少于20（～33）枚，如多于20枚则至少有部分小叶不裂

5a. 小叶通常9枚；小叶卵形或卵圆形，顶生小叶3深裂，上面常带红色；花瓣基部有红

2.1 中原牡丹

Paeonia cathayana D.Y.Hong et K.Y.Pan, Acta Phytotax. Sin. 45 (3) 286. fig.2. 2007. 模式标本：中国河南省嵩县木植街乡，1000 alt.，1997.04.28；洪德元等 H97010 (PE 01863961).

洪德元团队1994年春赴河南嵩县木植街乡考察时获悉杨惠芳先生家的宅旁种有1961年他从附近山上挖来的一株野生牡丹。1997年，河南农业大学的叶永忠教授、洪德元团队的周世良研究员及其博士研究生俸宇星再次拜访了杨先生。除了拍照片（图4），还从植株上采了一个枝条作标本（即 *Paeonia cathayana* 的模式标本）（图4A）。周世良（2014）通过分子证据发现 *P. cathayana* 是多

图4 中原牡丹（*Paeonia cathayana* D. Y. Hong et K. Y. Pan）[A：模式标本（图片来源中国数字植物标本馆）；B、C、D：河南省嵩县木植街乡杨惠芳宅旁种的中原牡丹（杨称引自附近山上，周世良 提供）]

数栽培品种的亲本。遗憾的是，至今未能再找到中原牡丹的野生种。

2.2 凤丹（杨山牡丹）

Paeonia ostii T.Hong & J.X.Zhang, Bull. Bot. Res. Harbin12 (3): 223. fig.1, 1992. 模式标本：中国河南省郑州航空工业管理学院珍稀树木园栽培，野生植株采自河南嵩县杨山，1 200m alt., 1990. 5. 10，洪涛195010 (CAF).

异 名：*Paeonia ostii* T.Hong & J.X.Zhang var. *lishizhenii* B.A.Shen, Phytotax. Sin. 3 (4): 360, 1997; *Paeonia suffruticosa* Andrews subsp. *yinpingmudan* D.Y.Hong, K.Y.Pan & Z.W.Xie, Acta Phytotax. Sin. 36 (6): 519. fig.2, 1998. 模式标本：中国安徽省南陵县丫山，1984.04.18，沈保安1018 (PE 00934896).

识别特征：凤丹的形态特征在不同居群间和居群内变异较小，株高1.0~2.0m，二回羽状复叶，小叶9~15枚，卵状披针形，花瓣白色或基部有粉红色晕；花丝、柱头及房衣均为暗紫红色，心皮数通常为5。

地理分布：野生凤丹现有分布地极其稀少，据记载仅见于陕西商南、眉县、河南卢氏、栾川等地700~1 600m山坡灌丛及落叶阔叶林中，居群分布呈不连续性，且居群个体以幼苗为主。洪涛等（1992）报道在湖南龙山、陕西留坝等地有野生分布，但据张晓骁（2017）实地调查及与前辈交流（中国花卉协会牡丹芍药分会副会长李嘉珏，湖南农业大学吕长平），这些地方几乎无野生植株。张晓骁（2017）在河南境内秦岭东部地区野外调查中，仅在卢氏及栾川见到野生植株。然而，由于牡丹根——"丹皮"自古就是我国传统的中药材，20世纪50~60年代中国各地更是掀起一股凤丹种植高潮，但是随着丹皮市场逐渐趋于饱和及价格大幅下跌，各地药农对种植的凤丹疏于管理，栽培地逐渐荒废为半野生生境，存留的凤丹也逐渐沦为半野生植株。在这样的时代背景下，我国近年来发现的多数野生凤丹分布地存在疑问，包括甘肃南部（陈德忠个人交流）、湖北保康（李洪喜个人交流）、陕西略阳（张晓骁实地调查）等，这些地方分布的凤丹极有可能是当年栽植的凤丹

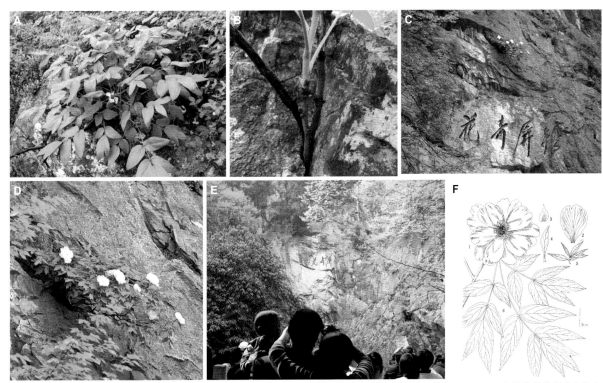

图5 凤丹/杨山牡丹（*Paeonia ostii* T. Hong & J. X. Zhang）[A、B：安徽铜陵国有林场（彭丽平 摄）；C、D、E：安徽巢湖银屏山悬崖上的野生凤丹（刘政安 摄）；F：杨山牡丹（Hong et al., 1992）；1. 花；2. 花瓣；3. 萼片；4. 苞片；5. 花枝羽状复叶；6. 二回羽状复叶（张秦利 绘）]

后代。目前确切无疑的野生凤丹就是安徽巢湖银屏山悬崖上的那株"银屏牡丹"，独一无二，离地面约40m，拍摄的清晰照片显示，它就是凤丹，因为它的茎下部叶为三出羽状复叶；小叶11~15枚，侧生小叶不裂；花盘革质，红色；心皮5枚（图5）。

2.3 紫斑牡丹

Paeonia rockii (S.G.Haw & L.A.Lauener) T.Hong & J.J.Li, Bull. Bot. Lab. N.-E. Forest. Inst., Harbin 12 (3): 227, f. 4, 1992.

Syn. *Paeonia suffruticosa* subsp. *rockii* S.G.Haw & L.A.Lauener in Edinburgh Journal of Botany 47 (3): 279, f. 1a, 1990. Type: China, Kansu [Gansu], probably near Wutu [Wudu], (Farrer's Chieh Jo), [probably iv 1914], *R.J.Farrer 8* (holo. E).

（1）紫斑牡丹原亚种：*Paeonia rockii* (S.G.Haw & L.A.Lauener) T.Hong & J.J.Li subsp. *linyanshanii* (J.J.Halda) T.Hong & G.L.Osti, Taxon, 54 (3): 806. 2005. 模式标本：中国甘肃省文县白马河沟，1 400m alt., 1999. 05. 17; *Zhang Qi-rong 19920517* (PE 01432701).

（2）太白山紫斑牡丹：*Paeonia rockii* (S.G.Haw & Lauener) T.Hong & J.J.Li subsp. *taibaishanica* Hong, Acta Phytotax. Sin. 36 (6): 539. 1998. 模式标本：中国陕西省太白山，1 750m alt., 1985. 05. 24，洪德元，朱湘云 PB85061 (PE 00935562)

识别特征：紫斑牡丹植株高大，株高 0.5~2.0m，香气浓郁，二回或三回羽状复叶，小叶15枚以上，在形态上已完全分化为2个异域亚种，小叶卵状披针形或披针形，大多数小叶不裂的为紫斑牡丹原亚种，小叶卵圆形多分裂的为太白山紫斑牡丹。花部性状具有丰富的变异，主要表现在花色及花瓣基部斑块等方面。徐兴兴（2016）实地野外调查发现，在湖北保康大水林场居群同时存在白色（图6A、6D）和花瓣基部为粉色的个体（图6B、6C）；花瓣数量大于10枚；花瓣基部斑块形状有近三角形（图6A、6B）和卵圆形（图6C、6D）。在陕西富县和甘泉居群均同时存在白色（图6E、6H）、花瓣基部为粉色（图6F、6I）和粉色的个体（图6G、6J）；花瓣均约10枚；富县居群花瓣内侧基部斑块为倒卵形（图6E、6G）和三角形（图6F），甘泉居群花瓣基部斑块为卵圆形（图6H、6I、6J）。心皮和花丝大部分为黄白色，但在保康大水发现有心皮和花丝均为紫红色的植株（图6D）。在紫斑牡丹中至今尚未发现有地下茎或根出条现象，它全靠种子繁殖。

地理分布：紫斑牡丹为我国分布最广的野生种，包含两个亚种，紫斑牡丹（原亚种）和裂叶紫斑牡丹（太白山紫斑牡丹），它们以秦岭为界，南面是原亚种，北面是裂叶紫斑牡丹。紫斑牡丹整个物种分布在北纬31°40′~36°20′，东经104°~112°。这一分布范围在9个野生牡丹物种中仅次于 *P. delavayi*。在垂直分布上为850~2 800m，跨幅也仅次于 *P. delavayi*。从水平和垂直分布看，紫斑牡丹应是一个正常的物种。但是，紫斑牡丹

图6 紫斑牡丹不同居群的花部特征（徐兴兴 等，2016）（A、B、C、D：湖北保康大水林场紫斑牡丹原亚种不同花色和色斑的个体；E、F、G：陕西富县太白山紫斑牡丹不同花色和色斑的个体；H、I、J：陕西甘泉太白山紫斑牡丹不同花色个体）

图7 紫斑牡丹 [*Paeonia rockii* (S. G. Haw & Lauener) T. Hong & J. J. Li] [A、B：紫斑牡丹原亚种和太白山紫斑牡丹亚种的模式标本 (A: PE 01432701；B: PE 00935562；图片来源中国数字植物标本馆)；C、D：陕西富县岔口林场居群、疏林中；E、F：陕西甘泉县下寺湾居群、落叶阔叶林、两种花色 (彭丽平 摄)]

的生态幅不大，多见于落叶阔叶林下，少见于林缘灌丛中（图7）。

　　紫斑牡丹原亚种现在主要分布于甘肃东南部武都县、康县、两当县、徽县、文县，陕西凤县、留坝县、太白县，河南栾川县、嵩县、内乡县，湖北神农架、保康县，生长于海拔1 100 ~ 2 100m山地阔叶落叶林下或灌木丛中。太白山紫斑牡丹因在太白山首次发现而得名，张晓骁多次到太白山调查，并未在有记载的分布地见到野生植株，认为可能与太白山的旅游开发有一定关系。张晓骁（2017）在眉县境内（太白山北麓）发现了有太白山紫斑牡丹分布，同时在太白县黄柏塬发现了有紫斑牡丹原亚种分布。太白山紫斑牡丹现存分布地主要有子午岭地区的陕西志丹县、甘泉县、富县、铜川市、旬邑县，甘肃合水县，秦岭地区的陕西眉县，甘肃渭源县、彰县、卓尼县，生长于1 300 ~ 2 300m山地阔叶落叶林下或灌木丛中。紫斑牡丹原亚种花瓣均为白色，但分布于子午岭中段、北段的太白山紫斑牡丹有红、粉、白3种花色。

2.4　四川牡丹

Paeonia decomposita Hand.-Mazz., Acta Horti Gothob. 13:39. 1930. TYPE: China, Sichuan, Chosojo, 1922, *Harry Smith 4641* (UPS)

　　异　名：*Paeonia szechuanica* W.P.Fang, Acta Phytotax. Sin. 7:315. pl. 61-1.1958. 模式标本：中国四川省阿坝藏族羌族自治州马尔康，1400 alt., 1957. 04. 29，李馨70316（IBSC 0000571）

　　识别特征：四川牡丹原亚种，株高0.7 ~ 2.2m，通体无毛，干皮灰黑色，当年生枝条紫红色，两年生以上枝条有片状剥落。叶片三至四回复叶，多为三回，小叶数14 ~ 85枚，小叶卵圆形或倒卵形，有裂。花单生枝顶，多粉红色至玫瑰红色，杨勇等（2015）在马尔康一个居群发现有白花个体；花瓣多数基部无斑，少数个体花瓣基部颜色明显加深；同时也发现有少数个体雄蕊瓣化，出现重瓣花。心皮数3 ~ 6，多为5，光滑无毛。四川牡丹原亚种基本是沿大渡河分布，包括四川马尔康、金川、小金、康定、丹巴等地，生长于海拔2 000 ~ 3 000m灌木丛中，多处于干热河谷中，该

图8　四川牡丹（*Paeonia decomposita* Hand.-Mazz.）[A：整个植株（夏焰 摄）；B：花（杨勇 摄）；C：果（夏焰 摄）]

地区常年降水偏少（杨勇 等，2015）。不同居群因生境差异，四川牡丹原亚种长势差异较大，水源较为充足地区长势较好，当年生枝条较为粗壮，花朵相对较大。四川牡丹多生长在阴坡，其主要伴生植物为野花椒（*Zanthoxylum simullans*）、小叶蔷薇（*Rosa willmottiae*）、蚝猪刺（*Berberis jullianae*）、金花小檗（*Berberis wilsonae*）、四川丁香（*Syringa sweginzoii*）、鸢尾（*Iris tectorum*）、野棉花（*Anemone vitifolia*）、川滇铁线莲（*Clematis clarkeana*）、瞿麦（*Dianthus superbus*）等。

地理分布： 四川牡丹原亚种的水平分布为北纬30°～32°，东经101°30′～102°30′；海拔分布幅度狭小，为2 050～3 100m。按洪德元团队的调查和现有报道，这个种分布于大渡河流域的4个县，有9个居群：马尔康（阿底村、县城附近南北两坡及松岗村背后）、丹巴（东沟乡沙冲沟）、金川（沙尔乡、曾达乡和绰斯甲）、康定（大河沟村）。可以说，四川牡丹是一个分布区域很狭窄的物种。它生长于多石的山坡和悬崖上的灌丛（图8A）、幼年的次生林或稀疏的柏树林。四川牡丹的最适生境是阳坡稀疏灌丛，在这里花朵多，结实率高（图8B，8C）。在次生林和高度超过2m的高灌丛中，则植株很少开花，结实率低。杨勇等（2015）调查的12个四川牡丹原亚种居群中，仅在马尔康市发现两个较大居群，成年植株数量超过100株，其他居群，成年植株数量一般不超过20株。四川牡丹原亚种在其生境中并非优势种，对生境要求相对苛刻，郁闭度过高或过低都不利于其生长。部分资料显示的分布区域，在杨勇等的实地考察过程中未发现成年开花植株，一些地区甚至已经绝迹。当地老人回忆50年前很多地方还有大量分布，开花季节山上可以看到大片红色花朵，但因药农无节制地采挖，大部分种群已经消失。

2.5 圆裂牡丹

Paeonia rotundiloba (D.Y.Hong) D.Y.Hong, J. Syst. Evol. 49 (9): 465, 2011.

异名： *Paeonia decomposita* Hand.-Mazz. subsp. *rotundiloba* D.Y.Hong, Kew Bull. 52 (4): 961. fig.1A. 1997. TYPE: China, Sichuan, Lixian, Ming Jiang Valley, well developed thickets, Young secondary forest, usually found on rock, 2 050-3 100m, *D.Y.Hong, Y.B.Luo & Y.H.He, H95033* (PE 00528997, IT; A/GH, K, MO, US)

识别特征： 圆裂叶四川牡丹与四川牡丹原亚种区别主要体现在：大多数个体的心皮数目是3，而不是5；花盘包裹整个子房，而不是仅包裹子房下半部；小叶数（20～）25～37（～49），而不是（35）37～54（～71）；果实成熟后蓇葖果表皮有浮点，触摸有明显凹凸感，其果皮较原亚种明显变厚；顶生小叶菱形至近圆形，而不是椭圆形至狭菱形，叶裂片较圆钝，先端圆，叶片比四川牡丹原亚种厚。

圆裂牡丹生殖方式以种子繁殖为主，结实率较高。但是洪德元团队在黑水县色尔古乡色尔古村的居群中发现营养繁殖现象，圆裂牡丹的一个植株通过根出条，长出至少7支茎，从地面上看会疑为7个独立的个体。喜爱开阔的疏林和灌丛，而在较密的次生林和高灌丛中开花的植株少，或开花但心皮败育率高，如在理县大平附近，在高2m以上、盖度达80%～90%高灌丛中，仅少数植株开花结果。

地理分布： 圆裂牡丹最初被作为四川牡丹中的一个成员，后来作为四川牡丹中的一个亚种（Hong et al., 1997），后来的研究发现它是独立的种。圆裂牡丹沿岷江流域分布，包括汶川县、茂县、理县、黑水县、松潘县等地，生长于海拔1 500～2 800m的灌丛及落叶阔叶林中。分布范围为北纬31°20′～32°20′，东经103°～104°。它们见于海拔1 750～2 700m的地方，可以说，圆裂牡丹是一个分布非常狭域的物种。从洪德元团队的样方调查和访问老乡的状况来看，这个种虽然分布区狭窄，生态幅很小，居群不是很多，但个体数量并不少。对6个居群生态环境的调查，5个生长于石灰岩地段，另一个生长于千枚岩土壤中（黑水县色尔古居群）。它们生长于灌丛、幼年次生林和岷江柏木（*Cupressus chengiana*）疏林（图9）。而杨勇（2015）调查了圆裂叶四川牡丹，共发现

图9 圆裂牡丹（*Paeonia rotundiloba* D.Y. Hong）[A：模式标本（图片来源中国数字植物标本馆）；B：圆裂牡丹花（杨勇 摄）；C：圆裂牡丹（刘政安 提供）]

有6个居群，分布于理县的最大一个居群也仅发现21株成年个体，相比于原亚种其破坏程度更加严重，资源数量更加稀少，开花时节，仅能在陡峭悬崖边发现零星成年个体。

2.6 卵叶牡丹

Paeonia qiui Y.L.Pei & D.Y.Hong, Acta Phytotax Sin.33 (1): 91. fig.1. 1995. 模式标本：中国湖北神农架林区松柏镇，2 010m alt.，1988.05.06，邱均专 PB88022 (PE 00550525)

异名： *Paeonia ridleyi* Z.L.Dai & T.Hong, Bull. Bot. Res. Harbin 17 (1): 1. fig.1. 1997.

识别特征： 卵叶牡丹植株矮小，开花较早，根出条或地下茎往往使植株成丛或者成片出现。花为粉色，小叶9枚，表面多紫红晕，但是在郁闭度高的林下或果期，卵叶牡丹叶片表面的紫红色晕通常会消失。心皮数通常为5，但在徐兴兴的实地调查过程中发现，在陕西商南县八宝寨山居群同时存在心皮数分别为3、4和5的卵叶牡丹植株，密被白色柔毛（徐兴兴 等，2017）。

地理分布： 卵叶牡丹的分布范围为北纬31°40′～33°20′，东经109°20′～111°30′，在河南、湖北和陕西等地分布。2015年，张晓骁等（2015）在陕西旬阳发现有卵叶牡丹分布，该种为陕西省新分布种，同时该发现将卵叶牡丹自然分布区的经度向西推移了2°（约200km），他们还发现花期时卵叶牡丹叶片正面确实多是紫红色，但果期时叶片正面又转变为绿色，紫红色消失。其垂直分布为700m（陕西省商南）至2 200m（神农架）。无论从水平分布上，还是垂直分布上，卵叶牡丹都是一个极其狭域的物种。现在已知的居群大多见于稀疏落叶阔叶林的悬崖上，少见于灌丛中（图10）。

图10　卵叶牡丹（*Paeonia qiui* Y.L.Pei et D.Y.Hong）〔A：模式标本（图片来源中国数字植物标本馆）；B、C：陕西旬阳居群（彭丽平　摄）；D：卵叶牡丹的花（刘政安　摄）〕

2.7　矮牡丹（稷山牡丹）

Paeonia jishanensis T.Hong & W.Z.Zhao, Bull. Bull. Res. Harbin 12 (3): 225. fig.2. 1992. TYPE: China, Shanxi, Jishan, Xiqiu (West mound), alt. 1 200m, in forests and thickets, May 10, 1991, *Hong Tao 915010* (Holotypus: CAF).

异名： *Paeonia spontanea* (Rehd.) T.Hong & W.Z. Zhao, 1994; *Paeonia suffruticosa* Andrews var.

spontanea Rehd. 1920. 模式标本：中国，1910，*W. Purdom W. 338* (E 00048167, P 00200632)

识别特征： 矮牡丹被列入国家三级保护植物。多年生落叶灌木，高0.5～1.5m。二回三出复叶，小叶通常9枚，近圆形或卵圆形。花单生枝顶，白色，稀基部粉色或淡紫色；雄蕊多数，花药黄色，花丝中下部暗紫红色，上端白色；花盘暗紫红色，革质，端部齿裂，包裹心皮达1/2以上；心皮5，密生淡黄色柔毛，柱头暗紫红色。果密被灰白色毛；

101

种子黑色，有光泽。花期4月下旬至5月上旬。

矮牡丹繁殖系统为兼性营养繁殖，以根出条进行营养繁殖为主，以种子繁殖为辅，从而形成无性系植株集群分布在母体周围的现象。野外观察发现，矮牡丹可自花授粉，但是有明显的自交不亲和性。传粉媒介是蜂类与甲虫，主要是地蜂，传粉能力差，且主要是居群内的异花传粉，使居群间传粉不足，这是导致其自然结实率低的主要原因。自然条件下，矮牡丹种子的休眠期长，在10~15℃温度范围内适宜种子萌发，超过20℃则明显不利于生根及上胚轴生长；幼苗生长5年以上才能开花。因此，矮牡丹形成了以根出芽无性繁殖为主的兼性营养繁殖方式（图11）（徐兴兴 等，2017）。

徐兴兴等（2017）在陕西延安、山西永济和河南济源居群中均发现，随每出复叶顶生小叶分裂程度的不同而表现出小叶9、11、15枚的变化。不同居群在花部性状上变异也非常丰富，主要表现在花径、花丝颜色及瓣化等方面：延安万花山居群矮牡丹单朵花直径10~13cm；花瓣倒卵形，顶端波状裂；雄蕊数量80~100，花丝长约12mm，花丝中下部紫红色，上部白色，花药线形

（图12A）。同时发现延安万花山矮牡丹常常具有与花瓣颜色相同的瓣化雄蕊，花丝增粗为扁平状（图12B）。山西永济居群花直径12~19cm；花瓣阔椭圆形，顶端微凹；雄蕊数量50~70，花丝长10~15mm，深褐红色，接近顶部渐变成白色，花药线形（图12C）。河南济源居群花直径8~12cm，花瓣近圆形稍皱，顶端波状裂；雄蕊数量大于100，花丝长6~9mm，花丝暗紫红色，近顶部白色，花药圆柱形（图12D）。另外在陕西新发现的宜川居群内未发现成年开花植株。

地理分布：矮牡丹自然居群的分布为北纬34°25′~35°42′，东经110°~112°15′，可以说矮牡丹水平分布范围很小。它的垂直分布从海拔970m（永济水峪口村）至1 700m（稷山马家沟），高差仅730m。矮牡丹分布在山西省南部的中条山，西南部的吕梁山一带和陕西省的华山、铜川、延安以及河南省济源等地。矮牡丹对温度的适应范围比较宽，在年均温9.4~13.7℃，年平均降水量约530mm的地区分布，生长的土壤主要为山地褐土和山地淋溶褐土。矮牡丹出现的群落是灌丛和稀疏的落叶阔叶林，主要生长在辽东栎、栓皮栎等林下的灌木层，以集群分布类型为主（图13）。

图11 陕西省商南县卵叶牡丹的兼性营养生殖（A：根出条；B：根出条形成的无性系植株；C：蓇葖果；D：实生苗）（徐兴兴 等，2017）

图12 矮牡丹不同居群的花部特征［A：陕西延安万花山矮牡丹（无瓣化雄蕊）；B：陕西延安万花山矮牡丹（雄蕊瓣化）；C：山西永济矮牡丹；D：河南济源矮牡丹］（徐兴兴 等，2017）

图13　矮牡丹（*Paeonia jishanensis* T.Hong & W.Z.Zhao）［A、B：模式标本（A: P00200632；B: E00048167；图片来源中国数字植物标本馆）；C、D：河南济源市黄楝树林场的矮牡丹（刘政安　摄）］

2.8　滇牡丹

Paeonia delavayi Franch., Bull. Soc. Bot.

France33: 382. 1886. TYPE: China, Yun-nan, in dumetis ad juga nivalia Li-kiang, alt. 3 500m, fl. 9 jul. 1884, *J.M.Delavay 1142* (K, P 00200543, P

00200544).

识别特征：滇牡丹保持着两种生殖方式：一种是种子繁殖；另一种是无性繁殖，靠的是地下茎繁殖。无性繁殖方式有利于居群的扩张、逃避人为挖掘和其他干扰。滇牡丹是一个极其多变的物种，叶的裂片数目17~31，叶裂片宽度0.5~4.5cm。花瓣颜色更是多变，从黄中带绿（昆明西山）到黄色（各处都有）、黄色而基部带棕色至紫色的斑块（几乎各处均有）、白色（云南德钦和香格里拉）、粉色（云南丽江、香格里拉等地）、红色（四川木里、雅江和盐源，云南丽江、香格里拉等地），至深紫色（云南丽江和香格里拉），

图14　滇牡丹（*Paeonia delavayi* Franch.）［A、B：模式标本（A. P00200543；B. P00200544；图片来源中国数字植物标本馆）；C：紫花滇牡丹（刘政安 摄）；D：黄花滇牡丹（华国军 摄）］

甚至在云南香格里拉的格咱乡和哈那村以及丽江的干海子，上述各种颜色都能见到。这说明这个种具有丰富的遗传多样性。

地理分布：滇牡丹的分布范围相当广，云南的中部和西北部、四川的西部和西南部，以及西藏的东南部，北纬24°~32°，东经94°~104°，是9种野生牡丹中分布范围最广的。在垂直分布上，它从海拔1 850m（四川木里的罗波）至4 000m（四川稻城的东义），高差2 150m，也是各野生种中垂直分布范围最大的。滇牡丹在多种生境中出现，不仅在灌丛和疏林中常见到它，在相当茂密的云南松–高山栎林中也能见到它（云南宁蒗等），甚至在云杉原始林中也能见到它的踪影（云南丽江云杉坪）。可见它的生态幅相当宽，这有可能与它的根的特殊形态和功能有关。它的根既能储水，又能储存营养。这个种不仅居群多，而且有些居群还很大，丽江干海子居群范围相当广，植株（可能包括许多无性系）无数。特别是香格里拉市的格咱乡，在香格里拉至四川乡城的公路两边，一个居群绵延10km，植株（包括无性系）不计其数（图14）。

2.9　大花黄牡丹

Paeonia ludlowii (Stern & G.Taylor) D.Y.Hong, Novon, 7(2):157. figs. 1, 2. 1997.

异名：*Paeonia lutea* Delavay ex Franch. var. *ludlowii* Stern & G. Taylor, J. Roy. Hort. Soc. 76: 217. 1951. TYPE：China: Xizang, Miling, Tsangpo Valley, *Ludlow, Sherriff & Taylor 4540* (BM).

识别特征：当年生萌蘖枝可长到1.5m以上，当年生侧枝一般生长量为10~100cm不等，株高都在1~2.8m。萌蘖枝非常发达，每株一般为5~10个或更多。最大叶片长84cm，宽34cm，叶柄长36cm。在原生地，实生苗开花需7~9年；而在驯化基地，实生苗只需5年就可开花，嫁接苗生长3年，第4年就开花。花径最大可达14cm，花期5月中旬至6月初。花盘具蜜腺，会吸引蚂蚁等昆虫采食，在采食过程中顺带完成授粉。

大花黄牡丹仅靠种子繁殖，结实率高，出苗率也高。在大多数居群有大量实生幼苗，植株不具地下茎或根出条现象，但会从植株枯死茎干基部萌发新枝。洪德元团队在南伊沟一株大的植株下面积仅约1m²的范围内发现有上百株小苗，认为大花黄牡丹只要有适宜的生境，即开阔的疏林和灌丛，就能繁衍后代。但它们一怕失去生境，二怕滥采乱挖。该种在形态学上和黄牡丹有较大差异。大花黄牡丹为落叶大灌木，高度可达3.5m，根粗壮，肉质。茎皮灰褐色，片状剥落。叶片大型，为二回三出复叶，小叶9，两面光滑，侧小叶近无柄。枝顶及靠近枝顶叶腋形成3~4朵花，花色稳定，为纯净的亮黄色，心皮1~2，花期5月上中旬。果实8月下旬开始成熟，结实性强，种子比牡丹组其他种及栽培种都大，新鲜种子千粒重约为2 000g。

地理分布：大花黄牡丹在林芝地区的林芝、米林和山南地区的隆子有分布，各居群植株数量规模差异较大，少则数十株，多则沿河流、山谷呈带状分布，可达2km，主要分布在路边、半山腰及河流附近。这个物种分布很狭窄，北纬28° 26′~29° 54′，东经93° 05′~94° 47′，跨幅分别仅为纬度1° 28′，经度1° 42′。海拔的高差亦极小，2 870~3 450m，跨度仅580m。土壤基质为花岗岩，多生长于疏林和灌丛中，郁闭的森林中未见它的踪影（图15）。大花黄牡丹生境主要有两种类型：灌木群落类型主要由灌木物种组成，大花黄牡丹生境中不存在高大乔木。灌木是大花黄牡丹生境地主要的植被生长型，一般为丛生状，如骨柴（*Elsholtzia fruticosa*）、宽刺绢毛蔷薇（*Rosa sericea*）、腺果大叶蔷薇（*R. macrophylla* var. *glandulifera*）、粉叶小檗（*Berberis pruinosa*）、腰果小檗（*B. johanhis*）、短柄小檗（*B. brachypoda*）、西藏野丁香（*Leptodermis xizangensis*）及淡黄鼠李（*Rhamnus flavescens*）等。乔木群落类型中，由于大花黄牡丹主要分布在林缘、林窗及河谷台地等处，所以它的生境地群落中乔木的种类及数量相对较少。乔木种类主要有林芝云杉（*Picea likiangensis* var. *linzhiensis*）、光核桃（*Amygdalus mira*）、白柳（*Salix alba*）、川滇柳（*S. rehderiana*）及白桦（*Betula platyphylla*）等。

图15　大花黄牡丹［*Paeonia ludlowii* (Stern et G.Taylor) D.Y.Hong，A：非模式标本（PE 00529624，图片来源中国数字植物标本馆）；B：林芝大花黄牡丹的花；C、D、E、F：林芝大花黄牡丹（B、C、D、F：刘政安 摄；E：李敬涛 摄）］

3 牡丹国内状况

3.1 牡丹由来

　　人们最早认识牡丹、利用牡丹是从药用开始的。1972年在甘肃省武威市柏树乡发现的东汉（25—220）早期圹墓医简中（图16），已有牡丹治疗"血瘀病"的处方，这是我国迄今为止最早出现"牡丹"二字的记载。东汉整理的我国现存最早的本草专著《神农本草经》中已记载："牡丹味辛寒，一名鹿韭，一名鼠姑，生山谷。"

　　秦代（前221—前206）以前的典籍中，只有芍药而无牡丹，牡丹亦曾称为"木芍药"。宋·郑樵《通志·昆虫草木略》记载："古今言木芍药，是牡丹。安期生《服炼法》云：'芍药有二种，有金芍药，有木芍药。金者，色白多脂；木者，色紫多脉，此则验其根也。'然牡丹亦有木芍药之名，其花可爱如芍药，宿根如木，故得木芍药之名。……牡丹初无名，故依芍药以为名……"据此可知：木芍药

和牡丹两个名称在秦汉之际曾同时出现；正是由于牡丹、芍药的叶形、花形相近，早期名称又相似，以至于我们今天仍有许多人难以把两者区分开来。

　　明·李时珍所著《本草纲目》（图17）对牡丹"鹿韭""鼠姑""百两金""木芍药""花王"等别名的记述甚详，并对其中一些名称的由来按自己的理解或引用文献作了解释。李时珍记述："牡丹以色丹者为上，虽结籽而根上生苗，故谓之牡丹""唐人谓之木芍药，以其花似芍药，而宿干似木也。群花品中，以牡丹第一，芍药第二，故世谓牡丹为花王，芍药为花相。"牡"指其可营养繁殖，据传成书于汉代的《神农本草经》（图18）中有"牡桂""牡蛎""牡荆"等药，命名原则是一致的，同时介绍了牡丹的功效。历史悠久的牡丹至今拥有如"鼠姑""鹿韭""木芍药""白茸""百两金""贵客""京花""洛阳花""富贵花""花王""百花王""国色""天香""国

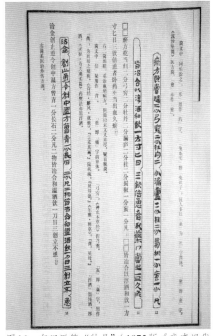

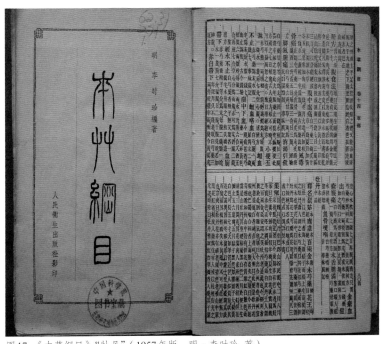

图16　东汉医简"牡丹"（1975版《武威汉代医简》）

图17　《本草纲目》"牡丹"（1957年版，明·李时珍 著）

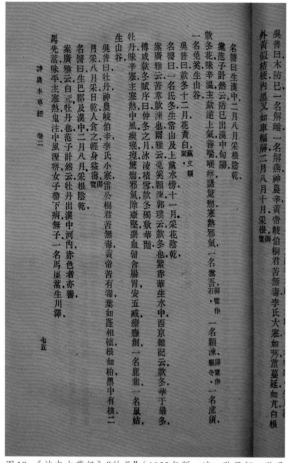

图18 《神农本草经》"牡丹"（1955年版，清·孙星衍、孙冯翼 辑）

3.2 牡丹历史

　　中国牡丹有文字记载的历史应该从东汉牡丹入药算起，已有1 700多年；如果把"木芍药"（即牡丹）和芍药的历史一起追溯，牡丹的历史应有约4 000年。据《古琴疏》记载："帝相元年，条谷贡桐、芍药，帝命羿植桐于云和，命武罗伯植芍药于后苑。"帝相即夏代的第五位君主（前1936—前1919年在位）；《通志略》记载"芍药著于三代之际，风雅所流咏也。"三代即夏、商、周时期（前220—前256）。这些古籍的记载虽然有些内容是传说，却有一定的可信度。

　　我国第一部诗歌总集《诗经》成书于周初至春秋时期（前11—前5世纪），全书300余首歌谣，主要描写夏商时期社会习俗，其《溱洧》中有"溱与洧，方涣涣兮。士与女，方秉蕑兮。女曰观乎？士曰既且，且往观乎！洧之外，洵訏且乐。维士与女，伊其相谑，赠之以勺药"的记载，说明2 500多年前的年轻人已开始以芍药（牡丹）花表达爱慕之情。这一记载也是我国目前倡导"芍药"为我国的"情人花"的缘由。牡丹和芍药不分或难分一直延续到现在，1848年，日本出版的《诗经名物图解》（图19）中的芍药，也被称为"草牡丹"；我国《诗经图解》（图20）在"赠之以勺药"的场景中，把芍药画成了牡丹。

　　中国牡丹的园林栽培历史，目前公认的

花""中国花""花""天都神花"等诸多内涵丰富的别名，牡丹的这一文化现象是其他花卉无可比拟的，十分值得我们深入研究。

图19 《诗经名物图解》中的芍药

图20 《诗经图解》

是"初植于隋、盛于唐、甲天下于宋。"可以想象，当植物演化成花大、色艳、型美、香郁，可药、可赏的牡丹时，人们自然喜爱有加，将其从山林中挖到自家庭院栽植，应该更合乎最早栽培的起源。从现有的史料来看，东晋大画家顾恺之（348—409）的《洛神赋》中有牡丹种植的场景（图21）；宋·余仁中《顾虎头列女传》中也有画面描绘了庭院中栽植的木芍药，可见牡丹的观赏栽培至今已有1 600年左右；唐·韩偓《海山记》载：隋炀帝（605—618年在位）辟地周二百里为西苑，易州进二十箱牡丹，并有具体牡丹品种名单，这说明隋代牡丹已有栽培，并正式进入皇家宫苑，且有史可查。

目前人们普遍认为，唐代已赋予了牡丹文化象征，宋代已正式开始关注牡丹品种的繁育。唐代的李正封"国色朝酣酒，天香夜染衣"，使牡丹有了"国色天香"的美誉；皮日休"落尽残红始吐芳，佳名唤作百花王。竞夸天下无双艳，独占人间第一香"，使牡丹有了"花王"和"第一香"的美称；刘禹锡的"唯有牡丹真国色，花开时节动京城"的诗句是对唐代牡丹繁盛的有力写照。据不完全统计，唐代遗留的牡丹诗有300余首，至今还未发现唐代诗篇中有牡丹品种名称出现，但在牡丹的花蕊、花瓣、花色、花香方面的描述则相当详尽。如白居易的《牡丹芳》诗：

牡丹芳，牡丹芳，黄金蕊绽红玉房。
千片赤英霞烂烂，百枝绛点灯煌煌。
照地初开锦绣段，当风不结兰麝囊。
仙人琪树白无色，王母桃花小不香。
宿露轻盈泛紫艳，朝阳照耀生红光。
红紫二色间深浅，向背万态随低昂。
映叶多情隐羞面，卧丛无力含醉妆。
低娇笑容疑掩口，凝思怨人如断肠。
浓姿贵彩信奇绝，杂卉乱花无比方。
石竹金钱何细碎，芙蓉芍药苦寻常。
遂使王公与卿士，游花冠盖日相望。
庳车软舆贵公主，香衫细马豪家郎。
卫公宅静闭东院，西明寺深开北廊。
戏蝶双舞看人久，残莺一声春日长。
共愁日照芳难驻，仍张帷幕垂阴凉。
花开花落二十日，一城之人皆若狂。
三代以还文胜质，人心重华不重实。
重华直至牡丹芳，其来有渐非今日。

图21　东晋·顾恺之《洛神赋》中赏牡丹场景（网络）

元和天子忧农桑，恤下动天天降祥。

去岁嘉禾生九穗，田中寂寞无人至。

今年瑞麦分两岐，君心独喜无人知。

无人知，可叹息。

我愿暂求造化力，减却牡丹妖艳色。

少回卿士爱花心，同似吾君忧稼穑。

到了宋代，人们开始关注栽培牡丹的品种，时至今日仍是著名牡丹品种的'姚黄''魏紫''豆绿'等已经育出。政治家、文学家兼园艺家的欧阳修编著了世界上第一部牡丹专著《洛阳牡丹记》，记载了当时24个牡丹品种的详细特点，在全国众多牡丹栽植地中有"牡丹出丹州、延州，东出青州，南亦出越州，而出洛阳者今为天下第一"，从此奠定了"洛阳牡丹甲天下"的地位，为古都洛阳成为闻名于世的"牡丹城"留下浓墨重彩的一笔（图22）。欧阳修还在《洛阳牡丹图》题诗中对当时的名品如数家珍，更对未来牡丹充满

了期许：

洛阳地脉花最宜，牡丹尤为天下奇。

我昔所记数十种，于今十年半忘之。

开图若见故人面，其间数种昔未窥。

客言近岁花特异，往往变出呈新枝。

洛人惊夸立名字，买种不复论家赀。

比新较旧难优劣，争先擅价各一时。

当时绝品可数者，魏红窈窕姚黄妃。

寿安细叶开尚少，朱砂玉版人未知。

传闻千叶昔未有，只从左紫名初驱。

四十年间花百变，最后最好潜溪绯。

今花虽新我未识，未信与旧谁妍媸。

当时所见已云绝，岂有更好此可疑。

古称天下无正色，但恐世好随时移。

鞓红鹤翎岂不美，敛色如避新来姬。

何况远说苏与贺，有类异世夸嫱施。

造化无情宜一概，偏此著意何其私。

图22 洛阳隋唐植物园欧阳修塑像（李清道 摄）

又疑人心愈巧伪，天欲斗巧穷精微。

不然元化朴散久，岂特近岁尤浇漓。

争新斗丽若不已，更后百载知何为。

但应新花日愈好，惟有我老年年衰。

纵观牡丹历史，不难发现中国牡丹的发展跟

国家的政治、经济、文化息息相关，各朝代的牡丹栽培中心也随着国家的盛衰而盛衰；又因牡丹的根皮药用价值较高，而得以在改朝换代时幸存。大量的牡丹资料说明，我国牡丹栽培中心区域曾几度变迁，有时甚至出现多个栽培中心及重要栽植地区，具体情况详见表2。

03

表2　中国历代牡丹栽培中心

朝代	隋代	唐代	宋代	明	清	现代
年代	581—618	618—960	960—1279	1368—1644	1644—1911	1978后
栽培中心	洛阳	长安（今陕西西安）洛阳	洛阳 杭州 彭州	亳州 曹州	曹州 亳州 北京	洛阳 菏泽 北京
重要栽植地	易州（今河北易县）	杭州	丹州（今陕西宜川） 延州（今陕西延安） 青州	北京 洛阳 成都	洛阳 成都 临夏	铜陵 亳州 垫江

2008年，中国科学院植物研究所刘政安牡丹研究团队对中国牡丹古谱中的牡丹进行统计发现：宋代曾有牡丹品种246个、元代曾有牡丹品种96个、明代曾有牡丹品种470个、清代曾有牡丹品种478个，古代传统品种共有1 109种（郝青，2008）。新中国成立以来，牡丹培育又进入了一个快速发展阶段，综合《中国牡丹与芍药》（李嘉珏，1999）、《中国牡丹品种图志·中原卷》（王莲英，1997）、《中国牡丹品种图志·西北西南江南卷》（李嘉珏，2006）、《中国紫斑牡丹》（陈德忠和陈富飞，2003）、《中国紫斑牡丹》（成仿云等，2005）、《铜陵牡丹》（陈让廉，2004）、《临夏牡丹》（李嘉珏，1989）、《洛阳牡丹品种图谱》（张和儒，1998）等书籍，结合中国科学院植物研究所牡丹种质资源圃收集的牡丹品种，去重后共有牡丹品种1 688种，其中中原牡丹品种群840种，西北牡丹品种群780种，西南牡丹品种群24种，江南牡丹品种群44种；其中1949年后育出的品种为1 545种，宋、明、清共记录品种1 109个，到现代仅保留下来143种。各朝代记录的品种数目及传承详情见表3。

表3　宋、明、清及现代牡丹品种数目及传承情况

宋Song（246）	明Ming（470）	清Qing（478）	合计Total（1 109）
↓	↓	↓	↓
明Ming（25）	清Qing（117）	现代Modern time（112）	现代Modern time（143）

从表3可以看出，优良种质资源流失严重，只有12.89%的品种得到了传承，大部分品种流失殆尽，包括很多名贵、较名贵的品种。如计楠《牡丹谱》（1809）记录的江南牡丹品种数量达103个，但现存也不过15个左右。

3.3　牡丹格局

3.3.1　隋唐五代时期

隋唐时期，中国牡丹正式园林化，"国色""天香""花王"地位确立。《海山记》（宋代著作）载："隋炀帝辟地周二百里为西苑……诏天

下境内所有鸟兽草木驿至京师（今洛阳）……易州（今河北易县）进二十箱牡丹，有'颏红''鞓红''飞来红''袁家红''醉颜红''云红''天外红''一拂黄''软条黄''延安黄''先春红''颤风娇'等名。"此时牡丹主要有红、黄两色品种。宋·高承《事物纪原》称"隋炀帝世始传社丹"，《随志素问篇》亦云"清明次五日，牡丹华"。隋代是中国牡丹进入皇家宫苑的开始，它标志着中国牡丹园林栽培进入了新的历史阶段，为牡丹的迅速发展与传播起到了积极的作用，也为洛阳成为中国历史上最早的"牡丹城"奠定了基础。

唐代，中国牡丹栽培技术不断提升，牡丹文化空前繁荣。随着社会稳定，经济繁荣，唐都长安（今西安）、陪都洛阳的牡丹不断兴盛起来，牡丹栽培专家、牡丹诗人应运而生。据不完全统计，唐代关于牡丹的诗篇流传下来的就达300多首。像李白、白居易、刘禹锡等大诗人均留下了盛赞牡丹、感慨人生的美丽诗篇。自唐高宗以来，天下奇异品种，逐渐集中于长安、洛阳。据《新唐书·地理志》记载，唐太宗贞观二年（628）有榆林郡（今准格尔旗东北）贡芍药；唐玄宗天宝元年，有巴川郡（今江西吉安县）贡牡丹。唐开元中又盛于长安，这时不仅花色品种增多，而且还出现了"双头牡丹""重台牡丹"和"千叶牡丹"的奇异现象。唐·舒元舆《牡丹赋》序云："天后之乡，西河也，有众香精舍，下有牡丹，其花特异。天后叹上苑之有阙，因命移焉。由此京国牡丹，日月寝盛。"

唐初，因牡丹极其珍贵，上层赏牡丹已成为高贵的活动。唐·柳宗元《龙城录》《唐史》记载："高宗（650—683年在位）后苑宴群臣，赏双头牡丹。"（唐·柳宗元《龙城录》）"兴唐寺有牡丹一窠，元和中着花1 200朵，其色有正晕、倒晕……重台花者。"（《酉阳杂俎》）。传说武则天有"击鼓催花""贬牡丹于洛阳"等逸事。欧阳修在《洛阳牡丹记》中也认可"自唐则天以后，洛阳牡丹始盛"。到唐玄宗（712—756）时，长安牡丹的发展已有相当规模，形成历史上第一个高潮（图23）。"开元（玄宗）时，宫中及民门竞尚牡丹"（《事物纪原》）。《杨妃外传》《摭异记》

载："开元中，禁中初重木芍药，即今牡丹也。得四本，红、紫、浅红、通白者，上因移植于兴庆池东沉香亭前。会花方繁开，上乘照夜白，（召太真）妃以步辇从，诏（特选）梨园子弟（中尤者，得十六色）。李龟年（以歌擅一时之名），手捧檀板押众乐，前将欲歌。上曰：赏名花，对妃子，焉用旧乐词为？

遂命李龟年持金花笺，宣赐翰林学士李白进清平调词三章：

（一）

云想衣裳花想容，
春风拂槛露华浓。
若非群玉山头见，
疑向瑶台月下逢。

（二）

一枝红艳露凝香，
云雨巫山枉断肠。
借问汉宫谁得似，
可怜飞燕倚新妆。

（三）

名花倾国两相欢，
常得君王带笑看。
解释春风无限恨，
沉香亭北倚栏杆。

这是盛唐时期一次空前的盛会。与会者有当朝皇帝李隆基（玄宗）和贵妃杨玉环，有诗仙李太白，有歌坛名家李龟年。李白的诗誉"名花""倾国"之美貌，描绘出一幅光彩照人的画面，可谓千古绝唱。此后牡丹由禁苑而及皇亲国戚之宅、达官显贵宅第，遍及寺庙道观，最后进入寻常百姓家。"开元末，裴士淹为郎官，奉使幽冀，回至汾州众香寺，得白牡丹一窠，植于长安私第，天宝中为都下奇赏。"这是私宅种植牡丹最早的记录。唐代人们崇尚牡丹，热爱牡丹，达到"家家习为俗，人人迷不悟"（唐·白居易《买花》）的狂热程度，花开时节"花开花落二十日，一城之人皆若狂"（唐·白居易《牡丹芳》），"唯有牡丹真国色，花开时节动京城"（唐·刘禹锡《牡丹》）。唐文宗（826—840年在位）太和年

图23 西安兴庆宫沉香亭牡丹园（图片来源 https://image.baidu.com）

间，中书舍人李正封诗曰："国色朝酣酒，天香夜染衣"（《摭异记》）。牡丹遂有"国色天香"的盛誉。"帝城春欲暮，喧喧车马度。共道牡丹时，相随买花去。""每春蔓，车马若狂，以不就观为耻"（唐·李肇《国史补》）。牡丹在文人的渲染下，身价也自然而然地提高了许多，"人种以求利，一本有值数万者"（《国史补》）。白居易《买花》也说："一丛深色花，十户中人赋。"

唐代牡丹栽培技术亦有长足进步，并出现了种植牡丹的花师，如洛人"宋单父"，柳宗元《龙城录》记述："洛人宋单父，字仲儒，善吟诗，亦能种艺术，凡牡丹变异千种，红白斗色，人不能知其术。上皇（引按，此指唐玄宗）召至骊山，植花万本，色样各不同。"笔者认为这应该是唐玄宗用民间养花能手宋单父建成了我国历史上的第一个牡丹资源库。在牡丹的移植技术上，达到了"上张幄幕庇，旁织笆篱护，水洒复泥封，移来色如故"（白居易《买花》）的程度。牡丹栽培技术的提高，使牡丹的花型、花色不断增多。由隋朝时的红、黄二色发展到多种颜色（《酉阳杂俎》），唐时牡丹至少有了5种颜色：殷红、深紫、桃红、通白、黄色，同时也出现了重瓣品种。穆宗皇帝（821—824年在位）殿前种千叶牡丹，花始开，香气袭人，一朵千叶大而且红。唐代周仿《簪花仕女图》（图24）中仕女头簪牡丹，执扇牡丹等惟妙惟肖；据唐·罗虬《花九锡》载唐代宫廷还注重牡丹插花的应用，"一、重顶帷（障风）；二、金错刀（剪折）；三、甘泉（浸）；四、玉缸（贮）；五、雕文台座（安置）；六、画图；七、翻曲；八、美醑（赏）；九、新诗（咏）。"提出了牡丹插花陈设环境、剪折工具、插制容器、养护水质、几座配件等高规格的物质配置标准，以及绘画、翻曲、礼赏、赋诗的精神文化的升华要求，相当于今天为插花花艺制定出了国际标准。这一标准的水准极高，即使到了今天，仍然不可逾越。

113

图 24　唐·周仿《簪花仕女图》（国画网）

唐代牡丹能如此迅速发展，与唐代政治、经济、文化的发展有着密切关系，唐自贞观以后至安史之乱前百余年间，社会安定，经济繁荣，造就了文化发展的丰腴土壤。牡丹国色天香，雍容华贵，正迎合了大唐盛世人们的心态。尊崇牡丹，视牡丹为国花，以象征大唐兴旺发达的盛世的唐人风采，从皇宫到寺庙、道观，再到民宅，都竞相栽植牡丹，花开时节万人空巷。帝王显贵、文人雅士带头喜爱牡丹，更形成了深厚的牡丹文化氛围，不断掀起观赏牡丹、咏颂牡丹的热潮。从武则天到唐开元年间，以及中唐贞元、元和年间，是中国牡丹发展史上的一个黄金时代，写下了中国牡丹文化的辉煌一页。

唐时牡丹的兴盛，也深深地影响了邻国日本，在日本牡丹最早被称为"渤海草"。刘政安研究员认为，日本出现牡丹有"渤海草"的别名，与唐代靺鞨人建立的民族政权"渤海国"关系密切，从地理位置上看"渤海国"曾以吉林敦化、珲春为中心，东临日本海。由于唐代中日交流繁盛，加上"渤海国"的特殊地理位置，以及靺鞨人受中原文化的影响较深，日本的遣唐使通过"渤海国"进行大唐文化引进，把极富特色的牡丹文化、牡丹植株带入日本则是自然而然的事情，这应该是牡丹传入日本后，曾被称为"渤海草"的缘由。

3.3.2　宋元时期

宋代是中国牡丹发展史上的鼎盛时期，名品、专著不断问世。中国的牡丹栽培中心此时已由长安转移至西京洛阳。梅尧臣（1002—1060）写道："洛阳牡丹名品多，自谓天下无能过。"欧阳修《洛阳牡丹记》有"牡丹出洛阳者为天下第一也""天下真花独牡丹"。宋真宗时，社会稳定，

各业兴旺，于是已有300年牡丹发展历史的洛阳，种牡丹、赏牡丹之风又兴盛起来。最有代表性的著作如欧阳修著的《洛阳牡丹记》（图25），这是世界上现存第一部牡丹专著。欧阳修曾在洛阳做西京留守推官三年，饱览了洛阳名胜，体察了风俗民情，对洛阳牡丹印象尤深，遂就其所见，于景祐元年（1034）著《洛阳牡丹记》。书中列举洛阳牡丹名品24种，精炼而系统地介绍了洛阳人种花、养花、医花、赏花的经验和习俗，对牡丹育种方法、花型演进趋势等均作了记述。"洛阳之俗，大抵好花。春时，城中无贵贱皆插花，虽负担者亦然；花开时，士庶竞为遨游。往往于古寺废宅，有池台处为市井，张幄幕，笙歌之声相闻"。10余年后，欧阳修又题《洛阳牡丹图诗》："洛阳地脉花最宜，牡丹尤为天下奇……客言近岁花特异，往往变出呈新枝……当时绝品可数者，魏红窈窕姚黄妃，寿安细叶开尚少，朱砂玉版人未知，传闻千叶昔未有，只从左紫名初驰，四十年间花百变，最后最好潜溪绯。"欧阳修《洛阳牡丹记》对一些品种进行详细描述：'姚黄'是一种千叶黄花，为姚姓人家培育出来的，当时为第一（图26）；'魏花'为千叶肉红花，花瓣繁密多达700余片。

从《洛阳牡丹记》看，当时被誉为牡丹花王的'姚黄'、牡丹花后的'魏紫'已经问世。欧阳修还曾到过安徽巢湖银屏山，在赏"银屏牡丹"（图27）时留下《仙人洞观花》："学书学剑未封侯，欲觅仙人作浪游；野鹤倦飞为伴侣，岩花含笑足勾留。绕他世态云千变，淡我尘心茶半瓯；此是南巢招隐地，劳劳谁见一官休。"使后人了解牡丹的顽强和人们的任性。

李清照的父亲李格非在《洛阳名园记》写道：

图25　宋·欧阳修《洛阳牡丹记》

图26　'姚黄'品种（刘政安　摄）

03

图27　安徽巢湖银屏牡丹（刘政安　摄）

图28　'豆绿'品种，又名'欧家碧'（刘政安　摄）

"洛阳花甚多种，而独牡丹曰花。凡园皆植牡丹，而独名此院为花园子。盖无它池亭，独有牡丹数十万本。凡城中赖花以生者，毕家于此。至花时，张幙幄，列市肆，管弦其中。城中士女，绝烟火游之。"且"今牡丹岁益滋，而姚黄魏紫，一支千钱。姚黄无卖者"。此时牡丹栽培甚是普遍，技艺有所提高，新种迭出。由于掌握牡丹习性、管理得法，在播种繁殖的同时，还用嫁接方法固定新变异，新品种不断出现。嫁接、分株之法保持品种优良性状，巧借自然变异（芽变、枝变）和天然杂交种子进行新品种培育，园艺品种已达百个。绿色珍品'欧家碧'（图28）、双色品种'二色红'均为首次选育品种。

牡丹品种'丹州黄''丹州红''延州红''玉蒸饼'等产自丹州、延州，即今之延安、宜川一带；牡丹品种'越山红楼子'产自浙江一带；牡丹'青州红'（鞓红）产自山东一带。欧阳修曾惊

呼"四十年间花百变"。洛阳牡丹栽培技艺达到了前所未有的水平，民间已有不少种牡丹的能手。欧阳修曾记述一花工善嫁接，复姓东门，富家无不邀之，请去嫁接牡丹名贵品种。

李英《吴中花品》（1045）见于吴曾《能改斋漫录卷十五》，记牡丹品名42种，都是吴地（今苏州一带）特有的，如'真正红''红鞋子'等。苏轼在杭州任太守时，曾与友人陈述古（约1072）一起赏过冬牡丹，并有诗"一朵妖红翠欲流，喜光回照雪霜羞"（宋·吴自牧《梦粱录》，1274），首次出现了冬季牡丹开花的记载。此后又有周师厚著《洛阳牡丹记》（1081），对欧阳修的《洛阳牡丹记》作了增补，记述牡丹品种55种。在这个基础上，他还写了《洛阳花木记》（1082），列举牡丹品种109种，芍药品种41种，还有其他许多重要花木。

宋时江南还有一些地方引种牡丹。苏轼寓

居常州时（1085），曾游太平寺赏'鞓红'牡丹。另据《花木考》记载："宋高宗绍兴三十一年（1161），饶州鄱阳县（今江西鄱阳）民家篱竹间生重萼牡丹。"《如皋志》记载："宋淳熙三年（1176）春，如皋县（今江苏如城镇）孝里庄园，牡丹一本，无种自生，明年花盛开，乃紫牡丹也。"哲宗时元祐年间（1086—1093）张峋（1041—1045）深入民间，遍访花农，又撰《洛阳花谱》三卷，列牡丹119种（《曲洧旧闻》）。当时，洛阳地方留守钱惟演曰："人谓牡丹花王，'姚黄'真可为王，而'魏花'乃后也。"

北宋末年（1127），由于战乱与沉重的赋税，人们无心种花赏花，洛阳牡丹品种与数量大减。宋徽宗政和年间（1111—1117），洛阳花市渐无，花农逐渐改种其他。以后，金兵南下，洛阳牡丹备受摧残。洛阳牡丹开始衰退，随之陈州牡丹兴起。在洛阳牡丹鼎盛之时，成都、陈州（今河南淮阳）牡丹相继兴盛起来。据宋·胡元质（1011）《牡丹谱》载：前蜀时成都附近"皆无牡丹，惟徐延琼闻秦州（今甘肃天水带）董成村僧院有牡丹一株，遂厚以金帛，历三千里取至蜀，植于新宅。至孟氏（孟昶）于宣华苑广加栽植，名之曰牡丹苑"。花色也相当丰富，"有深红、浅红、深紫、浅紫、淡黄、鳝黄、洁白……"，花型多样，甚至有"重台至五十叶""千叶花来自洛京，土人谓之京花，单叶时号川花"。宋徽宗政和二年（1112）张邦基（1111—1118）赋闲陈州，著《陈州牡丹记》，记述了陈州牡丹盛况："洛阳牡丹之品见于花谱，然未若陈州之盛且多也。园户植花如黍粟，动以顷计。"张邦基还记述了园户牛氏家所植'姚黄'的变异现象："政和二年（1112年），园户牛氏一株牡丹花开，色如鹅雏而淡，花径一尺三四寸，花瓣约千百枚，人们需付千钱，方可入观。可惜好景不长，金兵入侵后，兵荒马乱中牡丹也就衰微了。"

南宋时，牡丹栽培中心南移，四川天彭（今彭州市）、浙江杭州等地牡丹始见盛名。天彭牡丹种植始自唐代，杜甫曾有《天彭看牡丹阻水》诗。北宋后期，天彭牡丹已有较大发展。宋孝宗淳熙五年（1178），陆游亲往天彭赏花后，著《天彭牡丹谱》（以下简称《陆谱》）记述："牡丹在中州，洛阳为第一；在蜀，天彭为第一。""至花户，连畛相望，莫得其姓氏也。""花品近百种，然著者不过四十。""彭人谓花之多叶（引按，此指花瓣）者京花，单叶者川花，近岁尤贱川花，卖不复售。"陆游还记述了天彭赏花时的盛况："天彭号小西京（北宋以洛阳为西京），以其俗好花，有京洛之遗风，大家至千本。花时自太守而下，往往即花盛处，张饮帟幕，车马歌吹相属。最盛于清明、寒食时。"可见南宋时蜀人喜爱牡丹、花时狂欢的情景不亚于洛阳。《陆谱》记述了洛阳以外的蜀花34种。

元朝（1271—1368），在近百年的历史过程中，牡丹种植处于低潮。元代忽必烈定都北京后，为美化大都环境，广辟园圃，且在辽金种植牡丹的基础上又有所发展。《大都宫殿考》记载："（景山）中为金殿，四外尽植牡丹百余本，高可五尺。"据传忽必烈曾多次召集文人举办牡丹诗会，"凡为佳作者，以御酒赏之"。《中国宫苑园林史》载，元大内"屏山台在仪天殿前，位于水中，种植着木芍药"。元代文学家姚燧在《序牡丹》中称："至元二年（1266年），燕都故杨相大参宅中有牡丹，每株五尺，四朵花树。"元代诗人李孝光有牡丹诗："天上有香能盖世，国中无色可为邻。"对牡丹仍极推崇。目前最著名的元代牡丹遗存应属江苏盐城便仓的枯枝牡丹园（图29）。

3.3.3 明清时期

明清时期，中国牡丹的"国花"地位正式确立。朱棣迁都北京后，在金元两朝牡丹花的基础上又广植牡丹，几代皇朝都在景山大量栽植牡丹，成为帝后嫔妃春季登高、观景、踏春、赏花的"后苑"。首先是在皇宫内植有牡丹，据《明宫史》载："钦安殿之东曰永寿殿，曰观花殿，植牡丹、芍药甚多。"而众多私家花园中，牡丹也是必不可少的地植花卉。其中以李园中的牡丹最知名，园主是万历皇帝母亲慈圣太后的父亲武清侯李伟。《帝京景物略》记载："海淀南五里，武清侯李皇亲园，方十里……一望牡丹。"吴邦庆《泽农吟稿》载：武清侯"引西山之水，蓄十里之泽，

03

图29　江苏盐城枯枝牡丹园（刘政安　摄）

曰海淀，水居其中……堤傍俱植花果、牡丹以千计，芍药以万计，家国第一名园也"。此外，京城寺院中的壁画也出现了牡丹（图30），绿地也栽植了牡丹，李言恭在《卧佛寺牡丹》中曾赞叹：香山卧佛寺牡丹"只疑天女散，绝胜洛阳栽"。蒋一葵的《长安客话》也称："卧佛多牡丹，盖中官（太监）所植，取以上贡者。"据传，牡丹为"国花"之称始于明，明代诗人袁中道诗云"国花长作圃疏看"，由此可见明代牡丹种植之多，地位之高。就全国来看，明代牡丹栽培繁盛的地区有北京、亳州、曹州，江南的太湖周围，西北的兰州、临夏等地。1617年薛凤翔撰的《亳州牡丹史》中，记述了150多个品种的形状和颜色；《亳州牡丹表》中列举了267种。他还总结栽培管理经验，写了《牡丹八书》，从种、栽、分、接、浇、养、医、忌八个方面进行了科学的论述。

明末清初，牡丹发展受到影响，到清康熙年间又逐渐恢复。从康熙到咸丰的200年间，是又一

图30　北京法海寺壁画上的牡丹（网络）

个昌盛时期。1708年汪灏主编的《广群芳谱》中亦写道："牡丹生汉中、剑南。""今丹、延、青、越、滁、和州山中皆有。"上述所指的地方，就是现在的陕西、四川、山东、安徽、浙江等一带山中。直到现在，陕西、甘肃、四川、山西、河南等地还有野生牡丹的自然分布。

余鹏年《曹州牡丹谱》(1792)记："曹州园户种花，如种黍粟，动以顷计。东郭二十里，盖连畦接畛也。"著名的牡丹芍药园有桑篱园、绮步园、玉田花园等，各园品种都在百种以上。国都北京和山东曹州（今菏泽市）的牡丹栽培也十分繁盛，到了清代乾隆年间，曹州取代亳州成为牡丹栽培中心，1911年赵世学撰的《新增曹州牡丹谱》中，记载曹州牡丹240种。曹州牡丹备受人们喜爱和推崇，不仅从宫室官署至民门宅院，特别是金殿内外、别墅花园，遍植牡丹，而且在极乐寺（明高梁桥一带）建造国花堂，栽植牡丹，尊为国花。

在明、清，当黄河中下游牡丹栽培盛行时，甘肃临夏、临洮、兰州一带牡丹栽培也发展迅速，并形成了当地固有的紫斑牡丹品种群。此时的国都北京，牡丹、芍药栽培、应用仍保留明朝遗风，以丰台一带为生产地。皇宫御苑、颐和园及官吏名门的花园别墅，成为游春赏花、吟诗的最佳之地（图31至图33）。1903年颐和园排云殿东建有国花台，台上遍植牡丹，慈禧敕定为"国花"，并命名"国花台"三字刻于石上。

民国时期社会动荡、军阀混战。河南洛阳，安徽铜陵、亳州，山东菏泽，重庆垫江，湖南邵阳等地，均因生产丹皮药材而保留了一定面积的牡丹，但品种也相对单一。只有文物保护单位、私家小院保有一些观赏牡丹品种。如洛阳新安县千唐志斋的主人张钫先生，种花（牡丹）养草，收集文物，其悟出"谁非过客，花是主人"，并镌刻于书房之上。

图31 颐和园牡丹台（刘政安 摄）

03

图32　颐和园长廊上的牡丹绘画（A：整体；B：细部）（刘政安 摄）

图33　颐和园国花台（刘政安 摄）

3.3.4　新中国成立至今

　　新中国成立后，中国牡丹经历了一段恢复期后，已逐渐形成牡丹产业综合发展景象。1978年以来，随着改革开放的春风吹遍祖国大地，中国牡丹栽培事业又迎来了一个辉煌的发展时期。

　　早在1935年，毛泽东率领红军经过两万五千里长征，到达陕北革命根据地延安后，曾和周恩来、朱德等去延安万花山赏牡丹，在牡丹丛中对身边人说："这里是一幅天然牡丹图，一定要好好保护，等到全国解放了，可以在这里修建一座人民公园"（图34）。1950年冬的一天，毛泽东在中南海花园散步，走到牡丹前停下脚步，跟身边工作人员讲起武则天与牡丹的故事，并意味深长地

图34 延安万花山牡丹园（网络）

图35 北京首届冬季牡丹鲜花展门票（刘政安 提供）

说："年轻人要具有牡丹的品格，不畏强暴，才能担当起重任。"1959年，周恩来在洛阳视察时说过："牡丹雍容华贵，富丽堂皇，是我们中华民族兴旺发达、美好幸福的象征。"

随着我国经济的稳步增长，花卉事业兴盛，牡丹栽培蓬勃发展，牡丹的栽培、育种、科学研究、花事活动等均有了前所未有的发展。牡丹种植面积曾一度达1 000多万亩，牡丹品种1 000多个。全国多个城市，如洛阳、菏泽、铜陵、兰州、彭州、盐城及北京、上海、西安、杭州、常熟等建有栽植牡丹的公园，每年春季都举办规模盛大的牡丹花会。"以花会友""以花为媒"，牡丹花会已发展成融赏花、旅游、经贸、科技、文化为一体的大型经济与文化活动。1983年第一届"中国洛阳牡丹文化节"应运而生，1992年第一届"中国菏泽国际牡丹花会"举办。1994年中国花卉协会受全国人大委托，组织了全国国花评选活动，刘政安曾代表全国牡丹争评国花办公室，负责在北京开展牡丹催花栽培，并在北京的中山公园"唐花坞"举办了"北京冬季首届牡丹鲜花展"（图35）。

随着当时国花评选活动的宣传，国内牡丹景

图36　云南武定狮子山牡丹园（刘政安　摄）

点大大增加，牡丹专类园水平也得到了大幅度提升（图36至图43）。如河南洛阳王城公园、国家牡丹园、国际牡丹园、国花园，山东菏泽曹州牡丹园、百花园、古今园，甘肃兰州榆中牡丹园、临洮牡丹园，重庆垫江牡丹园，安徽铜陵牡丹园等开始享誉国内外，牡丹出口业务大增，陆续出口到日本、法国、英国、美国、意大利、澳大利亚、新加坡、朝鲜、荷兰、德国、加拿大等20多个国家。

　　纵观中国牡丹1 600余年的园艺发展史，可以清晰地看到中国牡丹发展的基本规律，以及栽培格局的形成。中国牡丹始盛于唐，与唐代政治、经济、文化的繁荣有着相当密切的关系。宋·李格非在《洛阳名园记》中写道："园圃之废兴，洛阳盛衰之候也，且天下之治乱，候于洛阳之盛衰而知；洛阳之盛衰，候于园圃之废兴而得，则《名园记》之作，予岂徒然哉！"随着政治、经济形势的变化，特别是朝代的更替，牡丹栽培中心有所变化，但栽培中心的主脉始终围绕黄河中下

游的牡丹最适栽培区，以及国家的政治中心所在地，如长安、洛阳、杭州、北京、淮阳、亳州、曹州、临夏。这是中国牡丹栽培品种群形成和发展的一条主线。除此以外，次要中心有长江中下游，如湖北的恩施、安徽的铜陵、四川的天彭。这些地区的牡丹由于遗传背景的不同，以及气候、土壤条件的差异，逐步演变为各具特色的品种群。牡丹由野生到园艺栽培，以及品种演化，是在许多地方同时进行的。各地的好品种常常被引到中心栽培区，中心栽培区的品种也向各地传播，即以集中→分散→再集中→再分散的方式传播，这也是造成当前牡丹多元起源的根本原因。改革开放后，牡丹产业得到长足发展，特别是近些年关于油用牡丹的开发与研究，使得凤丹牡丹和紫斑牡丹品系有了较快发展；新品种培育在近些年也得到巨大发展，新品种不断被培育出。20世纪90年代，日本牡丹大量输入，伊藤系列的品种备受关注，牡丹与芍药的远缘杂交育种工作在各大院

图37 洛阳西苑公园牡丹园（李清道 摄）

图38 国家植物园南园牡丹园（刘政安 摄）

图39 洛阳国际牡丹园遮阳观赏区（霍志鹏 摄）

图40 洛阳中国国花园（李清道 摄）

图41 菏泽百花园（刘政安 摄）

图42　重庆垫江牡丹园（刘政安　摄）

图43　圆明园牡丹园（刘政安　摄）

校研究领域被重视，中国科学院植物研究所刘政安研究团队，2006年已选育出我国第一个牡丹芍药远缘杂种。还从2004年开始在中国科学院植物研究所北京植物园［国家植物园（南园）］、河北柏乡汉牡丹园、河南洛阳农林科学院、辽宁建昌天香源、安徽铜陵凤凰山等地构建国家牡丹资源保护体系，已收集保育国内外牡丹野生种8个、园艺品种1 200多个。其中国家植物园南园牡丹资源圃、河南洛阳农林科学院牡丹资源圃，已纳入国家牡丹芍药基因库（图44、图45）。

03

图44　国家植物园南园牡丹资源圃（刘政安　摄）

图45　洛阳农林科学院牡丹资源圃（刘政安　摄）

4 牡丹海外传播

4.1 日本牡丹

4.1.1 牡丹由来

日本没有野生牡丹分布，日本的牡丹是在日本圣武天皇时代（724—749）通过遣隋使、遣唐使从中国洛阳和西安引入的。现代绝大多数的书籍认为是由遣唐使"空海和尚"最早把牡丹引入日本，初期以药用为目的而栽培保留在一些寺院内。但这一说法，日本大阪府立大学的久保先生查遍了奈良的东大寺、兴福寺、新药师寺等收藏的古籍书典，并没有发现有关于牡丹传入日本的记载；朝比奈博士的药物调查也未发现此类记录。而日本研究牡丹较早的京都大学妻鹿加年雄（Kaneo Mega, 1928—）在他与染井孝熙合著的《牡丹与芍药》（NHK趣味园艺系列丛书）中指出牡丹最早是由遣唐使"吉备真备"从中国带到日本，先栽植在日本的奈良及大阪的池田。妻鹿加年雄分析认为，牡丹应该不是由哪一个特定的遣唐使带回，而是许多人都从中国带回了牡丹，遣隋使时期已有人从洛阳把牡丹带回了日本。

"牡丹"二字在日本奈良时代初期（713—733）的《出云风土记》和《和名类聚抄》中已经出现，其和名为"フカミグサ"（渤海草）。平安时代中期，菅原道针的诗、《枕草子》《蜻蛉日记》《荣花物语》均提到牡丹是从中国传来的珍贵花卉，当时牡丹的日文"フカミグサ"，在日语中"フカミ"是"渤海"的意思，"グサ"是"草"的意思，由此作者推测牡丹是通过中国古代"渤海国"或"渤海"的路径传入日本的。牡丹以药用为目的而被运至日本的观点早已成为共识，《延喜式》有"伊势国牡丹七斤十两，备前国一斤，阿波国三斤"的记载，说明现在日本的静冈县、冈山县、德岛县1000多年前均已栽培牡丹。直到996年的《枕草子》中才真正出现了"牡丹"两

字，牡丹在中国乃至传入日本后为什么会几度更名，还有待深入研究。

4.1.2 牡丹变迁

牡丹传入日本后，先是以药用形式栽培得以保存，伴随着佛教传入，牡丹开始在日本的寺院种植推广。目前在奈良、京都的诸多古寺院中仍保留有很多传统牡丹品种，如奈良的石光寺牡丹园收集保留中国、日本的传统品种达200多种。日本1338—1573年的室町时代，苗木商、药商不断从中国引进品种，经园艺师的努力，出现了适合日本的牡丹品种，在奈良山本（即现在宝塚市）和摄津的细河（即现在兵库县池田市）伴随着树木园的发展形成了日本牡丹栽培中心，牡丹和其他花卉一样也在插花及茶道领域被广泛应用推广；到了1573—1600年的安土桃山时代，已在美术和文化方面得以充分表现；元禄、江户时代园艺在民间得以普及，出版了许多花卉专著，如1681年的《花坛纲目》记载了一些从中国和朝鲜引进的牡丹，从名字上看可明确知道一些牡丹的颜色与产地；1691年的《紫阳三月记》描述了欣赏牡丹的方法，对牡丹花型进行了分类，奠定日本的牡丹花型分类理论基础；1694年《花谱》记载了"寒牡丹"；1695年《花坛地锦抄》记载了494个品种；1698年《刊误牡丹鉴》和1699年《牡丹道知边》的研究成果表明，日本牡丹品种群300多年前已经形成。

1868—1912年明治时代，牡丹的栽培中心已开始向新潟、福岛、岛根转移，昭和二十年（1945）以后，日本牡丹已逐渐形成目前的栽培格局，年产牡丹嫁接苗约200万株，第一大产区集中在岛根县，第二大产区集中在新潟县。岛根县松江市八束町，年产量高达180万株左右，新潟县的五泉市，年产总量为20多万株。观赏牡丹园从九

州到北海道知名的牡丹景点有20余处，如福岛县的"须贺川牡丹园"，1982年被指定为国家级名胜点，院内100年以上的古牡丹依然健康盛放（图46）。

岛根县松江市有八束町中国牡丹园（图47）和由志园，其中由志园是20世纪80年代建成的，在日本国立岛根大学青木宣明（Aoki Noriaki）等研发出的促成栽培技术、抑制栽培技术支撑下，建造了日本首个四季牡丹馆，实现牡丹周年观光和销售（图48、图49）。

4.1.3 牡丹资源

从目前可查到的日本书籍可知：1681年的《花坛纲目》仅记载了一些从中国和朝鲜引进的牡丹；1691年的《紫阳三月记》明确记述了牡丹的花色及品种数量，其中白牡丹83种、红牡丹62种；1695年《花坛地锦抄》则记载有白牡丹168种，红牡丹166种，古牡丹11种，其他149种，共计494种，按妻鹿加年雄的分析，此时日本牡丹的品种数量应超过牡丹的原产国中国，日本牡丹

图46　日本须贺川牡丹园古牡丹（刘政安 提供）

图47　日本八束町中国牡丹园（刘政安 摄）

图48　日本八束町由志园牡丹（刘政安 摄）

图49　日本八束町由志园四季牡丹馆（刘政安 摄）

品种群已经确立。遗憾的是日本牡丹在经历了第一次、第二次世界大战后，牡丹品种亦所剩无几，按日本牡丹协会原会长桥田亮二（Ryoji Hashida）先生统计的结果，目前保留下来的传统品种也不过是历史上最多时期的40%左右。1972年后中日恢复邦交正常化之后，中国牡丹核心产区的洛阳市和日本一些城市建立友好姊妹城市，同时进行牡丹品种交换，建设了友好牡丹园等，如日本冈山洛阳友好牡丹园，大根岛中国牡丹园，福岛县须贺川市的牡丹园均栽植有中国牡丹，累计中国牡丹品种引进总数应在200种左右。1983年染井孝熙与妻鹿加年雄主编的NHK趣味园艺，共记载127个品种；1990年桥田亮二主编的《现代日本的牡丹芍药大图鉴》共记载400个牡丹品种，其中日本品种343个（含二次开花的寒牡丹17个）、中国品种36个、法国品种5个、美国品种16个（桥田亮二，1990）；2016年松本康市主编的《牡丹名鉴》记载牡丹品种353个，其中日本品种296个、中国品种16个、美国品种17个、法国品种5个、牡丹芍药远缘杂种2个、寒牡丹17个。1989年在八束町建造的活体牡丹品种资源库，共栽植牡丹约400

个品种，其中日本品种260多个、中国品种110个、美国品种21个、法国品种5个。历经几代人的不懈努力，日本牡丹品种总数已恢复到当前的500个左右。

参与日本牡丹品种形成的野生种的类型较少，从外部形态高大、花朵基部有无紫斑来看，日本牡丹品种群的来源主要是杨山牡丹（*P. ostii*），其次是紫斑牡丹（*P. rockii*）。其实，随着当今牡丹国际交流频繁，日本牡丹的家族谱系并不十分清晰，有待分子生物学参与鉴定。值得一提的是，近年因为中国牡丹、欧美牡丹品种群不断引进，一些育种者持之以恒地进行远缘杂交选育工作，笔者在日本攻读硕士、博士学位期间，曾目睹一些很有特色的品种的育出，其中最具代表的应是1998年登录的日本第一个'黄冠'黄色品种，这也标志着滇牡丹（*P. delavayi*）开始参与了日本品种的培育。

日本牡丹品种的形成与岛根和新潟两个地方关系密切，20世纪80年代以前新潟是日本牡丹的育种和销售中心，育出的品种数在200个左右，其中代表品种是'八千代椿'（图50）。另外，岛根

图50 '八千代椿'牡丹品种（刘政安 摄）

县松江市八束町有一大批牡丹生产者和育种爱好者，有的一家几代坚持不懈育种，育出的牡丹总品种数约有300个，最具代表的是'岛大臣''岛锦''花王''黄冠'。如渡部三郎，其父育出了闻名遐迩的'花王'和'天衣'品种，自己又育出了日本第一个黄色品种'黄冠'。门协正晃、松本康市等也已育出100多个品种。

4.1.4　牡丹传播

　　日本牡丹亦有上千年的历史，大致可分为3个阶段：第一个阶段是日本从中国引进牡丹品种，并不断培育新品，进而形成富有特色的品种群阶段，其重要标志是1695年已培育出牡丹品种494个；第二个阶段是日本牡丹品种开始注重对外宣传，进而国际化阶段，其主要标志是明治二十二年（1889）保塚的阪上牡丹园携带日本牡丹品种参加了巴黎万国博览会，促使世界开始了解日本

牡丹；第三个阶段是日本牡丹的规范化、规模化、商品化的产业化阶段，其标志是昭和三十年（1955）日本牡丹花农在中国牡丹劈接技术的基础上，创新出了以芍药2年生实生苗为砧木的单芽贴接技术，保证了牡丹种苗的规范化生产，确保了牡丹苗木的质量和盆养效果，赢得了牡丹的国际市场，促使日本牡丹年生产量稳定在200万株左右，出口量近100万株。

4.1.5　牡丹分类

　　日本牡丹品种群形成以后，专著不断出现，也不断通过花色、花型、花期、用途等对牡丹进行分类。日本牡丹品种分类总体来看较为简单，但对牡丹生产者和爱好者来讲简便、易行、实用。1694年的《花谱》中明确记载了"寒牡丹"，说明当时日本对牡丹的分类已从花期方面有所思考。不同时期、不同著作的分类角度、分类方法有差

别，具体情况如下。

4.1.5.1 花色分类

江户时代的《紫阳三月记》《花坛地锦抄》均记述了不同花色的牡丹品种，简单地称白牡丹、红牡丹……并一直沿用了300多年。直到近代1990年日本牡丹芍药协会发行的、桥田亮二主编的《现代日本的牡丹芍药大图鉴》出版，才从花色方面对日本牡丹品种有了科学分类。即根据日本园艺植物标准比色卡对花色的色相、明度、彩度三要素进行描述，具体分赤色系、赤紫色系、紫色系、黑色系、白色系、绞系（复色）。同色系中不同深浅又有浓淡之分等。

4.1.5.2 花型分类

《紫阳三月记》中牡丹花型按花瓣数目多少划分，具体规定：5～15枚花瓣的为"一重"，20～40枚花瓣的为"八重"，45～100花瓣的为"千重"，100枚花瓣以上的为"万重"，牡丹品种花型的这一分类方法着实简便、易行、实用，但此分类方法从另一方面也反映出当时日本牡丹品种的花型单调，类型相对单一的状况；该方法影响很大，至今仍在沿用，并推广到其他园艺观赏植物的花型分类中。《花坛地锦抄》仍采用以花瓣数确定花的类型，即一重=5～15枚、八重=20～40枚、千重=45～100枚、万重=100枚以上。直到1983年的《牡丹芍药》一书问世，牡丹的花型分类才稍有发展，在一重和八重之间增加了二重、三重、五重花型；而后又有平开、抱开、盛上开或诘开、狮子开几种形式。其对应的花瓣层数：平开约等于一重和八重；抱开约等于八重、千重；盛上开或诘开约等于千重、万重；狮子开约等于千重、万重的不规则开花形式。盛上开、狮子开实际上是牡丹花朵的雌雄蕊有个别瓣化现象所致的花型。

4.1.5.3 花径分类

牡丹花朵硕大，通常从初开到盛花期需要2～3天，牡丹花朵的花瓣则会一边开放一边增大，花径也自然增加，开放后的第3天花径最大。笔者曾在日本岛根县松江市八束町的由志园内目睹过直径超过40cm的牡丹花朵。牡丹花朵的直径应在开花后2～3天进行统计，花径的分类是根据牡丹花朵直径的大小分为巨大轮花、大轮花、中轮花、小轮花四个类型。不同版本书籍制定的标准不完全一样，其中《牡丹芍药》一书的标准严格一些，而《现代日本的牡丹芍药大图鉴》记述的数据则平均少2～3cm。《牡丹芍药》一书规定的牡丹花朵大小标准如下：

巨大轮花：25cm以上

大轮花：20～25cm

中轮花：15～20cm

小轮花：15cm以下

4.1.5.4 花期分类

日本的地理从南（冲绳）到北（北海道）跨越纬度较大，因而牡丹花期因栽植地不同花期差异亦很大。日本牡丹开花峰线由南到北不断推移，最早应是3月中下旬的鹿儿岛县，进而是4月上中旬的中部岛根县，最后则是6月中旬的北海道。自然条件下，同一地区、同一海拔、同一品种的花期约1周时间；同一地区、同一品种、不同海拔的花期则随着海拔的升高而花期推迟；同一地区、相同海拔、不同品种的花期也有早晚差异。如栽培面积最大的岛根县松江市的牡丹花期多集中在4月上旬，通常把3月底开花的品种称为"早生种"、4月初开花的品种称为"中生种"、4月10日后开花的品种称为"晚生种"。另外，把秋季萌发，秋冬开一次花，春天又开一次花的品种称为"二季开花种"；把秋冬自然开花的牡丹称为"寒牡丹"；把人工调控开花的牡丹称为"冬牡丹"或"促成栽培牡丹""抑制栽培牡丹"。

4.1.5.5 其他分类

日本牡丹引种的国家和地区较多，按引种国家分中国牡丹、美国牡丹、法国牡丹、瑞士牡丹、不丹牡丹等。按品种形成先后分野生种、在来种（传统品种）、新品种；按用途分园艺种、药用种；盆栽种、切花种，等等。

4.1.6 牡丹评比

4.1.6.1 切花品种评比

日本非常注重新品种的培育，牡丹也不例外，牡丹产区十分注重牡丹新品种的培育，每年都进行新品种的评比，这些评比活动主要是牡丹产区和专业协会结合的行业性活动及地方性活动。如

03

日本岛根县松江市八束町政府、农业协同组合（农协）、农户每年牡丹花季组织一次牡丹切花评比活动。这项活动始于1970年，具体方法是每年牡丹花开季节，通常结合"五一"长假期间举行牡丹切花评比大会，参加人员为牡丹产区的农协会员，总人数一般在100户左右，投票人数最高时达50 000人左右。具体办法是评奖活动的当天早上，参赛者提供从自家栽培地剪来的牡丹或提前剪下后存放在冷库的鲜切花展品；评比陈设的方法是把农户提供的展品随机编号，插入准备好的玻璃筒或矿泉水瓶中（图51），展评时间通常是5月1~3日，参展的品种不拘一格，可以参加新品种评比，也可以是老品种评比，评比结果是通过牡丹专家和一般游客双重打分产生的。一等奖获得"县长奖"，二等奖获得"市长奖"，三等奖获得"町长奖"，一共设17个奖项。新品种评比要求很严，对牡丹未来市场走向起到引导作用，获奖新品种一般要求具备色正、型美、花大、叶茂、花期独

特的品种特性；获奖的老品种一般要求生长茁壮、花朵硕大，栽培的工匠精神体现得淋漓尽致，标志着展品提供者栽培管理技术技高一筹。如1998年评出的一等奖（县长奖）为岛根县松江市八束町的渡部三郎培育的'黄冠'品种，2016年评出的一等奖（县长奖）为日本国立岛根大学青木宣明培育的'Zipangu'品种。

4.1.6.2　盆栽品种评比

盆栽评比目的是促进牡丹花农的盆栽技术水平提高，促进盆养牡丹的新年消费。盆栽评比主要是针对牡丹的盆栽促成栽培进行的，每年的元旦期间在温室进行，组织方法类似春季的切花评比，仍是町政府、农协、农户参与，展期10天左右，参展单位是进行盆栽牡丹促成或抑制栽培生产的农户，评奖的办法仍然是专家和观众双重评选，仍是选出一、二、三等奖。

图51　日本岛根切花牡丹评比（刘政安　摄）

4.2 美国牡丹

4.2.1 牡丹由来

　　牡丹在美国的发展初期主要是从英、法、日引进，只有少量是从中国直接引进。直到20世纪20～30年代，受到欧洲牡丹种植热的影响，并且日本牡丹种苗已经商品化，美国再次大量从日本、欧洲及中国大量引进牡丹，同时成立了美国牡丹芍药协会，规范牡丹种苗市场"杂、乱"的现象。有资料显示，德国植物学家Camillo Karl Schneider（1875—1951）可能最早把紫斑牡丹介绍到西方。但紫斑牡丹向国外的传播，有记载的是出生于奥地利维也纳，后来落脚到美国夏威夷的博物学家、植物学家约瑟夫·洛克（Joseph F. Rock），他于1922—1949年在中国云南丽江居住长达27年之久，1925—1926年他在甘肃卓尼县禅定寺发现了紫斑牡丹，大约1932年约瑟夫·洛克采集的种子被送到美国阿诺德树木园成功播种，然后扩散到欧美各国（成仿云，2005）。

　　美国育种家桑德斯（Arthur Percy Saunders，1869—1953）是美国牡丹芍药育种历史上值得铭记的。他出生于加拿大渥太华，本科毕业于加拿大多伦多大学，在德国哥廷根攻读化学硕士学位，在美国约翰霍普金斯大学获得博士学位，退休前一直是汉密尔顿学院的化学教授。桑德斯教授早在1905年就开始培育中国芍药幼苗，于1906年加入美国牡丹芍药协会（APS），一直担任APS的理事。大约在1915年，开始进行芍药的杂交育种，1928年展示了他的"挑战者品系"的第一个品种。桑德斯利用中国芍药品种与大叶芍药（*P. macrophylla*）、高加索芍药（*P. wittmanniana*）、细叶芍药（*P. tenuifolia*）、新疆芍药（*P. anomala*）、多花芍药（*P. emodi*）、南欧芍药（*P. mascula*）、欧洲芍药（*P. peregrina*）、摩洛哥芍药（*P. coriacea*）、黄花芍药（*P. mlokosewitschi*）、药用芍药（*P. officinalis*）进行了大量杂交，获得了一系列品种。桑德斯也是美国牡丹芍药远缘杂交育种之父，它将紫牡丹与黄牡丹从英、法引到纽约，并将它们与日本牡丹进行杂交，培育出一系列花色更为丰富的远缘杂种，从而形成了具有鲜明特色的美国牡丹品种群，并逐渐领导了西方牡丹育种和栽培的潮流，也促进了美国牡丹的进一步发展。

4.2.2 牡丹机构

4.2.2.1 美国阿诺德树木园

　　哈佛大学阿诺德树木园（Arnold Arboretum）位于美国波士顿南郊，建于1872年的植物园以收集东方观赏乔木和灌木闻名于世，占地1.42万 m²，是世界上最著名的树木园之一，常年对外免费开放。150多年来，植物园陆续从世界有关地区收集和栽培了6 000多种木本植物。在1932年，阿诺德树木园成功播种了约瑟夫·洛克在甘肃收集的紫斑牡丹种子，并向美国、加拿大、瑞典和英国等国成功地扩散植株。后来，在美国和英国得到了不同程度的发展，分别形成了所谓的美国类型（US form）和英国类型（UK form），前者花瓣平展、数量较少，后者花瓣增多、边缘多皱（Smithers，1992）。这些植株被称为"Rock's Variety"，长期以来在英国园艺中占有特殊的地位而备受青睐。

4.2.2.2 美国牡丹芍药协会

　　美国牡丹芍药协会（American Peony Society，APS）成立于1903年，是国际园艺学会指定的芍药属植物新品种的法定登录机构，在世界牡丹芍药界具有举足轻重的地位。作为一个非营利组织，APS旨在促进人们对牡丹和芍药栽培和使用的兴趣，改进其栽培方法和技术，扩展它们作为园林花卉的应用领域，监督品种和种的名称，鼓励和提倡引进、培育和改良新品种，以及举办以展示会员自己种植的植株为内容的花展。

　　APS成立之初的首要任务就是品种整理和修订工作，统一和规范名称及描述，建立良好的市场秩序和发展机制，目前牡丹、芍药名称的标准化仍是其主要任务。在进行品种整理的同时，APS还成立了专门委员会负责新品种鉴定和登录，为每位种植者提供了登录自己的新品种，优先进入市场的平等机会，促进了人们育种的积极性，使芍药和牡丹的品种数量不断增加。截至2022年5月25日，APS在其网站上维护着一个牡丹芍药登录处（https://americanpeonysociety.org/cultivars/peony-registry/），其下包括新品种登录指南和已登录品种名录，名录涵盖了目前已经登录的芍药科芍药属植物7 000多个品种，其中牡丹品种1 000多个，包括每个品种的名称、育种者、品种类群、育种时间、照片以及对育种过程和形态特征的描述。

APS每年出版发行各种书刊。其主办的APS会刊于1915年正式刊发，最初为半年刊《牡丹芍药消息通报》（*Bulletin of Peony News*），后改为季刊《APS通报》（*The APS Bulletin*），并延续至今。除了定期出版会刊，APS还编写了一系列的牡丹芍药专著，如：1928年，曾任APS主席的J. Boyd主编出版了第一本《芍药牡丹手册》，该书在美国极大地普及和推广了牡丹芍药基本知识和栽培方法；1962年由J.C.Wister主编、美国园艺协会出版的《芍药和牡丹》（*The Peonies*），1988年出版的《美国牡丹》（*The American Tree Peony*），1990年出版的 *The American Hybrid Peony* 等。

此外，APS会在每年的年会期间举办花展。早期的花展，实际上是一个朋友相聚，享受共同乐趣的聚会。随着品种整理工作结束和命名规范化，花展逐渐从趣味性向竞赛性、商业性方向发展，从协会内部的小规模展示转变为一项大规模的公众活动。随着人们栽培和育种兴趣不断高涨，花展的内容越来越丰富，现在，花展已分为专业组和业余组，对展出方式（盆栽、切花）、展出内容（品种的来源、花色、花型）、展出数量、面积和规格以及评奖范围、标准、等级和数量等在每次花展前就有明确规定。目前APS已形成一系列的奖项，包括最佳表现奖、金奖、景观奖和个人奖项。其中最受关注的是APS金奖，它也被认为是牡丹芍药界的"奥斯卡"。自1923年'Mrs. A.M.Brand'获得第一个APS金奖以来，截至2022年共有62个芍药属品种获此殊荣，金奖品种目录可通过美国芍药协会的网站查询（https://americanpeonysociety.org/learn/awards/#gold-medal）。

4.3　英国牡丹

4.3.1　牡丹由来

伴随着东西方文化的交融及商业活动的发展，大量含有牡丹图案的丝绸刺绣、瓷器等物品流入欧洲，最初他们不敢相信中国有如此华贵的植物花卉，直到1665年，荷兰东印度公司的人员在北京亲眼看到了盛开的牡丹并进行了性状记载。1786年，英国皇家植物园邱园主人约瑟夫·班克斯（J. Banks）读到这篇有关牡丹的记载，并结合大量中国牡丹画，对牡丹产生了浓厚兴趣。1787年东印度公司开始在中国广州为邱园搜集牡丹，1789年栽植在邱园的1株中国牡丹开出高度重瓣的粉红色花朵，就是历史文献中所记载的牡丹品种'粉球'。1794年又有一批牡丹被引进到伦敦种植在邱园，繁殖后在英国多地扩散。随后陆续有牡丹从中国广州引到英国，然后又传播到德国、意大利、法国等。出生于英国的著名植物学家和绘画巨匠安德鲁斯，在1804年发表了牡丹的第一个种 *Paeonia suffruticosa* Andrews，首次从植物学上描述并命名了牡丹，这是中国牡丹向西方传播后进行科学研究的开始。19世纪初，牡丹在欧洲掀起种植热潮，但由于气候差异因素，引进的品种长势衰弱甚至死亡现象经常发生。直至1845—1851年，英国植物采集家罗伯特·福琼到上海引种牡丹的同时，也引进了芍药根嫁接牡丹繁殖技术，从而解决了此前牡丹在英国生长不良的问题，为中国牡丹在欧洲的传播奠定了基础。这些品种经过欧洲园艺工作者的长期驯化栽培，最终形成了适合欧洲气候类型的品种群类型（欧美牡丹品种群），品种群品种数量达110个左右，大多数品种高度重瓣，花朵下垂，叶里藏花现象突出。

4.3.2　牡丹机构

4.3.2.1　英国邱园

邱园（Kew Gardens）位于英国伦敦西南部的泰晤士河段南岸，被联合国指定为世界文化遗产。邱园始建于1759年，原本是英皇乔治三世的皇太后奥格斯汀（Augustene）公主的一所私人植物园，起初只有3.6hm²；经过200多年的发展，扩建成为有120hm²的规模宏大的皇家植物园。目前，邱园更多收集和种植来自中国西南和西北地区野生牡丹的原种种子，而不是中原和东部沿海地区栽培的牡丹品种，这些原种牡丹让邱园牡丹有了一种来自西南山地的野性美。

4.3.2.2　英国海当花园

海当花园（Highdown Gardens）坐落在英国西萨塞克斯郡沃辛镇西面的一座美丽的花园，紧邻海当山。原址是一个采石场，当地企业家Sir Frederick Stern购买了这个采石场，并且花了50年时间来种植各种花草树木，包括许多从中国喜马拉雅山带来的植物，1967年捐赠给当地政府，并向公众开放该园。Stern原是英国著名的牡丹、芍药权威。1936年从加拿大得到1株紫斑牡丹，1938年种植在自己的花园中，到1959年时生长成高2.4m、冠幅3.7m的大树（Stern, 1959），该园中的紫斑牡丹后来被认为是约瑟夫·洛克从甘肃收集的紫斑牡丹种子的后裔，也是紫斑牡丹早期在欧洲传播的种源。

5　牡丹品种资源

牡丹经过1600多年的栽培繁育，在自然杂交及人工杂交的双重选择下，园艺师们在不同国家民族文化的影响下，已选育出了各具特色的牡丹品种约2000个。依牡丹品种来源情况，牡丹品种可分为单一牡丹野生种间杂交形成的品种系列、多个牡丹野生种间杂交形成的品种系列以及牡丹和芍药品种间杂交形成的品种系列。如单一野生种间杂交形成的品种系列有中原牡丹品种系列、凤丹牡丹品种系列、紫斑牡丹品种系列、滇牡丹品种系列、矮牡丹品种系列、卵叶牡丹品种系列。从现存的牡丹品种的形态特征及分子鉴定结果可知，野生种四川牡丹和大花黄牡丹几乎未参与当今牡丹品种的形成，非常值得今后在育种中应用；而牡丹、芍药的远缘杂交起步较早，1954年，日本伊藤东一杂交的首株远缘杂种（伊藤杂种）开始开花，而后开启牡丹芍药杂交育种高潮，远缘杂种品种系列拓展迅猛，当今中国、日本、美国育出的牡丹芍药杂交品种应在100种以上。从牡丹品种形成的时间上可分为传统牡丹品种、现代牡丹品种。从牡丹品种的功能上可分为药用牡丹品种、观赏牡丹品种、油用牡丹品种、饲用牡丹品种以及兼用型牡丹品种。从牡丹品种花色上可分为白色牡丹品种、黄色牡丹品种、绿色牡丹品种、粉色牡丹品种、蓝色牡丹品种、红色牡丹品种、紫色牡丹品种、黑色牡丹品种、复色牡丹品种。从牡丹花型上可分为单瓣型牡丹品种、荷花型牡丹品种、蔷薇型牡丹品种、皇冠型牡丹品种、绣球型牡丹品种、台阁型牡丹品种。从牡丹品种培育出的地域上可分为中原牡丹品种、西北牡丹品种、江南牡丹品种、西南牡丹品种、日本牡丹品种、美国牡丹品种、法国牡丹品种等。下面从牡丹品种的花型、花色、用途及培育品种国家等方面介绍一些代表性的牡丹品种。

5.1　中国牡丹

'凤丹白' *Paeonia ostii* 'Feng Dan Bai'　单瓣型；花瓣白色，宽大平展，2~3轮，直径16cm左右；有香气；雄蕊正常，花丝褐色；雌蕊正常，心皮多5枚，结实率高；大型长叶，生长势强，直立，花期早；传统药用品种，近年开始油用和饲用（图52）。

'徽紫' Paeonia × suffruticosa 'Hui Zi' 菊花型；花瓣紫红色，外瓣宽大，内瓣渐小褶皱，花径18cm左右；有香味；雄蕊部分瓣化，雌蕊增多，结实率低；大型圆叶，枝条粗壮，生长势强，直立、花期中；江南传统观赏古牡丹品种（图53）。

'紫袍' Paeonia × suffruticosa 'Zi Pao' 单瓣型；深紫红色，宽大较平展，2～3轮，直径16cm左右；雄蕊正常，花丝褐色；雌蕊正常，心皮多5枚，柱头紫红色，结实率较高；中型圆叶，生长势强，直立，花期中；江南传统观赏古牡丹品种，俗称"枯枝牡丹"（图54）。

'太平红' Paeonia × suffruticosa 'Tai Ping Hong' 菊花型；花瓣紫红色，外瓣宽大，内瓣渐小皱褶，花径17cm左右；雄蕊部分瓣化，雌蕊增多，结实率低；大型圆叶，生长势强，直立，花期中；西南传统观赏古牡丹品种及药用牡丹品种（图55）。

'垫江红' Paeonia × suffruticosa 'Dian Jiang Hong' 荷花型；花瓣紫红色，宽大平展，2～3轮，花径18cm左右；雌雄蕊正常，花丝、柱头紫红色，结实率较低；大型圆叶，小叶缺刻多，生长势强，直立，花期早；西南传统观赏古牡丹品种、药用牡丹品种（图56）。

'盘中取果' Paeonia × suffruticosa 'Pan Zhong Qu Guo' 单瓣型；花瓣紫红色，基本有斑晕，宽大平展，2～3轮，花径15cm左右；雌雄蕊正常，花丝、柱头粉红色，结实率较高；中型圆叶，生长势中，直立，花期中；中原传统观赏古牡丹品种（图57）。

'豆绿' Paeonia × suffruticosa 'Dou Lv' 皇冠型；花绿色，基部有黑斑，花径15cm左右；花蕾圆尖，常绽蕾，着花量较少；花梗较软，花下垂；雌雄蕊瓣化；中型长叶，小叶翠绿，背部有绒毛；生长势弱，半开张，花期晚；中原传统观赏古牡

图52 '凤丹白'（刘政安 摄）

图53 '徽紫'（刘政安 摄）

图54 '紫袍'（刘政安 摄）

图55 '太平红'（刘政安 摄）

图56 '垫江红'(刘政安 摄)

图57 '盘中取果'(刘政安 摄)

图58 '豆绿'(刘政安 摄)

图59 '洛阳红'(刘政安 摄)

丹品种(图58)。

'洛阳红' Paeonia × suffruticosa 'Luo Yang Hong' 蔷薇型;花瓣紫红色,基本有黑色斑晕,花径18cm左右;雄蕊部分瓣化,雌蕊增多,结实率低;中型长叶,生长势强,开花率高,直立,花期中;中原传统观赏古牡丹品种、药用牡丹品种(图59)。

'二乔' Paeonia × suffruticosa 'Er Qiao' 蔷薇型;花瓣复色,基部有褐斑,偶有同朵花紫红色和粉红色相间,花径16cm左右;雄蕊部分瓣化,雌蕊增多,结实率低;中型长叶,小叶缺刻多,生长中,开花率高,直立,花期中;中原传统观赏古牡丹品种(图60)。

'冠群芳' Paeonia × suffruticosa 'Guan Qun Fang' 台阁型;花瓣紫红色,花径17cm左右;下方花多数雄蕊瓣化,雌蕊瓣化为绿彩瓣;上方花,花瓣变小,雌雄蕊退化;小型长叶,生长势中,半开张,开花率高,花期中;中原观赏牡丹品种,

山东菏泽百花园孙景玉1971年育出(图61)。

'姚黄' Paeonia × suffruticosa 'Yao Huang' 皇冠型;花瓣乳黄色,花径16cm左右,外瓣大平展,内瓣雄蕊瓣化而成,瓣端常残留花药,雌蕊退化;中型圆叶,小叶大,生长势弱,直立,开花率较高,花期较晚;中原传统观赏古牡丹品种(图62)。

'魏紫' Paeonia × suffruticosa 'Wei Zi' 皇冠型;花瓣浅紫色,花径16cm左右,外瓣大平展,内瓣雄蕊瓣化而成,瓣端常残留花药,雌蕊退化;中型圆叶,小叶大,生长势弱,半开张,开花率较低,花期较晚;中原传统观赏古牡丹品种(图63)。

'首案红' Paeonia × suffruticosa 'Shou An Hong' 皇冠型;花蕾扁圆,花瓣深紫色,花径17cm左右,外瓣大平展,内瓣雄蕊瓣化而成,雌蕊瓣化成绿色彩瓣;大型圆叶,小叶肥厚;生长势强,直立,开花率较高,花期较晚;三倍体,

03

图60 '二乔'(刘政安 摄)

图61 '冠群芳'(刘政安 摄)

图62 '姚黄'(刘政安 摄)

图63 '魏紫'(刘政安 摄)

图64 '首案红'(刘政安 摄)

图65 '赵粉'(刘政安 摄)

根紫红色；中原传统观赏古牡丹品种（图64）。

'赵粉' Paeonia × suffruticosa 'Zhao Fen' 多花型，从荷花型到皇冠型均有；花蕾圆尖，花瓣粉色，花径18cm左右，外瓣大平展，内瓣雄蕊瓣化而成，雌蕊正常；大型长叶，小叶稀疏；生长势中，开张，开花率较高，花期较早；中原传统观赏古牡丹品种（图65）。

'玉楼春' Paeonia × suffruticosa 'Yu Lou Chun' 蔷薇型；花瓣粉红色，外瓣宽大，内瓣渐小皱褶，花径18cm左右；雄蕊部分瓣化，雌蕊增

多，结实率低；大型圆叶，生长势强，开张，花期中；江南传统观赏古牡丹品种（图66）。

'宝庆红' Paeonia × suffruticosa 'Bao Qing Hong' 荷花型；花瓣紫红色，宽大平展，2~3轮，花径16cm左右；雌雄蕊正常，花丝、柱头紫红色，结实率中；中型圆叶，小叶较圆，生长较中，直立，花期中；江南传统观赏古牡丹品种、药用牡丹品种（图67）。

'惠帝紫' Paeonia × suffruticosa 'Hui Di Zi' 皇冠型；花粉紫红色，基部色深，花径18cm

图66 '玉楼春'(刘政安 摄)

图67 '宝庆红'(吕长平 摄)

图68 '惠帝紫'(刘政安 摄)

图69 '灰鹤'(刘政安 摄)

左右;着花量较少;花梗较软,花下垂;雄蕊瓣化,雌偶有瓣化;大型长叶,小叶翠绿,背部有绒毛;生长势强,半开张,花期晚;西南传统观赏古牡丹品种(图68)。

'灰鹤'*Paeonia × suffruticosa* 'Hui He' 荷花型;花瓣粉蓝色,基部有紫黑色斑,3~4轮,花径17cm左右,花瓣3~4轮,雌雄蕊正常;中型长叶;生长势强较强,直立,开花率高,结实性强,花期中,有淡香味;紫斑牡丹杂交而成的观赏牡丹品种,甘肃兰州陈德忠1994年选育(图69)。

'楼兰美人'*Paeonia × suffruticosa* 'Lou Lan Mei Ren' 皇冠型;花瓣粉蓝色,花径16cm左右,外瓣大平展,内瓣雄蕊瓣化成细长瓣,瓣端又裂成更细花瓣,雌蕊退化;中型圆叶,小叶大,生长势较强,直立,开花率较高,花期较晚;洛阳

国际牡丹园2007年育出品种(图70)。

'锦绣'*Paeonia × suffruticosa* 'Jin Xiu' 单瓣型;花瓣紫红色,基部有紫黑斑晕,端部有花萼残留而成的翠绿彩瓣,花径16cm左右,花瓣2轮,雌雄蕊正常;大型长叶;生长势强,半开张,开花率高,结实性较强,花期中;凤丹牡丹和紫斑牡丹杂交而成的观赏牡丹品种、切花牡丹品种;中国科学院植物研究所刘政安2021年育出(图71)。

'红心'*Paeonia × suffruticosa* 'Hong Xin' 单瓣型;花瓣白色,基部有红色大斑,2轮,花径16cm左右,雌雄蕊正常;中型长叶;生长势中,直立,开花率高,结实性较强,花期中;凤丹牡丹和紫斑牡丹杂交而成的观赏牡丹品种、油用牡丹品种;中国科学院植物研究所刘政安2021年育

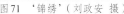

图70 '楼兰美人'（刘政安 摄）　　　　图71 '锦绣'（刘政安 摄）

图72 '红心'（刘政安 摄）

图73 '赤心'（刘政安 摄）

出（图72）。

'赤心' Paeonia × suffruticosa 'Chi Xin' 单瓣型；花瓣白色，基部有棕红色大斑，2轮，花径18cm左右，雌雄蕊正常；大型长叶；生长势强，半开张，开花率高，结实性强，籽较大，花期中；凤丹牡丹和紫斑牡丹杂交而成的观赏牡丹品种、油用牡丹品种；中国科学院植物研究所刘政安2021年育出（图73）。

'红龙' Paeonia × suffruticosa 'Hong Long' 蔷薇型；花瓣红色，基部有紫黑色斑，花6~8轮，花径18cm左右，雌雄蕊正常；中型圆叶，小叶缺刻多且深，有紫晕；生长势强，半开张，开花率高，花期晚；滇牡丹和日本牡丹杂交而成的观赏牡丹品种；中国科学院植物研究所刘政安、日本岛根大学青木宣明2021年育出（图74）。

'金紫' Paeonia × suffruticosa 'Jin Zi' 蔷薇型；花瓣黄色有橙色晕，基部有橙黑色斑，花8~10轮，

花径18cm左右，雌雄蕊正常；中型圆叶，小叶缺刻多且深，有紫晕；生长势强，半开张，开花率高，花期晚；滇牡丹和日本牡丹杂交而成的观赏牡丹品种；中国科学院植物研究所刘政安、日本岛根大学青木宣明2021年育出（图75）。

'贵黄' Paeonia × suffruticosa 'Gui Huang' 皇冠型；花瓣黄色，基部有褐色斑，大瓣平展，花径18cm左右，雌蕊正常，雄蕊部分瓣化成小花瓣；中型圆叶，小叶缺刻多且深，有紫晕；生长势强，半开张，开花率高，花期晚；滇牡丹和日本牡丹杂交而成的观赏牡丹品种；中国科学院植物研究所刘政安、日本岛根大学青木宣明2021年育出（图76）。

'蓬莱红' Paeonia × suffruticosa 'Peng Lai Hong' 荷花型；花瓣橙红色，基部有褐色斑晕，花3~4轮，花径18cm左右，雌雄蕊正常；中型圆叶，小叶缺刻多且深，有紫晕；生长势强，直立，

03

图74 '红龙'（刘政安 摄）

图75 '金紫'（刘政安 摄）

图76 '贵黄'（刘政安 摄）

图77 '蓬莱红'（刘政安 摄）

开花率高，花期晚；滇牡丹和日本牡丹杂交而成的观赏牡丹品种；中国科学院植物研究所刘政安、日本岛根大学青木宣明2021年育出（图77）。

'歌舞' *Paeonia* × *suffruticosa* 'Ge Wu'：菊花型；花瓣橙紫色，基部有紫黑斑，花6~7轮，花径17cm左右，雌雄蕊正常，雄蕊长、稍退化；中型圆叶，小叶缺刻多且深，有紫晕；生长势强，较直立，开花率高，花期晚；滇牡丹和日本牡丹杂交而成的观赏牡丹品种；中国科学院植物研究所刘政安、日本岛根大学青木宣明2021年育出（图78）。

5.2 美国品种

'火山' *Paeonia* × *suffruticosa* 'Vesuvian' 蔷

图78 '歌舞'（刘政安 摄）

薇型；花瓣深紫红色，花径17cm左右，外瓣大，内瓣雄蕊瓣化而成，基部有褐斑，雌蕊3枚，偶有侧花；大型圆叶，小叶大，缺刻深；生长势强，开张，开花率高，花期晚；滇牡丹和日本牡丹杂交而成的观赏牡丹品种；美国桑德斯1948年育出

（图79）。

'黑豹' *Paeonia* × *suffruticosa* 'Black Panther' 荷花型；花瓣紫黑色，花瓣4~6轮，花径16cm左右，基部有黑斑，雄蕊正常，雌蕊正常5枚；中型长叶，小叶细长，缺刻多而深；生长势强，半开张，开花率高，花期晚；滇牡丹和日本牡丹杂交而成的观赏品种；美国桑德斯1948年育出（图80）。

'黑海盗' *Paeonia* × *suffruticosa* 'Black Pirate' 荷花型；花瓣黑紫红色，花瓣4~6轮，花径17cm左右，基部有大黑斑，雄蕊正常，雌蕊正常，心皮5枚；中型长叶，小叶较长，缺刻深；生长势强，半开张，开花率高，花期晚；滇牡丹和日本牡丹杂交而成的观赏品种；美国桑德斯1948年育出（图81）。

'中国龙' *Paeonia* × *suffruticosa* 'Chinese Dragon' 荷花型；花瓣紫红色，花瓣2轮，基部有紫斑，花径18cm左右，雌雄蕊正常，心皮5枚；大型圆叶，小叶大，缺刻多而深；生长势强，开张，开花率高，花期晚；滇牡丹和日本牡丹杂交而成的观赏品种；美国桑德斯1948年育出（图82）。

'名望' *Paeonia* × *suffruticosa* 'Renown' 单瓣型；花瓣橙红色，花瓣2轮，花径18cm左右，雄蕊花药长，雌蕊正常，心皮5枚，柱头乳黄色；中型圆叶，小叶大，缺刻深；生长势强，半开张，开花率高，花期晚；滇牡丹和日本牡丹杂交而成的观赏品种；美国桑德斯1949年育出（图83）。

'海黄' *Paeonia* × *suffruticosa* 'High Noon' 蔷薇型；花瓣黄色，基部有红褐色斑，花瓣6~8轮，花径17cm左右，雄蕊花药长，雌蕊增多；中型圆叶，小叶大，三全裂又深裂，有紫晕；生长势强，半开张，开花率高，花期晚；滇牡丹和日本牡丹杂交而成的观赏品种；美国桑德斯1952年育出（图84）。

图79 '火山'（刘政安 摄）

图80 '黑豹'（刘政安 摄）

图81 '黑海盗'（刘政安 摄）

图82 '中国龙'（刘政安 摄）

图83 '名望'（刘政安 摄）

图84 '海黄'（刘政安 摄）

图85 '金帝'（刘政安 摄）

图86 '金阁'（刘政安 摄）

5.3 法国品种

'金帝' Paeonia × suffruticosa 'L'Esperance' 单瓣型。花瓣黄色，基部有橙红色斑，花径15cm左右，花瓣2轮，雄蕊花药长，雌蕊正常，心皮5枚，柱头粉红色；大型圆叶，小叶大，缺刻较少；生长势强，开张，开花率高，花期晚；滇牡丹育出的观赏牡丹品种；法国Lemoine 1909年育出（图85）。

'金阁' Paeonia × suffruticosa 'Souvenir de Maxime Cornu' 台阁型；花瓣黄色，花瓣边缘橙黄色，基部有橙色斑，花径17cm左右，雄蕊瓣化，花丝橙红色；下方花雌蕊偶有瓣化，上方花雌蕊小；中型圆叶，小叶大，缺刻多而深；生长势强，开张，开花率高，花期晚，花下垂；滇牡丹育出的观赏品种；法国Henry1919年育出（图86）。

5.4 日本品种

'黄冠' Paeonia × suffruticosa 'Okan' 荷花型；花瓣黄色，基部有橙红色斑，花3~4轮，花径18cm左右，雌雄蕊正常；大型圆叶，小叶缺刻多；生长势强，直立，开花率高，花期晚；滇牡丹和日本牡丹品种杂交育出的观赏品种；日本渡部三郎1998年育出（图87）。

'芳纪' Paeonia × suffruticosa 'Hoki' 蔷薇型；蕾圆尖，有紫晕；花瓣鲜红色，花6~7轮，花径16cm左右，雌雄蕊正常；中型圆叶，小叶缺刻较深；生长势中，直立，开花率高，花期中；观赏牡丹品种；日本门协茂1933年育出（图88）。

'写乐' Paeonia × suffruticosa 'Syaraku' 蔷薇型；花瓣紫红色，花8~10轮，花径18cm左右，雌雄蕊正常；中型圆叶，小叶缺刻少；生长势较

图87 '黄冠'（刘政安 摄）

图88 '芳纪'（刘政安 摄）

03

图89 '写乐'（刘政安 摄）

图90 '瑞云'（刘政安 摄）

弱，直立，开花率高，花期中；观赏牡丹品种；日本门协正晃1995年育出（图89）。

'瑞云' Paeonia × suffruticosa 'Zuiun' 蔷薇型；花瓣粉白、粉红复色，花6～7轮，花径18cm左右，雌雄蕊正常；中型圆叶；生长势强，直立，开花率高，花期中；观赏牡丹品种；日本曾田逸郎1992年育出（图90）。

'卑弥呼' Paeonia × suffruticosa 'Himiko' 蔷薇型；花瓣深粉红色，花6～7轮，花径18cm左右，雌雄蕊正常；大型圆叶，小叶缺刻多；生长势强，直立，开花率高，花期晚；观赏牡丹品种；日本门协正晃1996年育出（图91）。

'岛锦' Paeonia × suffruticosa 'Shima-nishiki' 蔷薇型；花瓣粉色、红色形成复色，花7～8轮，花径17cm左右，雌雄蕊正常；中型圆叶，小叶缺刻多；生长势强，直立，开花率高，花期中；观赏牡丹品种；日本渡部孝等1974年从牡丹品种'太阳'的芽变中选出（图92）。

'长寿乐' Paeonia × suffruticosa 'Chojuraku' 菊花型；花瓣粉紫色，基部有黑色斑，花5～6轮，花径18cm左右，雌雄蕊正常；中型圆叶；生长势强，直立，开花率高，花期晚；观赏牡丹品种；日本传统牡丹品种（图93）。

'蝴蝶舞' Paeonia × suffruticosa 'Kochonomai' 单瓣型；花瓣粉色，条状，基部紫红色，花径15cm左右，花瓣1轮，雌雄蕊正常，心皮5枚，柱头乳黄色；中型圆叶；生长势较强，直立，开花率高，花期中；日本岛根育出观赏牡丹品种（图94）。

'八千代椿' Paeonia × suffruticosa 'Yachiyo-tsubaki' 荷花型；花瓣粉红色，细腻有光泽，花径15cm左右，花瓣3～4轮，雌雄蕊正常，心皮5枚，柱头黄绿色；中型圆叶，小叶紫红色；生长势较强，直立，开花率高，花期晚；日本新潟育出观赏牡丹品种（图95）。

图91 '卑弥呼'（刘政安 摄）

图92 '岛锦'（刘政安 摄）

图93 '长寿乐'（刘政安 摄）

图94 '蝴蝶舞'（刘政安 摄）

图95 '八千代椿'（刘政安 摄）

5.5 伊藤杂种

'东方金'Itoh hybrids 'Oriental Gold' 菊花型；花黄色，花瓣基部有橙红色斑，花5~6轮，花径17cm左右，雄蕊花药变长正常，房衣乳黄色半包、柱头乳黄色，花丝橙红色；中型圆叶；生长势强，直立，开花率高，花期晚；观赏、切花品种；日本伊藤东一从芍药和牡丹的远缘杂交后代中选出，1954年在美国开花、命名并发表，又名'巴茨拉'（图96）。

'和谐'Itoh hybrids 'He Xie' 单瓣型；花蕾紫红晕，无蜜腺，无腋蕾；花瓣紫红色，花瓣基部有黑斑，花1~2轮，花径15cm左右，雌雄蕊正常，房衣乳白色半包，柱头紫红色，花丝乳白色；中型圆叶；生长势强，直立，开花率高，花期晚；观赏、切花品种；中国第一个牡丹和芍药远缘杂种育出的品种；中国科学院植物研究所刘政安、甘肃兰州榆中牡丹园陈富飞2006年选出（图97）。

图96 '东方金'（刘政安 摄）

图97 '和谐'（刘政安 摄）

03

6 牡丹价值

纵观国内外牡丹的现状，牡丹在科研、产业、文化等方面的发展已相对完善，最近科技界传来了牡丹基因组方面的研究亦获得了重大突破的消息。2020年5月，洛阳农林科学院报道了第一个牡丹品种'洛神晓春'的基因组草图（Lv et al., 2020）；2022年11月，上海辰山植物园与华大基因发表牡丹基因组学研究方面里程碑式的成果，"凤丹牡丹超大染色体及巨大基因组的遗传机制"为题的牡丹基因组学最新研究成果发表在国际著名期刊 *Nature communication* 上（Yuan et al., 2022）（图98），这些研究成果不仅将牡丹科学研究带入了真正的基因组学时代，而且开启了牡丹分子育种及优质特异基因鉴定和功能解析与产业利用的新纪元；也是植物基因组学领域（巨大基因组和超大染色体研究）中最重要的突破性研究进展之一。同时，科学研究在牡丹资源的药用、食用、观赏等方面取得了大量研究进展。此外，牡丹的产业体系、产业格局已初步形成，具体表现在：一产是牡丹品种繁育和药用、油用为目的的大面积栽培；二产是牡丹全株利用研发出的相关产品加工；三产是牡丹文化品牌的文旅及特色产品销售。2020年6月，由中国科学院植物研究所创建的《油用牡丹产业技术体系创建与应用》获得多位院士认可。目前，牡丹药用、食用、生态、文化综合价值在不断提升和推广。

牡丹的药用价值首先被人们发现、认识和入药治病；其次是牡丹的观赏价值被开发、挖掘和应用，因花大、色艳、型美、香郁的自然属性，高贵典雅、雍容华贵的气韵，被赋予了"富贵吉祥""繁荣昌盛"的美好寓意，深得国民的推崇和喜爱。使得我们今天在园林、诗词歌赋、工艺美术、民俗餐饮、经典方剂等诸多文化生活方面均可看到盛开的牡丹以及牡丹文化元素的符号。总的来看，牡丹的价值体现在药用价值、观赏价值、食用价值、生态价值以及精神文化价值多个方面；古时人们主要注重牡丹的药用价值和观赏价值；近现代则十分注重牡丹的全株利用，在药用价值和观赏价值的基础上更加关注食用价值、生态价值以及人文精神价值。

图98　凤丹牡丹超大染色体及巨大基因组特征图

6.1　药用价值

牡丹入药医病的历史悠久，牡丹的根皮（简称"丹皮"）使用广泛，为我国常用的传统中药材之一。早在秦汉时的《神农本草经》中记载："牡丹味辛寒"，距今已有 2 000 多年的历史。1972 年在甘肃武威市柏树乡发现的东汉早期医学竹简中，已有牡丹治疗"血瘀病"的记载，武威汉代医简是迄今发现的我国最早的医药著作，表明丹皮在东汉末年是 63 种常用的植物药之一并已经普遍应用。唐代编辑的《华佗神方》，民国又整理成《华佗神医秘传》，累计 1 103 方，使用丹皮配方的有 22 方，涉及内科、外科、妇产科、儿科、耳科、眼科等。明代李时珍的《本草纲目》更为翔实地记述了牡丹的药用价值，明确指出："牡丹惟取红白单瓣者入药，其千叶异品，皆人巧所致，气味不纯，不可用。"已从气味、药效等方面将牡丹的观赏品种（"千叶"即重瓣）和药用品种区分开来。

丹皮实际上是牡丹 3～5 生的牡丹根的韧皮部和皮层（图99）。主要药效成分为丹皮酚（$C_9H_{10}O_3$），还含有淀粉、草酸晶簇、芍药武、挥发油、苯甲酸、植物甾醇等。

丹皮药理、药性和临床功效，与丹皮酚的含量有直接关系；丹皮酚的含量高低与牡丹品种、产地及收获季节等有很大关系。目前，我国丹皮的主产地在安徽省铜陵市和亳州市，其次是山东省菏泽市、河南洛阳市、重庆市垫江县、湖南邵阳市（图100 至图103 ）。

药用牡丹栽培在安徽、河南、山东均以'凤丹'为主栽品种；在重庆垫江以'太平红''垫江

03

图99 安徽铜陵"丹皮"（刘政安 摄）

图100 安徽铜陵"丹皮"种植（李兆玉 供）

图101 河南洛阳伏牛山"丹皮"种植（刘政安 摄）

图102 重庆垫江"丹皮"种植（刘政安 摄）

图103　湖南邵阳"丹皮"种植（吕长平　摄）

红'为主栽品种；在湖南邵阳以'宝庆红'为主栽品种。丹皮具消炎、杀菌、提高免疫力的功能，经典中成药"六味地黄丸"等大量使用丹皮；国内外也对丹皮的需求量很大，年需求量在250万kg左右，年出口量近50万kg。丹皮的品种好坏还与牡丹的栽培环境、生长年限、田间管理、采收时间关系密切。其中采收时间以秋分到霜降期间（9月下旬至10月下旬）为最佳。

2020年版《中华人民共和国药典》（简称《中国药典》）对药用牡丹皮及其饮片严格规定如下：

（1）丹皮

本品为牡丹的干燥根皮。秋季采挖根部，除去细根和泥沙，剥取根皮，晒干；或刮去粗皮，除去木心，晒干。前者习称"连丹皮"，后者习称"刮丹皮"。

【性状】连丹皮：呈筒状或半筒状，有纵剖开的裂缝，略向内卷曲或张开，长5~20cm，直径0.5~1.2cm，厚0.1~0.4cm。外表面灰褐色或黄褐色，有多数横长皮孔样突起和细根痕，栓皮脱落处粉红色；内表面淡灰黄色或浅棕色，有明显的细纵纹，常见发亮的结晶。质硬而脆，易折断，断面较平坦，淡粉红色，粉性。气芳香，味微苦而涩。刮丹皮：外表面有刮刀削痕，外表面红棕色或淡灰黄色，有时可见灰褐色斑点状残存外皮。

【鉴别】本品粉末淡红棕色。淀粉粒甚多，单粒类圆形或多角形，直径3~16μm，脐点点状、裂缝状或飞鸟状；复粒由2~6分粒组成。草酸钙簇晶直径9~45μm，有时含晶细胞连接，簇晶排列成行，或一个细胞含数个簇晶。连丹皮可见木栓细胞长方形，壁稍厚，浅红色。取本品粉末1g，加乙醚10ml，密塞，振摇10分钟，滤过，滤液挥干，残渣加丙酮2ml使溶解，作为供试品溶液。另取丹皮酚对照品，加丙酮制成每1mL含2mg的溶液，作为对照品溶液。照薄层色谱法（通则0502）试验，吸取上述两种溶液各10μL，分别点于同一硅胶G薄层板上，以环己烷-乙酸乙酯-冰乙酸（4：1：0.1）为展开剂，展开，取出，晾干，喷以2%香草醛硫酸乙醇溶液（1→10），在105℃加热至斑点显色清晰。供试品色谱中，在与对照品色谱相应的位置上，显相同颜色的斑点。

【检查】水分：不得超过13.0%（通则0832第四法）。总灰分：不得超过5.0%（通则2302）。

【浸出物】照醇溶性浸出物测定法（通则2201）项下的热浸法测定，用乙醇作溶剂，不得少于15.0%。

【含量测定】照高效液相色谱法（通则0512）测定。色谱条件与系统适用性试验：以十八烷基硅烷键合硅胶为填充剂；以甲醇–水（45:55）为流动相；检测波长为274nm。理论板数按丹皮酚峰计算应不低于5 000。对照品溶液的制备：取丹皮酚对照品适量，精密称定，加甲醇制成每1mL含20μg的溶液，即得。供试品溶液的制备：取本品粗粉约0.5g，精密称定，置具塞锥形瓶中，精密加入甲醇50mL，密塞，称定重量，超声处理（功率300W，频率50kHz）30min，放冷，再称定重量，用甲醇补足减失的重量，摇匀，滤过，精密量取续滤液1mL，置10mL量瓶中，加甲醇稀释至刻度，摇匀，即得。测定法：分别精密吸取对照品溶液与供试品溶液各10μL，注入液相色谱仪，测定，即得。丹皮酚含量：本品按干燥品计算，含丹皮酚（$C_9H_{10}O_3$）不得少于1.2%。

（2）饮片

【炮制】迅速洗净，润后切薄片，晒干。

【性状】本品呈圆形或卷曲形的薄片。连丹皮外表面灰褐色或黄褐色，栓皮脱落处粉红色；刮丹皮外表面红棕色或淡灰黄色。内表面有时可见发亮的结晶。切面淡粉红色，粉性。气芳香，味微苦而涩。

【鉴别】【检查】【浸出物】【含量测定】同药材。

【性味与归经】苦、辛，微寒。归心、肝、肾经。

【功能与主治】清热凉血，活血化瘀。用于热入营血，温毒发斑，吐血衄血，夜热早凉，无汗骨蒸，经闭痛经，跌打伤痛，痈肿疮毒。

【用法与用量】6~12g。

【注意】孕妇慎用。

【贮藏】置阴凉干燥处。

其实，我们在开展牡丹全株利用研究时，发现牡丹除丹皮中含有较高的药效成分外，茎、叶、花、果壳和种子中还含有16种氨基酸、20种微量元素及多种维生素、多种糖类和黄酮类等，其综合利用价值值得开发。

6.2 观赏价值

牡丹花的自然之美无与伦比，为中国成为世界"园林之母"作出了巨大的贡献。中国观赏牡丹"兴于隋，盛于唐，甲天下于宋"。隋代的皇家宫苑西苑已开始栽植牡丹；唐代围绕牡丹游园赏花、赋诗作曲等花事已开始盛行；南唐已有"锦洞天"大型花事活动；到宋代已出现了"万花会"花卉集会；国运昌，花事兴，当今的牡丹花事规模之大、项目之多，远远超过了古代的各类花会活动。随着国家的经济繁荣，适宜牡丹生长的地区大量引种牡丹，人们已可在街道、花台、公园等处欣赏到盛放的牡丹。如河南洛阳、山东菏泽、安徽铜陵、重庆垫江、甘肃临洮牡丹产区，均已形成独具特色的民族文化活动（图104），每年牡丹花开时节吸引大量的中外游客。

6.2.1 洛阳牡丹花会

宋·欧阳修《洛阳牡丹图》诗曰："洛阳地脉花最宜，牡丹尤为天下奇。"欧阳修讲的"洛阳地脉花最宜"指的就是洛阳地理、气候、土壤等自然条件；洛阳位于黄河中下游，气候温和，土壤肥沃，最适合牡丹的生长；加上洛阳古都人文荟萃，使牡丹早已艳冠九州、名甲天下。1982年洛阳市已确定牡丹为洛阳市市花，1983年举办了第一届洛阳牡丹花会，历时40年，形成了中国洛阳牡丹文化节，成为洛阳以及河南省对外开放的窗口，已成为一种融赏花、观灯、旅游、经贸、科技、文化为一体的大型国际性活动，成为展示牡丹文化的舞台和促进河南以及洛阳对外开放、推动经济发展的重要舞台。在洛阳代表性的牡丹景点有中国国花园、王城公园、国际牡丹园、隋唐植物园、国家牡丹园等（图105、图106）。据《河南日报》报道：第39届洛阳牡丹文化节期间，洛阳共接待游客3 048.43万人次、旅游总收入278.19亿元，签约招商引资大项目118个，投资总额1 146.6亿元。

图104　洛阳隋唐植物园武皇赏花表演（任峰 提供）

图105　洛阳中国国花园（李清道 摄）

03

图106　洛阳国际牡丹园（霍志鹏 提供）

6.2.2　菏泽牡丹花会

　　蒲松龄《聊斋志异》中曾有"曹州牡丹甲齐鲁"的记述。菏泽人爱牡丹，善于种牡丹。1992年，菏泽举办首届"菏泽国际牡丹花会"。与花会同时举行的还有经济技术交易会，对外经贸洽谈会和牡丹花展销会，旨在"以花为媒，广交朋友，促进开放，培育市场，繁荣经济"。三个会的主要内容有产品展销，技术项目洽谈，物资、人才、信息交流等。随着牡丹花会品位的提高，旅游条件的改善，带动了菏泽旅游产业的发展。菏泽代表性的景点有曹州牡丹园、菏泽百花园、菏泽国花园、菏泽古今园等（图107、图108）。菏泽国际牡丹花会自1992年起每年4月中旬举行，为期20天，至2017年4月15日已成功举办26届，累计共接待中外游客3 000多万人次，有570多位中央、国家部委的领导人到菏泽视察。经济贸易成交额达890亿元，签订利用外资合同近600项；对外合作领域涉及一、二、三产的40多个行业门类。

　　牡丹的自然花期由品种的基因决定，即同一区域、相同的栽培条件，品种间则有早开（洛阳4月初）、中开和晚开三种类型，其中早开品种和晚开品种的花期相差20天左右，正像唐代诗人白居易描述的"花开花落二十日，一城之人皆若狂"。另一方面，我国幅员辽阔，南北气候差异大，牡丹品种的观赏时期与栽培区域的气候关系密切，自然花期南北相差2个多月；相同基因型的牡丹品种亦随着纬度和海拔的增加，开花期逐渐推迟；如同一牡丹品种在中国云南武定县狮子山3月下旬盛开，在河南洛阳4月中旬盛开，在北京4月下旬盛开，而到了哈尔滨则要到5月下旬，甚至特殊年份6月上旬方能盛开。牡丹花期调控技术目前已相当成熟，人们通过促成栽培技术和抑制栽培技术，完全可以实现牡丹花随人意、四季观赏、四季创收的效果。

6.3　食用价值

　　我国食用牡丹花卉的历史，可追溯到五代十国时期。《复斋漫录》中说："孟蜀时兵部尚书李昊，每将牡丹花数枝分遣朋友，以兴平酥（兴平地方的一种糕点）同赠。曰：候花凋谢，即以酥煎食之，无弃穠艳，其风流贵重如此。"明《遵生八笺》载有"牡丹新落瓣也可煎食"；《二如亭群

图107 曹州牡丹园（刘政安 摄）

图108 菏泽百花园（李清道 摄）

芳谱》有："牡丹花煎法与玉兰同，可食，可蜜浸""花瓣择洗净拖面，麻油煎食至美"；《亳州牡丹史》记载，亳州人春天剪牡丹芽，用泉水泡掉苦涩味后，晒干煮茶，香味特别，清香隽永。现在牡丹的食用价值更加突出，游客到了河南洛阳、山东菏泽、甘肃临夏等地，还可品尝到"牡丹羹""牡丹汤""牡丹菜""牡丹宴"等美味佳肴。

6.3.1 牡丹花茶

牡丹花具有丰富的营养价值，对牡丹花瓣和花粉进行化学测定结果表明，牡丹的花瓣和花粉中含有13种氨基酸，其中有8种为人体所需，且含量较多；还含有多种维生素、糖类、黄酮类、酶，7种常量元素和5种人体所需的微量元素。2013年，牡丹花瓣获批新资源食品，种类繁多的牡丹糕点应运而生，已成为河南洛阳、山东菏泽等牡丹产区的特产及文旅产品（图109至图112）。其中牡丹花茶最早研发成功，分为全花茶、花瓣茶和花蕊茶3种；牡丹全花茶在盛开前采收加工，花瓣茶可在牡丹绽放后采收加工，牡丹花蕊茶则要在开花前，花药散粉前采收加工。牡丹花茶有

养颜美容、减轻生理疼痛、降低血压等作用；花蕊茶则对前列腺疾病有一定功效。

6.3.2 牡丹籽油

2011年，牡丹籽油获得国家新资源食品，2022年牡丹籽油国家标准公布。经中国科学院植物研究所、中国林业科学研究院、江南大学、中国粮油质量监督检验中心等多家研究机构证明，牡丹籽油富含蛋白质、锌、钙、镁、磷及维生素群、类胡萝卜素、氨基酸、多糖和多种不饱和脂肪酸。其中，凤丹牡丹和紫斑牡丹的含油率可达到20%以上，其籽油中不饱和脂肪酸含量高达92%以上，主要包括α–亚麻酸、油酸和亚油酸等，特别是α–亚麻酸含量达42%以上。α–亚麻酸是构成脑细胞等的重要成分，是人体不可

图109　第十届中国花卉博览会林洋集团分会场牡丹文旅产品展
（刘政安　摄）

图110　第十届中国花卉博览会林洋集团分会场牡丹食品系列展
（刘政安　摄）

图111　第十届中国花卉博览会林洋集团分会场牡丹花茶系列展
（刘政安　摄）

图112　牡丹全花茶（刘政安　摄）

缺少但自身不能合成又不能替代的多不饱和脂肪酸，有"血液营养素""维生素F"和"植物脑黄金"之称。与其他食用油相比，牡丹籽油中α-亚麻酸含量是橄榄油的60多倍、茶油的40多倍；牡丹籽油还富含维生素A、B、C和E等对人体有益

元素，是优质的食用油（表4）。牡丹收获的茎叶、籽榨油后的饼粕、果壳富含蛋白质、类黄酮等有效成分，可以生产畜牧饲料添加剂及替代抗生素的中药材等。

表4　牡丹籽油与几种食用油成分对比

主要成分	花生油	橄榄油	菜籽油	大豆油	茶油	牡丹籽油
α-亚麻酸（%）	0.40	0.70	8.40	6.70	1.00	43.18
油酸（%）	39.00	83.00	16.30	23.60	80.00	21.93
亚油酸（%）	37.90	7.00	56.20	51.70	10.00	27.15
饱和脂肪酸（%）	17.70	14.00	12.60	15.20	9.90	7.20
不饱和脂肪酸（%）	77.30	85.30	80.90	82.00	90.10	92.26

油用牡丹是牡丹中产籽量高（图113至图117）、出油率高、品质优的一类品种。我国是世界上最大的食用油进口国，每年要花费500多亿美元进口成品食用油和食用油原料，对外依存度高达70%以上，严重超出国家安全预警线。牡丹原产中国，是我国特有的资源植物，油用牡丹抗旱、抗寒、耐瘠薄，生态适应性强，一次种植，可连续收获30年左右；倘若能在林下、边际土地、光伏板下推广上亿亩油用牡丹，油用牡丹产业必将成为关乎国家"粮油安全"的民族产业，将对保

障我国粮油安全具有十分重要的历史和现实意义。

6.4　生态价值

一直以来，人们对牡丹的观赏、药用、食用价值较为重视。近年来，随着"绿水青山就是金山银山"的政策指引下，油用牡丹既能改善生态环境，又能促进农村经济发展，增加农民收入，实现经济效益、社会效益和生态效益共赢，牡丹的"生态产业化，产业生态化"效果极佳（图118至图

图113　紫斑牡丹果荚（刘政安 摄）

图114　凤丹牡丹果荚（刘政安 摄）

图 115　凤丹果荚成熟（刘政安　摄）

图 116　凤丹牡丹籽（刘政安　摄）

03

图 117　第十届中国花卉博览会林洋集团分会场牡丹籽油系列展（刘政安　摄）

122）。在山区丘陵地带推广，不仅能改善当地的生态环境，还能兼顾农民的增收和巩固脱贫致富成果。通过研究不同栽培环境下的油用牡丹生态功能发现：在平地条件下油用牡丹生态系统能更好地发挥水源涵养功能，并且比起自然草地生态系统，油用牡丹生态系统有更强的水源涵养能力；油用牡丹在坡地种植条件下能发挥更好的土壤保持功能；黄土高原油用牡丹生态系统防风固土量高于中原丘陵地区；黄土高原（佳县）油用牡丹生态系统服务功能总价值量为 3 351.15 元/hm²，中

图118　安徽铜陵凤凰山牡丹（李兆玉 供）

图119　陕西佳县黄土高原上牡丹（刘政安 供）

03

图120 光伏板下牡丹（刘政安 摄）

图121 重庆垫江牡丹（刘政安 摄）

图122 湖南邵阳牡丹（吕长平 摄）

原丘陵（洛宁）油用牡丹生态系统服务功能总价值量 2 925.10 元 /hm²（郭娇娇，2022）。从生态的角度来看，油用牡丹必将在黄河流域生态环境治理方面发挥巨大潜能。

6.5 文化价值

中华民族对牡丹情有独钟，赋予了民族兴旺发达、人民生活美好幸福的象征。唐、明、清三朝牡丹被誉为"国色天香""国色""国花"；经过代文人墨客的推崇、赞誉与渲染，牡丹文化极大地丰富了中国的花文化、中国的传统文化。人们通过牡丹的诗词、瓷器、书法、绘画、戏曲、电影、歌曲、雕刻、剪纸、插花、产品等艺术形式，传递着人们对美好幸福生活的追求与讴歌。

6.5.1 牡丹诗词

据中国历代牡丹诗词选注专著《天上人间富贵花》介绍，我国从唐代至清代著名的牡丹诗词有3 000余首，其中唐代300多首，宋代1 400多首，清代1 000多首；唐代李正封的"国色朝酣酒，天香夜染衣"成就了牡丹的"国色天香"；唐代皮日休的"落尽残红始吐芳，佳名唤作百花王"造就了牡丹的"百花之王"；唐代刘禹锡的"唯有牡丹真国色，花开时节动京城"成就牡丹的"真国色"；宋代欧阳修的"洛阳地脉花最宜，牡丹尤为天下奇"使牡丹达到了"甲天下"的高度；元代朱帘秀的"牡丹花下死，做鬼也风流"的句子，经汤显祖《牡丹亭》引用传播，并产生了不少曲解；明代冯琦的"春来谁作韶华主，总领群芳是牡丹"把牡丹推到了"总领群芳"的高度；近代王国维的"阅尽大千春世界，牡丹终古是花王"书写了牡丹不容置疑的"花王"之尊。无论是刘禹锡的"唯有牡丹真国色，花开时节动京城"，还是白居易的"花开花落二十日，一城之人皆若狂"，均表达了自古人们对牡丹的喜爱。其实，牡丹不仅代表"自然、美丽、幸福"，还象征"和平、繁荣、昌盛、大气、包容、成功"。刘政安通过37年的对话牡丹、服务牡丹，更加深刻地意识到：牡丹还拥有"长一尺，退八寸"的生物学特性，极富"舍得进取"的人生成长哲理；具有不畏权贵，"贬而不屈""焚而茁壮"的傲骨与正气；更有"舍命不舍花"的奉献精神。牡丹这些"芳姿艳质压群葩，劲骨刚心高万卉"的精神文化财富，更值得我们挖掘与弘扬。

6.5.2 国花评选

我国有着悠久历史和灿烂文化，但由于种种原因，至今尚未确定国花。当前我国政治稳定，经济繁荣，在全国范围内组织开展评选国花活动，把国花确定下来，是社会进步、经济发展的需要。国花评选具有十分重要的现实意义和深远的历史意义。

每个国家都有自己特定的文化背景和习俗爱好，所以不同国家对国花的选择标准和象征意义也不尽相同，其象征性、代表性大体有以下几种：一是突出反映本国民族的情感和特征；二是纪念为祖国独立自由而战斗的民族英雄；三是出于宗教信仰的需要；四是主要考虑经济效益。我国曾两度开展国花评选活动，刘政安有幸服务过全国第一次牡丹争评国花的工作，至今仍记忆犹新的是全国评选国花专家组经过认真讨论，提出了当选我国国花的条件是：栽培历史悠久，适应性强，在我国大部分地区有影响，在国际上居领先地位；花型、花色等特性能反映中华民族优秀传统和性格特征；用途广泛，为广大人民群众喜闻乐见，具有较高的社会、环境和经济效益。

当中华人民共和国第八届全国人民代表大会第二次会议第0440号《关于尽快评定我国国花的建议》的议案批转农业部研究办理后，农业部立即责成中国花卉协会于1994年在全国有组织、有领导地开展广泛深入的评选国花活动。评选活动历时10个月；31个省、自治区、直辖市上报的结果显示，赞成一国一花（牡丹）的占58.06%；赞成一国四花（牡丹、荷花、菊花、梅花）的占35.48%；提出其他意见的占6.45%。经过全国国花评选领导小组讨论，按照少数服从多数的原则，决定推荐牡丹为我国的国花，兰花（春）、荷花（夏）、菊花（秋）、梅花（冬）为四季名花的方案上报全国人大。当时这一方案的形成，多数人赞成"一国一花"牡丹为国花方案是有充分的理由的：一国一花能够突出国花的崇高形象，集中反映国花的象征意义，旗帜鲜明，过目不忘。国花是表达人民情感象征民族特征的标志，应突出重点，不求面面俱全。牡丹寓意高贵吉祥，幸福美满，是繁荣昌盛、兴旺发达、政通人和的象征，与我国以经济建设为中心，实现富国强民的奋斗目标相吻合。我国有14亿多人口，56个民族，牡丹在气势上、体量上与我们这个泱泱大国最匹配。

2019年7月15日，中国花卉协会在中国林业网、中国花卉协会网站和"中国花卉协会"微信公众号发出《投票：我心中的国花》，向公众征求对中国国花的意向。广大公众对国花高度关注，积极踊跃参与，截至2019年7月22日24时，投票总数362 264票，投票结果牡丹胜出，得票高达79.71%。牡丹的再一次胜出，且高票胜出，说明牡丹的推广、科研、产业均有了长足的发展，牡丹更被人民喜爱。

6.5.3 牡丹图腾

在杨山牡丹野生种发表前，刘政安曾陪同国际树木学会副主席齐安·鲁普·奥斯蒂（Ostii）

和中国林业科学研究院洪涛教授在洛阳考察（图123），期间曾问过奥斯蒂教授一个问题："您作为一名意大利人为什么对牡丹感兴趣？"奥斯蒂的回答令笔者印象深刻："第一，我在参加国际会议时曾得到过周恩来总理给的礼物，其礼品上绣有牡丹图案，那时很好奇，觉得世上不会有这么漂亮的花（牡丹），牡丹应该是像'龙''凤'一样，是极富想象力的中国人凭空想象出的'图腾''吉祥物'。第二，当我从中国树木专家那里了解到牡丹这种植物存在时，还有点半信半疑；在20世纪80年代受邀来中国，在颐和园第一次欣赏到牡丹后，就被深深地吸引并爱上了牡丹。"

正像京剧版《牡丹之歌》唱到的："雨雪风霜造就出国色天香，山野柴门走出雍雅堂皇。姹紫嫣红忘不了平民本色，和谐阳光哺育出锦绣篇章。金奖银奖比不上人民夸奖，花落花开永回报百姓爹娘。牡丹，牡丹，扎根华夏辉映城乡，牡丹，

图123 奥斯蒂和洪涛教授考察洛阳牡丹（刘政安 摄）

牡丹，情系沃土香飘八方。"雍雅堂皇的牡丹，实际上早已成为中华民族的"图腾"，牡丹文化早已融入中华民族的血脉；中华民族的生活器物、各种艺术品类上早就烙印着牡丹（图124至图132），传递着挚爱，叙述着梦想，追求着幸福。

图124　牡丹邮票（刘政安 摄）

图125　牡丹纪念卡（刘政安 摄）

图126　牡丹瓷盘（刘政安 摄）

图127　洛阳牡丹瓷器（刘政安 摄）

03

图128 齐白石"富贵双寿"（刘政安 翻拍） 图129 宋代牡丹图（刘政安 翻拍）

图130 榆林白云山"九龙壁"上的牡丹（刘政安 摄）

图131　牡丹传统插花（倪志祥 提供）

图132　牡丹押画（刘政安 摄）

7 牡丹园林

03

牡丹万紫千红、雍容华贵的天然仪态和吉祥幸福的象征深入人心。牡丹已无处不在，并深深地影响着人们的生活，花繁叶茂的牡丹正装扮着城市公园、园林绿地、机关学校、宫观寺庙、庭院阳台；牡丹在古今中国的园林中起到了非常重要的作用，下面重点介绍牡丹的园林应用形式和栽培技术。

7.1 应用形式

7.1.1 专类园

牡丹栽培历史悠久，作为专类园出现可以追溯到唐宋时期。唐朝的长安兴庆宫的龙池东北处，堆土筑山，上建"沉香亭"，周围遍植红、紫、淡红、纯白等各色牡丹，应为我国最早的牡丹专类园。宋朝李格非《洛阳名园记》则记载了一个大型牡丹专类园，"洛中花甚多种，而独名牡丹曰'花'，凡园皆植牡丹，而独名此曰'花园子'，盖无他池亭，独有牡丹数十万本……至花时，城中仕女绝烟火游之"。牡丹专类园一直延续至明、清时期，北京皇家园林圆明园、颐和园、景山的牡丹专类园均非常著名（图133、图134）。乾隆曾赋诗云："殿春饶富贵，陆地有芙渠；名漏疑删孔，词雄想赋舒。"

图133　北京景山公园牡丹园（刘政安　摄）

图134 北京圆明园牡丹园（刘政安 摄）

图135 洛阳市延安路（李清道 摄）

　　牡丹专类园的形式大致可分为规则式牡丹园和自然式牡丹园。目前，牡丹资源保护基地、油用牡丹栽培、牡丹种苗生产基地以及街道绿化带多采用规则式（图135至图138）；山间林下油用、药用

图136　日本广岛牡丹园（刘政安 摄）

图137　牡丹育苗（刘政安 摄）

图138　油用牡丹栽培（刘政安 摄）

图139　重庆垫江牡丹园（任峰 摄）

栽培以及黄河、长江沟峪生态治理时多采用自然式（图139至图141）；在机关绿地、庭院公园等地多采用规则式和自然式相结合的园林应用形式。

规则式和自然式相结合是牡丹园林应用的主

03

图 140　重庆垫江牡丹园（刘政安　摄）

图 141　洛阳新安祥和牡丹基地（刘政安　摄）

要形式。通常这类牡丹园会结合当地人文历史、自然地形地貌、花草树木、山石溪流状况，经园林艺术设计，把牡丹自然地融入园林中去，达到"虽由人作，宛自天开"的艺术效果，烘托出牡丹的雍容华贵、天生丽质的优美景色。如《花镜》所言："牡丹、芍药之姿艳，宜玉砌雕台，佐以嶙峋怪石，幽篁远映。"我国许多著名的牡丹专

类园多采用此手法建园。如国家植物园南园牡丹园、国家植物园北园牡丹园、辽宁沈阳植物园牡丹园、吉林长春牡丹园、山东菏泽曹州牡丹园、洛阳王城公园、河南洛阳中国国花园等（图142至图146），都通过人文景观、自然景观结合展示出了牡丹的园林艺术魅力。

牡丹在园林中独具特色、独树一帜，下面以

图142　国家植物园南园牡丹园（刘政安 摄）

图143　洛阳王城公园牡丹园（李清道 摄）

图144 洛阳中国国花园（李清道 摄）

图145 沈阳植物园牡丹园（刘政安 摄）

图146　吉林长春牡丹园（刘政安　摄）

国家植物园北园的牡丹园为例，介绍一下牡丹在园林景观设计及园林艺术中的具体应用。

具体位置： 国家植物园北园坐落在北京市海淀区香山脚下，牡丹专类园在其中轴路的西面，南临大温室"万生苑"，北临海棠专类园。

建园时间： 1980年动工，1983年建成并对外开放。

园区规模： 总面积7hm²，栽植牡丹5 000余株，280多个品种，是我国北方最大的景观式牡丹专类园。

目标任务： 收集国内外牡丹种质资源，培育牡丹新品种，增添植物园的科学内涵，为科研人员提供牡丹科技研发的基地；山石叠加、曲径迂回、亭台楼阁、乔灌结合，典型的中国园林景观外貌，为市民提供赏心悦目、休闲娱乐的场所；同时牡丹专类园融入牡丹文化、艺术、科普知识，给游客打造一处了解牡丹科技、产业、景观艺术的传播窗口。

设计风格： 该牡丹园的设计采用规则式、自然式、景观式相结合的手法。

园区特点： 牡丹主题；因地制宜，借势造园；乔灌结合，疏密有致，群落配置；保留了原有的油松、国槐等古树名木，也为牡丹专类园平添了气韵，更为牡丹提供了避暑的生物学需要，有效地延长了同一品种的盛花期（图147至图149）。

资源状况： 园内牡丹品种丰富，来源广泛；牡丹资源早期主要自山东菏泽、河南洛阳以及甘肃兰州。20世纪90年代后，在张佐双园长的大力支持下，在李燕等专业技术人员的共同努力下，又先后丰富了日本牡丹及欧美牡丹品种200余种，使专类园的牡丹品种群更加完善、布局更加合理，形成了目前中原牡丹品种群栽植在东南和东北两区，紫斑牡丹品种群栽植在西北区，日本品种群及欧美牡丹品种群栽植在西南区的格局（图150）。

自然花期： 该专类园由于地处香山，早花品种'凤丹'一般在4月中旬初开，而后中原牡丹品种、日本牡丹品种、紫斑牡丹品种、欧美牡丹品种次第开放，最后的牡丹和芍药远缘杂种伊藤系列则到5月中旬才盛开。

国家植物园北园牡丹园还融入了中国的传统文化和艺术，配置有亭台楼阁、壁画雕塑、石刻诗文等，大大增添牡丹的文化内涵。

亭台楼阁： 在牡丹园北侧建造了"群芳阁"，雕梁画栋，极富传统园林风格，阁名由著名书法家舒同题写。

仙子壁画： 在"群芳阁"西面矗立了"牡丹仙

图147　国家植物园（北园）牡丹园南入口（李燕　摄）

图148　国家植物园（北园）牡丹园平台二区（李燕　摄）

图149　国家植物园（北园）牡丹园平台下区（李燕　摄）

图150　国家植物园（北园）牡丹园国外牡丹区（李燕　摄）

图151　国家植物园（北园）牡丹仙子组雕（李燕　摄）

子"大型瓷板壁画，由艺术家包阿华根据家喻户晓的《聊斋志异》中"葛巾·玉版"的故事设计完成；壁画长17.20m，高4.3m，厚1.4m，涉及25个人物，由768枚瓷砖组成。画面生动地描述了"洛阳书生常大用非常喜欢牡丹，朝夕浇灌，昼夜看守。牡丹仙子葛巾为他的真诚所感动，以身相报，与其妹玉版同常大用和他的弟弟结为姻缘……"这些神话传说、艺术作品为著名牡丹品种'葛巾紫'和'玉版白'的由来进行文化解析。

仙子组雕：在仙子壁画的北侧，由我国著名雕塑家、中央美术学院的史超雄先生创作的一组大型汉白玉的雕塑，作品抽象放大了框景牡丹花朵和牡丹仙子，花王牡丹容得下世间的一切，"牡丹仙子"降福人间（图151）。

点睛石刻：牡丹园中门入口一块巨石，镌刻着吴作人先生的"粉雪千堆"四字；欣赏牡丹的小径不时见到刻在北太湖石上的历代牡丹古诗词，传递着中国牡丹文化的源远流长。

7.1.2 植物配置

牡丹在园林中应用广泛，具体栽植方式常见的有花台或花坛、花境或花带。由于牡丹喜燥恶湿，高筑花台可以避免积水，防止牡丹烂根；同时还可形成立体的景观效果。在花台或花境中牡丹往往是孤植、丛植和群植。

7.1.2.1 花台栽植

规则式花台：通常为规则的几何图形，花台内等距离栽植牡丹。常用花岗石、汉白玉、方砖、水泥等材料砌成，体形通常为长方形，也有圆形、半圆形、椭圆形、扇形等多种形式。花台一般宽1~2m，高0.5~1m。如颐和园排云殿东侧的"国花台"、中南海小瀛台上的牡丹台、卧佛寺西侧牡丹台地等（图152、图153）。

自然式花台：为不规则形状，随地势起伏而高低错落，一般用自然山石或假山石砌成。在岩石起伏的植床中种植牡丹，以观赏树木作配景；花台内栽植的品种应注重花色、株形、株高等方面的搭配，一般把株矮、色深的品种布置在最下层，把色彩最美丽、花期较长的品种种植于游人视线水平的位置，把植株较高、叶色深绿、花色淡雅的品种配置于最上层台阶，形成较丰富的立体效果。如云南狮子山公园、北京景山公园、洛阳王城公园、盐城便仓枯枝牡丹园等都采用这种布置形式（图154、图155）。

图152 北京卧佛寺牡丹（李燕 摄）

图153　北京颐和园牡丹台（刘政安 摄）

图154　云南武定狮子山牡丹（刘政安 摄）

图155　北京景山公园牡丹（李燕 摄）

7.1.2.2　花境栽植

牡丹花境常用于公园或庭园道路的两旁，或主要道路的分车带上形成花带；也可在林缘、草坪及山石边作自然式丛植或群植形成花境。传统牡丹品种可作为构成春季景观的主要植物材料。春季花开时节，人们沿着园路漫步，可欣赏到牡丹春天的芳姿；随着科技的发展，具有漂亮秋色（图156）的牡丹新品种也不断育出，点缀着秋景。如北京中山公园林荫道两旁的牡丹花带、河南洛阳中州大道的道路分车带、四川彭州丹景山牡丹园、浙江杭州花港观鱼牡丹园以及国家植物园（北园）的花境中，显得自然朴实、妙趣天成（图156、图157）。

7.1.2.3　容器栽植

牡丹除露地栽植外，还有容器栽植的形式。随着人民生活水平的不断提高，人们对牡丹的喜爱也与日俱增，因此，迫切需要发展矮、小、轻的盆栽牡丹品种走进千家万户，装点人们的家庭生活，助兴各类活动。近年，盆养牡丹发展迅猛，盆养牡丹常与促成栽培、抑制栽培相结合，供应春节等特殊时段的花卉市场。容器栽植四季开花的牡丹还在一些会议活动、婚庆活动、展览活动上广泛应用（图158至图161）。

图156　国家植物园（南园）秋季牡丹（刘政安 摄）

图157　国家植物园（北园）花境（李燕 摄）

图158　日本岛根由志园牡丹四季馆景观之一（刘政安 摄）

图159 日本岛根由志园牡丹四季馆景观之二（刘政安 摄）

图160 盆养牡丹'八千代椿'（刘政安 摄）

图161 盆养牡丹凤丹（刘政安 摄）

7.2 栽培技术

我国在牡丹栽培繁殖方面拥有悠久的历史。南北朝时期，牡丹便开始人工栽培；北宋（960—1127）时期，人们已经懂得用嫁接和分株的方法繁殖牡丹；南宋（1127—1279）时期则采用播种繁殖的方法；明朝发展为播种、分株、嫁接3种繁殖方法。牡丹的繁殖方式通常分为有性繁殖和无性繁殖两大类。

7.2.1 有性繁殖

牡丹的有性繁殖是指用牡丹种子播种繁殖，牡丹播种繁殖一般需要3～4年才能开始开花，因此播种繁殖常用在新品种选育和药用、油用种苗培养方面。值得一提的是牡丹有性繁殖时，应特别注意牡丹种子萌发时有上胚轴休眠的特性，注意牡丹的最适播种季节是秋季，通常中原地区最佳播种时期为8月下旬到10月上旬，而春季播种则不会出苗，这是因为春季播种牡丹苗子出土前缺乏低温过程。

7.2.2 无性繁殖

通常观赏价值高的牡丹品种的雄蕊、雌蕊会高度瓣化，很少有种子产生，这些优良牡丹品种通常是采用嫁接和分株的无性繁殖方法繁殖的，这种方法可以较好地保持亲本的优良性状。

7.2.2.1 嫁接繁殖

嫁接繁殖是目前繁殖观赏牡丹的主要方法，嫁接繁殖既能保留牡丹品种的优良特性，还可以提高牡丹抗性。根据砧木的不同分牡丹嫁接苗和芍药嫁接苗；根据接穗的大小分枝接和芽接；根据嫁接的手法分劈接和贴接；根据嫁接的时间分秋季嫁接和夏季嫁接。生产上应用最多的是9~10月的芍药或牡丹砧木的枝接方法。

7.2.2.2 分株繁殖

分株繁殖是观赏牡丹品种的另一种繁殖方法，主要是牡丹资源充足的品种采用。分株繁殖的适宜时期亦是9~10月，其操作方法非常简单，即选4~5年生的生长健壮母株，挖起、去土、阴晾后，可依牡丹的根茎情况分成2~3株，每株应保持均等枝条和根数。这种分株方法繁殖的牡丹，只要栽培季节合适、管理到位，春天可以正常开花。

7.2.2.3 组培繁殖

随着科技的进步与发展，油用牡丹产业的兴起，传统的繁殖技术已无法满足市场的需求，一些优良品种，只有采用组织培养的方法才能在短期之内推广开来。牡丹组织培养是以细胞全能性为理论基础，在无菌环境中，取牡丹器官或组织（如芽、茎段、根或花药），置于适宜的人工创造的环境中进行培养，经历脱分化、再分化，最终形成完整植株的过程。牡丹组织培养技术具有繁殖周期短、繁殖系数高、便于大规模生产的优势，可以在短期内提供大量的优良无性系苗木。目前，牡丹的组织培养的鳞芽组培有较大突破，繁殖系数可达3~4倍；其中，愈伤组织培养、胚培养、花粉和花药培养等正日趋完善，油用牡丹产业正期待着优质种苗商业化的到来。

7.2.3 栽培管理

7.2.3.1 露地栽培

牡丹无论是大田栽培还是容器栽培，其生长的健壮与否关键在于管理是否科学，牡丹栽培应该做好以下几个环节。

土壤条件： 要求土壤肥沃，排水良好，疏松透气，中性或微碱性。

苗木处理： 选植株健壮的苗木，剪除病根，用杀虫剂、杀菌剂和生根剂浸苗处理。

栽植密度： 根据植株大小确定，3年生以上分株苗，花台栽植建议行距和株距在1m以上，也可以根据植株大小采用动态管理，把密度控制在春季牡丹展叶后相邻植株稍有间隙。

栽植深度： 大田栽植穴的大小及容器的规格应使苗木根系舒展，填土后根系充分密接，覆土至根茎部为宜，容器栽植时应低于容器口3~5cm。

浇水施肥： 栽植后浇一次透水，牡丹忌积水，南方生长季节注意排水；北方地区一般浇"花前水""花后水""封冻水"。施肥通常是一年三肥，即花肥、芽肥与根肥；秋季为了促进生根可施腐熟有机肥料，春季为了促进开花和花芽分化可施复合肥；容器栽培则可少量多施，并结合浇水进行。

整形修剪： 春季萌发后，根据植株大小和栽植密度确定保留枝条数量，多余新芽全部抹除，以使花大色艳。秋冬季节，结合清园，剪去干花柄、细弱枝、枯枝。盆养时，除春季抹芽外，还可夏季抹芽；修剪时注意株型饱满或满足一定的艺术效果。

病虫害防治： 注意中耕除草及病虫害防治，早春发芽前喷石硫合剂，夏季用杀虫、杀菌剂混合液，视病情每2周一次。

花期延长： 单株牡丹自然花期5天左右，随温度升高而缩短。大田栽植、容器栽植可采取临时搭棚遮强光，延长观赏时间2~3天。

7.2.3.2 设施栽培

从20世纪80年代起，本文作者有幸和我国牡丹科研人员、花农开始系统地探讨牡丹四季开花的问题，并得到有效的解决。目前牡丹花随人意，四季绽放的梦想早已成为现实，并形成一定的产业化。

牡丹的四季开花是通过花期调控技术实现的，花期调控技术通常是指通过物理、化学等方法使牡丹在夏季、秋季和冬季开花的栽培技术。通常把较自然花期提前开花的栽培技术称为促成栽培技术，把较自然花期延迟的开花栽培技术称为抑制栽培技术，促成栽培和抑制栽培技术综合应用，可实现牡丹花随人意，四季吐芳。这项技术的普及推广，大大增加了花农的收益，扮靓百姓的生活（图162）。

我国幅员辽阔，牡丹自然分布较广、花期也相对较长。牡丹的自然花期和所处的纬度和海拔高度关系密切，通常年份从3月底（云南省武定县）到6月（黑龙江尚志市）均可领略到自然盛开的牡丹。从白居易的"花开花落二十日，一城之人皆若狂"就已经知道洛阳地区不同的牡丹品种花期可达20日左右。我们通过实验证明：一株牡丹的花期与所处的温度条件关系密切，25~30℃的环境可开放5日左右；15~20℃的环境可开放10日左右；5~10℃的环境可开放20日左右。由于牡丹有"雍容华贵""繁荣昌盛""幸福吉祥"等美好寓意，因此牡丹在春节盛开则备受青睐；春节牡丹花期调控实验表明：牡丹花期调控的成功与否，与牡丹的品种、品种的花芽分化程度、品种的休眠解除情况、植株的根系状况、栽培环境条件关系密切。

以常见的春节促成栽培花期调控开花（催花）为例，其技术要点是：9月下旬，挑选健壮的3~5年生牡丹分株苗或盆栽植株；10月下旬存入2~4℃的冷库处理，不同类型的品种解除牡丹休眠的冷藏处理时间不同，中原品种需5周、日本品种需6周、欧美品种需7周方能彻底解除休眠；12月上旬，冷藏植株出库，运至栽培养护温室；12月中旬开始，棚内温度白天控制在20~25℃，晚上则10~12℃；1月中下旬，根据生长情况分级，调控温度、调换位置以达牡丹上市前（春节前含苞待放）花期一致，确保消费者春节期间满庭芬芳。

图162 盆养牡丹展览（刘政安 摄）

春节牡丹促成栽培注意的事项：植株的花芽分化应基本完成、休眠解除应彻底，盆养植株新根大量生成。值得特别指出的是：暖冬或春节较早的年份，应注意植株自然休眠解除状况，低温处理时间不足时，常常萌动缓慢，且萌动不整齐，叶片不能充分展开，开花时花叶不协调，观赏价值低；栽培时激素使用过量（赤霉素正常300mg/L左右），赤霉素使用的浓度高、次数多，易造成牡丹花叶畸形，严重影响观赏效果；断根严重、上盆又晚，新根萌生较少，会造成养分吸收能力差，花蕾败育或开花质量差。为了普及好春节牡丹花期调控技术，刘政安研究员总结出了牡丹《春节催花经》。

《春节催花经》

一

牡丹催花，品种皆宜；
诸多良种，习性各异。
精心管理，苗质第一；
对话牡丹，特性牢记。

二

花芽分化，观察仔细；
十月前后，种苗可起。

休眠解除，切记彻底；
四度冷藏，六周足矣。

三

减少断根，坷护芽体；
养苗护根，筑牢根基。
盆土基质，肥沃透气；
追施养分，上下补给。

四

品种有别，萌动有异；
温室十日，修剪完毕。
立蕾时段，温湿留意；
叶蕾舒展，激素适宜。

五

温度管理，春天模拟；
二五一十，昼高夜低。
湿度控制，偏高病依；
杀菌叶肥，通风换气。

六

花叶协调，品质优异；
花期应节，顾客满意；
除夕吐芳，花开祥及；
六经牢记，佳节欢喜。

8 牡丹人物

8.1　古代人物

在牡丹的发现、研究、应用的过程中，不少药物学家、植物学家、园艺学家、艺术家以及长期从事生产实践活动的花农、药农均付出了艰辛的劳动。他们炮制丹皮，保护人民的健康；他们培育出争奇斗艳的牡丹品种，使人们得到美的享受；他们通过文学作品、书法绘画作品、音乐影视作品、民俗工艺品等弘扬牡丹，传承牡丹。参考2000年菏泽李保光《牡丹人物志》，2002年洛阳蓝宝卿等中国牡丹委员会主编的《中国牡丹全书》介绍几位为牡丹作出过巨大贡献的代表性人物事迹。

◎ **华佗（Hua Tuo）**

华佗（约145—208），字元化，又名勇，安徽谯县（今亳州）人。华佗终生行医，具有很高的医学成就，他通晓妇、儿、针灸等科，尤精于外科及针灸。三国时期，华佗不愿至洛阳为曹操治头风症，于208年被杀于洛阳东门外；华佗被杀后，弟子吴普将其留存的神方集录，分门别类整理成卷，其中草药1 211种，方剂441个；至唐代孙思邈集注的《华佗神方》中，牡丹入药方剂有22个，可治腹痛、痛经、眼疾、耳病等症。

◎ 欧阳修（Ouyang Xiu）

欧阳修（1007—1072），被誉为唐宋八大家之一。1031年欧阳修到洛阳，历经四春，亲见洛阳牡丹盛况及当地人酷爱牡丹的风俗，1034年撰写出了世界第一部牡丹专著《洛阳牡丹记》。其书分三篇：一曰花品叙，叙述洛阳牡丹甲天下之由来，列举名重品种24个；二曰花释名，阐释牡丹品种命名之方法，24个品种的特色及花名之由来；三曰风俗记，述游宴所见和贡花，记洛阳赏花、种花、浇花养花、医花之风习。该书文字优美，风格古雅，科学实用，流传极广。

◎ 周师厚（Zhou Shihou）

周师厚（生卒年月不详），宋代鄞江（今浙江省鄞州区）人，进士。1072年3月，从宋神宗赵顼游洛阳，曾陪神宗"览名圃""赏牡丹"。1081年他在洛阳任职期间，遍访名园名花，查对李德裕的《草木记》和欧阳修的《洛阳牡丹记》，广泛寻访花工，了解洛阳花木生长情况。1082年完成了新著《洛阳花木记》，列举牡丹109种，芍药41种等，对《洛阳牡丹记》作了一定增补。

◎ 陆游（Lu You）

陆游（1125—1210），越州山阴（今浙江绍兴）人。陆游是宋代杰出的诗人、史学家、书法家。陆游在成都为官时，亲自往成都西北彭州，于1178年写成《天彭牡丹谱》。全书三篇：一为"花品序"，记述天彭牡丹栽培历史分布及品种概况，按类次记录64个品种；二为"花释名"，记录天彭特有的33个品种的名称及其特色，已见于欧阳修《洛阳牡丹记》中的品种不再收入；三为"风俗记"，记述号称"小西京"的天彭一带赏花养花习俗。该书是研究天彭牡丹起源及栽培历史的重要文献。

◎ 薛凤翔（Xue Fengxiang）

薛凤翔（生卒年月不详），字公仪，安徽亳州人。万历进士，撰写《亳州牡丹史》，全书共分四卷，有纪、表、书、传、外传、别传、花考、神异、方术、艺文志十大类，内容丰富，记载品种276个。叙述亳州牡丹栽培历史及兴盛的缘由，详论牡丹繁殖栽培技艺；简述牡丹年生长周期之特点，收录历代关于牡丹的典故、诗词文赋、奇异传说及各医书关于牡丹药用价值的记述。《亳州牡丹史》是一部相当完备的牡丹专著，其中的《牡丹八书》对中原牡丹繁殖栽培经验有系统的总结，十分珍贵。

◎ 余鹏年（Yu Pengnian）

余鹏年（生卒年月不详），清代安徽怀宁人。曾于山东菏泽重华书院执教讲学，1792年写成《曹州牡丹谱》。该谱按花的颜色对牡丹进行分类，并记述了曹州牡丹56个品种，其中花正色34个，花间色22个。对品种特征的描述简练而详尽。附记七则记述曹州繁殖栽培牡丹的经验，指出催花成功者有'胡红''何白''紫衣冠群'3个品种。该书是第一部详细记录曹州牡丹品种的谱录。

◎ 计楠（Ji Nan）

计楠（生卒年月不详），清代浙江秀水（今嘉兴）人。平生癖嗜牡丹，前后20余年，所得品种甚多，种于一隅草堂园内，并于清嘉庆十四年（1809）撰写了《牡丹谱》。该书简要记述了牡丹品种103个，其中引自亳州的品种24个、曹州品种19个，其余60个品种来自附近上海法华（47种）、洞庭山（8种）、平望（5种）；该书总结了江南一带牡丹栽培经验（包括栽种、灌溉与施肥），特别是用芍药嫁接牡丹的方法，是研究江南牡丹栽培十分珍贵的资料。

8.2 当代人物

◎ 喻衡（Yu Heng）

喻衡（男，1918—2011），辽宁盖县（今盖州市）人，山东农学院（今山东农业大学）教授。先后发表了《曹州牡丹栽培调查报告》（1956年与周家琪合作）、《中国牡丹品种的演化和形成》《中国牡丹品种资源调查和整理》《菏泽牡丹新品种的选育》等50多篇研究论文；出版了《曹州牡丹》

（山东人民出版社1958年）、《曹州牡丹图》《菏泽牡丹》《名花拾锦》《牡丹花》5部专著，也是《中国花经》《中国十大名花》两部专著中《牡丹》部分的主要作者。他还与菏泽花农一道先后选育出了牡丹新品种100多种。

◎ 洪涛（Hong Tao）

洪涛（1923—2018），江苏扬州人，中国林业科学研究院研究员，《中国树木志》总编辑、《中国高等植物》主编之一。洪涛教授研究中国牡丹时，已年近古稀，考察了陕西、山西、甘肃、西藏、四川、湖南、湖北、河南、山东、安徽、江苏、浙江、云南等地野生及栽培牡丹。探讨了野生牡丹及其衍生的栽培品种群之间的亲缘亲系，发现了杨山牡丹、紫斑牡丹、矮牡丹等野生种，创立了中国野生牡丹及栽培牡丹自然分类系统。

◎ 王莲英（Wang Lianying）

王莲英（女，1936—），河南开封人，北京林业大学园林学院教授，中国花卉协会牡丹芍药分会会长。主要从事牡丹野生种的调查、栽培品种的鉴定与整理、种与品种的起源及亲缘关系、品种花型分类、演进规律、花芽形态分化、花期调控、切花保鲜及其机理等研究。出版了《牡丹花》《中国牡丹品种图志》《中国牡丹与芍药》《中国牡丹品种图志·续志》等专著。

◎ 孙景玉（Sun Jingyu）

孙景玉（1936—2018），山东菏泽人。山东菏泽市百花园副经理，高级工程师。一生以牡丹为业，保留中国传统品种80多个，选育牡丹新品种100多个，如'春红娇艳''曹州红''冠群芳''墨池争辉'等深受市场欢迎，部分品种曾获中国花卉博览会一等奖。为表彰他对牡丹育种的巨大贡献，中国花协牡丹芍药分会特将他育出并命名的'赛雪塔'品种更名为'景玉'。

◎ 洪德元（Hong Deyuan）

洪德元（1937—），安徽绩溪人，中国科学院植物研究所研究员、中国科学院院士、第三世界科学院院士，参编了《中国高等植物图鉴》《中国高等植物检索表》《中国植物志》等。20世纪90年代起集中精力从事世界的芍药科和桔梗科植物的研究。在国外出版英文专著 *PEONIES of the World*（《世界的牡丹、芍药系列》专著1-3: 2010, 2011, 2021，英国）；揭示了世界牡丹、芍药植物的分类学处理、地理分布式样、性状多态性及多样性，芍药属谱系发生关系、起源及进化。

◎ 李嘉珏（Li Jiajue）

李嘉珏（1938—），湖南嘉禾人。历任甘肃省林业厅、甘肃省林业科技推广总站总工程师等。兼任中国花卉协会牡丹芍药分会副会长、北京林业大学博士生导师。1992年享受国务院颁发的政府特殊津贴，独著或合著有《临夏牡丹》《中国牡丹品种图志》第二卷、《中国牡丹与芍药》《中国牡丹》《中国牡丹全书》《中国历代牡丹诗词选注》等牡丹专著。

◎ 陈德忠（Chen Dezhong）

陈德忠（1942—），甘肃榆中人。甘肃榆中和平绿化公司经理、高级工程师、全国牡丹芍药品种审定委员会委员、甘肃省牡丹芍药协会副会长。30多年来，培育出紫斑牡丹新品种200多个，1994年有10个品种在国际牡丹芍药品种登录中心登录。他编写了《中国紫斑牡丹》等书籍，先后被评为全国绿化劳动模范、甘肃省劳动模范，获得国家科技推广先进个人。

参考文献

陈德忠, 陈富飞, 2003. 中国紫斑牡丹[M]. 北京: 金盾出版社.

陈俊愉, 程绪珂, 1990. 中国花经[M]. 上海: 上海文化出版社.

陈让廉, 2004. 铜陵牡丹[M]. 北京: 中国林业出版社.

成仿云, 1997. 美国芍药牡丹协会与美国芍药牡丹的发展[J]. 西北师范大学学报（自然科学版）, 33(1): 113-118.

成仿云, 李嘉珏, 陈德忠, 等, 2005. 中国紫斑牡丹[M]. 北京: 中国林业出版社.

邓瑞雪, 刘振, 秦琳琳, 等, 2010. 超临界CO流体提取洛阳牡丹籽油工艺研究[J]. 食品科学, 31(10): 142-145.

甘肃省博物馆, 1975. 武威汉代医简[M]. 北京: 文物出版社.

龚洵, 1990. 滇牡丹复合群的分类研究[D]. 昆明: 昆明植物园.

洪德元, 1984. 紫斑牡丹及其一新亚种[J]. 植物分类学报, 26(3): 241-246.

洪德元, 潘开玉, 1999. 芍药属牡丹组的分类历史和分类处理[J]. 植物分类学报, 37(4): 351-368.

洪德元, 潘开玉, 谢中稳, 1998. 银屏牡丹花王牡丹的野生近亲[J]. 植物分类学报, 36(6): 515-520.

洪德元, 周世良, 何兴金, 2017. 野生牡丹的生存状况和保护

[J]. 生物多样性, 25(7): 781-793.

洪涛, 戴振伦, 1997. 中国野生牡丹研究 (三) 芍药属牡丹组新分类群 [J]. 植物研究, 17(1): 1-5.

洪涛, 齐安鲁普奥斯蒂, 1994. 中国野生牡丹研究 (二) 芍药属牡丹组新分类群 [J]. 植物研究, 14(3): 237-240.

洪涛, 张家勋, 李嘉珏, 等, 1992. 中国野生牡丹研究 (一) 芍药属牡丹组新分类群 [J]. 植物研究, 12(3): 223-234.

计楠, 1809. 牡丹谱 [M]. 昭代丛书 (道光本).

江川一荣, 芝泽成广, 青木宣明, 2004. 牡丹芍药 [M]. 东京: NHK 出版.

蓝宝卿, 李嘉珏, 2009. 天上人间富贵花: 中国历代牡丹诗词选注 [M]. 郑州: 中州古籍出版社.

李保光, 2000. 牡丹人物志 [M]. 济南: 山东文化音像出版社.

李嘉珏, 1989. 临夏牡丹 [M]. 北京: 北京科学技术出版社.

李嘉珏, 1996. 中国牡丹与芍药 [M]. 北京: 中国林业出版社.

李嘉珏, 2006. 中国牡丹品种图志 (西北、西南、江南卷) [M]. 北京: 中国林业出版社.

李嘉珏, 康仲英, 2012. 临洮牡丹 [M]. 兰州: 甘肃人民美术出版社.

李嘉珏, 张西方, 赵孝庆, 等, 2011. 中国牡丹 [M]. 北京: 中国大百科全书出版社.

李懋学, 陈定慧, 1980. 栽培芍药染色体 Giemsa C- 带及体细胞染色体联合的观察 [J]. 遗传学, 7(3): 271-275.

李英撰, 1045. 吴中花品 [M]. 中国农学录.

刘普, 李小方, 牛亚琪, 等, 2016. 油用牡丹籽饼粕低聚芪类化合物提取工艺及活性研究 [J]. 中国粮油学报, 31(6): 79-85; 97.

刘普, 卢宗元, 邓瑞雪, 等, 2014. 凤丹籽饼粕中一个新单萜苷 [J]. 中国药学杂志, 49(5): 360-362.

刘普, 许艺凡, 刘佩佩, 等, 2017. 紫斑牡丹籽饼粕单萜苷类成分的分离鉴定 [J]. 食品科学, 38(18): 87-92.

陆光沛, 于晓南, 2009. 美国芍药牡丹协会金牌奖探析 [J]. 中南林业科技大学学报, 29(5): 191-194.

陆游撰, 1117. 天彭牡丹谱 [M]. 中国古今图书集成 草木典.

马广莹, 史小华, 邹清成, 等, 2017. 芍药籽油理化性质测定及与牡丹籽油比较分析 [J]. 中国粮油学报, 32(3): 1130-1134.

欧阳修撰, 1034. 洛阳牡丹记 [M]. 中国古今图书集成草木典.

潘开玉, 1979. 中国植物志毛茛科芍药亚科芍药属 [M]. 北京: 科学出版社.

裴颜龙, 洪德元, 1998. 卵叶牡丹芍药属一新种 [J]. 植物分类学报, 33(1): 91-93.

妻鹿加年雄, 染井孝熙, 1983. 牡丹芍药 [M]. 东京: 日本放送出版协会.

戚军超, 周海梅, 马锦琦, 等, 2005. 牡丹籽油化学成分 GC-MS 分析 [J]. 粮食与油脂, 19(11): 22-23.

桥田亮二, 1990. 日本现代牡丹芍药大图鉴 [M]. 东京: 讲谈社.

松本康市, 2015. 牡丹名鉴 [M]. 日本: 松江大根岛牡丹协会.

王莲英, 1997. 中国牡丹品种图志 (中原卷) [M]. 北京: 中国林业出版社.

王莲英, 2003. 牡丹花 [M]. 北京: 中国建筑工业出版社.

王莲英, 袁涛, 2006. 中国牡丹与芍药 [M]. 北京: 金盾出版社.

王莲英, 袁涛, 2015. 中国牡丹品种图志 (续志) [M]. 北京: 中国林业出版社.

吴征镒, 1984. 云南种子植物名录 [M]. 昆明: 云南人民出版社.

徐虎, 2009. 北牡丹南芍药 - 生态种植及各得其所 [J]. 园林, 5: 13-15.

徐兴兴, 成仿云, 彭丽平, 等, 2017. 革质花盘亚组野生牡丹资源的调查及保护利用建议 [J]. 植物遗传资源学报, 18(1): 46-55.

薛凤翔撰, 1617 年. 亳州牡丹史 [M]. 中国古今图书集成.

于津, 郎惠英, 肖培根, 1985. 芍药苷类和丹皮酚类成分在芍药科植物中的存在 [J]. 药学学报, 20(5): 229-234.

余鹏年撰, 1792. 曹州牡丹谱 [M]. 丛书集成初编自然科学类.

喻衡, 1958. 曹州牡丹 [M]. 济南: 山东人民出版社.

喻衡, 1980. 菏泽牡丹 [M]. 济南: 山东科技出版社.

喻衡, 1989. 牡丹花 [M]. 上海: 上海科学技术出版社.

张和儒, 李新社, 1998. 洛阳牡丹图谱 [M]. 北京: 中国画报出版社.

张晓骁, 张延龙, 牛立新, 2016. 秦岭芍药属植物及其地理分布修订 [J]. 西北植物学报, 36(5): 1046-1054.

中国牡丹全书编委会, 2002. 中国牡丹全书 [M]. 北京: 中国科学技术出版社.

周华, 2015. 基于转录组比较的牡丹开花时间基因发掘 [D]. 北京: 北京林业大学.

周师厚撰, 1081. 洛阳牡丹记 [M]. 中国古今图书集成草木典.

周师厚撰, 1082. 洛阳花木记 [M]. 中国古今图书集成草木典.

周志钦, 潘开玉, 洪德元, 2003. 牡丹组野生种间亲缘关系和栽培牡丹起源研究进展 [J]. 园艺学报, 30(6): 751-757.

ANDERSON G, 1818. A monograph of the genus *Paeonia*[J]. The Transactions of the Linnean Society of London, 12 (1): 248-283.

BRUHLI P, 1896. Descriptions of new and rare Indian plants[J]. Annals Of The Royal Botanic Garden, Calcutta, 5: 113-115.

DE CANDOLLE A P, 1824. Prodromus systematic naturalis regni vegetabilis[M]. Paris.

FANG W P, 1958. Notes on Chinese paeonies[J]. Acta Phytotaxonomica Sinica, 7(4): 297-323.

FRANCHET A, 1886. Plantae Yunnanenses[J]. The Bullentin de la Societe Botanique de France, 33: 382-383.

HANDE-1 MAZZETTI H, 1939. Plantae Sinenses. *Paeonia*[J]. Acta Horticulture Gothob, 13: 37-40.

HONG D Y, 1997b. Notes on *Paeonia decomposita* Hand[J]. -Mazz. Kew Bull. 52(4): 957-963.

HONG D Y, PAN K Y, YU H, 1998. Taxonomy of the *Paeonia delavayi* complex (Paeoniaceae)[J]. Annals of the Missouri Botanical Garden, 85(4): 554-564.

HONG, D Y, 2010. Peonies of the world: Taxonomy and phytogeography[M]. United Kingdom: Royal Botanic Gardens, Kew Publishing.

HONG, D Y, 2011. Peonies of the world: polymorphism and diversity[M]. United Kingdom: Royal Botanic Gardens, Kew

Publishing.

HUTH E, 1892. Monographie der gattung *Paeonia*[J]. Engler's Botanische Jahrbcher, 14: 258-276.

LV Z S, CHENG S, WANG Z Y et al., 2020. Draft genome of the famous ornamental plant *Paeonia suffruticosa*[J]. Ecology and Evolution, 10(11):1-13.

LYNCH R I, 1890. A new classification of the genus *Paeonia*[J]. Journal of the Royal Horticulture Society, 12: 428-445.

REHDER A, 1920. New species varieties and combinations[J]. Journal of the Arnold Arboretum, 1: 193-194.

STERN F C, 1931. "Paeony species" [J]. Journal of the Royal Horticulture Society, 56: 71-77.

STERN F C, 1946. A study of the genus *Paeonia*[M]. London: The Royal Horticulture Society.

STERN F C, TAYLOR G, 1951. A new peony from S. E. Tibet [J]. Journal of the Royal Horticulture Society, 76: 216-217.

YUAN J H, JIANG S J, JIAN J B, et al. 2022. Genomic basis of the giga-chromosomes and giga-genome of tree peony *Paeonia ostii*[J]. Nature communications, 13:7328.

ZHOU S L, ZOU X H, ZHOU Z Q, et al, 2014. Multiple species of wild tree peonies gave rise to the "King of Flowers", *Paeonia suffruticosa* Andrews[J]. Proceedings of the Royal Society B, 281(1797): 20141687.

ZHOU S, XU C, LIU J, et al, 2021. Out of the Pan-Himalaya: evolutionary history of the Paeoniaceae revealed by phylogenomics[J]. Journal of Systematics and Evolution, 59(6): 1170-1182.

致谢

感谢马欣堂老师提供存于中国科学院植物研究所标本馆的复刻安德鲁斯发表的牡丹第一个种 *P. suffruticosa* Andrews 模式标本的照片。感谢马金双老师对本文的指导和审阅。由于时间和专业知识所限，错误和疏漏在所难免，不当之处还请读者加以指正。

作者简介

03

刘政安（男，河南洛阳人，1963年生），1985年河南农业职业学院园艺专业毕业，曾任洛阳市郊区农林局技术员，洛阳市花木公司工程师、副经理；1997年赴日留学，2000年获日本岛根大学农学硕士学位，2003年获日本鸟取大学联合大学院农学博士学位，特聘研究员（博士后）。2004年3月以创新人才回国，先后任中国科学院植物研究所国家植物园（南园）副研究员、研究员、研究组组长。从事牡丹相关研究37年，先后构建了全国牡丹资源保护体系，在北京、河北和河南建立了牡丹芍药种质资源库4个；选育出了我国第一个牡丹芍药远缘杂种'和谐'等新品种10个；参编了三卷《中国牡丹品种图志》，发表牡丹相关论文30余篇，获国家授权专利10项。近年构建的"油用牡丹产业关键技术体系"处国际领先水平，为民族资源植物牡丹的产业化探索出了新路径，新技术。

李燕（女，北京人，1971年生），1992年北京市园林中等专业学校园林专业毕业，历任北京市植物园（国家植物园北园）技术员、助理工程师、工程师、高级工程师。期间于2006年4月至2009年3月在日本县立广岛大学大学院生命系统科学系获得硕士学位，2009年4月至2012年在日本县立广岛大学大学院生命系统科学系学习博士课程。从事牡丹芍药植物的相关工作近30年，先后从国内外成功引种芍药属植物300余个品种，负责牡丹芍药的养护、管理、新品种培育等工作，先后发表文章10余篇，获国家授权专利1项，获得国家级、厅局级奖项6项。

彭丽平（女，湖南株洲人，1987年生），2006年9月至2010年6月就读于湖南农业大学园林专业，获得学士学位，2010年9月至2013年6月就读于华南农业大学作物遗传育种专业，获得硕士学位，2013年9月至2018年6月就读于北京林业大学园林植物与观赏园艺专业，获得博士学位，2018年9月至2020年10月在中国科学院植物研究所国家植物园（南园）做博士后，2020年10月至今在中国科学院植物研究所任助理研究员，主要从事牡丹遗传育种，功能评价与利用，产业化示范、推广等方向，发表牡丹相关论文10余篇，以第一作者发表论文6篇，获国家授权专利1项。在牡丹杂交育种、高效栽培、油用牡丹种子品质评价、种子含油量无损检测、功能成分分析和牡丹籽油提取等方面具有丰富的经验。

China

04

-FOUR-

中国蔷薇科李亚科

Amygdaloideae of Rosaceae in China

崔大方[1*]　吴保欢[2]　羊海军[1]　叶　强[1]　张豪华[1]　陈子銮[1]　鲍子禹[1]
(¹华南农业大学；²广州市林业和园林科学研究院)

CUI Dafang[1*]　WU Baohuan[2]　YANG Haijun[1]　YE Qiang[1]　ZHANG Haohua[1]　CHEN Ziluan[1]　BAO Ziyu[1]
(¹South China Agricultural University; ²Guangzhou Institute of Forestry and Landscape Architecture)

* 邮箱：cuidf@scau.edu.cn

摘　要： 李亚科（Amygdaloideae Arn.）属蔷薇科核果类植物，广泛分布于亚洲、欧洲、美洲、非洲、澳大利亚和太平洋岛屿。李亚科全世界有200多种，主要分布在亚洲、欧洲和北美等洲北半球温带地区，也有常绿的热带种类。这类植物具有重要的经济价值，是许多温带水果和坚果产品的来源，更有许多种是著名的观赏花木，春时繁花满树、云蒸霞蔚，夏秋时硕果累累、青红相间、光亮油润、引人垂涎，非常壮观，现今在世界各地的公园、庭院、广场和风景区中广泛栽植。中国李亚科植物种类十分丰富，多达120多种，是李亚科世界分布中心之一，也是起源和分化中心。早在距今约8 000年的新石器遗址中，已有中国先民食用桃、梅、樱等核果类的发现，这类植物在我国也有3 000多年的栽培历史，并从商代甲骨卜辞中开始就有"李""杏"等文字的记录。李亚科植物开始作为"报春使者"引发关注，后随形态、色彩和季相的美为园林利用提供了大量的素材，并营造出不同的景观特色，更有其园艺和园林突出的价值。随着人类审美的发展，赋予了不同植物的内涵，诗词歌赋卷帙浩繁。特别是桃、李、杏等一些种类在春秋战国时期传播到日本（弥生时代），在西汉时期经过波斯传播到小亚西亚、地中海国家和欧洲，随后又被引入美洲和大洋洲大陆栽培。正如英国著名博物学家威尔逊（Ernest Henry Wilson）在《中国——园林之母》（*China, Mother of Gardens*）提到中国园艺植物引种到欧美各地栽培，对国际园艺学和植物学有着深远的影响。

关键词： 中国　李亚科　分类　文化与园林　栽培历史　海外传播

Abstract: Drupe plants of Amygdaloideae Arn. (1832) Rosaceae is widely distributed in Asia, Europe, America, Africa, Australia, and the Pacific Islands. There are more than 200 species of *Prunus* around the world, most of which grow in temperate regions of Asia, Europe, and North America in the northern hemisphere, while some evergreen ones in tropical regions. These plants are economically significant; They produce many temperate fruits and nut products and are cultivated as ornamental trees and flowers. In spring, they blossom into splendid scenes. When covered with lustrous red, green, or orange fruits in summer and fall, they constitute irresistible temptation to beholders. Nowadays, they have been widely planted in parks, courtyards, squares, and scenic spots. With over 120 species of Amygdaloideae, China is known as one of the world's Amygdaloideae distribution, origin, and differentiation centers. Discoveries in the Neolithic sites reveal that our ancestors ate stone fruits such as peach, plum, and cherry as early as about eight thousand years ago. The cultivation of Amygdaloideae in China can be dated back to more than 3 000 years ago by characters like 李 (Li) and 杏 (Xing) in the oracle inscriptions of the Shang Dynasty(16th-11th century BC). Amygdaloideae plants began to attract attention as "spring messengers," and the beauty of form, color, and season provided many materials for garden utilization, creating different landscape characteristics and their outstanding value in horticulture and landscaping. With the development of human aesthetics, Amygdaloideae plants have been endowed with connotations. Especially some species, such as peaches, plums, and apricots, were spread to Japan during the Spring and Autumn and Warring States periods (during the Yayoshi period) and to Asia Minor, Mediterranean countries, and Europe through Persia during the Western Han Dynasty. They were later introduced for cultivation in the Americas and Oceania continents. Just as what is mentioned by Ernest Henry Wilson, a famous British naturalist, in his *China, Mother of Gardens*, the introduction of Chinese horticultural plants to Europe and America has exerted a far-reaching influence on international horticulture and botany.

Keywords: China, Amygdaloideae, Taxonomy, Culture and gardens, History of cultivation, Overseas dissemination

崔大方，吴保欢，羊海军，叶强，张豪华，陈子銮，鲍子禹，2023，第4章，中国蔷薇科李亚科；中国——二十一世纪的园林之母，第五卷：185-321页.

蔷薇科李亚科（Amygdaloideae Arn.）植物全世界有200多种，主要分布在亚洲、欧洲和北美洲等北半球温带地区，也有常绿的热带、亚热带种类，分布于旧世界和新世界的热带、亚热带地区；从气候干燥的温带地区到较为湿润的亚热带、热带地区，从寒冷的高山地带到气候温和的低海拔区域，皆有其分布（Mabberley, 1998; Potter, 2011）。

李亚科植物具有重要的经济价值，是许多温带水果和坚果产品的来源，如桃［*Prunus persica* (Linn.) Batsch］、李（*P. salicina* Lindl.）、杏（*P. armeniaca* Linn.）、梅［*P. mume* (Sieb.) Sieb. et Zucc.］、扁桃（*P. amygdalus* Batsch）、欧洲李（*P. domestica* Linn.）、美国李（*P. americana* Marshall）、欧洲甜樱桃［*P. avium* (Linn.) Linn.］、酸樱桃（*P. cerasus* Linn.）和樱桃李（*P. cerasifera* Ehrh.）等；有些种的果仁可入药，如《中国药典》收录的杏仁、桃仁、郁李仁（*P. japonica* Thunb.）等（国家药典委员会，2020）；有些种可作木料，如北美黑樱桃（*P. serotina* Ehrh.）；更有许多种是著名的观赏花木，如桃、李、杏、梅、重瓣山樱花（*P. serrulata* Lindl.）等，春时繁花满树、云蒸霞蔚，夏时硕果累累，青红相间，光亮油润，引人垂涎，非常壮观，现今在世界各地的公园、庭院、广场和风景区中广泛栽植。

化石证据表明，李亚科植物首先于始新世早期在亚洲和北美洲相继出现（Devore et al., 2007）。早在距今约8 000年的新石器遗址中，已有中国先民食用桃、梅、樱等核果类的发现。出土于殷墟的商代3 000年前的甲骨卜辞中就有"李""杏"文字的记录（李璠，2000）。一部从夏至周都可以用的历法《夏小正》，在正月物候中有"梅、杏、杝桃则华"的记载，可以推测桃、梅、杏在我国的栽培历史应在四五千年以前（胡铁珠，2000）。李亚科植物的形态、色彩和季相的美为园林利用提供了大量的题材，并营造出不同的景观特色。

随着社会文明的发展，人们赋予了李亚科植物越来越多的文化内涵，历史上相关的诗词歌赋卷帙浩繁；唐代白居易的诗："春风先发苑中梅，樱杏桃梨次第开"，反映了当时其观赏特性和园林用途。李亚科植物的一些种类，比如桃、李、杏等，在春秋战国时期传播到日本（弥生时代），在西汉时期经过波斯传播到小亚细亚、地中海国家和欧洲，随后又被引入美洲和大洋洲大陆栽培。100年前，英国著名博物学家Ernest Henry Wilson（威尔逊，1876—1930），前后5次、历时12年在中国西部考察，成功将1 500余种原产我国西部的园艺植物引种到欧美各地栽培，并写出《中国——园林之母》（*China, Mother of Gardens*）之作（Wilson, 1929），书中提到中国园艺植物引种到欧美各地栽培，对国际园艺学和植物学有着深远的影响。其著作中在多个章节都提到蔷薇科植物。Wilson特别提到桃在中国古代已有栽培，大约在公元300年经过波斯引种到小亚细亚和欧洲。书中也写到栽培李的品种来源于李（*Prunus salicina*），常见于湖北和四川的灌丛和林缘，引入美国加利福尼亚州、南非和其他地区，现已广泛栽培；杏在中国有悠久的栽培历史，如拉丁学名（*P. armeniaca*）所示，普遍认为原产于亚美尼亚（近代已考证我国新疆和中亚天山就有大面积的野杏群落）；梅广泛栽培于中国和日本，在湖北和四川均有野生，称为"乌梅"；栽培于欧洲的扁桃 *P. amygdalus* 中国没有记载，很可能没有分布。另外书中还写到，树林里樱桃很多，而且种类杂乱。在《威尔逊植物志》（*Plantae Wilsonianae*）第一册中，Bernhard Adalbert Emil Koehne（克内，1848—1918）仅根据Wilson所采集的标本描述了不下40种之多，如光核桃（*P. mira* Koehne）、矮山樱（*P. veitchii* Koehne）等（Koehne, 1912）。由此可以看出Wilson对中国李亚科植物的研究和了解，也反映出这些植物对世界果树和园林事业的重大影响和贡献，中国不愧为世界"园林之母"。

1 李亚科与李属植物

李亚科（Amygdaloideae Arn.）（1832）也称樱亚科、桃亚科，为蔷薇科核果类植物，全世界记载约有200种，广泛分布于亚洲、欧洲、美洲、非洲、澳大利亚东北部和太平洋岛屿（FOC, Li et al., 2003）。

李亚科植物多为落叶乔木、灌木或少数常绿。单叶，有托叶；叶缘全缘或有锯齿；叶常具1对或多对腺体，腺体多分布在叶柄、叶背或叶边缘，通常靠近叶基部，腺体形状扁平、凹陷或盘状。花两性，单生或2~3朵花簇生，或为伞形、伞房花序或总状花序，花序多腋生，少顶生；花瓣白色、粉红色或红色，5基数；雄蕊10至多数；子房上位，单心皮，稀2~5，1室，每心皮具2枚下垂倒生胚珠。核果，肉质或干燥，外果皮和中果皮肉质，内果皮骨质，成熟时多不裂开或极稀裂开。含1粒，稀2粒种子。染色体基数为 $x=8$（俞德浚，1986）。

李亚科植物因为形态特征的高度趋同演化或平行演化，其分类一直备受争议。一方面，这些核果类植物虽然果实大小形态相差很大，但其花的形态结构基本上一致，应系同属，命名为广义李属（Prunus Linn. s. l.）；另一方面，这些植物在芽的排列、幼叶卷叠式、花序、果实及果核等均有差异，应分类为不同的属（俞德浚，1979），再加上同源多倍体现象和种间杂交十分常见，这给分类上造成了很大的困难。

目前学界倾向于认为李亚科植物仅包含广义李属一个类群，涉及的类群包括小属概念中的 Amygdalus Linn.、Persica Mill.、Prunus Linn.、Armeniaca Mill.、Cerasus Mill.、Laurocerasus Tourn. ex Duhamel、Microcerasus Spach、Padus Mill.、Maddenia Hook. f. et Thoms.、Pygeum Gaertn. 等10个类群。其分类主要集中在各属或亚属间的范围、界限和物种分类处理方面。

1.1 李亚科与李属植物分类历史

李亚科植物的分类研究历史最早可追溯至1700年，法国植物学先驱 Joseph Pitton de Tournefort（图内福尔，1656—1708）在《植物学基础》（Institutiones Rei Herbariae）中基于果实形态的区别，建立了：Amygdalus（扁桃，果实坚硬）、Persica（桃，果实有明显纵沟，果核具孔穴）、Prunus（李，果核通常两端尖）、Armeniaca（杏，果实有明显纵沟，两侧压扁）、Cerasus（樱，果核近圆形）和 Laurocerasus（桂樱，果实樱桃状，果核软骨质，近圆形）等6个类群（图1）（Tournefort, 1700）。

1753年瑞典植物学家 Carolus Linnaeus（林奈，1707—1778）在其著作《植物种志》（Species Plantarum）中，将 Tournefort 划分的6个类群合并为2个，即 Amygdalus Linn.（包括 Amygdalus 和 Persica）和 Prunus Linn.（包括 Tournefort 记录的 Prunus、Armeniaca、Cerasus、Laurocerasus 和一个新的类群 Padus）（Linnaeus, 1753）；Philip Miller（米勒，1961—1771）认同 Tournefort 早期的分类系统，他在《园丁词典》（The Gardeners Dictionary）中将 Persica Mill.、Armeniaca Mill.、Cerasus Mill. 和 Padus Mill. 设立为独立的属，但当时并没有对 Padus 和 Laurocerasus 加以区分（Miller, 1754）；后来是 Duhamel du Monceau（蒙梭，1700—1782）在《树木与小灌木的特征》（Trait des Arbres et Arbustes）中将 Laurocerasus Tourn. ex Duh. 独立分出（Duhamel, 1755）。

此后，很多学者选择沿用 Tournefort、Linnaeus 和 Miller 的概念，将蔷薇科核果类群划分为3~8个属，但每个属的范围也存在差异。如法国学者 Antoine Laurent de Jussieu（加希耶，1748—1836）在《植物属志》（Genera Plantarum）中将蔷

04

JOSEPHI PITTON
TOURNEFORT
AQUISEXTIENSIS,
Doctoris Medici Parisiensis, Academiæ Regiæ Scientiarum
Socii, & in Horto Regio Botanices Professoris,
INSTITUTIONES
REI HERBARIÆ.
*Editio Tertia, Appendicibus aucta ab ANTONIO DE JUSSIEU,
Lugdunæo, Doctore Medico Parisiensi, Botanices Professore, Regiæ
Scientiarum Academiæ, & Regiæ Societatis Londinensis Socio.*
TOMUS PRIMUS.

Lugduni juxtà Exemplar
PARISIIS,
È TYPOGRAPHIA REGIA.
M. DCC. XIX.

**LUDOVICO
MAGNO.**

I quid utilitatis ex hoc
qualicumque laborum meo-
rum monumento poterit ali-
quando proficisci, id totum
immortalibus tuis, REX MAXIME,
erga Litteratos beneficiis acceptum
ā iij

545. AMYGDALUS. *Tournef.* 402. Persica
Tournef. 400.
CAL. *Perianthium* monophyllum, tubulatum, semiquinquefi-
dum; *laciniis* patentibus, obtusis, deciduum.
COR. *Petala* quinque, oblongo-ovata, obtusa, concava, cal-
ci inserta.
STAM. *Filamenta* triginta, filiformia, erecta, corolla dimidio
breviora, calyci inserta. *Antheræ* simplices.
PIST. *Germen* subrotundum, villosum. *Stylus* simplex, longi-
tudine staminum. *Stigma* capitatum.
FER. *Drupa* subrotunda, villosa, magna, sulco longitudinali.
SEM. *Nux* ovata, compressa, acuta, suturis utrinque prominu-
lis, falcis reticulata, foraminulis punctata.
OBS. Amygdalus *oxys* dicitur, cujus Drupa sicca, ut corium.
Persica *autem audit*, cujus Drupa mollis, ut bacca.
546.

ICOSANDRIA DIGYN. et TRIGYNIA. 213
546. PRUNUS. *Tournef.* 398. Armeniaca *Tour-
nef.* 399. Cerasus *Tournef.* 401. Laurocerasus
Tournef. 403. Padus *edit. prior.*
CAL. *Perianthium* monophyllum, campanulatum, quinquefi-
dum, deciduum; *laciniis* obtusis, concavis.
COR. *Petala* quinque, subrotunda, concava, magna, patentia,
unguibus calyci inserta.
STAM. *Filamenta* viginti ad triginta, subulata, longitudine fere
corollæ, calyci inserta. *Antheræ* didymæ, breves.
PIST. *Germen* subrotundum. *Stylus* filiformis, longitudine sta-
minum. *Stigma* orbiculatum.
FER. *Drupa* subrotunda.
SEM. *Nux* subrotunda, compressa.

图 1 Tournefort 在《植物学基础》（*Institutiones Rei Herbariae*）中记录的 *Amygdalus* 和 *Prunus* 等（引自 Tournefort, 1700）

薇科核果类（桃亚科）分为 4 个属，即 *Amygdalus*、*Prunus*、*Armeniaca* 和 *Cerasus*，但各属范围又与之前的不同（Jussieu, 1789）；瑞士学者 Augustin Pyramus de Candolle（德堪多，1778—1841）在《植物界自然分类长编》（*Prodromus Systematis Naturalis Regni Vegetabilis*）一书中，把核果类分为 5 个属：*Amygdalus*、*Persica*、*Prunus*、*Armeniaca* 和 *Cerasus*，最后 *Cerasus* 包括 *Padus* 和 *Laurocerasus* 类群植物（Candolle, 1825）。

1865 年，英国学者 George Bentham（边沁，1800—1884）和 Joseph Dalton Hooker（胡克，1817—1911）在《植物属志》（*Genera Plantarum*）中，首次将所有核果类植物合并，建立了桃族 Trib. Pruneae，首次提出 *Prunus* Linn. *s. l.*（广义李属）的概念，将 Tournefort 划分的 6 个类群合并到李属中，并将属下分为 7 个组（Section）：Sect. *Amygdalus*、Sect. *Prunus*、Sect. *Armeniaca*、Sect. *Cerasus*、Sect. *Laurocerasus*、Sect. *Cerasoides* 和 Sect. *Amygdalopsis*（Bentham et al., 1865）。

1893 年，德国学者 Bernhard Adalbert Emil Koehne 在《德国树木学》（*Deutsche Dendrologie*）将李属分为 7 个亚属（Subgenus），即 Subgen.

Prunus、Subgen. *Cerasus*、Subgen. *Padus*、Subgen. *Prunophora*、Subgen. *Microcerasus*、Subgen. *Chamaeamygdalus* 和 Subgen. *Emplectocladus*（Koehne, 1893）。这种处理得到后续 Wilhelm Olbers Focke（福克, 1834—1922）（1894）、Heinrich Gustav Adolf Engler（恩格勒, 1844—1930）等（1897, 1925）、Koehne 等（1911）的支持，目前被广泛接受。

1937年，中国树木分类学奠基人、林学家陈嵘先生（1888—1971）在《中国树木分类学》中，采用了广义李属的观点，共收录中国核果类植物32种，组成樱亚科（Prunoideae），分为樱属（*Prunus* Linn.）和扁核木属（*Prinsepia* Royle）。其中，将樱属分为梅亚属（*Prunophora*）、桃亚属（*Amygdalus*）、樱亚属（*Cerasus*）和稠李亚属（*Padus*）等4个亚属。梅亚属包含梅类（*Armeniaca*）与李类（*Euprunus*），樱亚属包括樱桃类（*Lobopetalum*）、欧洲樱桃类（*Eucerasus*）、黑樱类（*Phyllomahaleb*）、樱花类（*Pseudocerasus*）和郁李类（*Microcersus*），共30种（陈嵘, 1937）。

1940年，德国学者 Alfred Rehder（雷德尔, 1863—1949）在《北美栽培乔木和灌木手册》（*Manual of Cultivated Trees and Shrubs Hardy in North America*）中，主要采用了花序类型和内果皮特征，基于广义李属的观点，属下分为5个亚属，即 Subgen. *Prunophora*（李亚属，包括李、杏、梅）、Subgen. *Amygdalus*（包括 *Amygdalus*、*Persica*）、Subgen. *Cerasus*、Subgen. *Padus* 和 Subgen. *Laurocerasus*。并在 Subgen. *Cerasus* 下设立矮樱组 *Prunus* Linn. Subgen. *Cerasus* Sect. *Microcerasus*。还提出 Subgen. *Padus* 具顶生总状花序、落叶性、叶缘具齿，而 Subgen. *Laurocerasus* 总状花序腋生、常绿、叶常全缘有所区别（Rehder, 1940）。

1964年，John Hutchinson（哈钦松, 1884—1972）在《有花植物志属》（*The Genera of Flowering Plants*）*Vol-1* 中，将核果类群分为3个属：*Laurocerasus*、*Padus* 和 *Prunus*，将 *Amygdalus*、*Armeniaca*、*Cerasus*、*Emplectocladus*、*Microcerasus*、*Maddenia* 都并入了 *Prunus* 中（Hutchinson, 1964）。

1965年，荷兰学者 Cornelis Kalkman（卡尔克曼, 1928—1998）在 "*The Old World Species of Prunus Subg. Laurocerasus Including Those Formerly Referred to Pygeum*" 一文中，将李属的范围扩大，将在热带分布的 *Pygeum* Gaertn. 放在了 Subgen. *Laurocerasus* 内，作为李属桂樱亚属的一个组，即 *Prunus* Subgen. *Laurocerasus* Sect. *Mesopygeum*（Kalkman, 1965），并得到国外学者 Smith（1961）、Mowrey（1990）支持（Mowrey et al., 1990）。*Pygeum* 是由德国植物学家 Joseph Gaertner（格尔特纳, 1732—1791）发表，模式种为 *Pygeum ceylanicum* Gaertn.（Gaertner, 1788）；全世界共有40种，主要产于热带，自南非、南亚、东南亚至巴布亚新几内亚、所罗门群岛和大洋洲北部。中国约有6种，主要分布于华南至西南地区。

对于广义李属的概念，自1865年英国学者 Bentham 和 Hooker 首先提出以来，众多国外学者支持这种分类方式（Mowrey et al., 1990; Badeness et al., 1995）。Armen Takhtajan（塔赫他间, 1910—2009）更认为李亚科中最大的 *Prunus*，还包含了 *Pygeum*、*Maddenia*、印第安李属 *Oemleria* Rchb. 和白鹃梅属 *Exochorda* Lindl.（Takhtajan, 1997）。D.J.Mabberley（1998）在 *The Plant-Book* 中提出李属包括了 *Amygdalus*、*Armeniaca*、*Prunus*、*Cerasus*、*Padus*、*Laurocerasus*、*Pygeum* 7个类群的所有种类，全球共约200种以上。

对于蔷薇科核果类植物分类，分类学家们也存在着诸多不同意见。苏联 Vladimir Leontyevich Komarov（科马洛夫, 1869—1945）主编的《苏联植物志》（*Flora of the U.S.S.R*）和 Sokolov 主编的《苏联乔灌木手册》（*Trees and Shrubs of The USSR*）中，则将核果类（李亚科）分为：*Prunus*、*Armeniaca*、*Amygdalus*、*Persica*、*Cerasus*、*Padus* 和 *Laurocerasus* 7个属（Komarov, 1941; Sokolov, 1954）。《中国果树分类学》《中国植物志》（38卷）和 *Flora of China*（9卷）坚持了这一观点（俞德浚, 1979, 1986; Li et al., 2003）。

Flora of China（9卷）记载中国李亚科植物有9属、115种，包括有扁核木属（*Prinsepia*）（4种）、桃属（*Amygdalus*）（11种）、杏属（*Armeniaca*）（10种）、李属（*Prunus*）（7种）、樱属（*Cerasus*）

（43种）、稠李属（*Padus*）（16种）、桂樱属（*Laurocerasus*）（13种）、臀果木属（*Pygeum*）（6种）和臭樱属（*Maddenia*）（6种）（Li et al., 2003）。

近年来还有李亚科植物的新物种被发现，并按照小属或广义李属概念发表，如大叶臀果木（*Pygeum wilsonii* var. *macrophyllum* L.T.Lu）（陆玲娣，1988）、姚氏樱桃（*Cerasus yaoiana* W.L.Cheng）（郑维列，2000）、仙居杏（*Armeniaca xianjuxing* J.Y.Zhang et X.Z.Wu）（张加延等，2009）、华仁杏（*Armeniaca cathayana* D.L.Fu, B.R.Li et J.Hong Li）（傅大立等，2010）、沼生矮樱（*Cerasus jingningensis* Z.H.Chen, G.Y.Li et Y.K.Xu）（许元科等，2012）、景宁晚樱（*Cerasus paludosa* R.L.Liu, W.J.Chen et Z.H.Chen）（刘日林等，2017）、凤阳山樱桃（*Cerasus fengyangshanica* L.X.Ye & X.F.Jin）（叶立新等，2017）、孙航樱（*Prunus sunhangii* D.G.Zhang et T.Deng）（Zhang et al., 2019）、文采樱桃（*Prunus wangii* Q.L.Gan, Z.Y.Li & S.Z.Xu）（Xu et al., 2022）和云开桂樱（*Prunus yunkaishanensis* B.H.Wu, W.Y.Zhao et W.B.Liao）（Wu et al., 2022）等，进一步丰富了中国李亚科植物资源。

总之，自李亚科建立以来，由于核果类植物形态上存在趋同进化、平行进化以及种间杂交等现象，使得李亚科植物分类系统较为混乱。200多年来各国植物学家对李亚科植物的分类，一直是分而复合，合而再分，分类系统始终存在不同意见，特别是对广义李属的范围及与李亚科内其他类群的关系存在较大争议，李亚科植物的系统学问题成为传统形态分类学研究的热点和难点。

1.2 李亚科植物实验分类学研究

周建涛等（1990）对核果类果树的新鲜花粉进行了扫描电镜观察，提出：核果类的花粉为大型花粉，树种间的花粉粒大小差异较显著；核果类树种的花粉外壁纹饰以条纹状为主。除了花粉外壁的条纹状纹饰存在显著差异之外，某些种如毛樱桃、郁李、梅、西伯利亚杏、杏、甘肃桃等的花粉外壁有数量、大小、形状不一的穿孔特征。另外，花粉粒的极轴长（P）、赤道轴长（E）以及P/E的值也一定程度上反映了李亚科植物的进化关系。

汪祖华等（1991）发现杏、梅、李的同工酶谱型基本相似，认为李、杏、梅归为同一属（或同一亚属），其演化途径为李→杏→梅；Zhang（1992）的木材解剖学特征也表明李属植物具有单系性，提出 *Prunophora* 和 *Amygdalus* 最进化，*Pygeum* 和 *Laurocerasucs* 进化程度最低。

王然等（1992）对蔷薇科核果类体细胞染色体的观察，发现属的特异性不明显；这与Goldblatt和Zhang的结果一致，即应将核果类归为一属（Goldblatt, 1976）。魏文娜等（1996）对这4种核果类植物的染色体核型及Giemsa显带的研究得到4种核果类植物体细胞染色体均为2n=16，核型的着丝点也相似，也得出相同的结论。

Byrne（1993）基于同工酶谱带研究，认为紫杏（*Prunus* × *dasycarpa* Ehrh.）是起源于普通杏（*P. armeniaca*）与樱桃李（*P. cerasifera*）的自然杂交种。

吕英民、Fu et al.、章秋平等众多研究表明，华仁杏（*Prunus cathayana*）是普通杏（*P. armeniaca*）与山杏（*P. sibirica* Linn.）的自然杂交种，研究显示华仁杏与普通杏具有相同的序列（单倍型H04），推测普通杏可能是华仁杏的母本提供者（吕英民等，1994; Fu et al., 2016; 章秋平等，2018）。

魏文娜等（1996）通过从果枝习性、叶片表皮细胞和花粉特征等形态学角度分析，发现4种核果类植物在进化过程中，李较原始，桃较进化，梅、杏居桃、李两者之间。

唐前瑞等（1996）在对桃、李、梅、杏过氧化物酶同工酶的研究时发现4种植物具有许多同源相似之处，但也反映出种群之间的明显差异，它们的亲缘关系可认为是李→梅→杏→桃的先后演化进程。

周丽华等（1999）通过对国产李亚科10属11种植物花粉形态学研究，并结合形态学和细胞学证据说明李亚科为一单系发生的类群，支持将扁核木属（*Prinsepia*）和 *Sinoplagiospermum* Rauschert（原蕤核属，已被并入扁核木属）分别处理为两个属，而不支持将广义的 *Prinsepia*（含 *Prinsepia* 和 *Sinoplagiospermum*）独立为亚科。

Lersten 等（2000）通过草酸钙晶型观察发现，*Prinsepia* 与 *Amygdalus* 最进化，其次是 *Cerasus* 与 *Laurocerasus*，最后是 *Padus*。

Shimada 等（2001）的杂交实验研究中，矮樱组植物与李亚属和部分桃亚属植物可以杂交，与典型樱类植物杂交则通常以失败告终，表明矮樱组与典型樱类关系较远。

Bortiri 等（2006）对广义李属植物的形态进行系统分析后发现，*Prunus*、*Amygdalus*、*Emplectocladus* 和 *Microcerasus*（部分矮樱）能聚为一支，但 *Padus* 和 *Laurocerasus* 均不能成立。

Liu 等（2006）报道认为欧洲李（*Prunus domestica*）是由四倍体黑刺李（*P. spinosa* Linn.）与二倍体樱桃李（*P. cerasifera*）种间杂交，杂交后子代染色体加倍成可育的六倍体。

郑红军（2008）通过花外蜜腺的观察也认为桃、杏、李、樱桃应属于同一属，其中桃、扁桃和李的亲缘关系较近，杏居中，与樱桃最远。刘有春等（2010）运用扫描电子显微镜（SEM）观察了李属、杏属、樱桃属和桃属的花粉形态，支持将核果类植物归为一属，即李属（*Prunus*），并在属下设亚属的分类观点，研究还表明核果类植物的演化顺序为 *Prunus s.s.*→ *Armeniaca*→*Cerasus*→*Amygdalus*。

Shi 等（2013）报道了 *Maddenia*、*Padus*、*Prunus*、*Cerasus*、*Pygeum*、*Amygdalus*、*Laurocerasus* 的部分种的花粉形态，花粉形态证据表明 *Maddenia* 和 *Padus*、*Laurocerasus* 的关系较为接近，*Cerasus*、*Amygdalus*、*Prunus* 的花粉为同一类型，此外，臀果木属的花粉形态和广义李属下的其他亚属存在着明显的差异。

吴保欢等（2018）基于30个形态性状对41种典型樱类植物进行形态聚类，对亚属的分类和部分种的处理做了分析，建议将微毛樱桃（*Prunus clarofolia* C.K.Schneid.）、多毛樱桃（*P. polytricha* Koehne）和康定樱桃（*P. tatsienensis* Batalin）合并，在命名上（*P. tatsienensis*）有优先权。

Wang 等（2019）通过扫描电子显微镜对总状花序类群的桂樱（*Prunus laurocerasus* Linn.）

（Subgen. *Laurocerasus*）和北美黑樱桃（*P. serotina* Ehrh.）（Subgen. *Padus*）两个种进行了花序和花的发育观察，两种既有李属花器官发育共性，也在苞片数量、花柱形态、被毛、闭孔发育时间上存在差异，其结果为 Subgen. *Laurocerasus* 和 Subgen. *Padus* 不同起源提供了形态比较学的支持。

黄文鑫等（2019）对70种广义李属植物（含68种和2变种）的叶脉特征进行描述和比较研究，依据叶脉序特征，认为 *Prunus s.s.* 和 *Armeniaca* 在形态上更为近似，合并为李亚属，并支持将矮樱组（Sect. *Microcerasus*）移出樱亚属（*Prunus* Subgen. *Cerasus*），与 *Prunus* 和 *Armeniaca* 合并为李亚属（*Prunus* Subgen. *Prunus*），支持贡山臭樱（*P. gongshanensis* J.Wen）作为喜马拉雅臭樱（*P. himalayana* J.Wen）的变种处理，磐安樱（*P. pananensis*）并入尾叶樱桃（*P. rufoides* C.K.Schneid.）。

Wang 等（2021）再次通过扫描电子显微镜对总状花序类群的臭樱（*Prunus hypoleuca*）（*Maddenia* Group）和臀果木 [*Prunus topengii*（Merr.）J.Wen et L. Zhao] 两个种进行了花发育演化观察，花发育研究支持将 *Madenia* 和 *Pygeum* 类群的分离，*Madenia*、*Pygeum* 表现出与李属其他总状花序类群的关系密切，结果也支持了李属的单系性。

赵旭明等（2021）基于64个花器官形态特征观察和数据测量，对广义李属（*Prunus* Linn. *s. l.*）及相近类群47种植物的花器官形态特征进行比较和聚类分析，结果显示：广义李属植物的花序类型、花序梗长、花直径以及总苞大小和形状可以作为属内的分类依据。支持将 *Amygdalus*、*Armeniaca*、*Prunus*、*Cerasus*、*Padus*、*Laurocerasus* 和 *Maddenia* 归入广义李属内；矮樱类（*Microcerasus*）从樱亚属（Subgen. *Cerasus*）移至李亚属（Subgen. *Prunus*）内，并作为李亚属下的矮樱组（Subgen. *Prunus* Sect. *Microcerasus*）；支持将崖樱桃（*P. scopulorum* Koehne）和细花樱（*P. pusilliflora* Cardot）并入华中樱桃（*P. conradinae* Koehne）。

总之，受取材种类数及研究技术条件的制约，李亚科植物的分类及系统演化在实验分类学方面仍然存在不同意见。

1.3 李亚科植物分子系统学

自从分子系统学方法建立以来，被广泛应用于各个植物类群的研究，测序技术发展以来，更有不少学者对李属各个亚属进行测序，构建分子系统树，探讨各亚属之间的亲缘关系。自2000年以来针对广义李属的分子系统学研究表明，过去用于区分李属各亚属的许多形态特征表现出高度的趋同性，一些被认为具有鉴定价值的特征在属内演化了不止一次，有一些是为适应特殊生境而进行了多重演化，过去被广泛接受的广义李属各亚属的系统位置并不受支持（Bortiri et al., 2006; Yazbek et al., 2013）。

Lee等（2001）应用核糖体ITS序列建立了40种广义李属植物的分子系统发育树，结果发现樱亚属的矮樱类（*Microcerasus*）嵌套在*Amygdalus—Prunus s. s.*分支中，臭樱属（*Maddenia*）嵌套在*Cerasus—Padus—Laurocerasus*（樱—稠李—桂樱）复合类群中，可能具有较近的亲缘关系。

Bortiri等（2001, 2002, 2006）多次对广义李属植物进行核基因ITS、*s6pdh*序列，叶绿体*trnL-trnF*、*trnS-trnG*间隔区DNA片段测序比较，并结合形态学特征，重建了广义李属的系统树，结果很好地证明广义李属是单系起源类群，但是其中的某些亚属（例如*Cerasus*、*Laurocerasus*、*Padus*）并不是单系起源的。

阮颖等（2002）取9个李亚属植物的20份材料为样本，其研究表明，不同起源的李亚属植物在分子水平上能较好地得以区分，证明了欧洲李（*Prunus domestica*）是二倍体樱桃李（*P. cerasifera*）和四倍体黑刺李（*P. spinosa*）的杂交后代。

Hagen等（2002）利用AFLP标记对中国、中亚、欧洲和北非的杏属植物进行研究，表明杏起源于亚洲，且聚类结果显示，藏杏（*Prunus armeniaca* Linn. var. *holosericea* Batal.）嵌合在杏中。

Wen等（2008）补充利用叶绿体*ndhF*基因片段，结合核糖体ITS序列，进一步对广义李属进行系统发育分析，将样本扩大至59个种，分析结果表明*Prunus s. l.*和*Maddenia*形成一个单系群，*Maddenia*同样嵌套在*Prunus s. l.*当中；但

ITS序列重建的系统树和叶绿体*ndhF*片段重建的系统树存在冲突，在*ndhF*片段重建的系统树中，*Laurocerasus*（包括*Pygeum*）—*Padus*—*Maddenia*聚为一支，*Amygdalus*—*Cerasus*—*Prunus*聚为一支，在ITS序列重建的系统树中*Amygdalus*—*Prunus*分支中包含了*Microcerasus*，而排除了典型樱类，*Laurocerasus*（包括*Pygeum*）—*Padus*—*Maddenia*组成一个并系群；总体上，不支持狭义李属*Prunus s. s.*的界定。

Chin等（2010）在Wen et al.研究的基础上对有疑问的类群臭樱属和桂樱亚属重点加大取样，对李属28个种和臭樱属3个种的核糖体ITS和叶绿体*ndhF*序列进行测序，重建系统树，首次发现*Maddenia*是单系类群，但是仍然嵌套在*Padus*和*Laurocerasus*之间，而*Cerasus*显示出与这个复合类群有较近的亲缘关系，认为*Maddenia*应该归并到广义李属（*Prunus s. l.*）中。

Jantschi等（2011）根据北美植物综合分类信息系统（ITIS）将李属划分为李亚属（*Prunophora*）、桃亚属（*Amygdalus*）（包括桃与扁桃2个组）、樱桃亚属（*Cerasus*）、桂樱亚属（*Laurocerasus*）和稠李亚属（*Padus*）等5个亚属。其中的李亚属又被划分为3个组（Section）：李组（Sect. *Euprunus*）、杏组（Sect. *Armeniaca*）和李樱组（Sect. *Prunocerasus*）。

邱蓉等（2011）对中国桃亚属植物的ITS序列和叶绿体*psbA-trnH*序列进行比对，认为新疆桃［*Prunus ferganensis*（Kostina et Rjabov）Y.Y.Yao ex Y.H.Tong et N.H.Xia］是桃（*P. persica*）的一个亚种，桃亚属的演化关系是从光核桃（*P. mira*）到甘肃桃（*P. kansuensis* Rehd.）到山桃［*P. davidiana*（Carr.）Franch.,］最后到桃（*P. persica*）。

Shi等（2013）利用12个叶绿体DNA片段和3个核基因片段（ITS, *s6pdh*和*SbeI*），对广义李属84个种所代表的15个主要类群进行系统发育重建，结果以高支持率呈现广义李属内三大主要分支，相应地提出了一个新的广义李属分类系统，将李属分为Subgen. *Prunus*、Subgen. *Cerasus*和Subgen. *Padus* 3个亚属，这里*Padus*的定义更广泛，包括*Laurocerasus*、*Maddenia*和*Pygeum*，并将之前置于

04

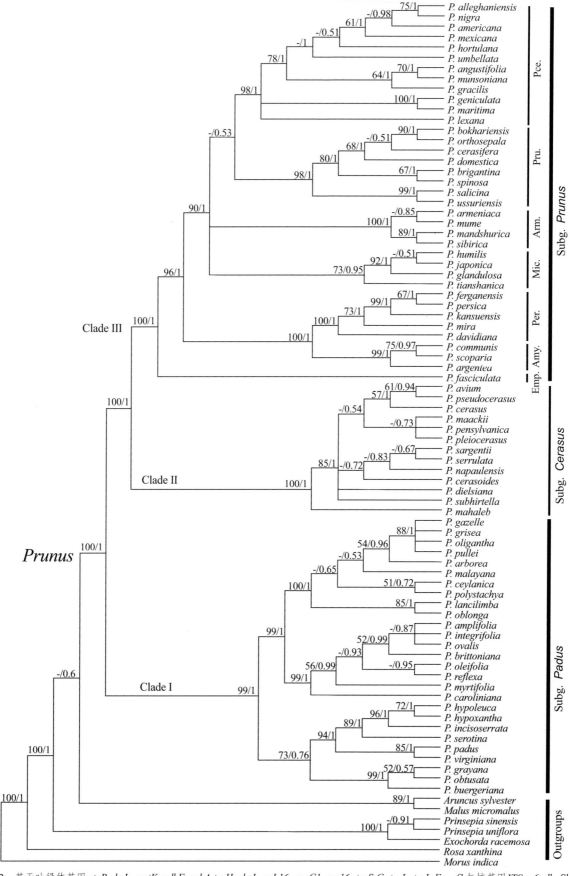

图2　基于叶绿体基因*atpB-rbcL, matK, ndhF, psbA-trnH, rbcL, rpL16, rpoC1, rps16, trnS-G, trnL, trnL-F, ycf1* 与核基因 ITS, *s6pdh, SbeI* 的广义李属系统发育关系图（Shi et al., 2013）

樱亚属中的 *Microcerasus*（矮樱类群）归入李亚属，但其中 *Padus*、*Laurocerasus*、*Maddenia* 和 *Pygeum* 的关系没有得到很好的解决（图2）。

Chin 等（2014）应用质体 DNA 片段的建树支持 Shi 等（2013）提出的李属三大主要分支，基于花序结构相应地界定为3个类群：①落叶单花类群（*Amygdalus*、*Prunus* 和 *Emplectocladus*）。②落叶伞形花序类群（即典型樱类 *Cerasus*）。③总状花序类群（由常绿树种组成的 *Laurocerasus*、*Pygeum*，以及由温带落叶树种组成的 *Padus* 和 *Maddenia*）。单花类群和伞形花序类群是二倍体的（2n=2x=16），总状花序类群通常为多倍体（2n=4x=32 或有时 2n=8x=64）（Wen et al., 2012）。质体 DNA 片段的建树同时支持上述3个类群的单系起源，且落叶单花类群和落叶伞形花序类群互为姐妹支；相比之下，核糖体 ITS 片段支持一个不同的拓扑结构，一个分支与质体系统树中的单花类群相同，第二个分支包括大多数 Subgen. *Cerasus* 种类（伞形花序类群），以及总状花序类群 *Laurocerasus*、*Padus*、*Maddenia* 中的一些种，在谱系中组成一个并系群，而不是像质体系统树那样伞形花序类群和总状花序类群各为一个分支。在基于母系遗传的质体 DNA 片段构建的系统树中，总状花序谱系之间关系的处理，与基于双亲遗传的核糖体 ITS 序列构建的系统树中的处理不一致，表明这个类群的杂交起源。

为检验广义李属总状花序类群异源多倍体起源的假说，在 Chin 等（2014）的基础上，Zhao 等（2016）应用低拷贝核序列 *At103* 基因和 *s6pdh* 片段，还有 ITS 序列，探索多倍体总状花序类群的起源与演化，表明所有的总状花序类群是一个并系群，由4个分支组成，每一个分支在形态和地理分布上都能被界定，作者推测，许多独立的异源多倍体事件促成了总状花序类群的起源与演化，一个广泛分布的种类或谱系可能作为母本参与涉及几个父系的多重杂交。李属总状花序类群复杂演化历史的假说对于我们认识李属分化是一大进步，

对解译其系统发育、演化和分类有重要启示。

章秋平等（2017）基于叶绿体 DNA 序列 *trnL-F* 研究分析，紫杏（*Prunus × dasycarpa*）与樱桃李（*P. cerasifera*）的单倍型 H07 相同，也进一步说明樱桃李在紫杏种间杂交形成过程中起到母本供体作用。

Su 等（2021）利用新的基因组深度测序技术，获得了臭樱分支（*Maddenia* group）22个样品的叶绿体基因组序列和446个单拷贝核基因序列，并利用扫描电子显微镜和体式显微镜观察了不同物种的叶表面形态特征，系统发育分析强烈支持了臭樱分支的单系性及前人将其置于广义李属的处理，并综合叶绿体基因组、核基因以及形态学证据，建议将臭樱分支划分为5个物种，分别为福建臭樱（*Prunus fujianensis*）、贡山臭樱（*P. gongshanensis*）、喜马拉雅臭樱（*P. himalayana*）、臭樱 [*P. hypoleuca* (Koehne) J.Wen]（包括锐齿臭樱）、四川臭樱 [*P. hypoxantha* (Koehne) J.Wen]（包括华西臭樱）。其中前3个种得到了很好的支持；福建臭樱尽管形态上和臭樱相似，但表现出遗传上的分化，可能是隐存种。臭樱和四川臭樱之间存在较强的基因流。Su 等（2023）基于 genome skimming 和 RAD-seq 技术，利用叶绿体基因组和核 SNP 数据重新构建了李属的系统发育框架，发现李属内部有3大单系支，分别与总状花序（稠李亚属、桂樱亚属、臀果木分支 *Pygeum* group 和臭樱分支 *Maddenia* group）、伞形花序（樱亚属）和单花（桃亚属、李亚属、杏亚属）相对应，其中单花类和伞形花序类是姐妹群。研究发现，稠李亚属、桂樱亚属并非单系；臀果木分支和臭樱分支的单系性得到强支持；樱亚属的矮生樱组 Sect. *Microcerasus*（如毛樱桃、郁李）是单花类成员，与李亚属、杏亚属近缘；稠李亚属、杏亚属、矮生樱组等类群的内部关系存在明显的核质冲突，并通过祖先状态重建表明，李属植物的共同祖先具有总状花序，伞形花序和单花分别通过抑制花序轴伸长生长和减少小花数量演化形成。

2 植物分类与分布

综合 Koehne（1893）、Focke（1894）、陈嵘（1937）、Rehder（1940）、Mabberley（1998）、Lee 等（2001）、Wen 等（2008）、Jantschi 等（2011）、Wen 等（2012）、Shi 等（2013）、Chin 等（2014）、Zhao 等（2016）、Wu 等（2019, 2022）和 APG IV（2016）等学者的广义李属 *Prunus* Linn. *s. l.* 分类概念和修订意见，将中国李属植物分为 4 个亚属、15 个组。

李亚属（*Prunus* Subgen. *Prunus* Linn.），包括 Sect. *Amygdalus*、Sect. *Prunus*、Sect. *Armeniaca* 和 Sect. *Microcerasus* 等 4 组，共 38 种。

樱桃亚属［*Prunus* Subgen. *Cerasus* (Miller) A.Gray］，包括 Sect. *Pseudocerasus*、Sect. *Phyllocerasus*、Sect. *Padellus*、Sect. *Eucerasus*、Sect. *Mahaleb* 等 5 组，共 45 种。

稠李亚属［*Prunus* Subgen. *Padus* (Miller) Focke］，包括 Sect. *Calycopadus*、Sect. *Padus*、Sect. *Maddenia* 等 3 组，共 20 种。

桂樱亚属［*Prunus* Subgen. *Laurocerasus* (Tourn. ex Dub.) Rehd.］，包括 Sect. *Phaeostictae*、Sect. *Laurocerasus*、Sect. *Mesopygeum* 等 3 组，共 20 种。

2.1 李属植物分类

Prunus Linn., Sp. Pl. 1: 473. 1753；陈嵘，中国树木分类学 460. 1937；胡先骕，经济植物手册（上册）639. 1955；中国高等植物图鉴（补编）2: 119. 1983.

≡ *Prunus s. s.* Linn., Sp. Pl. 473. 1753; Gen. Pl. 213. no. 546. 1754；中国植物志 38:34. 1986.

= *Amygdalus* Linn., Sp. Pl. ed. 1. 472. 1753; Gen. Pl. ed. 5. 212. no. 545. 1754；中国植物志 38: 8. 1986; Flora of China 9: 391. 2003.

= *Armeniaca* Scopoli, Meth. Pl. 15. 1754; Flora of China 9: 396. 2003；≡ *Armeniaca* Mill., Gard. Dict. Abr. (ed. 4). 1754, nom. Subnud.；中国植物志 38: 24. 1986.

= *Cerasus* Mill., Gard. Dict. Abr. (ed. 4) vol. 1. 1754；中国植物志 38: 41. 1986; Flora of China 9: 404. 2003.

= *Laurocerasus* Duhamel, Traité Arbr. Arbust. 1: 345. 1755；中国植物志 38: 106. 1986; Flora of China 9: 426. 2003.

= *Maddenia* Hook. f. et Thomson, Hooker's J. Bot. Kew Gard. Misc. 6: 381. 1854；中国植物志 38: 129. 1986; Flora of China 9: 432. 2003.

= *Microcerasus* Webb et Berthel., Hist. Nat. Îles Canaries 3(2.2): 19. 1842.

= *Padus* Mill., Gard. Dict. Abr. (ed. 4) vol. 3. 1754；中国植物志 38: 89. 1986; Flora of China 9: 420. 2003.

= *Persica* Mill., Gard. Dict. Abr. (ed. 4) vol. 3. 1754.

= *Pygeum* Gaertn., Fruct. Sem. Pl. 1: 218. 1788；中国植物志 38: 123. 1986; Flora of China 9: 430. 2003.

= *Prunophora* Neck., Elem. Bot. 2: 718. 1790.

落叶或常绿乔木，稀灌木。单叶，有托叶。花单生或 2~3 朵花簇生，或组成伞形、伞房状花序或总状花序。花瓣常白色、粉白色或粉红色；雄蕊多数；心皮 1，稀 2~5，子房上位，1 室，内含 2 颗悬垂胚珠。果实为核果，外果皮和中果皮肉质，内果皮骨质，成熟时果肉多汁不开裂，或干燥开裂；果核扁圆至椭圆形，两侧多少压扁，表面光滑、粗糙或呈网状，罕具蜂窝状孔穴，与果肉粘连或分离；含 1 稀 2 种子，种皮厚，种仁子叶肥厚，味苦或甜。染色体基数为 $x=8$。

属模式种：欧洲李 *Prunus domestica* Linn.。

分 4 个亚属，中国有 120 种，栽培品种很多。

李属植物分亚属、分组检索表

1. 花单生或2～3朵花簇生；果沟明显（李亚属 Subgen. *Prunus*）

 2. 树皮沿横生皮孔横裂；果核扁椭圆形，顶端短尖，表面有纵横沟纹或孔穴 ……………………………………………………………………………………… 桃组 Sect. *Amygdalus*

 2. 树皮纵裂；果核卵圆形、椭圆形，两端尖，表面无纵横沟纹和孔穴

  3. 花粉白或粉红，常单生，花柄很短 …………………… 杏组 Sect. *Armeniaca*

  3. 花白色，花单生或2～3朵并生，花柄明显

   4. 果实表面被蜡粉；果核略两侧压扁，表面多少有皱纹或网纹 …… 李组 Sect. *Prunus*

   4. 果实表面不被蜡粉；果核无两侧压扁，表面有浅沟纹 …… 矮樱组 Sect. *Microcerasus*

1. 数朵花组成伞形、伞房状花序或总状花序；果沟不明显

 5. 树皮光亮，具有横列的皮孔，花序常有明显苞片（樱桃亚属 Subgen. *Cerasus*）

  6. 叶背布满黑色腺点 …………………………………… 斑叶组 Sect. *Hypadenium*

  6. 叶背无腺点

   7. 叶边缘锯齿圆钝，基部具腺体，稀顶端有腺体

    8. 伞房总状花序，开花时花萼平展或仅稍微反折 …………… 圆叶组 Sect. *Mahaleb*

    8. 伞形花序，开花时花萼强烈反折 …………………… 芽鳞组 Sect. *Eucerasus*

   7. 叶边锯齿急尖渐尖或骤尖，有顶生腺体

    9. 托叶条形或羽状开裂，花序苞片多小型早落，稀叶状宿存 …………………………………………………………………………… 樱桃组 Sect. *Pseudocerasus*

    9. 托叶叶状或线形，花序苞片多叶状，多宿存至果期 … 伞形组 Sect. *Phyllocerasus*

 5. 树皮粗糙，皮孔圆形至椭圆形，花序苞片早落（花蕾期便脱落）

  10. 落叶植物；总状花序顶生；叶缘具齿（稠李亚属 Subgen. *Padus*）

   11. 萼片与花瓣5、大形、易区分

    12. 花萼宿存；总状花序基本无叶；雄蕊10～12 ………… 宿萼组 Sect. *Calycopadus*

    12. 花萼脱落；总状花序基本有叶；雄蕊20～30 …………… 脱萼组 Sect. *Padus*

   11. 萼片与花瓣细小，不易区分 ………………………… 臭樱组 Sect. *Maddenia*

  10. 常绿植物；总状花序腋生；叶常全缘（桂樱亚属 Subgen. *Laurocerasus*）

   13. 花萼花瓣区别明显；果实卵圆形或椭圆形

    14. 叶片下面布满黑色腺点 ……………………………… 腺叶组 Sect. *Phaeostictae*

    4. 叶片下面无腺点 …………………………………… 无腺组 Sect. *Laurocerasus*

   13. 花萼花瓣不易分；果实横向扁圆形或长圆形 ………… 臀果木组 Sect. *Mesopygeum*

2.2 李属植物分类考证与分布

2.2.1 李亚属植物分类

Prunus* Linn. Subgen. *Prunus

Prunus Subgen. *Prunophora*（Neck.）Focke, Nat. Pflanzam. 3(3): 52. 1888；陈嵘，中国树木分类学 461. 1937；胡先骕，经济植物手册（上册）639. 1955.

 亚属模式种：欧洲李 *Prunus domestica* Linn.。

 本亚属植物包括 *Flora of China*（9卷，2003年）中的桃属（*Amygdalus* Linn.）、杏属（*Armeniaca* Scopoli）、李属（*Prunus* Linn.）和樱属（*Cerasus* Mill.）的矮樱亚属（*Cerasus* Subgen. *Microcerasus*）、

鉴于植物形态学的相似性和分子系统学研究成果，故将这4个类群合并为李属下的一个亚属，分为桃组（Sect. *Amygdalus*）、李组（Sect. *Prunus*）、杏组（Sect. *Armeniaca*）和矮樱组（Sect. *Microcerasus*），共38种。

李亚属*Prunus* Subgen. *Prunus*植物分组、分种检索表

1. 树皮横裂；果核扁椭圆形，顶端短尖，表面有纵横沟纹或孔穴（**桃组 Sect.** *Amygdalus*）
  2. 果皮肉质多汁，稀具干燥的果肉，成熟时不开裂
    3. 核有深沟纹和孔穴
      4. 叶片下面无毛；花萼外面无毛；果肉薄且干燥；核两侧通常不扁平，先端圆钝
        5. 叶基部楔形，叶缘具尖锐锯齿；果实、果核近球形 ………… 1. 山桃 *P. davidiana*
        5. 叶基部阔楔形至圆形，叶缘具细钝锯齿；果实、果核椭球形至长球形 ……………
        ………………………………………………………………… 8. 陕甘山桃 *P. potaninii*
      4. 叶片下面脉腋疏生短柔毛，稀无毛；花萼外表面被短柔毛；果肉厚且多汁；核两侧扁平，先端渐尖
        6. 核表面具纵向沟纹和极稀疏的小孔穴；叶片侧脉直达叶缘 ………………………
        ………………………………………………………………… 3. 新疆桃 *P. ferganensis*
        6. 核表面具纵、横向不规则沟纹和孔穴；叶片侧脉不直达叶缘 …… 7. 桃 *P. persica*
    3. 核表面光滑，仅有浅沟纹，无孔穴
      7. 花萼外面被短柔毛，稀无毛；核近球形，表面有纵、横向沟纹，先端圆钝 …………
      ………………………………………………………………… 4. 甘肃桃 *P. kansuensis*
      7. 花萼外无毛；核扁卵圆形，在背部和腹侧有不明显疏纵网纹，先端急尖 …………
      ………………………………………………………………………… 5. 光核桃 *P. mira*
  2. 果皮干燥无汁，成熟时开裂
    8. 枝具刺
      9. 小枝被短柔毛；叶片宽椭圆形、近圆形或倒卵形，长0.8～1.5cm，侧脉4对；果宽卵球形，直径1～1.2cm ………………… 6. 蒙古扁桃 *P. mongolica*
      9. 小枝无毛；叶片长椭圆形、长圆形或倒卵状披针形，长1.5～4cm，侧脉5～8对；果近球形至卵球形，直径1.5～2cm ………………… 9. 西康扁桃 *P. tangutica*
    8. 枝无刺
      10. 乔木或灌木，高2～8m；叶柄长1～3cm；叶片披针形到椭圆状披针形，幼时稍具柔毛，后脱落；果核表面孔穴大而多数，呈蜂窝状 ……… 2. 扁桃 *P. amygdalus*
      10. 灌木，高1～1.5m；叶柄长0.4～0.7cm；叶片狭长圆形、长圆状披针形或披针形，无毛；果核表面孔穴小而稀疏，近光滑 ………… 10. 矮扁桃 *P. tenella*
1. 树皮纵裂；果核卵圆形、椭圆形，两端尖，表面无纵横沟纹和孔穴
  11. 花粉白或粉红，常单生，花柄极短（**杏组 Sect.** *Armeniaca*）
    12. 一年生枝条绿色 ………………………………………………… 19. 梅 *P. mume*
    12. 一年生枝条灰褐色至红褐色
      13. 叶缘具重锯齿 ……………………………………… 18. 东北杏 *P. mandshurica*
      13. 叶缘具单锯齿

14. 核果暗紫红色 ·································· 13. 紫杏 *Prunus × dasycarpa*

14. 核果黄色至黄红色，稀白色，有或无红色斑点

  15. 叶片常两面无毛，稀叶背脉腋间具毛

    16. 花梗长 1.8～2.1cm；叶片椭圆形或倒卵状椭圆形；萼片不反折 ··············

                               ·············· 17. 李梅杏 *P. limeixing*

    16. 花梗长 2～3.5cm；叶片卵形、近球形或近球状卵形；萼片顶端下弯或反折。

      17. 乔木，高 5～12m；果肉多汁，成熟时不开裂 ·············11. 杏 *P. armeniaca*

      17. 灌木或小乔木，高 2～5m；果肉干燥，成熟时开裂 ··· 20. 山杏 *P. sibirica*

  15. 叶片两面被短柔毛，有时毛较稀疏

    18. 叶片卵形至椭圆状卵形

      19. 叶柄无腺体 ················· 12. 华仁杏 *P. cathayana*

      19. 叶柄有腺体

        20. 叶片宽卵圆形；果柄长 1～1.2mm；果核顶端圆钝 ············

                        ·············· 21. 仙居杏 *P. xianjuxing*

        20. 叶片卵形或椭圆卵形；果柄长 4～7mm；果核顶端急尖 ···········

                        ·············· 14. 藏杏 *P. holosericea*

    18. 叶片椭圆形、长圆形或披针形

      21. 叶片披针形，正面常无毛，先端急尖；萼片边缘具腺纤毛 ··············

                        ·············· 16. 背毛杏 *P. hypotrichodes*

      21. 叶片椭圆形或长圆形，正面疏生柔毛，先端渐尖或尾尖；萼片边缘不具

        腺纤毛

        22. 叶柄密被柔毛；叶片椭圆形或椭圆状卵形，背密生黄褐色长柔毛，基

          部圆形；核椭圆形，具孔穴 ·········· 15. 洪平杏 *P. hongpingensis*

        22. 叶柄无毛；叶片长圆形或椭圆形，背面密被浅灰色长柔毛，基部截形，

          稀圆形；核狭椭圆形，无孔穴 ·········22. 政和杏 *P. zhengheensis*

11. 花白色，花单生或 2～3 朵并生，花柄明显

  23. 果实表面被蜡粉；果核略两侧压扁，表面多少有皱纹或网纹（**李组 Sect. *Prunus***）。

    24. 侧脉斜出与主脉的夹角小于45° ················· 27. 杏李 *P. simonii*

    24. 侧脉斜出与主脉呈45°角

      25. 幼枝密被绒毛或短柔毛；苞片被绒毛或短柔毛；花梗通常被短柔毛

        26. 花单生；果直立；核外稍具浅纹 ·········· 28. 黑刺李 *P. spinosa*

        26. 花常 2 朵；果下垂；核面光滑 ·········· 25. 乌荆子李 *P. insititia*

      25. 幼枝无毛或有微柔毛；苞片无毛或有微柔毛；花梗无毛，稀被短柔毛

        27. 叶片下面被短柔毛；核果被蓝黑色果粉 ·········· 24. 欧洲李 *P. domestica*

        27. 叶片下面无毛或多少有微毛或沿中脉被柔毛；核果不被蓝黑色果粉

          28. 叶片下面除中肋被毛外其余部分无毛；花通常单生，很少混生 2 朵；果核表

           面光滑或粗糙 ················· 23. 樱桃李 *P. cerasifera*

          28. 叶片下面无毛或疏生短柔毛；花通常 3 朵簇生，稀 2；果核常有沟纹

           29. 叶片光滑无毛；核果大，直径 3.5～7cm ·········· 26. 李 *P. salicina*

           29. 叶片下面多少被柔毛；核果小，直径 1.5～2.5cm ··· 29. 东北李 *P. ussuriensis*

04

23. 果实表面不被蜡粉；果核无两侧压扁，表面有浅沟纹（**矮樱组 Sect. *Microcerasus***）。

  30. 花梗明显，4～20mm

    31. 果实成熟时不开裂

      32. 叶片中部以下最宽，基部圆形 ················ 32. 郁李 *P. japonica*

      32. 叶片中部或中部以上最宽，基部楔形至宽楔形

        33. 叶片下面无毛或仅脉腋有簇毛

          34. 叶片侧脉4～5对；萼筒无毛；花柱稍比雄蕊长；核果直径1～1.3cm ······

            ·· 31. 麦李 *P. glandulosa*

          34. 叶片侧脉6～8对；萼筒外面被稀疏柔毛；花柱稍短于雄蕊；核果直径

            1.5～1.8cm ·································· 33. 欧李 *P. humilis*

        33. 叶片下面被毛或仅脉上被疏柔毛

          35. 叶片下面密被黄褐色微硬毛；花柱无毛 ······ 30. 毛叶欧李 *P. dictyoneura*

          35. 叶片下面脉上或有时脉间被疏柔毛；花柱基部被疏柔毛 ··················

            ···································· 35. 毛柱郁李 *P. pogonostyla*

    31. 果实成熟时开裂

      36. 叶片先端不分裂，边缘具不整齐粗锯齿；核宽卵球形，表面光滑或稍具皱纹，

      先端具小突尖 ································ 34. 长梗扁桃 *P. pedunculata*

      36. 叶片先端常3裂，边缘具粗锯齿或重锯齿；核近球形，表面具不整齐网纹，先

      端钝圆 ······································ 8. 榆叶梅 *P. triloba*

  30. 花梗较短，1.5～2.5mm

    37. 叶片倒卵状披针形，长8～16mm，两面无毛 ········ 36. 天山樱桃 *P. tianshanica*

    37. 叶片卵状椭圆形或倒卵状椭圆形，长2～7cm，上面被疏柔毛，下面密被柔毛 ···

      ·· 37. 毛樱桃 *P. tomentosa*

2.2.1.1 桃组 Sect. *Amygdalus*

Prunus Linn. Subgen. ***Prunus*** Sect. ***Amygdalus*** (Linn.) Benth. et Hook. f., Gen. Pl. 1: 610. 1865.

Amygdalus Linn., Sp. Pl. ed. 1. 472. 1753; Gen. Pl. ed. 5. 212. no. 545. 1754；俞德浚，中国果树分类学 25. 1979；中国植物志 38: 8. 1986; Flora of China 9: 391. 2003.

Prunus Linn. Subgen. *Amygdalus* (Linn.) Focke, Nat. Pflanzenfam. 3(3): 53. 1888；陈嵘，中国树木分类学 461. 1937；胡先骕，经济植物手册（上册） 641. 1955.

Type: *Prunus amygdalus* Batsch (*Amygdalus communis* Linn.), chosen by M.L.Green, Nom. Prop. Brit. Bot. 158. 1929.

Persica Mill. Gard. Dict. abridg. ed. 4. 1768; *Amygdalus* subgen. *Persica* sect. *persicae* (Linn.) T.T.Yu et L.T.Lu, 植物分类学报 . 23(3): 209. 1985.

Prunus Subgen. *Prunus* Sect. *persicae* (T.T.Yu et L.T.Lu) S.L.Zhou, Journal of Integrative Plant Biology, 55(11): 1069, 2013.

桃组植物树皮沿横生皮孔横裂；花单生或2～3朵花簇生；果沟明显。果核扁椭圆形，顶端短尖，表面有纵横沟纹或孔穴。全世界约有40种，分布于亚洲中部、东部和西南部至欧洲地中海地区。中国有10种（5特有种，1种引进），主要产于我国西部和西北部，许多种因其可食用的果实和作为园林观赏植物而种植。

（1）山桃 ［榹桃（尔雅），山毛桃，野桃］

Prunus davidiana (Carr.) Franch., Nouv. Arch. Mus. Hist. Nat. Paris, ser. 2, 5: 255 (Pl. David. 1: 103. 1884) 1883；陈嵘，中国树木分类学 470. 图 363. 1937；贾祖璋、贾祖珊，中国植物图鉴 644.

图3 山桃（*Prunus davidiana*）（A、B：李飞飞 摄；C、D：周洪义 摄；E：宋鼎 摄）

04

图1105. 1951；中国高等植物图鉴 2: 304, 图2337. 1972.

≡ *Persica davidiana* Carr., Rev. Hort. 1872: 74. f. 10. 1872.

≡ *Amygdalus davidiana* (Carr.) L. Henry, Rev. Hort. 1902: 290. f. 120. 1902；中国植物志38: 20. 图版3: 1-3. 1986; Flora of China 9: 394. 2003.

≡ *Amygdalus davidiana* (Carr.) T.T.Yu, 中国果树分类学29. 图6. 1979.

Type: unknown.

识别特征：落叶乔木。小枝褐色。叶片卵状披针形，长5~13cm，宽1.5~4cm，两面无毛，先端渐尖，叶缘具尖锐锯齿；叶柄长1~2cm，具腺体。花单生；花萼紫色；花瓣粉红色；花梗近无。果实近球形，直径2.5~3.5cm，淡黄色，外面密被短柔毛；果肉薄而干，成熟时不开裂；核两侧扁，先端圆钝，表面有深沟纹和孔穴（图3）。花期3~4月，果期7~8月。

地理分布：产甘肃、河北、河南、山东、山西、陕西、四川和云南等地。生于山坡、山谷沟底或荒野疏林及灌丛内，海拔800~3 200m。

（2）扁桃（中国树木分类学）

Prunus amygdalus Batsch, Beytr. Entw. Pragm. Gesch Natur. 1: 30. 1801；胡先骕、经济植物手册（上册）652. 1955. ≡ *Prunus communis* (Linn.) Arcang., Comp. Fl. Ital. 209. 1882, non *Prunus communis* Huds., Fl. Angl. 2, 1: 212. 1778, nom. superfl.

≡ *Amygdalus communis* Linn., Sp. Pl. 473. 1753；俞德浚，中国果树分类学35. 图9. 1979；中国植物志38: 11. 图版2:1-3. 1986; Flora of China 9: 391. 2003.

Type: Herb. Clifford 186, Amygdalus 2 (Lectotype designated by Jafri in Jafri et El-Gadi 1977: BM [000628608]).

= *Prunus communis* Fritsch, Sitzber. Math.-Nat. Cl. Acad. Wiss.Wien. 632. 1892, nom. superful；陈嵘，中国树木分类学471. 图364. 1937；贾祖璋、贾祖珊、中国植物图鉴641. 图1100. 1951.

图4 扁桃（*Prunus amygdalus*）（朱弘 摄）

识别特征： 落叶乔木或灌木。小枝浅褐色。叶片披针形到椭圆状披针形，长3~9cm，宽1~2.5cm，先端急尖至短渐尖，叶缘具浅钝锯齿；叶柄长1~3cm，无毛，具腺体。花单生；萼筒圆筒形；花瓣白色或粉红色；花梗长3~4mm。果实斜卵形或长圆状卵圆形，直径2~3cm；果肉干燥无汁，成熟时开裂；果核扁椭圆形，顶端短尖，表面有蜂窝状孔穴（图4）。花期3~4月，果期7~8月。

地理分布： 原产于亚洲西部，生于低至中海拔的山区，常见于多石砾的干旱坡地。现今在新、旧大陆的许多地区均有栽培，特别适宜生长于温暖干旱地区。甘肃、陕西和新疆等地有栽培。

（3）新疆桃（中国果树分类学）

Prunus ferganensis (Kostina et Rjabov) Y.Y.Yao ex Y.H.Tong et N.H.Xia, Biodivers. Sci. 24(6): 715. 2016.

≡ *Prunus persica* subsp. *ferganensis* Kost. et Rjab., Trudy Prikl. Bot., Ser. 8, Plodovolye Yagodnye Kul't 1: 323. 1932.

≡ *Amygdalus ferganensis* (Kost. et Rjab.) T.T.Yu et L.T.Lu, 中国植物志38: 20. 1986; Flora of China 9: 394. 2003.

Type: unknown.

识别特征： 落叶乔木。小枝红褐色。叶片披针形，长7~15cm，宽2~3cm，先端渐尖，上面无毛，下面脉腋疏生短柔毛；叶柄长5~20cm，具腺体。花单生；萼筒钟形，外面绿色而具浅红色斑点；花瓣粉红色；花梗短。果实扁圆形或近圆形，绿白色，长3.5~6cm，被短柔毛；果肉多汁，酸甜，离核，成熟时不裂开；果核两侧扁平，先端渐尖，表面具纵向沟纹和极稀疏的小孔穴（图5）。花期3~4月，果期8月。

地理分布： 新疆引种栽培，作为地方品种生产。中亚地区大量栽植。

（4）甘肃桃（经济植物手册）

Prunus kansuensis Rehd., Journ. Arnold Arbor. 3: 21. 1921；胡先骕，经济植物手册（上册）654. 1955.

≡ *Amygdalus kansuensis* (Rehd.) Skeels, Proc. Biol. Soc. Wash. 38: 87. 1925；俞德浚，中国果树分类学29. 图5. 1979；中国植物志38: 23. 图版3:

图5　新疆桃（*Prunus ferganensis*）（林秦文 摄）

6~8. 1986；Flora of China 9: 395. 2003.

Type: China, Kansu (Gansu), Kagoba, south of Hsiku, 3 Oct. 1914, *F.N.Meyer 2142a* (Syntype: A); USA, California, Chico, 11 Aug 1921, *C.C.Thomas s. n.* (Syntype: A[00026860]).

识别特征： 落叶乔木或灌木。叶片卵状披针形或披针形，长5~12cm，上面无毛，下面近基部沿中脉具柔毛或无毛，先端渐尖，叶缘疏生细锯齿；叶柄长0.5~1cm，无毛，无腺体。花单生，几无梗；花萼筒钟形；花瓣白色或浅粉红色。果实卵球形或近球形，直径约2cm，熟时淡黄，密被柔毛；果肉质成熟时不开裂；果核近球形、表面光滑，有浅沟纹，无孔穴，先端圆钝（图6）。花期3~4月，果期8~9月。

地理分布： 产甘肃、湖北、陕西和四川。生于海拔1 000~2 300m的山地。

（5）光核桃（中国树木分类学）

Prunus mira Koehne, Pl. Wilson. (Sargent) 1:

图6 甘肃桃（*Prunus kansuensis*）（A、B：朱仁斌 摄；C：吴保欢 摄）

272. 1912；陈嵘，中国树木分类学 470. 1937.

≡ *Amygdalus mira* (Koehne) Ricker, Proc. Biol. Soc. Washington 30: 17. 1917.；俞德浚，中国果树分类学 32. 图 7. 1979.

≡ *Amygdalus mira* (Koehne) T.T.Yu et L.T.Lu, 中国植物志 38: 23, nom. superfl.；图版 3:9-11. 1986；Flora of China 9: 395. 2003.

Type: China, estern Szech'uan (Sichuan), two miles north of Tachien-lu (Kangding), very rare, alt. 2 800m, Oct.1910, *E.H.Wilson 4205* (Syntype: A[00032119]).

识别特征：落叶乔木。小枝绿色。叶片披针形或卵状披针形，长 5~11cm，宽 1.5~4cm，上面无毛，下面沿中脉具柔毛，先端渐尖，叶缘有圆钝浅锯齿；叶柄长 8~15mm，无毛，具紫红色扁平腺体。花单生；花梗长 1~3mm；花萼筒钟形，紫褐色；花瓣粉红色。果实近球形，直径约 3cm，密被柔毛；果肉成熟时不开裂；果核扁卵圆形，表面光滑，在背部和腹侧有不明显疏纵网纹，先端急尖（图 7）。花期 3~4 月，果期 8~9 月。

地理分布：产四川、云南、西藏。生于山坡杂木林中或山谷沟边，海拔 2 000~3 400m。野生

04

图7　光核桃（*Prunus mira*）（A、B：崔大方　摄；C、D：徐晔春　摄）

或栽培。俄罗斯和中亚有栽培。

（6）蒙古扁桃（中国果树分类学）

Prunus mongolica Maxim., Bull. Soc. Imp. Naturalistes Moscou 45: 16. 1879；内蒙古植物志 3: 132. 图版66. 图 5-8. 1977.

　　≡ *Amygdalus mongolica* (Maxim.) Ricker, Proc.

Biol. Soc. Wash. 30: 17. 1917；俞德浚，中国果树分类学39，图11. 1979；中国植物志38: 16. 1986；Flora of China 9: 393. 2003.

　　Type: In Mongoliae australis montibus jugum altius Muni-ula comitantibus frequens et gregaria, Apr. 1872, *N.M.Przewalski s. n.* (Syntype: LE;

图8 蒙古扁桃（*Prunus mongolica*）（燕玲 摄）

K[000395314]; PE[00020644]). France, Paris, *A. David s. n.* (Syntype: LE; P[02526394]).

识别特征： 落叶灌木。小枝红褐色，被短柔毛，顶端呈刺状。叶片宽椭圆形、近圆形或倒卵形，长8～15mm，宽6～10mm，两面无毛，先端圆钝，叶缘有浅钝锯齿；叶柄长2～5mm，无毛。花单生，近无梗；萼筒钟形；花瓣粉红。果实宽卵球形，直径约1cm，密被柔毛；果肉干燥无汁，成熟时开裂；果核扁椭圆形，顶端短尖，表面有纵横沟纹或孔穴（图8）。花期5月，果期8月。

地理分布： 产甘肃、内蒙古和宁夏。生于荒漠区和荒漠草原区的低山丘陵坡麓、石质坡地及干河床，海拔1 000～2 400m。蒙古有分布。

（7）桃（诗经）

Prunus persica (Linn.) Batsch, Beytr. Entw. Pragm. Gesch. Natur. 1: 30. 1801; 中国高等植物图鉴2: 304. 图2338.1972.

≡ *Amygdalus persica* Linn., Sp. Pl. 472. 1753; Roxb., Fl. Ind. ed. 2. 2: 500: 1832; 俞德浚，中国果树分类学28. 1979; 中国植物志38: 17. 1986; Flora of China 9: 393.2003.

≡ *Prunus persica* (Linn.) Stokes, Bot. Mat. Med. 3: 101. 1812, nom. superfl.; 陈嵘，中国树木分类学468. 图362. 1937; 贾祖璋、贾祖珊，中国植物图鉴643. 图1104. 1951.

Type: Herb. Linn. No. 639.2 (Lectotype designated by Blanca et Díaz de la Guardia in Cafferty et Jarvis 2002, LINN).

识别特征： 落叶乔木。小枝绿色。叶片披针形，长7～15cm，宽2～3.5cm，下面脉腋疏生短柔毛，先端渐尖，叶缘具细锯齿或粗锯齿；叶柄长1～2cm，具腺体。花单生，近无梗；花萼筒钟形，绿色而具红色斑点；花瓣粉红色。果实形态多样，直径3～12cm，密被短柔毛；果肉厚且多汁，成熟时不裂开；果核扁椭圆形，顶端短尖，核有深沟纹和孔穴（图9）。花期3～4月，果期8～9月。

地理分布： 原产中国，已有3 000多年的栽培历史，培育成为数众多的栽培品种，除作果树外，又是绿化和美化环境的优良树种。果实除供生食外，还可制作罐头、桃脯、桃酱及桃干等。世界各地均有栽植。

（8）陕甘山桃（中国果树分类学）

Prunus potaninii (Batal.) S.L.Zhou et X.Quan, J.Syst. Evol. 49(2): 138. 2011.

≡ *Prunus persica* (Linn.) Batsch var. *potaninii* Batal., Trudy Imp. S.-Peterburgsk. Bot. Sada 12: 164. 1892.

≡ *Amygdalus potaninii* (Batal.) T.T.Yu, 中国果树分类学32. 1979.

Type: China borealis, in prov. Kansu (Gansu) orientali in valle fluv. Hei-ho, fructif. 21 Jul. 1885, *G.N.Potanin s. n.* (Syntype: LE[01015676]).

识别特征： 落叶乔木。小枝褐色。叶片卵状披针形，长5～13cm，宽1.5～4cm，两面无毛，先

04

图9 桃（*Prunus persica*）（A、B：吴保欢 摄）和蟠桃 *Prunus percica* 'Compressa'（C、D：崔大方 摄）

图10 陕甘山桃（*Prunus potanini*）（吴保欢 摄）

端渐尖，叶缘具细钝锯齿；叶柄长1~2cm，具腺体。花单生，近无梗；花萼紫色；花瓣粉红色。果实椭圆形或长圆形，直径2.5~3.5cm，淡黄色，外面密被短柔毛；果肉干燥，成熟时不开裂；果核椭圆形或长圆形，顶端短尖，有深沟纹和孔穴，先端圆钝（图10）。花期3~4月，果期7~8月。

地理分布： 产甘肃、山西和陕西。生于山坡灌丛或疏林下，海拔900~3 200m。

（9）西康扁桃（中国果树分类学）

Prunus tangutica (Batal.) Koehne, Pl. Wilson. (Sargent) 1(2): 276. 1912；胡先骕，经济植物手册（上册）656. 1955.

≡ *Amygdalus communis* Linn. var. *tangutica* Batal., Acta Hort. Petrop. 12: 163. 1892.

≡ *Amygdalus tangutica* (Batal.) Korsh., Bull. Acad. Sci. St. Petersb. ser. 5. 14: 94. 1901；中国植物志38: 16. 图版2: 10-11. 1986; Flora of China 9: 393. 2003.

Type: China borealis, in prov. Kansu (Gansu) orientiali in valle fluv. Tao-ho (Taohe), flor. 28 May 1885, *G.N.Potanin s. n.* (Lectotype designated by Lin et al. (2015): PE[00004555]; syntypes: LE[01015804]; PE[005901989]); In valle fluv. Hei-ho, cum fructib. Fere matur. 22 Jul. 1885, *G.N.Potanin s. n.* (Syntypes: LE[01015805]; PE[0004554]; A[00444287]).

识别特征： 落叶灌木。具枝刺；小枝灰褐色，无毛。叶片长椭圆形、长圆形或倒卵状披针形，长1.5~4cm，宽0.5~1.5cm，两面无毛，先端圆钝至急尖，叶缘有圆钝细锯齿；叶柄长5~10mm，无毛。花单生；花萼筒钟形，红褐色；花瓣粉红色。核果近球形或卵球形，干燥无汁，成熟时开裂；果核扁椭圆形，顶端短尖，表面有纵横沟纹或孔穴（图11）。花期4~5月，果期6~7月。

地理分布： 产甘肃南部和四川西北部。生于山坡向阳处或溪流边，海拔1 500~2 600m。

（10）矮扁桃（经济植物手册）

Prunus tenella Batsch, Beytr. Entw. Pragm. Gesch Natur. 1: 29. 1801；胡先骕，经济植物手册

图11 西康扁桃（*Prunus tangutica*）（A：崔大方 摄；B：吴保欢 摄；C、D：孟德昌 摄））

04

图12 矮扁桃（*Prunus tenella*）（崔大方 摄）

（上册）656. 1955.

≡ *Amygdalus nana* Linn., Sp. Pl. 473. 1753；俞德浚，中国果树分类学37. 图10. 1979；中国植物志38: 14. 图版2: 4-6. 1986；Flora of China 9: 392. 2003.

Type: Herb. Linn. No. 639.6 (Lectotype designated by Majorov et Sokolof in Cafferty and Jarvis (2002): LINN).

识别特征：落叶灌木。小枝灰白色或浅红褐色，无毛。叶片狭长圆形、长圆状披针形或披针形，长2.5~6cm，两面无毛，先端急尖或稍钝，叶缘具小锯齿；叶柄长4~7mm，无毛。花单生；花梗长4~8mm；萼筒圆筒形，紫褐色；花瓣粉红色。果实卵球形，直径1~2.5cm，密被浅黄色长柔毛；果肉干燥无汁，成熟时开裂；果核卵圆形，顶端钝圆，有小突尖头，孔穴小而稀疏，具不明显的网状浅沟纹（图12）。花期4~5月，果期6~7月。

地理分布：产新疆（塔城北山及裕民巴尔鲁克山）。生于海拔1 200m的干旱坡地、草原、洼地和谷地。西亚、中亚、俄罗斯西伯利亚和东南欧有分布。

2.2.1.2 杏组 Sect. *Armeniaca*

Prunus Subgen. **Prunus** Sect. **Armeniaca** (Mill.) Koch, Syn. Fl. Germ. Helv. 1: 205. 1837.

Armeniaca Mill., Gard. Dict., ed. 8. 1768. *Armeniaca* Mill., Gard. Dict. abridg. ed. 4. 1754, nom. nud.；中国植物志38: 25. 1986; Flora of China 9: 396. 2003.

Prunus Linn. Sect. *Armeniaca* (Miller) Benth. et Hook. f., Gen. Pl. 1: 610. 1865.

Prunus Subgen. *Armeniaca* (Miller) Nakai, Fl. Sylv. Kor. 5: 38. 1915.

Type: *Prunus armeniaca* Linn. (*Armeniaca vulgaris* Lam.).

落叶乔木或灌木；树皮纵裂。叶芽和花芽并生，2～3个簇生于叶腋。叶宽卵形，先端急尖。花粉白或粉红色，常单生，花柄很短。雄蕊多数（15～45）；雌蕊1枚，子房具毛，1室具2胚珠。果实为核果，有明显的纵沟，外被短柔毛，成熟时果肉多汁不开裂；果核扁卵圆形，表面光滑，一侧具龙骨状棱。种皮厚，种仁味苦或甜。

本组约有13种，分布于亚洲东部到西南部（中亚、小亚细亚和高加索）。中国有12种（5特有种），广泛分布，尤其在中国北部。许多种因其可食用的果实和作为园林观赏植物而种植，栽培品种全国各地均有。

传统的分类系统将杏组作为李亚科下的一个属——杏属（*Armeniaca* Mill.），有7～11种。如《中国植物志》（1986）记载世界约8种，中国有7种3变种，包括杏（*A. vulgaris* Lam.）、山杏［*A. sibirica* (Linn.) Lam.］、藏杏［*A. holosericea* (Batal.) Kost.］、紫杏［*A. dasycarpa* (Ehrh.) Borkh.］、东北杏［*A. mandshurica* (Maxim.) Skv.］、洪平杏（*A. hongpingensis* T.T.Yu et C.L.Li）、梅（*A. mume* Sieb.）共7个种，和野杏［*A. vulgaris* Lam. var. *ansu* (Maxim.) T.T.Yu et L.T.Lu］、毛杏［*A. sibirica* (Linn.) Lam. var. *pubescens* Kost.］、光叶东北杏［*A. mandshurica* (Maxim.) Skv. var. *glabra* (Nakai) T.T.Yu et L.T.Lu］等3个变种。

《中国果树志·杏卷》（1999）记载全世界杏属植物有10个种，中国有9种13变种，分别为杏、山杏、藏杏、紫杏、东北杏、梅、志丹杏（*Armeniaca zhidanensis* Qiao C.Z.）、政和杏（*A. zhengheensis* Zhang J.Y. et Lu M.N.）及李梅杏（*A. limeixing* Zhang J.Y. et Wang Z.M.），另外杏有光杏（*A. vulgaris* Linn.var. *glabra* S.X.Sum）、垂枝杏（*A. vulgaris* Linn. var. *pandula* Jac.）、陕梅杏（*A. vulgaris* Linn.var. *meixionensis* J.Y.Zhang）、熊岳杏（*A. vulgaris* Linn. var. *xiongyueensis* T.Z.L. et al）等13个变种，书中没有记录洪平杏。

《中国高等植物》（2003）记载杏属植物约11种，中国有7种3个变种，包括：杏（有野杏变种）、李

梅杏、山杏（有毛杏变种）、藏杏、紫杏、东北杏（光叶东北杏）和梅。*Flora of China*（2003）记载，中国有10种，上述7种和政和杏、洪平杏、背毛杏［*Armeniaca hypotrichodes* (Cardot) L.C.Li et S.Y.Jiang］。

（11）杏（山海经）［杏树（救荒本草）］

Prunus armeniaca Linn., Sp. Pl. 474. 1753; 陈嵘，中国树木分类学 465. 图358. 1937; 贾祖璋、贾祖珊，中国植物图鉴 640. 图1098. 1951; 中国高等植物图鉴 2: 307. 图2343. 1972.

≡ *Armeniaca vulgaris* Lam., Encycl. Meth. Bot. 1: 2. 1783; 东北木本植物图志 318. 1955; 俞德浚，中国果树分类学 45. 图14. 1979; 中国植物志38: 25. 1986; Flora of China 9: 396. 2003.

Type: Herb. Linn. No. 640.12 (Lectotype designated by Browicz in Rechinger (1969): LINN).

识别特征：落叶乔木。树皮纵裂。小枝浅红褐色。叶片宽卵形或圆卵形，长5～9cm，宽4～8cm，先端急尖至短渐尖，叶缘具圆钝锯齿；叶柄长2～3.5cm，具1～6腺体。花单生；花梗长1～3mm；萼片鲜绛红色，先端急尖或圆钝，花后反折；花瓣白色至淡粉红色。果实近球形，黄色至黄红色，稀白色，直径2.5～3cm，微被短柔毛；果肉多汁，味酸甜，熟时不裂，与核分离；核卵圆形或椭圆形，顶端圆钝，表面无纵横沟纹和孔穴（图13）。花期3～4月，果期6～7月。

地理分布：杏为国家二级重点保护野生植物，原产中国和中亚天山，在新疆伊犁、塔城地区有野生群落分布，组成野生杏纯林或与新疆野苹果（*Malus sieversii*）、樱桃李（*Prunus cerasifera*）、准噶尔山楂（*Crataegus songarica*）组成温带落叶阔叶林群落。

杏栽培历史悠久，中国华北、华中和西北地区种植，少数地方逸为野生。

本种有野杏（*Prunus armeniaca* var. *ansu* Maxim.），陕梅杏［*Prunus armeniaca* var. *meixianensis* (J.Y. Zhang et al.) Y.H.Tong et N.H.Xia］、熊岳杏［*Prunus armeniaca* var. *xiongyueensis* (T.Z.Li et al.) Y.H.Tong et N.H.Xia］、志丹杏［*Prunus armeniaca* var. *zhidanensis* (C.Z.Qiao et Y.P.Zhu) Y.H.Tong et N.H.Xia］等多个变种。

图13 杏（*Prunus armeniaca*）（A、B、C、D：崔大方 摄；E、F：王永刚 摄）

（12）华仁杏（植物研究）

Prunus cathayana (D.L.Fu, B.R.Li et J.Hong Li) Y.H.Tong et N.H.Xia, Biodivers. Sci. 24(6): 715. 2016.

≡ *Armeniaca cathayana* D.L.Fu, B.R.Li et J.H.Li, Bull. Bot. Research 30(1): 1. 2010.

Type: China, Hebei, Zhuolu, alt. 900m, 11 Jul. 2008, *D.L.Fu 2008071101* (Holotype: CAF).

识别特征：落叶乔木。树皮浅纵裂。小枝紫褐色。叶片卵形至椭圆状卵形，长4.5～6cm，宽3.5～5cm，两面被短柔毛，先端长钝尖至尾尖，叶缘具单锯齿及重锯齿；叶柄长2～3.3cm，无腺体。花单生或2~3朵簇生；花梗极短；萼紫褐色，花时反折；花瓣白色，具淡红色脉纹。果长扁球形，黄色具淡红色晕；果肉多汁，熟时开裂；果核三角状卵球形，先端短尖，表面较光滑，无纵横沟纹和孔穴。

地理分布：产河北省涿鹿县。生于海拔900m的山地。

（13）紫杏（经济植物手册）

Prunus × dasycarpa Ehrh., Beitr. Naturk. 5: 91. 1790; 胡先骕，经济植物手册（上册）652. 1955.

≡ *Armeniaca dasycarpa* (Ehrh.) Borkh., Archiv fur Bot. (Romer) 1(2): 37. 1797; 中国植物志38: 29. 1986; Flora of China 9: 399. 2003.

Type: unknown.

识别特征：落叶小乔木。树皮纵裂。小枝紫红色。叶片卵形或椭圆状卵形，长4~7cm，宽2.5~5cm，上面无毛，先端短渐尖，叶缘密生不整齐小钝锯齿；叶柄长0.5~2.8cm，腺体无或有。花单生；花梗长4~7mm；萼红褐色；花瓣白或具粉红斑点。果近球形，暗紫红色，直径约3cm，被粉霜并有细短柔毛；果肉与核粘贴，味酸；果核卵圆形、椭圆形，顶端急尖，表面稍粗糙或微具蜂窝状小孔穴。花期4~5月，果期6~7月。

地理分布：本种为栽培种，未发现有野生；在中国河北、吉林、辽宁、内蒙古、天津、新疆等地栽植。在中亚、高加索、克什米尔、伊朗和乌克兰等地也有栽培。

（14）藏杏（中国果树分类学）

Prunus holosericea (Batal.) B.H.Wu et D.F.Cui, comb. nov.

≡ *Prunus armeniaca* Linn. var. *holosericea* Batal., Trudy Imp.S.-Peterburgsk Bot. Sada 14: 167. 1895.

≡ *Armeniaca holosericea* (Batal.) Kost., Trudy Prikl. Bot.,Ser. 8, Plodovolye Yagodnye Kul't 4: 28. 1935; 俞德浚，中国果树分类学49. 1979; 中国植物志38: 29. 图版4: 6-8. 1986; Flora of China 9: 398. 2003.

Type: China,Tibet orientale (now in Sichuan), inter Litang et Batang, 1 Jun. 1893, cum fructibus fere maturis, *V.A.Kachkarov s. n.* (not seen).

识别特征：落叶乔木。树皮纵裂。小枝红棕色至浅灰色。叶片卵形或椭圆状卵形，长4~6cm，宽3~5cm，幼时两面被短柔毛，先端渐尖，叶缘具细小锯齿；叶柄长1.5~2cm，常有腺体。花单生。果实卵圆形或卵状椭圆形，黄色，直径2~3cm，密被柔毛，稍肉质，熟时不裂；果核卵圆形、椭圆形，顶端尖（图14），表面具皱纹。果期6~7月。

地理分布：产甘肃、青海、陕西、四川及西藏东南部。生于海拔700~3 300m向阳山坡或干旱河谷灌丛中。

图14　藏杏（*Prunus holosericea*）（吴保欢 摄）

（15）洪平杏（植物分类学报）

Prunus hongpingensis (T.T.Yu et C.L.Li) Y.H.Tong et N.H.Xia, Biodivers. Sci. 24(6): 715. 2016.

≡ *Armeniaca hongpingensis* T.T.Yu et C.L.Li, Acta Phytotaxo. Sinica 23(3): 209. 1984; 中国植物志 38: 29. 1986; 中国果树志（杏卷）24. 1999; Flora of China 9: 399. 2003.

Type: China, Hubei, Hongping, alt. 1 800m, 31 Jul. 1977, *Shennongjia Exped. 34031* (Holotype: WUBI (HIB)).

识别特征：落叶乔木。树皮不规则浅裂。小枝灰褐色至红褐色。叶片椭圆形或椭圆状卵形，长6～10cm，宽2.5～5cm，先端长渐尖至尾尖叶，叶背密生浅黄褐色长柔毛；叶缘具小锐锯齿；叶柄长1.5～2cm，密被柔毛，具无柄腺体1～3个。花单生；萼片边缘不具腺纤毛；花瓣粉白或粉红色。果实近圆形，黄色至黄红色，密被黄褐色长柔毛；果核椭圆形，顶端尖；核椭圆形，具蜂窝状孔穴（图15）。果期6～7月。

地理分布：产湖北，生于海拔200～1 800m公路边或村庄栽培。

（16）背毛杏（植物分类学报）

Prunus hypotrichodes Cardot, Not. Syst. Paris 4(1): 27. 1920.

≡ *Armeniaca hypotrichodes* (Cardot) L.C.Li et S.Y.Jiang, Acta Phytotaxo. Sinica, 36: 367. 1998; Flora of China 9: 399. 2003.

Type: China, Su-tchuen oriental, district de Tchen Kéou Tin, 26 Jan. 1984, *P.G.Farges 1234* (Syntype: P [01819071]).

识别特征：落叶灌木。树皮纵裂。小枝暗棕色至灰褐色。叶片披针形，最宽处在中部以上或近中部，上面无毛，下面密被浅褐色长柔毛，先端急尖，叶缘具单锯齿；叶柄无毛，具无柄腺体1～3个。花单生；萼片边缘具腺纤毛；花瓣白色。果实黄色；果核卵圆形、椭圆形，顶端尖。花期3～4月。

地理分布：产重庆，生于海拔1 400m山地。

（17）李梅杏（植物分类学报）

Prunus limeixing (J.Y.Zhang et Z.M.Wang)

Y.H.Tong et N.H.Xia, Biodivers. Sci. 24(6): 715.2016.

≡ *Armeniaca limeixing* J.Y.Zhang et Z.M.Wang, Acta Phytotaxo. Sinica, 37(1): 107. 1999; Flora of China 9: 397. 2003.

Type: China, Liaoning, Xiongyue, 1996-08-15, *J.Y.Zhang et al. 96-2* (Holotype: PE[01790027]).

识别特征：落叶小乔木。树皮纵裂。叶片椭圆形或倒卵状椭圆形，长6～7.2cm，宽约4cm，常两面无毛，稀叶背脉腋间具毛，叶缘具浅钝锯齿；叶柄长1.8～2.1cm，有腺体2～4个。花2～3朵簇生；萼片黄绿色或红褐色，不反折；花瓣白色。果实近球形，熟时黄白、橘黄或黄红色；果肉多汁，味酸甜，黏核；果核扁圆形，先端钝或急尖，表面具浅网纹（图16）。花期3～4月，果期6～7月。

地理分布：可能是杏与中国李 *Prunus salicina* 的天然杂交种，没有发现野生类型。中国河北、河南、黑龙江、吉林、江苏、辽宁、山东和陕西等地有栽培。

（18）东北杏（东北木本植物图志）［辽杏（中国树木分类学）］

Prunus mandshurica (Maxim.) Koehne, Dents. Dendr. 318. 1893; 陈嵘，中国树木分类学 466. 1937; 胡先骕，经济植物手册（上册）650. 1955; 中国高等植物图鉴2: 305. 图2340. 1972.

≡ *Armeniaca mandshurica* (Maxim.) Skv., Bull. App. Bot. Genet. 22. 3:223. f. 7-9. 1929; 东北木本植物图志316. 1955; 俞德浚，中国果树分类学49. 1979; 中国植物志38: 30. 1986; Flora of China 9: 399. 2003.

Type: China, in Mandshuria australiore, ad Sungari inferiorem, arbores vastae (ipse, frf.), *C.J.Maximowicz s. n.* (Syntype: LE[01015851]).

识别特征：落叶乔木。树皮纵裂。小枝淡红褐色或微绿色。叶片宽卵形或宽椭圆形，长5～15cm，宽3～8cm，先端渐尖至尾尖，叶缘具重锯齿；叶柄长1.5～3cm，常具腺体2个。花单生；花萼红褐色；花瓣白色或粉红；花梗长7～10mm。果实近球形，黄色；果核近球形、宽椭圆形，直径1.5～2.6cm，被短柔毛；果肉稍肉质或干燥，味酸稍涩；果核近球形或宽椭圆形，顶端尖，表面微具皱纹（图17）。花期4月，果期5～7月。

04

图15　洪平杏（*Prunus hongpingensis*）（A、B、C：谭飞　摄；D：吴保欢　摄）

图16　李梅杏（*Prunus limeixing*）（张海森　摄）

图17　东北杏（*Prunus mandshurica*）（A、B、D：周繇 摄；C、E：吴保欢 摄）

地理分布：产吉林和辽宁。生于开阔的向阳山坡灌木林或杂木林下，海拔400~1 000m。俄罗斯远东和朝鲜北部也有分布。

本种有光叶东北杏 Prunus mandshurica var. glabra Nakai 变种。

（19）梅（诗经）[干枝梅，酸梅，乌梅]

Prunus mume (Sieb.) Sieb. et Zucc., Fl. Jap. 1: 29. t. 11. 1836; 陈嵘，中国树木分类学463. 图357. 1937; 贾祖璋、贾祖珊，中国植物图鉴642. 图1101. 1951; 中国高等植物图鉴2: 306. 图2341. 1972.

≡ *Armeniaca mume* Sieb., Verh. Batav. Genoot. Kunst. Wetensch. 12(1): 69. 1830; 俞德浚，中国果树分类学51. 图17. 1979; 中国植物志38: 31. 1986; Flora of China 9: 400. 2003.

Type: Japonia, *P. F. von Siebold s. n.* (Lectotype designated by Akiyama et al. (2014): L[0329140]).

识别特征：落叶乔木。树皮纵裂。小枝绿色。叶片卵形或椭圆形，长4~8cm，宽2.5~5cm，先端尾尖，叶缘常具小锐锯齿；叶柄长1~2cm，常有腺体。花单生或2朵簇生，香味浓；花萼红褐色，先端圆钝，不反折；花瓣白色至粉红色；花梗长1~3mm，无毛。果实近球形，黄色或绿白色，直径2~3cm；果肉多汁，味酸，黏核；果核椭圆形，表面具蜂窝状孔穴，顶端圆而有小突尖头（图18）。花期冬春季，果期5~6月。

地理分布：中国各地均有栽培，但以长江流域以南各地最多，江苏北部和河南南部也有少数品种，某些品种已在华北引种成功。日本和朝鲜也有。

本种有长梗梅 Prunus mume var. cernua Franch.、厚叶梅 Prunus mume var. pallescens Franch.、毛茎梅 Prunus mume var. pubicaulina (C.Z.Qiao et H.M.Shen). D.F.Cui, comb. nov. [*Armeniaca mume* var. *pubicaulina* C.Z.Qiao et H.M.Shen, Bull. Bot. Res., Harbin 14(2): 150 (1994).]等多个栽培变种。

（20）山杏（东北木本植物图志）[西伯利亚杏（中国树木分类学）]

Prunus sibirica Linn., Sp. Pl. 474. 1753; 陈嵘，中国树木分类学466. 1937; 胡先骕，经济植物手册（上册）650. 1955; 中国高等植物图鉴2: 306. 图2342. 1972.

≡ *Armeniaca sibirica* (Linn.) Lam., Encycl. Meth. Bot. 1: 3. 1783; 东北木本植物图志317. 图版110. 图232. 1955; 俞德浚，中国果树分类学47. 图15. 1979; 中国植物志38: 27. 1986; Flora of China 9: 398. 2003.

Type: Herb. Linn. No. 640.13 (Lectotype designated by Kurbatsky in Cafferty and Jarvis (2002): LINN).

识别特征：落叶灌木或小乔木。树皮纵裂。小枝灰褐色或淡红褐色。叶片卵形或近圆形，长5~10cm，宽4~7cm，两面无毛，稀叶背脉腋间具毛，先端长渐尖至尾尖，叶缘具细钝锯齿；叶柄长2~3.5cm，无毛，腺体有或无。花单生；萼片紫红色，花后反折；花瓣白色或粉红色；花梗长1~2mm。果实扁球形，黄色或橘红色，直径1.5~2.5cm；果肉干燥，成熟时开裂，易与核分离；果核球形，两侧扁，顶端圆形，表面较平滑（图19）。花期3~4月，果期6~7月。

地理分布：产甘肃、河北、黑龙江、吉林、辽宁、内蒙古和山西等地。生于海拔700~2 000m的山地干燥阳坡、丘陵。蒙古东部和东南部、俄罗斯远东和西伯利亚有分布。

本种有毛杏 Prunus sibirica var. pubescens (Kostina) Nakai.、重瓣山杏 Prunus sibirica var. multipetala (G.S.Liu et L.B.Zhang) Y.H.Tong et N.H.Xia、辽梅杏 Prunus sibirica var. plenifloraa (J.Y.Zhang, T.Z.Li, X.J.Li et Y.He) Y.H.Tong et N.H.Xia 等变种。

（21）仙居杏（植物研究）

Prunus xianjuxing (J.Y.Zhang et X.Z.Wu) Y.H.Tong et N.H.Xia, Biodivers. Sci. 24(6): 716. 2016.

≡ *Armeniaca xianjuxing* J.Y.Zhang et X.Z.Wu, Bulletin of Botanical Research. 29(1): 1. 2009.

Type: China, Zhejiang: Xianju Xian, Baita, Mt. Kuocangsan, alt. 50~500m, 2008-5-16, *J.Y.Zhang et al. 2008-1* (Holotype, Herbarium of Liao Institute of Pomology).

识别特征：落叶乔木。树皮纵裂。小枝红褐色。叶片宽卵圆形，长6~11.5cm，宽4~8.7cm，

04

图18　梅（*Prunus mume*）（A、B、C：李飞飞　摄；D、E、F：吴保欢　摄）

图19　山杏（*Prunus sibirica*）（A：宣晶 摄；B、C：刘冰 摄；D：崔大方 摄）；毛杏 *Prunus sibirica* var. *pubescens*（E：李飞飞 摄）

先端渐尖至尾尖，两面被短柔毛，叶缘具单锯齿；叶柄长3~3.5cm，具腺体2个，肾形。花单生；萼片紫红色，边缘有小钝锯齿，花时反折；花瓣粉红色转白色，边缘钝锯齿或小裂片状；花梗长1~1.2cm，有短柔毛。果实扁圆形，黄色，直径4~5cm，密被短柔毛；果肉多汁，味酸甜，与核分离；果核扁圆形，褐色，顶端圆钝，表面甚粗糙。

地理分布：产浙江雁荡山西北麓，海拔50~400m山地。在仙居县田市、白塔、皤滩等20余个乡镇均有分布，多为农家宅旁栽植。百余

年的老树目前仍生长于仙居县田市镇柯思村海拔150m处。

（22）政和杏（植物分类学报）

Prunus zhengheensis (J.Y.Zhang et M.N.Lu) Y.H.Tong et N.H.Xia, Biodivers. Sci. 24(6): 716. 2016.

≡ *Armeniaca zhengheensis* J.Y.Zhang et M.N.Lu, Acta Phytotaxo. Sinica, 37(1): 105. 1999; Flora of China 9: 399. 2003.

Type: China, Fujian, Zhenghe, Waitun, Mt. Chouling, alt. 780 ~ 940m, 1996-07-17, *J.Y.Zhang*

04

图20 政和杏（*Prunus zhengheensis*）（A：王军峰 摄；B、C：吴保欢 摄）

et al. 96-1 (Holotype: Herbarium of Liao Institute of Pomology; isotype: PE [01790028]).

识别特征：落叶乔木。树皮小块状裂。小枝红褐色。叶片长椭圆形至长圆形，长7.5~15cm，宽3.5~4.5cm，先端渐尖或尾尖，背面密被浅灰色长柔毛，叶缘具不规则的细小单锯齿；叶柄长1.3~1.5cm，无毛，具腺体2~6个。花单生；萼片紫红色，花后反折；花瓣粉红色转白色；花梗长3~4mm，无毛。果实卵球形，黄色；果肉多汁，味甜，无香气，与核粘连；核狭椭圆形，顶端圆钝，表面粗糙，具浅网纹（图20）。花期3~4月，果期6~7月。

地理分布：产福建政和稠岭，生于海拔780~940m山地。

中国杏组植物分布遍布南北各地，主要集中分布在400mm等降水量线与800mm等降水量线之间的区域，这个范围刚好是中国半干旱与半湿润的过渡区域。其中杏是分布最广的种，新疆、陕甘宁地区、华北、东北、华东、华中和西南及青藏地区都有分布。山杏分布在东北、华北地区，其变种毛杏则主要分布在华北至陕甘一带，山杏和毛杏大致沿着400mm等降水量线与800mm等降水量线之间的区域呈狭长分布；东北杏和光叶东北杏则局限在东北800mm等降水量线与1 000mm等降水量线之间的区域；藏杏主要分布在四川，并向四周辐射，陕西、甘肃、青海、西

藏、云南、贵州都有分布，处于杏与梅分布重叠的位置。

梅分布在年降水量800mm以上的区域，横跨西南、华南，南至海南，北达秦岭一带，与杏和藏杏在西南地区形成明显的重叠。华仁杏、仙居杏、洪平杏、政和杏呈明显的狭域分布，仅在某一个县域内有记录。洪平杏分布于神农架林区，处于杏、藏杏及梅的分布重叠区域。政和杏只分布于福建政和县，种群十分小，野外仅发现5棵大树；李梅杏在环渤海地区较多种植，紫杏只在新疆霍城与库尔勒有种植，李梅杏与紫杏均未发现野生分布；仙居杏分布于浙江仙居县，没有发现野生种群；华仁杏分布于河北涿鹿县，也未发现野生种群（王家琼 等，2016）。

2.2.1.3 李组 Sect. *Prunus*

Prunus Subgen. ***Prunus*** Sect. ***Prunus***

Prunus Linn., Sp. Pl. 473. 1753; Linn., Gen. Pl. 213. no. 546. 1754; 俞德浚，中国果树分类学54. 1979; 中国植物志38: 34. 1986; Flora of China 9: 401. 2003.

Prunus Linn. Sect. *Prunus* Benth. et Hook. f., Gen. Pl. 1: 610. 1865.

落叶乔木或灌木。树皮纵裂。花白色，花单生或2~3朵并生，花柄明显。果实外面有沟，无毛，表面被蜡粉，成熟时果肉多汁不开裂；果核略两侧压扁，表面多少有皱纹或网纹。

本组约有30种,分布于北半球温带。中国有7种,主要产于东北、华北和西北地区。许多种因其可食用的果实和作为园林观赏植物而种植,栽培品种全国各地均有。

(23)樱桃李(中国果树分类学)

Prunus cerasifera Ehrh., Gartenkalender 4: 192. 1784; Ehrh., Beitr. Naturk 4: 17. 1789; 俞德浚, 中国果树分类学 58. f. 20. 1979; 中国植物志38: 38. 1986; Flora of China 9: 402. 2003.

Type: unknown.

= *Prunus sogdiana* Vassilcz., Referat. Nauch.-Issl. Rab. Akad. Nauk SSSR, Biol., 5. 1947.

识别特征:落叶灌木或小乔木。树皮纵裂。小枝暗红色。叶片椭圆形、卵形或倒卵形, 长2~6cm, 宽2~6cm, 上面无毛, 下面中脉被毛, 先端急尖, 叶缘具圆钝锯齿间有重锯齿; 叶柄长6~12mm, 无腺体。花单生; 花瓣白色; 花梗长1~2.2cm, 无毛或微被短柔毛。果实卵圆形、椭圆形, 黄色、红色或黑色, 直径2~3cm, 被蜡粉; 果肉黏核; 核果近球形或椭圆形, 浅褐带白色,

先端急尖, 表面平滑或粗糙或有时呈蜂窝状(图21、图22)。花期4月, 果期8月。

地理分布:产新疆伊犁天山。生于海拔800~2 000m的山坡林中或多石砾的坡地以及峡谷水边等处。国外在中亚天山、伊朗、小亚细亚、巴尔干半岛均有分布。

本种有许多栽培类型, 如紫叶李 [*Prunus cerasifera* forma *atropurpurea* (Jacq.) Rehd.] 世界各地广泛栽植。

(24)欧洲李(中国果树分类学)[西洋李, 西梅]

Prunus domestica Linn., Sp. Pl. 475. 1753; 俞德浚, 中国果树分类学 57. 1979; 中国植物志38: 38. 图版5: 3. 1986; Flora of China 9: 402. 2003.

Type: unknown.

识别特征:落叶乔木。树皮纵裂。小枝淡红色或灰绿色, 有纵棱条。叶片椭圆形或倒卵形, 长4~10cm, 宽2.5~5cm, 上面无毛, 下面被短柔毛, 先端急尖或圆钝, 叶缘有稀疏圆钝锯齿, 叶基具腺体; 叶柄长1~2cm, 密被柔毛。花1~3朵

图21 中国天山野果林野杏与樱桃李群落(温带落叶阔叶林)(崔大方 摄)

04

图22 野生樱桃李（*Prunus cerasifera*）（A、B、C：崔大方 摄）；紫叶李（*Prunus cerasifera* f. *atropurpurea*）（D、E：吴保欢 摄）

图23 欧洲李（*Prunus domestica*）（崔大方 摄）

簇生；花瓣白色；花梗长约1.2cm，无毛。果实卵球形至长圆形，被蓝黑色果粉；核广椭圆形，顶端有尖头，表面平滑，起伏不平或稍有蜂窝状隆起（图23）。花期5月，果期9月。

地理分布：产新疆天山伊犁地区。生于山坡林中或多石砾的坡地以及峡谷水边等处，海拔800~2000m。中亚天山、伊朗、小亚细亚和欧洲有分布。世界各地栽培。

（25）乌荆子李（中国果树分类学）

Prunus insititia Linn., Cent. Pl. I. 12. 1755; Linn., Amoen. Acad. 4. 273. 1755; 中国植物志38: 37. 1986; Flora of China 9: 402. 2003.

Type: Herb. Linn. No. 640.25 [LINN, Neotype designated by Ghora et Panigrahi in Nayar et al. (1984)].

识别特征：落叶灌木或小乔木。树皮纵裂。

小枝紫褐色，密被绒毛。叶片倒卵形或椭圆形，长3.5~8cm，宽2~4cm，下面色淡被柔毛，先端急尖或圆钝，叶缘有粗钝锯齿；叶柄长1~2.5cm，被柔毛，无腺体；叶基具腺体。花2朵簇生；花瓣白色，有不明显紫色脉纹；花梗长1~1.5cm，被柔毛。果实近球形或卵球形，蓝黑色，被蜡粉；果肉黏核；果核小，略扁，近光滑。花期4~5月，果期6~9月。

地理分布：原产西亚和欧洲，栽培历史悠久。中国引种栽培，果实有黄色、绿色品种供生食。

（26）李（诗经）

Prunus salicina Lindl., Trans Hort. Soc. Lond. 7:239. 1828; 陈嵘，中国树木分类学 461. 1937; 中国高等植物图鉴 2: 316. 图 2361. 1972; 俞德浚，中国果树分类学 55. f. 18. 1979; 中国植物志38: 39. 1986; Flora of China 9: 402. 2003. Type: unknown.

识别特征：落叶乔木。树皮纵裂。小枝黄红色，无毛。叶片长圆倒卵形、长椭圆形，长6~12cm，宽3~5cm，两面无毛，先端急尖至短尾尖，缘有圆钝重锯齿；叶柄长1~2cm，无毛，顶端有2个腺体或无。花3朵簇生；花瓣白色，有明显带紫色脉纹；花梗长1~2cm，通常无毛。核果球形、卵球形或近圆锥形，黄色或红色，外被蜡粉；果核卵圆形或长圆形，两端尖，表面有皱纹（图24）。花期4月，果期7~8月。

地理分布：产安徽、重庆、福建、甘肃、广东、广西、贵州、湖北、湖南、江苏、江西、陕西、四川、台湾、云南和浙江。生于海拔400~2 600m的山坡灌丛中、山谷疏林中或水边、沟底、路旁等处。中国及世界各地均有栽培，为重要温带果树之一。

本种有毛梗李［*Prunus salicina* var. *pubipes* (Koehne) L.H.Bailey］等变种。

（27）杏李（中国树木分类学）［红李］

Prunus simonii Carr., Rev. Hort. 1872: 111. t. 1872; 陈嵘，中国树木分类学476. 1937; 俞德浚，中国果树分类学57. f. 19. 1979; 中国植物志38: 35. 图版5: 1-2. 1986; Flora of China 9: 401. 2003. Type: unknown.

识别特征：落叶乔木。树皮纵裂。小枝浅红色、无毛。叶片长圆状倒卵形或长圆状披针形，长7~10cm，宽3~5cm，两面无毛，先端渐尖或急尖，边缘有细密圆钝锯齿；叶柄长1~1.3cm，无毛，顶端具腺体2~4个。花2~3朵簇生；花瓣白色；花梗长2~5mm，无毛。果实扁球形，直径3~6cm；表面被蜡粉；果肉紧密，有浓香，微涩，黏核；果核小，扁球形，有纵沟（图25）。花期5月，果期6~7月。

地理分布：在中国华北地区有少量栽培，至今仍未发现其野生分布区（Lu et al., 2003）。

（28）黑刺李（中国果树分类学）［刺李］

Prunus spinosa Linn., Sp. Pl. 475. 1753; 俞德浚，中国果树分类学60. f. 21. 1979; 中国植物志38: 35. 图版5: 1-2. 1986; Flora of China 9: 401. 2003.

Type: Herb. Burser XXIII: 42 (Lectotype designated by Jonsell and Jarvis (2002): UPS).

识别特征：落叶灌木。树皮纵裂。小枝红褐色，密被短柔毛。叶片长圆倒卵形或椭圆状卵形，长2~4cm，宽8~18mm，两面被毛，先端急尖或圆钝，叶缘有细钝锯齿间有重锯齿；叶柄长5~7mm，被柔毛，无腺体。花单生；花瓣白色，具浅紫色脉纹；花梗长6~15mm，直立。核果球形、广椭圆形或圆锥形，黑色，被蓝色果粉；果肉绿色；核卵形或广椭圆形，稍扁平，具起伏不平皱纹（图26）。花期4月，果期8月。

地理分布：原产西亚、北非和欧洲，多生于海拔800~1 200m的森林草原地带、林中旷地、林缘和河谷旁。中国引种栽培。

（29）东北李（东北木本植物图志）［乌苏里李（中国果树分类学）］

Prunus ussuriensis Kov. et Kost., Bull. Appl. Bot. Genet. Pl. Breed. ser. 8. n 4: 75. 1935; 俞德浚，中国果树分类学57. 1979; 中国植物志38: 40. 图版5: 1-2. 1986; Flora of China 9: 403. 2003.

= *Prunus triflora* Roxburgh var. *mandshurica* Skvortzov, Plum N. Manch. 16. 1925.

= *Prunus salicina* Lindl. var. *mandshurica* (Skv.) Skv. et Bar. 东北木本植物图志330. 1955.

Type: unknown.

识别特征：落叶乔木。树皮纵裂。小枝红褐色，

04

图 24　李（*Prunus salicina*）（A、B：吴保欢 摄；C：崔大方 摄）；毛梗李 *Prunus salicina* var. *pubipes*（D：吴保欢 摄）

图25 杏李（*Prunus simonii*）（A：白重炎 摄；B：薛自超 摄）

图26 黑刺李（*Prunus spinosa*）（A：刘冰 摄；B、C：崔大方 摄）

无毛。叶片长圆形、倒卵状长圆形，长4～7(～9) cm，宽2～4cm，上面无毛，下面被柔毛，叶缘有单锯齿或重锯齿，基部具腺体；叶柄长约1cm，被柔毛，无腺体。花2～3朵簇生；花瓣白色；花梗长7～13mm，无毛。核果小，卵球形、近球形或长圆形，紫红色；核长圆形，有明显侧沟，表面有不明显蜂窝状突起（图27）。花期4～5月，果期6～9月。

地理分布：产中国东北，生于海拔450～780m的林缘。俄罗斯远东有分布。

2.2.1.4　矮樱组 Sect. *Microcerasus*

Prunus Subgen. *Prunus* Sect. *Microcerasus* (Webb) C.K.Schneid., Ill. Handb. Laubholzk. 1. 601.

图27　东北李（*Prunus ussuriensis*）（A：周繇 摄；B：聂廷秋 摄；C：吴保欢 摄）

1906.

Microcerasus Webb et Berthel., Hist. Nat. Îles Canaries 3(2.2): 19. 1842.

Prunus Linn. Subgen. *Microcerasus* (Webb) Focke, Nat. Pflanzenfam. 3(3): 54. 1888.

Cerasus Grex II *Microcerasus* Koehne, Pl. Wilson. (Sargent) 1: 262. 1912.

Cerasus Subgen. *Microcerasus* (Koehne) T.T.Yu et C.L.Li, 中国植物志38: 81. 1986.

Type: *Prunus prostrata* Labill.

落叶乔木或灌木；树皮纵裂。花白色，花单生或2~3朵并生，花梗明显。果实表面不被蜡粉；果核无两侧压扁，表面有浅沟纹；果核卵圆形、椭圆形，两端尖，表面无纵横沟纹和孔穴。

中国产9种。

（30）毛叶欧李（中国高等植物图鉴）

Prunus dictyoneura Diels, Engl. Bot. Jahrb 36: 82. 1905; 中国高等植物图鉴2: 308. 图2346. 1972.

≡ *Cerasus dictyoneura* (Diels) T.T.Yu, 中国果树分类学76. 1979; 中国植物志38: 82. 图版14: 4.

1986; Flora of China 9: 408. 2003.

Type: N Can cun, Sun juen scen, frucht. Im Juli, *GI* (*G. Giraldi*) *1134* (Syntype: FI[010975]).

识别特征： 落叶灌木。叶片倒卵状椭圆形，基部楔形，下面密被黄褐色微硬毛。花单生或2~3朵并生，花柄明显，花柱无毛，花瓣白色。核果球形，红色，表面不被蜡粉，成熟时不开裂。核除棱背两侧外，无棱纹（图28）。花期4~5月，果期7~9月。

地理分布： 产甘肃、河北、河南、宁夏、山西和陕西。生于海拔400~1 600m山坡阳处灌丛中或荒草地上，常有栽培。

（31）麦李（中国树木分类学）

Prunus glandulosa Thunb., Fl. Jap. 202. 1784; 陈嵘，中国树木分类学481. 1937; 中国高等植物图鉴2: 309. 图2348. 1972.

≡ *Cerasus glandulosa* (Thunb.) Lois., Trait. Arb. Arbust. (Duhamel), ed. augm. 5: 33. 1812. 俞德浚，中国果树分类学76. 图29. 1979; 中国植物志38: 83. 图版14:5. 1986; Flora of China 9: 408. 2003.

Type: Japan, *C.P.Thunberg s. n.* (Lectotype

图28 毛叶欧李（*Prunus dictyoneura*）（A：曾佑派 摄；B：吴保欢 摄）

04

图29 麦李（*Prunus glandulosa*）（A：薛凯 摄；B、C：吴保欢 摄）

designated by Wang et al. (2015): UPS, Thunberg-11801).

识别特征：落叶灌木。叶片长圆状倒卵形或椭圆状披针形，基部楔形，中部最宽，侧脉4～5对。萼筒无毛；花单生或2朵簇生，花柄明显，花柱稍比雄蕊长，花瓣白色。核果近球形，红色或紫红色，成熟时不开裂。果核无两侧压扁，表面有浅沟纹（图29）。花期3～4月，果期5～8月。

地理分布：产安徽、福建、广东、广西、贵州、河南、湖北、湖南、江苏、山东、陕西、四川、云南和浙江。生于海拔800～2 300m山坡、沟边或灌丛中。日本有栽培。本种多庭园栽培，有单瓣、重瓣、白花、粉红花多个品种。

（32）郁李（植物名实图考）

Prunus japonica Thunb., Fl. Jap. 201. 1784; 陈嵘，中国树木分类学480. 图376. 1937; 贾祖璋、贾祖珊，中国植物图鉴646. 图1109. 1951; 中国高等植物图鉴2: 310. 图2350. 1972.

≡ *Cerasus japonica* (Thunb.) Lois., Trait. Arb. Arbust. (Duhamel), ed. augm. 5: 33. 1812; 刘慎谔等，东北木本植物图志328. 图版113: 243. 1955; 俞德浚，中国果树分类学79. 图30. 1979; 中国植物志38: 85. 1986; Flora of China 9: 406. 2003.

Type: Japan, *C.P.Thunberg s. n.* (Syntype: UPS).

识别特征：落叶灌木。叶片卵形或卵状披针形，中部以下最宽，基部圆形。萼筒无毛；花1～3朵，花柄明显，花瓣白色或粉红色。核果近球形，深红色，表面不被蜡粉，成熟时不开裂。果核光滑（图30）。花期5月，果期6～8月。

地理分布：产河北、黑龙江、吉林、辽宁、

图30 郁李（*Prunus japonica*）（A：吴保欢 摄；B：周繇 摄；C：薛凯 摄）

山东、四川和浙江。生于海拔100~200m山坡林下、灌丛中。朝鲜和日本也有分布。本种多庭园栽培，有单瓣、重瓣多个品种。

（33）欧李（中国树木分类学）

Prunus humilis Bunge, Enum. Pl. China Bor. [A.A. von Bunge]: 23. 1833; Bunge, Mem. Acad. Sci. St. -Petersb. Sav. Etrang 2: 97. 1835; 陈嵘, 中国树木分类学 481. 1937; 中国高等植物图鉴2: 310. 图 2349. 1972.

≡ *Cerasus humilis* (Bunge.) Sok., Cep. Kyct. CCCP 3: 751. 1954; 俞德浚，中国果树分类学 76. 图 28. 1979; 中国植物志38:83. 图版 14: 1-3. 1986; Flora of China 9: 408. 2003.

Type: China bor., 1830, *A.A.Bunge s. n.* (Syntypes: LE[01015835]; LE[01015834]; LE [01015833]; LE [01015832]).

识别特征： 落叶灌木。叶片倒卵状长圆形或倒卵状披针形，基部楔形，叶片侧脉6~8对。萼筒外面被稀疏柔毛花单生或3朵簇生，花柄明显，花柱稍短于雄蕊，花瓣白色。核果近球形，红色或紫红色，不被蜡粉，成熟时不开裂。核除背部

两侧外无棱纹（图31）。花期4~5月，果期6~10月。

地理分布： 产河北、河南、黑龙江、吉林、辽宁、内蒙古和山东。生于海拔 100~1 800m 阳坡砂地、山地灌丛中。本种也庭园栽培。

（34）长梗扁桃（中国果树分类学）

Prunus pedunculata (Pall.) Maxim., Bull. Acad. Imp. Sci. Saint-Pétersbourg 29: 78 (Mel. Biol. 11: 663) 1883; 内蒙古植物志3: 132. 图版69. 1977.

≡ *Amygdalus pedunculata* Pall., Nova Acta Acad. Sci. Imp. Petrop. Hist. Acad. 7: 353. 1789; 俞德浚，中国果树分类学39. 图 12. 1979; 中国植物志 38: 15. 图版2: 7-9. 1986; Flora of China 9: 393. 2003.

Type: *s. loc., s. coll. s. n.* (BM).

识别特征： 落叶灌木。叶片椭圆形、近圆形或倒卵形，先端不分裂，边缘具不整齐粗锯齿。花单生，花梗明显，花瓣粉红色。核果近球形或卵圆形，不被蜡粉，成熟时开裂。果核无两侧压扁，表面有浅沟纹，宽卵球形（图32）。花期5~6月，果期7~8月。

地理分布： 产内蒙古和宁夏。生于丘陵地区向阳石砾质坡地或坡麓，也见于干旱草原或荒漠

图31 欧李（*Prunus humilis*）（刘冰 摄）

图32 长梗扁桃（*Prunus pedunculata*）（A：林秦文 摄；B：徐晔春 摄；C：牛余江 摄）

草原。蒙古和俄罗斯西伯利亚也有分布。

（35）毛柱郁李（中国植物志）［毛柱樱（拉汉种子植物名称）］

Prunus pogonostyla Maxim., Bull. Soc. Imp. Naturalistes Moscou 54: 11. 1879.

≡ *Cerasus pogonostyla* (Maxim.) T.T. Yu et C.L.Li, 中国植物志38: 81. 1981; Flora of China 9: 407. 2003.

Type: In summo cacumine montis Nam-tau-wú, prope Amoy (Xiamen), alt. circa 2000 ped., Dec.

1862, *C.F.M. de Grijs s. n.* in herb. Hance no. 10130 (Syntypes: LE[01015683]; BM[000622021]); prope Tamsuy (Danshui) ins. Formosae (Taiwan, China), 1864, *R. Oldham 105* (Syntypes: LE[01015682]; BM[000622020]; GH[00032153]; PE[00020649]; K[000737077]).

识别特征：落叶灌木或小乔木。叶片倒卵状椭圆形，基部楔形至宽楔形，下面被疏毛或脉上被疏柔毛。花单生或2朵，花梗明显，花柱基部被疏柔毛，花瓣粉红色。核果椭圆形或近球形，熟

图33　毛柱郁李（*Prunus pogonostyla*）（A：顾余兴 摄；B：汤睿 摄；C：朱弘 摄）

时不开裂；核光滑（图33）。花期3月，果期4~5月。

地理分布：产福建、江西和台湾。生于海拔200~500m山坡林下。

（36）天山樱桃

Prunus tianshanica (Pojark.) S. Shi, J. Integr. Plant Biol. 55(11): 1075. 2013.

≡ *Cerasus tianshanica* Pojark., Journ. Bot. Zhum. S.S.S. R. 24(3): 242. 1939; 中国植物志38: 87. 图版15: 3-4. 1986; Flora of China 9: 406. 2003.

Type: Kazakhstania, prope urb. Alma-ata, ad rupibus in angustiis fl. Malaja Almatinka, 30 Apr. 1916, *V. Gorodetzky 82* (LE).

识别特征：落叶灌木。叶片倒卵状披针形，叶边锯齿尖锐，两面无毛。萼筒无毛；花单生，花梗较短，花瓣淡红色。核果近球形，熟时紫红色，顶端有稀疏长柔毛，表面不被蜡粉；核平滑（图34）。花期4~5月，果期6~7月。

地理分布：产新疆天山，生于海拔700~

图34　天山樱桃（*Prunus tianshanica*）（A：崔大方 摄；B、C：王兵 摄）

1 600m山坡草地或林下。中亚哈萨克斯坦、吉尔吉斯斯坦、乌兹别克斯坦也有分布。

（37）毛樱桃（河北习见树木图说）[梅桃（中国树木分类学），山樱桃（中国植物图鉴）]

Prunus tomentosa Thunb., Fl. Jap. 203. 1784; 陈嵘，中国树木分类学481. 图377. 1937; 贾祖璋、贾祖珊，中国植物图鉴648. 图1113. 1951; 中国高等植物图鉴2: 313. 图2355. 1972.

≡ *Cerasus tomentosa* (Thunb.) Wall., Numer. List. no. 715. 1829. nom. nud.; Hook. f., Fl. Brit. India 2: 314. 1878. pro. syn.; 刘慎谔等，东北木本植物图志362. 图版112: 240. 1955; 俞德浚，中国果树分类73. 图27. 1979; 中国植物志38: 86. 图版15: 1-2. 1986; Flora of China 9: 406. 2003.

Type: Japan, *C.P.Thunberg s. n.* (UPS).

识别特征： 落叶灌木。叶片卵状椭圆形或倒卵状椭圆形，上面被疏柔毛，下面密被柔毛。萼筒外被柔毛或无毛；花单生或2朵簇生，花梗较短，花瓣白色或粉红色。核果近球形，熟时红色，

不被蜡粉；核棱脊两侧有纵沟（图35）。花期4~5月，果期6~9月。

地理分布： 产甘肃、河北、黑龙江、吉林、辽宁、内蒙古、宁夏、青海、山东、山西、陕西、四川、西藏和云南。生于海拔100~3 200m山坡林中、林缘、灌丛中或草地。

（38）榆叶梅（中国树木分类学）

Prunus triloba Lindl., Gard. Chron. 1857: 268. 1857; 陈嵘，中国树木分类学472. 图365. 1937; 贾祖璋、贾祖珊，中国植物图鉴643. 图1103. 1951; 中国高等植物图鉴2. 305. 图2339. 1972.

≡ *Amygdalus triloba* (Lindl.) Ricker, Proc. Biol. Soc. Wash. 30: 18. 1917; 俞德浚，中国果树分类学37. 1979; 中国植物志38: 14. 1986; Flora of China 9: 392. 2003.

Type: unknown.

识别特征： 落叶灌木。叶片宽椭圆形或倒卵形，先端常3裂，边缘具粗锯齿或重锯齿。花1~2朵，花梗明显，花瓣白色。核果近球形，顶端具

图35　毛樱桃（*Prunus tomentosa*）（A、B：崔大方 摄；C：李飞飞 摄；D：吴保欢 摄）

04

图36 榆叶梅（*Prunus triloba*）（孙卫 摄）

小尖头，红色，不被蜡粉，成熟时开裂；核近球形，表面网状，先端钝圆（图36）。花期4～5月，果期5～7月。

地理分布：产甘肃、河北、黑龙江、吉林、江苏、江西、辽宁、内蒙古、山东、山西、陕西和浙江等地。生于低至中海拔的坡地或沟旁乔、灌木林下或林缘。目前全国各地多数公园内均有栽植。中亚也有分布。

2.2.2 樱桃亚属

Prunus Subgen. ***Cerasus*** (Mill.) A. Gray, Manual (Gray), ed. 2. 112. 1856；陈嵘，中国树木分类学 473. 1937.

Prunus-Cerasus Weston, Bot. Univ. 1: 224. 1770.

Cerasus Mill., Gard. Dict. Abr. ed. 4. 28. 1754；中 国 植 物 志 38: 41. 1986；Flora of China 9: 404.

2003.

Prunus Sect. *Cerasus* Persoon, Syn. Fl. 2: 34. 1806.

Prunus Subgen. *Cerasus* (Mill.) Focke, Nat. Fflanzenfam. 3: 54. 1888; Koehne, Pl. Wilson. (Sargent)1: 226. 1912.

落叶乔木或灌木；树皮光亮，具有横列的皮孔。数朵花组成伞形、伞房状花序或总状花序，花序常有明显苞片；果沟不明显。

亚属模式种：欧洲酸樱桃 *Prunus cerasus* Linn.。

樱亚属有140多种，分布于北半球温带地区（亚洲、欧洲至北美洲），主要是喜马拉雅至东亚地区，其中又以中国分布种类最多。历史上发表过的产自中国的樱亚属名称多达136个（The Plant List, 2010），通过文献考证、标本查阅，结合形态特征比较和分子系统学研究结果，本文收录原产于中国樱亚属植物有40种、外来引种栽培5种。

樱桃亚属*Prunus* Subgen. *Cerasus*植物分种检索表

1. 叶片背面密被紫褐色或黑色腺点 ··· 41. 斑叶樱桃 *P. maackii*

1. 叶片背面无腺点

  2. 花序基部具退化小叶 ·· 45. 圆叶樱桃 *P. mahaleb*

  2. 花序基部无退化小叶

    3. 叶片锯齿圆钝，花序基部芽鳞宿存，花萼先端圆钝，强烈反折

      4. 灌木，高 0.2～1m；萼片短于萼筒；核果直径0.8cm ······ 44. 草原樱桃 *P. fruticosa*

      4. 乔木，高 10～25m；萼片与萼筒近等长；核果直径1.2～2.5cm

        5. 叶柄长 1～2cm；叶片无毛；花序内总苞片直；果酸 ··· 43. 欧洲酸樱桃 *P. cerasus*

        5. 叶柄长 2～7cm；叶片背面疏生长柔毛；花序内总苞片弯曲；果甜 ·····················

                                           42. 欧洲甜樱桃 *P. avium*

    3. 叶片锯齿锐利，花序基部芽鳞通常早落，花萼先端锐利或圆钝，多数平展或直立，少反折。

      6. 托叶条形、线形或较大型，呈卵形、三角形或叶状

        7. 托叶条形或线形，果实卵球形至近球形，成熟时黑色

          8. 叶片侧脉近平行，伞形花序近无总梗，花瓣先端具明显缺刻

            9. 花较小，花萼筒长 3～5mm，萼片 2～4mm，花瓣白色 ·······················

                             16. 雾社山樱花 *P. taiwaniana*

            9. 花较大，花萼筒长 4～7mm，萼片 3.5～5.5mm，花瓣淡红色 ···················

                      8. 大叶早樱 *P. itosakura* var. *ascendens*

          8. 叶片侧脉不平行，总状花序具明显总梗，花瓣先端圆钝

            10. 花序苞片卵圆形，边缘具明显尖锐锯齿 ·········· 9. 黑樱桃 *P. maximowiczii*

            10. 花序苞片卵圆形，倒卵形，边缘具带长柄的细小腺体

                         39. 兴山樱桃 *P. xingshanensis*

        7. 托叶线形、卵形、三角形，果实卵球形，成熟时红色，少成熟时黑色

          11. 托叶线形（托叶樱桃托叶大型，呈三角形、卵形），花萼筒较长，管状至管状钟形，长可达 5mm以上，长宽比可达 2以上

            12. 树皮红褐色，常片状剥落

              13. 叶缘具明显粗钝重锯齿，伞形花序具大型叶状苞片，宿存，苞片具明显

锯齿 …………………………………………………… 34. 刺毛樱桃 *P. setulosa*

13. 叶缘具细密浅锯齿，伞形花序，苞片较小型，边缘无明显锯齿，通常花期脱落，少宿存

  14. 叶片披针形至卵状披针形，叶缘具细密锐利锯齿或重锯齿 ……………
  ………………………………………………… 33. 细齿樱桃 *P. serrula*

  14. 叶片狭倒卵形、倒卵状椭圆形，叶缘具浅钝锯齿或重锯齿 …………
  …………………………………………………… 32. 红毛樱桃 *P. rufa*

12. 树皮灰褐色或红褐色，但无明显片状剥落

15. 托叶卵形、三角形等多种形状，通常营养枝上的较大 ……35. 托叶樱桃 *P. stipulacea*

15. 托叶线形或披针形

  16. 偃卧状灌木，叶较小，长不过4cm

    17. 叶片倒卵形到倒卵形椭圆形，边缘重锯齿但不浅裂 …… 27. 偃樱桃 *P. mugus*

    17. 叶片椭圆形卵形到椭圆形披针形，边缘重锯齿，分裂成小裂片
    ………………………………………… 24. 山楂叶樱桃 *P. crataegifolia*

  16. 直立乔木

    18. 叶缘锯齿锐利，花萼筒光滑无毛，少被稀疏柔毛，毛柱基部被稀疏柔毛 …………………………………………… 38. 川西樱桃 *P. trichostoma*

    18. 叶缘锯齿圆钝，花萼筒被锈色柔毛，花柱无毛或被毛

      19. 花梗长0.5~2.5cm，花柱光滑无毛 ……21. 尖尾樱桃 *P. caudata*

      19. 花梗长3.5~4.8cm，花柱被毛 …… 40. 西藏樱桃 *P. yaoiana*

11. 托叶大型，呈卵形、三角形等多种形态，花萼筒较短，钟形，长3~4mm，长宽比0.5~1.5

20. 花序伞形

  21. 叶缘锯齿具明显锥状腺体 …………………… 37. 康定樱桃 *P. tatsienensis*

  21. 叶缘锯齿无腺体或仅具不明显腺体

    22. 小枝密被长柔毛；叶片背面密被展开长柔毛；萼筒外被浓密的绒毛 …
    ……………………………………………… 31. 多毛樱桃 *P. polytricha*

    22. 小枝无毛；叶片背面无毛或被疏柔毛；萼筒外面无毛或仅被稀疏柔毛

      23. 花序下垂 ……………………… 28. 垂花樱桃 *P. nutantiflora*

      23. 花序开展不下垂 ……………… 22. 微毛樱桃 *P. clarofolia*

20. 花序伞房总状或总状

  24. 花序苞片边缘腺体盘状

    25. 萼片长为萼筒1/2 ……………………… 25. 盘腺樱桃 *P. discadenia*

    25. 花萼片与萼筒近等长 ……………… 36. 四川樱桃 *P. szechuanica*

  24. 花序苞片边缘腺体锥状、棒状或具柄的头状

    26. 花序苞片边缘腺体锥状，花梗和萼片外面无毛

      27. 幼枝棕色；苞片较大，长0.5~2.5cm；花柱和雄蕊近等长 …………
      ……………………………………… 23. 锥腺樱桃 *P. conadenia*

      27. 幼枝微染红棕色到红绿色；苞片较小，长0.2~0.5cm；花柱稍长于雄蕊 ……………………………………… 30. 雕核樱桃 *P. pleiocerasus*

04

26. 花序苞片边缘腺体棒状或具柄的头状，花梗和萼片外面被毛

 28. 苞片边缘腺体棒状，叶片背面具柔毛或疏生短柔毛；花萼筒基部具柔毛到近无毛 ·················· 26. 长腺樱桃 *P. dolichadenia*

 28. 叶片背面密被水平展开具长柔毛到长硬毛；花萼筒具柔毛；萼片边缘有腺齿 ·················· 29. 散毛樱桃 *P. patentipila*

6. 托叶羽状分裂

29. 花萼筒管状至管状钟形，果实近球形，成熟时黑色

 30. 花先叶开放，花梗、花萼筒密被绒毛 ·················· 20. 东京樱花 *P. yedoensis*

 30. 花叶同时开放，花梗、花萼筒光滑或被短柔毛

  31. 叶片较大，长通常8cm以上，宽常4cm以上，叶柄长通常1.5cm以上

   32. 叶片、叶柄、花梗光滑无毛或仅被稀疏柔毛 ··· 15a. 山樱花 *P. serrulata* var. *spontanea*

   32. 叶背、叶柄、花梗被短柔毛 ···15b. 毛叶山樱花 *P. serrulata* var. *pubescens*

  31. 叶片较小，较窄，长常不过8cm，宽常不过4cm，叶柄较短，长通常不过1cm

   33. 叶柄密被粗毛，具2腺体 ·················· 17. 阿里山樱 *P. transarisanensis*

   33. 叶柄光滑或被稀疏柔毛，具2腺体或无 ·········· 18. 矮山樱 *P. veitchii*

29. 花萼筒钟形，果实卵球形，成熟时红色，少黑色

34. 伞形花序

 35. 叶基部楔形，稀近圆，萼筒长4~5mm，萼片平展，长约为萼筒的1/2 ················· 5. 迎春樱桃 *P. discoidea*

 35. 叶基部圆形，萼筒长约3mm，萼片强烈反折，长约为萼筒的2倍 ·················· 10. 磐安樱 *P. pananensis*

34. 伞房花序或伞房总状花序

 36. 花序苞片小型，长不过3mm

  37. 花瓣先端通常圆钝，少具缺刻或呈波状

   38. 花序总梗、花梗被毛

    39. 叶侧脉9~14对，总苞匙状长圆形或倒卵长圆形，长7~12mm；花梗长0.5~2cm，萼筒密被微硬毛 ········ 19. 云南樱桃 *P. yunnanensis*

    39. 叶侧脉7~9对，总苞椭圆形，长3.5~4mm；花梗长3~4mm，萼筒外被柔毛 ·················· 6. 西南樱桃 *P. duclouxii*

   38. 花序总梗、花梗光滑无毛

    40. 花序长，花梗长4~8cm；萼筒管状钟形 ·········· 7. 蒙自樱桃 *P. henryi*

    40. 花序短，花梗长1~1.5cm；萼筒钟状 ········ 12. 细花樱 *P. pusilliflora*

  37. 花瓣先端2裂

   41. 花序梗，花梗光滑无毛；花萼筒管状钟形，光滑无毛 ·················· 3. 华中樱桃 *P. conradinae*

   41. 花梗被稀疏柔毛；花萼筒钟形，被稀疏柔毛 ·················· 11. 樱桃 *P. pseudocerasus*

 36. 花序苞片较大型，长3mm以上

  42. 花萼片明显短于花萼筒，萼片直或平展，有时反卷

   43. 花叶同开，成熟叶片稍革质 ·················· 2. 高盆樱桃 *P. cerasoides*

43. 花先叶开放，成树叶片纸质 ·················· 1. 钟花樱桃 *P. campanulata*

42. 花萼片明显长于花萼筒或与花萼筒近等长，开花时反折

44. 花萼筒与萼片近等长 ·················· 14. 浙闽樱桃 *P. schneideriana*

44. 花萼片明显长于花萼筒，长约为花萼筒的 1.5~2 倍，萼片强烈反折

45. 小叶、叶柄、叶片下面及花梗无毛，稀被疏柔毛；花序苞片圆形，边有长柄腺体 ·················· 4. 襄阳山樱桃 *P. cyclamina*

45. 小叶、叶柄、叶片下面及花梗被柔毛；花序苞片边缘常撕裂状，裂片顶端有长柄腺体 ·················· 13. 尾叶樱桃 *P. rufoides*

04

2.2.2.1 樱桃组 Sect. *Pseudocerasus*

Prunus Subgen. **Cerasus** Sect. **Pseudocerasus** Koehne, Deustche Dendr.: 305. 1893.

Type: *Prunus pseudocerasus* Lindl.

（1）钟花樱桃 ［福建山樱花（中国树木分类学），山樱花，绯樱（台湾植物志）］

Prunus campanulata Maxim., Bull. Acad. Petersb. 29: 103. 1883；陈嵘，中国树木分类学 479. 图 375. 1937；中国高等植物图鉴 2: 307. 图 2344. 1972.

≡ *Cerasus campanulata* (Maxim.) T.T.Yu et C.L.Li, 中国植物志 38: 78. 图版 13: 3-4. 1986; Flora of China 9: 417. 2003.

Type: Japan, Oosaka, cultivated, 14 February

图 37　钟花樱桃（*Prunus campanulata*）（吴保欢 摄）

1863, *s. coll. s. n.* (Lectotype designated by Buzunova (2001): LE). China, Fokien (Fujian), *de Grijs 7046* (Syntype: K[000737115]).

= *Cerasus hainanensis* G.A.Fu et Y.S.L, Guihaia 8(2): 133. 1988.

识别特征: 落叶乔木。叶片卵形、卵状椭圆形,边缘有尖锐重锯齿。花序无毛,通常多于2朵花;苞片棕色或很少绿棕色,很少宿存;萼片直或平展;花先于叶开放,花瓣粉红色,顶部微缺或很少全缘。核果红色,内果皮先端锐尖(图37)。花期1~3月,果期3~5月。

地理分布: 产福建、广东、广西、海南、台湾和浙江。生于海拔100~600m山谷林中及林缘。日本、越南也有分布。

(2)高盆樱桃 [箐樱桃(云南),云南欧李(中国高等植物图鉴),冬樱花]

Prunus cerasoides Buchanan-Hamilton ex D. Don, Prodr. Fl. Nepal. 239. 1825;中国高等植物图鉴 2: 308. f. 2345. 1972.

≡ *Cerasus cerasoides* (Buchanan-Hamilton ex D. Don) S.Y.Sokolov, Trees & Shrubs URSS 3: 736. 1954;中国植物志38: 78. 1986;Flora of China 9: 418. 2003.

Type: Nepal, near Narainhetty, *F. Buchanan-Hamilton s. n.* (Lectotype designated by Ghora and Panigrahi (1984): BM[000522036]).

= *Prunus majestica* Koehne, Pl. Wilson. (Sargent) 1: 252. 1912.

识别特征: 落叶乔木。叶片长圆状椭圆形或卵形,边缘有尖锐重锯齿。花序无毛,通常多于2朵花;苞片棕色或很少绿棕色,很少宿存;萼片直或平展;花和叶同时开放,花瓣淡粉或白色,顶部圆钝或微缺。核果紫黑色,内果皮先端钝(图38)。花期10~12月,果期2~3月。

地理分布: 产云南和西藏南部。生于海拔1 300~2 200m沟谷密林中。克什米尔地区、不丹、尼泊尔、印度、缅甸北部也有分布。

(3)华中樱桃 [康拉樱(经济植物手册),单齿樱花(湖北植物志)]

Prunus conradinae Koehne, Pl. Wilson.

图38 高盆樱桃(*Prunus cerasoides*)(A、B: 吴保欢 摄;C: 朱仁斌 摄;D: 胡先奇 摄;E: 朱鑫鑫 摄)

图39　华中樱桃（*Prunus conradinae*）（A：谭飞 摄；B、C：吴保欢 摄）

（Sargent）1: 211. 1912.

≡ *Cerasus conradinae* (Koehne) T.T.Yu et C.L.Li, 中国植物志38: 76. 图版13: 1-2. 1986；Flora of China 9: 417. 2003.

Type: China, Hupeh (Hubei), Changyang, woods, alt. 1 000 ～ 1 500m, April and June 1907, *E.H.Wilson 3* (Syntypes: A[00032027]; E[00011292]; HBG[511100]; P[03358093]).

= *Prunus hirtipes* Hemsl. var. *glabra* Pamp., Nouv. Giorn. Bot. Ital. 17: 293. 1910.

识别特征：落叶乔木。叶片倒卵形、长椭圆形或倒卵状长椭圆形，边缘有尖锐重锯齿，背面无毛或沿脉背柔毛。花序无毛，有3～5花；苞片棕色或很少绿棕色，很少宿存；萼片直或平展；花先于叶开放，花瓣白色或粉红色，顶部2浅裂。核果红色，内果皮先端锐尖（图39）。花期3月，果期4～5月。

地理分布：产广西、贵州、河南、湖北、湖南、陕西、四川和云南。生于海拔500～2 100m沟边林中。

（4）襄阳山樱桃（经济植物手册）

Prunus cyclamina Koehne, Pl. Wilson. (Sargent) 1(2): 207. 1912；胡先骕，经济植物手册（上册）664. 1955.

≡ *Cerasus cyclamina* (Koehne) T.T.Yu et C.L.Li，中国植物志38: 58. 1986；Flora of China 9: 416. 2003.

Type: China, Hupeh (Hubei), Changyang, woodlands, alt. 1 000～1 300m, April and June 1907, *E.H.Wilson 9* (Syntypes: A[00032041]; E[00011279]; HBG[511102]; US[00107949]).

识别特征：落叶乔木。叶片倒卵状长圆形，边缘有尖锐重锯齿，齿端有圆钝腺体。花序无毛，有3～4花；苞片棕色或很少绿棕色，很少宿存；萼片反折；花叶同放，花瓣粉红色，顶部2浅裂。核果熟时红色，近球形（图40）。花期4月，果期5～6月。

地理分布：产广东、广西、湖北、湖南和四

图40 襄阳山樱桃（*Prunus cyclamina*）（陈又生 摄）

图41 迎春樱桃（*Prunus discoidea*）（吴保欢 摄）

川。生于海拔1 000～1 300m山地疏林中。

（5）迎春樱桃

Prunus discoidea (T.T.Yu et C.L.Li) Z.Wei et Y.
B.Chang, Fl. Zhejiang 3: 246. 1993.

≡ *Cerasus discoidea* T.T.Yu et C.L.Li, Acta
Phytotax. Sin. 23(3): 211, pl. 1, f. 3.1985; 中国植物
志38: 52. 图版7: 6-7. 1986; Flora of China 9: 410.

2003.

Type: China, Zhejiang, Xitianmu Shan, alt.
1 080m, 24 May 1957, *M.B.Deng et al. 4073*
(Holotype: PE[00004545]; isotype: HHBG[016859]).

识别特征：落叶小乔木。叶片倒卵状长圆形，
基部楔形，稀近圆，边缘有急尖锯齿，齿端有小
盘状腺体。花序伞形；苞片绿色，宿存；萼筒外

具柔毛；花先于叶开放，花瓣粉红色，顶部2裂。核果熟时红色（图41）。花期3月，果期5月。

地理分布：产安徽、湖北、江西和浙江。生于海拔200～1 100m山谷林中或溪边灌丛中。

（6）西南樱桃

Prunus duclouxii Koehne, Pl. Wilson. (Sargent) 1(2): 242. 1912.

≡ *Cerasus duclouxii* (Koehne) T.T.Yu et C.L.Li, 中国植物志38: 63. 1986; Flora of China 9: 420. 2003.

Type: China, Yunnan, 16 Febuary 1897, *F. Ducloux 77* (Syntypes: E[00011278]; P[01819038]; P[01819039]; P[01819040]; A[00032060]).

识别特征：落叶乔木。叶片边缘有尖锐重锯齿。花序近伞形总状，有3～7花；总苞片椭圆形，在开花后脱落；萼筒管形钟状，外被柔毛；花柱有毛；花瓣白色，无毛，花瓣顶部近波状到微缺。核果熟时紫红色（图42）。花期3～5月，果

期5～6月。

地理分布：产四川和云南。生于山谷林中，海拔2 300m。

（7）蒙自樱桃

Prunus henryi (C.K.Schneid.) Koehne, Pl. Wilson. (Sargent) 1: 240. 1912.

≡ *Prunus yunnanensis* Franch. var. *henryi* C.K.Schneid., Repert. Spec. Nov. Regni Veg. 1 (5/6): 66. 1905.

≡ *Cerasus henryi* (C.K.Schneid.) T.T.Yu et C.L.Li, 中国植物志38: 64. 图版10: 3. 1986; Flora of China 9: 415. 2003.

Type: China, Yunnan, woods, alt. 6000 ft., *A. Henry 10629* (Syntypes: A[00032249]; E[00011295]; K[000737037]; LE[01015725]; LE[01015726]; MO[255149]).

识别特征：落叶乔木。叶片长卵形或卵状长圆形，边缘有尖锐重锯齿。花序近伞房总状，无

图42　西南樱桃（*Prunus duclouxii*）（朱仁斌 摄）

图43　蒙自樱桃（*Prunus henryi*）（A、B：李仁坤 摄；C、D：吴保欢 摄）

毛，有3~7花；苞片棕色或略带绿色，早落；萼筒管状钟形，外面无毛；花柱多毛；花瓣白色，顶部圆钝（图43）。花期3月，果期4~5月。

地理分布：产云南。生于海拔1 800m山坡林中，较稀少。

（8）大叶早樱（中国树木分类学）

Prunus itosakura var. ***ascendens*** (Makino) Makino, Bot. Mag. Tok. 22: 114. 1908.

≡ *Prunus pendula* var. *ascendens* Makino, Bot. Mag. Tok. 7: 103. 1893.

≡ *Prunus subhirtella* var. *ascendens* (Makino) E. H. Wilson, Cherries Japan 10. 1916; 陈嵘, 中国树木分类学 479. 1937.

= *Prunus subhirtella* Miq., Ann. Mus. Bot. Lugduno-Batavi 2: 91. 1865. (pro parte)

= *Cerasus subhirtella* (Miq.) Sok., 中国植物志 38: 73. 1986; Flora of China 9: 414. 2003..

= *Prunus sunhangii* D.G.Zhang et T.Deng, Plant Diversity 41: 3. 2019.（孙航樱）

Type: Japan, Kochi, Nanokawa, Tosa, *K. Watanabe s. n.* (Syntype: MAK).

识别特征：落叶乔木。叶片卵形到卵状长圆形，边缘有尖锐重锯齿。花序伞形，有2~3花；苞片早落；花柱有毛；花瓣淡红色，无毛，顶部

04

图44 大叶早樱（*Prunus itosakura* var. *ascendens*）（吴保欢 摄）

图45 黑樱桃（*Prunus maximowiczii*）（A、B：吴保欢 摄；C、D：周鎁 摄）

微缺；萼筒管状，基部常膨大，外部具柔毛（图44）。核果黑色，卵球形。花期4月，果期5月。

地理分布： 产安徽、重庆、湖北、湖南、江苏、江西、四川、台湾和浙江等地，也见于栽培。

（9）黑樱桃（中国树木分类学）［深山樱（植物学大辞典）］

Prunus maximowiczii Rupr., Bull. Cl. Phys.-Math. Acad. Imp. Sci. Saint-Pétersbourg 15: 131.

1856; 陈嵘, 中国树木分类学 475. 图 369. 1937; 中国高等植物图鉴 2: 311. 图 2351. 1972.

≡ *Cerasus maximowiczii* (Rupr.) Kom. et Aliss., Opred. Rast. Dal'nevost. Kraia 2: 657. 1932; 东北木本植物图志 325. 图版 112: 239. 1955; 中国植物志 38: 50. 图版 6: 12-13. 1986; Flora of China 9: 408. 2003.

Type: Russia, Amur, without locality, *C.J.Maximowic s. n.* (Syntypes: P[03373320]; K[000737009]; GH[00032117]; M[0214889]; P[03373312]).

识别特征: 落叶乔木。叶片倒卵形或倒卵状椭圆形, 叶缘锯齿尖锐, 无腺体。花序伞房总状或总状, 5~10花; 苞片绿色, 宿存; 花瓣白色, 椭圆形或近圆形。核果卵圆形, 成熟时黑色, 核有明显棱纹(图45)。花期6月, 果期9月。

地理分布: 产黑龙江、吉林、辽宁。生于阳坡杂木林中或有腐殖质土石坡上, 也见于山地灌丛及草丛中。俄罗斯远东地区、朝鲜和日本均有分布。

(10) 磐安樱

Prunus pananensis Z.L.Chen, W.J.Chen et X.F.Jin, PLOS ONE 8(1): e54030 (4). 2013.

Type: China, Zhejiang, Pan'an County, Dapanshan National Natural Reserve, Huaxi Valley, Xiaolongtan, alt. 470m, 30 March 2011, *X.F.Jin et Z.L.Chen 2651* (Holotype: HTC; isotype: ZJFC, ZM).

识别特征: 落叶乔木。叶基部圆形, 叶片边缘的齿具细小腺体。花序伞形, 有花2~3朵; 苞片绿色, 宿存, 边缘具细小腺体; 萼筒外具柔毛; 花先于叶开放, 花瓣顶部2裂。核果成熟时黑色(图46)。

地理分布: 产浙江磐安。

(11) 樱桃(广志)[崖樱桃(秦岭植物志)]

Prunus pseudocerasus Lindl., Trans. Hort. Soc. London 6: 90. 1826; 陈嵘, 中国树木分类学 473. 图 366. 1973; 中国高等植物图鉴 2: 312. 图 2353. 1972; 秦岭植物志 1(2): 586. 1974.

≡ *Cerasus pseudocerasus* (Lindl.) G. Don, Hort. Brit. 200. 1830; 俞德浚, 中国果树分类学 65, 图 22. 1979; 中国植物志 38: 61. 图版 9: 1-2.1986; Flora of China 9: 418. 2003.

Type: s. loc., *s. coll. s. n.* (Syntype: CGE).

识别特征: 落叶乔木。叶片卵圆形或长圆状倒卵形, 先端渐尖或尾尖, 叶缘有尖锐锯齿或重锯齿, 齿端有腺体。花序伞房状, 3~6花; 苞片褐色; 花萼筒钟形, 被稀疏柔毛; 萼片几乎为萼筒的1/2; 花柱无毛; 花瓣白色, 顶部微缺。核果近球形, 熟时红色(图47)。花期3~4月, 果期5~6月。

地理分布: 产安徽、福建、甘肃、贵州、河北、河南、湖北、湖南、江苏、江西、辽宁、陕西、山东、山西、四川、云南和浙江。生于海拔700~1 200m山谷阳坡杂木林中或有腐殖质土石坡

图46 磐安樱(*Prunus pananensis*)(A: 吴保欢 摄; B: 王盼 摄)

04

图47 樱桃（*Prunus pseudocerasus*）（吴保欢 摄）

上，也见于山地灌丛及草丛中。俄罗斯远东地区、朝鲜和日本均有分布。本种在中国栽培历史悠久，有很多品种。

（12）细花樱桃（拉汉种子植物名称）

Prunus pusilliflora Cardot, Notul. Syst. (Paris)4(1): 27. 1920.

≡ *Cerasus pusilliflora* (Cardot) T.T.Yu et C.L.Li, 中国植物志38: 66. 图版10: 4-6. 1986; Flora of China 9: 415. 2003.

Type: China, Yunnan, *E.E.Maire 855* (Syntype: E[00010498]). China, Yunnan, *E.E.Maire 1130* (Syntype: E).

识别特征：落叶乔木。叶片倒卵长圆形或卵状椭圆形，边缘有尖锐重锯齿。花序伞形总状，3~5花，花序短，无毛；苞片褐色；萼筒钟状，萼筒外面无毛；花柱多毛；花瓣白色，顶部圆形。核果红色，卵球形（图48）。花期2~3月，果期4~5月。

地理分布：产云南。生于海拔1 400~2 000m山谷或山地林中。

（13）尾叶樱桃（经济植物手册）

Prunus rufoides C.K.Schneid., Repert. Spec. Nov. Regni Veg. 1(5/6): 55. 1905.

图48 细花樱桃（*Prunus pusilliflora*）（A：孟德昌 摄；B、C：吴保欢 摄）

Type: China, Szechuan (Sichuan), *A. Henry 5780* (Syntypes: E[00011284]; US[00107992]).

= *Prunus dielsiana* C.K.Schneid., Repert. Spec. Nov. Regni Veg. 1: 68. 1905；陈嵘，中国树木分类学 474，1937；胡先骕，经济植物手册（上册）664. 1955；中国高等植物图鉴2: 309. 图2347. 1972.

= *Prunus carcharias* Koehne, Pl. Wilson. (Sargent) 1(2): 267. 1912.

= *Prunus dielsiana* var. *laxa* Koehne, Pl. Wilson. (Sargent) 1(2): 208. 1912.

= *Prunus dielsiana* var. *abbreviata* Cardot, Notul. Syst. (Paris) 4(1): 29. 1920.

识别特征：落叶乔木。叶片长椭圆形或倒卵状长椭圆形，先端通常尾状，边缘有尖锐重锯齿。花序伞形，3~6花，花序梗被黄色柔毛；苞片卵形，边缘撕裂状，有长柄腺体；萼片长近2倍于萼

筒；花柱无毛；花瓣白色或粉红色，顶部2浅裂。核果红色，核光滑或有棱纹（图49）。花期3~4月，果期5~6月。

地理分布：产安徽、广东、广西、湖北、湖南、江西和四川。生于海拔500~900m山谷、溪边、林中。

（14）浙闽樱桃

Prunus schneideriana Koehne, Pl. Wilson. (Sargent) 1(2): 242. 1912.

≡ *Cerasus schneideriana* (C.K.Schneid.) T.T.Yu et C.L.Li, 中国植物志38: 60. 图版8: 10-13. 1986；Flora of China 9: 420. 2003.

Type: China, Zhejiang, Ningbo, *E. Faber s. n.* (not seen).

识别特征：落叶小乔木。叶片长椭圆形、卵状长圆形，边缘有尖锐重锯齿。花序伞形，2花；

图49　尾叶樱桃（*Prunus rufoides*）（A：赵万义 摄；B：张忠 摄）

04

图50　浙闽樱桃（*Prunus schneideriana*）（A：吴保欢 摄；B：王盼 摄）

苞片绿褐色，有锯齿；萼筒管状，外部密被长硬毛，萼片反折；花柱有毛；花瓣白色，无毛，卵形，先端2裂。核果熟时紫红色，长椭圆形（图50）。花期3月，果期5月。

地理分布：产福建、广西、湖南和浙江。生于海拔600~1 300m林中。

（15）重瓣山樱花

Prunus serrulata Lindl. Type: unknown.

本种为栽培重瓣品种，在中国分布有两个野生变种。

（15a）山樱花（植物名实图考）［野生福岛樱（经济植物手册），樱花（中国树木分类学）］

Prunus serrulata Lindl. var. ***spontanea*** (Maxim.) E.H.Wilson, Cherries Japan 28. 1916；陈嵘，中国树木分类学 477. 1937.

≡ *Prunus pseudocerasus* var. *spontanea* Maxim., Bull. Acad. Imp. Sci. Saint-Pétersbourg 29:

102. 1883.

Type: Japan, *P.F. von Siebold s. n.* (Lectotype designated by Ohba and Akiyama(2019): L[0834829]).

识别特征：落叶乔木。叶片卵状椭圆形，叶缘具尖锐锯齿或重锯齿，先端或多或少具芒，叶片两面、叶柄无毛或疏生柔毛。花叶同开，伞房花序至伞形花序，花序梗无毛或疏生柔毛；花萼筒管状，萼片三角状披针形；花瓣白色，顶部下凹。核果球形或卵球形（图51）。花期4~5月，果期6~7月。

地理分布：产安徽、贵州、河北、黑龙江、湖南、江苏、江西、山东和浙江。生于海拔500~1 500m山谷林中或栽培。日本、朝鲜也有分布。本变种栽培历史悠久，有单瓣、重瓣很多品种。

（15b）毛叶山樱花

Prunus serrulata var. ***pubescens*** (Makino) Nakai, Bot, Mag. (Tokyo) 29: 140. 1915；陈嵘、中国

图51　山樱花（*Prunus serrulata* var. *spontanea*）（吴保欢　摄）

图52　毛叶山樱花（*Prunus serrulata* var. *pubescens*）（吴保欢　摄）

树木分类学 477. 1937.

Type: Japan, Prov. Yamato, Yoshino, April 1895, *S. Mastuda s. n.* (Lectotype designated by Ohba and Akiyama (2019): MAK). Japan, Prov. Musashi, Tokyo, cult. from Hokkaido, April and June 1908, *T. Makino s. n.* (Syntype: probably at MAK).

= *Prunus tenuiflora* Koehne, Pl. Wilson. (Sargent) 1(2): 209. 1912.

识别特征：落叶乔木。叶片卵状椭圆形，叶边缘具有尖锐锯齿或重锯齿，先端或多或少具渐尖到具芒齿，叶片背面、叶柄被短柔毛。伞房花序或伞形花序；花梗被柔毛；花萼筒管状，萼片三角状披针形；花瓣白色，先端下凹。核果球形或卵球形（图52）。花期4~5月，果期6~7月。

地理分布：产河北、黑龙江、辽宁、山东、山西、陕西和浙江。生于海拔400~800m山谷林中。

（16）雾社山樱花

Prunus taiwaniana Hayata, J. Coll. Sci. Imp. Univ. Tokyo 30(1): 87. 1911.

≡ *Cerasus taiwaniana* (Hayata) Masamune et S.Suzuki, Journ. Taihoku Soc. Agr. Forest. 1(3): 318. 1936.

Type: China, Taiwan, Nantou, Wushe, February 1907, *G. Nagahara s. n.* (not seen).

识别特征：落叶乔木。叶片椭圆形，边缘有尖锐重锯齿。花序伞形，2或3朵花，有毛；苞片通常早落；萼筒壶状或管状，基部常膨大，外部具柔毛；花柱有毛；花瓣白色，无毛，顶部微缺或浅裂。核果卵形，黑色。果期3~4月。

地理分布：产台湾。

（17）阿里山樱 ［山白樱］

Prunus transarisanensis Hayata, Icon. Pl. Form.

04

图53 阿里山樱（*Prunus transarisanensis*）（游旨价 摄）

5: 37. 1915.

Type: China, Taiwan, Chiai (Jiayi), Alishan, Tashan, *R.Kanehira, I. Tanaka, et B. Hayata s. n.* April 1914. (Syntypes: IBSC[0004382]; TAIF[12027]; TAIF[12028]; TAIF[12029]; TAIF[12031]).

识别特征： 落叶小乔木。叶基部圆形或微心形，先端渐尖至尾尖，叶缘锯齿具芒。花序伞形，花序梗近无；花萼筒管状至管状钟形，花萼三角状长圆形；花叶同放，花瓣白色至粉红色，先端2裂（图53）。

地理分布： 产台湾。

（18）矮山樱

Prunus veitchii Koehne, Pl. Wilson. (Sargent) 1(2): 257. 1912.

Type: China, western Hupeh (Hubei), April 1900, *E.H.Wilson 66* (Lectotype designated by Wu et al. (2019), US[00130697]; isolectotypes: E[00417568]; HBG[511147]; NY[00415930]; A[00032230 in part]).

= *Prunus zappeyana* Koehne, Pl. Wilson. (Sargent)1(2): 221. 1912.

= *Prunus concinna* Koehne, Pl. Wilson. (Sargent)1(2): 210. 1912.

= *Prunus japonica* Tunb. var. zhejiangensis Y.B.Chang, Bull. Bot. Res. 12(3): 271. 1992.

= *Cerasus jingningensis* Z.H.Chen, G.Y.Li et Y.K.Xu, Jour. of Zhejiang For. Sci. & Tech. 32(4): 82. 2012.

= *Cerasus xueluoensis* C.H.Nan et X.R.Wang, Ann. Bot. Fennici 50(1-2): 79. 2013.

识别特征： 落叶小乔木。叶片较小，椭圆形至倒卵状椭圆形，先端渐尖，基部近圆形至阔楔形，叶缘具锯齿或重锯齿；叶柄短，光滑或稍被柔毛。花序通常为伞形花序，花序梗近无，有花1~4朵；花萼筒管状，花萼片卵状三角形至三角状披针形，花瓣倒卵形，先端2浅裂或微缺（图54）。花期4~5月，果期5~7月。

地理分布： 产安徽、福建、湖北、湖南、江

图54 矮山樱（*Prunus veitchii*）（A：赵万义 摄；B、C：吴保欢 摄）

04

图55 云南樱桃（*Prunus yunnanensis*）（A、B：朱鑫鑫 摄；C：王建 摄）

西、浙江。生于海拔800～1 700m，山顶灌木林。

（19）云南樱桃

Prunus yunnanensis Franch., Pl. Delav. 195. 1890.

≡ *Cerasus yunnanensis* (Franch.) T.T.Yu et C.L.Li，中国植物志38: 64. 1986; Flora of China 9: 419. 2003.

Type: China, Yunnan, in silva Pee-tsao-lo, supra Mo-so-yn, alt. 2 500m, 4 April 1887, *P.J.M. Delavay s. n.* (Syntypes: P[03358817]; A[00032248]). China, Yunnan, Tong-tchouan (Dongchuan), 26 May 1882, *P.J.M. Delavay s. n.* (Syntypes: P[03358812]; P[03358822]; A[00032247]). China, Yunnan, San-tchang-kiou, 22 May 1884, *P.J.M. Delavay 1049*

(Syntypes: P[03358811]; P[03358809]).

识别特征：落叶乔木。叶片长圆形，叶缘具尖锐锯齿或重锯齿。花序近伞房总状，有3～7朵花，花序有毛；苞片小型，匙状，开花期脱落；萼筒管状钟形，萼筒密被微硬毛，花萼反折；花柱有毛；花瓣白色，近圆形。果紫红色（图55）。花期3～5月，果期5～6月。

地理分布：产云南。

（20）*东京樱花（中国树木分类学）［日本樱花（拉汉种子植物名称），樱花（经济植物手册）］

Prunus yedoensis Matsum., Tokyo Bot. Mag. (Tokyo) 15（174）: 100. 1901; 陈嵘，中国树木分类学478. 1937; 中国高等植物图鉴2: 313. 图2356. 1972; 俞德浚，中国果树分类学67. 1979.

图56 东京樱花（*Prunus yedoensis*）（A、B：薛艳莉 摄；C：吴保欢 摄）

≡ *Cerasus yedoensis* (Matsum.) T.T.Yu et C.L.Li，中国植物志38: 74. 1986; Flora of China 9: 414. 2003.

Type: Japan, Tokyo, Koishikawa Botanical Garden, 29 May 1880, *J. Matsumura s. n.* [Lectotype designated by Katsuki1 and Iketani (2016): TI].

识别特征：落叶乔木。叶片椭圆卵形或倒卵形，叶缘有尖锐重锯齿。花序近伞形，总梗极短，有3~4朵花；花序被毛；苞片褐色；花柱有毛；花萼筒管状，密被绒毛，萼片稍短于萼筒；花瓣白色或粉红色，先端下凹。核果近球形，黑色（图56）。花期4月，果期5月。

地理分布：原产日本。中国华北、华东和华中各地引种栽培，供观赏。

2.2.2.2 伞形组 Sect. *Phyllocerasus*

Prunus Subgen. *Cerasus* Sect. *Phyllocerasus* (Koehne) Rehder, Man. Cult. Trees Shrubs: 473. 1927.

Prunus Subgen. *Cerasus* Sect. *Cremostosepulum* Koehne Subsec. *Phyllocerasus* Koehne, Pl. Wilson. (Sargent) 1: 238. 1912.

Prunus Subgen. *Cerasus* Sect. *Phyllocerasus* (Koehne) T.T.Yu et C.L.Li，中国植物志38: 52. 1986.

Type designated here: *Prunus clarofolia* C.K.Schneid.

（21）尖尾樱桃 ［尖尾樱（拉汉种子植物名称）］

Prunus caudata Franch., Pl. Delav. 196. 1890.

≡ *Cerasus caudata* (Franch.) T.T.Yu et C.L.Li，中

04

图57　尖尾樱桃（*Prunus caudata*）（吴保欢　摄）

国植物志38: 68. 1986; Flora of China 9: 414. 2003.

Type: China, Yunnan, Lankong (Er'yuan), Yen-tze-hay (Yanzihai), 24 May 1887, *P.J.M. Delavay 2658* (Syntypes: P[03358428]; A[00027000]; K[000737087]; P[03358431]; P[03358432]; P[03358433]; P[03358434]).

识别特征：落叶乔木。叶片卵圆形、卵状椭圆形或卵状披针形，先端渐尖至尾尖，边缘圆钝重锯齿。花叶同开，花序近伞形，有1~2朵花；花梗长0.5~2.5cm，被毛；花萼筒管状，被毛；花柱无毛；花瓣白色。核果椭圆形，红色（图57）。花期5月，果期7月。

地理分布：产云南。生于海拔3000~3 200m山坡林下、林缘或草坡。

（22）微毛樱桃（秦岭植物志）

Prunus clarofolia C.K.Schneid., Repert. Spec. Nov. Regni Veg. 1: 67. 1905.

≡ *Cerasus clarofolia* (C.K.Schneid.) T.T.Yu et

C.L.Li, 中国植物志38: 54. 图版7: 1-4. 1986; Flora of China 9: 411. 2003.

Type: China, Szechuan (Sichuan), *C. Bock et A. von Rosthorn. 2240* (Holotype: B; isotypes: A[00032024]; A[00032025]).

识别特征：落叶灌木或乔木。小枝无毛。叶片卵形、卵状椭圆形或倒卵状椭圆形，边缘的齿具小腺体或不明显，背面无毛，叶柄无毛或疏被柔毛。花序伞形；苞片绿色宿存；萼筒外面无毛，萼片反折；花瓣白或粉红色。核果长椭圆形，红色（图58）。花期4~6月，果期6~7月。

地理分布：产甘肃、贵州、河北、湖北、山西、陕西、四川和云南。生于海拔800~3 600m山坡林中或灌丛中。

（23）锥腺樱桃（经济植物手册）

Prunus conadenia Koehne, Pl. Wilson. (Sargent) 1: 197. 1912; 胡先骕、经济植物手册（上册）667. 1955.

图58 微毛樱桃（*Prunus clarofolia*）（吴保欢 摄）

≡ *Cerasus conadenia* (Koehne) T.T.Yu et C.L.Li, 中国植物志38: 50. 图版6: 6-9. 1986; Flora of China 9: 411. 2003.

Type: China, Szechuan (Sichuan), Kangting (Kangding), woods, alt. 2 300～2 600m, June 1908, *E.H.Wilson 2823* (Syntypes: K[000737068]; E[00011267]; LE[01015798]; P[03358117]; US[00107943]).

识别特征：落叶乔木或灌木。幼枝棕色。叶片卵形或卵状椭圆形，边缘的齿具圆锥状腺体。花序近伞房总状；苞片较大，长0.5～2.5cm，宿存，先端有圆锥状腺体；花梗和萼片外面无毛；花柱和雄蕊近等长。核果卵圆形，红色，核或有棱纹（图59）。花期5月，果期7月。

地理分布：产甘肃、陕西、四川、西藏和云南。生于海拔2 100～3 600m山坡林中。

图59 锥腺樱桃（*Prunus conadenia*）（A：潘建斌 摄；B、C：吴保欢 摄）

04

（24）山楂叶樱桃（经济植物手册）

Prunus crataegifolia Hand.-Mazz., Anz. Akad. Wiss. Wien, Math.-Naturwiss. Kl. 60: 153. 1923; 胡先骕，经济植物手册（上册）664. 1955.

≡ *Cerasus crataegifolius* (Hand. -Mazz) T.T.Yu et C.L.Li, 中国植物志38: 71. 图版12: 1-2. 1986; Flora of China 9: 413. 2003.

Type: China, Yunnan, Nisselaka, 3 700～4 050m, 28° N, 28 September 1915, *H.R.E. Handel-Mazzetti 8423* (Lectotype designated by Handel-Mazzetti (1929): WU[0059426]; isolectotypes: A[00032038]; P[03358044]; WU[19240001411]).

识别特征：落叶灌木。叶片椭圆卵形到椭圆披针形，先端锐尖到渐尖，边缘具尖锐重锯齿，并分裂成小裂片。花序1朵花或2朵花；总苞片早落；花瓣粉红色或白色，近圆形，先端啮蚀状；花柱伸出远长于雄蕊。核果卵球形，红色（图60）。花期6～7月，果期8～9月。

地理分布：产云南、西藏。生于海拔3 400～4 000m高山林下或岩石坡灌丛中。

（25）盘腺樱桃

Prunus discadenia Koehne, Pl. Wilson. (Sargent) 1(2): 200. 1912.

≡ *Cerasus discadenia* (Koehne) C.L.Li et S.Y.Jiang, Flora of China 9: 410. 2003.

Type: China, Hupeh (Hubei), Hsingshan (Xingshan), woods, alt. 1 800m 1907, *E.H.Wilson 62* (Syntypes: A[00032053]; A[00032057]; A[00032058]; HBG[511105]; K[000737061]; LE[01015816]; LE[01017848]).

识别特征：落叶灌木或乔木。叶片卵形或倒卵形，边缘的齿具明显凹陷的盘状顶端腺体，叶柄暗红色。花序总状；苞片绿色，宿存，边缘锯齿具凹陷的盘状腺体；萼片长为萼筒1/2，反折；花叶同放，花瓣白色。核果近球形，红色（图61）。花期5月，果期7月。

图60　山楂叶樱桃（*Prunus crataegifolia*）（吴保欢　摄）

图61　盘腺樱桃（*Prunus discadenia*）（吴保欢　摄）

地理分布：产湖北和陕西。生于海拔1 300～2 600m山地疏林中。

（26）长腺樱桃（中国植物志）

Prunus dolichadenia Cardot, Notul. Syst. (Paris) 4(1):25. 1920.

≡ *Cerasus dolichadenia* (Cardot) X.R.Wang et C.B.Shang, J. Nanjing Forest. Univ. 22: 60. 1998.

Type: China, Chungking (Chongqing), Chengkou, *P.G.Farges. s. n.* (Syntypes: P[01819042]; P[01819043]).

识别特征：落叶小乔木。叶片宽椭圆形或倒卵状长圆形，边缘的齿具细长腺体，呈芒状，背面疏生柔毛。花序伞形总状；苞片绿色，宿存；外萼筒基部具柔毛或近无毛，花梗和花萼外面有明显毛；花瓣白色或粉红色。核果椭圆状卵形，核表面有棱纹（图62）。花期7月，果期8月。

地理分布：产重庆、山西和陕西。生于海拔1 400～2 300m山谷阴处或山坡密林中。

（27）偃樱桃 ［偃樱（经济植物手册）］

Prunus mugus Hand.-Mazz., Anz. Akad. Wiss. Wien, Math.-Naturwiss. Kl. 60: 152. 1923; 胡先骕，经济植物手册（上册）665. 1955.

图62 长腺樱桃（*Prunus dolichadenia*）（吴保欢 摄）

图63 偃樱桃（*Prunus mugus*）（陈又生 摄）

04

≡ *Cerasus mugus* (Hand.-Mazz.,) Hand.-Mazz., Vegetationsbilder 17(Heft 7/8): [8]. 1927.

Type: China, Yunnan, 3 700 ~ 4 075m, 4 July 1916, *H.R.E. Handel-Mazzetti 9289* (Holotype: WU[0059423]; isotypes: WU[19240001490]; A[00032121]; E[00010475]; P[03373373]).

识别特征：落叶灌木。叶片倒卵形至倒卵状椭圆形，边缘具尖锐重锯齿，下面无毛。花序1花或2花；总苞片倒卵状长圆形；萼筒管状；花瓣白色或粉红色，近圆形，先端啮蚀状。核果深红色，核表面有显著棱纹（图63）。花期5~7月，果期7~8月。

地理分布：产云南西北部。生于海拔3 200~3 700m山坡林缘或灌丛中。

（28）垂花樱桃

Prunus nutantiflora D.G.Zhang et Z.H.Xiang, Ann. Bot. Fennici 55: 359. 2018.

Type: China, Hunan, Longshan County, Wanbao Village, in alpine shrubbery, 29°35′39″N, 109°39′35″E, elev. 1 557m, 10 April 2016, *D.G.Zhang al. zdg160410001* (Holotype: JIU; isotype: HNNU).

识别特征：落叶灌木或乔木。小枝无毛。叶片卵形至倒卵状椭圆形，叶缘具单锯齿，少重锯齿。花叶同开或花先于叶开放，花序伞形或近伞形，下垂，有2~5朵花；苞片绿色，果期渐次脱落；花萼筒钟状，萼片反折，光滑无毛或被稀疏柔毛（图64）。花期4~5月，果期6~7月。

地理分布：产湖南龙山。

（29）散毛樱（拉汉种子植物名称）

Prunus patentipila Hand. -Mazz., Symb. Sin. 7: 529. 1933.

≡ *Cerasus patentipila* (Hand. -Mazz.) T.T.Yu et C.L.Li, 中国植物志38: 46. 1986; Flora of China 9: 412. 2003.

Type: China, Yunnan, Weihsi (Weixi), Thickets on streams on the west side of the Litiping, alt. 2 700 ~ 3 000m, June 1921, *G. Forrest 19431* (Syntypes: E[00011269]; E[00317767]; K[000737182]; P[03372686]).

识别特征：落叶乔木。叶片倒卵状长圆形或卵状椭圆形，边缘的齿具明显腺体，背面沿脉密被横展疏柔毛，老后毛变粗呈黄褐色。花序伞房状总状；苞片绿色，宿存；外萼筒具柔毛；萼片边缘有腺锯齿，花梗和萼片外面有明显毛。核果卵球形，红色（图65）。花期4~5月，果期7月。

地理分布：产云南西北部。生于海拔2 600~3 000m山坡林中。

（30）雕核樱桃（经济植物手册）

Prunus pleiocerasus Koehne, Pl. Wilson. （Sargent）1(2): 198. 1912; 胡先骕，经济植物手册（上册）665. 1955.

≡ *Cerasus pleiocerasus* (Koehne) T.T.Yu et C.L.Li, 中国植物志38: 51. 1986; Flora of China 9: 412. 2003.

Type: China, Szechuan (Sichuan), Wenchuan, woods, alt. 2 500m, June and July 1908, *E.H.Wilson 904a* (Syntypes: A[00032148]; K[000737065]; A[00032149]; K[000737066]; US[00623858]).

识别特征：落叶乔木。叶片卵状长圆形或

图64　垂花樱桃（*Prunus nutantiflora*）（吴保欢 摄）

图65 散毛樱 (*Prunus patentipila*) (吴保欢 摄)

图66 雕核樱桃 (*Prunus pleiocerasus*) (吴保欢 摄)

倒卵状长圆形,叶缘具浅钝细锯齿,齿端具小圆锥状腺体。花序近伞房总状;苞片较小,长0.2~0.5cm,宿存,边有腺体;花萼筒钟状,萼片三角形或三角状披针形;花瓣白色;花柱稍长于雄蕊。核果球形,红或黑色,核有明显棱纹(图66)。花期6~7月,果期8~9月。

地理分布: 产四川西部、云南北部。生于海拔2 000~3 400m山坡林中。

(31)多毛樱桃(秦岭植物志)[多毛野樱桃(经济植物手册)]

Prunus polytricha Koehne, Pl. Wilson. (Sargent) 1(2): 204. 1912; 胡先骕, 经济植物手册(上册)665. 1955; 秦岭植物志1(2):586. 1974.

≡ *Cerasus polytricha* (Koehne) T.T.Yu et C.L.Li, 中国植物志38: 56. 图版7: 5. 1986; Flora of China 9: 411. 2003.

图67 多毛樱桃（*Prunus polytricha*）（A：薛凯 摄；B：朱仁斌 摄）

Type: China, Hupeh (Hubei), Patung (Badong), alt. 1 300 ～ 2 000m, June 1907, *E.H.Wilson 47* (Syntypes: A[00032154]; K[000737050]).

识别特征：落叶乔木或灌木。小枝密被长柔毛。叶片倒卵形或倒卵状长圆形，叶缘具单锯齿或重锯齿，齿端具腺体；叶背密被展开长柔毛。花序伞形或近伞形，有2～4朵花；苞片绿色宿存；花萼筒钟状，被浓密的绒毛，萼片反折；花瓣卵形，白色或粉色。核果卵圆形，红色（图67）。花期4～5月，果期6～7月。

地理分布：产甘肃、湖北、陕西和四川。生于海拔1 100～3 300m山坡林中或溪边林缘。

（32）红毛樱桃（拉汉种子植物名称）[毛瓣藏樱]

Prunus rufa Hook. f., Fl. Brit. India 2[5]: 314. 1878.

Type: Nepal, Wallich Wall. Cat. 721 (Syntype: K [001111707]). Sikkim, alt. 10-12000ft, 1824, *J.D.Hooker s. n.* (Syntypes: P[03372764]; K[000720989]; K[000720990]; L[L.1894120]; L[U.1551811]).

= *Cerasus rufa* Wall. Numer. List [Wallich] n. 721. 1829. nom. nud.; 中国植物志38: 80. 1986.

识别特征：落叶乔木。树皮红褐色，光亮，常片状脱落。叶片倒卵形、倒卵状椭圆形，有时卵形，叶缘具浅钝锯齿或重锯齿，先端具头状或锥状腺体。花单生或2～3朵组成伞形花序，花梗被毛或光滑无毛；苞片叶状，通常早落；花萼筒钟状至管状，密被毛；花瓣白色或粉红色，顶部圆形。核果椭圆形倒卵球形（图68）。花期5～6月，

果期7～9月。

地理分布：产西藏南部。生于海拔2 500～4 000m灌木林中或开旷地。印度、尼泊尔、不丹和缅甸也有分布。

（33）细齿樱桃 [云南樱花（经济植物手册）]

Prunus serrula Franch., Pl. Delav. 196. 1890; 胡先骕，经济植物手册（上册）665. 1955.

≡ *Cerasus serrula* (Franch.) T.T.Yu et C.L.Li, 中国植物志38: 79. 图版12: 4-6. 1986; Flora of China 9: 418. 2003.

Type: China, Yunnan, in silva Fang-yang-tchang above Mo-so-yn, alt. 3 000m, 17 July 1889, *P.J.M. Delavay 3773* (Syntypes: P[03372342]; A[00032197]; A[00032199]; A[00076760]; GH[00032198]; NY[00429952]; P[03372341]).

识别特征：落叶乔木。树皮红褐色、紫红色，光亮，常片状脱落。叶片披针形至卵状披针形，先端渐尖到长渐尖，叶缘具细密锯齿或尖锐重锯齿。花单生或2～3朵组成伞形花序；苞片早落；花柱无毛；花瓣白色，近圆形或倒卵状椭圆形。核果卵球形，熟时紫红色，核有显著棱纹（图69）。花期5～6月，果期7～9月。

地理分布：产四川、云南、西藏。生于海拔2 600～3 900m山坡、山谷林中、林缘或山坡草地。四川西部个别地区作砧木嫁接樱桃用。

（34）刺毛樱桃（秦岭植物志）[刺毛山樱花（经济植物手册）]

Prunus setulosa Batalin, Trudy Imp. S.-Peterburgsk. Bot. Sada 12(1): 165. 1892; 秦岭植物志

04

图68 红毛樱桃（*Prunus rufa*）（吴保欢 摄）

1(2): 587. 1974.

≡ *Cerasus setulosa* (Batalin) T.T.Yu et C.L.Li, 中国植物志38: 67. 图版11: 4. 1986; Flora of China 9: 411. 2003.

Type: China, Kansu (Gansu), Dshoni (Zhuoni), Near Dshoni (Zhuoni) Monastery, 31 May 1885, *G. N. Potanin s. n.* (Syntypes: K[000737111]); China, Kansu (Gansu), on the way between Mörping village and Wuping, 3 July 1885, *G.N.Potanin s. n.* (Syntype: K[000737111]).

识别特征： 落叶乔木灌木或小乔木。叶片卵形、倒卵形或卵状椭圆形，叶缘具粗钝重锯齿。

花序伞形，有2~3朵花；苞片大型，通常叶状，边有锯齿，绿色，宿存；管状萼筒，萼片开展；花瓣粉红色。核果红色，卵状椭圆形（图70）。花期4~6月，果期6~8月。

地理分布： 产甘肃、贵州、陕西和四川。生于海拔1 300~2 600m山坡、山谷林中或灌木丛中。

（35）托叶樱桃（秦岭植物志）[托叶樱（经济植物手册）]

Prunus stipulacea Maxim., Bull. Acad. Imp. Sci. Saint-Pétersbourg 29: 97. 1883; 秦岭植物志1(2): 587. 1974. excl. fig.

图69 细齿樱桃（*Prunus serrula*）（A、B、D、E：吴保欢 摄；C：崔大方 摄）

04

图70　刺毛樱桃（*Prunus setulosa*）（吴保欢　摄）

≡ *Cerasus stipulacea* (Maxim.) T.T.Yu et C.L.Li, 中国植物志38: 68. 图版11: 3. 1986; Flora of China 9: 415. 2003.

Type: China, Kansu (Gansu), Tatunghe (Datonghe) Bain, 1872, *N.M.Przewalski s. n.* (Syntypes: E[00010477]; K[000737091]; P[03359631]; E[00313678]; K[000737090]; P[03359629]).

识别特征：落叶灌木或小乔木。托叶较大，尤其是营养枝的托叶，卵形、三角形等多种形态；叶片狭倒卵形至宽倒卵形、倒卵状椭圆形，叶缘具尖锐重锯齿。伞形花序或单生；苞片早落；花萼筒管状至管状钟形；花柱多毛；花稍先于叶或近于叶开放，花瓣淡红色或白色。核果椭圆形，红色（图71）。花期5~6月，果期7~8月。

地理分布：产甘肃、青海、陕西和四川。生于海拔1 800~3 900m山坡、山谷林下或山坡灌木丛中。

（36）四川樱桃（拉汉种子植物名称）[盘腺樱桃（湖北植物志）]

Prunus szechuanica Batalin, Trudy Imp. S.-Peterburgsk. Bot. Sada 14(8): 167. 1895.

≡ *Cerasus szechuanica* (Batalin) T.T.Yu et C.L. Li, 中国植物志38: 49. 图版6: 10-11. 1986; Flora of

图71 托叶樱桃（*Prunus stipulacea*）（吴保欢 摄）

图72 四川樱桃（*Prunus szechuanica*）（吴保欢 摄）

China 9: 409. 2003.

Type: China, Szechuan (Sichuan), inter Siao shinta and Waszekou (between Xiaoxintang and Wasigou), 14 July 1893, *V. A. Kachkarov. s. n.* (Holotype: LE[01015701]).

识别特征： 落叶乔木或灌木。叶片卵状椭圆形、倒卵状椭圆形或长圆形，边缘的齿具圆盘状腺体。花序近伞房总状；苞片大，边缘具盘状腺体；萼筒钟状，萼片与萼筒近等长；花瓣白色或淡粉色，近圆形。核果卵球形，紫红色（图72）。花期4~6月，果期6~8月。

地理分布： 产河南、湖北、陕西和四川。生于海拔1500~2600m林中或林缘。

（37）康定樱桃

Prunus tatsienensis Batalin, Trudy Imp. S.-Peterburgsk. Bot. Sada 14(11): 322. 1896.

≡ *Cerasus tatsienensis* (Batalin) T.T.Yu et C.L.Li, 中国植物志38: 52. 图版7: 6-7. 1986; Flora of China 9: 410. 2003.

Type: China, Szechuan (Sichuan), Kangding (Tatsien-lu), 12 May 1893, *G.N.Potanin s. n.* (Syntypes: K[000737059]; LE[01015703]; LE[01015702]).

识别特征： 落叶灌木或小乔木。叶片卵形或

卵状椭圆形，叶缘具锯齿，齿具锥状腺体。花叶同放，花序伞形，具2~4朵花；苞片绿色，宿存；花萼筒钟状，无毛；花瓣白色或粉红色，顶端圆形（图73）。花期4~7月，果期6~7月。

地理分布： 产河南、湖北、陕西、山西、四川和云南。生于海拔900~2600m林中。

（38）川西樱桃 ［毛孔樱桃（湖北植物志）］

Prunus trichostoma Koehne, Pl. Wilson. (Sargent) 1(2): 216. 1912.

≡ *Cerasus trichostoma* (Koehne) T.T.Yu et C.L.Li, 中国植物志38: 69. 图版11: 1-2. 1986; Flora of China 9: 413. 2003.

Type: China, without locality, alt. 2 600 ~ 3 100m, May 1904, *E.H.Wilson Veitch Exped. 3524a* (Syntypes: A[00032214]; A[00076761]; E[000737106]; A[00076762]; K[000737105]; A[00032213]).

识别特征： 落叶乔木或小乔木。叶片卵形、倒卵形或椭圆状披针形，边有重锯齿，托叶通常披针形到线形。花叶同放，2~3朵花组成伞形花序；苞片卵形；花萼筒管状钟形；花柱基部被疏柔毛；花瓣倒卵形，先端圆钝，白色或淡粉红色。核果卵球形，红色（图74）。花期5~6月，果期7~10月。

地理分布： 产甘肃、四川、云南、西藏。生

图73　康定樱桃（*Prunus tatsienensis*）（吴保欢　摄）

图74 川西樱桃（*Prunus trichostoma*）（A、B：吴保欢 摄；C：赵万义 摄）

于海拔1 000~4 000m山坡、沟谷林中或草坡。

（39）兴山樱桃

Prunus xingshanensis H.C.Wang, Nord. J. Bot. 35：344. 2017.

≡ *Prunus laxiflora* Koehne, Pl. Wilson. (Sargent) 1(2)：243. 1912. nom. illeg., non Kitaibel, 32, 298.1864.

≡ *Cerasus laxiflora* C.L.Li et S.Y.Jiang, Acta Phytotax. Sin. 36(4)：368. 1998.

≡ *Padus laxiflora* (C.L.Li et S.Y.Jiang) T.C.Ku, Flora of China 9：422. 2003.

Type: China, Hupeh (Hubei), Hsingshan (Xingshan), May 1907, *E.H.Wilson 62* (Lectotype: A[00032087]，first-step designated by Li and Jiang (1998), second-step designated by He and Wang (2017); isolectotypes: A[00135628]; A[00135629]; HBG[511119]; K[000737249]; US[00107965]).

识别特征：落叶乔木。叶片倒卵状长圆形，叶缘具尖锐锯齿或重锯齿，两面沿叶脉被毛。花序总状；苞片卵圆形、倒卵形，边缘有具柄细小腺体；萼筒阔钟状；萼片与萼筒近等长。花期5月。

地理分布：产湖北兴山。

（40）西藏樱桃 ［姚氏樱］

Prunus yaoiana (W.L.Zheng) Y.H.Tong et N.H.Xia, Biodivers. Sci. 24(6)：716. 2016.

≡ *Prunus yaoiana* (W.L.Cheng) Huan C.Wang, Nordic Journal of Botany 35：345, 2017. nom. superfl.

≡ *Cerasus yaoiana* W.L.Zheng, Acta Phytotax. Sin. 38(2)：195. 2000.

Type: China, Xizang, Linzhi City, Lulang, woods, alt. 2 950m, 4 June 1989, *G. Yao et al. 1152* (Holotype, not seen; isotypes: PE[01432755]; PE[01821795]; PE[01821794]).

识别特征：落叶乔木。叶片菱状椭圆形或卵状椭圆形，边缘有圆钝重锯齿，齿端具小腺体；叶面被稀疏糙伏毛，叶背面脉上具糙伏毛。花叶同放，1~3朵花组成伞形花序；花序梗有毛；花梗长3.5~4.8cm；苞片叶状；花萼筒管状，花柱有毛。花瓣背面有毛；核果椭圆形（图75）。花期5月，果期6~7月。

04

图75　西藏樱桃（*Prunus yaoiana*）（A、B：吴保欢 摄；C：俞新华 摄）

地理分布：产西藏林芝。

2.2.2.3　斑叶组 Sect. *Hypadenium*

Prunus Subgen. ***Cerasus*** Sect. ***Hypadenium*** (Koehne) B.H.Wu stat. nov.

Prunus Subgen. *Cerasus* Sect. *Pseudocerasus* Koehne Subsect. *Hypadenium* Koehne, Pl. Wilson. (Sargent) 1(2): 244. 1912.

Type: *Prunus glandulifolia* Rupr..

（41）斑叶樱桃　［斑叶稠李（中国树木分类学）］

Prunus maackii Rupr., Bull. Acad. Sci. St. Petersb. 15: 361. 1857; 陈嵘，中国树木分类学483. 1937; 东北木本植物图志321. 图版111. 图235. 1955; 中国高等植物图鉴2: 315. 图2359. 1972.

≡ *Padus maackii* (Rupr.) Kom., Key Pl. Far. East. Reg. URSS 2: 657. 1932; 中国植物志38: 94. 1986; Flora of China 9: 421. 2003.

Type：Russia, Far East, Jul (?) 1855, *R.K.Maack 543* (Lectotype designated by Wu et al. (2022): LE[01035910]).

识别特征：落叶小乔木或乔木。树皮古铜色，光亮，片状剥落。叶片椭圆形、菱状卵形，稀长圆状倒卵形，叶背密被黑色腺点，叶缘具锐利浅锯齿。花序总状，多花密集；花序梗密被稀疏短柔毛；苞片绿色，宿存；花萼筒钟形，萼片卵状披针形；花瓣狭倒卵形，白色，基部有短爪。核果近球形，熟时黑色（图76）。花期4～5月，果期6～10月。

地理分布：产黑龙江、吉林、辽宁等地。生于海拔900～2 000m山地阳坡疏林、林缘及路旁灌丛中。俄罗斯也有分布。

2.2.2.4　芽鳞组 Sect. *Cerasus*

Prunus Subgen. ***Cerasus*** Sect. ***Cerasus***.

Prunus Subgen. *Cerasus* Sect. *Eucerasus* Koehne, Pl. Wilson. (Sargent) 1: 237. 1912.

（42）*欧洲甜樱桃（拉汉种子植物名称）［欧洲樱桃（经济植物手册）］

Prunus avium (Linn.) Linn., Fl. Suec. ed. 2. 165. 1755; 陈嵘，中国树木分类学474. 图367. 1937; 胡先骕，经济植物手册（上册）664. 1955.

≡ *Prunus cerasus* var. *avium* Linn., Sp. Pl. 1: 474. 1753.

图76 斑叶樱桃（*Prunus maackii*）（A、B：吴保欢 摄；C：徐晔春 摄；D：曾佑派 摄）

图77 欧洲甜樱桃（*Prunus avium*）（李光敏 摄）

≡ *Cerasus avium* (Linn.) Moench, Meth. Pl. 672. 1794; 中国植物志38: 57. 1986; Flora of China 9: 409. 2003.

Type: Herb. Burser XXIII: 60 (Lectotype designated by Jonsell and Jarvis (2002): UPS).

识别特征: 落叶乔木。叶片倒卵状椭圆形或椭圆形, 叶缘具有缺刻状圆钝重锯齿, 齿端具小腺体, 背面疏生长柔毛。花叶同放, 伞形花序具3~4朵花; 苞片绿色, 宿存; 花萼筒钟状, 萼片长椭圆形, 先端圆钝, 与萼筒近等长, 强烈反折; 花瓣倒卵圆形, 白色。核果近球形或卵球形, 红色至紫黑色, 果甜, 核表面光滑 (图77)。花期4~5月, 果期6~7月。

地理分布: 原产亚洲西部及欧洲, 现欧亚及北美洲久经栽培, 品种亦多。中国东北、华北等地区引种栽培。

(43)*欧洲酸樱桃 (中国树木分类学)

Prunus cerasus Linn., Sp. Pl. 474. 1753; 陈嵘, 中国树木分类学 475. 1937.

≡ *Cerasus vulgaris* Mill., Gard. Dict. ed. 8. no. 1. 1768; Pojark., Kom. Fl. URSS 10: 559. 1941; 俞德浚, 中国果树分类学69. 图25. 1979; 中国植物志38: 57. 1986; Flora of China 9: 409. 2003.

Type: Herb. Linn. No. 640.15 (Lectotype designated by Majorov and Sokoloff in Cafferty and Jarvis (2002): LINN).

识别特征: 落叶灌木或小乔木。叶片椭圆状倒卵形至卵形, 边缘有细密重锯齿, 两面无毛。花序伞形, 具2~4朵花; 苞片绿色, 宿存; 花萼筒钟状, 萼片三角状卵形, 先端圆钝, 萼片与萼筒近等长, 反折; 花瓣白色。核果扁球形或球形, 鲜红色, 果肉浅黄, 果酸, 核表面光滑 (图78)。花期4~5月, 果期6~7月。

地理分布: 原产欧洲和西亚, 自古即有栽培, 尚未见到野生树种, 推测可能为草原樱桃与欧洲甜樱桃的天然杂交种 (*P. fruticosa* × *P. avium*), 由于长期栽培, 有很多变种变型, 如重瓣 f. *rhexii*, 半重瓣 f. *plena*, 粉色重瓣 f. *persiciflora*, 小叶 f. *umbraculifera*, 柳叶 f. *salicifolia*, 矮生 var. *frutescens*, 晚花 var. *semperflorens* 等, 果树品种尤为众多, 在北欧各地广泛栽培。

中国河北、江苏、辽宁、山东等地果园有少量引种栽培。

(44)*草原樱桃 (中国果树分类学)

Prunus fruticosa Pallas, Ledeb. Fl. Ross. 1: 19. 1784.

≡ *Cerasus fruticosa* (Pall.) G. Woron., Bull. Appl. Bot. Gen. Plant. Breed. 14(3): 52. 1925; 俞德浚, 中国果树分类学71. 1979; 中国植物志38: 56. 图版15: 5-6. 1986; Flora of China 9: 409. 2003.

Type: BM (not seen).

识别特征: 落叶灌木。叶片倒卵形、倒卵状长圆形, 叶缘具浅钝锯齿, 两面无毛。花叶同放, 伞形花序具1~4朵花; 苞片叶状, 绿色, 宿存; 花萼筒钟形, 萼片卵圆形, 先端圆钝, 开展或反折; 花瓣倒卵形, 白色。核果卵球形、扁球形, 红色; 核表面光滑 (图79)。花期4~5月, 果期7月。

地理分布: 原产小亚细亚、西伯利亚、中亚和欧洲南部。文献记载新疆有产, 在中国东北有

图78 欧洲酸樱桃 (*Prunus cerasus*) (A: 聂廷秋 摄; B: 薛凯 摄)

图79 草原樱桃（*Prunus fruticosa*）（高晓晖 摄）

少量引种栽培。

2.2.2.5 圆叶组 Sect. *Mahaleb*

Prunus Subgen. *Cerasus* Sect. *Mahaleb* (Koehne) T.T.Yu et C.L.Li, 中国植物志38: 67. 1986.

Prunus Subgen. *Cerasus* Sect. *Cremostosepulum* Koehne Subsect. *Mahaleb* Koehne, Pl. Wilson. (Sargent) 1: 237. 1912.

Type: *Prunus mahaleb* Linn..

（45）*圆叶樱桃［麻哈勒布樱桃（经济植物手册），马哈利樱桃（中国果树分类学）］

Prunus mahaleb Linn., Sp. Pl. 474. 1753; 胡先骕, 经济植物手册（上册）665. 1955.

≡ *Cerasus mahaleb* (Linn.) Mill., Gard. Dict. ed. 8. no. 4. 1768; Boiss., Fl. Orient. 2: 649. 1872; 俞德浚, 中国果树分类学73. 图26. 1979; 中国植物志38: 67. 1986; Flora of China 9: 413. 2003.

≡ *Padus mahaleb* (Linn.) Borkh., Arch. Bot. (Leipzig). 1(2): 38. 1797.

Type: Herb. Linn. No. 640.11 (Lectotype designated by Ghora and Panigrahi in Nayar et al. (1984): LINN).

识别特征：落叶乔木。叶片卵形、近圆形或椭圆形，先端圆钝，基部圆形或近心形，叶缘具细密圆钝锯齿，齿端有小腺体。花序伞房总状，基部具退化小叶，苞片细小，具5~8朵花；花萼筒钟状至阔钟状，萼片卵状长圆形，先端圆钝，反折；花瓣倒卵形，白色。核果近球形，黑色（图80）。花期5月，果期7月。

地理分布：原产亚洲西部及欧洲，久经栽培。河北、辽宁等地有少量引种栽培，供观赏。

2.2.3 稠李亚属

Prunus Subgen. *Padus* (Mill.) Peterm., Deutschl. Fl. 159. 1846.

Padus Mill., Gard. Dict. ed. 8. 16. 1768; 中国植物志38: 89. 1986; Flora of China 9: 420.2003.

Prunus Subgen. *Padus* (Mill.) Focke, Nat. Pflanzenfam. 3（3）: 54. 1888; Koehne, Pl. Wilson. (Sargent) 1: 59. 1911; 陈嵘, 中国树木分类学482. 1937.

Maddenia Hook. f. et Thomson, Hooker's J. Bot.

图80 圆叶樱桃（*Prunus mahaleb*）（徐晔春 摄）

Kew Gard. Misc. 6: 381. t. 12. 1854; 中国植物志38: 129. 1986; Flora of China 9: 432. 2003.

落叶小乔木或灌木；分枝较多；冬芽卵圆形，具有数枚覆瓦状排列鳞片。叶片在芽中呈对折状，单叶互生，具齿，稀全缘；叶柄通常在顶端有2个腺体或在叶片基部边缘上具2个腺体；托叶早落。花多数密集，长的总状花序，基部有叶或无叶，生于当年生小枝顶端；苞片早落；萼筒钟状，裂片

5，花瓣5，白色，先端通常啮蚀状，雄蕊10至多数；雌蕊1，周位花，子房上位，心皮1，具2个胚珠，柱头平。核果卵球形，外面无纵沟，中果皮骨质，成熟时具1粒种子，子叶肥厚。花期早春。

亚属模式种：稠李 *Prunus padus* Linn.。

本亚属有20余种，主要分布于北温带。中国有17种，全国各地均有，以长江流域、陕西和甘肃南部种类较为集中。

稠李亚属 *Prunus* Subgen. *Padus* 分种检索表

1. 萼片与花瓣5，大形，易区分
　2. 花萼宿存；总状花序基部无叶；雄蕊10～12枚（**宿萼组 Sect. Calycopadus**）
　　3. 小枝和叶背面无毛；花序无毛或疏生短柔毛 ⋯⋯⋯⋯⋯⋯⋯ 1. 樱木 *P. buergeriana*
　　3. 小枝被短柔毛，叶背面被毛或沿脉被柔毛；花序密被短柔毛
　　　4. 叶片质地较厚，叶边有贴生细锯齿；花序基部宿存鳞状苞片 ⋯⋯⋯⋯⋯⋯⋯⋯⋯⋯⋯⋯⋯⋯⋯⋯⋯⋯⋯⋯⋯⋯⋯⋯⋯⋯⋯⋯⋯⋯⋯⋯ 2. 宿鳞稠李 *P. perulata*
　　　4. 叶片质地较薄，叶边有开展锐锯齿，花序基部不具鳞状苞片 ⋯⋯⋯⋯⋯⋯⋯⋯⋯⋯⋯⋯⋯⋯⋯⋯⋯⋯⋯⋯⋯⋯⋯⋯⋯⋯⋯⋯⋯⋯⋯⋯ 3. 星毛稠李 *P. stellipila*
　2. 花萼脱落；总状花序基部有叶；雄蕊20～30枚（**脱萼组 Sect. Padus**）
　　5. 花梗和总花梗在果期增粗，有明显增大的浅色皮孔；叶边有较疏锯齿
　　　6. 叶背和小枝均无毛；总花梗和花梗有稀疏短柔毛或近无毛 ⋯⋯⋯⋯⋯⋯⋯⋯⋯⋯⋯⋯⋯⋯⋯⋯⋯⋯⋯⋯⋯⋯⋯⋯ 9. 粗梗稠李 *P. napaulensis*
　　　6. 叶背密被白色或棕褐色有光泽的绢状柔毛，小枝密被短柔毛，花序密被棕褐色柔毛 ⋯⋯⋯⋯⋯⋯⋯⋯⋯⋯⋯⋯⋯⋯⋯⋯⋯⋯⋯⋯⋯ 12. 绢毛稠李 *P. wilsonii*

5. 花梗和总花梗在果期不增粗，无明显增大的浅色皮孔；叶边密锯齿

 7. 花柱外露，伸出花瓣和雄蕊外，叶柄顶端无腺体，叶边锯齿锐尖 ······························· 7. 灰叶稠李 *P. grayana*

 7. 花柱不外露或仅为雄蕊长的1/2；叶柄顶端有腺体或无腺体

  8. 花柱仅为雄蕊长的1/2；花梗长1~1.5cm ············· 11. 稠李 *P. padus*

  8. 花柱与雄蕊近等长，花梗短于1cm

   9. 萼筒内面无毛，叶片边缘有疏细锯齿 ············· 6. 光萼稠李 *P. cornuta*

   9. 萼筒内面被毛

    10. 叶片边缘有短芒锯齿；花序长15~30cm

     11. 叶片背面、花梗和总花梗不被棕褐色柔毛；叶片长圆形 ·············· 4. 短梗稠李 *P. brachypoda*

     11. 叶片背面、花梗和总花梗均密被棕褐色柔毛；叶片椭圆形 ·············· 5. 褐毛稠李 *P. brunnescens*

    10. 叶片边缘有细锯齿；花序长8~15cm

     12. 叶片全缘或顶端疏锯齿；叶柄密被短柔毛 ·············· 8. 全缘叶稠李 *P. gyirongensis*

     12. 叶片边缘细圆齿或贴伏锯齿

      13. 叶片背面无毛；小枝、总花梗和花梗无毛或被短柔毛 ·············· 10. 细齿稠李 *P. obtusata*

      13. 叶片背面、小枝、总花梗和花梗均密被短柔毛 ·············· 13. 毡毛稠李 *P. velutina*

1. 萼筒钟状，萼片短小；无花瓣（**臭樱组 Sect. *Maddenia***）

 14. 叶片背面无毛；小枝无毛或被短柔毛 ············· 16. 臭樱 *P. hypoleuca*

 14. 叶片背面密被柔毛或沿脉被柔毛；小枝密被短柔毛

  15. 小枝、叶背和花序均密被棕褐色长柔毛；冬芽紫红色；花柱等长于雄蕊；叶缘锯齿带芒

   16. 叶远轴面被毛极少，叶片中下部至基部边缘有大量腺齿 ·············· 14. 贡山臭樱 *P. gongshanensis*

   16. 叶远轴面密被长毛，营养枝上的叶片基部边缘少见腺齿，生殖枝上叶片基部分布大量腺齿 ·············· 15. 喜马拉雅臭樱 *P. himalayana*

  15. 小枝和叶背被柔毛或稍带棕色柔毛；冬芽紫褐色；花柱长于雄蕊；叶缘锯齿不带芒；托叶线形；苞片披针形 ·············· 17. 四川臭樱 *P. hypoxantha*

2.2.3.1 宿萼组 Sect. *Calycopadus*

Prunus Subgen. ***Padus*** Sect. ***Calycopadus*** Koehne, Abhand. Bot. Ver. Brandenburg 52:107. 1910. p. p.,；中国植物志38: 89. 1986.

Type designated here: *Prunus buergeriana* Miq. [*Padus buergeriana* (Miq.) T.T.Yu et T.C.Ku].

（1）樱木

Prunus buergeriana Miq., Ann. Mus. Bot. Lugd. -Bat. 2: 92. 1865.

 ≡ *Padus buergeriana* (Miq.) T.T.Yu et T.C.Ku, 中国植物志 38: 91. 1986; Flora of China 9: 420. 2003.

图81 橂木（*Prunus buergeriana*）（A、B：吴保欢 摄；C：朱鑫鑫 摄）

04

Type: Japan, *P.F. von Siebold s. n.* (Lectotype designated by Ohba et al. (2003): L[0329128]).

= *Prunus venosa* Koehne, Pl. Wilson. (Sargent)1: 60. 1911; 秦岭植物志 1(2): 591. 1974.

识别特征：落叶乔木。小枝无毛。叶片椭圆形或长圆状椭圆形，叶背面无毛。总状花序基部无叶，花序近无毛或疏生短柔毛，萼片与花瓣5，易区分；花萼宿存；花瓣白色；雄蕊10枚。核果近球形或卵球形，红褐色，无毛（图81）。花期4~5月，果期5~10月。

地理分布：产安徽、重庆、福建、甘肃、广东、广西、贵州、河北、河南、湖北、湖南、江苏、江西、陕西、四川、台湾、西藏、云南和浙江等地。生于海拔1 000~2 800m高山密林中、山坡阳处疏林中、山谷斜坡或路旁空旷地。日本和朝鲜也有分布。

（2）宿鳞稠李

Prunus perulata Koehne, Pl. Wilson. (Sargent) 1: 61. 1911.

≡ *Padus perulata* (Koehne) T.T.Yu et T.C.Ku, 中国植物志 38: 92. 1986; Flora of China 9: 421. 2003.

Type: China, western Szechuan (Sichuan), Chingchi Hsien (Qingxi Xian), woodlands, alt. 1 800m, May 1908, *E.H.Wilson 2842* (Syntypes: A[00032140]; K[000737174]; US[00107980]; A[00032139]; K[000737173]; HBG[511126]; US[00623851]).

识别特征：落叶乔木。小枝被短柔毛。叶片长圆状倒卵形或倒卵状披针形，质地较厚，叶边有贴生细锯齿，叶背面沿脉被柔毛。总状花序基部无叶，宿存鳞状苞片，花序密被短柔毛，萼片与花瓣5，易区分；花萼宿存；花瓣白色；雄蕊10枚。核果近

图82 宿鳞稠李（*Prunus perulata*）（A、B：吴保欢 摄；C：李仁坤 摄）

球形（图82）。花期4~5月，果期5~10月。

地理分布： 产安徽、贵州、四川和云南。生于海拔2 400~3 200m河谷两岸、山谷或溪边疏林中，以及杂木林内或林边荒地。

（3）星毛稠李

Prunus stellipila Koehne, Pl. Wilson. (Sargent) 1: 61. 1911.

≡ *Padus stellipila* (Koehne) T.T.Yu et T.C.Ku, 中国植物志38: 92. 图版16:3-5. 1986; Flora of China 9: 421. 2003.

Type: China, Hupeh (Hubei), Fang Hsien (Fangxian), Aug. 1907, *E.H.Wilson 177* (Holotype: A[00032206]; isotypes: HBG[511137]; HBG[511138]; US[00130688]).

识别特征： 落叶乔木。小枝被短柔毛。叶椭圆形、窄长圆形，质地较薄，叶背面沿脉被柔毛，叶边有开展锐锯齿。总状花序基部无叶，花序密被短柔毛，花序基部不具鳞状苞片，萼片与花瓣5，大，易区分；花萼宿存；雄蕊10枚。核果近球

形。花期4~5月；果期5~10月。

地理分布： 产甘肃、贵州、湖北、江西、陕西、四川和浙江等地。生于海拔1 000~1 800m山坡、路旁或灌丛中。

2.2.3.2 脱萼组 Sect. *Padus*

Prunus Subgen. *Padus* Sect. *Padus*

（4）短梗稠李 短柄稠李（秦岭植物志）

Prunus brachypoda Batal., Act. Hort. Petrop. 12: 166. 1892; Gartenfl. 42: 33. 1893; 秦岭植物志1(2): 592. 1974.

≡ *Padus brachypoda* (Batal.) C.K.Schneid., Fedde, Repert. Nov. Sp. 1(5/6): 69. 1905; 中国植物志 38: 98. 1986; Flora of China 9: 423. 2003.

Type: China, borealis, in prov. Kansu (Gansu) oreientali, trajectus 8890' inter pagos Morping et Wuping, 4 July 1885, *G.N.Potanin s. n.* (Lectotype designated by Lin et al. (2015): PE[00020643]; isolectotypes: LE[01015792]; K[000737159]; syntypes: LE[01015791]; LE[01015793]).

图83　短梗稠李（*Prunus brachypoda*）（A：吴保欢　摄；B：喻勋林　摄）

识别特征：落叶乔木。叶片长圆形，背面无毛，叶缘锯齿锐利，具短芒，叶柄顶端有腺体。总状花序基部有叶；花梗无明显增大的浅色皮孔，不被毛；萼片与花瓣5，易区分；花萼脱落，萼筒内面被毛；花柱与雄蕊近等长。核果球形，幼时紫红色，老时黑褐色，核光滑（图83）。花期4~5月，果期5~10月。

地理分布：产甘肃、贵州、河南、湖北、陕西、四川和云南等地。生于海拔1 500~2 500m山坡灌丛或山谷杂木林中。

（5）褐毛稠李（植物分类学报）

Prunus brunnescens (T.T.Yu et T.C.Ku) J.R.He, Trees Ganzi 499. 1993.

≡ *Padus brunnescens* T.T.Yu et T.C.Ku, 植物分类学报23(3): 211. 1985; 中国植物志38: 98. 图版17: 1-2. 1986; Flora of China 9: 423. 2003.

Type: China, Sichuan, Hongxi, alt. 2 000m, 17 Jul. 1959, *Pl. Econ. Expede., 1300* (Holotype: PE[0004598]).

识别特征：落叶乔木。叶片椭圆形。倒卵状椭圆形，背面密被棕褐色柔毛，叶缘锯齿锐利，有短芒。总状花序基部有叶，花梗密被棕褐色柔毛；萼

片与花瓣5，易区分；花萼脱落，萼筒内面被毛；花柱与雄蕊近等长，雄蕊20~30枚。核果球形，红褐色或紫褐色（图84）。花期5月，果期6~7月。

地理分布：产四川。生于海拔2 000~2 900m密林林缘、山坡或水沟旁。

（6）光萼稠李（西藏植物志）

Prunus cornuta (Wall. Ex Royle) Steud., Nomencl. Bot. ed. 2. 2: 403. 1841.

≡ *Cerasus cornuta* Wall. ex Royle Ill. Bot. Himal. t. 38. f. 2. 1834, et 207. 1835.

≡ *Padus cornuta* (Wall. ex Royle) Carr., Rev. Hort. 1869; 中国植物志38 : 103. 1986; Flora of China 9: 424. 2003.

Type: Lectotype designated by Ghora and Panigrahi in Nayar et al. (1984): K.

识别特征：落叶乔木。叶片长椭圆形或长圆形，叶片边缘有疏细锯齿，叶柄顶端有腺体。总状花序基部有叶，花梗无明显增大的浅色皮孔；萼片与花瓣5，易区分；花萼脱落，萼筒内面无毛；花柱与雄蕊近等长，雄蕊20~30枚。核果卵球形，黑褐色（图85）。花期4~5月，果期5~10月。

图84　褐毛稠李（*Prunus brunnescens*）（A：曾佑派 摄；B、C：吴保欢 摄）

地理分布：产西藏。生于海拔2 700～3 300m山坡、路旁或次生林内。不丹、印度、尼泊尔、克什米尔地区和阿富汗也有分布。

（7）灰叶稠李（中国树木分类学）

Prunus grayana Maxim., Bull. Acad. Sci. St. Petersb. 29: 107. 1883; 陈嵘，中国树木分类学483. 1937; 中国高等植物图鉴2: 314. 图2358. 1972.

≡ *Padus grayana* (Maxim.) C.K.Schneid., Ill. Handb. Laubh. 1: 640. f. 351m-n2. 352 b. 1906; 中国植物志38: 96. 图版16: 1-2. 1986; Flora of China 9: 422. 2003.

Type: Japonia, Nagasaki, Yodzobu ad pedum jugi Kundsho-san, 25 May 1863, *C.J.Maximowicz s.n.* (Syntype); Japonia, Nagasaki, Kundsho-san,

04

图85　光萼稠李（*Prunus cornuta*）（林秦文 摄）

图86　灰叶稠李（*Prunus grayana*）（A：叶喜阳 摄；B：喻勋林 摄）

26 Sept., 1863, *C.J.Maximowicz s.n.* (Syntype); Japonia, Nippon, prov. Nambu, 1865, *S. Tschonoski s. n.* (Syntype); Japonia, Nippon media, 1866, S. Tschonoski s. n. (Syntype).

识别特征：落叶乔木。叶带灰绿色，卵状长圆形或长圆形，叶边锯齿锐尖，叶柄顶端无腺体。总状花序基部有叶；萼片与花瓣5，易区分；花萼脱落；花柱外露，雄蕊20～30枚。核果卵圆形，熟时黑褐色（图86）。花期4～5月，果期6～10月。

地理分布：产福建、广西、贵州、湖北、湖南、江西、四川、云南和浙江等地。生于海拔1 000～3 700m山谷杂木林或山地半阴坡及路旁灌丛中。日本也有分布。

（8）全缘叶稠李　［全缘光萼稠李（西藏植物志）］

Prunus gyirongensis Y.H.Tong et N.H.Xia, Phytotaxa 291(3): 237. 2017.

图87　全缘叶稠李（*Prunus gyirongensis*）（周欣欣 摄）

≡ *Padus integrifolia* T.T.Yu et T.C.Ku，植 物 分 类学报23(3): 212. 1985; 中国植物志38: 102. 图版 17: 4. 1986; Flora of China 9: 424. 2003. non *Prunus integrifolia* (C. Presl) Walpers (1852, p. 854).

≡ *Prunus tsuechinii* Huan C. Wang, Nordic Journal of Botany 35: 345. 2017, nom. illeg. superfl.

Type: China, Xizang, Gyirong (Jilong), Zhacun village, alt. 3 100m, 17 July 1975, *Qing-Zang Exped. 6959* (Holotype: PE[00020654]; isotypes: PE[01432756]; HNWP[49628]).

识别特征：落叶乔木。叶片椭圆形，全缘或顶端具疏锯齿，叶柄密被短柔毛，顶端有腺体。总状花序基部有叶，花梗无明显增大的浅色皮孔；萼片与花瓣5，易区分；花萼脱落，萼筒内面被毛；花柱与雄蕊近等长，雄蕊20～30枚。核果卵球形，黑色（图87）。果期6～10月。

地理分布：产西藏。生于海拔2 900～3 200m 山坡流水沟边、河谷、林内或路边等处。

（9）粗梗稠李　［尼泊尔稠李（拉汉种子植物名称）］

Prunus napaulensis (Ser.) Steud., Nomencl. Bot.

ed. 2. 2: 403. 1841.

≡ *Cerasus napaulensis* Ser., DC. Prodr. 2: 540. 1825.

≡ *Padus napaulensis* (Ser.) C.K.Schneid., Repert. Spec. Nov. Regni Veg. 1(5/6): 68. 1905; 中国植物志38: 104. 图版17: 3. 1986; Flora of China 9: 425. 2003.

Type: Nepal, *s. coll. s. n.*, (Syntype: G; A[00076710]).

识别特征：落叶乔木。小枝无毛。叶椭圆形，叶背无毛或幼时沿叶脉被柔毛，叶边有较疏锯齿。总状花序基部有叶，花梗有明显增大的浅色皮孔，花梗有稀疏短柔毛或近无毛；萼片与花瓣5，大形，易区分；花萼脱落；雄蕊20～30枚。核果卵圆形（图88）。花期4月，果期7月。

地理分布：产安徽、贵州、江西、陕西、四川、西藏和云南等地。生于海拔1 200～2 500m山地常绿、落叶阔叶林中或山谷开阔沟底。尼泊尔也有分布。

（10）细齿稠李

Prunus obtusata Koehne, Pl. Wilson. (Sargent) 1:

图88　粗梗稠李（*Prunus napaulensisi*）（吴保欢　摄）

图89　细齿稠李（*Prunus obtusata*）（吴保欢　摄）

66. 1911.

≡ *Padus obtusata* (Koehne) T.T.Yu et T.C.Ku, 中国植物志38: 101. 1986; Flora of China 9: 424. 2003.

Type: China, western Szechuan (Sichuan), Tachien-lu (Kangding), woods, alt. 1 800m, May 1908, *E.H.Wilson 977* (Syntypes: A[00032129]; HBG[511124]; LE[01015866]; US[00107974]).

识别特征：落叶乔木。小枝无毛或被短柔毛。叶片窄长圆形、椭圆形，背面无毛，叶片边缘有细锯齿，叶柄顶端有腺体。总状花序基部有叶，花梗无明显增大的浅色皮孔，被短柔毛；萼片与花瓣5，大形，易区分；花萼脱落，萼筒内面被毛；花柱与雄蕊近等长，雄蕊20～30枚。核果卵球形，

黑色（图89）。花期4～5月，果期6～10月。

地理分布：产安徽、甘肃、贵州、河南、湖北、湖南、江西、陕西、四川、台湾、云南和浙江等地。生于海拔840～3 600m山坡杂木林中，密林中或疏林下以及山谷、沟底和溪边等处。

（11）稠李［欧洲稠李］

Prunus padus Linn., Sp. Pl. 473. 1753; 陈嵘，中国树木分类学482. 图378. 1937; 中国高等植物图鉴2: 315. 图2360. 1972.

= *Prunus racemosa* Lam., Fl. Franc. 3: 107. 1778. ≡ *Padus racemosa* (Lam.) Gilib., Pl. Rar. Comm. Lithuan. 74. 310 (in Linnaeus, Syst: Pl. Eur. 1) 1785; 中国植物志38: 96. 1986; Flora of China 9: 422. 2003.

Type: Herb. Clifford 185, Padus 1 (Lectotype

图90 稠李（*Prunus padus*）（吴保欢 摄）

图91 绢毛稠李（*Prunus wilsonii*）（A：刘军 摄；B：吴保欢 摄）

designated by Jonsell and Jarvis (2002): BM [000628604]).

识别特征：落叶乔木。叶片椭圆形，叶边有密锯齿，叶柄顶端有腺体。萼片与花瓣5，易区分；花萼脱落；总状花序基部有叶，花梗无明显增大的浅色皮孔；花柱为雄蕊长的1/2，雄蕊20～30枚。核果卵圆形（图90）。花期4～5月，果期5～10月。

地理分布：产河北、河南、黑龙江、吉林、辽宁、内蒙古、山东和山西等地。生于海拔880～2 500m山坡、山谷或灌丛中。朝鲜、日本、俄罗斯也有分布。

本种有毛叶稠李 *Prunus padus* var. *pubescens* Regel et Tiling, Nouv. Mém. Soc. Imp. Naturalistes Moscou 11: 79. 1858.变种。

（12）绢毛稠李（秦岭植物志）

Prunus wilsonii (C.K.Schneid.) Koehne, Pl.

Wilson. (Sargent) 1:63. 1911.

≡ *Padus wilsonii* C.K.Schneid., Repert. Spec. Nov. Regni Veg. 1(5/6): 69. 1905; 中国植物志38: 104. 1986; Flora of China 9: 425. 2003.

Type: China, Hupeh (Hubei), Packang (Baokang), *E.H.Wilson 2077* (Syntypes: A[00032239]; A[00032240]; NY[00415933];).

= *Prunus napaulensis* var. *sericea* Batal., Act Hort. Petrop. 14: 169. 1895.

识别特征：落叶乔木。小枝密被短柔毛。叶片椭圆形，叶背密被白色绢状柔毛，叶边有较疏锯齿。总状花序基部有叶，花序密被柔毛，花梗有明显增大的浅色皮孔；萼片与花瓣5，易区分；花萼脱落；雄蕊20～30枚。核果幼时红色，老时黑色（图91）。花期4～5月，果期6～10月。

地理分布：产安徽、广东、广西、贵州、湖北、湖南、江西、陕西、四川、西藏、云南和浙江等地。生于海拔950~2 500m山地及山谷、沟底。

（13）毡毛稠李（秦岭植物志）

Prunus velutina Batal., Act. Hort. Petrop. 14: 168. 1895.

≡ *Padus velutina* (Batal.) C.K.Schneid., Repert. Spec. Nov. Regni Veg. 1(5/6): 69. 1905; 中国植物志 38: 102. 1986; Flora of China 9: 424. 2003.

Type: China, Szechuan, S. Wushan, 1889, *A. Henry 5592* (Syntypes: LE[01015720]; K[000737143]; LE[01015719]; K[000737141]).

识别特征：落叶乔木。小枝被短柔毛。叶片卵形或椭圆形，背面被短绒毛，叶边缘有细锯齿，叶柄顶端有腺体。总状花序基部有叶，花梗无明显增大的浅色皮孔，密被短柔毛；萼片与花瓣5，易区分；花萼脱落，萼筒内面被毛；花柱与雄蕊近等长，雄蕊20~30枚。核果球形，红褐色（图92）。花期4~5月，果期6~10月。

地理分布：产湖北、陕西和四川等地。生于海拔1 300~1 600m灌丛中、山谷或水沟旁。

2.2.3.3 臭樱组（新拟）Sect. *Maddenia*

Prunus Subgen. ***Padus*** Sect. ***Maddenia*** (Hook. f. et Thoms.) D.F.Cui, comb. nov.

Maddenia Hook. f. et Thoms., Kew Journ. Bot. 6: 381. t. 12. 1854; 中国植物志 38: 129. 1986; Flora of China 9: 432. 2003.

Prunus Subgen. *Maddenia* (Hook. f. et Thoms.) J. Wen, PhytoKeys, 2012, 11(11): 39.

Type: *Prunus himalayana* J. Wen (*Maddenia himalaica* Hook. f. et Thoms.).

本组约7种，分布于喜马拉雅山区、尼泊尔、不丹和印度。中国有4种，分布于中部和西部。

（14）贡山臭樱

Prunus gongshanensis J. Wen, PhytoKeys 11: 54. 2012.

≡ *Maddenia himalaica* var. *glabrifolia* H. Hara, J. Jap. Bot. 51(1): 8. 1976.

Type: China, Yunnan: Gongshan Xian, Gongshan, on the way from Qingnatong to Anwalong, 3 100m, small tree 4m tall, in the valley in shrublands, 31 May 1979, *Lujiang Exped. 790292* (Holotype: KUN; isotype: KUN).

识别特征：落叶乔木。小枝密被棕褐色柔毛。叶缘锯齿带芒，叶背面被毛极少，叶片中下部至

图92 毡毛稠李（*Prunus velutina*）（A、B：朱仁斌 摄；C：吴保欢 摄）

图93 贡山臭樱（*Prunus gongshanensis*）（俞新华 摄）

图94 喜马拉雅臭樱（*Prunus himalayana*）（A：王玫 摄；B：叶喜阳 摄）

基部边缘有大量腺齿。总状花序密被棕褐色长柔毛；萼筒钟状，花被片10，短小，三角形至披针形；花柱等长于雄蕊（图93）。

地理分布：产云南、西藏。生于2 100~3 500m山谷、林下。不丹、缅甸、尼泊尔和印度北部亦有分布。

（15）喜马拉雅臭樱

Prunus himalayana J. Wen, Bot. J. Linn. Soc. 164: 243. 2010.

Type: In Himalayae Sikkimensis temperatae vallibus interioribu, alt. 8 000 ~ 10 000 ped. *J.D.Hooker s. n.* (Lectotype designated by Wen and Shi (2012): K[000396855]; syntype: GH[00026566]).

= *Maddenia himalaica* Hook. f. et Thoms. in Hook. Kew Journ. Bot. 6: 381. t. 12 1854; 中国植物志38: 133. 图版22: 1-2. 1986; Flora of China 9: 434. 2003.

识别特征：落叶乔木。小枝密被短柔毛。叶长椭圆形，叶缘锯齿带芒，叶背密被长毛，营养枝上的叶片基部边缘少见腺齿，生殖枝上叶片基部分布大量腺齿。总状花序，密被棕褐色长柔毛；萼筒钟状，花被片10，短小；花柱等长于雄蕊。核果卵球形，熟时紫红色（图94）。花期5月，果期6月。

地理分布：产四川、西藏和云南。生于海拔2 800~4 200m林内。印度、尼泊尔、不丹也有分布。

（16）臭樱 ［假稠李（中国高等植物图鉴），锐齿臭樱，福建假稠李 ］

Prunus hypoleuca (Koehne) J. Wen, Bot. J. Linn. Soc. 164: 243. 2010.

≡ *Maddenia hypoleuca* Koehne, Pl. Wilson. (Sargent) 1: 57. 1911; 中国高等植物图鉴2: 317. 图2364. 1977; 中国植物志38: 129. 1986; Flora of China 9: 432. 2003.

Type: China, western Hupeh (Hubei), Hsing-Shan Hsien (Xingshanxian), woods, 4-6000 ft, May 1907, *E.H.Wilson 2850* (Lectotype designated by Wen and Shi (2012): A[00026557]; isolectotypes: E[00419986]; K[000396849]; syntype: K[000396850]; K[000396851]).

= *Maddenia fujianensis* Y.T.Chang（福建臭樱），

Guihaia. 5: 25. 1985; Flora of China 9: 434. 2003.

识别特征：落叶乔木。一年生枝条被稀疏柔毛，逐渐脱落光滑。叶片卵形、椭圆形或阔椭圆形，叶面无毛，叶背光滑，或脉腋具毛。总状花序密集多花；萼筒钟状，花被片10，短小。核果卵圆形，顶端急尖，熟时黑色（图95）。花期4~6月，果期6月。

地理分布：产安徽、重庆、福建、甘肃、贵州、河南、湖北、湖南、宁夏、青海、山西、陕西、四川和浙江。生于海拔1 000~2 900m山坡疏林、灌丛、山谷密林及河沟边。

（17）四川臭樱（中国植物志）［华西臭樱（中国植物志）］

Prunus hypoxantha (Koehne) J. Wen, Bot. J. Linn. Soc. 164: 243. 2010.

≡ *Maddenia hypoxantha* Koehne, Pl. Wilson. (Sargent) 1: 57. 1911; 中国植物志38: 132. 1986; Flora of China 9: 433. 2003.

Type: China, Western Szechuan (Sichuan), May

图95 臭樱（*Prunus hypoleuca*）（吴保欢 摄）

图96 四川臭樱（*Prunus hypoxantha*）（A：朱鑫鑫 摄；B：周欣欣 摄）

1908, *E.H.Wilson 909* (Holotype: A[00134062]; isotypes: K[000396852]; A[00134063]).

= *Maddenia wilsonii* Koehne, Pl. Wilson. (Sargent) 1: 58. 1911(non *Prunus wilsonii* (C.K.Schneid.) Koehne.); 中国植物志38: 132. 1986; Flora of China 9: 433. 2003.

识别特征：落叶乔木。一年生小枝密被短柔毛，小枝被毛。叶片椭圆形至卵形，叶片两面被柔毛，叶缘具不规则重锯齿，先端锐利，有时呈芒状；基部锯齿具腺体。总状花序，花梗密被柔毛；萼筒钟状，花被片10，短小；花柱长于雄蕊。核果卵圆形，熟时黑色（图96）。花期4~6月，果期6月。

地理分布：产甘肃、贵州、湖北、青海、陕西、四川和云南。生于海拔1 500~3 600m山坡谷地、灌丛中或河边向阳处。

2.2.4 桂樱亚属

Prunus Subgen. *Laurocerasus* (Tourn. ex Duh.) Rehd., Man. Cult. Trees & Shrubs 478. 1927.

Laurocerasus Tourn. (Inst. 627. t. 403. 1700) ex Duh., Traite Arbres 1: 345. t. 133. 1755; 中国植物志 38: 106. 1986; Flora of China 9: 426. 2003.

Cerasus Sect. II (*Lau-rocerasus*) Subsect. *Laurocerasi* (Tourn. ex Duh.) Ser., DC. Prodr. 2: 540. 1825.

Cerasus Sect. *Laurocerasus* (Tourn. ex Duh.) G. Don, Gard. Dict. 2: 515. 1832. p. p.

Cerasus Subgen. *Laurocerasus* (Tourn. ex Duh.) Rchb., Nomencl. 177. 1841.

Prunus Sect. *Laurocerasus* (Tourn. ex Dub.) Benth. et Hook. f., Gen. Pl. 1: 610. 1865.

常绿乔木或灌木，极稀落叶。叶互生，叶边全缘或具锯齿，下面近基部或在叶缘或在叶柄上常有2枚、稀数枚腺体；托叶小，早落。花常两性，有时雌蕊退化而形成雄花，排成总状花序；总状花序无叶，通常单生叶腋或去年生小枝叶痕的腋间，稀簇生；苞片小，早落；花萼5；花瓣白色，通常比萼片长2倍以上；雄蕊10~50，排成2轮，内轮稍短；心皮1，花柱顶生，柱头盘状；胚珠2，并生。果实为核果，干燥；核骨质，核壁较薄或稍厚而坚硬，外面平滑或具皱纹，常不开裂，内含1粒下垂种子。

亚属模式种：桂樱 *Prunus laurocerasus* Linn. [*Laurocerasus officinalis* (Linn.) Roem.]。

本亚属全球约80种，主要产于热带，自非洲、南亚、东南亚、巴布亚新几内亚至中美、南美，少数种分布到亚热带和冷温带，自西南欧、东南欧至东亚。中国有20种，分为3组腺叶桂樱组 Sect. *Phaeostictae*、无腺桂樱组 Sect. *Laurocerasus* 和臀果木组 Sect. *Mesopygeum*，主要产于黄河流域以南，尤以华南和西南地区分布的种类较多。

桂樱亚属 *Prunus* Subgen. *Laurocerasus* 分种检索表

1. 花萼花瓣区别明显；果实卵圆形或椭圆形
　2. 叶片下面布满黑色腺点（**腺叶桂樱组 Sect. *Phaeostictae***）
　　3. 叶片较小，长5~12cm；花序总梗纤细，直径小于1mm，苞片早落
　　　4. 叶片先端急尖至短渐尖；果实长卵形至椭圆形，长大于宽… 1. 华南桂樱 *P. fordiana*
　　　4. 叶片先端长尾尖；果实近球形或横向椭圆形，长宽近相等或宽稍大于长 ⋯⋯⋯⋯⋯⋯
　　　⋯⋯⋯⋯⋯⋯⋯⋯⋯⋯⋯⋯⋯⋯⋯⋯⋯⋯⋯⋯⋯⋯⋯ 2. 腺叶桂樱 *P. phaeosticta*
　　3. 叶片大，长14cm以上；花序总梗较粗壮，直径约1.5mm，苞片花期宿存 ⋯⋯⋯⋯⋯⋯
　　　⋯⋯⋯⋯⋯⋯⋯⋯⋯⋯⋯⋯⋯⋯⋯⋯⋯⋯⋯⋯ 3. 云开桂樱 *P. yunkaishanensis*
　2. 叶片下面无腺点（**无腺桂樱组 Sect. *Laurocerasus***）
　　5. 叶片下面密被柔毛
　　　6. 叶片椭圆形或椭圆状长圆形，下面密被灰白色柔毛，叶边全部具较密粗锯齿；叶柄

长 6～10mm, 常具 1 对基腺; 果实卵状长圆形, 顶端急尖 ·············
······························ 7. 毛背桂樱 *P. hypotricha*

6. 叶片卵状长圆形至长圆形, 下面密被浅黄色柔毛, 叶边自中部以上具不明显浅钝锯齿; 叶柄长 10～15mm, 无基腺; 果实宽长圆形, 顶端圆钝 ·············
······························ 11. 勐海桂樱 *P. menghaiensis*

5. 叶片下面无毛

7. 花序无毛 (仅尖叶桂樱的一个变型在总花梗及花梗上微具细短柔毛)

8. 叶边缘或中部以上有少数锯齿; 总状花序长 5～10cm, 具花 10 至 30 余朵; 子房具柔毛; 果实圆形或椭圆形, 长 10～16mm ·············· 14. 尖叶桂樱 *P. undulata*

8. 叶边全部疏生不明显细小浅锯齿; 总状花序长 2～5cm, 具花数朵至 10 余朵; 子房无毛; 果实球形或扁球形, 长 7～10mm ············ 12. 云南桂樱 *P. pygeoides*

7. 花序具柔毛

9. 果实大, 宽椭圆形或倒卵圆形, 长 17～20mm, 宽 14～16mm; 核壁厚而坚实, 表面具明显粗网纹; 叶片长圆形, 稀倒卵状长圆形, 叶边疏生针状尖锐浅锯齿 ···
······························ 8. 坚核桂樱 *P. jenkinsii*

9. 果实较大或较小, 多种形状, 长 8～24mm, 宽 7～11mm; 核壁薄而易碎, 表面平滑或稍有网纹

10. 果实长圆形或卵状长圆形, 长 18～24mm, 宽 7～11mm; 叶片宽卵形至椭圆状长圆形或宽长圆形, 长 10～19mm, 叶边具粗锯齿; 叶柄长 10～20mm ······
······························ 10. 大叶桂樱 *P. zippeliana*

10. 果实椭圆形、卵状椭圆形、卵圆形至近球形, 长 8～14mm, 宽 7～11mm

11. 叶片网脉较明显; 叶柄长 5～10 (～15) mm; 总状花序长 4～10cm, 具花 10 朵以上至 20 余朵

12. 叶片长圆形或倒卵状长圆形, 侧脉 8～14 对

13. 叶片草质至薄革质, 先端渐尖至尾尖, 中部以上或近端常有少数针状锐锯齿; 果实椭圆形 ·············· 13. 刺叶桂樱 *P. spinulosa*

13. 叶片厚革质, 先端急尖至短渐尖, 全部具内弯锐锯齿; 果实卵球形 ···
······························ 6. 长叶桂樱 *P. dolichophylla*

12. 叶片椭圆形, 先端急尖至短渐尖, 侧脉 5～7 对
······························ 5. 南方桂樱 *P. austrosinensis*

11. 叶片网脉不明显或几乎看不见; 叶柄长 1～5mm; 总状花序长 1～3cm, 具花数朵

14. 叶片长圆形至倒卵状长圆形, 长 5～7 (～9) cm, 先端渐尖, 基部狭楔形, 叶片全缘; 果实卵球形, 核壁表面具细网纹 ··· 9. 全缘桂樱 *P. marginata*

14. 叶片椭圆形或卵圆形, 长 2～5 (～6) cm, 先端圆钝或具短钝尖头, 基部宽楔形至圆形, 叶边疏生粗锯齿; 果实近球形, 核壁表面光滑 ·············
······························ 4. 冬青叶桂樱 *P. aquifolioides*

1. 花萼花瓣不易分; 果实横向扁圆形或长圆形 (**臀果木组 Sect. *Mesopygeum***)

15. 在中脉两侧的叶片次脉 9～14

16. 苞片卵形到三角状卵形, 在花期宿存; 子房密被短柔毛; 核果卵球形 ·············

2.2.4.1　腺叶桂樱组 Sect. *Phaeostictae*

Prunus Subgen. **Laurocerasus** Sect. **Phaeostictae** T.T.Yu et T.C.Ku, Bull. Bot. Research 4(4): 41. 1984; 中国植物志38: 108. 1986.

Type: *Prunus phaeosticta* (Hance) Maxim. [*Laurocerasus phaeosticta* (Hance) C.K.Schneid.].

（1）华南桂樱（中国树木志）

Prunus fordiana Dunn, Journ. Bot. 45: 402. 1907.

≡ *Laurocerasus fordiana* (Dunn) T.T.Yu et L.T.Lu, Bull. Bot. Research 4(4): 44. 1984; 中国植物志38: 112. 图版18: 4. 1986; Flora of China 9: 427. 2003.

Type: China, S. Kwantung, Sanning (Taishan), Hongkong Herb. 903 (Syntypes: HK[8950]; IBSC[0004380]).

识别特征：常绿灌木或小乔木。幼枝具柔毛。叶片椭圆形、倒卵状椭圆形或长圆形，先端急尖至短渐尖，较小，叶背布满黑色腺点。总状花序，花序总梗纤细，苞片早落。核果长卵形至椭圆形，长大于宽，熟时黑褐色（图97）。花期3~4月，果期5~8月。

地理分布：产广东、广西、海南。生于海拔600~1 800m山坡、山麓或河岸旁林中。东南亚也有分布。

（2）腺叶桂樱（中国树木志）

Prunus phaeosticta (Hance) Maxim., Bull. Acad. Sci. St. Petersb. 29: 109. 1883; 中国高等植物图鉴 2:314. 图2357. 1972.

≡ *Pygeum phaeosticta* Hance, Journ. Bot. 8: 72. 1870.

≡ *Laurocerasus phaeosticta* (Hance) C.K.Schneid., Ill. Handb. Laubh. 1: 649. f. 355. 1906; 中国植物志38: 108. 1986; Flora of China 9: 426. 2003.

Type: Specimen a seipso in insula Hongkong lectum, jam pluribus elapsis annis mecum communicavit cl. *J.C.Bowring s. n.* (Lectotype designated by Kalkman (1966) in K; Syntype: BM[000901948]). China, montium Pakwan (Baiyunshan, Guangzhou), *T. Sampson* 6015 (Syntypes: K[000737234]; K[000737235]; K[000737236]).

识别特征：常绿灌木或小乔木。叶片椭圆形或长圆形，先端长尾尖，叶片较小，叶背布满黑色腺点。总状花序，花序总梗纤细，苞片早落。果实近球形或横向椭圆形，长宽近相等或宽稍大于长，熟时紫黑色（图98）。花期4~5月，果期7~10月。

地理分布：产福建、广东、广西、贵州、湖南、江西、台湾、西藏和浙江等地。生于海拔300~2 000m山地次生林中。南亚、东南亚有分布。是一个多型性的种，有很多生态类型。

04

图97 华南桂樱（*Prunus fordiana*）（吴保欢 摄）

图98 腺叶桂樱（*Prunus phaeosticta*）（吴保欢 摄）

图99 云开桂樱（*Prunus yunkaishanensis*）（吴保欢 摄）

（3）云开桂樱

Prunus yunkaishanensis B.H.Wu, W.Y.Zhao et W.B.Liao，Phytotaxa, 541(3): 277-284. 2022.

Type: China, Guangdong: Gaozhou, Magui Town, Daxi Village, Qiecaiping, alt. 700m, 1 Nov. 2020, *B.H.Wu and W.Y.Zhao P20201562* (Holotype: IBSC; isotypes: IBSC, SYS).

识别特征：常绿灌木或小乔木。叶片大，长可达14~20cm，长圆状倒披针形至倒披针形，叶背布满黑色腺点。总状花序，花序总梗较粗壮，直径约1.5mm，苞片花期宿存。果实卵圆形或椭圆形（图99）。

地理分布：产广东高州。生于海拔700m山谷密林中。

2.2.4.2　无腺桂樱组 Sect. *Laurocerasus*

Prunus Subgen. ***Laurocerasus*** Sect. ***Laurocerasus*** (Tourn. ex Dub.) T.T.Yu et T.C.Ku, Bull. Bot. Research 4(4): 44. 1984; 中国植物志38: 112. 1986.

（4）冬青叶桂樱（植物研究）

Prunus aquifolioides (Chun ex T.T.Yu et L.T.Lu) W.C.Chen ex Huan C.Wang, Nordic Journal of Botany 35: 345. 2017.

≡ *Laurocerasus aquifolioides* Chun ex T.T.Yu et L.T.Lu, Bull. Bot. Research 4(4): 52. 1984; 中国植物志38: 122. 图版20: 6-7. 1986; Flora of China 9: 430. 2003.

Type: China, Kwangtung (Guangdong), Cingyuan (Qingyuan), 15 Oct. 1929, *Y.K.Huang*

04

图100 冬青叶桂樱 (*Prunus aquifolioides*) (吴保欢 摄)

30127 (Holotype: IBSC[0004356]).

识别特征：常绿灌木。叶片椭圆形或卵圆形，先端圆钝或具短钝尖头，基部宽楔形至圆形，叶背无毛无腺点，叶边疏生锯齿或几全缘，网脉不明显。总状花序具柔毛；花萼花瓣区别明显。果实近球形，核壁表面光滑（图100）。花期4～5月，果期7～10月。

地理分布：产福建、广东和江西。生于山谷杂林或密林中。

（5）南方桂樱（植物研究）

Prunus austrosinensis Huan C.Wang, Nordic Journal of Botany 35: 345. 2017.

Type: China, Guizhou, Wangmo County, Chengguan village, Pingrao, alt. 750m, 23 Apr.

1960, *Y.T.Zhang and Z.S.Zhang 1218* (Holotype: PE[00004579]; isotype: ISBC[0315400]).

= *Laurocerasus australis* T.T.Yu et L.T.Lu, Bull. Bot. Research 4(4): 51. 1984; 中国植物志38: 121. 图版20: 3-5. 1986; Flora of China 9: 429. 2003.

识别特征：常绿灌木至小乔木。叶片椭圆形，先端急尖至短渐尖，叶边具锯齿，叶片下面无毛无腺点。总状花序具柔毛，花10朵以上至20余朵。核果卵圆形或椭圆形，黑褐色，核壁薄而易碎（图101）。花期夏秋季，果期冬季至翌年春季。

地理分布：产贵州、广西、湖南。生于海拔750m山坡阳处疏林中或山顶密林中。

（6）长叶桂樱（植物研究）

Prunus dolichophylla (T.T.Yu et L.T.Lu) Huan C.

图101　南方桂樱（*Prunus austrosinensis*）（A：周建军 摄；B、C：阳亿 摄）

Wang, Nordic Journal of Botany 35: 345. 2017.

　　≡ *Laurocerasus dolichophylla* T.T.Yu et L.T.Lu, Bull. Bot. Research 4(4): 50. 1984; 中国植物志38: 119. 图版20: 1-2. 1986; Flora of China 9: 429. 2003.

　　Type: China, Yunnan, Hsichou (Xichou), Fatou (Fadou) village, alt. 1 300–1 500m, 24 Sep. 1947, *K.M.Feng 11997* (Holotype: PE[00004582]; isotypes: A[00136016]; KUN[682793]; KUN[682787]).

　　识别特征：常绿乔木。叶片厚革质，长圆形或倒卵状长圆形，先端急尖至短渐尖，叶缘具粗锐锯齿，齿尖内弯，网脉较明显；叶背无毛无腺点。总状花序具柔毛，花10朵以上至20余朵；花萼花瓣区别明显。核果卵圆形，黑褐色，核壁薄而易碎，表面无网纹。花期8～9月，果期12月至翌年1月。

　　地理分布：产云南（西畴、麻栗坡）。生于海拔1 300～1 500m石山坡混交林内或密林中。

　　（7）毛背桂樱 ［毛背樱（拉汉种子植物名称）］

　　Prunus hypotricha Rehd., Pl. Wilson. (Sargent) 3: 425. 1917.

　　≡ *Laurocerasus hypotricha* (Rehd.) T.T.Yu et L.T.Lu, Bull. Bot. Research 4(4): 44. 1984; 中国植物志38: 113. 1986; Flora of China 9: 427. 2003.

Type: China, Western Szechuan (Sichuan), Kuan Hsien (Guanxian), thickets, alt. 800m, Nov. 1908, *E.H.Wilson 2540* (Holotype: A[00032072]).

识别特征：常绿乔木。叶片椭圆形或椭圆状长圆形，叶背密被灰白色柔毛，无腺点，叶边全部具较密粗锯齿，叶柄有腺体。总状花序常单生。果实卵状长圆形，顶端急尖，黑色，核壁较薄（图102）。花期9~10月，果期11月至翌年2月。

地理分布：产福建、广东、广西、贵州、湖南、江西、四川和云南。生于海拔200~2 600m山坡、山谷或溪边疏林内。

（8）坚核桂樱 ［阿萨姆稠李（拉汉种子植物名称）］

Prunus jenkinsii Hook. f. et Thomson ex Hook. f., Fl. Brit. Ind. 2: 317. 1878.

≡ *Laurocerasus jenkinsii* (Hook. f.) T.T.Yu et L.T.Lu, Bull. Bot. Research 4(4): 48. 1984; 中国植物志38: 116. 图版19: 1-2.1986; Flora of China 9: 428. 2003.

Type: Upper Assam, Choorpura, *W. Griffith 2067* (Lectotype designated by Kalkman (1966): K[000737196]; isolectotype: L[0019650]; syntypes: K[000737200]; K[000737199]; K[000737197]).

识别特征：常绿乔木。叶片长圆形，叶背无毛无腺点，叶边疏生针状尖锐浅锯齿。总状花序具柔毛。核果宽椭圆形或倒卵圆形，核壁厚而坚实，表面具明显粗网纹（图103）。花期秋季，果期冬季至翌年春季。

地理分布：产云南西南部。生于海拔1 000~1 800m的山地沟谷林中。印度、孟加拉国、缅甸

图102 毛背桂樱（*Prunus hypotricha*）（A：孟德昌 摄；B：吴保欢 摄）

图103 坚核桂樱（*Prunus jenknisii*）（吴保欢 摄）

有分布。

（9）全缘桂樱 ［全边稠李（拉汉种子植物名称）］

Prunus marginata Dunn, Journ. Bot. 45: 402. 1907; Koehne, Bot. Jahrb. 52: 300. 1915.

≡ *Laurocerasus marginata* (Dunn) T.T.Yu et L.T.Lu, Bull. Bot. Research 4(4): 52. 1984; 中国植物志38: 121. 1986; Flora of China 9: 430. 2003.

Type: Hongkong, Peak of Lantao Island at 1500 ft., Hongkong Herb. 1430 (Holotype: HK[8991]; isotypes: K[000737240]; IBSC[0315426]).

识别特征：常绿小乔木或灌木。叶片长圆形至倒卵状长圆形，先端渐尖，基部狭楔形，全缘，下面无毛无腺点，网脉不明显。总状花序具柔毛，花数朵；花萼花瓣区别明显。果实卵球形，核壁表面具细网纹（图104）。花期春夏季，果期秋冬季。

地理分布：产广东和香港。生于海拔500~700m的山坡或山顶林中。

（10）大叶桂樱（中国树木志）

Prunus zippeliana Miq., Fl. Ind. Bat. 1: 367. 1855.

≡ *Laurocerasus zippeliana* (Miq.) T.T.Yu et L.T.Lu, Bull. Bot. Research 4(4): 49. 1984; 中国植物志38: 116. 1986; Flora of China 9: 428. 2003.

Type: *H. Zippel s. n.* (Lectotype designated by Kalkman (1966): L[0019700]; isolectotype: L[0931114]).

识别特征：常绿乔木。叶片宽卵形至椭圆状长圆形或宽长圆形，叶边具粗锯齿，叶背无毛无腺点。总状花序具短柔毛。核果长圆形或卵状长圆形，核壁薄而易碎，表面平滑或稍有网纹（图105）。花期7~10月，果期冬季。

地理分布：产福建、甘肃、广东、广西、贵州、湖北、湖南、江西、陕西、四川、台湾、云南和浙江。生于海拔600~2400m石灰岩山地阳坡杂木林中或山坡混交林下。日本和越南北部也有。

（11）勐海桂樱（植物研究）

Prunus menghaiensis (T.T.Yu et L.T.Lu) Huan C. Wang, Nordic Journal of Botany 35: 346. 2017.

≡ *Laurocerasus menghaiensis* T.T.Yu et L.T.Lu, Bull. Bot. Research 4(4): 45. 1984; 中国植物志38: 113.

图104　全缘桂樱（A：徐晔春 摄；B、C：吴保欢 摄）

图105　大叶桂樱（*Prunus zippeliana*）（A、C：吴保欢 摄；B：刘军 摄）

图版18: 5-6. 1986; Flora of China 9: 427. 2003.

Type: China, Yunnan, Menghai, alt. 1 800m, Jul. 1936, *C.W.Wang 77349* (Holotype: PE[00004584]; isotypes: PE[00773632]; KUN[1206902]).

识别特征：常绿乔木。幼枝具浅黄色柔毛。叶片卵状长圆形至长圆形，叶背密被浅黄色柔毛，无腺点，叶边自中部以上具不明显浅钝锯齿；叶柄无基腺。核果宽长圆形，顶端圆钝，黑褐色。果期冬季。

地理分布：产云南（勐海）。生于海拔1 800m混交林中。

（12）云南桂樱（植物研究）

Prunus pygeoides Koehne, Bot. Jahrb. 52: 297. 1915.

Type: Bengal. Top of Parasnath, 15 Apr. 1858, *Thomson, T., s. n.* (not seen).

= *Pygeum andersonii* Hook. f., Fl. Brit. Ind. 2: 320. 1878.

识别特征：常绿灌木或小乔木。叶片长圆形或卵状长圆形，叶背无毛无腺点，叶缘疏生不明

显细小浅锯齿。总状花序无毛，具花数朵至10余朵；花萼花瓣区别明显；子房无毛。核果球形或扁球形。花期7～8月，果期冬季。

地理分布：产云南东南部。生于海拔1 250m石质坡地密林内。印度也有分布。

（13）刺叶桂樱（中国树木志）[刺叶稠李（拉汉种子植物名称）]

Prunus spinulosa Sieb. et Zucc., Abh. Math. -Phys. Cl. Akad. Wiss. Munch. 4: 122. 1843.

≡ *Laurocerasus spinulosa* (Sieb. et Zucc.) C.K.Schneid., Ill. Handb. Laubh. 1: 649. f. 354 o-p. 1906; 中国植物志38: 119. 图版19: 6-8. 1986; Flora of China 9: 429. 2003.

Type: Japan, 1905, *P.F. von Siebold 112. 51* (Lectotype designated by Akiyama et al. (2014): M[0154004]).

识别特征：常绿乔木。叶片草质至薄革质，长圆形或倒卵状长圆形，网脉较明显，先端渐尖至尾尖，叶边常波状，中部以上或近端常有少数针状锐锯齿，叶片下面无毛无腺点。总状花序具

柔毛，花10朵以上至20余朵；花萼花瓣区别明显。果实椭圆形，核壁薄而易碎，表面平滑（图106）。花期9~10月，果期11月至翌年3月。

地理分布：产安徽、福建、广东、广西、贵州、湖北、湖南、江苏、江西、四川和浙江。生于海拔400~1 500m山坡阳处疏密杂木林中或山谷、沟边阴暗阔叶林下及林缘。日本和菲律宾也有分布。

（14）尖叶桂樱（中国树木志）

Prunus undulata Buch.-Ham. ex D. Don, Prodr.

Fl. Nepal 239. 1825.

≡ *Cerasus undulata* (D. Don) Ser., DC. Prodr. 2: 540. 1825.

≡ *Laurocerasus undulata* (D. Don) Rocm., Syn. Monogr. 3: 92. 1847; 中国植物志38: 113. 1986; Flora of China 9: 428. 2003.

Type: Nepal, Narainhetty, 14 November 1802, *F. Buchanan, s. n.* (Lectotype designated by Hara (1973): BM[000522034]).

识别特征：常绿灌木或小乔木。叶片椭圆形

图106 刺叶桂樱（*Prunus spinulosa*）（A：刘军 摄；B：陈炳华 摄；C：吴保欢 摄）

图107 尖叶桂樱（*Prunus undulata*）（吴保欢 摄）

至长圆状披针形，叶边缘或中部以上有少数锯齿，叶背无毛无腺点。总状花序无毛，具花10至30余朵。核果圆形或椭圆形，紫黑色（图107）。花期8~10月，果期冬季至翌年春季。

地理分布：产广东、广西、贵州、湖南、江西、四川、西藏和云南。生于海拔500~3 600m山坡混交林中或沿溪常绿林下。老挝北部、孟加拉国、缅甸北部、尼泊尔、泰国、印度、印度尼西亚和越南也有。是一个多型性的种，有很多生态类型。

2.2.4.3 臀果木组 Sect. *Mesopygeum*

Prunus Subgen. ***Laurocerasus*** Sect. ***Mesopygeum*** (Koehne) Kalkm., Blumea 13(1): 50. 1965.

Pygeum Gaertn., Fruct. Sem. Pl. 1: 218. 1788; 中国植物志38: 123. 1986; Flora of China 9: 430. 2003.

（15）云南臀果木（中国植物志）

Prunus comans B.H.Wu et D.F.Cui, comb. nov.

Pygeum henryi Dunn, Journ. Linn. Soc. 35: 493. 1903; 中国植物志38: 124. 图版21:1-2. 1986; Flora of China 9: 430. 2003.

Type: China, Yunnan, Szemao, forests, 4 500~5 000 ft., *A. Henry 12313a* (Lectotype designated by Kalkman (1966): K[000737229]; isolectotypes: MO[255112]; A[00032438]; [00032439]; E[00011362]; NY[00415944]; syntypes: K[000737228]; A[00032437]; E[00011364]; NY[00415943]).

non Prunus henryi (C.K.Schneid.) Koehne, Pl. Wilson. (Sargent) 1(2): 240. 1912.

识别特征：常绿乔木。叶片长圆状披针形，全缘，两面具锈褐色平贴柔毛。总状花序，花梗被柔毛；苞片卵形到三角状卵形，在花期宿存；花被片10~12，花萼花瓣不易分；子房密被短柔毛。核果卵球形，暗褐色（图108）。花期8~9月，果期冬季至翌年春季。

地理分布：产云南西北部至东南部。生于海拔600~2 000m山麓混交林中或山谷疏密林下。

（16）疏花臀果木（植物分类学报）

Prunus dissitiflorum B.H.Wu et D.F.Cui, comb. nov.

Pygeum laxiflorum Merr. ex Li, Journ. Arn. Arb. 26: 64. 1945; 中国植物志38: 127. 1986; Flora of China 9: 431. 2003.

Type: China, Shap Man Taai Shan（十万大山）, Tang Lung village, southeast of Shangsze, Kwangtung (Guangdong) border, 28 Sept. 1934, *W.T.Tsang, 24375* (Holotype: A[00032441]; isotypes: F[0068346F]; IBSC[0339513]; MO[255108]; NY[00415945]; SYS[00077857]).

non Prunus laxiflora Koehne, Pl. Wilson. (Sargent) 1（1）: 70. 1911..*non Prunus laxiflora* Kitaibel, Linnaea 32(4-5): 602. 1864.

识别特征：常绿乔木。叶片卵状披针形到披针形，先端渐尖到尾状渐尖，全缘。总状花序具褐色柔毛；花被片10、花萼花瓣不易分。核果扁卵球形至横向短长圆形，宽大于长，暗紫褐色。花期8~10月，果期11~12月。

图108　云南臀果木（*Prunus comans*）（A：李海宁 摄；B：朱鑫鑫 摄）

地理分布：产广东、广西。生于低海拔的山麓或沿溪树林中。越南也有分布。

（17）大果臀果木（植物分类学报）

Prunus macrocarpa (T.T.Yu et L.T.Lu) B.H.Wu et D.F.Cui, comb. nov.

Pygeum macrocarpum T.T.Yu et L.T.Lu, 植物分类学报 23(3): 213. 图版 2. 图 2. 1985; 中国植物志 38: 128. 图版 21: 9-10. 1986; Flora of China 9: 431. 2003.

Type: China, Yunnan, Jinping, 16 May 1943, _P.C.Tsoong et K.R.Kuang 321_ (Holotype: PE[00020656]; isotypes: PE[00020657]; PE[00020658]).

识别特征：常绿小乔木。叶片椭圆形到长圆状椭圆形，基部圆形，先端突然尖，下面沿叶脉具稀疏褐色柔毛。总状花序单生或 2～3 簇生，花梗被褐色柔毛；花萼花瓣不易分。核果扁卵球形，长宽相等或长大于宽，紫褐色。花期 8～10 月，果期冬季至翌年春季。

地理分布：产云南（金平、麻栗坡）。生于海拔 500～1 000m 深峡谷溪岸丛林中或林缘。

（18）长圆臀果木（植物分类学报）

Prunus oblongicarpa (T.T.Yu et L.T.Lu) B.H.Wu et D.F.Cui, nom. nov.

Pygeum oblongum T.T.Yu et L.T.Lu, 植物分类学报 23（3）: 213. 图版 2. 图 1. 1985; 中国植物志 38: 127. 图版 21: 6-8. 1986; Flora of China 9: 431. 2003.

Type: China, Yunnan, Pingbian, 9 Oct. 1954,
K.M.Feng, 4789 (Holotype: PE[00020655]).

识别特征：常绿小乔木。叶片披针形，基部阔楔形至圆形，先端渐尖到尾状，全缘，下面密被锈褐色柔毛。总状花序生于叶腋，具锈褐色柔毛；花被片 10，花萼花瓣各 5。核果长圆形，暗紫褐色（图 109）。花期 9～10 月，果期冬季至翌年春季。

地理分布：产云南（屏边、金平）。生于海拔 2 000～2 100m 山下密林中或常绿阔叶林下。

（19）臀果木 ［臀形果（中国高等植物图鉴）］

Prunus topengii (Merr.) J.Wen et L.Zhao, J. Syst. Evol. 60: 1075. 2022.

Pygeum topengii Merr., Philip. Journ. Sci. 15: 237. 1919; 陈焕镛等，海南植物志 2: 194. 1965; 中国高等植物图鉴 2: 317. 图 2363. 1972; 中国植物志 38: 126. 图版 21: 3-5. 1986; Flora of China 9: 430. 2003.

Type: China, Kwangtung (Guangdong) province, Kochow (Gaozhou) Region, Shek Kau Ting, 6 Mar. 1919, _K. P. To, 2750_ (Holotype: PE[00039503]; isotypes: A[00032445]; US[00107927]; K[000737223]).

识别特征：常绿乔木。叶片卵状椭圆形到椭圆形，先端短渐尖或先端钝而具短尖头。总状花序有 10 余朵花，花梗、花萼均被褐色柔毛；花萼 5～6，花瓣 5～6。核果肾形，顶端凹陷，宽大于长，熟时深褐色（图 110）。花期 6～9 月，果期冬季。

地理分布：产福建、广东、广西、贵州、海

图 109 长圆臀果木（_Prunus oblongicarpa_）（A：陈又生 摄；B：蒋蕾 摄）

图110 臀果木（*Prunus topengii*）（曾佑派 摄）

图111 西南臀果木（*Prunus xinanensis*）（王孜 摄）

南、湖南、香港和云南等地。生于海拔2 000～2 100m山下密林中或常绿阔叶林下。

（20）西南臀果木（中国植物志）

Prunus xinanensis B.H.Wu et D.F.Cui, comb. nov.

Pygeum wilsonii Koehne, Bot. Jahrb. Syst. 52(4-5): 334. 1915; 中国植物志38: 126. 1986; Flora of China 9: 431. 2003.

Type: China, Setzchuan (Sichuan), Berg Omi (Emeishan), 13 Sept. 1904, *E.H.Wilson exped. Veitch 4858* (Holotype: A[00032446]; isotypes: K[000737225]; BM[000622018]).

识别特征：常绿乔木。叶片长圆形或卵状长圆形，先端渐尖，全缘。总状花序有10余朵花，花梗、花萼均被褐色柔毛；苞片披针形到线状披针形，早落；花被片10，花萼花瓣各5；子房通常无毛。核果扁圆形或横长圆形，顶端常突尖（图111）。花期8～9月，果期11～12月。

地理分布：产四川、西藏和云南。生于海拔900～1 200m的山麓混交林、山地灌丛及林缘。

3 植物文化与发展历程

3.1 桃文化与发展历程

桃在中国古籍中的喻义极为丰富，例如作为报春使者，春天来临的象征；作为男女之间爱情的象征；作为女性外貌姣好的象征；作为表达思乡与隐逸之情的象征；作为消灾避邪、制鬼降妖的象征；作为长命百岁的象征；但同时在某些朝代也被人们认为是妖艳、轻浮不实的象征。

3.1.1 先秦时期的桃文化

中国《诗经》《尔雅》《说文解字》等古书中都对桃有所记载（图112），如《说文解字》中解释：桃与梅、李、杏同属一类，统称为"某"，"某"是酸果类的意思（远古时期，桃处于野生与半野生状态，因此风味多酸）；《神农本草经》中有记载桃的药用价值，如桃果可治吐血、盗汗；

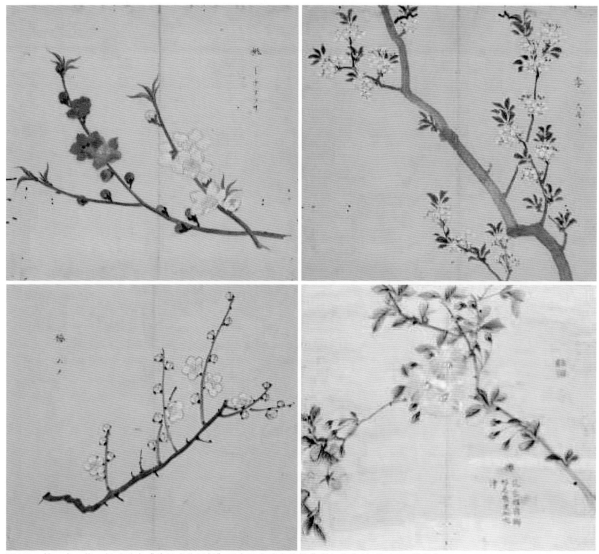

图112 桃、李、梅、樱（引自《诗经名物图解》日本江户时代的儒学者细井徇/细井东阳 撰绘）

桃花可利尿，治疗便秘；桃仁具有消炎、祛瘀血的作用，桃胶可治淋症。表明当时古人已经开始利用桃的食用与药用价值（黄丹妹，2011）。

先秦时期，古人也开始对桃的花、果、叶等外部形态特征进行描述，如《诗经·周南·桃夭》："桃之夭夭，灼灼其华……桃之夭夭，有蕡其实……桃之夭夭，其叶蓁蓁"；《诗经·魏风·园有桃》："园有桃，其实之肴"，可以看出当时桃已经广泛出现在人们的日常生活中。

3.1.2　魏晋南北朝时期的桃文化

魏晋南北朝时期是桃文化的发展期，此时桃花的审美价值形成（渠红岩，2009）。萧纲的《咏初桃》："初桃丽新采，照地吐其芳。枝间留紫燕，叶里发轻香。飞花入露井，交干拂华堂。若映窗前柳，悬疑红粉妆"便是极佳的例子。"初桃"描写的是刚刚绽放的桃花，"枝间""叶里"代表了对桃观察的细腻程度，"紫""红"再到"清香"，则是从视觉和嗅觉两方面欣赏桃花的美，"吐""飞花""交干"则是对桃花开花、落花情景的生动表达。沈约的《咏桃》："风来吹叶动，风动畏花伤。红英已照灼，况复含日光。歌童暗理曲，游女夜缝裳。讵诚当春泪，能断思人肠。"则是抒发诗人情感，触景生情，抒情色彩浓厚。

3.1.3　唐朝时期的桃文化

唐朝是中国历史上经济文化极为繁荣昌盛的时期，也造就了桃文化的蓬勃发展。唐朝之前内容含"桃"的作品为87篇，而仅在唐朝，文学中内容中含有"桃"的作品为1 714篇，是唐朝以前作品总量的21倍，可见桃花在唐朝是备受关注和喜爱的（渠红岩，2008）。

在形象描述方面，如李世民的《咏桃》："禁苑春晖丽，花蹊绮树妆。缀条深浅色，点露参差光。向日分千笑，迎风共一香。如何仙岭侧，独秀隐遥芳"；王维的《赠裴十迪》："桃李虽未开，蕴萼满芳枝"和杜甫的《江雨有怀郑典设》："宠光蕙叶与多碧，点注桃花舒小红"将桃的枝条、香味、迎风绽放与含苞待放的姿态都描绘的生动形象、充满灵动之美。在色彩描绘方面，对桃花的描绘不局限于形态的逼真，而是用"霞""漫"，展现成片桃花的烂漫妩媚，如白敏中《桃花》："千朵秾芳倚树斜，一枝枝缀乱红霞"，吴融《桃花》："满树和娇烂漫红，万枝丹彩灼春融"。对桃的"形模色泽"描述有更上一层楼的效果。

唐朝桃文化迅速发展，桃已不仅只是一种果树，也是中华传统美德的象征，如《史记·李将军列传》："桃李不言，下自成蹊"，桃李满天下，承载了丰富的文化意义；李白的《春夜宴桃李园序》："会桃花之芳园，序天伦之乐事"，体现出桃是传递重要的情感的媒介。周朴的《桃花》："桃花春色暖先开，明媚谁人不看来"，鱼玄机《寓言》："红桃处处春色，碧柳家家月明"，则代表桃花是春天来临的象征。杜甫《春水》："三月桃花浪，江流复旧痕"，写出了桃花遇春而发，艳丽多姿的特点。

唐朝对桃花的赞美不仅局限于桃花本身，而是将桃花融入整个场景之中。如李九龄的《山舍南溪小桃花》："一树繁英夺眼红，开时先合占东风"，描绘了山间桃花盛开的盛况，凸显生机盎然的景象；郎士元的《听邻家吹笙》："重门深锁无寻处，疑有碧桃千树花"则是表现了园内桃花的柔情凄凉之美；薛能的《桃花》："冷湿朝如淡，晴干午更浓"则是描写正午时分桃花浓烈的香味；王维的《辋川别业》："雨中草色绿堪染，水上桃花红欲然"描绘了一幅雨天时桃花依旧灿烂夺目的景象，青草葱葱烘托出桃花的艳丽。还有白居易的《晚桃花》："一树红桃亚拂池，竹遮松荫晚开时"，杜甫的《南征》："春岸桃花水，云帆枫树林"，高蟾的《下第后上永崇高侍郎》："天上碧桃和露种，日边红杏倚云栽"，贺知章的《望人家桃李花》："桃花红兮李花白，照灼城隅复南陌"，王维的《田园乐》："桃红复含宿雨，柳绿更带朝烟"。诗人将桃花融入整个场景中，同时将桃花与其他植物对比，营造了舒适惬意的意境，烘托出桃花之美。其中桃红柳绿的搭配，一直被沿用至今。

桃花还是年轻女子与爱情的象征，如崔护的《题都城南庄》："去年今日此门中，人面桃花相映红。人面不知何处去，桃花依旧笑春风"，美人俊俏的脸盘和盛开的桃花相互辉映，十分美丽，可惜此次重访却未能与之谋面，不免心生怅然。所幸，崔护与绛娘姻缘天成，给世人留下一段唯美爱情佳话。徐惠的诗"柳叶眉间发，桃花脸上生"直接以桃花指代女子面容。冯待征的《虞姬怨》："逢君游侠英雄日，值妾年华桃李春"，武元衡的《代佳人赠张郎中》："洛阳佳丽本神仙，冰雪颜容桃李年"，都是以桃花比喻女子的年轻貌美。唐朝诗人还用桃花形容女子的朱唇，用桃叶形容女子眉目，如岑参的《醉戏窦子美人》："朱唇一点桃花殷，宿妆娇羞偏髻鬟"，徐凝的《忆扬州》："萧娘脸薄难胜泪，桃叶眉尖易觉愁"。还有用桃核比作爱情，如温庭筠的《新添声杨柳枝词》："合欢桃核终堪恨，里许元来别有人"，表达对失去爱情的悔恨之感。

桃有消灾避邪、制鬼降妖的象征，如李峤的《弓》："桃文称辟恶，桑质表初生"，张说的《岳州守岁二首》："桃枝堪辟恶，爆竹好惊眠"，以及张子容的《乐城岁日赠孟浩然》："插桃销瘴疠，移竹近阶墀"，这些表明唐朝时期人们运用诗歌来传诵桃攘除凶邪功能。

桃是封建统治者对永生追求的象征，如李咸用的《喻道》："长生客待仙桃饵，月里婵娟笑煞人"，孟浩然《清明日宴梅道士房》："忽逢青鸟使，邀入赤松家。丹灶初开火，仙桃正落花"，李白的《庭前晚花开》："西王母桃种我家，三千阳春始一花"。此时桃果已经不再是一种水果，而是"蟠桃会"上能够助人长生不老的仙桃。表明唐朝时期桃在人们眼中是延年益寿、追求永生的精神寄托。

在陶渊明的《桃花源记》之后，唐朝开始涌现描绘世外桃源的大量作品，寄托了思乡、隐逸之情。如张旭的《桃花溪》："桃花尽日随流水，洞在清溪何处边"，王维的《桃源行》："春来遍是桃花水，不辨仙源何处寻"，均描写了的隐秘世外桃源。刘长卿的《时平后春日思归》："一尉何曾及布衣，时平却忆卧柴扉。故园柳色催南客，春水桃花待北归"则是借桃花抒发思乡之情。

另外，在唐朝人们也开始关注桃花的缺点。桃花的妖艳，被认为轻浮不实。如刘禹锡的《和郴州杨侍郎玩郡斋紫薇花十四韵》："不学夭桃姿，浮荣在俄顷"，讽刺桃花浮华短促；刘禹锡的《庭梅咏寄人》："早花常犯寒，繁实常苦酸。何事上春日，坐令芳意阑？夭桃定相笑，游妓肯回看！君问调金鼎，方知正味难"，借桃花华而不实讽刺趋炎附势之人；卢照邻的《长安古意》："俱邀侠客芙蓉剑，共宿娼家桃李蹊"，把桃花与风流韵事连在一起。

3.1.4　宋朝时期的桃文化

宋代也是社会稳定，经济文化发展较为繁荣的朝代。但桃文化的社会地位并没有呈现上升趋势。主要原因是受宋代理学的影响。宋代赏花注重"花德"，此时的梅花、杨柳、荷花由于符合理学思想，因此受到推崇，而桃花色彩鲜艳、仪态妖娆，容易使人联想到艳俗、轻薄与情欲，如朱熹的《念奴娇·用传安道和朱希真梅词韵》写道："应笑俗李粗桃，无言翻引得，狂蜂轻蝶"，直言桃李庸俗；辛弃疾的《武陵春·桃李风前多妩媚》："桃李风前多妩媚，杨柳更温柔"，以桃李的妩媚衬托杨柳的柔情；陆游更是在《雪后寻梅偶得绝句十首》写道："饱知桃李俗到骨，何至与渠争著鞭"，斥责桃李粗俗至极。

宋代虽然没有唐朝桃文化的蓬勃发展，但其内涵并无发生根本性变化。赏桃、咏桃之风依然盛行，桃象征春天、美人、爱情、驱邪避妖等文化寓意也悉数保留。北宋诗人邵雍的《二色桃》："疑是蕊宫双姊妹，一时俱肯嫁春风"，记录了一株桃树上同开粉白二色花的现象，并将其比喻成美人，表达对二色桃的喜爱。李弥逊的《诉衷情》："小桃初破两三花，深浅散余霞"，形象地描绘出桃花清新明丽的色彩，韵味十足。王安石的《元日》："千门万户曈曈日，总把新桃换旧符"，表明桃驱邪降魔的作用已被古人所接受。周紫芝的《点绛唇·西池桃花落尽赋此》："燕子风高，小桃枝上花无数。乱溪深处，满地飞红雨"，以"飞红"借喻桃花落英缤纷的姿态，展现出宋代文人对桃花意境描写的精妙。

3.1.5 元明清时期的桃文化

明清时期桃文化并无实质性的发展，只是较前朝相比，桃花在人们心中的地位有所提高。明清文人接受了桃的"妖媚"属性，审美心态倾向世俗化（邱建国，1995）。马曰璐的《杭州半山看桃》就是极好的例子："山光焰焰映明霞，燕子低飞掠酒家。红影到溪流不去，始知春水恋桃花"，用"焰焰"描写桃花色彩浓烈，如火如荼，倒映在河面，就像春水有意地恋着桃花。在《桃花庵歌》中："桃花坞里桃花庵，桃花庵下桃花仙。桃花仙人种桃树，又折花枝当酒钱"，唐寅种植大片桃花，自比桃花仙人，完全沉浸在由桃花所构的世界中。

3.2 李文化与发展历程

在中国古代文学中，李子作礼，表情谊；李花洁白，表素洁；李载乡愁，表品行。虽然"李"意象的含义没有"桃"那么丰富，与桃相比，也有自己独特的韵味。桃与李的生物学特性相近，"桃李"渐渐地成了一个固定的意象，开始表达特定的含义（谈春蓉，2012）。

3.2.1 先秦时期的李文化

先秦时期，是李文化的萌芽时期，对李的描写基本是实物描写及在其基础上衍生出较为简单朴素的情感。《千字文》写道："果珍李柰，菜重芥姜"；《诗经·大雅·抑》中有："投我以桃，报之以李""投我以木李，报之以琼玖"，这说明李子在先秦时期已作为珍贵礼物进行馈赠，以李作礼，表达着双方之间情谊的深厚以及人与人之间需学会知恩图报，其中"投桃报李"成为后世广为沿用的固定成语。《诗经·召南·何彼襛矣》："何彼襛矣，华如桃李"，第一次将"桃李"联合使用；《墨子·天志下》："今有人于此，入人之场园，取人之桃李瓜姜者，上得且罚之，众闻则非之"，都将桃李视作一个整体。

李花与桃花同作为物候之象。李花一般在阳历3月中下旬至4月初开花，花期为10天左右，桃

李花开便是仲春到来的信号，"桃李"也就逐渐代指春天的来临。《吕氏春秋·仲春纪》："仲春之月，始雨水，桃始华，仓庚鸣"，记录了桃李的物候特征、渐增的雨水，红白相映的桃李花，鸣啼的黄莺，昭示着生机勃勃的春天已然来到，"桃李"已经与"春"联系在了一起，也是对古人春作开始的一种提示。

3.2.2 汉朝时期的李文化

由于桃李栽植范围的日趋扩大，"桃李"开始成为"家园"的象征。同时，人们对于桃李的文化在不断延续。《史记·李将军列传》："桃李不言，下自成蹊"，原意是桃树、李树不会说话，但因其花朵美艳，果实可口，人们纷纷去摘取，于是便在树下踩出一条路来，比喻为人真诚笃实，自然能感召人心。汉代韩婴的《韩诗外传》也写道："夫春树桃李，夏得阴其下，秋得食其实；春树蒺藜，夏不可采其叶，秋得其刺焉"。

3.2.3 魏晋南北朝时期的李文化

魏晋南北朝时期，文人对美的追求日渐增强，于是，"桃李"的文学美感被进一步挖掘出来，以"桃李"喻美人、喻青春年华的借花喻美文学作品大大增多。此时也有作为品行的象征，如曹植的《君子行》："瓜田不纳履，李下不正冠"，指走过李树下面，不要举起手来整理帽子，免得人家怀疑摘李子，比喻容易引起嫌疑的地方，让人误会、难辩的场合。

3.2.4 隋唐时期的李文化

隋唐时期是中国文学开始趋于成熟的时期，诗歌的发展更是达到了前所未有的高峰。诗人常通过意象的运用、意境的呈现来借景抒情，对李的描写也赋予了更多的情感。唐朝大诗人李商隐的《李花》："李径独来数，愁情相与悬。自明无月夜，强笑欲风天。减粉与园箨，分香沾渚莲。徐妃久已嫁，犹自玉为钿"，不仅描绘了洁白的李花与所连及粉霜的新竹、池边的荷花的种植搭配，构成洁白富有风韵的画面，同时表现了诗人对李花洁白无瑕的神往，并把残落的李花与自己的愁

04

思结合，寄情于花。唐代白居易的《奉和令公绿野堂种花》："绿野堂开占物华，路人指道令公家。令公桃李满天下，何用堂前更种花"，则运用借代的修辞，以桃李代学生，表现了对教师桃李满天下芳名远播的赞美。李白的《赠韦侍御黄裳》："桃李卖阳艳，路人行且迷。春光扫地尽，碧叶成黄泥。愿君学长松，慎勿作桃李"，以"桃李"代指色情场合低俗气息。

唐朝诗词中也常以"桃李月"代指春天，如李白的《宫中行乐词》："昭阳桃李月，罗绮自相亲"；卢照邻的《山行寄刘李二参军》："万里烟尘客，三春桃李时"；薛稷的《钱唐永昌》："更思明年桃李月，花红柳绿宴浮桥"；白居易的《长恨歌》："春风桃李花开日，秋雨梧桐叶落时"；杨万里的《上巳诗》："正是春光最盛时，桃花枝映李花枝"；元好问的《浪淘沙》："可惜河阳桃李月，弹指春空"。

3.2.5　宋元时期的李文化

宋代是中国理学最为昌盛繁荣的时代，也是士人对于气节、品格等更为看重的时代，这就导致了桃李妖艳、低俗的象征在宋朝体现得最为明显。如宋代程棨的《三柳轩杂识》："余尝评花，以为梅有山林之风，杏有闺门之态，桃如倚门市倡，李如东郭贫女"；辛弃疾的《武陵春》："桃李风前多妩媚，杨柳更温柔"；陶宗仪的《说郛》："李花为俗客"。由此可见，"桃李"在宋代文学作品中的地位比前代有所下降，不为世人所接受。

3.2.6　明清时期的李文化

明清时期，随着人们思想的进一步解放与发展，"桃李"意象的多元化渐渐深入到社会文化生活的各个方面，人们全面地看待"桃李"的多种寓意，如于慎行的《赐鲜桃李》："宫桃剖出丹霞冷，仙李沉来碧玉香"；杨基的《瓶中插梨杏桃李四花有咏》："各自媚春光，轻红映浅妆"。

另外，李也有典故与中国古代四大美女之一的西施有关。清朝朱竹垞太史曾在《鸳鸯湖棹歌》中写道："闻说西施曾一掐，至今颗颗爪痕添"。相传，檇李果顶微凹之处，有一形似指甲掐过的痕迹，这是西施吃檇李时留下的指甲印，称它为"西施爪痕"。当年越王向吴王献西施时，西施路过檇李城，城外雪白的李花，聚簇成球，开满枝头，犹如雪海，勾起其一阵留恋故土的情思，禁不住低声吟叹道："故园李花引乡愁，此去茫茫几时归"。入宫以后，吴王为讨好西施，曾许西施回故国李园采李子，西施再次来到檇李城，见李树连片成行，树头缀满成熟的李子，青里透红，密缀黄点，外披白粉，其味诱人。回到故国乡土西施心情十分舒畅，随手采下一颗，用指甲在李子顶部轻轻一掐，顿时果汁横溢，香气入鼻。放到嘴边一吸，李汁犹如甜酒，西施连吃数颗，竟被醉倒了。因"醉"与"檇"同音，后来人们把这里的李子称为檇李"醉李"，且称这座城池名檇李。李花虽会引乡愁，李子却可解乡愁。由此可见，李在中国古代文化是一种重要的情感寄托，它是古人友情、爱情、乡情、愁情的载体。

3.3　杏文化与发展历程

杏树作为一种经济果树作物，也有着特殊的物候意义，特别体现在春耕和清明这两个时令上，杏花象征着生机勃勃的春意，体现和谐美好。同时，杏也象征者儒者、仙家、隐士、医家，是高雅的文化符号，杏谐音为"幸"，因此也将杏花作为幸运之花，意味着科举功名（程杰，2015）。

3.3.1　秦汉时期的杏文化

先秦至秦汉时期，人们的注意力更多在果上而不是花上（张加延 等，2019）。《礼记·夏小正》中记载："四月，囿有见杏"，《西京杂记》中记载了汉武帝在上林苑中种有蓬莱杏。

《庄子·杂篇·渔父》中记载："孔子游乎缁帷之林，休坐乎杏坛之上。弟子读书，孔子弦歌鼓琴"。后人便将孔子讲学的地方称为杏坛，代表了儒家文化（苏咏农，2018）。"杏坛"也逐渐与教育产生了联系，引申为教坛、讲台、教育界的雅称。

中国传统社会是一个农耕社会，杏花开时，刚好农耕开始，因此形成"杏花耕"的文化符号

（纪永贵，2020）。东汉崔寔的《四民月令》："三月杏花盛，可播白沙轻土之田"，西汉《氾胜之书·耕田》："杏始华荣，辄耕轻土弱土。望杏花落，复耕。耕辄蔺之"，"杏花耕"较早出现在古书中。

3.3.2 魏晋南北朝时期的杏文化

第一首描写杏花的诗歌出自南北朝庾信的《杏花》："春色方盈野，枝枝绽翠英。依稀映村坞，烂熳开山城。好折待宾客，金盘衬红琼"。晋潘岳的《闲居赋》："梅杏郁棣之属，繁荣丽藻之饰，华实照烂，言所不能极也"，可以看到杏已经作为观赏植物出现在私家园林之中。

据东晋《神仙传》记载，相传三国时期有位名医董奉，为人看病不收诊金，而让病人以种杏树作为报偿，多年后董奉的居处便成了有10万多棵杏树的杏林。"杏林"的故事流传了下来，杏也与医学产生了缘分（唐遇春，1995）。

3.3.3 唐朝时期的杏文化

寒食节在唐朝很受重视，因为不能生火，男人们便借酒驱寒。韦应物的《寒食》中写道："把酒看花想诸弟，杜陵寒食草青青。"这里提及的就是寒食杏花节俗（纪永贵，2020）。

长安曲江有杏园，唐朝时科举制度大兴，在新科进士放榜后有杏园宴，是当时的一大盛事（程杰，2015）。孟郊的《再下第》："两度长安陌，空将泪见花"，表达了两度赴京考试落第，辜负这帝都春色与大好年华；另一首《登科后》："春风得意马蹄疾，一日看尽长安花"，表现出考取功名的得意情境。"杏园赐宴"成为无数应试者的政治梦想，杏花的知名度因此大大提升，杏园插花也成为取得功名的象征（纪永贵，2020）。刘禹锡的《同乐天和微之深春二十首》："何处深春好，春深羽客家。芝田绕舍色，杏树满山花"，杏也成为神仙道士隐居的标志。

杏花是春日的象征，如韦庄的《思帝乡》："春日游，杏花吹满头"。郑谷的《曲江红杏》："遮莫江头柳色遮，日浓莺睡一枝斜。女郎折得殷勤看，道是春风及第花"，这里的及第花就是杏花。杜牧的《清明》："清明时节雨纷纷，路上行人欲断魂。借问酒家何处有，牧童遥指杏花村。"是歌吟时令的田园诗，"杏花村"也成为流传至今的典型意境，提到"杏花村"便想到春雨绵绵，杏花点点，酒香飘飘，美酒与杏花有了千丝万缕的联系（张加延 等，2019）。

3.3.4 宋朝时期的杏文化

宋代是一个花卉园艺知识和技术比较繁盛的时代，人们追求精神的享受，杏多元化的意象也深入到社会文化生活的各个方面。北宋宋祁在《玉楼春》中写道："红杏枝头春意闹"，杏花象征着生机盎然的春意。王安石的《北陂杏花》："一陂春水绕花身，花影妖娆各占春。纵被春风吹作雪，绝胜南陌碾成尘"，寄托自己坚贞的品格。陈与义的《临江仙》："长沟流月去无声，杏花疏影里，吹笛到天明"，表达自己的洒脱。陆游的《临安春雨初霁》："小楼一夜听风雨，深巷明朝卖杏花"，释志南的《绝句》："沾衣欲湿杏花雨，吹面不寒杨柳风"，都将春雨与杏花紧密联系起来，清新气息，令人心旷神怡。

叶绍翁在《游园不值》中写道："春色满园关不住，一枝红杏出墙来"，原为突出杏生命活力勃勃生机，到后来演变成为形容突破"礼教之墙"，"出墙杏"也被用来形容"艳性"女子。姚宽的《西溪丛语》："牡丹为贵客，梅为清客，兰为幽客，桃为妖客，杏为艳客……"，与被崇尚的牡丹、梅、兰比起来，桃、杏显然有一些贬义。

3.3.5 元明清时期的杏文化

从古至今，都以花喻美人。元朝王实甫的《西厢记》："杏脸桃腮，乘着月色，娇滴滴越显得红白"，"杏脸桃腮"便是以杏来形容女性面容的粉红娇嫩。元朝程棨的《三柳轩杂识·评花品》："余尝评花，以为梅有山林之风，杏有闺门之态，桃如倚门市娼，李如东郭贫女"，以杏花形容性格轻柔婉雅、小家碧玉的女性形象。

明朝李时珍在《本草纲目》中记载到："曝脯食。止渴去冷热毒。心之果，心病宜食之。治风寒肺病药中，亦有连皮兼用者，取其发散也"，杏的果实、杏仁、花、叶、根都有医药价值。明朝书画家赵孟頫被当代名医严子成治愈，特送一幅"杏林图"致谢，"杏林"也被人用来歌颂济世救人的医生，成为一种中医药文化（纪永贵，2020）。

3.4 樱文化与发展历程

中国的樱文化以唐朝为分界点，可以分为唐朝以前的食樱文化和唐朝以后的赏樱文化（陈雨婷，2016）。樱桃从食品到祭祀用品，再到成为政治文化符号，象征着皇家赏赐、科举取士；樱花从山野走进私家庭院，人们开始宴饮赏樱，出现了聚集的赏樱文化，给樱花添上文艺和情感的色彩。

3.4.1 秦汉时期的樱文化

《史记·叔孙通列传》中写道："古者有春尝果，方今樱桃熟，可献，愿陛下出，因取樱桃献宗庙"，在祭祖之后，皇帝会摆"樱桃宴"宴请群臣，可见秦汉时期已有以樱桃祭祖的习俗。

据《拾遗录》记载："汉明帝于月夜宴群臣樱桃，盛以赤瑛盘"，可见当时樱桃在祭祀结束之后，作为甘甜可口的美味水果，被皇帝当作恩赐赏予群臣，以显示自己体恤群臣，与民同乐。

3.4.2 魏晋南北朝时期的樱文化

南朝人王僧达曾为樱赋诗："初樱动时艳，擅藻灼辉芳，细叶未开芒，红蕊已发光"；沈约的《早发定山》："野棠开未落，山樱发欲然"，可以很明显地看出赏樱文化在食樱文化的基础上初见端倪。

3.4.3 唐朝时期的樱文化

唐朝延续秦汉时期樱桃作为礼仪祭祀之物的传统，樱桃作为稀罕之物，皇帝将其作为奖赏赐予群臣。李绰在《岁时记》中写道："四月一日，内园进樱桃，荐寝庙。荐讫，颁赐各有差"，每年四月一日，皇帝设樱桃宴，于祭祖之后宴请群臣，以示皇恩。王维的《敕赐百官樱桃》："芙蓉阙下会千官，紫禁朱樱出上阑。才是寝园春荐后，非关御苑鸟衔残。归鞍竞带青丝笼，中使频倾赤玉

盘。饱食不须愁内热，大官还有蔗浆寒"，细致地描绘了皇帝以樱桃宴请群臣的场景。丘丹的《忆长安·四月》："忆长安，四月时，南郊万乘旌旗。尝酎玉卮更献，含桃丝笼交驰。芳草落花无限，金张许史相随"，四月樱桃宴，是提起长安就会唤起的回忆。同时得益于科举制度的发展与完善，越来越多的学子通过科举制度实现自己的抱负，发榜日正值樱桃成熟时，中举的新科进士将受邀参与"樱桃宴"，而后官员任命也在"樱桃宴"上发布（严春风，2020）。

唐朝开始，樱花已普遍出现在私家庭院里。诗人白居易的《移山樱桃》："亦知官舍非吾宅，且掘山樱满院栽"；丁仙芝的《馀杭醉歌赠吴山人》："城头坎坎鼓声曙，满庭新种樱桃树"；何耕的《苦樱赋》："余承乏成都郡丞，官居舫斋之东，有樱树焉：本大实小，其熟猥多鲜红可爱"。我们可以看出，诗词歌赋的流传使得樱文化愈发丰满，樱文化也随着历史的进程，文明的进步，由食樱文化发展为赏樱文化。唐朝诗人李商隐的《无题四首》："何处哀筝随急管，樱花永巷垂杨岸。"被认为是"樱花"一词最早的出现（袁冬明 等，2018）。这一时期，樱花热烈却纯洁，短暂而浪漫，承载着文人墨客的情感。如元稹的《折枝花赠行》："樱桃花下送君时，一寸春心逐折枝。别后相思最多处，千株万片绕林垂。"表达出久别相思的苦楚；李煜的《谢新恩·樱花落尽阶前月》："樱花落尽阶前月，象床愁倚薰笼。远似去年今日，恨还同。双鬟不整云憔悴，泪沾红抹胸。何处相思苦？纱窗醉梦中。"表达出寂寞愁苦的闺怨。

白居易的《樱桃花下有感而作》写道："蔼蔼美周宅，樱繁春日斜。一为洛下客，十见池上花。烂熳岂无意，为君占年华。风光饶此树，歌舞胜诸家"，赏樱之时配上诗词歌赋，别有一番意境。更有人为樱花总结了"一美二净三簇四奉献五坚韧六淡泊七超然"七德（袁冬明 等，2018）。据统计，《全唐诗》中和樱有关的诗歌就有142首，白居易以29首位居唐朝第一。有意思的是白居易有两名家姬，唤樊素和小蛮，樊素能歌，小蛮善舞，白居易因而为其作诗："樱桃樊素口，杨柳小蛮

腰"，樱桃小口也一直流传下来，用来形容女性的美貌。

3.4.4　宋朝时期的樱文化

宋代的诗人也在诗中丰富樱的文化，南宋诗人蒋捷的《一剪梅·舟过吴江》："流光容易把人抛，红了樱桃，绿了芭蕉。"表达出流光易逝的清愁；王安石的《山樱》："山樱抱石荫松枝，比并余花发最迟；赖有春风嫌寂寞，吹香渡水报人知。"表达出樱花不受规则拘束的自由野性之美和是金子总会发光的人生哲理；范成大的《樱桃花》："借暖冲寒不用媒，匀朱匀粉最先来。"借咏樱桃花而表达出对斗争精神的赞扬和扶卫新生力量的

情怀；王洋的《题山庵》："桃花樱花红雨零，桑钱榆钱划色青。"以落如红雨的樱花描绘了大自然春意盎然的景色，表达了对故人的哀思和对未来美好生活的憧憬。

3.4.5　元明清时期的樱文化

这一时期诗词中也经常出现樱花的身影，元代郭翼的《阳春曲》："柳色青堪把，樱花雪未干"；明代于若瀛的《樱桃花·三月雨声细》："三月雨声细，樱花疑杏花"；清代黄遵宪的《樱花歌》："墨江泼绿水微波，万花掩映江之沱。倾城看花奈花何，人人同唱樱花歌。"樱花比之前时期更为常见，并未有特殊的意象（王贤荣，2014）。

4　观赏价值与园林应用

李属植物因其花、色、形、韵卓绝而常作园林观赏之用。"春风先发苑中梅，樱杏桃梨次第开"，白居易的诗句不仅体现了李属植物在春季花卉中的重要性，同时也反映出它们彼此不同的开花物候特点。李属植物树姿婀娜，春时繁花似锦，夏时硕果沉枝，花果兼具极高的观赏价值，因而为世界各地的公园、庭院、广场和风景区等不同场所广泛栽植，美化环境，宜景怡情。

4.1　观赏价值

4.1.1　姿态之美

李属植物品类繁多，树形阔、伞、狭、锥有别，枝条横、斜、曲、直不等，姿态变化多端，韵律层次丰富，审美情趣独特（陈多颖 等，2017）。以梅为例，古人认为"梅以形势为第一"，多有直立、歪斜、曲虬之姿，细分俯、仰、侧、

卧、依、盼之态。清代文学家龚自珍曾指出世俗赏梅观念为："梅以曲为美，直则无姿；以欹为美，正则无景；以疏为美，密则无态"。生活中，梅的老枝苍穹嶙峋，新枝清瘦，颇有饱经风霜、威武不屈的阳刚之美，其"疏影横斜水清浅""水边篱落忽横枝"的诗情画意则突显了梅树枝形的美学张力，水梅一色，刚柔并济而浑然天成。又如垂枝桃，枝垂若柳，随风摇曳，姿态婆娑以致风情万种。李属植物的形态之美着重于枝干，秀外慧中，意味深长。

4.1.2　色彩之美

李属植物的叶、花和果实均随发育进阶而色彩变化纷呈。属内物种多先花后叶或花叶同放，花蕾密集繁茂，开花时花团锦簇，或如雪似霜，或艳彩如霞，花落时则"落英缤纷"，如诗如画，观赏效果极佳。另外，在白雪漫天的冬季，褐色

或红褐色的枝干与冬季飘雪相间，虬枝苍劲，更能欣赏到其枝干的美丽（陈多颖 等，2017）。

李属植物花色多样，种间种内亦然。桃花"粉红轻浅靓妆新"，清新淡雅，深浅相宜，温婉可人，犹如少女般娇羞；李花"怒放一树白"，充满诗情画意的自然春色，漫山遍野茫茫一片，给人以宁静、纯洁之感；二月杏花含苞艳红，粉花盛开，花落纯白，娇容三变，一经烟雨滋润则更显空灵深邃，更是"残芳烂漫看更好，皓若春雪团枝繁"；三月樱花花团锦簇，繁英压树，花色多样，灿若云霞，更有"樱花昨夜开如雪"的美名。梅花色彩尤为丰富，从白到红及紫，更有暗香缭绕，清逸幽雅，傲霜斗雪；雪似梅，梅似雪，梅雪交相辉映，更加冰清玉洁，被誉为花中四君子。此外，李属植物的果实通常硕果累累、枝连串串，有白色、金黄色、浅黄色或红色、紫红色、紫色，有时还常具红晕，可谓色彩斑斓。而紫叶李、紫叶桃花等具有色叶的种类超然于绿叶品种，独树一帜。总之，李属植物色彩绚丽，形成了"桃红李白"的经典形象，逞芳斗艳之势引人注目。

4.2 园林应用

"李花宜远更宜繁，惟远惟繁更足香"。南宋杨万里以诗的形式概括性点出了李属植物在园林中的配植原则。实际应用中，李属植物可密植为花篱、花境，也可孤植、丛植或群植为园景树，常见于亭际、水畔、山坡、路旁，或配植在阶前、屋旁，或点缀于林缘、草坪周围，都很美观。小巧者亦可盆栽。

4.2.1 孤植

孤植是选优型植物单独栽植成景，观其树冠、颜色、姿态等。李属植物作为独景树，其花开繁簇，叶落枝虬，傲立风雪，颇具风骨，表现其个体的美，宜于庭院、园林重要位置或视线的集中点，如庭院入口附近或草坪角隅处，搭配水石小品，饰以小灌木和花草，形成错落有致的景观层次，与周围环境形成强烈对比，发挥景观中心视

点或引导视线的作用。

4.2.2 列植

列植是按照一定的株距或一定的变化规律成排栽植，常应用于道路两侧，构成夹道景观，形成了一道靓丽的风景线，给道路景观增添了一丝浪漫，或列植于广场、建筑物前，花枝衔接，枝叶繁茂，更富生机，结合广场景物和留出的透景线，小有情调，颇有"步移景异"之感。最突出的是花期一致的樱花列植成浪漫的樱花小径，形成亮丽夺目的隧道景观，如德国波恩的樱花隧道（张杰，2010）。

李属植物可列植于湖畔、河岸、溪流边构成滨水景观。在水体的映衬下，与水影相映成趣，渲染浓艳的色彩，也产生了虚实相间、动静结合的效果；每逢落花时节，营造了落花流水、落英缤纷的意境，花瓣辞树飘落水面并随流水而去，不失为一道绚丽的景色，令人生出惜花惜时之情。如伦敦泰晤士河畔著名的英国皇家植物园邱园的垂枝樱、纽约展望公园绕湖而植的八重红枝垂樱和华盛顿潮汐湖遥相呼应的染井吉野樱。

4.2.3 群植

群植是将几十至上百株植物成群栽植，更多地追求景观的一致性，体现植物的群体美，形成花海的效果。李属植物常大片栽植于山坡、草地等，建设专类园，自成一道靓丽的风景，观赏效果甚佳。自古以来多有"桃园""李园""杏园""梅园""李林""杏林"等群植景观，徐徐的清风、摇曳的花枝、蔚蓝的天空，与蜿蜒的小路，构成一幅美丽的画卷，如同宋代诗人韩元吉写道："溪流直傍长堤去，缭乱半山桃李花"。近年来，国内不少地区打造桃、李、杏、梅、樱林景观，营造植物花节，发展花旅文化产业，为地方经济建设注入新动力。

4.2.4 园林搭配与盆栽

桃与杏、李的搭配也是一种园林配植方式，三者花期相近，桃花红艳，杏花白皙，色彩协调，展现"百花齐放春满园"的景象。与其他植物搭

配衬托，也相得益彰。如"竹外桃花三两枝"，桃花与翠竹红绿烘托更显桃花的艳丽；与松柏类植物配置，因其树形高耸、叶色深沉，则显桃花粉嫩，格局错落；与柳树配植，桃红柳绿，柳摇桃摆，春风得意，生机勃勃。宋元时期，梅花的清幽与暗香成为园林中别具一格的景致，在园林配置上大放异彩（赵帝，2015）。

李属植物树适应性强，耐修剪，可造型，很适合盆栽。特别是盆梅造景，从元朝开始就有记载。古人赏盆梅多以老干、苔藓封枝、盘根错节、疏花点点者为佳品。《长物志》中记载："更有虬枝屈曲，置盆盎中者，极奇"。因此制作盆梅时，应按照其天然形态，突出其古朴虬枝、遒劲有力的特性（王扬 等，2013），常见盆景造型有"曲干式""斜干式""卧干式""悬崖式""垂枝式""游龙式"等形式。

5 栽培历史与海外传播

化石证据表明李属植物首先于始新世早期在亚洲和北美相继出现。中国山东于始新世早期的黏土矿中就发现了李属植物内果皮的化石，这是李亚科植物最早的化石记录。Chin 等对李属开展分子系统学和生物地理学研究，应用 Bayes-DIVA 方法推算得出，现代李属植物在东亚已经出现了大约6 100万年，而各主要谱系的分化可能是由始新世早期全球变暖所引发的（Chin et al., 2014）。而北美西部的温带地区同期也发现了李属植物叶的化石（Devore et al., 2007）。

中国是世界上果树种质资源最丰富的国家之一。李属植物中很多栽培果树和园林观赏物种都是原产中国的。苏联著名植物地理学家、栽培植物起源研究的重要奠基人之一瓦维洛夫曾经指出："就目前野生和栽培的果树构成而言，中国的确在世界上首屈一指"（Vovilov, 1992）。据考古发现，早在新石器时代，中国先民就已开始了李属植物的了解。而在距今约8 000年的河南新郑裴李岗新石器遗址中，有樱桃、梅等出土，可以猜想新石器时代樱桃、梅已被人食用（李璠，1984）。

《夏小正》是一部从夏至周都可以用的历法（胡铁珠，2000），书中关于记载"正月：梅、杏、杝桃则华，四月：有见杏"，可以推测桃、梅、杏在中国的栽培历史应有四五千年之久。出土于3 000年前殷墟的商代甲骨卜辞中也有"李""杏"文字的记录（图113）。

成书于先秦战国时期的《山海经》是一部记载中国古代国神话、地理、植物、动物、矿物、物产、巫术、宗教、医药、民俗、民族的著作，其中记载有"灵山……其木多桃、李、梅、杏"，是对李属植物的记录。

图113　甲骨文"李""杏"字不同字形（引自百答知识http://www.bdzzz.com/）

反映中国人民早期生活的诗歌总集《诗经》（公元前11世纪至公元前6世纪）中，已有不少歌颂李属植物的诗句，如《召南·何彼秾矣》有"何彼秾矣，华如桃李"；《王风·丘中有麻》有"丘中有李，彼留之子"和"投我以桃，报之以李"等诗句；《管子·地员》有"其梅其杏，其桃其李"，《管子》有"五沃之土，其木宜梅李"，这反映古人对桃、李、梅、杏的喜爱，也说明远在《诗经》产生的周代前，桃树、李树、梅树、杏树就已经被驯化栽培了。

5.1 桃的栽培历史与海外传播

桃树原产于中国，是中国先民利用最早的果树之一。考古研究发现，在浙江余姚河姆渡新石器遗址（距今7 000年前）、吴兴钱山漾遗址、上海青浦崧泽遗址（距今5 000年前）和云南新石器遗址（距今5 000年前）都出土过桃核（李璠，1984）。从殷商到秦汉，在不同历史时期的墓葬中也都发现过桃核存在，说明桃在中国古代历史上很早已被利用（罗桂环，2001）。考古资料还发现，秦汉时期新疆早已种植桃树，楼兰古城、民丰尼雅遗址、若羌汉-晋瓦什峡古城也都发现过桃核（张玉忠，1983）。

有认为桃树原产地是波斯（伊朗），外语中常用"Peach"或相近发音，但从野生种分布和栽培历史悠久，以及各种类型和品种的齐全，都可以肯定桃起源于中国（俞德浚，1979）。Charles Robert Darwin（达尔文，1809—1882）在《动物和植物在家养下的变异》*The Variation of Animals and Plants Under Domestication* 中提到"桃没有梵文（佛教）名字或希伯来文（阿拉伯地区）名字，桃树在中国产生那么多变种，在中国可能找到野生种（西部和西北部），桃不产生在亚洲西部，而是中国""遗憾啊，我没有到过这个东方大国"（Darwin，1868）。

人们对桃最初的认识是从其食用性开始的，在中国的第一部诗歌总集《诗经》中，已经有很多篇章提到桃花和桃。其中《诗经·魏风·园有桃》中有"园有桃，其实之殽"，清楚地表明桃在当时的魏国（今山西南部安邑附近）是栽培的果树，桃也从野生状态转为栽培，种植于"园"内；《诗经·国风·周南》有这样的诗句"桃之夭夭，灼灼其华……桃之夭夭，有蕡其实……桃之夭夭，其叶蓁蓁"，对桃的花和果实的形态作了很生动的刻画，说明桃在先秦时期已成为居民所熟悉的佳果。

桃有3个变种，即蟠桃 *Prunus persica* 'Compressa'、油桃 *P. persica* 'Nectarina' 和寿星桃 *P. persica* 'Densa'。蟠桃的名称出现得比较早，先秦时期《山海经》中记载："东海有山，名度索山，有大桃树，曲盘三千里，曰蟠桃"。当然，这里的蟠桃是一种传说的仙桃。战国时期《尔雅》还记有："榹桃，山桃"；晋代《广志》记载："桃有冬桃，夏白桃，秋白桃，襄桃，其桃美也，有秋赤桃"。从相关古文献记载来看，中国桃栽培利用已有三四千年以上的历史，且秦汉已被栽培出很多品种。

唐朝桃花在田间山头、街道或寺庙随处可见，如《大林寺桃花》《下邽庄南桃花》《山舍南溪小桃花》《三月三日，自京到华阴，于水亭独酌，寄裴六、薛八》中不同地点都进行了桃花的种植，由此可见当时桃花种植范围之广。不仅植桃之风盛行，培育技术也不断提高，培育出专门进行观赏的桃花，并且桃的品种也愈加丰富。杜甫的《山寺》有"麝香眠石竹，鹦鹉啄金桃"，金桃即为黄桃。桃的观赏品种也渐次出现，郎士元的《听邻家吹笙》有"重门深锁无寻处，疑有碧桃千树花"；韩愈的《题百叶桃花》有"百叶双桃晚更红，窥窗映竹见玲珑"；李咸用的《绯桃花歌》有"上帝春宫思丽绝，夭桃变态求新悦"。碧桃、百叶桃、绯桃均为观赏桃类中的重瓣品种。李德裕《平泉居草木记》中记载了30个桃品种。

生物地理学研究证明，在中国各地分布有大量的野生桃树。特别是中国华北、西北和西南山地大量野生分布有矮扁桃 *Prunus tenella*、蒙古扁桃 *P. mongolica*、西康扁桃 *P. tangutica*、山桃 *P. davidiana*、甘肃桃 *P. kansuensis*、光核桃 *P. mira* 等野生桃树。中国栽培桃树的时代，要早于希腊、罗马和梵语国家1 000年以上，那个时期桃树的栽培品种几乎全部生产在中国，结合考古研究我们不难推测这些野生桃的种类应该是栽培桃原始起源，其直接祖先最有可能是上述的野生桃的一种。

春秋战国时期（公元前300年到公元250年）桃随李、杏就传播到日本（弥生时代）。明治维新后，日本从中国引进上海水蜜桃，肉质柔软，果硕汁甘，味道佳极，为日本桃的品种改良作出了巨大贡献。此后日本桃业迅速发展起来，并且先后培育出几十个优良品种。漫山遍野的桃树使日本冈山成为日本著名的桃乡，日本也发展为世界产桃大国。

西汉时期（公元前206年至公元25年间），中国栽培桃、李开始沿丝绸之路从古都长安经甘肃、新疆西传至中亚，再向西传播到波斯，波斯成为桃早期的扩散地。桃 Prunus persica 拉丁学名的种加词 persica 就源于波斯名称，此后再由波斯传播到希腊和罗马（意大利）等地中海沿岸各国。至公元9～11世纪，桃树栽培从意大利传入法国、德国、西班牙和葡萄牙，欧洲种植桃树才逐渐多起来（路广明，1951；盛诚桂 等，1957）。

据古籍记载，公元630年"唐僧"玄奘著《大唐西域记》中有关于桃引入印度的记载。公元1世纪时，远近驰名的司气特国王迦拟色加当政时，中国甘肃一带的商人经常到印度进行贸易活动，带去了精湛的丝绸制品和各种名贵水果，其中就有桃。中国人在印度播种了桃核，几年之后，桃树在印度繁茂生长，硕果累累，受到印度人民的赞颂。

哥伦布发现新大陆后，桃随着欧洲移民开始进入美洲，公元19世纪初期在南美洲传播开来。20世纪初期美国的园艺学家从中国引进450多个优良桃品种，并通过杂交和嫁接，使桃栽培在美国迅速发展，成为世界上最大的桃果生产国之一，目前美国桃的生产区主要分布在加利福尼亚州和南卡罗来纳州，桃产量遥居世界首位。

5.2 李的栽培历史与海外传播

李是中国古代与桃并称的栽培历史最久的古老果树，同时也是当今温带地区最重要的果树之一。在近代考古发掘出新石器时代或战国时代的

李核遗物，证明远在5 000～6 000年前，中国人的祖先已经采食李的果实。2 000年前西汉时期墓葬中就发现过李核（凤凰山一六七号汉墓发掘整理小组，1976）。根据古代史籍记载，李与桃有大体相当的栽培历史，大约在3 000年前就有栽培（俞德浚，1979）。

李不仅是中国古老的栽培果树，而且远在公元前就被人们视为珍贵的果品，成书于战国后期第一部词典《尔雅》中有"无实李""椄虑李"和"赤李"等3品种；《尔雅》还记载了"痤，椄虑李；驳，赤李"，其中痤认为是麦李（郭璞，2011）。从《尔雅》的记载中可以看出，当时人们栽培的李可能不止一种，而且还出现了没有种子的品种；《王风·丘中有李》则反映了李和麻、麦一样是受人们重视的栽培植物；《小雅·南山有台》中"北山有李"的记载，似乎也是当时人们在山坡种植李树的佐证；《西京杂记》记载，汉代扩修上林苑的时候，"群臣远方各献名果异树"其中记载有"李十五：紫李、绿李、黄李……"说明当时的品种已经非常多了。

南北朝时期，陶弘景记载当时"李类又多，京口有麦李，麦秀时熟，小而甜脆。……姑熟所出南居李，解核如杏子者为佳"。宋代的时候，李出了很多的优良品种，《开宝本草》记载"李类甚多，有绿李、黄李、紫李、生李、水李并堪食，味极甘美"，这里例举的是些优良品种，如绿李、黄李和水李至今仍为人们栽培（曲泽洲 等，1990）。《图经本草》中："今处处有之，李之类甚多"；《本草衍义》也记载有一种御李子，"子如樱桃许大，红黄色，先诸李熟"，看来御李是一种早熟的品种；《东京梦华录》则提到当时市面上有"海红嘉庆子"。

晋朝葛洪在《西京杂记》中记载道汉武帝扩修上林苑的时候，各地进献的"名果异树"中包括紫李、绿李、黄李等15种李树，估计都是中国李的各种培育品种。北魏末年的《齐民要术》中记载当时的李子已有近30个品种："李，有紫李、青李、郁黄李、牛心李……"。

到了明代，李的栽培种类更多。《华夷花木鸟兽珍玩考》记载了一种均亭李，"李紫色，极肥

大，味甘如蜜，南方之李，此实为最"。李时珍说："李，绿叶白花，树能耐久，其种近百。其子大者如杯如卵，小者如弹如樱。其味有甘、酸苦涩数种。其色有青、绿、紫、朱、黄、赤、缥绮、胭脂、青皮、紫灰之殊。其形有牛心、马肝、奈李、水李、离核、合核、无核、匾缝之异。其产有武陵、房陵诸李。早则麦李、郁李、四月熟。迟则晚李、冬李，十月、十一月熟。又有季春李，冬花春实也"，可见中国李的红色、紫红、黄色、黄绿的数个品种群皆已形成。

李在中国古代与桃并称为栽培历史最久的古老果树。春秋战国时期李、桃、杏就传播到日本（弥生时代）；西汉时期传入伊朗。16世纪传播到欧洲国家（李璠，1984），1627年传播至法国（Franz，1966）。1880年前后栽培李传入美国，并与美洲李 Prunus americana 杂交，培育出许多种间杂交品种，在李品种的改良方面贡献极大。美国著名植物育种学家布尔班克（Luther Burbdank）从世界各地引进了许多中国李的品种，用杂交和嫁接的方法改良美洲李，果实心脏形、皮红肉黄的牛心李就是中国李在美洲"联姻"的结果。中国李传入欧洲和美洲后，以其果实较大、色泽艳丽、香气浓郁、风味佳美、汁甜肉脆、适应性强的特点，迅速在当地推广，很快成为全世界重要的栽培地区，其中有许多品种亦是鲜食兼加工良种（侯博 等，2004，刘威生 等，2019）。

欧洲李 Prunus domestica，又称西梅，其英文名为 European plum，果实商品名称为 Prune。早在1753年瑞典植物学家 Linnaeus（林奈）在其著作《植物种志》（Species Plantarum）中使用拉丁名 Prunus domestica 给欧洲李命名，其种加词 domestica 就是栽培种的意思（Linnaeus，1753），是因为当时并未发现欧洲李有野生种群分布。

欧洲李野生群落，近两年我们在中国新疆伊犁地区天山野果林和哈萨克斯坦共和国、吉尔吉斯斯坦共和国的中亚天山野外工作中都有发现（林培钧，1986；王艺菡 等，2021）。这里很早就成为地球上早期人类生息和繁衍后代的理想环境，野果林中野生的苹果、杏、核桃、樱桃李、欧洲李、山楂、花楸、枸子、蔷薇等果实很早就成为古人

类采集的植物性食物。当人类进入早期农业时期，野果林中的这些可食性果树被人类引种驯化和栽培种植，中亚天山野果林则成为众多栽培果树的起源地（林培钧，1993；林培钧 等，2000）。由此不难理解，生活在中亚天山野果林的古人类，他们完全可以把天山野果林的野生欧洲李引种到欧洲，因此在欧洲至今未发现欧洲李野生种群，而中亚天山野果林才是欧洲李（西梅）的原产地之一（王艺菡 等，2021）。

欧洲李起源以前普遍认为是二倍体的樱桃李 P. cerasifera 与四倍体的黑刺李 P. spinosa 杂交后加倍形成的可育的六倍体，并认为起源于中亚、西亚和高加索地区，并通过种子传播的方式从伊朗、小亚细亚传到欧洲，证据是樱桃李和黑刺李在中亚、高加索地区有组成混杂的野生生长群落（耿文娟，2011，黄峥 等，2018，刘威生，2005）。这种种间杂种可能是栽培欧洲李最早的祖先，2 000多年前从高加索山脉和黑海东部的一些地区传入欧洲，并且在欧洲中南部、西部以及巴尔干半岛地区大面积种植。可能是在古希腊、古罗马时期从西亚传入南欧，是十字军东征时西欧的战士、商人从西亚带回更多种子去种植，到今法国西南部的小城阿让等地还以出产西梅著称。

1856年法国种植园主路易斯·佩列最先将西梅树苗引入北美加利福尼亚州，并与当地李树原种进行嫁接。至1900年，加州的西梅种植园已达90 000hm^2，形成了大面积的集约化生产，主要是制成西梅干食用。现在在美国，80 000多公顷的高产量种植园集中在莎克拉曼托（Sacramento）、圣卡拉（Santa Clara）、索若玛（Sonoma）、纳帕（Napa）和圣亚奎（San Joaquin）山谷等地区。这些地区的西梅产量超过世界其他各地产量，约占美国总产量的99%，并约占世界总供给量的42%。因此在中国南方地区，有些地方也称西梅为加州梅（周龙 等，2014）。

5.3 杏的栽培历史与海外传播

杏是中国北方地区常见的一种果树。成书于战国时代至秦汉时期的《管子》记载有"五沃之

土，其木宜杏"。考古资料发现，秦汉时期新疆已种植杏树，民丰尼雅遗址就发现过成堆杏核；若羌汉-晋瓦什峡古城和吐鲁番晋-唐古墓也都发现过杏核（张玉忠，1983）。从历史记载可以看出杏在中国有约3 000年的栽培历史（孙云蔚，1983）。

自南北朝，中国就有对不同品种杏的记载。晋人郭义恭记载"荥阳有白杏，邺中有赤杏，有黄杏，有奈杏"。宋代杏的品种更为丰富，成书于1082年周师厚的《洛阳花木记》记载杏有16个品种：金杏、银杏、水杏、香白杏、缠金杏、赤肤杏、真大杏、诈赤杏、大绯杏、撮带金杏、晚红杏、黄杏、方头金杏、千叶杏、墨叶杏、梅杏。宋代著名的风土笔记《东京梦华录》也记有"初尝青杏，乍荐樱桃""时果则御桃、李子、金杏"等，说明当时金杏是被普遍认可的优良品种。

元朝古籍《居家必用事类全集》记载"杏宜近人家栽，亦不可密"；明朝王世懋在《学圃杂疏》中"杏花无奇，多种成林则佳"；文震亨在《长物志》中"杏花差不耐久，开时多值风雨，仅可作片时玩"。人们对杏树种植已经有了很多经验。

春秋战国时期，杏、桃、李就传播到日本（弥生时代），在2 000年前杏的栽培种和桃同时传到西方以及地中海地区（李璠，1984）。美国人劳费尔关于物质交流史的著作《中国伊朗编》也有写道："尽管出产野杏树的地带从突厥斯坦一直延伸到逊加里亚，蒙古东南部和喜马拉雅山，但中国人从古代起就最先种植这种果树，这却是一件历史事实"（劳费尔，2015）。公元前139至公元前126年、公元前119至公元前115年，西汉使者张骞两次出使西域之后，杏和桃的栽培种通过丝绸之路从中国北方和中亚天山传播至中亚细亚，后经伊朗进入外高加索地区而向西传播到亚美尼亚、阿塞拜疆和土耳其等地。公元1世纪左右，栽培杏经亚美尼亚传入希腊和罗马（意大利），而后传到欧洲其他国家，亚美尼亚语言里的杏用"armelliano"表示，古希腊人还将杏称之为"亚美尼亚苹果"，罗马人也常用"maniaga"或"magnaga"表示杏，德语中的"marille"也是起源于此。亨利八世时期（1524），杏被天主教牧

师从意大利引种到英格兰，并被称为"apricot"。1700年杏被欧洲首次记录（Tournefort, 1700），后被定名为 Prunus armeniaca Linn.（Sp. Pl. 1753），种名就使用了亚美尼亚（armeniaca）。到17世纪后，西班牙人将杏传播到美国。1770年英国人到达澳大利亚后，于1836年将杏传入澳大利亚，20世纪70年代在维多利亚州的桑雷西亚地区开始种植，目前维多利亚州、新南威尔士州和南澳大利亚州是澳大利亚杏仁的主要产区，澳大利亚已是全球第二大杏仁生产国。

5.4　樱的栽培历史与海外传播

樱在中国已有2 000多年的栽培历史。1965年，湖北江陵战国时期的古墓中挖掘出了樱桃种子，可以推测在战国时期已有樱桃栽培（凤凰山一六七号汉墓发掘整理小组，1976）。据《礼记》记载，早在2 000多年之前的秦汉时期，在官苑之中已有樱被栽培。据《尔雅》记载，樱桃名荆桃，又名含桃、莺桃，同时也有"楔荆"的记载。《吕氏春秋·仲夏》中写道："羞以含桃"，汉代的高诱为其注解"含桃，莺桃。莺鸟所含食，故言含桃"。"莺桃"而后演变成"樱桃"。

西汉人杨雄在《蜀都赋》中写道："被以樱、梅，树以木兰"，证明当时樱已和梅一起当作果树来种植，并搭配木兰，营造景观。北魏人贾思勰在《齐民要术》中记载："二月初，山中取栽；阳中者，还种阳地；阴中者，还种阴地"，可见当时人们对樱桃栽培已有了一些经验和方法。

唐朝的《食疗本草》中写道："此乃樱非桃也，虽非桃类，以其形肖桃，故曰樱桃"。同时，樱花出现在私家园林中也屡见不鲜，白居易在《移山樱桃》中写道："亦知官舍非吾宅，且劚山樱满院栽。上佐近来多五考，少应四度见花开"，在《酬韩侍郎张博士雨后游曲江见寄》写道："小园新种红樱树，闲绕花枝便当游"，描绘了自己从野外将山樱花移栽在院内，观赏樱花盛放枝头红艳的场景。刘禹锡《和乐天宴李周美中丞宅池上赏樱桃花》有："樱桃千叶枝，照耀如雪天"、皮日休《春日陪崔谏议樱桃园宴》有："纤枝瑶月弄

圆霜，半入邻家半入墙"，李商隐有："何处哀筝随急管，樱花永巷垂杨岸"，从题目和内容中不难看出樱花在私家园林中已经普及，樱花已经成为人们普遍观赏的植物。

宋代陈与义在《樱桃》中写道："四月江南黄鸟肥，樱桃满市粲朝晖。赤瑛盘里虽殊遇，何似筠笼相发挥"。此外，关于樱花的记载已多了起来，成都郡丞何耕的《苦樱赋》中写道："余承乏成都郡丞，官居舫斋之东，有樱树焉：本大实小，其熟猥多鲜红可爱。其苦不可食，虽鸟雀亦弃之"，由果实苦不可食可以判断这是一株观赏樱花。

清代陈淏子将"樱花"称为"樱桃花"，他在《花镜》中写道："樱桃花有千叶者，其实少"，记述了花重瓣，结实少的观赏樱花。

据日本权威著作《樱大鉴》记载，喜马拉雅山东部与日本具有类似的植物区系。樱花原产于喜马拉雅山脉，在喜马拉雅山与现在的中国、朝鲜半岛和日本构成一连串相邻之地的时候，喜马拉雅山的樱花向东抵达日本，在那里分化出丰富的种类（冈田譲 等，1975）。生物地理学研究表明，现在的100多种野生樱花的祖先有可能起源于喜马拉雅山地区，起源之后，它便向北温带其他地区扩散，其中一支经由今中国东部到达朝鲜半岛和日本列岛（李苗苗，2009）。

栽培樱花是野生樱花反复选育、杂交的产物。日本樱花的野生种有11种，其中重瓣山樱花（*Prunus serrulata*）、大叶早樱（*P. itosakura* var. *ascendens*）、黑樱桃（*P. maximowiczii*）和钟花樱桃（*P. campanulata*）4种中国也产（Ohta et al., 2006），现在我们见到的绝大多数栽培樱花品种都源自大岛樱（*P. speciosa*）、霞樱（*P. leveilleana*）、山樱花、大叶早樱（日本名"江户彼岸"）和钟花樱桃（日本名"寒绯樱"）5个野生种（森林综合研究所多摩森林科学园，2013）。在这5个野生种中，前4个在日本本土都有野生生长，大岛樱甚至还是日本特有种，特产于关东地区伊豆、房总半岛至伊豆诸岛。大岛樱可以说是栽培樱花的"灵魂"，很多非常著名的樱花品种都含有大岛樱的血统，如河津樱是大岛樱与钟花樱桃的杂交；关山樱是大岛樱与山樱花的杂交；染井吉野则是大岛樱与大叶早樱的杂交。在上述5个栽培樱花野生种祖先中，最后一种钟花樱桃据说在日本冲绳先岛诸岛的石垣岛（与中国台湾距离较近）有野生生长，但有可能是从中国华南移栽的，因此可能不是日本原产（刘夙，2015）。

据《樱大鉴》的介绍，在日本历史上的奈良时代（710—794，相当于中国盛唐到中唐前期），日本文化受中国文化影响很重，人们春天最喜欢观赏的是从中国引栽的梅花。但是从奈良时代之后的平安时代（794—1185，相当于中国中唐后期到南宋前期）开始，本土的樱花也就代替外来的梅花，成为日本人最喜欢的春花。在江户时代（1603—1867），日本丰富的樱花品种远传欧美，从而使赏樱文化成为世界性的植物文化。现在世界上著名的樱花大道，如美国华盛顿潮汐湖畔、温哥华斯坦利公园、英国伦敦皇家植物园邱园、法国巴黎索镇公园、德国波恩赫尔斯特拉伯樱花隧道等樱花品种多从日本引种。

图114至图116展示了李属植物在国外的一些栽培和野生景观。

04

栽培桃、李、欧洲李花期

美人梅（*Prunus* × *blireana* 'Meiren'）、葡萄牙桂樱（*Prunus lusitanica*）

李属植物（*Prunus* spp.）

图114 澳大利亚李属植物（任东燕 摄于澳大利亚墨尔本）

东京樱花（*Prunus yedoensis*）

欧洲李（*Prunus domestica*）

欧洲甜樱桃（*Prunus avium*）

图115　美洲李属植物（任东璇　摄于加拿大温哥华）

野生杏和准噶尔山楂（*Crataegus songarica*）组成的野果林群落（崔大方 摄于中亚哈萨克斯坦）

野生杏和天山槭（*Acer tataricum* subsp. *semenovii*）组成的温带落叶阔叶林群落（崔大方 摄于中亚哈萨克斯坦）

野生欧洲李（*Prunus domestica*）群落（崔大方 摄于中亚哈萨克斯坦）

图116　中亚李属植物（一）

野生樱桃李（*Prunus cerasifera*）群落（崔大方 摄于中亚吉尔吉斯斯坦）

樱桃李（*Prunus cerasifera*）（王永刚 摄于中亚吉尔吉斯斯坦）

黑刺李（*Prunus spinosa*）（崔大方 摄于中亚哈萨克斯坦）

栽培桃、李、樱桃李黄果品种、樱桃李红果品种（崔大方 摄于中亚哈萨克斯坦）

图116 中亚李属植物（二）

参考文献

曹寅，2008. 全唐诗 [M]. 刻本. 郑州：中州古籍出版社.

陈多颖，崔大方，李薇，2017. 杏的美学时令意蕴及其带来的景观营造作用 [J]. 林业调查规划，42(5): 155-158.

陈明星，宋劝其，2018. 山海经 [M]. 北京：北京时代华文书局.

陈嵘，1937. 中国树木分类学 [M]. 上海：上海科学技术出版社.

陈雨婷，2016. 樱花品种分类及园林应用研究 [D]. 南京：南京林业大学.

程杰，2015. 水村山郭酒旗风 杏花消息雨声中——中国杏文化的发展历史 [J]. 文明 (4): 36-51, 6.

崔寔，2021. 四民月令 [M]. 刻本. 哈尔滨：北方文艺出版社.

达尔文，2014. 动物和植物在家养下的变异 [M]. 叶笃庄，方宗熙，译. 北京：北京大学出版社.

德匡多，1886. 农艺植物考源 [M]. 俞德浚，蔡希陶，译. 上海：中国商务印书馆.

戴圣，2017. 礼记 [M]. 胡平生，张萌，译注. 北京：中华书局.

杜亚泉，1918. 植物学大辞典 [M]. 北京：商务印书馆.

氾胜之，1957. 氾胜之书辑释 [M]. 万国鼎，辑释. 北京：中华书局.

凤凰山一六七号汉墓发掘整理小组，1976. 江陵凤凰山一六七号汉墓发掘简报 [J]. 文物 (10): 24.

傅大立，李炳仁，傅建敏，等，2010. 中国杏属一新种 [J]. 植物研究，30(1): 1-3.

傅立国，2001. 中国高等植物 [M]. 青岛：青岛出版社.

傅说，2007. 尚书·说命 [M]. 李民，王健，译注. 上海：上海古籍出版社.

冈田譲，本田正次，佐野藤右衛門，1975. 桜大鑑 [M]. 东京：文化出版局.

耿文娟，2011. 野生欧洲李种质资源特性及亲缘关系研究 [D]. 乌鲁木齐：新疆农业大学.

关克俭，1974. 拉汉种子植物名称 [M]. 北京：科学出版社.

郭璞注解，2011. 尔雅 [M]. 刻本. 杭州：浙江古籍出版社.

国家药典委员会，2020. 中华人民共和国药典：2020年版. 一部 [M]. 北京：中国医药科技出版社.

孙洙，2011. 唐诗三百首 [M]. 金性尧，译注. 上海：上海古籍出版社.

侯博，许正，2004. 世界栽培落叶果树起源中心——新疆天山伊犁谷地野果林 [J]. 干旱区研究，2(14): 406-406.

胡燨，2019. 拾遗录 [M]. 王兴芬，译注. 北京：中华书局.

胡铁珠，2000.《夏小正》星象年代研究 [J]. 自然科学史研究，19(3): 234-250.

胡先骕，1955. 经济植物手册：上册 [M]. 北京：科学出版社.

胡云翼，2011. 宋诗研究 [M]. 长沙：岳麓书社.

黄丹妹，2011. 汉魏六朝咏花诗研究 [D]. 北京：首都师范大学.

黄文鑫，吴保欢，石文婷，等，2019. 广义李属植物叶脉序特征及其分类学意义 [J]. 植物资源与环境学报，28(4): 11-23.

黄峥，许正，刁永强，等，2018. 野生欧洲李群落物种多样性及种群年龄结构分析 [J]. 新疆农业大学学报，41(3): 182-188.

纪永贵，2020. 杏的植物属性、实用价值和文化象征 [J]. 池州学院学报，34(6): 1-6.

贾祖璋，1958. 中国植物图鉴 [M]. 北京：中华书局.

孔子等，2006. 诗经 [M]. 郑春兴，译注. 呼和浩特：内蒙古人民出版社.

劳费尔，2015. 中国伊朗编 [M]. 林筠因，译. 北京：商务印书馆.

李璠，1984. 中国栽培植物发展史 [M]. 北京：科学出版社.

李昉，2008. 太平御览 [M]. 刻本. 北京：中华书局.

李苗苗，2009. 樱亚属植物分子亲缘地理及中国樱桃自然居群遗传多样性研究 [D]. 西安：西北大学.

李时珍，2005. 本草纲目 [M]. 刻本. 北京：人民卫生出版社.

林培钧，1986. 新疆伊犁野生欧洲李 *Prunus domestica* L. (*P.communis* Fritsch) 的发现与分布 (第一报) [J]. 辽宁果树 (1): 6-8.

林培钧，1993. 天山伊犁野果林在人类生态和果树起源上的地位 [J]. 农业考古 (1): 133-137, 146, 271.

林培钧，崔乃然，2000. 天山野果林资源——伊犁野果林综合研究 [M]. 北京：中国林业出版社.

刘日林，张方钢，陈伟杰，等，2017. 浙江蔷薇科李亚科植物新资料 [J]. 杭州师范大学学报 (自然科学版)，16(5): 518-521.

刘慎谔，1955. 东北木本植物图志 [M]. 北京：科学出版社.

刘夙，2015. 樱花起源之争 [J]. 园林，277(5): 34-37.

刘威生，2005. 李种质资源遗传多样性及主要种间亲缘关系的研究 [D]. 北京：中国农业大学.

刘威生，章秋平，马小雪，等，2019. 新中国果树科学研究70年——李 [J]. 果树学报，36(10): 1320-1338.

刘向，2016. 说苑 [M]. 王天海，杨秀岚，译注. 北京：中华书局.

刘歆，2022. 西京杂记 [M]. 刘洪妹，译注. 上海：上海古籍出版社.

刘有春，刘威生，刘宁，等，2010. 基于花粉形态数量分类的核果类系统关系的研究 [J]. 植物遗传资源学报，11(5): 645-649.

路广明，1951. 桃树栽培 [M]. 苏州：新农出版社.

陆玲娣，1988.《西藏植物志》一个新增补的属——臀果木属 [J]. 云南植物研究 (3): 362-364.

罗桂环，2001. 关于桃的栽培起源及其发展 [J]. 农业考古 (3): 200-203, 207.

吕英民，吕增仁，高锁柱，1994. 应用同工酶进行杏属植物演化关系和分类的研究 [J]. 华北农学报 (4): 69-74.

孟元老，2016. 东京梦华录 [M]. 高嘉敏，译注. 合肥：黄山书社.

内蒙古植物志编写组，1977. 内蒙古植物志第三卷 [M]. 呼和浩特：内蒙古出版社.

邱建国，1995. 拗竹与媚桃——明清文人审美心态的外在表征 [J]. 松辽学刊 (社会科学版)(2): 60-66.

邱蓉，程中平，王章利，2011. 中国桃亚属植物系统发育及演化关系分析 [J]. 华北农学报，26(6): 221-227.

渠红岩，2009. 先秦时期 "桃" 的文化形态及原型意义 [J]. 中国文化研究 (1): 162-169.

曲泽洲，孙云蔚，1990. 果树种类论 [M]. 北京：农业出版社.

阮颖，周朴华，刘春林，2002. 九种李属植物的RAPD亲缘关

系分析 [J]. 园艺学报 (3): 218-223.

森林総合研究所多摩森林科学園, 2013. 桜の新しい系統保全：形質・遺伝子・病害研究に基づく取組 [M]. 八王子：森林総合研究所多摩森林科学園.

神农氏, 2016. 神农本草经 [M]. 张爱卿, 译注. 乌鲁木齐：新疆人民出版总社.

慎懋官, 2022. 华夷花木鸟兽珍玩考 [M]. 刻本. 北京：北京燕山出版社.

盛诚桂, 1957. 中国桃树栽培史 [J]. 南京农学院学报, (2): 213-230.

司马迁, 2014. 史记 [M]. 杨非, 编译. 南京：南京大学出版社.

苏颂, 1988. 图经本草 [M]. 胡乃长, 王致谱, 辑注. 福州：福建科学技术出版社.

苏咏农, 2018. 杏文化 [J]. 农家致富 (1): 64.

孙云蔚, 1983. 中国果树史与果树资源 [M]. 上海：上海科学技术出版社.

谈春蓉, 2012. 论桃李意象的形成与文学含义 [J]. 大庆师范学院学报, 32(2): 59-61.

唐前瑞, 魏文娜, 1996. 桃李梅杏四种核果类植物亲缘关系的研究Ⅲ. 过氧化物酶同工酶酶谱比较 [J]. 湖南农业大学学报 (4): 25-28.

唐遇春, 1995. 杏文化说略 [J]. 阅读与写作 (7): 35-34.

汪祖华, 陆振翔, 郭洪, 1991. 李、杏、梅亲缘关系及分类地位的同工酶研究 [J]. 园艺学报 (2): 97-101.

王家琼, 吴保欢, 崔大方, 等, 2016. 基于30个形态性状的中国杏属 (*Armeniaca* Scop.) 植物分类学研究 [J]. 植物资源与环境学报, 25(3): 103-111.

王然, 王成荣, 潘季淑, 等, 1992. 蔷薇科若干种核果类果树植物的核型分析 [J]. 莱阳农学院学报, 9(2): 123-129.

王实甫, 1998. 西厢记 [M]. 张燕瑾, 校注. 北京：人民文学出版社.

王世懋, 1937. 学圃杂疏 [M]. 刻本. 上海：商务印书馆.

王贤荣, 2014. 中国樱花品种图志 [M]. 北京：科学出版社.

王扬, 李菁博, 2013. 从"腊梅"到"蜡梅"——蜡梅栽培史及蜡梅文化初考 [J]. 北京林业大学学报, 35(S1): 110-115.

王艺菡, 王永刚, 王剑瑞, 等, 2021. 欧洲李 (西梅) 的原产地与保护利用 [J]. 新疆林业 (4): 29-31.

韦直, 张韵冰, 1993. 蔷薇科. 浙江植物志 [M]. 杭州：浙江科学技术出版社.

魏文娜, 唐前瑞, 杨国顺, 1996. 桃李梅杏四种核果类植物亲缘关系的研究Ⅰ. 形态特征的异同点 [J]. 湖南农业大学学报 (2): 125-130.

魏文娜, 唐前瑞, 1996. 桃李梅杏四种核果类植物亲缘关系的研究Ⅱ. 染色体核型及 Giemsa 显带的异同点 [J]. 湖南农业大学学报 (3): 256-260.

文震亨, 2015. 长物志 [M]. 李霞, 王刚, 编注. 南京：江苏凤凰文艺出版社.

吴保欢, 黄文鑫, 石文婷, 等, 2018. 中国李属樱亚属 *Prunus* L. Subgenus *Cerasus* (Mill.) A. Gray 的数量分类 [J]. 中山大学学报, 57(1): 36-43.

吴巩, 董淳, 2003. 华阳县志 [M]. 刻本. 上海：上海古籍出版社.

吴征镒, 1983. 西藏植物志 [M]. 北京：科学出版社.

细井徇, 2018. 诗经名物图解 [M]. 北京：人民文学出版社.

谢长富, 1993. 蔷薇科. 台湾植物志 (第三卷) [M]. 台北：台湾植物志第二版编委会.

徐陵, 2005. 玉台新咏 [M]. 刻本. 上海：上海古籍出版社.

徐廷志, 2006. 樱属. 云南植物志 [M]. 北京：科学出版社：617-636.

许慎, 2012. 说文解字 [M]. 刻本. 上海：中华书局.

许元科, 赵昌高, 严邦祥, 等, 2012. 浙江樱属新种——沼生矮樱 [J]. 浙江林业科技, 32(4): 81-83.

严春风, 2020. 樱花应用指南 [M]. 北京：中国农业科学技术出版社.

叶立新, 鲁益飞, 王桦, 等, 2017. 凤阳山樱桃——浙江樱属 (蔷薇科) 一新种 [J]. 杭州师范大学学报 (自然科学版), 16(1): 19-24.

俞德浚, 1979. 中国果树分类学 [M]. 北京：中国农业出版社.

俞德浚, 李朝銮, 1986. 中国植物志. 第三十八卷 [M]. 北京：科学出版社.

袁冬明, 严春风, 赵绮, 2018. 樱花 [M]. 北京：中国农业科学技术出版社.

张加延, 2004. 中国果树志·杏卷 [M]. 北京：中国林业出版社.

张加延, 吴相祝, 2009. 杏属 (蔷薇科) 一新种 [J]. 植物研究, 29(1): 1-2.

张加延, 张铁华, 2019. 中国杏文化传承与今用 [J]. 园艺与种苗, 39(4): 47-50, 82.

张杰, 2010. 樱花品种资源调查和园林应用研究 [D]. 南京：南京林业大学.

张玉忠, 1983. 新疆出土的古代农作物简介 [J]. 农业考古, (1): 118-126.

章秋平, 刘威生, 2018. 杏种质资源收集、评价与创新利用进展 [J]. 园艺学报, 45(9): 1642-1660.

章秋平, 魏潇, 刘威生, 等, 2017. 基于叶绿体 DNA 序列 *trnL-F* 分析李亚属植物的系统发育关系 [J]. 果树学报, 34(10): 1249-1257.

赵旭明, 吴保欢, 王永刚, 等, 2021. 基于花器官形态特征的广义李属植物的数量分类 [J]. 植物资源与环境学报, 30(3): 20-28.

赵学敏, 2007. 本草纲目拾遗 [M]. 刻本. 北京：中国中医药出版社.

郑红军, 2008. 核果类果树樱桃、桃、杏、李花外蜜腺观察研究 [J]. 山东农业科学 (5): 17-19.

郑维列, 2000. 西藏樱属 (蔷薇科) 一新种 [J]. 植物分类学报 (2): 195-197.

中国科学院武汉植物研究所, 2002. 湖北植物志 [M]. 武汉：湖北科技出版社.

中国科学院西北植物研究所, 1983. 秦岭植物志 [M]. 北京：科学出版社.

中国科学院植物研究所, 1972. 中国高等植物图鉴第二册 [M]. 北京：科学出版社.

中国科学院植物研究所, 1983. 中国高等植物图鉴补编 [M]. 北京：科学出版社.

中国树木志编辑委员会, 2004. 中国树木志 [M]. 北京：中国林业出版社.

周公旦, 2013. 周礼·天官[M]. 徐正英, 常佩雨, 译注. 北京: 中华书局.

周建涛, 汪祖华, 1990. 核果类种花粉形态研究初报[J]. 江苏农业学报(3): 57-63.

周丽华, 韦仲新, 吴征镒, 1999. 国产蔷薇科李亚科的花粉形态[J]. 云南植物研究(2): 79-83, 89, 151-152.

周龙, CAROLYN D, JOHN E P, 2014. 美国加州西梅产业化发展现状分析[J]. 中国果树(4): 82-84.

庄周, 2018. 庄子[M]. 孙通海, 译注. 北京: 中华书局.

BADENESS M L, BYRNE D H, 1995. Fruit Breeding [M]. Berlin: Springer Science Businessk.

BATE-SMITH B C, 1961. Chromatography and taxonomy in the Rosaceae, with special reference to *Potentilla* and *Prunus* [J]. Journal of the Linnean Society of London, Botany, 58(370): 39-54.

BENTHAM G, HOOKER J D, 1865. Genera plantarum [M]. London: A. Black.

BORTIRI E, OH S H, JIANG J G, 2001. Phylogeny and systematics of *Prunus* (Rosaceae) as determined by sequence analysis of ITS and the chloroplast *trnL − trnF* spacer DNA [J]. Systematic Botany, 264: 797-807.

BORTIRI E, OH S H, GAO F Y, et al, 2002. The phylogenetic utility of nucleotide sequences of sorbitol 6-phosphate dehydrogenase in *Prunus* (Rosaceae) [J]. American Journal of Botany, 89(10): 1697-1708.

BORTIRI E, HEUVEL B V, POTTER D, 2006. Phylogenetic analysis of morphology in *Prunus* reveals extensive homoplasy [J]. Plant Systematics and Evolution, 25(91): 53-71.

BYRNE D H, 1993. Isozyme phenotypes support the interspecific hybrid origin of *Prunus × dasycarpa* Ehrh [J]. Fruit Varieties Journa, 47(3): 143-145.

CANDOLLE A D, 1825. Prodromus Systematis Naturalis Regni Vegetabilis[M]. Parisiis: Parisiis Masson.

CHEN Z, CHEN W, CHEN H, et al, 2013. *Prunus pananensis* (Rosaceae), a New Species from Pan'an of Central Zhejiang, China [J]. PLoS One, 8(1): e54030.

CHIN S W, SHAW J, HABERLE R, et al, 2014. Diversification of almonds, peaches, plums and cherries - molecular systematics and biogeographic history of *Prunus* (Rosaceae) [J]. Mol Phylogenet Evol, 76: 34-48.

CHIN S W, WEN J, JOHNSON G, et al, 2010. Merging Maddenia with the morphologically diverse *Prunus* (Rosaceae) [J]. Botanical Journal of the Linnean Society. 16(43): 236-245.

SOKOLOV S Y, SHYSHKIN B K, 1954. Trees and Shrubs of The USSR. vol. 3 [M]. Leningrad: USSR Academy of Sciences.

DARWIN C R, 1868. The Variation of Animals and Plants Under Domestication [M]. London: John Murray.

DEVORE M L, PIGG K B, 2007. A brief review of the fossil history of the family Rosaceae with a focus on the Eocene Okanogan Highlands of eastern Washington State, USA, and British Columbia, Canada [J]. Plant Systematics & Evolution. 26(61): 45-57.

DUHAMEL, 1755. Trait des Arbres et Arbustes[M]. Paris: Chez H.L. Guerin & L.F. Delatour.

ENGLER A, 1925. Die Naturlichen Pflanzenfamilien [M]. Leipzig: Verlag von Wilhelm Engelmann.

ENGLER A, PRANTL K, 1897. Die Naturlichen Planzenfamilian [M]. Leipzig: Verlag von Wilhelm Engelmann.

FOCKE W O, 1894. Rosaceae. In: Engler A, Prantl K eds. Die Naturlichen Pflanzenfamilien Nebst Ihren Gattungen Und Wichtigeren Arten Insbesondere Den Nutzpflanzen Unter Mitwirkung Zahlreicher Hervorragender Fachgelehrten [M]. Leipzig: Verlag von Wilhelm Engelmann, 1-61.

FRANZ S, 1966. The Origin of Cultivated Plants [M]. Massachusetts: Harvard University Press Cambridge.

FU D L, MA L, QIN Y, et al, 2016. Phylogenetic relationships among five species of *Armeniaca* Scop. (Rosaceae) using microsatellites (SSRs) and capillary electrophoresis [J]. Journal of Forestry Research (5): 1077-1083.

GAERTNER J, 1788. De fructibus et seminibus plantarum [M]. Josephus Gaertner: Nabu Pr.

GOLDBLATT P, 1976. Cytotaxonomic studies in the tribe Quillajeae (Rosaceae) [J]. Annals of the Missouri Botanical Garden, 6(31): 200-206.

HAGEN L, KHADARI B, LAMBERT P, et al, 2002. Genetic diversity in apricot revealed by AFLP markers: species and cultivar comparisons [J]. Theor Appl Genet, 105: 298-305.

HE Z, WANG H, 2017. Three replacement names and four new combinations for Chinese *Prunus s.l.* (Rosaceae) [J]. Nordic Journal of Botany, 35(3): 344-347.

HUTCHINSON J, 1964. The genera of flowering plants. Vol. 1 [M]. Oxford: Clarendon Press.

JANTSCHI L, SESTRAS R E, 2011. Local Using of Integrated Taxonomic Information System (ITIS) [J]. Bulletin of University of Agricultural Sciences & Veterinary Medicine Cluj Napoca Horticulture, 68(1): 62-67.

JUSSIEU A L, 1789. Genera plantarum secundum ordines naturals disposita [J]. Heissant and Barrois.

JUSSIEU A L, 1789. Genera plantarum [M]. Paris: Heissant and Barrois.

KALKMAN C, 1965. The Old World species of *Prunus* subg. *Laurocerasus* including those formerly referred to *Pygeum* [J]. Blumea-Journal of Plant Taxonomy and Plant Geography, 131: 1-115.

KOEHNE B A E, 1893. Deutsche Dendrologie [M]. Stuttgart: Verlag von Ferdinand Enke.

KOEHNE B A E, 1911. Die Gliederung von *Prunus* subg. *Padus* [J]. Abhandl Botany of Ver Brandenburg, 52: 101-108.

KOEHNE B A E, 1912. *Prunus*. In: Sargent CS (Ed.) Plantae Wilsonianae: an enumeration of the woody plants collected in western China for the Arnold arboretum of Harvard University during the years 1907, 1908, and 1910 by E.H.

04

Wilson. Part 2. [M]. Cambridge, USA: The University Press, 196-282.

KOMAROV V L, 1941. Flora of the USSR, Vol. 10 [M]. Washington D C: Smithsonian Institution, 1-512.

LEE S, WEN J, 2001. A phylogenetic analysis of *Prunus* and the Amygdaloideae (Rosaceae) using ITS sequences of nuclear ribosomal DNA [J]. American journal of botany. 88(1): 150-160.

LERSTEN N R, HORNER H T, 2000. Calcium oxalate crystal types and trends in their distribution patterns in leaves of *Prunus* (Rosaceae: Prunoideae) [J]. Plant Systematic and Evolution, 224(12): 83-96.

LI C L, BARTHOLOMEW B, 2003. Flora of China [M]. Beijing: Science Press & Louis Saint: Missouri Botanical Garden Press.

LINNAEUS C, 1753. Species Plantarum [M]. Sweden: Stockholm.

LIU W S, LIU D C, FENG C J, et al, 2006. Genetic diversity and phylogenetic relationships in plum germplasm resources revealed by RAPD markers [J]. Journal of Pomology & Horticultural Science, 8(12): 242-250.

MABBERLEY D J, 1998. Mabberley's plant-book: a portable dictionary of plants, their classification and uses [M]. Cambridge: Cambridge University Press.

MILLER P, 1754. The gardeners dictionary [M]. London: Historiae Naturalis Classica.

MOWREY B D, WERNER D J, 1990. Phylogenetic relationships among species of *Prunus* as inferred by isozyme markers [J]. Theoretical & Applied Genetics, 8(01): 129-133.

OHTA S, YAMAMOTO T, NISHITANI C, et al, 2006. Phylogenetic relationships among Japanese flowering cherries (*Prunus* subgenus *Cerasus*) based on nucleotide sequences of chloroplast DNA [J]. Plant Systematics and Evolution, (263): 209-225.

POTTER D, 2011. Wild Crop Relatives: Genomic and breeding resources: *Prunus* [M]. Springer Berlin Heidelberg.

REHDER A, 1940. A Manual of Cultivated Trees and Shrubs Hardy in North America，Exclusive of the Subtropical and Warmer Temperate Regions [M]. New York: Macmillan, 450-482.

SHI S, LI J L, SUN J H, et al, 2013. Phylogeny and Classification of *Prunus sensu lato* (Rosaceae) [J]. Journal of Integrative Plant Biology, 55(11): 1069-1079.

SHI W, WEN J, LUTZ S, 2013. Pollen morphology of the *Maddenia* clade of *Prunus* and its taxonomic and phylogenetic implications[J]. Journal of Systematics & Evolution, 51(2): 20.

SHIMADA T, HAYAMA H, NISHIMURA K, et al, 2001, The genetic diversities of 4 species of subg. *Lithocerasus* (*Prunus*, Rosaceae) revealed by RAPD analysis [J]. Euphytic, 11(7): 85-90.

SU N, LIU B B, WANG J R, et al, 2021. On the species delimitation of the *Maddenia* group of *Prunus* (Rosaceae): evidence from plastome and nuclear sequences and morphology [J]. Frontiers in Plant Science, 12: 743643.

SU N, RICHARD G J, WANG X, et al, 2023. Molecular phylogeny and inflorescence evolution of *Prunus* (Rosaceae) based on RAD-seq and genome skimming analyses[J]. Plant Diversity. 10.1016/j.pld.2023.03.013.

TONG Y H, XIA N H, 2017. *Prunus gyirongensis*, a new name for *Padus integrifolia* (Rosaceae) [J]. Phytotaxa, 291(3): 237-238.

TONG Y H, XIA N H, 2016. New combinations of Rosaceae, Urticaceae and Fagaceae from China [J]. Biodiv Sci, 24(6): 300-300.

TOURNEFORT J P, 1700. Institutiones Rei Herbariae [M]. Parisiis : E Typographia Regia.

VOVILOV N I, 1992. Origin and Geography of Cultivated Plants [M]. London: Cambridge Press.

WANG X, GONG J Z, LI Q J, et al, 2019. Floral organogenesis of *Prunus laurocerasus* and *P. serotina* and its significance for the systematics of the genus and androecium diversity in Rosaceae[J]. Botany, 97: 71-84.

WANG X, WANG J R, XIE S Y, et al, 2022. Floral morphogenesis of the *Maddenia* and *Pygeum* groups of *Prunus* (Rosaceae), with an emphasis on the perianth[J]. Journal of Systematics and Evolution, 60: 1062-1077.

WEN J, BERGGREN S T, LEE C H, et al, 2008. Phylogenetic inferences in *Prunus* (Rosaceae) using chloroplast *ndhF* and nuclear ribosomal ITS sequences [J]. Journal of Systematics & Evolution. 46(3): 322-332.

WEN J, SHI W, 2012. Revision of the *Maddenia* clade of *Prunus* (Rosaceae) [J]. PhytoKeys, 11: 39-59.

WILSON E H, 1929. China, Mother of Gardens [M]. Boston: Stratford Company.

WU B H, CUI D F, KANG M, 2022. Nomenclature and taxonomic identities of *Prunus zappeyana* and *P. zappeyana* var. *subsimplex* (Rosaceae) [J]. PhytoKeys, 190: 47-51.

WU B H, POTTER D, CUI D F, 2019. Taxonomic reconsideration of *Prunus veitchii* (Rosaceae) [J]. Phytokeys, 115:59-71.

WU B H, POTTER D, CUI D F, 2019. The identity of *Prunus dielsiana* (Rosaceae) [J]. Phytokeys, 126:71-77.

Wu B H, Zhao W Y, Yang H J, et al, 2022. *Prunus yunkaishanensis* (Rosaceae), a new species from Guangdong, South China [J]. Phytotaxa, 5413: 277-284.

WU Y, XIANG Z, XIE D, et al, 2018. *Prunus nutantiflora* (Rosaceae), a New Species from Hunan Province, China [J]. Annales Botanici Fennici, 55(4-6):359-362.

XU S Z, GAN Q L, LI Z Y，2022. A new species of *Prunus* subgen. *Cerasus* from Central China [J]. Phytokeys, 199: 1-7.

YAZBEK M, OH S H, 2013. Peaches and almonds: phylogeny of *Prunus* subg. *Amygdalus* (Rosaceae) based on DNA sequences and morphology [J]. Plant Systematics & Evolution, 299: 1403-1418.

ZHANG S Y, 1992. Systematic wood anatomy of the Rosaceae [J]. Blumea-Journal of Plant Taxonomy and Plant Geography, 37: 81-158.

ZHANG X, JIANG Z, YUSUPOV Z, et al, 2019. *Prunus sunhangii*: A new species of *Prunus* from central China [J]. Plant Diversity, 41(1): 19-25.

ZHAO L, JIANG X, ZUO Y, et al, 2016. Multiple events of allopolyploidy in the evolution of the racemose lineages in *Prunus* (rosaceae) based on integrated evidence from nuclear and plastid data [J]. PLOS ONE, 11(6): e0157123.

致谢

从事植物分类学教学与科研工作已40年，李亚科植物系统与分类学研究是本人在职最后阶段的分类学工作。本项研究工作得到国家自然科学基金项目"广义李属植物的系统发育及其分类学修订"（31370246）的资助。在此感谢廖文波、马金双、张志耘、张丽兵、Danniel Potter（美国加州大学戴维斯分校）、David Boufford（美国哈佛大学）等教授在从事李亚科分类学工作中给予的帮助和支持；感谢羊海军、李飞飞、王家琼、李玲、黄峥、李薇、吴保欢、黄文鑫、石文婷、赵旭明同学在攻读硕士、博士期间完成的相关研究工作所付出的努力。在开展本项分类研究工作中还得到常朝阳、陈功锡、陈世品、陈子林、习永强、杜玉芬、傅大立、李东近、刘启新、彭焱松、王洪峰、王永刚、吴相祝、吴之坤、夏国华、谢振国、许正、燕玲、叶立新、喻勋林、张方刚、张良、张忠、章秋平、赵万义、曾飞燕等老师和同学的帮助。感谢照片拍摄者在编写本文过程中提供了大量照片；感谢A/GH、E、IBSC、K、L、LE、P、PE等标本馆的同事在标本数字化做的大量工作。最后感谢夫人任东燕女士对本人长期从事植物分类学野外科考工作的支持和生活上的照顾。

作者简介

崔大方（男，新疆乌鲁木齐人，1964年生），教授，博士研究生导师。新疆八一农学院生物学专业本科（1985）、西北大学植物学硕士（1993）、中山大学植物学博士（1999），师从张宏达、胡正海、崔乃然等先生。先后于新疆师范大学（1985—1997）和华南农业大学（1997至今）从事植物学、系统与演化植物学、植物区系地理学的教学和科研工作；主持"广义李属植物的系统发育及其分类学修订"等国家自然科学基金项目3项，主编出版《植物分类学》《认识中国植物》（西北分册）等10部，发表研究论文120篇，发表植物新物种40多个，专长植物分类学及植物区系地理学研究工作，特别是禾本科、李亚科、豆科车轴草族植物分类与系统演化等相关研究。

吴保欢（男，广东汕尾人，1991年出生），就职于广州市林业和园林科学研究院；华南农业大学森林资源保护与游憩本科（2013）、植物学硕士（2016）、植物学博士（2019）。参加国家、省部级科研课题5项，是国家自然科学基金项目"广义李属植物的系统发育及其分类学修订"的主要完成人，在中国李属樱亚属植物系统分类和修订等研究工作中发表相关研究论文20篇。

羊海军（男，浙江磐安人，1980年生），高级实验师。华南农业大学经济林专业本科（2002）、植物学硕士（2005）、植物学博士（2019）。主要从事植物学、资源植物学等方面的教学和科研工作，参加国家、省部级科研课题10余项，发表教科论文30余篇，是国家自然科学基金项目"广义李属植物的系统发育及其分类学修订"的主要完成人。

叶强（男，广东河源人，1997年生），华南农业大学园林专业本科（2019）、林业硕士（2023）。从事植物分类学和植物资源学相关研究，参与广东省自然保护地生态监测、广东省林木种质资源调查、广东省外来入侵物种调查工作，完成有中国李亚属植物学名修订及地理分布式样研究，发表论文4篇。

张豪华（男，贵州铜仁人，1996年生），华南农业大学环境工程专业本科（2020）、植物学硕士（2023）。从事植物营养生态学、土壤学相关研究，参与广东省自然保护地生态监测、广东省林木种质资源调查、广东省外来入侵物种调查工作，完成有大鹏半岛典型山地植物群落与土壤理化性质响应关系研究，发表相关论文2篇。

陈子銮（女，海南海口人，1998年生），福建农林大学生物科学专业本科（2020）、华南农业大学植物学硕士（2023）。从事植物资源学、植物解剖学相关研究，参与广东省自然保护地生态监测、广东省外来入侵物种调查工作，完成有大苞山茶花芽分化及其繁育系统研究，发表相关论文2篇。

鲍子禹（男，江苏徐州人，1996年生），华南农业大学园林专业本科（2019）、在读林业硕士（2023）。从事中国稠李亚属植物分类学及地理分布研究，参与广东省自然保护地生态监测、广东省林木种质资源调查、广东省外来入侵物种调查工作，发表相关论文2篇。

04

China
园林之母

05

-FIVE-

木樨科连翘属

Forsythia of Oleaceae

孟　昕* 王白冰**

[国家植物园（北园）]

MENG Xin* WANG Baibing**

[China National Botanical Garden (North Garden)]

* 邮箱：mengxin@chnbg.cn
** 邮箱：wangbaibing@chnbg.cn

摘　要： 本章通过对连翘属植物的系统与分类、国内外栽培史及收集应用情况的介绍，阐述原产中国的连翘属植物被引种到世界各地后，相关人物和机构以其为亲本进行的新品种选育和应用推广的过程，表明了原产中国的连翘属植物对世界园林做出的巨大贡献。

关键词： 连翘　育种　中国

Abstract: Through the research on the system and taxonomy, cultivation history, collection and application of the Chinese *Forsythia*, this chapter introduces how the experts and institutes used *Forsythia* as a parent to breed after it was spread to the world, which shows that Chinese *Forsythia* have made a great contribution to the world garden.

Keywords: *Forsythia*, Breeding, China

孟昕，王白冰，2023，第5章，木樨科连翘属；中国——二十一世纪的园林之母，第五卷：323-347页.

1 连翘属植物的系统及分类

1.1　连翘属（*Forsythia* Vahl）特征

Forsythia Vahl, Enum. Pl. l; 39. 1804; Markgraf in Mitt. Deutsch. Dendr. Ges. 42: 1930; G.P.De Wolf & R.S.Hebb in Arnoldia 31(1): 41-61. 1971. —— *Rangium* Juss. in Dict. Sci. Nat. 24: 200. 1822; Ohwi in Acta Phytotax. Geobot. 1: 140. 1932.

直立或蔓性落叶灌木。枝中空或具片状髓。叶对生，单叶，稀3裂至三出复叶，具锯齿或全缘，有毛或无毛；具叶柄。花两性，1至数朵着生于叶腋，先于叶开放；花萼深4裂，多少宿存；花冠黄色，钟状，深4裂，裂片披针形、长圆形至宽卵形，较花冠管长，花蕾时呈覆瓦状排列；雄蕊2枚，着生于花冠管基部，花药2室，纵裂；子房2室，每室具下垂胚珠多枚，花柱细长，柱头2裂；花柱异长，具长花柱的花，雄蕊短于雌蕊，具短花柱的花，雄蕊长于雌蕊。果为蒴果，2室，室间开裂，每室具种子多枚；种子一侧具翅；子叶扁平；胚根向上。染色体基数 $x=14$。

本属模式种：连翘 *Forsythia suspensa* (Thunb.) Vahl（图1）

1.2　连翘的名称来源

1.2.1　中文名的起源——连翘

连翘在我国是重要的药用植物，应用十分广泛。在不同的历史时期，连翘存在同名异物的现象，金丝桃科金丝桃属的黄海棠（异名：湖南连翘）（*Hypericum ascyron*）、贯叶连翘（*H. perforatum*）、赶山鞭（*H. attenuatum*）等植物，常常也被称为连翘，十分容易造成混淆。我们现在所讨论的连翘为《中华人民共和国药典2020年版》规定的木樨科连翘属的落叶灌木——连翘（*F. suspensa*）。多位学者曾对连翘入药的基本原理及物种变迁做过相应的研究，谢宗万（1992）、王宁（2013）、李石飞（2021）等国内学者明确指出我国的药用连翘在历史上经历了物种变迁，由最早黄海棠（*H. ascyron*）及其同属植物转变到现今的木樨科连翘（*F. suspensa*），并认为宋代为古今连翘转折点。

唐代孙思邈所著的《备急千金要方》中指出，连翘丸可以治疗小儿无辜寒热、结核等疾病，这里的连翘经考证是黄海棠全草入药。在其之后

图1 连翘（2022年，孟昕摄于国家植物园北园）

图2 黄海棠（刘冰摄于河北省涿鹿县小五台山；生境：水边灌草丛中）

的《植物名实图考》《集验方》和《外台秘要》都用的是黄海棠（图2）。唐以前的中药记载中连翘有大小翘之分，大翘应为金丝桃属植物黄海棠的全草，连轺、翘根为其根之处方用名，小翘最接近于同属的贯叶连翘和赶山鞭。宋以前记载的药用连翘应用主要以黄海棠为主，如汉代张仲景的《伤寒杂病论》治瘀热的"麻黄连轺赤小豆汤"里，连轺即连翘，为黄海棠的根。总体上，从汉魏六朝，一直到唐宋，普遍将黄海棠（异名：湖南连翘）作为药用连翘的正品。

进入宋代后，药用连翘为黄海棠与木樨科的连翘两者混用居多，自宋之后，后者逐渐成为全国药用连翘的主流。宋代苏颂（1020—1101）等编撰中医药著作《本草图经》卷九中记载："连翘生泰山山谷，今近京及河中、江宁府、泽、润、淄、兖、鼎、岳、利州、南康军皆有之。有大翘、小翘二种，生于湿地或山岗上；叶青黄而狭长，如榆叶、水苏辈；茎赤色，高三四尺许；花黄可爱；秋结实似莲作房，翘出众草，以此得名。"从茎色株高和果实的描述中更接近于金丝桃属黄海棠。北宋寇宗奭编撰的《本草衍义》卷十二中描述："太山山谷间甚多，今止用其子，扮之，其间片片相比如翘，应以此得名尔。治心经客热最胜，尤宜小儿。"指出符合木樨科连翘的形态特征和药用部位为蒴果的果实。明代《救荒本草》中记载"其子折之间片片相比如翘，以此得名"（图3），描述连翘果实拆开后，其种子片片之间犹

图3 明代《救荒本草》书中的连翘（作者：朱橚）

如"鸟之羽毛"般"翘起"，这正是木樨科连翘果实的特征。直至今日，连翘正名均以木樨科连翘为准，其意既指以果实入药，又指出其果实形态似"翘"。而古籍中最常提及的药用连翘，由湖南连翘规范正名为黄海棠后，多用于制药、制茶等领域。

1.2.2 学名的起源——*Forsythia suspensa* (Thunberg) Vahl

连翘学名最初的命名人为瑞典博物学家通贝里（Carl Peter Thunberg, 1743—1828）（图4）。通贝里18岁进入瑞典乌普萨拉大学，师从被誉为"现代分类学之父"的林奈（Carl Linne, 1707—1778）。毕业后为了加强他在植物学、医学和自然历史方面的学习，1770年，在林奈的鼓励下他前往巴黎和阿姆斯特丹寻找学习机会。在这里，他遇到了林奈的好友布尔曼（Johannes Burman, 1706—1779），在他的建议下，博学多才的通贝里决定开始动植物收集之旅。1771年12月，在莱顿（Leiden）植物园的赞助下，通贝里乘坐上了开往南非开普敦的V. O. C.邮轮，开展了首次的非洲内陆探险之旅。在其后的7年时间内，他数次进入非洲和亚洲内陆，为莱顿植物园收集了大量的动植物标本，并描述了许多新动植物种。1775年，通贝里前往日本长崎，当时的日本处于德川幕府掌控，反对外国宗教活动、闭关锁国的政策给植物

猎人的工作带来了极大的困难，通贝里利用他擅长的医学知识赢得了当地人的尊重，被允许在部分城市间活动，从而有机会采集更多的植物标本。1776年，通贝里来到东京，在工作之余开始撰写科学著作《日本植物志》（*Flora Japonica*, 1784），1778年返回欧洲。在日本工作的不到2年的时间内，通贝里收集并记录了千余种植物（包括真菌和藻类），其中数百种植物在林奈分类系统中首次被描述。作为对日本动植物进行详细科学描述的第一人，通贝里被誉为"日本的林奈"。植物学名中，Thunb.是他名字的缩写。据统计，约有254种动植物的名字在种加词中以通贝里的名字进行命名—"thunbergii"，比如我们常见的珍珠绣线菊（*Spiraea thunbergii*）、球序韭（*Allium thunbergii*）、日本小檗（*Berberis thunbergii*）等。

木樨科的连翘最早的记载是在通贝里1784年所著的 *Flora Japonica* 中，目前可通过通贝里母校乌普萨拉大学的网站（www.uu.se）上查询到该书电子化信息（Thunberg's Japanese Plants - an image database）。在最初的记录中，通贝里错误地将连翘归到丁香属中，即 *Syringa suspensa*（图5）。连翘被描述为具有直立的茎、黄色的花、开展的枝条、花瓣4裂、花期4月等。*Suspensa* 源自拉丁语中的"suspensium"，意思是"悬挂"的意思，体现了连翘下垂的枝条形态。连翘模式标本见图6，手绘图见图7。

1804年，丹麦/挪威动植物学家，哥本哈根大学植物学教授瓦尔（Martin Vahl, 1749—1804）（图8）认识到这个黄色早春花卉并不是丁香属的植物，遂将其修订，并命名为连翘属（*Forsythia*）。连翘属名的来源是为了纪念苏格兰植物学家福赛思（William Forsyth, 1737—1804）（图9）。福赛思是苏格兰植物学家、皇家首席园艺师，也是英国皇家园艺学会（The Royal Horticultural Society, RHS）的创始成员，年轻时他在伦敦的切尔西药园进行学习工作，师从首席园艺师米勒（Philip Miller, 1691—1771），在切尔西药园工作期间，他以创造了英国的第一个岩石花园而闻名。在这之后，他受雇于乔治三世，先后担任肯辛顿和圣詹姆斯宫皇家花园的负责人，

图4 瑞典博物学家通贝里（Carl Peter Thunberg）（照片来自 wikipedia）

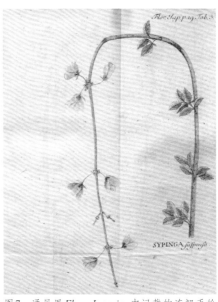

05

图5 通贝里 *Flora Japonica* 中的 *Syringa suspensa*（来自 www.uu.se）

图6 通贝里 *Flora Japonica* 中采集的连翘模式标本（来自 Bot. Mus. Uposala）

图7 通贝里 *Flora Japonica* 中记载的连翘手绘图（来自 www. uu. se）

图8 丹麦/挪威植物学家瓦尔（Martin Vahl）（照片来自 wikipedia）

图9 苏格兰植物学家福赛思（William Forsyth）（照片来自 wikipedia）

并一直担任该职位直到去世。在福赛思去世的那一年，瓦尔为了致敬福赛思，将连翘的属名以福赛斯的名字进行了正名。

1.3 连翘的系统与分类

1.3.1 系统演化

　　野生连翘属主要分布在欧亚大陆山区，东亚地区的连翘属植物物种多样性最高，主要集中分布在中国、朝鲜半岛和日本等地；栽培连翘主要分布在中国、朝鲜半岛、美国、波兰、法国等地。按照 Takhtajan (1986) 的植物区系分类，连翘的分布范围分为5个区域：朝鲜半岛–日本、中国中部、华东、西康–云南和西欧。东亚和欧洲之间的物种分布呈间断分布，可能是由于中新世从东亚长距离扩散至欧洲，随后地理隔离而形成，具体原因有待进一步研究。连翘大约有11种，其中中国分布7种（*F. giraldiana* Lingelsheim、*F. likiangensis* Ching et Feng ex P.Y.Bai、*F. mandschurica* Uyeki、*F. mira* M.C.Chang、*F. suspensa* (Thunb.) Vahl 和 *F. viridissima* Lindl. 为原产，*F. ovata* Nakai 为栽培）；朝鲜半岛6种（*F. koreana* Nakai、*F. ovata* Nakai、*F. saxatilis* Nakai 和 *F. velutina* Nakai 为原产，*F. suspensa* (Thunb.) Vahl 和 *F. viridissima* Lindl. 为栽培）；日本2种（*F. japonica* Makino 和 *F. togashii* Hara 为原产，*F. suspensa* (Thunb.) Vahl 和 *F. viridissima* Lindl. 为栽培）。欧洲大陆唯一的1个种欧洲连翘（*F. europaea* Degen & Bald.），直到1897年才在巴尔干半岛的山区被发现（Bean, 1981），主要分布在巴尔干半岛等区域。

　　分类学家对连翘属的修订一直在进行中，在 Markgraf（1930）的一项针对栽培个体的研究中，*F. ovata* 被处理为 *F. japonica* 的变型 *F. japonica* f. *ovata* (Nakai) Markgr.；同时，根据 Rehder（1924）的观点，*F. koreana* 曾被处理为 *F. vididissima* 的变种——*F. viridissima* var. *koreana* Rehder。Green (1997) 曾基于 *F. saxatilis* 叶片有毛的性状，将其处理为 *F. japonica* 的变种——*F. japonica* var. *saxatilis* Nakai，而将 *F. ovata* 认为是单独物种，随后在 Chung (2013) 的研究中，*F. saxatilis* 被接受为 *F. ovata* 同一物种。*F. nakaii* (Uyeki) T. Lee, 1930 年最初由中井猛之进（Takenoshin Nakai, 1882—1952）以 *F. densiflora* 的名称描述，因为种加词与花园连翘 *F. × intermedia* 'Densiflora' 的品种名

相同，1942年，中井猛之进将该物种重新命名为 *F. velutina* Nakai，该名称沿用至今；Clavero 在2016年研究中又将该植物的名称修订为 *F. nakaii* (Uyeki) T. Lee（Clavero）2016。Lee（2011）根据叶柄长度、花瓣颜色、花冠管、裂片以及萼片等形态特征，提出将连翘属物种分为两组系，即 *F. koreana* 组系和 *F. nakaii* 组系。

　　在基因学研究中，Kim（1999）认为，目前常见金钟连翘（*F. ×intermedia*）不是由连翘（*F. suspensa*）和金钟花（*F. viridissima*）杂交产生，这与大多数与传统观点相悖。Kim 同时提出在朝鲜半岛分布的 *F. ovata* 与日本的 *F. japonica* 和中国中部的 *F. viridissima* 属于同一类群。除了金钟花和连翘的关系的研究结果与以往大相径庭外，Kim 的 cpDNA 研究结果和 Markgraf 的观点基本一致，根据叶片是否有毛作为分类判断依据有待商榷。Dong-Kap Kim（2011）基于连翘栽培个体，采用内部转录间隔区（ITS）和基于基因片段序列（trnL-F、matK 等）评估了连翘属的系统发育关系，并提出了3个连翘谱系：ONJ (ovata-nakaii-japonica clade)、VGE (viridissima-giraldiana-europaea) 和 KISS (koreana-intermedia-saxatilis-suspensa)，并明确指出，*F. × intermedia* 不是 *F. suspensa* 和 *F. viridissima* 的杂交种，但其分类学特征还需要进一步研究。2018年，Young-Ho Ha 等人为分析连翘属系统发育和生物地理历史演化，利用 Illumina 测序平台检查了10个连翘属野生物种和翅果连翘属（*Abeliophyllum*）11个完整的叶绿体基因组和 cyc2 序列（Ha, 2018）（图10）。研究表明，在连翘属中，连翘属的丽江连翘（*F. likiangensis*）和秦连翘（*F. giraldiana*）是基础谱系，然后是欧洲连翘（*F. europaea*），这三个物种的特点是有细锯齿或全缘叶。其余分布在东亚的连翘属植物形成了2个主要的进化支：一个进化支包括 *F. ovata*、*F. velutina* 和 *F. japonica*；它们在形态表现为叶子宽卵形。另一个进化支为 *F. suspensa*、*F. saxatilis*、*F. viridissima* 和 *F. koreana*，以披针形叶子为特征（除了具有宽卵形叶子的 *F. suspensa*）。cyc2 系统发育在很大程度上与叶绿体基因组系统发育结果一致，并且叶绿

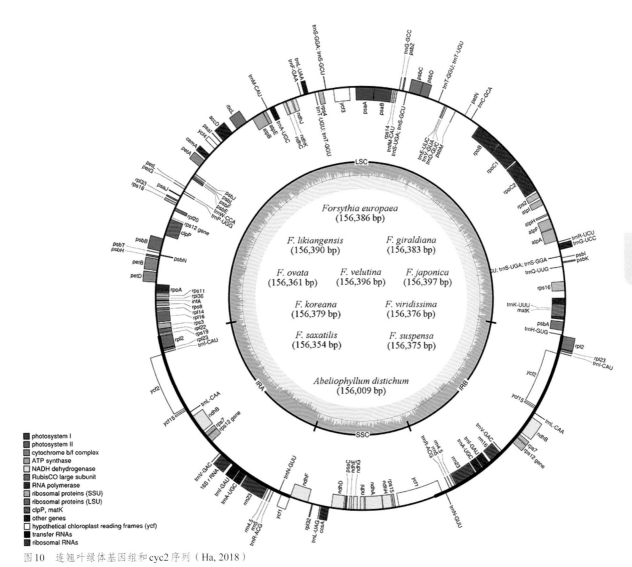

图10　连翘叶绿体基因组和cyc2序列（Ha, 2018）

体基因组通过东亚连翘物种的种间杂交在不同物种之间渗透。分子测年和生物地理重建表明连翘属物种起源于中新世中国东部，并在中新世分化为2个属（连翘属和翅果连翘属）（16.6Mya, 95% HPD = 5.0—33.6Mya）。连翘的地理分布格局表明，该种在华东地区呈放射状分化。欧洲连翘分布的最佳假设情景是在晚中新世到上新世的扩散，然后是上新世气候波动期间的变异，导致欧洲和东亚种群之间的分离。东亚（中国、朝鲜半岛和日本）的7种连翘属植物在更新世后发生分化。该物种形成是中新世晚期至上新世间移和分散共同作用的结果，并在过去50万年内迁移到冰河时代的欧亚大陆。Johnson（2022）研究加强证明了连翘属是一个紧密结合的群体的假设，它起

源于大约2 000万年前的中新世时期的中国东部，欧洲和亚洲连翘分化约在520万年前，并在欧亚大陆扩散分布，当时欧亚大陆的小气候更广泛地适合温带灌木和树木生存。

由于温带地区的山脉在末次盛冰期被假设为寒带和温带植物的避难所，人们预计那里出现的那些物种具有较高的种群内遗传变异和较低或中等的种群间分化。Chung等（2013）对朝鲜半岛特有的木樨科连翘的遗传多样性、种群历史、分类学和保护的影响进行了研究。研究人员选取朝鲜半岛石灰岩山脉特有的卵叶连翘（*F. ovata*）和沙氏连翘（*F. saxatilis*）来测试石灰岩山脉作为植物避难所的情景。研究人员使用这2个物种的14个假定的等位酶基因座和广泛栽培的连翘进行了

群体遗传分析。研究在 *F. ovata* 和 *F. saxatilis* 中发现了相对较高水平的种群内遗传多样性和低到中等的种群间分化，这与假设一致。Allozyme 数据显示 *F. ovata* 和 *F. saxatilis* 可能是同类型，由于 *F. ovata* 和 *F. saxatilis* 的种群数量急剧减少，需要对其进行全面保护。

1.3.2 连翘属分类

《中国植物志》木樨科连翘属记载约11种，除1种 *F. europaea* 产欧洲东南部外，其余均产亚洲东部，现有7种1变型，其中1种系栽培（张美珍，1992）*Flora of China*（FOC）记载了除了卵叶连翘外的原产中国的6种连翘（Chang et al., 1996）；

亚洲以中、韩、日三国为主，尤以中国种类最多。中国产6种，主要是连翘（*F. suspensa*）、金钟花（*F. viridissima*）、卵叶连翘（*F. ovata*）、奇异连翘（*F. mira*）、东北连翘（*F. × mandschurica*）、秦连翘（*F. giraldiana*）和丽江连翘（*F. likiangensis*）。朝鲜半岛产3种，主要是朝鲜连翘（*F. koreana*）、卵叶连翘（*F. ovata*）和平绒连翘（*F. nakaii*），日本产2种，主要是日本连翘（*F. japonica*）和富樫连翘（*F. togashii*）。大多数种被作为早春的观赏灌木，一些种可为药用。

本文认同POWO认定的连翘属大约11种分类方式：主要产在亚洲东部，欧洲东南部1种，主要物种如下表：

拉丁名	中文名	产地分布
Forsythia europaea Degen & Bald.	欧洲连翘	产地分布于欧洲巴尔干半岛北部地区
Forsythia giraldiana Lingelsh.	秦连翘	产地分布于中国甘肃东南部、陕西、河南西部、四川东北部
Forsythia japonica Makino	日本连翘	产地分布于日本本州等地
Forsythia koreana (Rehder) Nakai	朝鲜连翘	采自朝鲜半岛中部，现广泛分布
Forsythia likiangensis Ching & K.M.Feng	丽江连翘	产地分布于中国云南西北部、四川木里
Forsythia × mandschurica Uyeki	东北连翘	产地分布于中国辽宁
Forsythia mira M.C.Chang	奇异连翘	产地分布于中国陕西山阳
Forsythia nakaii (Uyeki) T.B.Lee	平绒连翘	产地分布于朝鲜半岛中部，金刚山
Forsythia ovata Nakai	卵叶连翘	原产朝鲜半岛中部和南部，栽培分布于中国、朝鲜半岛等地
Forsythia suspensa (Thunb.) Vahl	连翘	原产中国，栽培分布于中国、朝鲜半岛、日本、美国、保加利亚等地
Forsythia togashii H.Hara	富樫连翘	产地分布于日本本土
Forsythia viridissima Lindl.	金钟花	原产中国，栽培分布于中国、朝鲜半岛、日本、美国、捷克、法国、西班牙等地

原产中国的6种具有观赏价值的连翘介绍：

1.3.2.1 连翘

Forsythia suspensa (Thunb.) Vahl, Enum. pl. 1: 39. 1804; Sieb. & Zucc. Fl. Jap. 1: 12, t. 3. 1835, incl. var. a & β.; W.J.Hook. in Curtas's Bot. Mag. 83: t. 4995. 1857; ——*Ligustrum suspensum* Thunb. in Nov. Act. Soc. Sci. Upsal 3: 207. 209. 1780. ——*Syringa suspensa* Thunb. Fl. Jap. 19, t. 3. 1784.

TYPUS: Japonia, Thunberg, 1780; (Typus: UPS)

别名：（尔雅疏）黄花杆、黄寿丹（河南）

落叶灌木。枝条开展或下垂，棕色、棕褐色或淡黄褐色，小枝土黄色或灰褐色，略呈四棱形，疏生皮孔，节间中空，节部具实心髓。叶

通常为单叶，或3裂至三出复叶，叶片卵形、宽卵形或椭圆状卵形至椭圆形，长2~10cm，宽1.5~5cm，先端锐尖，基部圆形、宽楔形至楔形，叶缘除基部外具锐锯齿或粗锯齿，上面深绿色，下面淡黄绿色，两面无毛；叶柄长0.8~1.5cm，无毛。花通常单生或2至数朵着生于叶腋，先于叶开放；花梗长5~6mm；花萼绿色，裂片长圆形或长圆状椭圆形，长（5）6~7mm，先端钝或锐尖，边缘具睫毛，与花冠管近等长；花冠黄色，裂片倒卵状长圆形或长圆形，长1.2~2cm，宽6~10mm；在雌蕊长5~7mm花中，雄蕊长3~5mm，在雄蕊长6~7mm的花中，雌蕊长约3mm。果卵球形、卵状椭圆形或长椭圆形，长

1.2～2.5cm，宽0.6～1.2cm，先端喙状渐尖，表面疏生皮孔；果梗长0.7～1.5cm。花期3～4月，果期7～9月（图11）。

产于安徽、河北、河南、湖北、山西、陕西、山东、四川。生于山坡灌丛、林下或草丛中，或山谷、山沟疏林中，海拔300～2 200m。我国除华南地区外，其他各地均有栽培，日本也有栽培。最初根据栽种在日本庭园中植株发表。

本种除果实入药，具清热解毒、消结排脓之效外，药用其叶，对治疗高血压、痢疾、咽喉痛等效果较好。

毛连翘（变型）*Forsythia suspensa* f. *pubescens* Rehd. 现被修订为*Forsythia suspensa*，与原变型区别在于本变型的幼枝、叶柄以及叶片上面均被短柔毛，而叶片下面被柔毛或短柔毛，尤以叶脉为密。花期4月。产于山西、陕西、河南、湖北、四川。生山谷阳处或丛林中，海拔1 300～1 900m。模式标本为威尔逊采自中国的637号种子于阿诺德树木园培育的植株。

1.3.2.2　奇异连翘

Forsythia mira M.C.Chang in Investigat. Stud. Nat. 7: 16. 1987.

TYPUS: China, Shanxi: Shanyang Xian, roadsides, slopes, June 1960, *M.C.Chang, 0001* (Typus: HNWP)

落叶或攀缘灌木，高1.2～3m。枝圆柱形、棕色，无毛，密生浇状凸起皮孔，小枝淡棕色，四棱形，被微柔毛，节间中空。叶片近革质，卵状椭圆形、椭圆形至披针形，长3～7.5cm，宽1～4cm，先端锐尖，基部楔形、宽楔形至近圆形，全缘，叶缘反卷，两面被短柔毛，下面较密，侧脉3～5对，在上面不明显，下面明显；叶柄长0.5～2cm，被微柔毛（图12）。花萼深裂，裂片宽披针形，长约5mm，无毛。果单生，宽卵形，长1.5～2cm，宽0.8～1cm，先端呈长喙状，表面疏生皮孔；果梗长1.2～2cm，无毛。除花萼外，花的其余部分未见。果期6月。

模式产地产于陕西山阳，生于山间路旁。

图11　连翘（2022年，孟昕摄于国家植物园北园）

1960年6月25日，上海自然博物馆研究员张美珍发表了此物种。

本种特征介于连翘和秦连翘之间，不同于前者在于本种叶片为全缘，两面被短柔毛，不同于后者在于枝的节间中空，果梗长1.2~2cm。

1.3.2.3 金钟花

Forsythia viridissima Lindl. in Journ. Hort. Soc. London 1:226. 1846 et in Bot. Reg: 10: t. 39. 1847; ——*Rangium viridissimum* (Lindl.) Ohwi in Acta Phytotax. Geobot. 1:140. 1932.

TYPUS: China, Chekiang, island of Chusan, *Robert Fortune s.n.*, 1846. (Typus: MO)

别名：迎春柳（浙江），迎春条（南京），金梅花、金铃花（丽江）

落叶灌木，高可达3m，全株除花萼裂片边缘具睫毛外，其余均无毛。枝棕褐色或红棕色，直立，小枝绿色或黄绿色，呈四棱形，皮孔明显，具片状髓。叶片长椭圆形至披针形，或倒卵状长椭圆形，长3.5~15cm，宽1~4cm，先端锐尖，基部楔形，通常上半部具不规则锐锯齿或粗锯齿，稀近全缘，上面深绿色，下面淡绿色，两面无毛，中脉和侧脉在上面凹入，下面凸起；叶柄长6~12mm（图13）。花1~3（4）朵着生于叶腋，先于叶开放；花梗长3~7mm；花萼长3.5~5mm，裂片绿色，卵形、宽卵形或宽长圆形，长2~4mm，具睫毛；花冠深黄色，长1.1~2.5cm，花冠管长5~6mm，裂片狭长圆形至长圆形，长0.6~1.8cm，宽3~8mm，内面基部具橘黄色条纹，反卷；在雄蕊长3.5~5mm花中，雌蕊长5.5~7mm，在雄蕊长6~7mm的花中，雌蕊长约3mm。果卵形或宽卵形，长1~1.5cm，宽0.6~1cm，基部稍圆，先端喙状渐尖，具皮孔；果梗长3~7mm。花期3~4月，果期8~11月。

产于安徽、福建、湖北、湖南、江苏、浙江、江西、云南西北部。生于山地、谷地或河谷边林缘、溪沟边或山坡路旁灌丛中，海拔

图12 奇异连翘标本（青海生物研究所植物标本室 标本号：69987）

图13 金钟花模式标本（Missouri Botanical Garden 标本馆 编号：2645929）

300～2 600m。除华南地区外，全国各地均有栽培，尤以长江流域一带栽培较为普遍。

1844年，苏格兰植物学家和旅行家福琼（Robert Fortune，1812—1880）在伦敦园艺学会赞助下，第一次来到中国开展植物收集之旅。他先是在中国舟山群岛的庭院中发现了一株栽培的金钟花，随后在浙江省的山地发现了野生种，并认为金钟花的自然野生状态比花园内的观赏性更高。随后他将材料寄往伦敦，他描述金钟花的特征说"这是一种落叶灌木，叶子深绿色，边缘有漂亮的锯齿。它约8或10英尺*高，秋天落叶……初春时，这些金黄色的花蕾，逐渐展开，呈现出绚丽多姿的光彩。灌木上开满黄色的花朵，极具观赏性"。福琼还指出金钟花在英格兰表现良好，扦插成活率很高，建议冬日放在温室内越冬会有利于其生长。园艺学会助理秘书林德利（John Lindley，1799—1865）在《园艺学会杂志》的第一卷中将其描述为 *F. viridissima* 进行发表。（图14）

1.3.2.4 东北连翘

Forsythia × mandschurica Uyeki in Journ. Chosen Nat Hist. Soc. 9:20. 1929; ——*Rangium mandshuricum* (Uyeki) Uyeki & Kitagawa in Lineam. Fl. Mansh. 356. 1939.

TYPUS: China, Mt. Keikwan（辽宁凤城鸡冠山），slopes, *Homiki Uyeki s. n.*(TI).

落叶灌木，高约1.5m。树皮灰褐色。小枝开展，当年生枝绿色，无毛，略呈四棱形，疏生白色皮孔，2年生枝直立，无毛，灰黄色或淡黄褐色，疏生褐色皮孔，外有薄膜状剥裂，具片状髓。叶片纸质，宽卵形、椭圆形或近圆形，长5～12cm，宽3～7cm，先端尾状渐尖、短尾状渐尖或钝，基部为不等宽楔形、近截形至近圆形，叶缘具锯齿、牙齿状锯齿或牙齿，上面绿色、无毛，下面淡绿色，疏被柔毛，叶脉在上面凹入、下面凸起；叶柄长0.5～1（1.3）cm，疏被柔毛或近无毛，上面具沟。花单生于叶腋；花萼长约5mm，裂片下面呈紫色，卵圆形，长2～3mm，先

图14　东北连翘（2022年，孟昕摄于国家植物园北园树木区）

端钝，边缘具睫毛；花冠黄色，长约2cm，裂片披针形，长0.7～1.5cm，宽2～6mm，先端钝或凹；雄蕊长2～3mm；雌蕊长3.5～5mm。果长卵形，长0.7～1cm，宽4～5mm，先端喙状渐尖至长渐尖，皮孔不明显，开裂时向外反折（图14）。花期5月，果期9月。

产于辽宁凤城鸡冠山，生于山坡。沈阳也有栽培。模式标本采自该地。最初由日本Suigen（水源）农业大学的植物学家Homiki Uyeki（1882—1976）在1929年时，将一种来自辽宁鸡冠山的植物描述为东北连翘并引入日本。十年后Homiki Uyeki和日本植物学家Masao Kitagawa（北川政夫，1910—1995）修订为 *Rangium × mandshuricum* (Uyeki) Uyeki & Kitag.，属名 *Rangium* 后被修订为木樨科连翘属（*Forsythia*），现接受的学名为 *Forsythia × mandschurica* Uyeki。

东北连翘是一种三倍体杂种，可产生败育种子。推断它的父母本之一可能是卵叶连翘。Kim在1999年的遗传研究表明另一亲本可能是 *F. koreana* 或 *F. saxatilis*。这三种朝鲜半岛特有的亲本分布区域位于鸡冠山以东至少400km处，表明 *F. × mandshurica* 已经在这里持续了很长时间。出于这个原因，学名使用过程中符号"×"经常从名称中被删除。

05

---

* 1 英尺 =0.3048m。

1.3.2.5　秦连翘

Forsythia giraldiana Lingelsh. in Jahresb.
Schles. Ges. Vaterl. Cult. 2b (Zool. Bot. Sekt.):1. 1908
et Fedde, Rep. Sp. Nov. 8: 92. 1910 et Engl. Pflanzenr.
72 (IV-243):110, f. 11. 1920; ——*F. giraldii* Pamp. in
Nuov. Giorn. Bot. Ital. n. s. 17: 688. 1910.

TYPUS: Cina, Monte Kin-tou-san distante circa
100 Chil. da Huo-kia-Zaez, Shen-si sett. *Giraldi*,
1897 (Typus: FI).

落叶灌木，高1~3m。枝直立，圆柱形，灰褐
色或灰色，疏生圆形皮孔，外有薄膜状剥裂，小
枝略呈四棱形，棕色或淡褐色，无毛，常呈镰刀
状弯曲，具片状髓。叶片革质或近革质，长椭圆
形、卵形至披针形，或倒卵状椭圆形至倒卵状披
针形，长3.5~12cm，宽1.5~6cm，先端尾状渐
尖或锐尖，基部楔形或近圆形，全缘或疏生小锯
齿，上面暗绿色，无毛或被短柔毛，中脉和侧脉
凹入，下面淡绿色，被较密柔毛、长柔毛或仅沿
叶脉疏被柔毛以至无毛；叶柄长0.5~1cm，被柔
毛或无毛。花通常单生或2~3朵着生于叶腋；花
萼带紫色，长4~5mm，裂片卵状三角形，长
3~4mm，先端锐尖，边缘具睫毛；花冠黄色，长
1.5~2.2cm，花冠管长4~6mm，裂片狭长圆形，
长0.7~1.5cm，宽3~6mm；在雄蕊长5~6mm花中，
雌蕊长约3mm，在雌蕊长5~7mm花中，雄蕊长
3~5mm。果卵形或披针状卵形，长0.8~1.8cm，
宽0.4~1cm，先端喙状短渐尖至渐尖，或锐尖，
皮孔不明显或疏生皮孔，开裂时向外反折；果梗
长2~5mm。花期3~5月，果期6~10月。

产于甘肃东南部、陕西、河南西部、四川
东北部。生于山坡或低山坡林中、山谷灌丛或
疏林中，山沟、河滩或林边，或山沟石缝中，
海拔800~3 200m。模式标本采自陕西北部，
地点不详。

从学名可以看出秦连翘的发现和意大利方
济会修士和植物学家吉拉尔迪(Giuseppe Giraldi,
1848—1901)有关。在华期间，他大规模收集植物
标本和种植种子，并将它们送到欧洲。他收藏的
植物标本可在许多重要的植物标本馆中找到，包
括佛罗伦萨、柏林和巴黎的标本馆。许多植物

物种都以他的名字命名，例如*Callicarpa giraldii*,
*Daphne giraldii*等。在中国采集植物期间，他经
常在陕西涝裕河西岸的郝家寨（旧称花寨子）周
边采集。1897年7月14日，他在陕西宝鸡县鸡头
山采集植物时发现了一株连翘，该材料不在花期，
但存在果实。德国植物学家林格尔海姆（Alexander
von Lingelsheim, 1874—1937）在研究干燥的标本
后，他确定其与欧洲连翘不同，并且与原产中国
的连翘和金钟花也不同，在1908年将该植物发表
为秦连翘（图15、图16）。1914年，英国植物学
家法勒（Reginald John Farrer, 1880—1920）在中
国甘肃收集到同一物种的种子。阿诺德树木园于
1938年获得了该物种的材料。

1.3.2.6　丽江连翘

Forsythia likiangensis Ching & Feng ex P.Y.Bai
in Acta Bot. Yunnan. 5 (2): 178. 1983; 云南植物志
4:613, 图版174, 4-7. 1986.

图15　秦连翘模式标本（佛罗伦萨大学自然历史博物馆 标本
号：FI015468）

Schlesische Gesellschaft für vaterländische Cultur.

86.   II. Abteilung.
Jahresbericht.   Naturwissenschaften.
1908.   b. Zoologisch-botanische Sektion.

Sitzungen der zoologisch-botanischen Sektion im Jahre 1908.

1. Sitzung am 16. Januar 1908.

Herr Th. Schube legte
photographische Aufnahmen bemerkenswerter schlesischer Waldbäume vor.

Herr A. Lingelsheim sprach über

Eine neue Forsythia.

Vortragender erörtert die pflanzengeographischen Beziehungen der Gattung *Forsythia* und bespricht dann eingehend die phylogenetischen Verhältnisse von *F. europaea*. Diese Spezies gilt nach Degen¹) als eine isoliert stehende Form der Gattung, die mit den beiden ostasiatischen Arten *Forsythia suspensa* und *Forsythia viridissima* sehr wenig gemeinsam hat. Es ist nun von Interesse, daß der Vortragende in einer von Pater Giuseppe Giraldi in Nordchina gesammelten Pflanze eine neue Art entdeckt hat, die nahe verwandtschaftliche Beziehungen zu *F. europaea* offenbart. Die Diagnose dieser zu Ehren des Pater G. Giraldi benannten Pflanze ist folgende: ***Forsythia Giraldiana*** Lingelsh. nov. spec. — Frutex. Gemmae fuscae, glabrae; perulae margine tenuissime ciliatae. Rami erecti, subquadrangulati, grisei, lenticellis sparsis obtecti; ramuli ochracei, saepius falcato-curvati. Folia indivisa, 6—10 cm longa, 2,5—5 cm lata, subcoriacea, ambitu oblonga vel ovalia, basin versus sensim attenuata, apicem versus subcaudato-acuminata, margine integerrima, glaberrima vel secus nervos leviter pilosa, petiolo 0,5—1 cm longo instructa. Capsula e gemma solitaria, pedicellata; pedicellus 0,5—1 cm longus. Calyx profunde 4-partitus, sub fructu persistens; laciniae triangulares, 0,2 cm longae, subacutae. Capsula ovalis, medio subsulcata, longissime et saepius curvato-rostrata, fusca, glaberrima, saepe lenticellis paucis praedita, 1,5—1,8 cm longa, 0,6—0,8 cm lata. — Flores ignoti.

China, Nord-Shensi (Giraldi!).

Herr C. Baenitz berichtete über

Neue Rubi.

Im Königl. Botanischen Garten stand im vorigen Jahre in der Nähe des Linnédenkmals ein *Rubus phoenicolasius* Maxim., die rotfilzige Brombeere, auch Weinbeere genannt, eine wahrscheinlich in botanischen und anderen

¹) Degen in Österr. Bot. Zeitschr. XLVII (1897) 406.

1908.   1

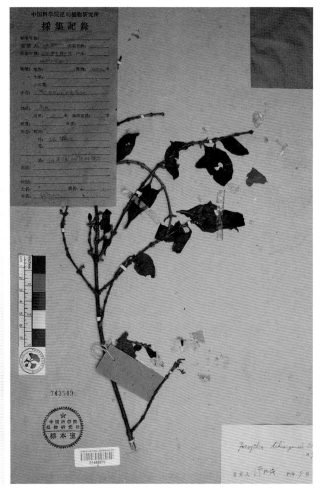

图16　秦连翘的发表文献（资料来自Jahres-Bericht der Schlesischen Gesellschaft für Vaterländische Cultur, 1908）

图17　丽江连翘模式标本（中国科学院昆明植物研究所 标本号：743549）

05

TYPUS: China, Yunnan: Lijiang, *K.M.Feng 9080* (Typus: KUN).

落叶灌木，高1~3m。树皮灰棕褐色。小枝直立、淡棕色或棕色，略呈四棱形，无毛，2年生枝外有薄膜状剥裂，具片状髓。叶片近革质，卵形、卵状椭圆形至长椭圆形，长2~9cm，宽1~3.5cm，先端锐尖、渐尖或尾状渐尖，基部楔形或近圆形，全缘，叶缘略反卷，上面深绿色，下面灰绿色，两面无毛；叶柄长0.5~1cm，无毛。花单生于叶腋；花梗长1~4mm，无毛；花萼绿色，长4~5mm，裂片宽卵形，长1.5~3mm，先端膜质，边缘具睫毛；花冠黄色，长约1.5cm，花冠管长5~6mm，裂片长圆形或椭圆形，长约1cm，宽约6mm，内有红色条纹，先端钝或具微凸头；雄蕊长于花冠管；雌蕊短于雄蕊。果卵球形，长0.8~1cm，宽5~8mm，先端呈喙状，皮孔不明显；果梗长

2~4mm。花期4~5月，果期6~10月。

产于云南西北部、四川木里。生于山坡灌丛、林下，或山地混交林中。模式标本采自云南丽江（图17）。1983年，中国科学院昆明植物研究所冯国楣、白佩瑜（1983）发表了该物种。

冯国楣（1917—2007），江苏宜兴人；我国著名植物学家、园艺学家、昆明植物研究所早期参与创建者之一、昆明植物园第一任主任。1934，在植物园主任秦仁昌的指导下，冯国楣到庐山森林植物园工作；1938年日军入侵九江，冯国楣追随秦仁昌转移到丽江，并加入庐山森林植物园丽江工作站。自此以后的3年多时间里，冯国楣先后在丽江、大理、鹤庆、剑川、中甸、德钦、维西、贡山等滇西北广大地区从事野生植物的调查与采集，采集了大量标本。1942年的8月18日，冯国楣在丽江雪山黑白水河的岩子村周边

考察，在海拔 2 500m 的地方发现一株连翘属的灌木，花黄色，叶青色，高 2 ~ 4m，后鉴定为丽江连翘。1944 年后，冯国楣先后在云南金沙江森林管理处、国立丽江师范学校云南农林植物研究所、昆明植物园从事植物分类学研究。1958 年以后，冯国楣长期担任中国科学院昆明植物研究所植物园主任。他一生扎根于云南，长期从事植物科学考察、采集及分类学研究工作，是国内著名的杜鹃花和山茶花专家，并著有《云南杜鹃花》（1983）和《云南山茶花》（1981）以及《中国杜鹃花》（1988）等，为云南的植物资源开发利用做出了卓越的贡献。

丽江连翘与秦连翘极其相似，不同仅在于后者除具全缘、两面无毛的叶片外，也具被毛和疏生小锯齿的叶片，其他特征基本一致。根据目前所占有的本种标本，在西南地区分布最北至北纬 28° 15′，而秦连翘在西北地区分布最南至北纬 31° 58′，其间未见有上述 2 种标本的分布，由此可见已形成了间断分布的替代种。

值得注意的是，丽江连翘自 20 世纪 70 年代发现后，无标本记录和采集信息，需要进一步确认其分布和野外种群数量。

1.3.3　连翘的分布

连翘较耐贫瘠、干旱、严寒，分布范围较为广泛。主要分布在暖温带和北亚热带地区的山地丘陵，适宜温度是 –15 ~ 36℃。在我国长江以北、辽宁以南广泛分布，西南地区的山地也有分布，其原产地主要集中在河北、山西、陕西、山东、安徽西部、河南、湖北、四川、贵州等地。连翘的花芽分化需要经历冬季低温春化，这限定了其适宜生长区域，冬季温度不能过高，同时高温也不利于连翘植株的生长和发育。因此，我国华南地区无连翘的自然分布且少有连翘的人工栽培。

连翘的生长海拔一般在 250 ~ 2 200m，多生长于山坡灌丛、荒山草丛、山谷、山沟疏林等区域，也常生于疏林地或林间空地，稍耐阴，但一般不能生长于郁闭度大于 0.6 的林下环境，在郁闭度较高的山林中，连翘只能生长于林地边缘或林间空地。

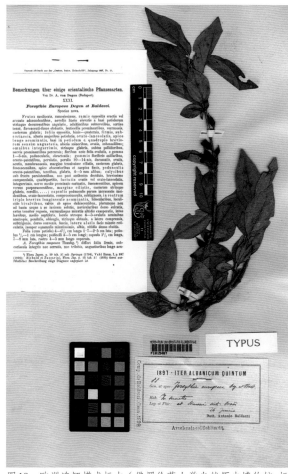

图 18　欧洲连翘模式标本（佛罗伦萨大学自然历史博物馆 标本 号：FI015467）（https://commons. wikimedia.org/wiki/File: Forsythia_ ovata_2021-04-14_5594.jpg）

连翘具有极强的生命力，在欧美引种过程中甚至曾被质疑是否会对本土物种造成入侵威胁，主要原因就在于其根系的生存能力极强，耐贫瘠、肥力要求不严格，强大的根系对水分有很强的吸收和利用作用，使得其在山地也可在石缝中正常生存。栽培连翘的根系一般分布在土壤下 30cm 左右的浅土层，在较为干旱的土壤条件下，其部分根的分布可以达到土壤下 3m 甚至更深处。

值得关注的是，连翘属中有 2 个物种登上 IUCN 红色保护目录，其中之一的是原产朝鲜中南部、被引入欧美的卵叶连翘（图 19），同样在我国也有栽培。虽然有很多基于此物种的研究成果，但是在 2015 年已被 IUCN 评估为 EN（濒危）级别。连翘虽然是韩国首尔的市花，但韩国野外分布的

图19　卵叶连翘（来自 Wikimedia Commons，Salicyna 于2021年在波兰 Glinna 树木园摄）

图20　朝鲜连翘（来自 Wikimedia Commons，Storiated 2017年摄）（File:Forsythia koreana.jpg - Wikimedia Commons）

05

特有种 *F. koreana* (Rehd.) Nakai、*F. nakaii* (Uyeki) T. Lee 等数量也十分稀少，需要保护（图20）。

　　另外一个值得关注的是欧洲连翘（*F. europaea*）（图18），该物种1897年在巴尔干半岛的山区植物避难所被发现（Bean, 1981），高纬度分布的欧洲连翘具有更强的耐寒性，曾被鼓励在波兰、加拿大和美国东北部等区域引种栽培，但目前在花园中几乎没有栽培应用。其野外分布主要集中在黑山、科索沃至阿尔巴尼亚北部地区。欧洲连翘在2016年被IUCN评估为LC（略需关注）级别。

2 连翘在中国

2.1　我国连翘的栽培历史和现状

　　木樨科连翘的古籍记载以宋代之后较多，如北宋寇宗奭（2018）所著的《本草衍义》中记载："连翘亦不至翘出众草，下湿地亦无，太山山谷间甚多。今止用其子，折之，其间片片相比如翘，应以此得名尔"；明代后木樨科连翘取代金丝桃科的连翘为主流药用物种，如李时珍（2004）所著《本草纲目》中记载"微苦，辛。连翘状如人心，两片合成，其中有仁甚香，乃手少阴心经，厥阴包络气分主药也。诸痛痒疮疡皆心火，故为十二经疮家圣药，而兼治手足少阳、手阳明三经气分之热也。"直至今日，木樨科的连翘已经成为国家中药法定正品。

　　连翘在我国古代以药用为主，野生资源较为丰富，产量能够满足市场用药的需求。但原生境被城市化的步伐逐渐破坏，同时受气候变迁等因素的影响，野生连翘种群数量急剧下降。近年来，中医药产业逐步复兴，连翘的药用价值被进一步挖掘，观赏连翘在园林中得到广泛应用，野生的连翘数量已经不能满足日益增长的市场的需求，相对应的人工栽培产业得到了迅速发展，诞生了很多以连翘栽培加工为目的新兴产业地区。观赏连翘栽培产地主要集中在江苏、浙江、山东、安徽等地,育苗后经跨区域调运至华北、华中等地区进行绿化种植。药用连翘相较于观赏连翘栽培范围较小,但栽培区域较为集中规模一般较大。目前,药用连翘主要采用木樨科连翘属植物连翘的干燥果实,我国自然产地分布于河北、山西、陕西、甘肃、宁夏、山东、江苏、河南、江西、湖北、四川及云南等地,人工栽培规模较大的有山西、河北、河南、甘肃、陕西、贵州等地。如山西的安泽、陵川、沁水、沁源等地,连翘果实的年产量均在300t以上;同时在长治、阳泉等其他地方也有大面积的栽培,仅甘肃天水的秦岭乡就人工种植连翘667km²,陕西的商洛地区也有大面积的种植(周修任,杨靖,2017)。

同木樨科丁香属的植物相似,大多数连翘耐寒但不耐涝。其耐移植,对生长环境条件要求不高,在强阳或半阴的自然条件下均可以生长,在土壤肥力较差的山坡等地也能正常开花。连翘属植物的繁殖主要通过扦插、压条等方法进行,其中以半硬枝扦插为主,栽培繁育较为简单,通过无性繁殖得到的连翘小苗一般当年或第二年就会开花结果,但这时的开花结果量很有限。在生产过程中,扦插苗的前3年会去掉花蕾,通过营养生长加快植株成型,从而使扦插苗尽快进入大量开花结果期,萌发更多的枝条,形成健壮的植株,满足果实采摘或园林绿化应用的需要。

2.2 国内连翘的育种与应用

2.2.1 异花授粉的连翘

与木樨科的大多数成员相似,连翘雌雄同株,但其依赖于昆虫完成异花授粉。在细小的花冠管中,为了避免自花授粉,花柱和花丝的长度发生了变化,出现了2种类型:"Pin"长花柱花——大约一半个体中,花柱长于雄蕊花丝,花柱长达花冠筒口,雄蕊则着生于花冠筒的中部或近基部,柱头暴露在花冠管的狭窄口处进行授粉(图21);"Thrum"短花柱花——另一半花柱短于雄蕊花丝,仅长达花冠筒的中部,而雄蕊则近花冠筒口着生,花药暴露在花口处(图22)。这种二态的解剖结构多数种类具有两型花,即在同一种中,部分植株具长花柱花,另一部分植株具短花柱花,是典型的异花授粉植物。昆虫采花蜜时头部触及花冠筒口部器官,而其口器伸至冠筒下部,这样就能完成短柱花和长柱花的互相授粉过程。Sampson等(1971)和Johnson(2022)研究表明,在连翘中存在阻止来自相同花柱类型的花粉发芽的抑制剂,从而确保两个同类型的花几乎不可能产生种子。杂交后的连翘种子,萌发后形成的幼苗,需要3~4年发育才具有开花结果的能力。但是当环境条件较为恶劣、植株生长不良时,连翘可能不开花;当养分过多时也会延迟开花。

图21 "Pin"连翘的花柱高于花丝(2023年,孟昕摄于国家植物园北园)

图22 "Thrum"连翘的花药高于花柱(2023年,孟昕摄于国家植物园北园)

2.2.2 连翘在我国的育种情况

由于我国人工栽培连翘的时间较短，连翘的育种研究起步较晚，育种目标主要集中在提高观赏价值和药用品质这两个方面。经过数十年来的人工定向选择培育，这两类连翘已经在一些性状上有明显区别。观赏用连翘一般不能作药用，其在花色、株型、叶色、枝条伸展程度等方面均已有不同的栽培类型，主要是用来观赏和绿化，其所结果实的药效不稳定。观赏连翘栽培范围较大，除了华南地区，几乎全国各地均有栽培，主要栽培于公园绿地、街道小区、河堤驳岸等，但是其种类十分混杂，既有真正的连翘，也有金钟花、金钟连翘等类型，缺乏系统科学的分类研究和育种推广。同样，药用连翘如果用作观花栽培，其观赏效果也相对较差，药用连翘开展系统育种研究较少。

近年来，伴随国家对植物新品种权的各种激励政策，我国绿化行业的育种工作取得突飞猛进的进步，更多的科研院校、企事业单位加入到连翘新品种选育的工作中。例如，2021年北京林业大学园林学院木本花卉育种团队7个连翘新品种通过国家林业和草原局植物新品种保护办公室组织的新品种审定。新品种中的'玉堇''侏玉''紫盈'，都是连翘品种和金叶连翘的杂交后代。金叶连翘观赏价值较高，早春至初夏时叶片金黄，在园林中被广泛应用，多用于绿篱和景观配植，但叶片易在夏季被高温灼伤并恢复成绿色。新品种'玉堇'不但叶片常年呈黄绿色，而且对高温强光的耐受能力强，在露地应用中具有更广泛的适应性。'侏玉''紫盈'的株型低矮紧凑。'侏玉'全年叶色金黄，'紫盈'秋季叶色紫红，两者兼具株型圆整低矮、覆盖度好的优良特性，适于用作园林地被或应用于岩石园。'素衣'为连翘品种和东北连翘杂交的后代，开花比现有连翘品种早10天左右，具有株型直立、植株高大、长势旺盛等特点，花淡黄色至黄白色。'日晕'株型直立、分枝多且密。'纷飞'为半直立，花朵繁密，花量大。两个品种的花冠裂片数量为5~6片，丰富了连翘的花型。'玉蝴蝶'具有花裂片宽大、整体株型直立、花密度中等、姿态优美等特点。

药用连翘的栽培品种较少，目前市场上没有形成主导地位的新优品种，这和其栽培历史较短密切相关。尽管品种匮乏，伴随着中药产业的复兴和连翘药用价值的提升，药用连翘产业迅速发展，许多地方把药用连翘栽培作为当地的特色支柱产业，并开展相关科研育种工作。作为药王孙思邈故里，陕西铜川在城市工业转型后大力发展中药材种植产业，当地连翘种植已有一定规模，在对药用连翘的生产中发现，存在种植品种杂乱、无优质品种、产品品质差、产量低、树种不易管理、效率不高等问题，影响产业发展，其核心的矛盾是无优良连翘品种。为解决这一难题，铜川市印台区珍特果木研究所组织有关科技人员，开展连翘品种选育，经多年对比、观察，选育出'金翘''黄翘''翠翘''紫翘'4个新品种，于2022年向国家林业和草原局提交了新品种申请。新的连翘品种树形易于生产管理，品质好、产量高，是药用连翘首次进行的新品种保护，为药用连翘产业发展提供了品种保障。

2.2.3 连翘的育种方向

从18世纪末至今，大部分的连翘物种都已被引入西方，他们的杂交后代广泛应用于城市和郊区的绿化当中。从20世纪中叶至今，观赏连翘在西方园林中盛行开来。连翘总是在春天绚烂多姿的春花植物中脱颖而出，绽放着形态各异金黄色热烈的花朵，提醒着我们春天的到来。从始至今，筛选花量大、花叶、重瓣、株型好、抗逆性强的连翘都是园艺学家的育种目标。例如在英国常见的性状表现优异的著名品种'林伍德'连翘 *F. × intermedia* 'Lynwood'，其栽培面积远远超过了其他种类。在连翘的无性繁殖栽培过程中，经常出现叶色芽变等变异的现象，出现了很多的扦插二代都有杂色叶片或金叶的现象，但是性状很不稳定，所以特别受欢迎的品种较少，如夏季鲜绿色叶片的 *F. × intermedia* 'Courtasol' 和 *F.* 'Tremonia' 等。以叶形变化作为育种方向较少，主要的常见的裂叶品种 *F. suspensa* 有时深三裂或三叶的状态。

大多数连翘花几乎没有气味，有些人认为连翘有淡淡的蜡味或塑料气味，但通常会因花期的延长而减轻。因此，选育带有香气的连翘是育种学家的另一个目标，例如母本可选择 *F. giraldiana*，它具有月见草般淡黄色的花朵和温和甜美香气。

早春开放的连翘耐寒性较强，除了极端低温导致部分花蕾受损，大部分都能够在经历冬季低温或者早春霜冻后正常开花。20世纪后，园艺学家更关注选育能够耐受 –25～–20℃低温的品种。在原种中，欧洲连翘和卵叶连翘被认为更耐寒，因此北美和中欧的大部分育种家更愿意将欧洲连翘、卵叶连翘与金钟连翘杂交，以期产生更抗寒品种。

3 连翘在世界的传播

3.1 连翘在世界的传播历程

4月的早春，连翘花先花后叶开放，鲜黄色花朵明艳亮丽，吸引着早春苏醒的昆虫来协助它完成传粉。连翘通常是人们识别春天到来的第一批园林花卉之一。它们在黄褐色的树枝上开出鲜艳繁密的金黄色花朵，很容易与任何其他耐寒春花灌木区分开来。由于连翘属植物彼此非常相似，种间的差异过小，仅在花色、时间和叶子特征方面存在细微差别。如果当它们一起生长在一张种植床上时，最能观察到差异，但是在实际的花园栽植中往往只选择一种连翘属植物栽种，影响了连翘属的育种工作发展。

从连翘原种的分布上看，除了欧洲连翘外，现栽培在世界各地的连翘均来自亚洲。20世纪初是连翘育种史的开端，主要是在美国、加拿大、波兰、德国等国家通过传统杂交授粉和芽变选育。迄今为止，连翘的新品种选育速度节奏缓慢。在育种家们的努力下，采用从中国、朝鲜半岛、日本等地引种的连翘属植物，创造了许多优秀的连翘观赏品种，耐寒性明显提高（DeWolf & Hebb, 1971）。

最早记载连翘被引入到西方的是在18世纪末的日本，由西方的植物学家通贝里在日本一个庭院中发现的连翘。1804年，哥本哈根植物学教授瓦尔，认识到通贝里书中的植物不是丁香花并建立了连翘属植物。1817年，连翘在欧洲出现，当时梅勒（Peter Jacobus Van Melle, 1891—1953）出版的植物目录中记录，植物学家布赖特（Christian August Breiter, 1776—1840）在德国莱比锡花园的目录中提到了 *Syringa suspensa* 的名称（DeWolf & Hebb, 1971）。

1825—1830年，德国医生，同时也是植物学家的西博尔德（Philipp Franz von Siebold, 1796—1866）在他的书中记录了连翘的彩色插图。欧洲向日本派遣接受过植物学培训的医生的传统由来已久，作为荷兰政府驻日雇员，西博尔德和通贝里一样来到日本工作。在对西医进行的传播同时，他对日本的植物产生了浓厚的兴趣。工作之余，他尽可能多地收集日本本土植物和栽培植物，在他家后面小花园内收集了1 000多种本土植物，并邀请了当地艺术家绘画了植物彩色插图。在日本停留期间，他向荷兰、比利时发送了三批带有大量植物标本的货物，并第一次将玉簪和绣球花等常见的园林植物引入欧洲。西博尔德与德国植物学家祖卡里尼（Joseph Gerhard Zuccarini, 1797—

1848年）合作撰写了*Flora Japonica*。在他发表的彩色连翘的插图中指出，连翘有两种形态：一种的茎是细长下垂；另一种的茎粗壮直立并展开。

1833年，荷兰作家皮斯托留斯（Arnold Willem Pieter Verkerk Pistorius, 1838—1893）将连翘带到荷兰；19世纪中叶，连翘从荷兰引入英国，当时连翘在欧洲国家一直被认为是稀有植物。此后多年来连翘一直是西方花园中该属的唯一代表。

在19世纪中后期，大量的植物猎人来到了中国，陆续引进了其他稍有株型变异的连翘进行栽培。期间第二个中国连翘物种——金钟花（*F. viridissima*），于1844年由苏格兰植物学家福琼引入英国。

1857年连翘变种*F. suspensa* var. *sieboldii*（后被修订为连翘）在英格兰在Veitch苗圃开花，该品种有长长的纤细的垂枝，成年植株的枝条长度可以达到株高的2倍以上。花朵直径比 *F. viridissima* 略大，长约2.5cm，花色为略微透明的黄色，无淡绿色。

在连翘属中，除了常见的连翘、金钟花、卵叶连翘外，其他种类在野外的分布区域较少。西方园林中的绝大多数观赏连翘无性系来源于连翘、金钟花的杂交种——*F.* × *intermedia* Zab。这种重要的杂交组合最初是由著名的美国植物学家米汉（Thomas Meehan, 1826—1901）于1860年在费城尝试进行的试验培育（图23、图24）。米汉是著名的育种家、植物学家和作家。他出生于英国，1846—1848年他在邱园工作，1848年后搬到费城的日耳曼敦。他是*Meehan's Monthly*（1891—1901）的创始人和*Gardener's Monthly*（1859—1888）的编辑，出版了*The American Handbook of Ornamental Trees*、*The Native Flowers and Ferns of the United States*等极具影响力的专著。1901年，RHS为他颁发的维奇纪念章（Veitch Memorial

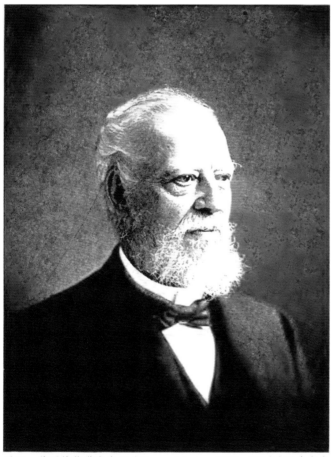

图23　美国植物学家米汉（Thomas Meehan, 1826—1901）（照片来自wikipedia）

334　PROCEEDINGS OF THE ACADEMY OF

matious matter of the Crinoid could doubtless have passed out under the foot of the *Platyceras*, supposing the opening in the Crinoid sometimes covered by these shells to have been the anus, but it is difficult to conceive how food could have passed in, if we suppose this opening to be the mouth.

On the Seed Vessels of FORSYTHIA.

BY THOMAS MEEHAN.

Forsythia suspensa Vahl., and *F. viridissima* Lindl., two Chinese plants, have I believe, never been known to produce perfect seed, though common in cultivation. The latter rarely produces capsules; the former bears capsules freely, but no perfect seed.

These two plants have strong specific differences; yet my studies in development, as published in papers in our Proceedings, lead me to believe them to have an unity of origin. Noticing last spring that the stamens in *F. suspensa*, and the pistil in *F. viridissima*, were relatively more highly developed, I supposed the two might possibly be, as we say practically, male and female forms of the same thing. I impregnated flowers of *F. viridissima* with pollen from *F. suspensa*, and for the first time had the opportunity of examining perfect capsules of this species. The seeds, however, though apparently mature, proved imperfect on dissection. There is no doubt but that *F. suspensa* conferred on the other the power to produce capsules,—why not the additional power of perfect seeds is a mystery,—though not more so perhaps than that it should itself be able to produce only seedless capsules. Another form is probably missing, necessary to fertilize the plant and furnish the wanting link to prove the hypothesis of a unity of origin.

But some useful facts proceed from the experiment. The capsule of *F. viridissima* I believe has never been described. Lindley, the author of the species, does not seem to have seen it. It is broadly ovate, sharp pointed, and wrinkled, carpels of a thin papery texture, bivalvate. Seeds resembling small grains of white wheat, wingless, developing upwards as well as down from the funiculus, shining, and profusely pitted with small dots. The peduncles are rather shorter than the pods. *One capsule was four-celled, with seeds in each division.*

F. suspensa is variously described by different authors. Bunge says the capsule is "about four-seeded," Endlicher "few," and Zuccarini "numerous." The author makes the seeds "narrowly winged." I find the capsule narrowly lanceolate, ligneous, and verrucose, on pedicels double its length, composed of two carpels, in one of which I counted sixteen immature winged seeds; one, however, was fully developed, although as in the other form imperfect, and this *was wingless*, exactly resembling those of *F. viridissima* in all but color, which was a little darker.

The chief interest is the relation these capsules exhibit to Syringa and to the allied orders of Solanaceæ and Jasminaceæ. It was plain in the four-celled capsule of *F. viridissima* that placentous matter pushes out from the central axis in four directions, though usually the *two alternates are destitute of ovules.* When barren it is most highly developed. On perfect seeds it forms no margin; on imperfect ones a wing, until in Syringa, where the productive division bears only a single winged seed, the unproductive one is expanded into a long broad wing, pushing through the whole length of the incurved carpellary margins, cementing them closely together, and thus necessitating the peculiar dorsal dehiscence familiar in the common Lilac. A slight difference in the vigor of placentous development constitutes the chief cause of the differences in these three forms of capsule.

The polyspermous placentation of Forsythia indicates an approach to Solanaceæ, and the erect tendency of the seeds to Jasminaceæ.

[Dec.

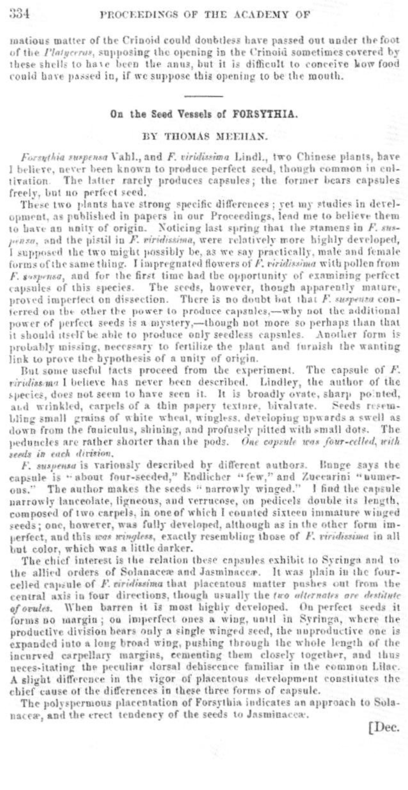

图 24　Thomas Meehan *On the Seed Vessels of Forsythia*（来自*Proceedings of the Academy of Natural Sciences of Philadelphia*, Vol. 20 (1868), p. 334）

Medal）以表彰他为世界园艺做出的杰出贡献。杂交的F₁代连翘表现出很强的杂种优势，并且比父母本花量更多，适应性更强，在随后的几十年中一直在市场中占有主导优势。

在金钟花被引入英国20年后，在英国各地均有良好表现，尤其是早春绽放的金黄色花朵，在众多灌木中独具一格，引人注目。1861年，福琼访问北京，试图寻找更多的植物。他发现了另外一种连翘，虽然当时没有看到花，他还是一眼看出了这种连翘和金钟花的不同，"叶片是宽卵形的，颜色更深，这显然是另一个物种"，随后在 *The Gardeners' Chronicle and Agricultural Gazette* 期刊中发表为 *F. fortunei*。1891年这个树型直立的连翘变种 *F. fortunei* 在 *Gartenflora* 中修订为 *F. suspensa* var. *fortunei*，其被描述为花冠裂片狭窄且通常扭曲，叶多为3裂。Fortunei的名字来源于他的姓名 Robert Fortune，目前 *F. suspensa* var. *fortunei* 被处理成连翘 *F. suspensa* 的异名。

1871年，美国学者波特·斯密史在《中国药料品物略释》一书中标注了连翘果实的植物学名 *F. suspensa*，书中对连翘在中国的用途进行了描述，并对连翘果实特征简单描述"椭圆形，棕色，以裂开的瓣壳出售，最开始是有两房等特征"。"以裂开的瓣壳出售"应该是如今的老翘壳。此外，该书记载该药材主要是从陕西和北方一些省份运到武汉汉口。

1884年（日本明治十七年），日本植物学家松村任三（Renzo Matsumura, 1856—1928）撰写的日本植物名录 *Nomenclature of Japanese Plants in Latin, Japanese, and Chinese* (Matsumura, 1884)中记载连翘的植物学名 *F. suspensa* Vahl (Oleaceae）。

1911年，美国医学博士师图尔在《中药植物王国》记载连翘学名亦为 *F. suspensa*，但未对该植物特征进行过描述，只是重点介绍连翘不同部位在中国的用途，并简单介绍连翘药材特征："果实呈卵圆形，两端狭尖，全长0.7~2.5cm，褐色，内具有一隔膜，含有褐色种子，逐渐会脱落。味微香"。

1917年，原产北朝鲜的卵叶连翘由威尔逊在金刚山采集到并送到阿诺德树木园。

1918年，孔庆莱等编著的《植物学大辞典》，不仅标注连翘植物学名为 *F. suspensa* Vahl，并描述其植物特征为"栽培于庭院间，落叶灌木，其茎及枝之上部，略似蔓状，叶对生，卵形，有锯齿，或为三出之复叶，早春，先叶开花，合瓣花冠，呈筒状，四深裂，淡黄色，雄蕊比花冠裂片之数少，雌蕊一枚，果实作心脏形，此植物供观赏之用"。

1929年，东北连翘传入日本；1940年，插条被送往加拿大蒙特利尔植物园进行了扩繁；1968年被分发到佛蒙特大学，并进行了抗霜冻的实验和筛选，得到了三倍体品种'Vermont Sun'。

1930年，使用秋水仙碱诱导四倍体的方法被大量应用于育种中，美国阿诺德树木园的Karl Sax和Haig Derman通过秋水仙碱处理，得到了一系列 *F.* × *intermedia* 的突变体，其中金黄色花朵长达2英寸*的'Beatrix Ferrand'最受欢迎，该品种名称纪念景观设计师 Beatrix Farrand (1872—1959)。他们还试图通过将 *F. europaea* 与 *F. ovata* 杂交来培育更强壮的个体。1941年，Karl Sax 将 *F.* × *intermedia* 和 *F. japonica* var. *saxatilis* 进行杂交，得到了 *F.* 'Arnold Dwarf'，该品种名称是为了纪念阿诺德树木园和矮小的灌木。'Arnold Dwarf'是一种紧凑、低蔓延的木本灌木，通常主要作为地被植物生长，花量不大，秋天叶色会变黄。随后，也有多个的四倍体品种被培育出来，比如荷兰的 *F. ovata* 'Tetragold'，德国的'Tremonia''Parkdekor''Korfor'等，同样花朵直径较大，颜色偏深黄色。

1950年，在波兰的华沙生命科学大学（Szkoła Główna Gospodarstwa Wiejskiego w Warszawie，简称 SGGW），Bolesław Suszka教授（1925—2020）尝试从现有收集到的连翘属物种（*F. europaea*、*F. giraldiana*、*F. japonica*、*F. ovata*、*F. suspensa* 和 *F. viridissima*，

---

* 1英寸 = 2.54cm。

以及 *F. × intermedia* 系列），与来自欧洲的 *F. europaea* 和朝鲜半岛的 *F. ovata* 进行杂交，选育更加耐寒的适合波兰生长的园艺品种（Suszka 1959）。尽管缺乏文献证据，但当今大多数源自波兰的连翘属品种，例如 'Fontanna' 'Kanarek' 和 'Maluch'，推测可能源自 Suszka。

1960 年，波兰 Włodzimierz Seneta 博士（1923—2003）描述了 2 种新的种间杂种 *F. × kobendzae* 和 *F. × variabilis*（Seneta, 1973）。Seneta 于 1950 年受雇于华沙农业大学（现为华沙生命科学大学），并于 1986 年退休。他曾在园艺学院观赏植物系工作，是一名优秀的波兰著名的树木学专家。1967—1975 年期间，Seneta 在为 Ursynów 公园的乔木和灌木收集工作中，对连翘属种质资源进行了收集（Swoczyna, 2007）。

1972 年，Luc Decourtye 在法国国家农业研究院（法语：l'Institut national de recherche pour l'agriculture）昂热站开始了一项育种计划，其主要目标是选育比当时欧洲最流行的 *F. × intermedia* 的两种品种 'Lynwood Variety' 和 'Spring Glory' 更小、更整齐的连翘。Decourtye 用钴 60γ 射线的辐射无性系的幼苗，以期出现颜色或其他性状的变异。由于辐照的幼苗是由 Decortye 通过自然授粉培育，因此该组系通常被视为连翘属的一系列栽培品种（Pua & Davey, 2007）（图 25）。Decourtye 培育的微型连翘之一 'Courdijau'，高 1m，结合了密集球状株型和大量春花的优点。'Courdijau' 于 2002 年被引入美国，在密苏里植物园的表现优良。

05

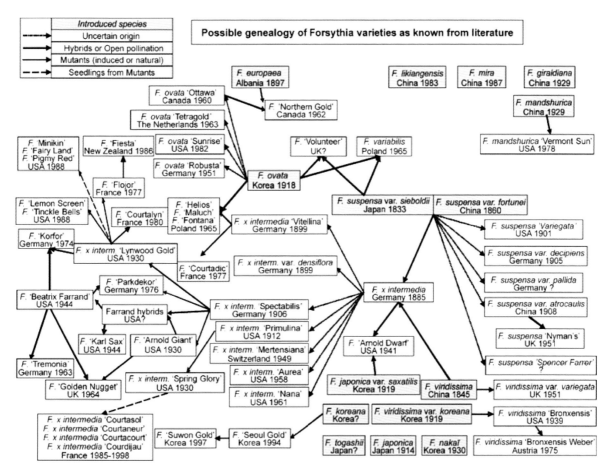

图 25　连翘选育发育图（Pua & Davey, 2007）

3.2 最有影响力的系列——
Forsythia × intermedia Zab.

连翘和金钟花原产我国，是连翘属中应用范围最广的两个物种，两者杂交产生的后代 *F. × intermedia* 对连翘园艺品种的应用产生了深远的意义。国内早期连翘选育工作虽然伴随着药用连翘的选育出现了一些品种，但是缺乏栽培选育的过程记录和梳理，资料保存较少。现今能找到最早的科学性文字描述是在19世纪下半叶，被引入到欧洲和美洲种植的这两种连翘属植物 *F. suspensa* 和 *F. viridissima*。首次杂交是由 Thomas Meehan 于1860年在宾夕法尼亚州的 Germanstown 进行，但可能未有成果描述，未能成功商业化。

根据 Bean（1981）的描述，*F. × intermedia* 具有直立或拱形的形态，高达5m。嫩枝绿色到亮棕色，具凸起的皮孔；有片状髓或实心。叶卵形到宽披针形，4~10cm×2~5cm，很少深裂，也很少形成三叶，叶缘具齿。花很少单生，更常见的是成对或簇生，每个叶痕处最多6朵，无香味。花萼为花冠筒的一半以上，有时等长。花冠亮黄色，宽至4cm，具长圆形裂片，常向外卷扭曲。蒴果。

1878年，德国树木学家 Hermann Zabel（1832—1912）在哥廷根大学旧植物园中注意到介于 *F. suspensa* 和 *F. viridissima* 之间的幼苗，并在1885年提出了二者杂交的假设（Dirr, 2009），并发表了该物种。1999年，Kim 对该属的系统发育研究对 *F. × intermedia* 的起源提出了质疑，其结果并未表明它在遗传上介于 *F. suspensa* 和 *F. viridissima* 之间，或者与这些物种密切相关，但最新和更复杂的研究有效地证实了 *F. × intermedia* 是二者的杂交后代（Ha et al., 2018）。

德国 *F. × intermedia* 的第一个品种是于1899年由柏林的 Späth 苗圃发布，其中最具有代表性的就是 'Spectabilis'，表现出花量大、适应性强等优点。之后很多品种选育，都是基于 'Spectabilis' 的基础上进行，在抗寒性、生长习性、花朵大小和稳定性等方面进行改进。

与 *Forsythia × intermedia* 相关常见的品种有：

3.2.1 *Forsythia × intermedia* 'Spectabilis'

德国柏林的 Späth 苗圃培育的 'Spectabilis' 从1905年左右开始销售，'Spectabilis' 在第一代连翘 *Forsythia × intermedia* 中最为成功；它于1906年从德国柏林 Späth 苗圃被引入美国阿诺德树木园（Wyman, 1959）。'Spectabilis' 植株生长健壮，开有大量黄铜色的黄色花朵，花朵直径约4cm，其中一些可能有5个或6个裂片，而不是通常的4个；每个裂片的边缘是下弯的并且尖端扭曲（Bean, 1981）。自20世纪50年代以来，'Spectabilis' 在市场应用上逐渐被 'Lynwood Variety' 替代，但因其寿命较长，仍被广泛应用。

3.2.2 *Forsythia × intermedia* 'Arnold Giant'

20世纪30年代后期，阿诺德树木园的 Karl Sax 博士尝试通过使用秋水仙碱在 *F. × intermedia* 'Spectabilis' 中诱导多倍体（Wyman, 1961）；多倍体使花朵明显增大，并且可以自花授粉，在秋水仙碱的诱导下产生了很多变异的植株，其中第一个四倍体品种 'Arnold Giant' 于1939年命名，其植株高大，叶片较大较厚，颜色较暗，花直径较大，但较难繁殖，所以未成为流行品种。

3.2.3 *Forsythia × intermedia* 'Aurea'

一种带有淡黄色花朵的金叶芽变品种，在俄亥俄州的 Beardslee 苗圃发现并于1958年开始销售（Dirr, 2009）。

3.2.4 *Forsythia × intermedia* 'Beatri× Farrand'

最初的 'Beatri× Farrand' 是由 Karl Sax 和他的学生于1944年在阿诺德树木园培育的，并以植物园的景观顾问 "Beatrix Farrand" 的名字命名为 'Farrand'。Beatrix Farrand 是美国景观设计师协会唯一的女性创始人，是20世纪初最重要的景观设计师之一。应 Farrand 的要求，名称改为 'Beatrix Farrand'。

'Beatrix Farrand' 的父母本一直备受争议，1971年 Gorden DeWolf 和 Robert Hebb（DeWolf & Hebb, 1971）指出该品种是 'Arnold Giant' 与 *F. × intermedia* 'Spectabilis' 回交产生的后代；1999年，Kim 对 'Beatrix Farrand' 进行的遗传分析，结果表明其与 'Spectabilis' 具有较近的亲缘性。

3.2.5 *Forsythia × intermedia* 'Courdijau'

异名 *Forsythia × intermedia* CASQUE D'OR^{PBR}, *Forsythia × intermedia* GOLDEN PEEP^{PBR}。

'Courdijau' 是1970年法国培育的微型连翘之一，它平均株高1m，整体植株紧凑，密集成球状，春季花量较大。'Courdijau' 于2002年被引入美国，在威斯康星州呈现出良好的秋色。

3.2.6 *Forsythia × intermedia* 'Courtacour'

异名 *Forsythia × intermedia* BOUCLE D'OR, *Forsythia × intermedia* GOLDILOCKS™。

Luc Decourtye 所培育的连翘中最小的一种，于1970年在法国由 'Spring Glory' 的种子辐射处理培育而成（Dirr, 2009）。它生长缓慢，最大高度约为50cm，适合放置假山或容器中（Edwards & Marshall, 2019），长势适中，丰富的金黄色花朵密密麻麻地环绕着嫩芽，秋天的叶色变为红紫色。

3.2.7 *Forsythia × intermedia* 'Courtadic'

异名 *Forsythia × intermedia* MELISA™。

1970年，Luc Decourtye 在法国进行的育种计划中主要产品，幼苗非常直立，成年苗木较矮，可做花境绿篱栽植，销售名称为 Melissa。

3.2.8 *Forsythia × intermedia* 'Courtalyn'

异名 *Forsythia × intermedia* WEEK END^{PBR}。

RHS 颁发的花园优异奖 AGM（Award of Garden Merit）致力于帮助园艺师为他们的花园选择最好的植物，连翘 'Courtalyn' 就获得殊荣。直到今天，它仍然是一个最受欢迎的连翘品种之一。'Courtalyn' 在20世纪70年代由 Luc DeCourtye 在法国培育，是 'Lynwood' 的变种（Edwards & Marshall, 2019）；在 *F. × intermedia* 的一系列品种中花期较晚（Hatch, 2021—2012），在大陆性气候中，它的深绿色叶子在秋天变成青铜色。

3.2.9 *Forsythia × intermedia* 'Courtasol'

异名 *Forsythia × intermedia* MARÉE D'OR^{PBR}, *Forsythia × intermedia* GOLD TIDE™。

同样获得 AMG 大奖的连翘品种，由法国育种家 Luc Decourtye 于1970年从 'Spring Glory' 的变种选育而来，是商业化最成功的连翘品种之一。其植株低矮、茂密，枝条优雅地拱起，适合当作地被植物；柠檬黄色的花朵早春开放，花量大，叶片嫩绿色，秋季变成微红色，从春季到秋季始终保持较高的观赏性。

3.2.10 *Forsythia × intermedia* 'Discovery'

异名 *Forsythia × intermedia* JOHN MITCHELL。

一种花叶连翘，叶片内部绿色，边缘奶油色，花朵金黄密集。2007年在英国牛津郡的一个花园中被发现，2022年 Hillier 苗圃发布该品种。它的商业名称是为了纪念英国海军大副 John Mitchell，RSS Discovery 是他服役的最后一艘舰船。

3.2.11 *Forsythia* 'Fiesta'

'Fiesta' 是起源于大洋洲的连翘品种，由新西兰的 Duncan&Davies 苗圃选育，由 'Lynwood Variety' 芽变产生。'Fiesta' 以其紧凑的尺寸和黄绿相间的叶子而闻名。金黄色的花朵，红色的茎干，斑驳的叶色，是非常优秀的彩色灌木。

3.2.12 *Forsythia × intermedia* 'Lynwood Variety'

异名*Forsythia × intermedia* 'Lynwood Gold', *Forsythia × intermedia* 'Lynwood', *Forsythia × intermedia* 'Gloriosa'。

同样被RHS授予AMG大奖。'Lynwood Variety' 在英国广受欢迎，并且在育种中也被广泛作为亲本使用，由 *F. × intermedia* 'Spectabilis' 芽变而来。最初的发现者是位于北爱尔兰林伍德的阿黛尔小姐，她发现 'Spectabilis' 枝条上的一个分枝上的花朵比其他枝条上的花更开放，花淡黄色，裂片较宽，卷曲较少，它们沿着枝条更密集地生长；1935年，北爱尔兰纽卡斯尔的Slieve Donard苗圃扦插后传入到欧洲各地，该名称现在通常缩写为 'Lynwood'；1949年，该品种已到达美国，而在北美，该植物已被称为 'Lynwood Gold'。

参考文献

白佩瑜, 1983. 云南木犀科植物新分类群 [J]. 云南植物研究, 5(2): 177-182.

波特·斯密史, 1871. 中国本草的贡献 [M]. 上海：美华书馆.

布雷特施奈德, 1896. 中国植物 [M]. 伦敦：Teubner And Co, 217-218.

冯国楣, 1983. 云南杜鹃花 [M]. 昆明：云南人民出版社.

冯国楣, 夏丽芳, 朱象鸿, 1981. 云南山茶花 [M]. 昆明：云南人民出版社.

冯国楣, 俞德浚审校, 1988. 中国杜鹃花：第一册 [M]. 北京：科学出版社.

寇宗奭, 2018. 本草衍义 [M]. 北京：中国医药科技出版社：99.

李石飞, 张立伟, 詹志来, 2022. 经典名方中连翘的本草考证 [J], 中国实验方剂学杂志, 28(10):111-122.

李时珍, 2004. 校本上册 [M]. 北京：人民卫生出版社：1081.

师图尔, 1911. 中药植物王国 [M]. 赫斯特：Hurst Library: 177.

王宁, 2013. 连翘的本草考证 [J]. 中药材, 36(4): 670-674.

谢宗万, 1992. 古今药用连翘品种的延续与变迁 [J]. 中医药研究, 8(3): 37-40.

伊藤圭介, 1829. 泰西本草名疏：卷下 [M]. 东京：花绕书屋藏版：22.

张美珍, 1992. 丁香属, 中国植物志：第六十一卷 [M]. 北京：科学出版社：42.

周修任, 杨靖, 2017. 连翘优质栽培与加工 [M]. 北京：中国科学技术出版社.

BEAN W J, 1981. Trees and Shrubs Hardy in the British Isles[M]. New York: St. Martin's Press.

CHANG M C, QIU L Q, GREEN, P S 1996. in WU ZY, RAVEN PH, 1996, Flora of China Vol.15[M]. Science Press, Beijing, and Missouri Botanical Garden Press, St. Louis: 279-280.

CHUNG M Y, CHUNG J M, PIJOL J L, et al, 2013. Genetic diversity in three species of *Forsythia* (Oleaceae) endemic to Korea: Implications for population history, taxonomy, and conservation [J]. Biochemical Systematics and Ecology, 47:80-92.

CLAVERO DE J J, 2016. Proposal to conserve the name *Forsythia nakaii* (Uyeki) T. Lee against Forsythia velutina Nakaii (Oleaceae) [J]. Bouteloua 24:VII 67-69.

DE WOLF G P, HEBB R S, 1971. The Story of Forsythia[J]. Arnoldia, 31(2): 41-63.

DIRR M A, 2009. Manual of Woody Landscape Plants 6th Edn[M]. Stipes Publishing LLC, Champaign, Illinois.

EDWARDS D, MARSHALL R, 2019. The Hillier Manual of Trees & Shrubs[M]. The Royal Horticultural Society, London.

GREEN P S, 1997. Oleaceae[M]// The Europaean Garden Flora, vol. 5(Limnanthaceae - Oleaceae). Cambridge University Press: 574-592.

HA Y H, KIM C, CHOI K, et al, 2018. Molecular Phylogeny and Dating of Forsythieae (Oleaceae) Provide Insight into the Miocene History of Eurasian Temperate Shrubs[J]. Frontiers in Plant Science, Feb 5, 9:1-15.

HANBURY D, INCE J, 1876. Chiefly Pharmacological And Botanical [M]. London, Macmillan: 245-246.

HATCH L C, 2021-2012. Hatch's Cultivars of Woody Plants (2021-2022 edition), cultivar.org.

JOHNSON O, 2022. 'Forsythia' from the website Trees and Shrubs Online [J/OL] (trees and shrubs online.org/articles/forsythia/).

KIM D K, KIM J H, 2011. Molecular phylogeny of tribe Forsythieae (Oleaceae) based on nuclear ribosomal DNA internal transcribed spacers and plastid DNA trnL-F and matK gene sequences [J]. The Journal of Plant Research, 124: 339-347.

KIM K J, 1999. Molecular phylogeny of *Forsythia* (Oleaceae) based on chloroplast DNA variation[J]. Plant Syst Evol, 218:113-123.

LEE S T, 2011. Palynological contributions to the taxonomy of family Oleaceae, with special emphasis on genus *Forsythia* (tribe Forsytheae) [J]. Korean Journal of Plant Taxonomy, 41:175-181.

MATSUMURA J, 1884. Nomenclature of Japanese Plants in Latin, Japanese and Chinese[M]. Z.P. Maruya& company.

MARKGRAF F, 1930. Notizblatt des Königl. botanischen Gartens und Museums zu Berlin, Botanischer Garten und Botanisches Museum, Berlin-Dahlem, 10(100): 1033-1039.

PUA E C, DAVEY M, 2007. *Forsythia*. Biotechnology in Agriculture and Forestry[J]. Transgenic Crops VI vol, 61: 299-318.

REHDER A, 1924. *Forsythia viridissima* var. *koreana* [J]. Journal of the Arnold Arboretum, 5:134-135.

SAMPSON D R, 1971. Mating Group Ratios In Distylic *Forsythia*(OLEACEAE) [J]. Canadian Journal of Genetics and Cytology, 13(2): 368-371.

SENETA W, 1973. Dendrologia[M]. Państwowe Wydawn. Naukowe Warszawa, 1:1-536.

SUSZKA B, 1959. Dotychczasowe wyniki hodowli forsycji w Kórniku[J]. Arboretum Kórnickie, 4:205-225.

SWOCZYNA T, 2007. Kolekcje dendrologiczne Włodzimierza Senety na Ursynowie, rocznik dendrologiczny [J]. Rocznik Dendrologiczny, 55: 141-158.

TAKHTAJAN A, 1986. Floristic Regions of the World[M]. University of California Press Berkeley, 4 Sep: 544.

THUNBERG C P, 1784. Flora Japonica[M]. Lipsiae:In Bibliopolio I. G. Mülleriano.

WYMAN D, 1959. These are the Forsythias[J]. Arnoldia 19:311-314.

WYMAN D, 1961. The Forsythia Story[J]. Arnoldia, 21(5): 35-38.

ZUCCARINI J G, 1835. Flora Japonica[M]. Lugduni Batavorum.

致谢

本文在撰写过程中，得到了国家植物园（北园）马金双老师、魏钰园长、李菁博、周达康、国家植物园（南园）李冰老师等人的大力支持，还有很多未提到的朋友们给予了我们的热心帮助，从而使本文得以完成。在此，对以上所有指导、帮助和支持过我的单位和个人表示衷心感谢！

作者简介

孟昕（女，北京人，1980年出生），本科于2002年毕业于北京农学院园艺专业，硕士研究生于2008年毕业于波兰波兹南生命科学大学种子科学与技术专业。2002年8月至今在国家植物园（北园）园艺中心工作，现任园林绿化高级工程师。主要从事园林绿化、丁香属植物种质资源收集、园林植物栽培养护管理、花卉环境布展和科研等工作。多次参与丁香属、菊属等引种、育种和种质资源保存等相关课题并发表相关论文数篇。

王白冰（男，内蒙古人，1989年出生），本科于2013年毕业于北京农学院植物保护专业，硕士研究生于2015年毕业于云南农业大学植物保护专业。2015—2018年，从事玉米育种研究。2018年11月至今在国家植物园（北园）园艺中心工作，现任园林绿化工程师。主要从事园林植物栽培养护管理、园林植物保护、古树养护管理和科研等工作。

05

China

06

-SIX-

中国苦苣苔科

Gesneriaceae in China

温 放[1*] 韦毅刚[1] 李政隆[2]
（[1]中国野生植物保护协会苦苣苔专业委员会，广西植物研究所国家苦苣苔科种质资源库，中国苦苣苔科植物保育中心，广西喀斯特植物保育与恢复生态学重点实验室，广西壮族自治区中国科学院广西植物研究所；[2]安徽大学资源与环境工程学院，安徽省湿地生态系统保护与恢复工程实验室）

WEN Fang[1*]　WEI Yi Gang[1]　LI Zheng Long[2]
[[1]Gesneriad Committee of China Wild Plant Conservation Association (GC), National Gesneriaceae Germplasm Resources Bank (NGGRB) of the Guangxi Institute of Botany (GXIB), Gesneriad Conservation Center of China (GCCC), Guangxi Key Laboratory of Plant Conservation and Restoration Ecology in Karst Terrain, Guangxi Institute of Botany, Guangxi Zhuang Autonomous Region and Chinese Academy of Sciences; [2]Anhui University, School of Resources and Environmental Engineering, Anhui Provincial Engineering Laboratory of Wetland Ecosystem Protection and Restoration]

* 邮箱：wenfang760608@139.com

摘　要： 本章介绍世界和中国苦苣苔科植物资源概况、中国苦苣苔科植物采集史和研究简史以及现今中国苦苣苔科植物系统发育状况，对中国苦苣苔科植物的濒危状况进行评估并给出相应保育建议。文中列出部分中国苦苣苔科植物中的代表性观赏类群，结合论述苦苣苔科植物在园林园艺方面的应用，展示出中国苦苣苔科植物在园艺植物方面具有的巨大潜力。

关键词： 苦苣苔科　植物保育　濒危评估　系统分类　园林应用

Abstract: This chapter introduces the general information of Gesneriaceae plant resources both from world and China, with the collection history and brief research of the Chinese Gesneriaceae, and the current phylogenetic status of the Chinese Gesneriaceae. The endangered status of the Chinese Gesneriaceae are evaluated, and the corresponding conservation suggestions are made. Some representative ornamental groups of Chinese Gesneriaceae are listed, and the application of Chinese Gesneriaceae in horticulture are discussed, with the great potential of in horticulture.

Keywords: Gesneriaceae, Plant conservation, Endangerment assessment, System classification, Horticulture application

温放，韦毅刚，李政隆，2023，第6章，中国苦苣苔科；中国——二十一世纪的园林之母，第五卷：349-453页.

1 世界苦苣苔科植物资源概况

1.1　世界苦苣苔科概况

苦苣苔科（Gesneriaceae）是隶属于核心真双子叶植物中菊类分支的唇形目（Lamiales）（APGI V, 2016）中的一个重要类群，主要分布在全球的热带、亚热带地区，在欧洲和东亚极少部分类群甚至可以分布到温带地区；沿着南北向则可北达欧洲（比利牛斯山脉与巴尔干半岛）和亚洲（喜马拉雅山脉以及中国北部地区），南抵澳大利亚（主要在西南部）、新西兰以及智利南部。目前，苦苣苔科植物全世界约有164属，最新发表的属为辐冠苣苔属［*Actinostephanus* F.Wen, Y.G.Wei & L.F.Fu (2022)］、折筒苣苔属［*Michaelmoelleria* F.Wen, Y.G.Wei & T.V.Do (2020)］和异序岩桐属［*Bopopia* Munzinger & J.R.Morel (2021)］，在2013年即报道约有3 500种（Weber et al., 2013）。从Google学术上以苦苣苔科和新种、新变种等为关键词按年度进行查询，自2013年起迄今每年年均增长的新分类群都在35个以上。因此，随着新分类群的不断发现和正式发表，目前苦苣苔科植物

已经确认的有超过3 700个种类。

苦苣苔科/亚科之下属的界定主要依据不同的科内分类系统，按照不同的分类观点，也有赖于一些特定属的分类概念，可以划分为150～163个属。然而，无论是哪一个时期的分类系统，都以浆果苣苔属（*Cyrtandra* J.R. & G.Forst.）种类最多——不同的学者对该属的种数有不同的认知，一般认为多于500种（Burtt, 2001; Cronk et al., 2005）或超过600种以上（Bramley et al., 2003），分布于美洲的鲸鱼花属（*Columnea* L. *s.l.*）（超过209种）（Smith et al., 2017）和浆果岩桐属（*Besleria* L.）（160～200种）（Ferreira et al., 2017）分别次之。

按照传统的分类观点，分布于亚洲、欧洲和非洲旧大陆区域的苦苣苔科植物全部隶属于苦苣苔亚科（Cyrtandroideae），与仅分布在新世界（中南美洲至南美洲）的大岩桐亚科（Gesnerioideae）相区别。然而究其分类历史，苦苣苔科建立于19世纪上半叶，但这是在 Richard 和 de Jussieus 的基础之上完成的，两位学者在1804年首先完成对这个科的描述，同时指出苦苣苔科应该包含

以 *Gesneria* L. 为代表的新世界类群和以浆果苣苔属（*Cyrtandra* J.R. & G.Forst.）为代表的旧世界类群。随后又相继有学者将旧世界类群划分为 Didymocarpeae 和 Cyrtandradeae，后者在确定和发表年份上晚于前者。由于早期文献资料交换流传渠道并不顺畅，在亚科一级，Subfam. Didymocarpoideae 更是在 1832 年便得以确立，也早于随后建立的 Subfam. Cyrtandroidae。随着分子生物学技术手段的蓬勃发展，过去 20 年里高等植物的分类系统和科、属的定义与定位都出现较大的变化。因此，借由本次始于 2011 年前后的针对苦苣苔科的全面修订，恢复了旧世界分布的 Subfam. Didymocarpoideae 的名称，也纠正了自《中国植物志》以来一直使用的中文名谓苦苣苔亚科"Subfam. Cyrtandroidae"的无意之错误。与此同时，基于最新的苦苣苔科分子系统学研究进展，一个全新的世界苦苣苔科植物分类系统得以建立起来。尽管有学者认为该系统的建立略显草率，或许在不远的未来还存在着属一级的诸如修订、新增、归并、转置等分类学研究工作，但无论如何，这一新系统的建立再一次刷新了我们对苦苣苔科植物多样性和丰富度的认知，也进一步体现了苦苣苔科在高等植物类群系统进化研究上的重要价值，目前已经为大部分的植物学研究者所接受，至少具有阶段性和历史性的价值体系特点。

目前，全世界的苦苣苔科可以划分为 3 个亚科，即传统认知上的大岩桐亚科（Subfam. Gesnerioideae）、得以恢复其本名的长蒴苣苔亚科（Subfam. Didymocarpoideae）及新增的伞囊花亚科（Subfam. Sanangoideae）。新增的亚科仅有一属一种，即伞囊花属（*Sanango* Bunting & Duke）的 *S. racemosum* (Ruiz & Pav.) Barringer，分布于秘鲁和厄瓜多尔等地。因为大岩桐亚科新增加了来自东亚地区的单型属台闽苣苔属（*Titanotrichum* Solereder），使得原按照地理分布和植物区系所划分的新旧世界分类无法体现亚科一级的自然演化。但除台闽苣苔属外，原旧世界自然分布的类群仍然全部隶属于长蒴苣苔亚科。

对于世界苦苣苔科植物的多样性，仍然有大量的未知等待科研人员去探索。目前，世界上的

苦苣苔科植物最近的分类系统经过整理和中文的翻译如下（多识团队，2016 至今），当然这些分类系统也有可能在今后持续不断的研究中发生变化，或新增、或合并、或消减，这也是一个与时俱进的、长期的过程。

1.2 中国苦苣苔科概况

根据传统的分类学观点，苦苣苔科被划分为大岩桐亚科和苦苣苔亚科。在最新的苦苣苔科植物分类系统颁布之前，我国的苦苣苔科植物被认为应当全部隶属于苦苣苔亚科。因此《中国植物志》的编撰出版主要采用王文采（1990）在 Burtt（1964, 1977）的基础上主要针对中国的苦苣苔科植物而建立的苦苣苔亚科分类系统（以下简称为王文采系统）；而在这之后 Burtt 和 Wiehler 又对苦苣苔亚科植物的分类系统进行了更新。其时分子系统学的研究才刚刚展开，因此在该科的撰写过程中，并未涉及分子系统学方面的研究结果。随着分子系统学的逐渐发展，分子系统学的技术、方法逐渐被引入了苦苣苔科植物的研究中，如汪小全和李振宇（1998）利用 rDNA 片段序列［核糖体 DNA 中的内转录间隔区（ITS）序列以及 5.8S rRNA 基因的 3' 端序列］分析我国苦苣苔亚科的系统发育关系，认为传统上界定的以浆果苣苔（*Cyrtandra umbellifera* Merr.）为代表的浆果苣苔族（Trib. Cyrtandreae）和以软叶大苞苣苔［*Anna mollifolia* (W.T.Wang) W.T.Wang & K.Y.Pan］为代表的芒毛苣苔族（Trib. Trichosporeae）应该并入长蒴苣苔族（Trib. Didymocarpeae）。但可能由于利用分子系统学手段进行分类处理并未成熟和普及，因此在该时期 *Flora of China*（Wang et al., 1998）未使用这一观点，而是沿袭《中国植物志》中苦苣苔科（苦苣苔亚科）的分类系统（王文采系统），仅之前被认为单型属的裂檐苣苔属（*Schistolobos* W.T.Wang）［仅一种，裂檐苣苔（*S. pumilus* W.T.Wang）］被并入后蕊苣苔属（*Opithandra* Burtt）。同样，由于沿用王文采系统，在 2011 年以前的苦苣苔科植物专著《中国苦苣苔科植

物》（李振宇和王印政，2005）、《华南苦苣苔科植物》（韦毅刚 等，2010）以及地方性专著《广西植物名录》（覃海宁和刘演，2010）中，仅新增3个新属［文采苣苔属（*Wentsaiboea* D.Fang & D.H.Qin）、方鼎苣苔属（*Paralagarosolen* Y.G.Wei）和凹柱苣苔属（*Litostigma* Y.G.Wei, F.Wen & Mich. Möller）］和一些新分类群，如长萼唇柱苣苔、天等唇柱苣苔、紫花半蒴苣苔等，其他的基本维持不变。

近年来引入的分子系统学方法，提供了一个很好的工具用于诠释我国苦苣苔科植物属间的亲缘关系，也可以借此架构更符合自然发生规律的系统。这部分工作主要由两个研究团队独立开展和完成，分别是以欧洲A. Weber–Mich. Möller为主的研究团队和以中国王印政为主的研究团队，但结果略有差异，这可能是两个研究者在其研究对象上的采样率和采样所涉及国家和地区的区域面积与范围不尽相同造成的。

按照最新的系统发育和分类学的观点，我国目前一共有45个属，即辐冠苣苔属（*Actinostephanus* F.Wen, Y.G.Wei & L.F.Fu）、芒毛苣苔属（*Aeschynanthus* Jack）、异唇苣苔属（*Allocheilos* W.T.Wang）、异片苣苔属（*Allostigma* W.T.Wang）、大苞苣苔属（*Anna* Pellegr.）、横蒴苣苔属（*Beccarinda* Kuntze）、短筒苣苔属（*Boeica* C.B.Clarke）、筒花苣苔属（*Briggsiopsis* K.Y.Pan）、扁蒴苣苔属（*Cathayanthe* Chun）、苦苣苔属（*Conandron* Sieb. & Zucc.）、珊瑚苣苔属（*Corallodiscus* Batalin）、浆果苣苔属、套唇苣苔属（*Damrongia* Kerr）、长蒴苣苔属（*Didymocarpus* Wall.）、双片苣苔属（*Didymostigma* W.T.Wang）、旋蒴苣苔属（*Dorcoceras* Bunge）、盾座苣苔属（*Epithema* Blume）、光叶苣苔属（*Glabrella* Mich. Möller & W.H.Chen）、圆唇苣苔属（*Gyrocheilos* W.T.Wang）、圆果苣苔属（*Gyrogyne* W.T.Wang）、半蒴苣苔属（*Hemiboea* C.B.Clarke）、汉克苣苔属（*Henckelia* Spreng.）、细蒴苣苔属（*Leptoboea* Benth.）、凹柱苣苔属（*Litostigma* Y.G.Wei, F.Wen & Mich.Möller）、斜柱苣苔属（*Loxostigma* C.B.Clarke）、吊石苣苔属（*Lysionotus* D.Don）、盾叶苣苔属（*Metapetrocosmea* W.T.Wang）、钩序苣苔属［*Microchirita* (C.B.Clarke) Yin Z.Wang］、粉毛苣苔属（*Middletonia* C.Puglisi）、四数苣苔属（*Bournea* Oliv.）、马铃苣苔属（*Oreocharis* Benth.）、喜鹊苣苔属（*Ornithoboea* Parish ex C.B.Clarke）、蛛毛苣苔属［*Paraboea* (C.B.Clarke) Ridl.］、石山苣苔属（*Petrocodon* Hance）、石蝴蝶属（*Petrocosmea* Oliv.）、堇叶苣苔属（*Platystemma* Wall.）、报春苣苔属（*Primulina* Hance）、异裂苣苔属（*Pseudochirita* W.T.Wang）、漏斗苣苔属（*Raphiocarpus* Chun）、长冠苣苔属（*Rhabdothamnopsis* Hemsl.）、尖舌苣苔属（*Rhynchoglossum* Blume）、线柱苣苔属（*Rhynchotechum* Blume）、十字苣苔属（*Stauranthera* Benth.）、台闽苣苔属（*Titanotrichum* Soler.）、异叶苣苔属（*Whytockia* W.W.Sm.）。

2 中国苦苣苔科植物采集史和研究简史

2.1 中国苦苣苔科植物采集史

2.1.1 简史

1370年，兰茂所著《滇南本草》提到了石胆草——"生石山上，贴石而生。蓝花，形似车前草。味甘，无毒。采取同文蛤为末，乌须黑发，永不返白，其效如神"，可能是广布于我国的旋蒴苣苔（*Dorcoceras hygrometricum* Bunge）或地胆旋蒴苣苔（*D. philippinense* Schltr.）。这大概就是中国古籍上对苦苣苔科植物的第一次记载（兰茂，1959）。

其余古籍中对苦苣苔科植物涉及较多的应该就是吴其濬的《植物名实图考》。道光二十年（1840），52岁的吴其濬开始宦游天下。道光二十三年署理云贵总督。道光二十六年吴其濬病逝。吴其濬去世后，陆应谷继任山西巡抚，他整理了吴其濬的遗稿，于道光二十八年（1848）校刊印行了《植物名实图考》。全书38卷，记载植物1 714种，附图1 800多幅，主要论述每种植物

的形态、颜色、性味、用途和产地等。吴其濬用实物观察的方式，对植物做了精致准确的绘图和简明扼要的注释，对同名异物或同物异名的现象，都做了一定的考证工作。我们可以从几百年前所绘制的图示中管窥当年民间对苦苣苔科植物的认知了（吴其濬，1957）。

《植物名实图考》卷之十六"石草类石吊兰"（图1A）："产广信宝庆山石上。横根赭色，高四五寸，就根发小茎生叶，四五叶排生，攒簇光润，厚劲有锯齿，大而疏。面深绿背淡，中唯直

A. 石吊兰

B. 牛耳草

C. 石花莲

D. 石蝴蝶

图1 《植物名实图考》中苦苣苔科植物记载摘录图

纹一缕，叶下生长须数条，就石上生根。土人采治通肢节、跌打、酒病。"经考证石吊兰可能为吊石苣苔属（*Lysionotus*）的吊石苣苔（*L. pauciflorus* Maxim.）。

卷之十六"石草类 牛耳草"（图1B）："牛耳草，生山石间。铺生，叶如葵而不圆，多深齿而有直纹隆起，细根成簇，夏抽葶开花。按此花作筒子，内微白外紫，下一瓣长，旁两瓣短，上一瓣又短，皆连而不坼，如蕣缺然。葶高二三寸，花朵下垂，置之石盎拳石间，殊有致。"经考证其对应旋蒴苣苔属的旋蒴苣苔。

卷之十六"石草类 石花莲"（图1C）："石花莲，生南安。铺地生，短茎长叶，似地黄叶而尖，面浓绿，有直纹极细，上浮白茸；背青灰色，浓赭纹，亦有毛。根不甚长，极稠密，黑赭相间。气味寒。主治心气疼痛、汤火、刀枪、煎服。"有可能是指马铃苣苔属的大花石上莲（*Oreocharis maximowiczii* Clarke）。

卷之十七"石草类 石蝴蝶"（图1D）："石蝴蝶，生云南山石间。小草高三四寸，如初生车前草，叶有圆齿；细葶开五瓣茄色花，瓣不分坼；三大两小，缀以紫心、白蕊，可植石盆为玩。"大约指的就是较为常见的石蝴蝶属中的石蝴蝶（*Petrocosmea duclouxii* Craib）。

第一个被记录的苦苣苔科物种至今已有近650年的历史，但是相比较于花大色艳的动辄有着千余年记录的各色传统名花诸如莲、牡丹、梅花、月季等，我国古籍上对于苦苣苔科植物的记载是较为鲜见的。

1840年第一次鸦片战争开始，战败后清政府被迫于签订了《南京条约》等一系列不平等条约，战争打开了中国的闭关大门，结束了清政府实行的海禁和教禁。在随后半个多世纪帝国主义列强又通过一系列不平等条约，不断地增开通商口岸，随着口岸的开放和教禁的解除，外国人来华进行传教和其他活动越来越向内陆深入。自19世纪70年代开始，随着第二次鸦片战争之后《天津条约》的签订，长江流域城市开放，天主教开始在中国西南地区云南、贵州、广西、四川传播与发展（芦笛，2014）。继之，1885年缅甸与越南成为英法殖

民地，西南地区的总领事馆、海关与领事馆相继开设。自长江沿线城市对英法殖民帝国的相继开放，中国西南地区西部的印度与缅甸成为英属印度联邦，越南从法国的保护国到成为殖民国，西北中亚、中国新疆以及西藏成为西方人探险与地理大发现的重要区域以后，中国西南地区周边的地缘政治的变化以及满清王朝的对外开放，使得中国西南地区成为西方殖民地的近邻，更由于交通的通达，从而使中国西南地区成为一个与英法殖民地疆域直接接轨的中心区域，迅速地使得中国西南地区进入了西方人的视野。以英法国家为主的外交官员、传教士、植物猎人、植物采集员、各种探险家以及旅游者纷沓而至，进入中国西南地区，催生了西方人进入中国西南地区采集山地植物的热潮，这种对中国种质资源采集热潮持续长达半个世纪之久（屈小玲，2014）。这些标本、种质分别寄回原雇佣国家，供当地植物学家研究，并使用二名法将它们命名。

2.1.2 法国神甫对苦苣苔科植物的采集

随着教禁的解除，贵州、云南等地的传教活动也逐渐复苏。与法国天主教传教活动相联系，进入中国西南黔滇川康区传教的传教士，不仅热衷于传教与民族风俗的调查，同时热衷于植物采集。法国天主教会"巴黎外方传教会"负责在中国西南地区的传教（韩孟奇，2018）。

法国传教士Père Jean Marie Delavay（赖神甫，1834—1895），1867年被巴黎的"外域传教协会"（Société des Missions Etrangères）派往中国广东惠州传教。在1881年返回法国之前，他不仅踏遍了广东，还曾远行至云南。回法国后，他偶然遇见了法国天主教教父Jean Pierre Armand David（谭卫道,1826—1900），后者曾受巴黎国立自然历史博物馆的委任，在1862—1874年间三次前往中国采集动植物标本，其最为人所知的是对四川大熊猫的新种描述。谭卫道同时也在中国采集了大量植物标本，其中现在标本馆馆藏中国苦苣苔植物标本有5份2种，分别为紫花金盏苣苔［*Oreocharis lancifolia* (Franch.) Mich.Möller & A.Weber］和旋蒴苣苔。谭卫道劝赖神甫为法国国立自然历史博

物馆采集标本。于是，赖神甫返回中国云南，以宾川大坪子为基地，开始了漫长的采集活动，直到1895年因病去世。期间他采集了超过200 000份植物标本（约4 000种；其中鉴定出1 500多个新种），并寄回法国，大部分收藏在巴黎的国立自然历史博物馆（Muséum National d'Histoire Naturelle）。其中赖神甫所采苦苣苔科标本记15个共5种，按照现在的分类系统（下同）则分别为圆叶汉克苣苔［*Henckelia dielsii* (Borza) D.J.Middleton & Mich. Möller］、筒花苣苔［*Briggsiopsis delavayi* (Franch.) K.Y.Pan］、管花马铃苣苔（*Oreocharis tubicella* Franch.）、洱源马铃苣苔（*O. delavayi* Franch.）、凹瓣苣苔［*O. concava* (Craib) Mich.Möller & A.Weber］。同时赖神甫藏于爱丁堡皇家植物园的苦苣苔科标本包含9个共7种，分别为橙黄马铃苣苔（*O. aurantiaca* Franch.）、滇北直瓣苣苔（*O. wangwentsaii* Mich. Möller & A.Weber）、狐毛直瓣苣苔［*O. vulpina* (B.L.Burtt & R.Davidson) Mich.Möller & A.Weber］、凹瓣苣苔、管花马铃苣苔、显脉石蝴蝶（*Petrocosmea nervosa* Craib）、筒花苣苔。

法国神父Pierre Julien Cavalerie（卡瓦勒里、1869—1927），1894年抵达中国贵州，1919年转赴云南，直至1927年年底被盗匪杀死（亦有说法是被其仆人所杀）于昆明。他的植物标本主要采集于贵州和云南。邱园中现藏卡瓦勒里采自中国的标本分属于78科。其采集标本广泛藏于英国爱丁堡皇家植物园、法国国家自然历史博物馆以及美国哈佛大学标本馆等，其中涉及采集中国苦苣苔科植物标本共展示出29份，包含马铃苣苔属（*Oreocharis*）、报春苣苔属（*Primulina*）和旋蒴苣苔属（*Dorcoceras*）等共15属21种。

法国天主教神甫Jean Andre Soulie（索里埃，1858—1905），1889—1897年间到西藏、四川康定、东俄洛一带采集，往西至云南西北贡山茨开（Tsekou）采集，所采标本收藏于巴黎自然历史博物馆以及爱丁堡植物标本馆。至今，其采集的标本号E00069902的西藏珊瑚苣苔［*Corallodiscus lanuginosus* (Wall. ex R. Br.) B.L.Burtt］标本依旧保存在爱丁堡植物标本馆中。

Pere Francois Ducloux（迪克卢，1864—1945）

自1889年开始担任昆明教会的负责人，他雇人在云南中部和北部广泛采集植物标本，巴黎国家历史自然博物馆馆藏记录显示，1989—1909年期间，他采集了包含凹瓣苣苔、短檐苣苔［*Oreocharis craibii* Mich. Möller & A.Weber］、弥勒苣苔［*O. mileensis* (W.T.Wang) Mich.Möller & A. Weber］、大花套唇苣苔［*Damrongia clarkeana* (Hemsl.) C.Puglisi］和掌脉长蒴苣苔（*Didymocarpus subpalmatinervis* W.T.Wang）5种苦苣苔科植物13个标本。他们所采集的石蝴蝶属植物的标本并没有被Hector Léveillé研究发表，巴黎自然历史博物馆至今存放着7份被放置在"云南石蝴蝶"*Petrocosme yunnanensis*这一裸名下的标本，这些标本包括但不限于髯毛石蝴蝶（*P. barbata* Craib）和萎软石蝴蝶（*P. nervosa* Craib）。

通过查阅巴黎自然历史博物馆标本记录，法国传教士（包含受博物馆雇佣的其他国家探险家、植物猎人等）在中国采集的苦苣苔科植物标本号有108个，采集物种近50个，采集者近37人。采集记录从1831年持续到1997年，但绝大多数标本的采集都集中在1937年之前（截至2022年3月2日之前巴黎自然历史博物馆公布数据）。

2.1.3　英国海关官员和植物猎人的采集

英国方面，早在1596年，罗伯特·达德利爵士（Sir Robert Dudley）就曾派遣三艘船带着伊丽莎白女王致明朝万历皇帝的信前往中国，船不幸失踪了。1600年12月，英国女王伊丽莎白一世（Queen Elizabeth Ⅰ）授予东印度公司的伦敦商人《东印度贸易宪章》，允许其使用武力协助所谓的贸易。东印度公司自此成为了大英帝国侵入亚洲的骨干力量。对早期的植物猎人来说，东印度公司是植物猎取者的恩主和协助者。东印度公司打着经商贸易的名义，对东亚地区进行着侵略与殖民，在殖民地不仅掠夺金银等资源，对当地的生物资源同样进行着把控和采集。英国海关官员和植物猎人通过越南、缅甸和开放的海关口岸，深入中国内地，常以其任职的海关地区为基地，对周边地区进行长期且广泛的采集活动。

植物猎人Ernest Henry Wilson（威尔逊，1876—

1930）说："英国花园的繁荣极大归功于东印度公司。"E.H.Wilson，英国著名博物学家，曾前后4次深入我国西部考察，历时12年，足迹遍及今湖北神农架林区、长江三峡地区、四川盆地、峨眉山、瓦山、瓦屋山、汶川卧龙、巴郎山、嘉绒藏区、黄龙风景区、松潘、康定、泸定磨西，以及西藏边境。考察成果曾轰动一时，采集植物标本6.5万余份，发现了许多新种，并成功地将1500余种原产我国西部的园艺植物引种到欧美各地栽培。同时，威尔逊对苦苣苔科植物的采集也发挥了重大作用。他采集的苦苣苔科植物标本珍藏于各大标本馆，邱园标本馆陈列有3份3种、爱丁堡皇家植物园标本馆陈列有26份19种、巴黎国家自然历史博物馆陈列有5份4种、纽约植物园标本馆陈列有3份3种，哈佛大学至今保存有6份威尔逊1909年在四川采集的5种苦苣苔科植物标本：分别是异叶吊石苣苔（*Lysionotus brachycarpus* Franch.）、川西吊石苣苔（*L. wilsonii* Rehd.）、石山苣苔（*Petrocodon dealbatus* Hance）、白花异叶苣苔［*Whytockia tsiangiana* (Hand.-Mazz.) A. Weber］和白花大苞苣苔［*Anna ophiorrhizoides* (Hemsl.) Burtt & Davidson］。威尔逊根据其考察经历和收获，得出结论：中国是世界园林之母，最后以游记形式著之成书，成为20世纪对国际园艺学和植物学影响深远的著作《中国，园林之母》（*China, Mother of Gardens*）。由于威尔逊的特殊贡献和独特经历，他被西方人誉为"一位最成功的植物摄猎者"，甚至享有"中国威尔逊"的绰号。

1882年Augustine Henry（韩尔礼，1857—1930）来到宜昌海关任职，从1885年开始他在宜昌附近的山地采集标本，并于1886年送回第一批植物标本到邱园。1885—1900年，A. Henry利用本职工作之外的闲暇时间组织和培训了自己的植物采集团队，在当时中国的湖北、湖南、四川、云南、海南、台湾等地总共采集了15.8万号植物标本，当之无愧成为迄今为止在中国采集标本数量最多的外籍人士。

1889年蒙自海关正式成立，1893—1895年时任蒙自海关官员的William Hancock（汉考克，1847—1914），在蒙自周围展开了采集，蒙自市作为当时云南商品进出口的集散中心，境内贸易活动频繁，拥有四通八达的古道，Hancock很可能就是沿着这些古道探访了蒙自周边的高山幽谷，在这期间他大约采集到150种有花植物和120种蕨类植物，虽然标本量较少，但标本制作精美，多数开花植物附有解剖的花。William Botting Hesmley（1843—1924）在1895年根据Hancock的标本描述了石蝴蝶属的第二个物种——大花石蝴蝶（*P. grandiflora* Hesml.）。

1887年，英国植物学家Daniel Oliver（1830—1916）根据A. Henry采集自宜昌的标本发表了新属——石蝴蝶属。1896年，A. Henry来到蒙自接任Hancock的职务，在蒙自周围展开了采集，在他的采集中包括编号为9154和10259的石蝴蝶属植物。1898年，Hemsley又根据Hancock和A. Henry采集自蒙自的标本描述了蒙自石蝴蝶（*P. iodioides* Hesml.）和小石蝴蝶（*P. minor* Hesml.）。

现在邱园主要收藏的是A. Henry在1887年寄送的标本，苦苣苔科植物标本19份10种，分别为矮芒毛苣苔（*Aeschynanthus humilis* Hemsl.）、*A. parasiticus* (Roxb.) Wall.、大花套唇苣苔、旋蒴苣苔、吊石苣苔、厚叶蛛毛苣苔［*Paraboea crassifolia* (Hemsl.) Burtt］、锈色蛛毛苣苔［*P. rufescens* (Franch.) Burtt］、蛛毛苣苔［*P. sinensis* (Oliv.) Burtt］、蒙自石蝴蝶以及绵毛石蝴蝶［*P. crinita* (W.T.Wang) Zhi J.Qiu］。而爱丁堡皇家植物园标本馆主要收藏的A. Henry在1885年采集的苦苣苔科植物标本，保存量高达90份41种。巴黎自然历史博物馆收藏有其1887—1889年的7份左右的苦苣苔科植物标本，纽约植物园标本馆收藏有近30份，哈佛大学标本馆保存有其采集的近15份苦苣苔植物标本。

英国植物学家和探险家George Forrest（傅礼士，1873—1932），以20世纪初在中国云南采集了大量植物标本而知名，同时他从我国带走了大量植物种质资源。因此，研究此人的采集历史，可以为中国植物采集史的研究提供重要的证据。通过整理采集植物标本的采集日期和采集地，可知，1904—1931年，傅礼士在中国进行了长达28年的植物采集，共计在云南及其与云南毗邻的四川、西藏边缘地区采集植物标本7次（李汶霏 等，2015）。博礼士在滇西北雇佣当地人组织植物采集，前后历时近30年。他在滇西北采集了31 000余号标本（屈小玲，2014）。在中国所采标本以及其他种质资源主要寄往英国，其他少量收藏于其他国家的博物馆。邱园馆藏记录显示，其在中国采集到的苦苣苔植物标本有线条芒毛苣苔（*Aeschynanthus chorisepalus* Orr.）（现 *A. lineatus* Craib）、筒花芒毛苣苔（*A. tubulosus* J. Anthony）、*A.parasiticus*、大叶汉克苣苔［*Henckelia grandifolia* (C.B.Clarke) D.J.Middleton & Mich. Möller］、澜沧斜柱苣苔［*Loxostigma mekongense* (Franch.) Burtt］、灰毛粗筒苣苔［*Oreocharis agnesiae* (Forrest ex W.W.Sm.) Mich.Möller & W.H.Chen］、云南粗筒苣苔（*O. shweliensis* Mich. Möller & W.H.Chen），共计9份7种；爱丁堡皇家植物园标本馆馆藏，采集有包括珊瑚苣苔属、马铃苣苔属以及蛛毛苣苔属等苦苣苔科植物标本共245份12属（当年的鉴定系统到如今很多属已被合并，真实属数会略小）49种；巴黎国家自然历史博物馆收藏其采集的6份5种苦苣苔科植物标本，分别是显苞芒毛苣苔（*Aeschynanthus bracteatus* Wall. ex A.DC.）、黄杨叶芒毛苣苔（*A. buxifolius* Hemsl.）、丽江马铃苣苔［*Oreocharis forrestii* (Diels) Skan］、蛛毛喜鹊苣苔［*Ornithoboea forrestii* (Diels) Craib，现 *O. arachnoidea* Craib］以及大花套唇苣苔；纽约植物园标本馆保存有其采集的标本号为63249的狭萼片芒毛苣苔（*Aeschynanthus tubulosus* var. *angustilobus* J. Anthony）；哈佛大学标本馆陈列的有其1913—1925年间在中国采集的西藏珊瑚苣苔、狭萼片芒毛苣苔、*Aeschynanthus peelii* var. *oblanceolata*、显苞芒毛苣苔4份苦苣苔科标本。

英国植物学家和探险家Frank Kingdon-Ward（金登 沃德，1885—1958）开始采集的时间晚于福里斯特，从1911—1935年20余年间数次进入云南及藏东南地区采集。其采集线路与博礼士大致相同，但进一步延伸到藏东南。爱丁堡皇家植物园标本馆记录显示，1991—1924他在中国采集了包括滇川汉克苣苔［*Henckelia forrestii* (J.

Anthony) D.J.Middleton & Mich. Möller］、斜柱苣苔［*Loxostigma griffithii* (Wight) Clarke］、橙黄马铃苣苔、剑川马铃苣苔（*O. georgei* Anthony）、椭圆马铃苣苔（*O. delavayi* Baill.）、短檐苣苔、西藏珊瑚苣苔、卷丝苣苔［*Corallodiscus kingianus* (Craib) Burtt］、小石花（*C. conchifolius* Batalin）、滇泰石蝴蝶（*Petrocosmea kerrii* Craib）和显苞芒毛苣苔等近20份苦苣苔科标本。同时，在哈佛大学标本馆还收藏着金登 沃德1931年采集的标本号为57319的狭花芒毛苣苔（*Aeschynanthus wardii* Merr.）。

邱园标本馆以及爱丁堡皇家植物园标本馆公布的苦苣苔科植物标本采集记录显示，两园现存采集于中国的苦苣苔科植物标本近1 500余份300余种，已知采集人（包含受雇于邱园和爱丁堡皇家植物园的植物学家、植物猎人以及联合科研行动）有近250人（次），佚名或年久看不清采集人的标本也存量较多。根据记录显示，采集的时间从1820年到现代，标本的采集量在1840—1949年和1975—2000年分别呈现一个大高峰和一个小高峰，这与当时的中国历史和社会背景是紧密相连的（截至2022年2月邱园和爱丁堡皇家植物园标本馆公布的数据）。

清朝灭亡后，帝国主义侵略者为了自身利益迅速更换了他们在华的代理人，但再也找不到能够控制全局的统治工具，再也无力在中国建立相对稳定的、对其有利的统治秩序。民国早期军阀林立，社会动荡不安，苦苣苔科植物的多样性中心滇桂黔地区地形复杂，山高林密，途径曲折，生存条件异常顽劣，因而聚集了大批的匪贼，占山为王。失去不平等条约庇佑的西方人在这一地带活动逐渐变得危险重重，例如上文提到贵州石蝴蝶的种加词所纪念的采集家J.P.Cavalerie 就于1921年被云南昆明附近的土匪杀害（韩孟奇，2018）。大多分布于深山老林中的苦苣苔科植物，在1937年后就极少被西方采集家采集到了。至此，近代西方植物学家对我国苦苣苔科植物的研究便告一段落。

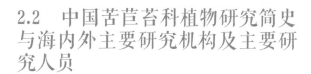

2.2 中国苦苣苔科植物研究简史与海内外主要研究机构及主要研究人员

众所周知，苦苣苔科植物具有很高的科研和观赏价值，截至2021年9月底，中国已正式报道的就有45属796种（含变种），其中特有种达630种以上，半数以上属于珍稀濒危或小种群植物。中国植物学家对苦苣苔科植物的研究历史可追溯至1935年，著名的植物学家陈焕镛（1890—1971）教授为该研究领域的开创者，他在1935—1946年先后发表了苦苣苔科植物3个新属和12个新种。1935年，陈焕镛与国外学者合作在 *Sunyatsenia* 第2卷（3-4）期上发表了海南岛的一个特有种盾叶石蝴蝶（*Petrocosmea peltata* Merr. & Chun）[（后来被单独成立一新属，且为单型，即盾叶苣苔属（*Metapetrocosmea* W.T.Wang），但最近原奇柱苣苔属下所有物种被并入本属）]；1946年，仍然在 *Sunyatsenia* 第6卷（3-4）期上刊载了《中国苦苣苔科新植物》一文，其中包含了世纬苣苔属（*Tengia* Chun）、扁蒴苣苔属（*Cathayanthe* Chun）、漏斗苣苔属（*Raphiocarpus* Chun）等新属及12个新种 [世纬苣苔（*Tengia scopulorum* Chun）、湖南马铃苣苔（*Oreocharis nemoralis* Chun）、毛花马铃苣苔（*O. dasyantha* Chun）、广西粗筒苣苔（*Briggsia stewardii* Chun）、浙皖粗筒苣苔（*B. chienii* Chun）、无毛漏斗苣苔（*Raphiocarpus sinicus* Chun）、多蓇长蒴苣苔（*Didymocarpus polycephalus* Chun）、齿萼长蒴苣苔（*D. verecunda* Chun）、清镇长蒴苣苔（*D. secundiflora* Chun）、肥牛草（*D. hedyotidea* Chun）、迭裂长蒴苣苔（*D. salviiflorus* Chun）、毡毛后蕊苣苔（*D. sinoheryi* Chun）]。当然随着研究者对苦苣苔科植物认识的进一步加深，现在陈先生当年发表的新类群名称和系统位置也已经发生了相当大的变化。

但在之后1946—1974年这38年里中国植物学家再也没有涉足该科植物的分类学研究领域，直观上看是在这一时间段内没有中国植物学家发表任何苦苣苔科植物的新分类群。不过，在这一阶段仍然有总结性的研究成果，共统计出我国已知

有43属252个种（侯宽昭 等，1982），其中苦苣苔科的整理是由吴德邻和王文采完成的。1974年，陈焕镛再次在出版《海南植物志》之时发表了一个苦苣苔科植物新分类群——海南旋蒴苣苔（*Boea hainanensis* Chun），后被处理为海南蛛毛苣苔 [*Paraboea hainanensis* (Chun) Burtt]，这也是陈先生发表的最后一个苦苣苔科植物新分类群，是为其遗珠。

在《中国高等植物图鉴》的编写过程中，王文采（1927—2022）对中国苦苣苔科植物大量的属种进行了详细的研究。在此基础上，1975年王文采院士牵头、潘开玉和李振宇两位先生编写《中国植物志》（第六十九卷 · 苦苣苔科）直至该卷顺利完成（王文采 等，1990），中国的苦苣苔科植物研究掀开了新的一页——不仅大量的分类修订得以开展和完成，还发表了16个新属和172个新种，同时将台闽苣苔属（*Titanotrichum* Solereder）提升为一个族——台闽苣苔族（Trib. Titanotricheae）（王文采，1975a, 1975b）。进入21世纪以来，现代分子生物学技术手段帮助人们验证了这一超前预判的正确性（Weber et al., 2013）。基于经典分类学，王文采院士对中国苦苣苔科植物的分类研究既是传统的，又是开创性的，他奠定了我国科研人员针对该科研究的基础，丰富了人们对苦苣苔科的客观认识，为后继的研究团队和研究者深入了解和探讨这一类群的多样性开创了道路，使中国在苦苣苔科研究方面跻身于世界行列做出了卓越的贡献。其时的团队中，潘开玉先生和李振宇先生各擅胜场——潘先生致力于马铃苣苔属及其当时所认定的近缘类群，如后蕊苣苔属等属的研究，而李振宇先生则致力于半蒴苣苔属的研究，直至今日。

王文采院士牵头、潘开玉先生和李振宇先生主编的《中国植物志》（苦苣苔科），建立了中国苦苣苔科植物分类系统，至此重新开始进行该科植物的系统研究。1995年，广西植物研究所科技人员韦毅刚与文和群合作发表了新种大苞半蒴苣苔（*Hemiboea magnibracteata* Y.G.Wei & H.Q.Wen），重启了广西植物研究所的苦苣苔研究工作，之后经过多个团队，特别是韦毅刚-温放研

究员团队、刘演–许为斌研究员团队、张强研究员团队等20多年的共同努力再次奠定了广西植物研究所在中国该科植物传统分类研究的优势地位。

刘演–许为斌研究员团队一直致力于苦苣苔科植物的研究，对我国苦苣苔科的广义报春苣苔属、广义石山苣苔属、石蝴蝶属、半蒴苣苔属、蛛毛苣苔属和吊石苣苔属等多个重要类群开展了研究，研究团队命名发表的新类群已达40余种。研究团队还参与了《中国生物物种名录》（种子植物Ⅷ）的编写工作，基于近年来发表的旧世界苦苣苔科最新分类系统，负责完成苦苣苔科植物的编写任务。该科名录共包含41属584种（含种下等级），每一种的内容包括中文名、学名和异名及原始发表文献、国内外分布等信息，其中许多物种新增的分布点，主要基于大量的野外调查工作，对进一步开展该科相关物种的资源调查、研究以及保育工作有重要意义。还基于该科最新分类系统完成了《广西植物志》（第四卷）苦苣苔科植物的编研任务，记载广西产苦苣苔科植物32属252种，该志也成为我国首部以最新的苦苣苔科分类系统完成编研的大型志书。2011年，刘演研究员参与发表基于分子生物学证据首次对旧世界苦苣苔科系统进行修订的新分类系统，为广义报春苣苔属的后续研究奠定了坚实的基础，此后参与华南植物园联合申请的国家自然科学基金–广东联合基金重点项目"华南报春苣苔属植物多样性保育与发掘利用"（U1501211）获得资助，对报春苣苔属植物展开了更加深入翔实的研究。研究团队还对滇黔桂地区典型的洞生苦苣苔科植物——石蝴蝶属开展了系统的调查和研究，确认国产石蝴蝶属植物53种，发现了石蝴蝶属新分类群13个，对5个物种进行了补充描述，澄清该属15个中国特有种长期遗留的分类学问题。许为斌研究员于2014年获得了广西植物研究所第一个苦苣苔科分类学研究方面的国家自然科学基金，开展了极具岩溶特色类群蛛毛苣苔属的分类学研究，基于形态学和分子系统学研究结果对我国蛛毛苣苔属植物进行了分类修订，记录国产蛛毛苣苔27种，发表新种4个，使得目前国产蛛毛苣苔属植物达31种；还基于前人的研究基础，对蛛毛苣苔属进行了分子

系统学研究，本研究是中国蛛毛苣苔属植物取样最全，最为全面的一次系统发育研究。基于前期良好的苦苣苔科植物研究基础，许为斌于2018年再次获得国家自然科学基金资助，开展吊石苣苔属的分类学研究。

韦毅刚–温放研究员团队自2005开始与英国皇家爱丁堡皇家植物园、奥地利维也纳大学等世界苦苣苔科植物研究中心合作，基于分子生物学证据对苦苣苔科进行的重大分类学修订并重建了分类系统。首次对华南地区的苦苣苔科植物的资源现状（属、种分别约占世界的60%和20%）做了全面系统的考察和研究，查清了华南地区苦苣苔科植物资源的基本情况，确认其时已知的种类为350种，对其野生居群现状、濒危情况、经济价值、引种栽培等进行了全面调查研究。出版专著1部；专著《华南苦苣苔科植物》（韦毅刚 等，2010），先后获得了由国家新闻出版总署组织评选的"第三届'三个一百'原创图书出版工程"奖、中国出版协会的"第十九届中国西部地区优秀科技图书一等奖"以及广西新闻出版局组织的"第十六届广西优秀图书奖一等奖"。《华南苦苣苔科植物》成果获得2012年度广西自然科学奖三等奖。温放研究员近二十年来一直从事苦苣苔科植物研究和保育工作，先后发表苦苣苔科植物新属2个、新种95个。2013—2019年，温放研究员先后获得了3个自然科学基金项目：四种广西特有穴居报春苣苔属植物与非穴居性近缘广布种的繁殖机制比较研究、广西极小种群野生植物代表类群——穴居性石山苣苔属植物保育生物学和回归引种研究、广义石山苣苔属（苦苣苔科）系统发育重建和分类学修订，取得了丰硕的成果。2018年，温放研究员入选了第二十一批广西"十百千"人才工程第二层次人选。

张强研究员团队从事苦苣苔科植物研究近10年来，发现报道了半蒴苣苔属、石山苣苔属和报春苣苔属等多个新物种；修正了半蒴苣苔属部分种类的分类地位；重建了广义石山苣苔属形态演化历史并揭示物种间快速、复杂的同塑性演化是传统分类与分子系统学结果相矛盾的主要原因。

2011年，韦毅刚研究员与Stephen Maciejewski

06

先生共同发起并筹建中国苦苣苔科植物保育中心，得到了广西植物研究所和世界苦苣苔协会（The Gesneriad Society, GS）的大力支持。2014年4月1日，中国苦苣苔科植物保育中心（Gesneriad Conservation Center of China, GCCC）在广西植物研究所正式挂牌成立。先后于2017年在贵州省植物园、安徽大学、深圳市中国科学院仙湖植物园，2019年在上海植物园成立了分中心。中国苦苣苔科植物保育中心为了保护中国苦苣苔科植物免受灭绝威胁，主要致力于开展中国苦苣苔科植物的野外调查、生存现状与致濒因子评估、IUCN等级评估、引种与抢救性保种、种质资源保存、引种驯化、新品种培育与推广、科普教育等一系列工作。中心成立以来至今已收集了中国苦苣苔科41个属的代表物种，占国产45属的91.1%，收集了种类（含种下等级，下同）529个，占国产总种数778种的67.99%。先后获得国家级和省部级项目8个，发表相关论文94篇（其中SCI收录63篇），自主培育的杂交和选育的新品种56个获得国际登录，2项科研成果获得省级自然科学奖，合作培养博士1人、硕士6人。63人次应邀前往英国、美国、泰国、越南等14个国家进行学术交流或野外考察；接待来自美国、英国、日本、越南、泰国等国家的访问学者40人次。中国苦苣苔科植物保育中心

发表的苦苣苔科植物新种于2019年和2020年连续两年被选为代表中国年度高等植物新分类群的代表物种荣登《中国生物物种名录》封面，凸显了我国苦苣苔科植物的物种多样性和中国苦苣苔科植物保育中心近年来取得的丰硕成果。

2020年10月10日，国家林业和草原局公布了第二批33家国家花卉种质资源库名单，广西植物研究所申报的"国家苦苣苔科种质资源库"经过初审、线上答辩、专家评审等环节，在进入终评阶段的56家单位中脱颖而出，榜上有名。该平台是本批次广西唯一获批的国家级种质资源平台，也是我国第一个苦苣苔科植物和花卉的国家级平台。此次广西植物研究所申报的"国家苦苣苔科种质资源库"获得国家林业和草原局的认定，将极大促进广西植物研究所苦苣苔科植物研究与保育工作，也将对我国苦苣苔科植物的种质资源深入挖掘、园艺品种开发和进一步的可持续开发及利用起到不可估量的积极作用。

2021年1月29日，中国野生植物保护协会正式批准成立苦苣苔专业委员会，邀请广西植物研究所党委书记黄仕训研究员担任专委会主任，温放担任副主任兼秘书长。自此，中国的苦苣苔科植物的保育掀开了新的且重要的一页！

3 中国苦苣苔科植物的系统发育和最新分类系统

我国的苦苣苔科植物全部隶属于原苦苣苔科分类系统中的苦苣苔亚科，因此《中国植物志》第六十九卷中苦苣苔科分类的编撰出版主要采用了王文采系统，其时分子系统学的概念才刚刚起步，因此在该科的撰写过程中，并未涉及分子系统学方面的研究结果。随着分子系统学的逐渐发展，分子系统学的技术、方法逐渐引

入了苦苣苔科植物的研究中，如汪小全和李振宇（1998）利用rDNA片段［核糖体DNA中的内转录间隔区（ITS）序列以及5.8S rRNA基因的3'端序列］的序列分析了我国的苦苣苔亚科的系统发育关系，认为传统上界定的以浆果苣苔（*Cyrtandra umbellifera* Merr.）为代表的浆果苣苔族（Trib. Cyrtandreae）和以软叶大苞苣苔［*Anna mollifolia*

(W.T.Wang) W.T.Wang & K.Y.Pan〕为代表的芒毛苣苔族（Trib. Trichosporeae）应该并入长蒴苣苔族（Trib. Didymocarpeae）。但Flora of China (Vol. 18)时期可能由于利用分子系统学手段进行分类处理并未成熟和普及，因此未使用这一观点，而是沿袭《中国植物志》中苦苣苔科的王文采系统，仅裂檐苣苔属（Schistolobos W.T.Wang）被并入了后蕊苣苔属（Opithandra Burtt）。同样的，由于沿用王文采系统，在2011年以前的苦苣苔科植物专著《中国苦苣苔科植物》（李振宇和王印政，2005）、《华南苦苣苔科植物》（韦毅刚 等，2010）以及地方性专著《广西植物名录》（覃海宁和刘演，2010）中，仅新增了3个新属〔文采苣苔属（Wentsaiboea D.Fang & D.H.Qin）、方鼎苣苔属（Paralagarosolen Y.G.Wei）和凹柱苣苔属（Litostigma Y.G.Wei, F.Wen & Mich. Möller）〕（韦毅刚 等，2004; Wei et al., 2004, 2010）和一些新分类群，如长萼唇柱苣苔〔Chirita longicalyx J.M.Li & Yin Z.Wang（Li et al., 2008）〕、天等唇柱苣苔（C. tiandengensis F.Wen & H.Tang）、紫花半蒴苣苔（Hemiboea purpurea Yan Liu & W.B.Xu）等（Wei et al., 2010; Xu et al., 2010），其他的基本维持不变（符龙飞 等，2019）。

近年来，引入的分子系统学方法，提供了一个很好的工具用于诠释了我国苦苣苔科属间的亲缘关系，也可以借此架构更符合自然发生规律的系统。这部分工作主要由两个研究团队独立开展和完成，分别是欧洲A. Weber–Mich. Möller为主的研究团队和中国王印政为主的研究团队，但结果略有差异（Weber et al., 2011, 2011a & 2011c），这可能是两个研究者在其研究对象上的采样率和采样涉及国家和地区的区域面积与范围不尽相同造成的。

归纳起来，针对我国的苦苣苔科植物的系统发育研究和分类修订结果（辛子兵 等，2019）主要有：

（1）亚科水平上的系统新框架

按照2011年之前的系统分类观点，我国的苦苣苔科植物应该全部隶属于苦苣苔亚科，没有任何一个种属于新世界的大岩桐亚科。然而2011年前后的针对于苦苣苔科的全面修订，长蒴苣苔亚科得以恢复（Weber et al., 2013），简而言之，目前苦苣苔科已知的3个亚科为大岩桐亚科、长蒴苣苔亚科及伞囊花亚科。大岩桐亚科新增加了分布于我国华东地区和琉球群岛的单型属台闽苣苔属。但除台闽苣苔属外，原旧世界自然分布的类群仍然全部隶属于长蒴苣苔亚科。

（2）属一级水平上的修订、拆解、转置和归并

A. 9个国产的单型属、特有属和小型属——辐花苣苔属（Thamnocharis W.T.Wang）、短檐苣苔属（Tremacron Craib）、金盏苣苔属（Isometrum Craib）、直瓣苣苔属（Ancylostemon Craib）、粗筒苣苔属（Briggsia Craib）中的莲座状类群、后蕊苣苔属（Opithandra Burtt）（含原裂檐苣苔属）、瑶山苣苔属（Dayaoshania W.T.Wang）、全唇苣苔属（Deinocheilos W.T.Wang）、弥勒苣苔属（Paraisometrum W.T.Wang），被并入了广义的马铃苣苔属（Oreocharis s.l.）（Möller et al., 2011, 2014）。

B. 4个单型属〔世纬苣苔属（Tengia Chun）、朱红苣苔属（Calcareoboea C.Y.Wu ex H.W.Li）、方鼎苣苔属、长檐苣苔属（Dolicholoma D.Fang & W.T.Wang）〕，1个小型属〔细筒苣苔属（Lagarosolen W.T.Wang）〕，1个小型属中的1个种〔文采苣苔属的天等文采苣苔（Wentsaiboea tiandengensis Yan Liu & B.Pan）〕，长蒴苣苔属（Didymocarpus Wall.）中的4个种〔绵毛长蒴苣苔（D. niveolanosus D.Fang & W.T.Wang）、东南长蒴苣苔（D. hancei Hemsl.）、柔毛长蒴苣苔（D. mollifolius W.T.Wang）及波氏石山苣苔（D. bonii Pellegrin）〕（该种分布于越南近中部）并入了广义的石山苣苔属（Petrocodon s.l.）（Weber et al., 2011a）。

C. 单座苣苔属（Metabriggsia W.T.Wang）〔2个种，单座苣苔（M. ovalifolia W.T.Wang）和紫叶单座苣苔（M. purpureotincta W.T.Wang）〕被并入半蒴苣苔属（Hemiboea C.B.Clarke）（Weber et al., 2011b）。

D. 几乎所有的原唇柱苣苔属（Chirita Buch.–Ham. ex D.Don）唇柱苣苔组（Sect. Gibbosaccus）中大部分的种和小花苣苔属（Chiritopsis W.T.Wang）

所有的种以及2个文采苣苔属的种［文采苣苔（*Wentsaiboea renifolia* D.Fang & D.H.Qin）和罗城文采苣苔 *W. luochengensis* Yan Liu & W.B.Xu）］被并入报春苣苔属（*Primulina* Hance）（Wang et al., 2011; Weber et al., 2011c）；

E. 需要指出的是，具有地上茎的弯果唇柱苣苔（*Chirita cyrtocarpa* D.Fang & L.Zeng）和多痕唇柱苣苔（*C. minutihamata* Wood）的系统位置发生了多次的改变——首先是被并入广义报春苣苔属 *Primulina s.l.*（Weber, 2011a），随后又自报春苣苔属中剥离出来，并入原越南的一个特有单型属——奇柱苣苔属（*Deinostigma* W.T.Wang & Z.Yu Li），成为本属目前已知在中国分布的2个种，其余均产于越南。根据最新的研究成果，奇柱苣苔属也被并入我国海南岛原特有单型属，盾叶苣苔属（*Metapetrocosmea* W.T.Wang）而成为了该属的一个新异名（Li et al., 2022）。

F. 原麻叶唇柱苣苔组（Sect. *Chirita*）的所有种并入汉克苣苔属（*Henckelia* Spreng.），同时一个中国特有属密序苣苔属（*Hemiboeopsis* W.T.Wang）也被并入汉克苣苔属（汉克苣苔属的曾用属名有汉克丽亚花属、南洋苣苔属）（Wang et al., 2011; Weber et al., 2011c）。

G. 原钩序唇柱苣苔组（Sect. *Microchirita*）升级为属——钩序苣苔属［*Microchirita* (C.B.Clarke) Yin Z.Wang］（Wang et al., 2011; Weber et al., 2011c）。综合其上，至此，原唇柱苣苔属被拆解取消了。

H. 原粗筒苣苔属（*Briggsia* Craib）则被拆分为3个属——①所有具有地上茎的种并入斜柱苣苔属（*Loxostigma* Clarke）。②具有莲座状植株的类群则并入马铃苣苔属。③其中有2个种［原盾叶粗筒苣苔 *Briggsia longipes* (Hemsl. ex Oliv.) Craib 和

革叶粗筒苣苔 *B. mihieri* (Franch.) Craib］，因其具有无毛的营养器官、叶常以莲座状的形态簇生于延长或稍延长的肉质根状茎顶端等特殊特征，转置并据此成立一新属——光叶苣苔属（*Glabrella* Mich. Möller & W.H.Chen）。由此，原粗筒苣苔属就此也被拆解取消了（Möller et al., 2014）。

I. 台闽苣苔属（*Titanotrichum* Solereder）仅一个种，即台闽苣苔［（*T. oldhamii* (Hemsl.) Soler.）］，其系统位置经过多次变迁，曾在苦苣苔科和玄参科之间摇摆不定，但最终根据分子系统学研究将其归入苦苣苔科，并得以成为一个单独的族台闽苣苔族（Trib. Titanotricheae Yamaz. ex W.T.Wang），归属于大岩桐亚科，且成为以前提及的新世界类群在旧世界地区的唯一代表。它的最新系统位置的划分，使得新旧世界类群的分野不复存在（Möller et al., 2016b）。

历年专著、主要参考文献所使用的属级变迁详见表1。

目前，这些分类系统的成果已经为各国际著名植物分类学、植物名录网站所接受，如全球生物多样性网络（Global Biodiversity Information Facility, GBIF）（https://www.gbif.org/）、The International Plant Name Index（http://www.ipni.org/）、The Plant List（http://www.theplantlist.org/）、Plants of the World Online（http://plantsoftheworldonline.org/）、Tropicos（http://www.tropicos.org/）、全球生物多样性网络 GBIF 中国科学院节点（http://www.gbifchina.org/）、物种 2000 中国节点（http://www.sp2000.org.cn/）等。而与时俱进是所有科学研究的特点，相信未来若有相应的属级变迁、重组，也会很快地反映到这些权威网站上来。

表1 中国苦苣苔科植物的属在植物志书、专著和相关文献上的分类处理比较分析

《中国植物志》 （第六十九卷，1990）	Flora of China (Vol. 18, 1998)	《中国苦苣苔科植物》 （2014）	《中国生物物种名录》 （2016）	Möller et al., 2016
Aeschynanthus Jack 芒毛苣苔属	*Aeschynanthus* Jack 芒毛苣苔属	*Aeschynanthus* Jack 芒毛苣苔属	*Aeschynanthus* Jack 芒毛苣苔属	*Aeschynanthus* Jack 芒毛苣苔属
Allocheilos W.T.Wang 异唇苣苔属	*Allocheilos* W.T.Wang 异唇苣苔属	*Allocheilos* W.T.Wang 异唇苣苔属	*Allocheilos* W.T.Wang 异唇苣苔属	*Allocheilos* W.T.Wang 异唇苣苔属
Allostigma W.T.Wang 异片苣苔属	*Allostigma* W.T.Wang 异片苣苔属	*Allostigma* W.T.Wang 异片苣苔属	*Allostigma* W.T.Wang 异片苣苔属	*Allostigma* W.T.Wang 异片苣苔属
Ancylostemon Craib 直瓣苣苔属	*Ancylostemon* Craib 直瓣苣苔属	*Ancylostemon* Craib 直瓣苣苔属	*Ancylostemon* Craib 直瓣苣苔属	
Anna Pellegr. 大苞苣苔属	*Anna* Pellegr. 大苞苣苔属	*Anna* Pellegr. 大苞苣苔属	*Anna* Pellegr. 大苞苣苔属	*Anna* Pellegr. 大苞苣苔属
Beccarinda Kuntze 横蒴苣苔属	*Beccarinda* Kuntze 横蒴苣苔属	*Beccarinda* Kuntze 横蒴苣苔属	*Beccarinda* Kuntze 横蒴苣苔属	*Beccarinda* Kuntze 横蒴苣苔属
Boea Comm. ex Lam. 旋蒴苣苔属	*Boea* Comm. ex Lam. 旋蒴苣苔属	*Boea* Comm. ex Lam. 旋蒴苣苔属	*Boea* Comm. ex Lam. 旋蒴苣苔属	
Boeica Clarke 短筒苣苔属	*Boeica* Clarke 短筒苣苔属	*Boeica* Clarke 短筒苣苔属	*Boeica* Clarke 短筒苣苔属	*Boeica* Clarke 短筒苣苔属
Bournea Oliv. 四数苣苔属	*Bournea* Oliv. 四数苣苔属	*Bournea* Oliv. 四数苣苔属	*Bournea* Oliv. 四数苣苔属	
Briggsia Craib 粗筒苣苔属	*Briggsia* Craib 粗筒苣苔属	*Briggsia* Craib 粗筒苣苔属	*Briggsia* Craib 粗筒苣苔属	
Briggsiopsis K.Y.Pan 筒花苣苔属	*Briggsiopsis* K.Y.Pan 筒花苣苔属	*Briggsiopsis* K.Y.Pan 筒花苣苔属	*Briggsiopsis* K.Y.Pan 筒花苣苔属	*Briggsiopsis* K.Y.Pan 筒花苣苔属
Calcareoboea C.Y.Wu ex H.W.Li 朱红苣苔属	*Calcareoboea* C.Y.Wu ex H.W.Li 朱红苣苔属	*Calcareoboea* C.Y.Wu ex H.W.Li 朱红苣苔属	*Calcareoboea* C.Y.Wu ex H.W.Li 朱红苣苔属	
Cathayanthe Chun 扁蒴苣苔属	*Cathayanthe* Chun 扁蒴苣苔属	*Cathayanthe* Chun 扁蒴苣苔属	*Cathayanthe* Chun 扁蒴苣苔属	*Cathayanthe* Chun 扁蒴苣苔属
Chirita Buch.–Ham. ex D.Don 唇柱苣苔属	*Chirita* Buch.–Ham. ex D.Don 唇柱苣苔属	*Chirita* Buch.–Ham. ex D.Don 唇柱苣苔属	*Chirita* Buch.–Ham. ex D.Don 唇柱苣苔属	
Chiritopsis W.T.Wang 小花苣苔属	*Chiritopsis* W.T.Wang 小花苣苔属	*Chiritopsis* W.T.Wang 小花苣苔属	*Chiritopsis* W.T.Wang 小花苣苔属	
Conandron Sieb. & Zucc. 苦苣苔属	*Conandron* Sieb. & Zucc. 苦苣苔属	*Conandron* Sieb. & Zucc. 苦苣苔属	*Conandron* Sieb. & Zucc. 苦苣苔属	*Conandron* Sieb. & Zucc. 苦苣苔属

06

（续）

《中国植物志》（第六十九卷，1990）	Flora of China (Vol. 18, 1998)	《中国苦苣苔科植物》(2014)	《中国生物物种名录》(2016)	Möller et al., 2016
Corallodiscus Batalin 珊瑚苣苔属	Corallodiscus Batalin 珊瑚苣苔属	Corallodiscus Batalin 珊瑚苣苔属	Corallodiscus Batalin 珊瑚苣苔属	Corallodiscus Batalin 珊瑚苣苔属
Cyrtandra J.R.& G.Forst. 浆果苣苔属	Cyrtandra J.R.& G.Forst. 浆果苣苔属	Cyrtandra J.R.& G.Forst. 浆果苣苔属	Cyrtandra J.R.& G.Forst. 浆果苣苔属	Cyrtandra J.R.& G.Forst. 浆果苣苔属
				Damrongia Kerr 萼唇苣苔属
Dayaoshania W.T.Wang 瑶山苣苔属	Dayaoshania W.T.Wang 瑶山苣苔属	Dayaoshania W.T.Wang 瑶山苣苔属	Dayaoshania W.T.Wang 瑶山苣苔属	
Deinocheilos W.T.Wang 全唇苣苔属	Deinocheilos W.T.Wang 全唇苣苔属	Deinocheilos W.T.Wang 全唇苣苔属	Deinocheilos W.T.Wang 全唇苣苔属	
				Deinostigma W.T.Wang & Z.Yu Li 奇柱苣苔属
Didissandra C.B.Clarke 漏斗苣苔属	Didissandra C.B.Clarke 漏斗苣苔属			
Didymocarpus Wall. 长蒴苣苔属	Didymocarpus Wall. 长蒴苣苔属	Didymocarpus Wall. 长蒴苣苔属	Didymocarpus Wall. 长蒴苣苔属	Didymocarpus Wall. 长蒴苣苔属
Didymostigma W.T.Wang 双片苣苔属	Didymostigma W.T.Wang 双片苣苔属	Didymostigma W.T.Wang 双片苣苔属	Didymostigma W.T.Wang 双片苣苔属	Didymostigma W.T.Wang 双片苣苔属
Dolicholoma D.Fang & W.T.Wang 长檐苣苔属	Dolicholoma D.Fang & W.T.Wang 长檐苣苔属	Dolicholoma D.Fang & W.T.Wang 长檐苣苔属	Dolicholoma D.Fang & W.T.Wang 长檐苣苔属	
				Dorcoceras Bungea 羚角苣苔属/旋蒴苣苔属
Epithema Bl. 盾座苣苔属	Epithema Bl. 盾座苣苔属	Epithema Bl. 盾座苣苔属	Epithema Bl. 盾座苣苔属	Epithema Bl. 盾座苣苔属
				Glabrella Mich.Möller & W.H.Chen 光叶苣苔属
Gyrocheilos W.T.Wang 圆唇苣苔属	Gyrocheilos W.T.Wang 圆唇苣苔属	Gyrocheilos W.T.Wang 圆唇苣苔属	Gyrocheilos W.T.Wang 圆唇苣苔属	Gyrocheilos W.T.Wang 圆唇苣苔属
Gyrogyne W.T.Wang 圆果苣苔属	Gyrogyne W.T.Wang 圆果苣苔属	Gyrogyne W.T.Wang 圆果苣苔属	Gyrogyne W.T.Wang 圆果苣苔属	Gyrogyne W.T.Wang 圆果苣苔属

（续）

《中国植物志》 （第六十九卷，1990）	Flora of China (Vol. 18, 1998)	《中国苦苣苔科植物》 （2014）	《中国生物物种名录》 （2016）	Möller et al., 2016
Hemiboea C.B.Clarke 半蒴苣苔属	*Hemiboea* C.B.Clarke 半蒴苣苔属	*Hemiboea* C.B.Clarke 蒴苣苔属	*Hemiboea* C.B.Clarke 半蒴苣苔属	*Hemiboea* C.B.Clarke 半蒴苣苔属
Hemiboeopsis W.T.Wang 密序苣苔属	*Hemiboeopsis* W.T.Wang 密序苣苔属	*Hemiboeopsis* W.T.Wang 密序苣苔属	*Hemiboeopsis* W.T.Wang 密序苣苔属	
				Henckelia Spreng. 汉克丽亚花属南洋苣苔属
Isometrum Craib 金盏苣苔属	*Isometrum* Craib 金盏苣苔属	*Isometrum* Craib 金盏苣苔属	*Isometrum* Craib 金盏苣苔属	
Lagarosolen W.T.Wang 细筒苣苔属	*Lagarosolen* W.T.Wang 细筒苣苔属	*Lagarosolen* W.T.Wang 细筒苣苔属	*Lagarosolen* W.T.Wang 细筒苣苔属	
Leptoboea Benth. 细蒴苣苔属	*Leptoboea* Benth. 细蒴苣苔属	*Leptoboea* Benth. 细蒴苣苔属	*Leptoboea* Benth. 细蒴苣苔属	*Leptoboea* Benth. 细蒴苣苔属
			Litostigma Y.G.Wei, F.Wen & Mich. Möller （未定中文名）	*Litostigma* Y.G.Wei, F.Wen & Mich.Möller 凹柱苣苔属
Loxostigma Clarke 紫花苣苔属	*Loxostigma* Clarke 紫花苣苔属	*Loxostigma* Clarke 紫花苣苔属	*Loxostigma* Clarke 紫花苣苔属	*Loxostigma* Clarke 斜片苣苔属/紫花苣苔属
Lysionotus D.Don 吊石苣苔属	*Lysionotus* D.Don 吊石苣苔属	*Lysionotus* D.Don 吊石苣苔属	*Lysionotus* D.Don 吊石苣苔属	*Lysionotus* D.Don 吊石苣苔属
Metabriggsia W.T.Wang 单座苣苔属	*Metabriggsia* W.T.Wang 单座苣苔属	*Metabriggsia* W.T.Wang 单座苣苔属	*Metabriggsia* W.T.Wang 单座苣苔属	
Metapetrocosmea W.T.Wang 盾叶苣苔属	*Metapetrocosmea* W.T.Wang 盾叶苣苔属	*Metapetrocosmea* W.T.Wang 盾叶苣苔属	*Metapetrocosmea* W.T.Wang 盾叶苣苔属	*Metapetrocosmea* W.T.Wang 盾叶苣苔属
				Microchirita (C.B.Clarke) Yin Z. Wang 钩序苣苔属
				Middletonia C.Puglisi 粉毛苣苔属
Opithandra Burtt 后蕊苣苔属	*Opithandra* Burtt 后蕊苣苔属	*Opithandra* Burtt 后蕊苣苔属	*Opithandra* Burtt 后蕊苣苔属	

06

（续）

《中国植物志》 （第六十九卷，1990）	Flora of China (Vol. 18, 1998)	《中国苦苣苔科植物》 (2014)	《中国生物物种名录》 (2016)	Möller et al., 2016
Oreocharis Benth. 马铃苣苔属	*Oreocharis* Benth. 马铃苣苔属	*Oreocharis* Benth. 马铃苣苔属	*Oreocharis* Benth. 马铃苣苔属	*Oreocharis* Benth. 马铃苣苔属
Ornithoboea Parish ex C.B.Clarke 喜鹊苣苔属	*Ornithoboea* Parish ex C.B.Clarke 喜鹊苣苔属	*Ornithoboea* Parish ex C.B.Clarke 喜鹊苣苔属	*Ornithoboea* Parish ex C.B.Clarke 喜鹊苣苔属	*Ornithoboea* Parish ex C.B.Clarke 喜鹊苣苔属
Paraboea (C.B.Clarke) Ridley 蛛毛苣苔属	*Paraboea* (C.B.Clarke) Ridley 蛛毛苣苔属	*Paraboea* (C.B.Clarke) Ridley 蛛毛苣苔属	*Paraboea* (C.B.Clarke) Ridley 蛛毛苣苔属	*Paraboea* (C.B.Clarke) Ridley 蛛毛苣苔属
	Paraisometrum W.T.Wang 弥勒苣苔属	*Paraisometrum* W.T.Wang 弥勒苣苔属	*Paraisometrum* W.T.Wang 弥勒苣苔属	
		Paralagarosolen Y.G.Wei 方鼎苣苔属	*Paralagarosolen* Y.G.Wei 方鼎苣苔属	
Petrocodon Hance 石山苣苔属	*Petrocodon* Hance 石山苣苔属	*Petrocodon* Hance 石山苣苔属	*Petrocodon* Hance 石山苣苔属	*Petrocodon* Hance 石山苣苔属
Petrocosmea Oliv. 石蝴蝶属	*Petrocosmea* Oliv. 石蝴蝶属	*Petrocosmea* Oliv. 石蝴蝶属	*Petrocosmea* Oliv. 石蝴蝶属	*Petrocosmea* Oliv. 石蝴蝶属
Platystemma Wall. 堇叶苣苔属	*Platystemma* Wall. 堇叶苣苔属	*Platystemma* Wall. 堇叶苣苔属	*Platystemma* Wall. 堇叶苣苔属	*Platystemma* Wall. 堇叶苣苔属
Primulina Hance 报春苣苔属	*Primulina* Hance 报春苣苔属	*Primulina* Hance 报春苣苔属	*Primulina* Hance 报春苣苔属	*Primulina* Hance 报春苣苔属
Pseudochirita W.T.Wang 异裂苣苔属	*Pseudochirita* W.T.Wang 异裂苣苔属	*Pseudochirita* W.T.Wang 异裂苣苔属	*Pseudochirita* W.T.Wang 异裂苣苔属	*Pseudochirita* W.T.Wang 异裂苣苔属
	Raphiocarpus Chun 漏斗苣苔属	*Raphiocarpus* Chun 漏斗苣苔属	*Raphiocarpus* Chun 大苞漏斗苣苔属	*Raphiocarpus* Chun 漏斗苣苔属
Rhabdothamnopsis Hemsl. 长冠苣苔属	*Rhabdothamnopsis* Hemsl. 长冠苣苔属	*Rhabdothamnopsis* Hemsl. 长冠苣苔属	*Rhabdothamnopsis* Hemsl. 长冠苣苔属	*Rhabdothamnopsis* Hemsl. 长冠苣苔属
Rhynchoglossum Bl. 尖舌苣苔属	*Rhynchoglossum* Bl. 尖舌苣苔属	*Rhynchoglossum* Bl. 尖舌苣苔属	*Rhynchoglossum* Bl. 尖舌苣苔属	*Rhynchoglossum* Bl. 尖舌苣苔属
Rhynchotechum Bl. 线柱苣苔属	*Rhynchotechum* Bl. 线柱苣苔属	*Rhynchotechum* Bl. 线柱苣苔属	*Rhynchotechum* Bl. 线柱苣苔属	*Rhynchotechum* Bl. 线柱苣苔属
Schistolobos W.T.Wang 裂檐苣苔属				

（续）

《中国植物志》（第六十九卷，1990）	Flora of China (Vol. 18, 1998)	《中国苦苣苔科植物》(2014)	《中国生物物种名录》(2016)	Möller et al., 2016
Stauranthera Benth. 十字苣苔属	*Stauranthera* Benth. 十字苣苔属	*Stauranthera* Benth. 十字苣苔属	*Stauranthera* Benth. 十字苣苔属	*Stauranthera* Benth. 十字苣苔属
Tengia Chun 世纬苣苔属	*Tengia* Chun 世纬苣苔属	*Tengia* Chun 世纬苣苔属	*Tengia* Chun 世纬苣苔属	
Thamnocharis W.T.Wang 辐花苣苔属	*Thamnocharis* W.T.Wang 辐花苣苔属	*Thamnocharis* W.T.Wang 辐花苣苔属	*Thamnocharis* W.T.Wang 辐花苣苔属	
Titanotrichum Solereder 闽苣苔属	*Titanotrichum* Solereder 台闽苣苔属	*Titanotrichum* Solereder 台闽苣苔属	*Titanotrichum* Solereder 台闽苣苔属	*Titanotrichum* Solereder 台闽苣苔属/俄氏草属
Tremacron Craib 短檐苣苔属	*Tremacron* Craib 短檐苣苔属	*Tremacron* Craib 短檐苣苔属	*Tremacron* Craib 短檐苣苔属	
Trisepalum C.B.Clarke 唇萼苣苔属	*Trisepalum* C.B.Clarke 唇萼苣苔属	*Trisepalum* C.B.Clarke 唇萼苣苔属	*Trisepalum* C.B.Clarke 唇萼苣苔属	
		Wentsaiboea D.Fang & D.H.Qin 文采苣苔属	*Wentsaiboea* D.Fang & D.H.Qin 文采苣苔属	
Whytockia W.W.Smith 异叶苣苔属	*Whytockia* W.W.Smith 异叶苣苔属	*Whytockia* W.W.Smith 异叶苣苔属	*Whytockia* W.W.Smith 异叶苣苔属	*Whytockia* W.W.Smith 异叶苣苔属

注：由于分类观点的不同，囊萼花属（*Cyrtandromoea* Zollinger）上述文献均未列入；另奇柱苣苔属并入盾叶苣苔属的文献不出现于上述志书，故此处不予列出。

06

4 中国苦苣苔科植物中的代表性观赏类群

4.1 报春苣苔属

Primulina Hance, Journal of Botany, British and Foreign 21: 169. 1883 [Type Species: 报春苣苔 *Primulina tabacum* Hance, Journal of Botany, British and Foreign, 21(6): 169-170. 1883].

多年生草本，无地上茎，根状茎常短而粗壮，部分种根状茎多年生长后木质化，可长达数十厘米。叶基生成莲座状，或簇生于根状茎的顶部，对生，三叶轮生或多叶簇生于根状茎顶部；叶具柄或无柄；叶为单叶，偶为羽状复叶，不分裂，稀羽状分裂。假二歧状聚伞花序腋生，花序梗长或短，每花序具少数至多数花，偶为单花；苞片2，对生，偶具3枚，分生。花萼5裂至基部，裂片狭三角形至狭卵圆形，边缘全缘，有时具齿；花冠颜色丰富，蓝、紫、黄、白、粉红等，花冠基本为左右对称，稀几近辐射对称，花型多样，有高脚碟状、筒状漏斗形、筒状、细筒状、粗筒状、碗状、钟状等；檐部二唇形，比筒部短，上唇2裂，下唇3裂。可育雄蕊2，内含或稍伸出，花丝狭线形，中部至基部常膝状弯曲，少数种稍弯曲，也有不弯曲者；花药常粘连，偶见分离，被髯毛或无毛；退化雄蕊3，常有1枚退化至几不可见。花盘环状，全缘或具齿，偶1~2裂，无毛。雌蕊无柄；子房无柄，线形、卵状至长卵球形，1室，具2侧膜胎座；柱头通常仅下方1片发育，不分裂（马蹄形）、2浅裂至深裂，上方一片退化至近无，偶有残存极短的片状物。蒴果线形、卵球形、长卵球形，室背开裂成2瓣，或沿脊线开裂，果瓣直，不扭曲。种子小，椭圆形，无附属物。

目前本属在国内已知有220余种，并且近年来新种还在不断发表。本属的分布中心为我国广西，华南、华东、华中、西南各地常见，台湾未见本属分布，最北分布到陕西陇南，最南则可达越南中部［钟冠报春苣苔*Primulina swinglei* (Merr.) Mich. Möller & A. Weber］，具体见下表。目前，越南为已知除我国之外唯一一个有报春苣苔属植物分布的国家（Wei et al., 2022）。

Primulina Hance	报春苣苔属	地理分布
Primulina albicalyx B.Pan & Li H.Yang	白萼报春苣苔	广西都安
Primulina alutacea F.Wen, B.Pan & B.M.Wang	淡黄报春苣苔	广东英德
Primulina anisocymosa F.Wen, Xin Hong & Z.J.Qiu	异序报春苣苔	广东阳春、高州
Primulina argentea Xin Hong, F.Wen & S.B.Zhou	银叶报春苣苔	广东连南
Primulina atroglandulosa (W.T.Wang) Mich. Möller & A. Weber	黑腺报春苣苔	广西龙州
Primulina atropurpurea (W.T.Wang) Mich. Möller & A.Weber	紫萼报春苣苔	广西桂林
Primulina baishouensis (Y.G.Wei, H.Q.Wen & S.H.Zhong) Yin Z.Wang	百寿报春苣苔	广西桂林、永福
Primulina beiliuensis B.Pan & S.X.Huang	北流报春苣苔	广西北流
Primulina beiliuensis var. *fimbribracteata* F.Wen & B.D.Lai	齿苞报春苣苔	广东韶关
Primulina bicolor (W.T.Wang) Mich. Möller & A.Weber	二色报春苣苔	广东云浮
Primulina bipinnatifida (W.T.Wang) Yin Z.Wang & J.M.Li	羽裂小花苣苔	广西桂林、苍梧
Primulina bipinnatifida var. *zhoui* (F.Wen & Z.B.Xin) W.B.Xu & K.F.Chung	周氏小花苣苔	广西柳州
Primulina bobaiensis Q.K.Li, Qiang Zhang & Wen L.Li	博白报春苣苔	广西博白

（续）

Primulina Hance	报春苣苔属	地理分布
Primulina brachystigma (W.T.Wang) Mich. Möller & A.Weber	短头报春苣苔	广西河池
Primulina brachytricha (W.T.Wang & D.Y.Chen) R.B.Mao & Yin Z.Wang	短毛报春苣苔	广西河池，贵州荔波
Primulina brachytricha var. *magnibracteata* (W.T.Wang & D.Y.Chen) Mich. Möller & A. Weber	大苞短毛报春苣苔	广西河池，贵州荔波
Primulina brassicoides (W.T.Wang) Mich. Möller & A. Weber	芥状报春苣苔	广西龙州
Primulina bullata S.N.Lu & F.Wen	泡叶报春苣苔	广西靖西
Primulina cardaminifolia Yan Liu & W.B.Xu	碎米荠叶报春苣苔	广西来宾
Primulina carinata Y.G.Wei, F.Wen & H.Z.Lü	囊筒报春苣苔	广西武鸣
Primulina carnosifolia (C.Y.Wu ex.H.W.Li) Yin Z.Wang	肉叶报春苣苔	云南麻栗坡
Primulina cataractarum X.L.Yu & A.Liu	瀑生报春苣苔	湖南江华
Primulina cerina F.Wen, Yi Huang & W.C.Chou	暗硫色小花苣苔	广西宜州
Primulina chingipengii W.B.Xu & K.F.Chung	彭镜毅小花苣苔	广西都安
Primulina chizhouensis Xin Hong, S.B.Zhou & F.Wen	池州报春苣苔	安徽池州，江西乐平
Primulina clausa P.W.Li & M.Kang	闭苞报春苣苔	广西兴安、灌阳、环江
Primulina confertiflora (W.T.Wang) Mich. Möller & A. Weber	密小花苣苔	广东阳山
Primulina cordata Mich. Möller & A. Weber	心叶报春苣苔	广西阳朔
Primulina cordifolia (D.Fang & W.T.Wang) Yin Z.Wang	心叶小花苣苔	广西柳州、柳江
Primulina cordistigma F. Wen, B.D.Lai & B. M.Wang	心柱报春苣苔	广东阳春
Primulina crassirhizoma F.Wen, Bo Zhao & Xin Hong	粗茎报春苣苔	广西靖西、那坡
Primulina crassituba (W. T.Wang) Mich.Möller & A. Weber	粗筒报春苣苔	湖南双牌
Primulina cruciformis (Chun) Mich. Möller & A. Weber	十字报春苣苔	湖南衡阳
Primulina curvituba B. Pan, Li H. Yang & M. Kang	弯花报春苣苔	广西环江
Primulina danxiaensis (W.B.Liao, S.S.Lin & R.J.Shen) W.B.Liao & K.F.Chung	丹霞小花苣苔	广东仁化，湖南郴州
Primulina davidioides F. Wen & Xin Hong	珙桐状报春苣苔	广西东兰
Primulina debaoensis N. Jiang & Hong Li	德保报春苣苔	广西德保
Primulina demissa (Hance) Mich. Möller & A. Weber	巨柱报春苣苔	广东连州
Primulina depressa (Hook.f.) Mich. Möller & A. Weber	短序报春苣苔	广东仁化
Primulina dichroantha F. Wen, Y.G.Wei & S.B.Zhou	歧色报春苣苔	广西宜州
Primulina diffusa Xin Hong, F.Wen & S.B.Zhou	匍茎报春苣苔	广西大新
Primulina dongguanica F.Wen, Y.G.Wei & R.Q.Luo	东莞报春苣苔	广东东莞、惠州
Primulina dryas (Dunn) Mich.Möller & A.Weber	中华报春苣苔	广东深圳，香港
Primulina duanensis F.Wen & S.L.Huang	都安报春苣苔	广西都安
Primulina eburnea (Hance) Yin Z.Wang	牛耳朵	广西，广东，贵州，湖南，重庆
Primulina effusa F.Wen & B. Pan	散序小花苣苔	广东连南
Primulina fangdingii B.M.Wang, B.Pan & B.D.Lai	方鼎小花苣苔	广西柳城
Primulina fangii (W.T.Wang) Mich. Möller & A.Weber	方氏报春苣苔	重庆开县
Primulina fengkaiensis Z.L.Ning & M. Kang	封开报春苣苔	广东封开，广西昭平和贺州
Primulina fengshanensis F. Wen & Yue Wang	凤山报春苣苔	广西凤山
Primulina fimbrisepala (Hand.-Mazz.) Yin Z. Wang	蚂蟥七	华南，华东，中南
Primulina fimbrisepala var. *mollis* (W.T.Wang) Mich. Möller & A. Weber	密毛蚂蟥七	广西防城港
Primulina flavimaculata (W.T.Wang) Mich. Möller & A. Weber	黄斑报春苣苔	海南

06

（续）

Primulina Hance	报春苣苔属	地理分布
Primulina flexusa F. Wen, T.Peng & B. Pan	曲管报春苣苔	贵州都匀
Primulina floribunda (W.T.Wang) Mich. Möller & A. Weber	多花报春苣苔	广西桂平
Primulina fordii (Hemsl.) Yin Z. Wang	桂粤报春苣苔	广西苍梧，广东郁南
Primulina fordii var. *dolichotricha* (W.T.Wang) Mich. Möller & A. Weber	鼎湖报春苣苔	广东肇庆
Primulina gigantea F. Wen, B. Pan & W.H.Luo	巨叶报春苣苔	广西灌阳
Primulina glabrescens (W.T.Wang & D.Y.Chen) Mich. Möller & A. Weber	少毛报春苣苔	广西宜州、融水，贵州荔波
Primulina glandaceistriata X.X.Zhu, F. Wen & H.Sun	褐纹报春苣苔	广西灵川
Primulina glandulosa (D.Fang, L.Zeng & D.H.Qin) Yin Z.Wang	紫腺小花苣苔	广西平乐
Primulina gongchengensis Y.S.Huang & Yan Liu	恭城报春苣苔	广西恭城
Primulina gracilipes X.L.Yu & A. Liu	细柄报春苣苔	湖南江永
Primulina grandibracteata (J.M.Li & Mich. Möller) Mich. Möller & A. Weber	大苞报春苣苔	云南河口
Primulina gueilinensis (W.T.Wang) Yin Z.Wang & Yan Liu	桂林报春苣苔	广西桂林、阳朔、永福
Primulina guigangensis L. Wu & Qiang Zhang	贵港报春苣苔	广西贵港
Primulina guihaiensis (Y.G.Wei, B. Pan & W.X.Tang) Mich. Möller & A. Weber	桂海报春苣苔	广西桂林、永福、灵川、阳朔
Primulina guizhongensis Bo Zhao, B. Pan & F. Wen	桂中报春苣苔	广西柳州、柳城
Primulina hedyotidea (Chun) Yin Z. Wang	肥牛草	广西宁明、龙州
Primulina hengshanensis L.H.Liu & K.M.Liu	衡山报春苣苔	湖南衡山
Primulina heterochroa F. Wen & B. D.Lai	异色报春苣苔	广西龙州、凭祥
Primulina heterotricha (Merr.) Y. Dong & Yin Z. Wang	烟叶报春苣苔	海南
Primulina hezhouensis (W.H.Wu & W.B.Xu) W.B.Xu & K.F.Chung	贺州小花苣苔	广西贺州
Primulina hiemalis Xin Hong & F. Wen	冬花报春苣苔	广西永福、融安
Primulina hochiensis (C.C.Huang & X.X.Chen) Mich. Möller & A. Weber	河池报春苣苔	广西西北部至东北部
Primulina hochiensis var. *rosulata* F. Wen & Y.G.Wei	莲座状河池报春苣苔	广西平乐、恭城
Primulina hochiensis var. *ochroleuca* F. Wen, Y.Z.Ge & Z.B.Xin	黄花河池报春苣苔	广西恭城
Primulina hochiensis var. *ovata* L.H.Yang, H.H. Kong & M. Kang	卵圆叶河池报春苣苔	广西阳朔、平乐
Primulina huaijiensis Z.L.Ning & Jing Wang	怀集报春苣苔	广东怀集
Primulina huangii F. Wen & Z.B.Xin	黄氏小花苣苔	广西柳州
Primulina huangjiniana W. B.Liao, Q. Fan & C.Y.Huang	黄进报春苣苔	广东仁化
Primulina hunanensis K.M.Liu & X.Z.Cai	湖南报春苣苔	湖南江华
Primulina inflata Li H.Yang & M.Z.Xu	粗筒小花苣苔	江西兴国
Primulina jiangyongensis X.L.Yu & Ming Li	江永报春苣苔	湖南江永
Primulina jingxiensis (Yan Liu, W.B.Xu & H.S.Gao) W.B.Xu & K.F.Chung	靖西小花苣苔	广西靖西
Primulina jiuwanshanica (W.T.Wang) Yin Z.Wang	九万山报春苣苔	广西融水、灵川
Primulina jiuyishanica Kun Liu, D.C.Meng & Z.B.Xin	九嶷山报春苣苔	湖南宁远
Primulina juliae (Hance) Mich. Möller & A. Weber	大齿报春苣苔	广东北部至湖南南部
Primulina langshanica (W.T.Wang) Yin Z. Wang	崀山报春苣苔	广西资源，湖南新宁
Primulina latinervis (W.T.Wang) Mich. Möller & A. Weber	宽脉报春苣苔	湖南新宁
Primulina lechangensis Xin Hong, F. Wen & S.B.Zhou	乐昌报春苣苔	广东乐昌
Primulina leei (F. Wen, Yue Wang & Q.X.Zhang) Mich. Möller & A. Weber	李氏报春苣苔	广西柳州、柳城
Primulina leiophylla (W.T.Wang) Yin Z. Wang	光叶报春苣苔	广西大新、龙州

Primulina Hance	报春苣苔属	地理分布
Primulina leiyyi F. Wen, Z.B.Xin & W.C.Chou	雷氏报春苣苔	广西南宁
Primulina lepingensis Z.L.Ning & M. Kang	乐平小花苣苔	江西乐平
Primulina leprosa (Yan Liu & W.B.Xu) W. B. Xu & K.F.Chung	癞叶报春苣苔	广西马山
Primulina lianchengensis B.J.Ye & S.P.Chen	连城报春苣苔	福建连城
Primulina lianpingensis Li H.Yang, H.H.Kong & M. Kang	连平报春苣苔	广东连平、翁源、从化
Primulina liboensis (W.T.Wang & D.Y.Chen) Mich. Möller & A. Weber	荔波报春苣苔	贵州荔波，广西南丹、河池
Primulina lienxienensis (W.T.Wang) Mich. Möller & A. Weber	连县报春苣苔	广东连州
Primulina liguliformis (W.T.Wang) Mich. Möller & A. Weber	舌柱报春苣苔	贵州安龙
Primulina lijiangensis (B. Pan & W.B.Xu) W.B.Xu & K.F.Chung	漓江报春苣苔	广西阳朔
Primulina linearicalyx F.Wen, B.D.Lai & Y.G.Wei	线萼报春苣苔	广西武鸣、马山
Primulina linearifolia (W.T.Wang) Yin Z.Wang	线叶报春苣苔	广西武鸣
Primulina linglingensis (W.T.Wang) Mich. Möller & A. Weber	零陵报春苣苔	湖南永州
Primulina linglingensis var. *fragrans* F. Wen, Y.Z.Ge & B. Pan	香花报春苣苔	广西全州
Primulina liujiangensis (D. Fang & D.H.Qin) Yan Liu	柳江报春苣苔	广西柳江、柳州
Primulina lobulata (W.T.Wang) Mich. Möller & A. Weber	浅裂小花苣苔	广东阳山、英德
Primulina longgangensis (W.T.Wang) Yan Liu & Yin Z. Wang	弄岗报春苣苔	广西龙州、大新、宁明
Primulina longicalyx (J.M. Li & Yin Z. Wang) Mich. Möller & A. Weber	长萼报春苣苔	广西桂林
Primulina longii (Z.Yu Li) Z. Yu Li	龙氏报春苣苔	广西永福、融安
Primulina longzhouensis (B. Pan & W.H.Wu) W. B.Xu & K. F.Chung	龙州小花苣苔	广西龙州
Primulina lunglinensis (W.T.Wang) Mich. Möller & A. Weber	隆林报春苣苔	广西隆林，贵州兴义
Primulina lunglinensis var. *amblyosepala* (W.T.Wang) Mich. Möller & A. Weber	钝萼报春苣苔	广西环江
Primulina lungzhouensis (W.T.Wang) Mich. Möller & A. Weber	龙州报春苣苔	广西龙州至云南东南部
Primulina luochengensis (Yan Liu & W.B.Xu) Mich. Möller & A. Weber	罗城文采苣苔	广西罗城
Primulina lutea (Yan Liu & Y.G.Wei) Mich. Möller & A. Weber	黄花牛耳朵	广西贺州、钟山、苍梧，广东连山
Primulina lutescens B. Pan & H.S.Ma	浅黄报春苣苔	广西灵山
Primulina lutvittata F. Wen & Y. G.Wei	黄纹报春苣苔	广东阳春
Primulina luzhaiensis (Yan Liu, Y.S.Huang & W.B.Xu) Mich. Möller & A. Weber	鹿寨报春苣苔	广西鹿寨
Primulina mabaensis K.F.Chung & W.B.Xu	马坝报春苣苔	广东韶关
Primulina maciejewskii F. Wen, R.L.Zhang & A.Q.Dong	马氏小花苣苔	广东阳山
Primulina macrodonta (D. Fang & D.H.Qin) Mich. Möller & A. Weber	粗齿报春苣苔	广西灵川
Primulina macrorhiza (D. Fang & D.H.Qin) Mich. Möller & A. Weber	大根报春苣苔	广西武鸣、马山
Primulina maculata W.B.Xu & J. Guo	花叶牛耳朵	广东阳春
Primulina maguanensis (Z. Yu Li, H. Jiang & H. Xu) Mich. Möller & A. Weber	马关报春苣苔	云南马关
Primulina malipoensis Li H. Yang & M. Kang	麻栗坡报春苣苔	云南麻栗坡
Primulina medica (D. Fang ex. W.T.Wang) Yin Z. Wang	药用报春苣苔	广西平乐
Primulina melanofilamenta Ying Liu & F. Wen	黑丝报春苣苔	广西兴安
Primulina minor F. Wen & Y. G. Wei	微小报春苣苔	湖南道县，广西恭城
Primulina minutimaculata (D. Fang & W.T.Wang) Yin Z. Wang	微斑报春苣苔	广西龙州、凭祥、大新
Primulina moi F. Wen & Y. G.Wei	莫氏报春苣苔	广东翁源

06

（续）

Primulina Hance	报春苣苔属	地理分布
Primulina mollifolia (D. Fang & W.T.Wang) J.M.Li & Yin Z. Wang	密毛小花苣苔	广西宜州
Primulina multifida B. Pan & K.F.Chung	多裂小花苣苔	广西荔浦
Primulina nana C. Xiong, W.C.Chou & F. Wen	玲珑报春苣苔	广西蒙山
Primulina nandanensis (S.X.Huang, Y.G.Wei & W.H.Luo) Mich. Möller & A. Weber	南丹报春苣苔	广西南丹
Primulina napoensis (Z. Yu Li) Mich. Möller & A. Weber	那坡报春苣苔	广西那坡
Primulina ningmingensis (Yan Liu & W.H.Wu) W.B.Xu & K.F.Chung	宁明报春苣苔	广西宁明
Primulina niveolanosa F. Wen, S. Li & W.C.Chou	绵毛小花苣苔	广西宜州
Primulina obtusidentata (W.T.Wang) Mich. Möller & A. Weber	钝齿报春苣苔	贵州至湖北
Primulina obtusidentata var. *mollipes* (W.T.Wang) Mich. Möller & A. Weber	毛序报春苣苔	湖南至贵州梵净山
Primulina ophiopogoides (D. Fang & W.T.Wang) Yin Z. Wang	条叶报春苣苔	广西扶绥
Primulina orthandra (W.T.Wang) Mich. Möller & A. Weber	直蕊报春苣苔	广东连州、连南、连山
Primulina papillosa Z.B. Xin, W.C.Chou & F. Wen	刺疣报春苣苔	广西武鸣
Primulina parvifolia (W.T.Wang) Yin Z. Wang & J.M.Li	小叶报春苣苔	广西贵港兴业
Primulina pengii W.B.Xu & K.F.Chung	彭氏报春苣苔	广东阳山
Primulina persica F. Wen, Yi Huang & W.C.Chou	桃红小花苣苔	广西阳朔
Primulina petrocosmeoides B. Pan & F. Wen	石蝴蝶状报春苣苔	广西靖西
Primulina pingleensis Ying Qin & Yan Liu	平乐报春苣苔	广西平乐
Primulina pinnata (W.T.Wang) Yin Z. Wang	复叶报春苣苔	广西融水、兴安
Primulina pinnatifida (Hand.-Mazz.) Yin Z. Wang	羽裂报春苣苔	华南至华东
Primulina polycephala (Chun) Mich. Möller & A. Weber	多葶报春苣苔	广东连州、连山、连南
Primulina porphyrea X.L.Yu & Ming Li	紫背报春苣苔	湖南东安
Primulina pseudoeburnea (D. Fang & W.T.Wang) Mich. Möller & A. Weber	紫纹报春苣苔	广西田东
Primulina pseudoglandulosa W.B.Xu & K.F.Chung	阳朔小花苣苔	广西阳朔
Primulina pseudoheterotricha (T.J.Zhou, B. Pan & W.B.Xu) Mich. Möller & A. Weber	假烟叶报春苣苔	广西钟山、贺州
Primulina pseudolinearifolia W.B.Xu & K.F.Chung	拟线叶报春苣苔	广西罗城
Primulina pseudomollifolia W.B.Xu & Yan Liu	假密毛小花苣苔	广西融水
Primulina pseudoroseoalba Jian Li, F. Wen & L.J.Yan	拟粉花报春苣苔	广西兴安、灵川
Primulina pteropoda (W.T.Wang) Yan Liu	翅柄报春苣苔	海南
Primulina pungentisepala (W.T.Wang) Mich. Möller & A. Weber	尖萼报春苣苔	广西龙州
Primulina purpurea F. Wen, Bo Zhao & Y.G.Wei	紫花报春苣苔	广西钟山
Primulina purpureokylin F. Wen, Yi Huang & W.C.Chou	紫麟报春苣苔	广西平果
Primulina qingyuanensis Z.L.Ning & M. Kang	清远报春苣苔	广东清远
Primulina qintangensis Z.B.Xin, W.C.Chou & F. Wen	覃塘报春苣苔	广西贵港
Primulina renifolia (D. Fang & D.H.Qin) J.M.Li & Yin Z. Wang	文采苣苔	广西都安
Primulina repanda (W.T.Wang) Yin Z. Wang	小花苣苔	广西天峨至上林沿线
Primulina ronganensis (D. Fang & Y.G.Wei) Mich. Möller & A. Weber	融安报春苣苔	广西融安
Primulina rongshuiensis (Yan Liu & Y.S.Huang) W.B.Xu & K. F. Chung	融水报春苣苔	广西融水
Primulina roseoalba (W.T.Wang) Mich. Möller & A. Weber	粉花报春苣苔	湖南张家界至邵阳
Primulina rotundifolia (Hemsl.) Mich. Möller & A. Weber	卵圆报春苣苔	广东仁化
Primulina rubella Li H. Yang & M. Kang	红花报春苣苔	广东清新

Primulina Hance	报春苣苔属	地理分布
Primulina rubribracteata Z.L.Ning & M. Kang	红苞报春苣苔	湖南江华
Primulina rufipes Y.L. Su, P. Yang & Yan Liu	红柄小花苣苔	广西桂林
Primulina sclerophylla (W.T.Wang) Yan Liu	硬叶报春苣苔	广西都安
Primulina secundiflora (Chun) Mich. Möller & A. Weber	清镇报春苣苔	贵州清镇
Primulina serrulata R.B.Zhang & F. Wen	锯缘报春苣苔	贵州榕江
Primulina shaowuensis X.X.Su, Liang Ma & S.P. Chen	邵武报春苣苔	福建邵武
Primulina shouchengensis (Z.Yu Li) Z. Yu Li	寿城报春苣苔	广西永福
Primulina sichuanensis (W.T.Wang) Mich. Möller & A. Weber	四川报春苣苔	重庆秀山、彭水
Primulina sichuanensis var. *pinnatipartita* H.H.Kong & L.H.Yang	深裂叶报春苣苔	重庆黔江
Primulina silaniae X.X.Bai & F. Wen	思兰报春苣苔	贵州都匀
Primulina sinovietnamica W.H.Wu & Qiang Zhang	中越报春苣苔	广西龙州、宁明
Primulina skogiana (Z. Yu Li) Mich. Möller & A. Weber	斯氏报春苣苔	陕西陇南
Primulina spadiciformis (W.T.Wang) Mich. Möller & A. Weber	焰苞报春苣苔	广西贵港
Primulina speluncae (Hand.-Mazz.) Mich. Möller & A. Weber	小报春苣苔	云南东北部
Primulina spinulosa (D. Fang & W.T.Wang) Yin Z. Wang	刺齿报春苣苔	广西扶绥、南宁
Primulina spiradiclioides Z.B.Xin & F. Wen	螺序草状报春苣苔	广西环江
Primulina subrhomboidea (W.T.Wang) Yin Z. Wang	菱叶报春苣苔	广西桂林、阳朔
Primulina subulata (W.T.Wang) Mich. Möller & A. Weber	钻丝小花苣苔	广东肇庆
Primulina subulata var. *guilinensis* (W.T.Wang) W.B.Xu & K.F.Chung	桂林小花苣苔	广西北部、东部至东北部，湖南南部
Primulina subulata var. *yangchunensis* (W.T.Wang) Mich. Möller & A. Weber	阳春小花苣苔	广东阳春
Primulina subulatisepala (W.T.Wang) Mich. Möller & A. Weber	钻萼报春苣苔	重庆至湖北
Primulina suichuanensis X.L.Yu & J.J.Zhou	遂川报春苣苔	江西遂川
Primulina swinglei (Merr.) Mich. Möller & A. Weber	钟冠报春苣苔	广西西南，广东南部至越南中部广布
Primulina tabacum Hance	报春苣苔	广西东部，广东北部，湖南至安徽
Primulina tenuifolia (W.T.Wang) Yin Z. Wang	薄叶报春苣苔	广西东兰
Primulina tenuituba (W.T.Wang) Yin Z. Wang	神农架报春苣苔	湖北神农架至贵州，湖南
Primulina tiandengensis (F. Wen & H. Tang) F. Wen & K.F.Chung	天等报春苣苔	广西天等
Primulina titan Z.B.Xin, W.C.Chou & F. Wen	泰坦报春苣苔	广西永福
Primulina tribracteata (W.T.Wang) Mich. Möller & A. Weber	三苞报春苣苔	广西凤山
Primulina tribracteata var. *zhuana* (Z. Yu Li, Q. Xing & Yuan B. Li) Mich. Möller & A. Weber	光华报春苣苔	广西柳江
Primulina varicolor (D. Fang & D.H.Qin) Yin Z. Wang	变色报春苣苔	广西那坡
Primulina verecunda (Chun) Mich. Möller & A. Weber	齿萼报春苣苔	广西金秀
Primulina versicolor F. Wen, B. Pan & B.M.Wang	多色报春苣苔	广东英德
Primulina vestita (D. Wood) Mich. Möller & A. Weber	细筒报春苣苔	贵州贵阳、清镇
Primulina villosissima (W.T.Wang) Mich. Möller & A. Weber	长毛报春苣苔	广东肇庆
Primulina wangiana (Z.Yu Li) Mich. Möller & A. Weber	王氏报春苣苔	广西融安
Primulina weii Mich. Möller & A. Weber	软叶报春苣苔	广西那坡
Primulina wenii Jian Li & L.J.Yan	温氏报春苣苔	福建福州
Primulina wentsaii (D. Fang & L. Zeng) Yin Z. Wang	文采报春苣苔	广西大新、崇左、龙州；越南北部

（续）

Primulina Hance	报春苣苔属	地理分布
Primulina wuae F. Wen & L.F.Fu	吴氏报春苣苔	广西兴安
Primulina xinningensis (W.T.Wang) Mich. Möller & A. Weber	新宁报春苣苔	湖南兴宁
Primulina xiuningensis (X.L.Liu & X.H.Guo) Mich. Möller & A. Weber	休宁小花苣苔	安徽休宁
Primulina xiziae F. Wen, Yue Wang & G.J.Hua	西子报春苣苔	浙江杭州至金华
Primulina yandongensis Ying Qin & Yan Liu	燕峒报春苣苔	广西德保
Primulina yangchunensis Y.L.Zheng & Y.F.Deng	阳春报春苣苔	广东阳春
Primulina yangshanensis W.B.Xu & B. Pan	阳山报春苣苔	广东阳山
Primulina yangshuoensis Y.G.Wei & F. Wen	阳朔报春苣苔	广西阳朔
Primulina yingdeensis Z.L.Ning, M. Kang & X.Y.Zhuang	英德报春苣苔	广东英德
Primulina yulinensis Ying Qin & Yan Liu	玉林小花苣苔	广西玉林
Primulina yungfuensis (W.T.Wang) Mich. Möller & A. Weber	永福报春苣苔	广西永福
Primulina zixingensis Li H. Yang & B. Pan	资兴报春苣苔	湖南资兴

4.1.1 珙桐状报春苣苔

Primulina davidioides F. Wen & Xin Hong, PeerJ 6(e4946): 3 (2018). TYPUS: CHINA, Donglan County, Donglan Town, Dayou Village, c. 350 m, 5 May 2012, *F. Wen & Xin Hong 201205005* (Typus: Holotype IBK; Isotype AHU).

识别特征：花序梗被微柔毛；苞片心形至近圆形，基部近截形，4~6cm×4~5cm，厚黄褐色；花梗具腺毛和短柔毛，三角形花萼，花冠长约6cm，管状，退化雄蕊3，雌蕊长约3.7cm，密被微柔毛具腺毛，柱头狭钝，先端微凹（图2）。

地理分布：特产于中国广西东兰。

生态习性：生于石灰岩山地亚热带常绿阔叶林下崖壁上。

4.1.2 池州报春苣苔

Primulina chizhouensis Xin Hong, S.B.Zhou & F. Wen, Phytotaxa, 2012, 50: 13–18. TYPUS: CHINA, Anhui Province: Chizhou City, Tangxi Village, 8 June 2008 (fl.), *S.B.Zhou & X. Hong 0806001* (Typus: Holotype ANU; Isotype IBK).

识别特征：根茎非常短（5~7mm）；聚伞花序1~3（10），花序梗长1.3~5.0cm；苞片卵形，先端渐尖，花冠长4~5cm，管状，下唇长约1.2cm，花丝具稀疏腺状短柔毛，花药背面具须，在冬天形成紧密的休眠芽（图3）。

地理分布：特产于中国安徽池州、江西乐平。

生态习性：生于石灰岩山地亚热带常绿和落叶混杂阔叶林下崖壁上、石灰岩溶洞入口荫蔽处。

图2 珙桐状报春苣苔（温放 摄）

图3 池州报春苣苔（温放 摄）

图4 匍茎报春苣苔（温放 摄）

4.1.3 匍茎报春苣苔

Primulina diffusa Xin Hong, F. Wen & S.B.Zhou, Annales Botanici Fennici, 2014, 51: 212–216. TYPUS: CHINA, Guangxi Zhuangzu Autonomous Region: Chongzuo City, Daxin Country, Leiping Town, 200 m, 27 Nov. 2011 (fl.), *F. Wen 0173* (Typus: Holotype IBK; Isotype ANU).

识别特征：聚伞花序；较短的花序梗（1～1.5cm）；苞片狭椭圆形到钻形；花梗长1～2cm；萼片两侧密被微柔毛；花丝在中部附近具膝状弯曲（图4）。

地理分布：特产于中国广西大新。

生态习性：生于石灰岩山地亚热带常绿阔叶林下崖壁上、石灰岩溶洞入口荫蔽处。

4.1.4 银叶报春苣苔

Primulina argentea Xin Hong, F. Wen & S.B.Zhou, Willdenowia, 2014, 44: 377-383. TYPUS: CHINA, Guangdong: Lianzhou City, Liannan Yao Autonomous County, Damaishan Town, elevation ca. 200m, 19 September 2012 (fl.), *F. Wen 20120930–1* (Typus: Holotype IBK; Isotype ANU).

识别特征：叶片厚叶状和淡褐色，两面被有浓密的丝状毛，先端渐狭或具弯曲的喙。苞片两面密被贴伏绢毛以及长柔毛。花冠带褐色紫色；退化雄蕊具紧密的短腺毛，花梗长1.3～1.5cm（图5）。

地理分布：特产于中国广东连南。

生态习性：生于石灰岩山地亚热带常绿阔叶林下石灰岩溶洞入口处及洞内弱光带荫蔽处。

4.1.5 莫氏报春苣苔

Primulina moi F. Wen & Y.G.Wei, Nordic Journal of Botany, 2015, 33(4): 446–450. TYPUS: CHINA, Guangdong Province: Shaoguan City, Wengyuan Village, elevation ca. 200m, 30 Sept. 2010 (fl.), *F. Wen & X. Hong 10093001* (Typus: Holotype IBK; Isotype ANU).

识别特征：叶片先端锐尖，基部楔形，渐狭；花冠黄色到橙色，花冠筒基部缩窄，正面唇瓣卵

图5 银叶报春苣苔（温放 摄）

图6 莫氏报春苣苔（温放 摄）

图7 乐昌报春苣苔（温放 摄）

形，背面唇瓣从基部3浅裂，裂片椭圆形或长圆状椭圆形，先端尖，黄色花丝，花药离生，仅在完全开花期之前贴生，雄蕊2（图6）。

地理分布：特产于中国广东翁源。

生态习性：生于石灰岩山地亚热带常绿阔叶林下崖壁上荫蔽处。

4.1.6 乐昌报春苣苔

Primulina lechangensis Xin Hong, F. Wen & S.B.Zhou, Bangladesh J. Plant Taxon., 2014, 21(2): 187-191. TYPUS: CHINA, Guangxi Zhuangzu Autonomous Region, cultivated in the nursery of Gesneriad Conservation Center of China (GCCC), introduced from Lechang County, Shaoguan City, 430m altitude, 6 May 2011, *F. Wen WF11050601* (Typus: Holotype IBK; Isotype ANU).

识别特征：叶片基部楔形至渐狭，花序苞片较小，花冠管在中部膨大，在口部附近收缩，花丝无毛（图7）。

地理分布：特产于中国广东乐昌。

生态习性：生于石灰岩山地亚热带常绿阔叶林下崖壁上、石灰岩溶洞入口荫蔽处。

4.1.7 冬花报春苣苔

Primulina hiemalis Xin Hong & F. Wen, PeerJ 6(e4946): 7 (2018). TYPUS: CHINA, Guangxi Zhuangzu Autonomous Region, Yongfu County, Baishou Town, Chuanyan Village, 526 m a.s.l., 09 October 2010, *F. Wen & L.F.Fu WFBCJT11111701* (Typus: Holotype IBK; Isotype ANU).

识别特征：叶片和花序梗被微柔毛，苞片3，花萼较长（长约1.5cm），雄蕊贴生于花冠筒基部以上约2cm，退化雄蕊2，柱头舌状（图8）。

地理分布：特产于中国广西桂林永福。

生态习性：生于石灰岩山地亚热带常绿阔叶林下崖壁上、石灰岩溶洞入口荫蔽处。

4.1.8 紫麟报春苣苔

Primulina purpureokylin F. Wen, Yi Huang & W.C.Chou, PhytoKeys 127: 77–91 (2019). TYPUS:

CHINA. Guangxi Zhuangzu Autonomous Region, Pingguo County, Xin'an Town, Gusha Village, 23° 16′ N, 107° 29′ E, 200m a.s.l., 3 Apr 2018, *C.W. Chou et al. CWC171116–01* (Typus: Holotype IBK; Isotype IBK).

识别特征：叶隆起似麟甲般的泡状叶面，密布的紫红色柔毛；花粉桃红色（图9）。

地理分布：特产于中国广西平果。

生态习性：生于石灰岩山地亚热带常绿阔叶林下崖壁上荫蔽处。

4.1.9 曲管报春苣苔

Primulina flexusa F. Wen, T. Peng & B. Pan, PhytoKeys 159: 61–69 (2020). TYPUS: CHINA, Guizhou Province, Duyun City, Bamang Town, Longtang Village, c. 1040 m, 15 May 2016, *B. Pan et al. PB160425–01* (Typus: Holotype IBK; Isotype IBK).

06

图8 冬花报春苣苔（温放 摄）

图9 紫麟报春苣苔（温放 摄）

识别特征：花冠毛被外面覆盖极短的腺状微柔毛，里面近无毛；花冠筒漏斗状，在基部（距基部约4mm）稍向下弯曲，然后逐渐向前弯曲；花丝长约3mm；柱头在先端2裂，卵形（图10）。

地理分布：特产于中国贵州都匀。

生态习性：生于石灰岩山地亚热带常绿阔叶林下崖壁上；偶见于石灰岩溶洞入口荫蔽处。

4.1.10　锯缘报春苣苔

Primulina serrulata R.B.Zhang & F.Wen, PhytoKeys 132: 12 (2019). TYPUS: CHINA, Guizhou Province, Rongjiang County, Langdong Town, 780m,

17 Apr 2018, *R.B.Zhang et al. ZRB1478* (Typus: Holotype ZY; Isotype IBK).

识别特征：紫蓝色的花，花冠内没有深紫色斑点，叶片基部楔形，花药无毛和较小的柱头长约1mm（图11）。

地理分布：特产于中国贵州榕江。

生态习性：生于砂岩山地亚热带常绿阔叶林下瀑布边崖壁上荫蔽处。

4.1.11　雷氏报春苣苔

Primulina leiyyi F. Wen, Z.B. Xin & W.C.Chou, PhytoKeys 127: 77-91 (2019). TYPUS: CHINA,

图10　曲管报春苣苔（温放　摄）

图11　锯缘报春苣苔（张仁波　提供）

Guangxi, Nanning City, Suxu Town, Shibaluohandong Village, 22° 32′ N, 108° 3′ E, 150 m a.s.l., 3 Apr 2018, *Y.Y.Lei et al. LYY181208-01* (Typus: Holotype IBK; Isotypes IBK).

识别特征： 其幼体茎被稀疏贴伏的短柔毛；苞片椭圆形；花冠外面疏生腺被微柔毛，内部无毛；雌蕊长 1.8 ~ 2.0cm；蒴果长 4.8 ~ 5.5cm（图12）。

地理分布： 特产于中国广西南宁。

生态习性： 生于石灰岩山地亚热带常绿阔叶林下崖壁上光线较为明亮甚至强烈处。

4.1.12　歧色报春苣苔

Primulina dichroantha F. Wen, Y.G.Wei & S.B.Zhou, Annales Botanici Fennici 54:95-98 (2017). TYPUS: CHINA, Guangxi Zhuangzu Autonomous Region, Yizhou City, Beishan Town, 10 May 2014, *H.T.Wu & O.W.Wang 14051001* (Typus: Holotype

IBK; Isotype ANU).

识别特征： 花梗长 10 ~ 30mm、花冠长 1.2 ~ 1.6cm、白色的上唇和蓝紫色的下唇、退化雄蕊 3 且无毛、花柱疏被腺状微柔毛、柱头球形（图13）。

地理分布： 特产于中国广西宜州。

生态习性： 生于石灰岩山地亚热带常绿阔叶林下石灰岩溶洞入口荫蔽处及洞内弱光带处。

4.1.13　东莞报春苣苔

Primulina dongguanica F. Wen, Y.G.Wei & R.Q.Luo, Candollea 69(1): 10 (2014). TYPUS: CHINA, Guangdong: Yinpingzui nature reserve in Dongguan City, 3. Ⅷ .2009, *F. Wen 100803* (Typus: Holotype IBK; Isotype IBK).

识别特征： 苞片菱形，花萼裂片披针形，花冠长 4.5 ~ 5.5cm，花丝长约20mm，雌蕊长 3.5 ~ 4.2cm，绒毛浓密，无腺毛（图14）。

06

图12　雷氏报春苣苔（温放　摄）

图13　歧色报春苣苔（温放　摄）

图 14　东莞报春苣苔（莫世良　提供）

图 15　都安报春苣苔（温放　摄）

地理分布：特产于中国广东东莞、惠州。

生态习性：生于花岗岩山地亚热带常绿阔叶林下瀑布边滴水潮湿处。

4.1.14　都安报春苣苔

Primulina duanensis F. Wen & S.L.Huang, Nordic Journal of Botany 33: 209–213, 2015. TYPUS: CHINA, Guangxi Zhuangzu Autonomous Region, Du'An County. 172 m a.s.l., 2 Apr 2012, *L.F.Fu and J.J. Li, 20140402* (Typus: Holotype IBK; Isotype IBK).

识别特征：叶片狭卵形至卵形，边缘具间断浅圆齿，苞片宽披针形，在花药上部与花丝相连处有毛（图15）。

地理分布：特产于中国广西都安。

生态习性：生于石灰岩山地亚热带常绿阔叶林下石灰岩溶洞入口荫蔽处及岩壁上。

4.1.15　凤山报春苣苔

Primulina fengshanensis F. Wen & Yue Wang, Annales Botanici Fennici 49: 103–106 (2012). TYPUS: CHINA, Guangxi Zhuangzu Autonomous Region, Fengshan County, Hungkun Tong, alt. 568～580m, 1 Oct. 2004, *F. Wen 06100101* (Typus: Holotype IBK; Isotype IBK, BJFC).

识别特征：根状茎近圆柱状，节间不明显。叶无梗；叶片基部渐狭，全缘，两面贴伏浓密短柔毛；苞片对生，边缘全缘，小苞线形，先端锐尖，花梗具腺短柔毛。花冠紫红色或紫色，花冠筒漏斗形，淡紫色，雄蕊贴生于花冠筒基部，膝曲，无毛；花药近肾形，退化雄蕊无毛，花柱直，宿存（图16）。

地理分布：特产于中国广西凤山。

图16　凤山报春苣苔（温放　摄）

06

图17　巨叶报春苣苔（温放　摄）

生态习性：生于石灰岩山地亚热带常绿阔叶林下石灰岩溶洞洞内弱光带处。

4.1.16　巨叶报春苣苔

Primulina gigantea F. Wen, B. Pan & W.H.Luo, Annales Botanici Fennici 53: 426-430 (2016). TYPUS: CHINA, Guangxi Zhuangzu Autonomous Region: Wenshi Town, Guanyang County, 8 July 2013, *B. Pan et al. BP 130708–01* (Typus: Holotype IBK; Isotype IBK).

识别特征：叶子巨大，叶长约40cm、宽约30cm（图17）。

地理分布：特产于中国广西灌阳。

生态习性：生于石灰岩山地亚热带常绿阔叶林下崖壁荫蔽处。

4.1.17　石蝴蝶状报春苣苔

Primulina petrocosmeoides B. Pan & F. Wen, Nordic Journal of Botany 32: 844–847, 2014. TYPUS: CHINA, Guangxi Zhuangzu Autonomous Region, Jingxi County, Hurun Town, rare, ca 900m a.s.l., 1 July 2009, *B. Pan & F. Wen 101131–1* (Typus: Holotype IBK; Isotype IBK).

识别特征：叶基生，叶柄被绒毛，基部宽楔形，花序梗密被短柔毛；苞片对生，狭披针形，宿存，正面和背面被微柔毛、花梗短柔毛。花萼自基部深裂；裂片披针形，花冠蓝紫色，筒部狭漏斗状；花药淡黄；花盘环状，密被腺微柔毛和微柔毛；柱头梯形，具紧密的短乳突（图18）。

地理分布：特产于中国广西靖西。

图18 石蝴蝶状报春苣苔（温放 摄）

图19 黑丝报春苣苔（温放 摄）

生态习性：生于石灰岩山地瀑布顶部亚热带常绿阔叶林下崖壁荫蔽处。

4.1.18 黑丝报春苣苔

Primulina melanofilamenta Ying Liu bis & F. Wen, Nordic Journal of Botany 34: 38-42, 2016. TYPUS: CHINA, Guangxi Zhuangzu Autonomous Region: Xing'An County, ca 180m a.s.l., 10 Oct 2012, *Y. Liu et al. 121010–1* (Typus: Holotype IBK; Isotypes: ANU, IBK).

识别特征：花丝和花药紫黑色，背面有白色短毛；退化雄蕊（约1.25cm）和雌蕊（2.5～4.0cm）密被微柔毛，具腺状微柔毛（图19）。

地理分布：特产于中国广西兴安。

生态习性：生于石灰岩山地亚热带常绿阔叶林下石灰岩崖壁荫蔽处及光线略明亮处。

4.1.19 螺序草状报春苣苔

Primulina spiradiclioides Z.B. Xin & F. Wen, Annales Botanici Fennici 57: 245-248 (2020). TYPUS: CHINA, Guangxi Zhuangzu Autonomous Region: Hechi City, Huanjiang County. Longyan Town, 245m a.s.l., 23 July 2016. *F. Wen et al, WF2010723–01* (Typus: Holotype IBK; Isotype IBK).

识别特征：其所具有的笔直细长的花冠筒，使之很容易地与其他种相区别（图20）。

地理分布：特产于中国广西环江。

生态习性：生于石灰岩山地亚热带常绿阔叶林下崖壁荫蔽潮湿处。

4.1.20 西子报春苣苔

Primulina xiziae F. Wen, Yue Wang & G.J.Hua,

图20　螺序草状报春苣苔（温放 摄）

图21　西子报春苣苔（温放 摄）

Nordic Journal of Botany 30: 77–81, 2012. TYPUS: CHINA, Zhejiang Province, Hangzhou, Taiziwan. Endemic to Zhejiang Province, China, 1 Jun 2008, *F. Wen, J. Zhou, Y. Wang, G.J.Hua, HZ20080601* (Typus: Holotype IBK).

识别特征： 叶卵形至椭圆形，边缘具毛；花梗长 8.5～13.8mm，纤细，直径 1.5～2.0mm；小苞片卵形，约 1.2cm×1.0cm；花冠漏斗状，基部偏细；雄蕊3（图21）。

地理分布： 特产于中国浙江杭州至金华。

生态习性： 生于石灰岩山地亚热带常绿和落叶阔叶林下石灰岩崖壁荫蔽处。

4.2　石蝴蝶属

Petrocosmea Oliv., Hooker's Icones Plantarum 18(1): pl. 1716. 1887 [Type Species: 中华石蝴蝶

Petrocosmea sinensis Oliv., Hooker's Icones Plantarum 17(1): pl. 1716. 1887].

多年生草本，通常低矮，具短而粗的根状茎。叶均基生，具柄，叶片卵形、椭圆形、宽披针形等，具羽状脉。聚伞花序腋生，1至数条，苞片2，一至二回分枝或不分枝，有少数或1朵花。花萼通常辐射对称，5裂达基部，裂片常线状披针形，稀卵形或三角形；稀左右对称，3裂达或近基部。花冠紫色、紫红色、蓝紫色或白色，筒粗筒状，檐部比筒长，罕有筒部长于檐部者；二唇形，上唇2裂，与下唇近等长或仅为下唇长的1/2或更短，下唇3裂。可育雄蕊2，着生于花冠近基部处，花丝通常比花药短，稀较长，花药底着，通常椭圆形，稀圆形或卵形，有时在顶部之下缢缩，2药室平行，顶端不汇合或汇合；退化雄蕊3或2，小，稀不存在。无花盘。雌蕊伸出花冠筒之上，子房卵球形，1室，2侧膜胎座，花柱细长，柱头小，近

球形。蒴果长椭圆球形，室背开裂为2瓣。种子小，椭圆形，光滑，无附属物。

本属分布西自印度阿萨姆向东分布至我国湖北西部，北自秦岭南坡向南分布至越南和缅甸的南部，多数种分布于云贵高原及其相邻地区。我国目前分布超过60种（含种下等级），分布于云南、四川、陕西南部、湖北西部、湖南北部、贵州和广西西南部，具体见下表。

Petrocosmea Oliv.	石蝴蝶属	地理分布
Petrocosmea adenophora Z.J.Huang & Z.B.Xin	金腺石蝴蝶	云南麻栗坡
Petrocosmea barbata Craib	髯毛石蝴蝶	云南昆明
Petrocosmea begoniifolia C.Y.Wu ex H.W.Li	秋海棠叶石蝴蝶	云南景东
Petrocosmea cavaleriei Lévl	贵州石蝴蝶	贵州南部至中部
Petrocosmea chiwui M.Q.Han, H.Jiang & Yan Liu	启无石蝴蝶	云南砚山
Petrocosmea chrysotricha M.Q.Han, H.Jiang & Yan Liu	金丝石蝴蝶	云南新平
Petrocosmea coerulea C.Y.Wu ex W.T.Wang	蓝石蝴蝶	云南金平
Petrocosmea confluens W.T.Wang	汇药石蝴蝶	贵州望谟
Petrocosmea crinita (W.T.Wang) Zhi J. Qiu	绵毛石蝴蝶	云南普洱
Petrocosmea cryptica J.M.H.Shaw	旋涡石蝴蝶	云南广南、富宁
Petrocosmea dejiangensis Sheng H. Tang & Jian Xu	德江石蝴蝶	云南德江
Petrocosmea duclouxii Craib	石蝴蝶	云南昆明
Petrocosmea duyunensis Sheng II. Tang	都匀石蝴蝶	贵州都匀
Petrocosmea flaccida Craib	萎软石蝴蝶	四川木里、米易
Petrocosmea forrestii Craib	大理石蝴蝶	云南大理、漾濞、武定
Petrocosmea funingensis Q. Zhang & B. Pan	富宁石蝴蝶	云南富宁
Petrocosmea glabristoma Z.J.Qiu & Yin Z. Wang	光喉石蝴蝶	云南景谷、大理、南涧、勐腊
Petrocosmea grandiflora Hemsl	大花石蝴蝶	云南蒙自、个旧
Petrocosmea grandifolia W.T.Wang	大叶石蝴蝶	云南镇康
Petrocosmea hexiensis S.Z.Zhang & Z.Y.Liu	合溪石蝴蝶	重庆南川、武隆，贵州务川、桐梓
Petrocosmea huanjiangensis Yan Liu & W.B.Xu	环江石蝴蝶	广西环江
Petrocosmea intraglabra (W.T.Wang) Zhi J. Qiu	会东石蝴蝶	四川会东
Petrocosmea iodioides Hemsl	蒙自石蝴蝶	云南屏边、蒙自
Petrocosmea kerrii Craib	滇泰石蝴蝶	云南景东、思茅、勐腊、腾冲、耿马
Petrocosmea leiandra (W.T.Wang) Zhi J. Qiu	光蕊石蝴蝶	贵州清镇
Petrocosmea × longianthera Z.J.Qiu & Yin Z.Wang	长药石蝴蝶	贵州兴义、安龙，云南砚山
Petrocosmea longipedicellata W.T.Wang	长梗石蝴蝶	云南绥江
Petrocosmea longituba M.Q.Han & Yan Liu	长筒石蝴蝶	贵州都匀
Petrocosmea magnifica M.Q.Han & Yan Liu	华丽石蝴蝶	云南罗平
Petrocosmea mairei Lévl	东川石蝴蝶	云南会泽
Petrocosmea martinii (Lévl.) Lévl	滇黔石蝴蝶	贵州龙里
Petrocosmea melanophthalma Huan C. Wang, Z.R.He & Li Bing Zhang	黑眼石蝴蝶	云南新平
Petrocosmea menglianensis H.W.Li	孟连石蝴蝶	云南孟连
Petrocosmea minor Hemsl	小石蝴蝶	云南蒙自、文山、麻栗坡
Petrocosmea nanchuanensis Z.Y.Liu, Z.Z.Yu Li& Z.J.Qiu	南川石蝴蝶	重庆南川
Petrocosmea nervosa Craib	显脉石蝴蝶	云南永胜、洱源
Petrocosmea oblata Craib	扁圆石蝴蝶	四川木里
Petrocosmea oblata Craib *var. latisepala* (W.T.Wang) W.T.Wang	宽萼石蝴蝶	云南会泽，四川会东

（续）

Petrocosmea Oliv.	石蝴蝶属	地理分布
Petrocosmea purpureoglandulosa Y. Dong & Yin Z.Wang	紫腺石蝴蝶	云南石林
Petrocosmea purpureomaculata M.Q.Han, J. Cai & J.D. Ya	绛珠石蝴蝶	云南金平
Petrocosmea qinlingensis W.T.Wang	秦岭石蝴蝶	陕西勉县
Petrocosmea qionglaiensis C.Q.Li & Yin Z.Wang	邛崃石蝴蝶	四川邛崃
Petrocosmea qiruniae M.Q.Han, Li Bing Zhang & Yan Liu	琦润石蝴蝶	贵州大方
Petrocosmea rhombifolia Y.H.Tan & H.B.Ding	菱叶石蝴蝶	云南澜沧
Petrocosmea rosettifolia C.Y.Wu ex H.W.Li	莲座石蝴蝶	云南景东
Petrocosmea rotundifolia M.Q.Han, H. Jiang & Yan Liu	圆叶石蝴蝶	云南文山
Petrocosmea sericea C.Y.Wu ex H.W.Li	丝毛石蝴蝶	云南屏边、麻栗坡
Petrocosmea shilinensis Y.M.Shui & H.T.Zhao	石林石蝴蝶	云南石林
Petrocosmea shilinensis Y.M.Shui & H.T.Zhao *var. changhuensis* T.F.Lü & Yin Z.Wang	长湖石蝴蝶	云南石林
Petrocosmea sichuanensis Chun ex W.T.Wang	四川石蝴蝶	四川越西、峨边
Petrocosmea sinensis Oliv	中华石蝴蝶	湖北，湖南，四川
Petrocosmea thermopuncta J.M.H.Shaw	热点石蝴蝶	云南
Petrocosmea tsaii Y.H.Tan & Jian W.Li	蔡氏石蝴蝶	云南勐腊
Petrocosmea viridis M.Q.Han & Yan Liu	青翠石蝴蝶	贵州平塘
Petrocosmea weiyigangii F. Wen	毅刚石蝴蝶	广西田林
Petrocosmea wui M.Q.Han, J. Cai & J.D.Ya	征镒石蝴蝶	云南峨山
Petrocosmea xanthomaculata G.Q.Gou & X.Yu Wang	黄斑石蝴蝶	贵州沿河
Petrocosmea xingyiensis Y G.Wei & F.Wen	兴义石蝴蝶	贵州兴义
Petrocosmea yanshanensis Z.J.Qiu & Yin Z.Wang	砚山石蝴蝶	云南砚山

06

4.2.1 大花石蝴蝶

Petrocosmea grandiflora Hemsl., Bulletin of Miscellaneous Information Kew 1895: 115. 1895. TYPUS: CHINA, Yunnan, Mengtze（蒙自），*W. Hancock 115* (Typus: Holotype K).

识别特征：叶多数，均基生，外部叶长达14.5cm，具长柄，内部叶小，具短柄或近无柄；叶片干时纸质，狭椭圆形、披针形、卵形或宽卵形，顶端急尖，基部楔形或钝，边缘全缘，两面被绢状柔毛。花序4~10条，每花序有1~3花；苞片2，小，线形。花萼5裂达基部，裂片稍不等大，披针状线形，有短柔毛。花冠蓝色，长约2cm，上唇比下唇稍短，2浅裂，下唇3深裂，裂片狭卵形。雄蕊内藏，花丝着生于近花冠基部，有短柔毛，花药比花丝短，2药室顶端不汇合；退化雄蕊3，小雌蕊稍伸出花冠筒之外，子房和花柱均被短柔毛（图22）。

地理分布：特产于中国云南蒙自、个旧。

生态习性：生于石灰岩山地亚热带常绿阔叶林下崖壁荫蔽处。

4.2.2 贵州石蝴蝶

Petrocosmea cavaleriei H. Lév., Repertorium specierum novarum regni vegetabilis 9: 329. 1911. TYPUS: CHINA, Guizhou: Gan-pin（安平，今平坝），*L. Martin & E. Bodinier 1907* (Typus: lectotype E).

识别特征：多年生小草本。叶具细长柄；叶片草质，正三角状卵形、圆卵形或宽卵形，长0.6~1.5cm，宽0.7~2.2cm，顶端钝或圆形，基部浅心形或心状截形，边缘有波状浅钝齿，上面被贴伏短柔毛，下面有较密的毛；叶柄细，长1~3.7cm，与花序梗均被白色短柔毛。花序3~4条，每花序有1花；花序梗在中部之上有2苞片；苞片线形。花萼5裂达基部，裂片线形，外面被短柔

图22　大花石蝴蝶（蔡磊　摄）

毛。花冠淡紫色，外面下部和内面上唇疏被短柔毛；筒长2~3mm。雄蕊2，无毛，花丝着生于花冠近基部。雌蕊长约4mm，子房被柔毛，花柱长约3mm，中部之下被开展的白色长柔毛（毛长约1mm）（图23）。

地理分布：特产于中国贵州南部、中南部至西南部。

生态习性：生于石灰岩山地亚热带常绿落叶阔叶混交林下石灰岩溶洞入口荫蔽处、洞内弱光带处以及崖壁上。

4.2.3　兴义石蝴蝶

Petrocosmea xingyiensis Y.G.Wei & F. Wen, Novon A Journal for Botanical Nomenclature 19(2):261-262. TYPUS: CHINA, Guizhou, Xingyi, Maling Gorge,10 Sep 2006, *F. Wen 06101* (Typus: Holotype IBK).

识别特征：叶16~30枚，具长柄；叶片纸质，倒披针形，先端钝，基部楔形，全缘，两面被短

柔毛；叶柄密被短柔毛。聚伞花序，花序梗被短柔毛；在花序梗中部有苞片2~3枚，卵圆形，被短柔毛；萼片5，三角形至卵圆形，外面被短柔毛。花冠蓝色，外面被稀疏的短柔毛；花裂片卵圆形至圆形。雄蕊2；花丝着生于花冠基部以上1mm处，被短柔毛；花药卵圆形，无毛；退化雄蕊2，着生于花冠基部以上1mm处，无毛。子房被短柔毛；花柱被短柔毛（图24）。

地理分布：特产于中国贵州兴义。

生态习性：生于石灰岩山地峡谷内林下崖壁荫蔽处。

4.2.4　光蕊石蝴蝶

Petrocosmea leiandra (W.T.Wang) Zhi J. Qiu, Pl. *Petrocosmea* China 116 (2015). ≡ *Petrocosmea martini* var. *leiandra* W.T.Wang in Bulletin of Botanical Research. Harbin 4(1): 11. 1984. TYPUS: CHINA, Guizhou, Qingzhen City. *S.W.Deng 90396* (Typus: Holotype PE; Isotype IBSC, IBK, GH).

图23 贵州石蝴蝶（温放 摄）

06

图24 兴义石蝴蝶（温放 摄）

图25　光蕊石蝴蝶

图26　毅刚石蝴蝶（温放 摄）

识别特征：与相近种滇黔石蝴蝶的区别在于花较小，花冠长约7.5mm；雄蕊无毛（图25）。

地理分布：特产于中国贵州清镇。

生态习性：生于石灰岩山地亚热带常绿落叶阔叶混交林下石灰岩崖壁荫蔽处。

4.2.5　毅刚石蝴蝶

Petrocosmea weiyigangii F. Wen, Gardens' Bulletin Singapore 71(1): 176 (2019). TYPUS: CHINA, Guangxi Zhuangzu Autonomous Region, Tianlin County, Langping Town, 1 330m, 18 May 2018, *Wei Yi-Gang & Wen Fang WYG180518–21* (Typus: Holotype IBK; Isotype IBK; Isotype KUN).

识别特征：独一无二，不同于石蝴蝶属其他种的特征是具有羽状深裂的叶片（图26）。

地理分布：特产于中国广西田林。

生态习性：生于石灰岩山地亚热带常绿阔叶林下石灰岩溶洞入口荫蔽处及洞内弱光带处。

4.3　马铃苣苔属

Oreocharis Benth., Genera Plantarum 2: 995, 1021. 1876 (Type Species: 大叶石上莲 *Oreocharis benthamii* C.B.Clarke, Monographiae Phanerogamarum 5: 63, pl. 5. 1883).

多年生无茎草本，具短而粗的圆柱形根状茎。叶全部基生，具柄或近无柄，叶片不裂或羽状浅裂，心形、近圆形、卵形、狭卵形、椭圆形、长圆状椭圆形等，形态多样；叶缘全缘、具锯齿、牙齿或圆齿。聚伞花序腋生，1至数条，有1至数花，不分枝至多次分枝，偶为单花；苞片2，对生，稀为3，有时无苞片。花萼钟状，5裂至近基部。花冠形态多样化，钟状、钟状筒形、钟状细筒形、筒形、粗筒状、细筒状、高脚碟状等，左右对称，罕为辐状；筒部与檐部等长或为檐部的1.5~4倍，不膨大或仅基部膨大成囊状，喉部不缢缩或缢缩；除辐花苣苔外，檐部稍二唇形或二唇形，上唇2裂、2浅裂或不分裂偶有4浅裂，下唇3浅裂至3深裂，偶不分裂。可育雄蕊2或4，花药分生或顶端成对连着，内藏或伸出花冠外，药室1，或2且平行；退化雄蕊3或1枚。花盘环状或杯状，全缘、波状或5浅裂。雌蕊无毛或有毛，子房长圆形、线形，柱头1，微凹、盘状、扁头状、截形，或2。蒴果倒披针状长圆形、线状长圆形、长圆形、倒披针形、线形，顶端具短尖头或不具。种子多数，细小，卵圆形至椭圆形，两端无附属物。

目前，本属在国内已知有150余种，并且近年来新种还在不断发表。主要见于我国西南至华南山地，西始西藏，东至浙江，北达甘肃、陕西和青海南部，南到海南，具体见下表。也见于越南北部至中部、泰国、不丹、印度和日本。

Oreocharis Benth.	马铃苣苔属	地理分布
Oreocharis acaulis (Merr.) Mich. Möller & A.Weber	小花后蕊苣苔	广东增城
Oreocharis acutiloba (K.Y.Pan) Mich. Möller & W.H.Chen	尖瓣粗筒苣苔	云南玉溪
Oreocharis agnesiae (Forrest ex W.W.Sm.) Mich. Möller & W.H.Chen	灰毛粗筒苣苔	云南永胜，四川木里
Oreocharis aimodisca Lei Cai, Z.L.Dao & F.Wen	滇东马铃苣苔	云南师宗
Oreocharis amabilis Dunn	马铃苣苔	云南弥勒
Oreocharis argentifolia Lei Cai & Z.L.Dao	银叶马铃苣苔	云南蒙自
Oreocharis argyreia Chun ex K.Y.Pan	紫花马铃苣苔	广西，广东
Oreocharis argyreia Chun ex K.Y.Pan var. *angustifolia* K.Y.Pan	窄叶马铃苣苔	广西，广东，湖南，江西
Oreocharis aurantiaca Baill	橙黄马铃苣苔	云南鹤庆
Oreocharis aurea Dunn	黄马铃苣苔	云南东南部至越南北部
Oreocharis aurea Dunn var. *cordato-ovata* (C.Y.Wu ex H.W.Li) K.Y.Pan, A.L.Weitzman & L.E.Skog	卵心叶马铃苣苔	云南西畴
Oreocharis auricula (S. Moore) C.B.Clarke	长瓣马铃苣苔	华南，华东，华中广泛分布
Oreocharis auricula (S. Moore) C.B.Clarke var. *denticulata* K.Y.Pan	细齿马铃苣苔	福建永安
Oreocharis baolianis (Q.W.Lin) L.H.Yang & M.Kang	保连马铃苣苔	福建长汀
Oreocharis begoniifolia (H.W.Li) Mich. Möller & A.Weber	景东短檐苣苔	云南景东
Oreocharis benthamii C.B.Clarke	大叶石上莲	广东，广西，江西，湖南
Oreocharis benthamii C.B.Clarke var. *reticulata* Dunn	石上莲	广东，广西
Oreocharis billburttii Mich. Möller & W.H.Chen	黄花粗筒苣苔	西藏米林、隆子
Oreocharis bodinieri H.Lév	毛药马铃苣苔	云南东北部，四川南部
Oreocharis brachypoda J.M.Li & Zhi M.Li	短柄马铃苣苔	贵州铜仁
Oreocharis bullata (W.T.Wang & K.Y.Pan) Mich. Möller & A.Weber	泡叶直瓣苣苔	云南罗平，贵州兴义
Oreocharis burttii (W.T.Wang) Mich. Möller & A.Weber	龙南后蕊苣苔	江西龙南，广东翁源
Oreocharis cavaleriei H. Léveill	贵州马铃苣苔	贵州龙里
Oreocharis chienii (Chun) Mich. Möller & A.Weber	浙皖粗筒苣苔	浙江西南部，安徽南部，江西东部，福建福州和福安
Oreocharis cinerea (W.T.Wang) Mich. Möller & A.Weber	灰叶后蕊苣苔	贵州剑河
Oreocharis cinnamomea J. Anthony	肉色马铃苣苔	云南西北部，四川西南部
Oreocharis concava (Craib) Mich. Möller & A.Weber	凹瓣苣苔	云南西北部
Oreocharis concava (Craib) Mich. Möller & A.Weber var. *angustifolia* (K.Y.Pan) Mich. Möller & A. Weber	窄叶直瓣苣苔	云南镇康
Oreocharis convexa (Craib) Mich. Möller & A.Weber	凸瓣苣苔	云南大理
Oreocharis cordatula (Craib) Pellegrin	心叶马铃苣苔	云南香格里拉，四川九龙、木里、盐源
Oreocharis cotinifolia (W.T.Wang) Mich. Möller & A.Weber	瑶山苣苔	广西金秀
Oreocharis craibii Mich. Möller & A.Weber	短檐苣苔	云南中部至西北部，四川西南部
Oreocharis crenata (K.Y.Pan) Mich. Möller & A.Weber	圆齿金盏苣苔	湖北竹溪
Oreocharis crispata W.H.Chen & Y.M.Shui	皱边马铃苣苔	广西全州，湖南城步
Oreocharis curvituba J.J.Wei & W.B.Xu	弯管马铃苣苔	广西灌阳，江西崇义
Oreocharis dalzielii (W.W.Sm.) Mich. Möller & A.Weber	汕头后蕊苣苔	广东汕头、新丰，福建南靖
Oreocharis dasyantha Chun	毛花马铃苣苔	海南白沙
Oreocharis dasyantha Chun var. *ferruginosa* K.Y.Pan	锈毛马铃苣苔	海南安定、保亭、乐东
Oreocharis dayaoshanioides Yan Liu & W.B.Xu	齿叶瑶山苣苔	广西梧州

06

（续）

Oreocharis Benth.	马铃苣苔属	地理分布
Oreocharis delavayi Baill	椭圆马铃苣苔	云南西北部，四川西南部，西藏东部
Oreocharis dentata A.L.Weitzman & L.E.Skog	川西马铃苣苔	四川西部
Oreocharis dimorphosepala (W.H.Chen & Y.M.Shui) Mich. Möller	异萼直瓣苣苔	云南金平
Oreocharis dinghushanensis (W.T.Wang) Mich. Möller & A.Weber	鼎湖后蕊苣苔	广东肇庆
Oreocharis duyunensis Z. Yu Li, X.G.Xiang & Z.Y.Guo	都匀马铃苣苔	贵州都匀
Oreocharis elegantissima (H.Lév. & Vaniot) Mich. Möller & W.H.Chen	紫花粗筒苣苔	贵州都匀
Oreocharis eriocarpa W. H.Chen & Y. M.Shui	毛果马铃苣苔	云南文山
Oreocharis esquirolii H.Lév	辐花苣苔	贵州安龙、贞丰
Oreocharis eximia (Chun ex K.Y.Pan) Mich. Möller & A.Weber	多裂金盏苣苔	四川木里、九龙、金阳
Oreocharis fargesii (Franch.) Mich. Möller & A. Weber	城口金盏苣苔	重庆城口
Oreocharis farreri (Craib) Mich. Möller & A. Weber	金盏苣苔	四川九寨沟，甘肃陇南、文县、徽县，陕西勉县
Oreocharis flabellata (C.Y.Wu ex H.W.Li) Mich. Möller & A.Weber	扇叶直瓣苣苔	云南景东
Oreocharis flavida Merr	黄花马铃苣苔	海南保亭、乐东、定安、白沙、陵水、东方、琼海
Oreocharis flavovirens X. Hong	青翠马铃苣苔	甘肃陇南，四川江油
Oreocharis forrestii (Diels) Skan	丽江马铃苣苔	云南丽江，四川盐源
Oreocharis fulva W.H.Chen & Y.M.Shui	褐毛马铃苣苔	云南临沧
Oreocharis gamosepala (K.Y.Pan) Mich. Möller & A.Weber	黄花直瓣苣苔	四川盐源、美姑、越西、汉源
Oreocharis georgei J. Anthony	剑川马铃苣苔	云南西北部、四川西南部
Oreocharis giraldii (Diels) Mich. Möller & A.Weber	毛蕊金盏苣苔	陕西南部
Oreocharis glandulosa (Batalin) Mich. Möller & A.Weber	短檐金盏苣苔	甘肃南部、四川西北部
Oreocharis guangwushanensis Z.L.Li & Xin Hong	光雾山马铃苣苔	四川南江
Oreocharis guileana (B.L.Burtt) L.H.Yang & F.Wen	短筒马铃苣苔	广东深圳，香港
Oreocharis hainanensis S.J.Ling & M.X.Ren	海南马铃苣苔	海南东方
Oreocharis hekouensis (Y.M.Shui & W.H.Chen) Mich. Möller & A.Weber	河口直瓣苣苔	云南河口
Oreocharis henryana Oliv	川滇马铃苣苔	云南北部，四川，甘肃南部
Oreocharis × *heterandra* D. Fang & D.H.Qin	异蕊马铃苣苔	广西金秀
Oreocharis hongheensis (W.H.Chen & Y.M.Shui) Mich. Möller	红河短檐苣苔	云南红河
Oreocharis humilis (W.T.Wang) Mich. Möller & A.Weber	矮直瓣苣苔	湖北巴东、神农架、保康
Oreocharis jasminina S.J.Ling, F. Wen & M.X.Ren	迎春花马铃苣苔	海南琼中
Oreocharis jiangxiensis (W.T.Wang) Mich. Möller & A.Weber	江西全唇苣苔	江西，浙江，广东
Oreocharis jinpingensis W.H.Chen & Y.M.Shui	金平马铃苣苔	云南金平
Oreocharis lacerata W.H.Chen & Y.M.Shui	羽裂马铃苣苔	云南永德
Oreocharis lancifolia (Franch.) Mich. Möller & A.Weber	紫花金盏苣苔	四川西部
Oreocharis lancifolia (Franch.) Mich. Möller & A.Weber var. *mucronata* (K.Y.Pan) Mich. Möller & A.Weber	汶川金盏苣苔	四川汶川、卧龙
Oreocharis latisepala (Chun ex K.Y.Pan) Mich. Möller & W.H.Chen	宽萼粗筒苣苔	浙江云和
Oreocharis leucantha (Diels) Mich. Möller & A.Weber	白花金盏苣苔	四川白玉、巴塘
Oreocharis longifolia (Craib) Mich. Möller & A.Weber	长叶粗筒苣苔	云南西北部，四川西南部；缅甸

（续）

Oreocharis Benth.	马铃苣苔属	地理分布
Oreocharis longifolia (Craib) Mich. Möller & A.Weber var. *multiflora* (S.Y.Chen ex K.Y.Pan) Mich. Möller & A.Weber	多花粗筒苣苔	四川北部，甘肃南部
Oreocharis longipedicellata Lei Cai & F.Wen	长梗马铃苣苔	云南麻栗坡
Oreocharis lungshengensis (W.T.Wang) Mich. Möller & A.Weber	龙胜金盏苣苔	广西龙胜
Oreocharis magnidens Chun ex K.Y.Pan	大齿马铃苣苔	广西金秀、象州，江西崇义，广东乳源、平远
Oreocharis mairei H.Lév	东川短檐苣苔	云南东川
Oreocharis maximowiczii C.B.Clarke	大花石上莲	华南、华东
Oreocharis maximowiczii C.B.Clarke var. *mollis* J.M.Li & R.Yi	密毛大花石上莲	福建泰宁
Oreocharis mileensis (W.T.Wang) Mich. Möller & A.Weber	弥勒苣苔	广西隆林，云南弥勒、石林，贵州兴义
Oreocharis minor Pellegr	小马铃苣苔	云南丽江
Oreocharis muscicola (Diels) Mich. Möller & A.Weber	藓丛粗筒苣苔	西藏东南部，云南西北部；缅甸、不丹、印度北部
Oreocharis nanchuanica (K.Y.Pan & Z.Y.Liu) Mich. Möller & A.Weber	南川金盏苣苔	重庆南川、武隆
Oreocharis nemoralis	湖南马铃苣苔	湖南
Oreocharis nemoralis Chun var. *lanata* Y.L.Zheng & N.H.Xia	绵毛马铃苣苔	湖南衡阳、双牌
Oreocharis ninglangensis W.H.Chen & Y.M.Shui	宁蒗马铃苣苔	云南宁蒗
Oreocharis notochlaena (H.Lév. & Vaniot) Léveill	贵州直瓣苣苔	贵州贵阳、惠水
Oreocharis obliqua C.Y.Wu ex H.W.Li	斜叶马铃苣苔	云南文山、马关、麻栗坡；越南
Oreocharis obliquifolia (K.Y.Pan) Mich. Möller & A.Weber	狭叶短檐苣苔	四川米易、盐源
Oreocharis obtusidentata (W.T.Wang) Mich. Möller & A.Weber	钝齿后蕊苣苔	湖南洪江
Oreocharis odontopetala Q. Fu & Y.Q.Wang	齿瓣粗筒苣苔	贵州盘州
Oreocharis ovata L.H.Yang, L.X.Zhou & M.Kang	卵圆叶马铃苣苔	广东连南
Oreocharis ovatilobata Q. Fu & Y.Q.Wang	卵瓣马铃苣苔	贵州盘州
Oreocharis pankaiyuae Mich. Möller & A.Weber	橙黄短檐苣苔	四川马边、屏山
Oreocharis pankaiyuae Mich. Möller & A.Weber var. *weiningense* (S.Z.He & Q.W.Sun) Mich. Möller & A.Weber	威宁短檐苣苔	贵州威宁
Oreocharis panzhouensis Lei Cai, Y.Guo & F.Wen	盘州马铃苣苔	贵州盘州
Oreocharis parva Mich. Möller & W.H.Chen	小粗筒苣苔	湖北西部
Oreocharis parviflora Lei Cai & Z.K.Wu	小花马铃苣苔	云南兰坪
Oreocharis parvifolia (K.Y.Pan) Mich. Möller & W.H.Chen	小叶粗筒苣苔	贵州贵阳
Oreocharis pilosopetiolata Li H.Yang & M.Kang	毛梗马铃苣苔	广东惠东
Oreocharis pinfaensis (H.Lév.) Mich. Möller & W.H.Chen	平伐粗筒苣苔	贵州都匀
Oreocharis pinnatilobata (K.Y.Pan) Mich. Möller & A.Weber	裂叶金盏苣苔	重庆至湖北西南部
Oreocharis primuliflora (Batalin) Mich. Möller & A.Weber	羽裂金盏苣苔	四川西北部
Oreocharis pumila (W.T.Wang) Mich. Möller & A.Weber	裂檐苣苔	广西大新
Oreocharis purpurata B. Pan, M.Q.Han & Yan Liu	紫纹马铃苣苔	湖南娄底
Oreocharis repenticaulis X.K.Huang, P. Yang & Yan Liu	匍茎马铃苣苔	广西田林
Oreocharis reticuliflora Li H.Yang & X.Z.Shi	网纹马铃苣苔	四川叙永
Oreocharis rhombifolia (K.Y.Pan) Mich. Möller & A.Weber	菱叶直瓣苣苔	四川美姑
Oreocharis rhytidophylla C.Y.Wu ex H.W.Li	网叶马铃苣苔	云南景东
Oreocharis ronganensis (K.Y.Pan) Mich. Möller & A.Weber	融安直瓣苣苔	广西融安
Oreocharis rosthornii (Diels) Mich. Möller & A.Weber	川鄂粗筒苣苔	四川，湖北，贵州

06

（续）

Oreocharis Benth.	马铃苣苔属	地理分布
Oreocharis rosthornii (Diels) Mich. Möller & A.Weber var. *crenulata* (Hand.-Mazz.) Mich. Möller & A.Weber	贞丰粗筒苣苔	贵州贞丰
Oreocharis rosthornii (Diels) Mich. Möller & A.Weber var. *wenshanensis* (K.Y.Pan) Mich. Möller & A.Weber	文山粗筒苣苔	贵州文山
Oreocharis rosthornii (Diels) Mich. Möller & A.Weber var. *xingrenensis* (K.Y.Pan) Mich. Möller & A.Weber	锈毛粗筒苣苔	贵州兴仁、贞丰
Oreocharis rotundifolia K.Y.Pan	圆叶马铃苣苔	云南屏边
Oreocharis rubra (Hand.-Mazz.) Mich. Möller & A.Weber	红短檐苣苔	云南大姚
Oreocharis rubrostriata F.Wen & L.E.Yang	红纹马铃苣苔	广西融水
Oreocharis saxatilis (Hemsl.) Mich. Möller & A.Weber	直瓣苣苔	湖北西部，甘肃南部，四川东南部
Oreocharis shweliensis Mich. Möller & W.H.Chen	云南粗筒苣苔	云南瑞丽
Oreocharis sichuanensis (W.T.Wang) Mich. Möller & A.Weber	全唇苣苔	四川巫溪
Oreocharis sichuanica (K.Y.Pan) Mich. Möller & A.Weber	四川金盏苣苔	四川茂县、汶川、黑水
Oreocharis sinohenryi (Chun) Mich. Möller & A.Weber	毡毛后蕊苣苔	广西防城港
Oreocharis speciosa (Hemsl.) Mich. Möller & W.H.Chen	鄂西粗筒苣苔	湖北西部，湖南西南部，重庆
Oreocharis stenosiphon Mich. Möller & A.Weber	皱叶后蕊苣苔	湖北恩施、利川
Oreocharis stewardii (Chun) Mich. Möller & A.Weber	广西粗筒苣苔	广西三江、罗城
Oreocharis striata F.Wen & C.Z.Yang	条纹马铃苣苔	福建尤溪
Oreocharis synergia W.H.Chen, Y.M.Shui & Mich. Möller	友谊马铃苣苔	云南永胜
Oreocharis tetraptera F.Wen, B.Pan & T.V.Do	姑婆山马铃苣苔	广西贺州
Oreocharis tianlinensis R.C.Hu, W.B.Xu & Y.Feng Huang	田林马铃苣苔	广西田林
Oreocharis tongtchouanensis Mich. Möller & W.H.Chen	东川粗筒苣苔	云南东川
Oreocharis trichantha (B.L.Burtt & R.A.Davidson) Mich. Möller & A.Weber	毛花直瓣苣苔	云南大姚
Oreocharis tsaii Y.H.Tan & Jian W.Li	蔡氏马铃苣苔	云南孟连
Oreocharis tubicella Franch	管花马铃苣苔	云南盐津，四川荥经、越西
Oreocharis tubiflora K.Y.Pan	筒花马铃苣苔	福建南平、德化
Oreocharis uniflora Li H.Yang & M.Kang	单花马铃苣苔	广东惠东
Oreocharis urceolata (K.Y.Pan) Mich. Möller & A.Weber	木里短檐苣苔	四川木里
Oreocharis villosa (K.Y.Pan) Mich. Möller & A.Weber	柔毛金盏苣苔	重庆石柱
Oreocharis vulpina (B.L.Burtt & R.A.Davidson) Mich. Möller & A.Weber	狐毛直瓣苣苔	云南大姚、宾川
Oreocharis wangwentsaii Mich. Möller & A.Weber	滇北直瓣苣苔	云南巧家、宣威
Oreocharis wangwentsaii Mich. Möller & A.Weber var. *emeiensis* (K.Y.Pan) Mich. Möller & A.Weber	峨眉直瓣苣苔	四川峨眉山、泸定
Oreocharis wanshanensis (S.Z.He) Mich. Möller & A.Weber	万山金盏苣苔	贵州万山
Oreocharis wenshanensis W.H.Chen & Y.M.Shui	文山马铃苣苔	云南文山
Oreocharis wentsai (Z.Yu Li) Mich. Möller & A.Weber	文采后蕊苣苔	贵州台江
Oreocharis wenxianensis Xiao J. Liu & X.G.Sun	文县马铃苣苔	陕西文县
Oreocharis wumengensis Lei Cai & Z.L.Dao	乌蒙马铃苣苔	四川盐津
Oreocharis xiangguiensis W.T.Wang & K.Y.Pan	湘桂马铃苣苔	广西全州
Oreocharis xieyongii T. Deng, D.G.Zhang & H.Sun	解勇马铃苣苔	湖南南部，广西西北部
Oreocharis yunnanensis Rossini & J.Freitas	云南马铃苣苔	云南澜沧
Oreocharis zhenpingensis J.M.Li, Ting Wang & Y.G.Zhang	镇坪马铃苣苔	陕西镇坪

4.3.1 滇东马铃苣苔

Oreocharis aimodisca Lei Cai, Z.L.Dao & F. Wen, PhytoKeys 162: 1-12 (2020). TYPUS: CHINA, Yunnan: Shizong County, Wulong Town, Dachang Village, Xiaofakuai, elev. ca. 2 122m, 10 September 2019, *Lei Cai & Pin Zhang CL275* (Typus: Holotype KUN; Isotypes: IBK, KUN).

识别特征：叶片椭圆形至卵形、基部心形或耳形，边缘具圆齿；花序梗被浓密棕色长柔毛和短柔毛；花冠外面密被短柔毛，有4个分开的可育雄蕊，雌蕊密被短毛，花盘血红色（图27）。

地理分布：特产于中国云南师宗。

生态习性：生于石灰岩山地亚热带常绿阔叶林下石灰岩崖壁荫蔽处。

4.3.2 青翠马铃苣苔

Oreocharis flavovirens Xin Hong, PhytoKeys 157: 101-112 (2020). TYPUS: CHINA, Gansu Province: Yuhe Provincial Nature Reserve, Longnan City, 1 193m a.s.l., 5 September 2018, flowering, *Xin Hong: HX18090510* (Typus: Holotype IBK; Isotype PE).

识别特征：花梗细长，花苞和花朵个头很小，完全开放的花朵呈现苦苣苔科马铃苣苔属植物中极其少见的淡黄绿色，花朵形态也很特别，整个花朵呈细长筒状，前端像一个微微张开的小嘴唇（图28）。

地理分布：特产于中国甘肃陇南，据报道四川江油亦见分布。

生态习性：生于石灰岩山地亚热带常绿落叶阔叶混交林下崖壁上荫蔽处。

4.3.3 迎春花马铃苣苔

Oreocharis jasminina S.J. Ling, F. Wen & M.X.Ren, PhytoKeys 157: 121-135 (2020). TYPUS: CHINA, Hainan: Qiongzhong County, Limu Mountain, 1 350m a.s.l., on moist rocks, 26 Nov 2018, *S.J.Ling 2018112601* (Typus: Holotype HUTB; Isotypes HUTB, KUN).

识别特征：花冠辐射对称，花瓣黄色，花冠筒细管状，雄蕊内藏（图29）。

地理分布：特产于中国海南琼中。

生态习性：生于花岗岩山地热带常绿阔叶林下石上。

06

图27　滇东马铃苣苔（蔡磊、雷雨阳　提供）

图28 青翠马铃苣苔（温放 摄）

图29 迎春花马铃苣苔（温放 摄）

图30 长梗马铃苣苔（温放 摄）

4.3.4 长梗马铃苣苔

Oreocharis longipedicellata Lei Cai & F. Wen, PhytoKeys 162: 1-12 (2020). TYPUS: CHINA, Yunnan: Malipo County, Mengdong, on the surface of moist rocks (Cultivated in GCCC nursery, Guilin Botanical Garden, Chinese Academy of Sciences) in flower, 24 August 2019, *Fang Wen WF190824–01* (Typus: Holotype KUN; Isotype IBK).

识别特征: 叶片卵形，花黄色。有4个分开的可育雄蕊、长圆形花药；花梗长20～28cm，苞片披针形至椭圆形，边缘具小齿；花萼5浅裂到基部；雄蕊贴生于离基部3～4mm的花冠，雌蕊长1.5～2cm。种加词"longipedicellata"指本种的花序梗较长，本种的花梗也是本属中几乎最长的（图30）。

地理分布: 特产于中国云南麻栗坡。

生态习性: 生于石灰岩山地亚热带常绿落叶阔叶混交林下崖壁上荫蔽处。

4.3.5 盘州马铃苣苔

Oreocharis panzhouensis Lei Cai, Y. Guo & F. Wen, Phytotaxa 393 (3): 287-291 (2019). TYPUS: CHINA, Guizhou: Panzhou City, Hongguo Community, Zhongsha Village, Laoheishan, 22 August 2015, *Ying Guo*

图31 盘州马铃苣苔（郭应 摄）

图32 都匀马铃苣苔（温放 摄）

06

C2015005 (Typus: Holotype KUN; Isotypes IBK, KUN).

识别特征： 叶片卵形至近圆形，正面密被贴伏短柔毛，背面短柔毛，叶脉和边缘密被锈棕色长柔毛；花序梗长4.5~8cm；5浅裂的花萼，裂片裂至中部；花盘边缘波状，花丝和雌蕊无毛（图31）。

地理分布： 特产于中国贵州盘州。

生态习性： 生于石灰岩山地亚热带常绿落叶阔叶混交林下崖壁上荫蔽处。

4.3.6 都匀马铃苣苔

Oreocharis duyunensis Z. Yu Li, X.G.Xiang & Z.Y.Guo, Nordic Journal of Botany 2018: e01514. TYPUS: CHINA, Guizhou: Duyun County, Luosike, 1 462m a.s.l., 20 Jul 2016, *Z.Y.Guo 2016051* (Typus: Holotype PE–02114626; Isotypes PE–02114627, PE–02114628, QNUN).

识别特征： 具白色星环状花盘，很容易与马铃苣苔属的其他种相区分。形态学上与浙皖粗筒苣苔相似（图32）。

地理分布： 特产于中国贵州都匀。

生态习性： 生于砂岩山地亚热带常绿落叶阔叶混交林下崖壁上荫蔽处。

4.3.7 紫纹马铃苣苔

Oreocharis purpurata B. Pan, M.Q.Han & Yan Liu, Phytotaxa 328 (2): 183-188 (2017). TYPUS: CHINA, Hunan: Xinhua County, Youxi Town, Zhongru Village, ca. 178m, 11 August 2015, *Bo Pan & M.Q.Han HMQ859* (Typus: Holotype IBK).

识别特征： 在下唇花冠筒近中部区域形成突起，喉部有两个脊具腺体，下唇具深紫色中央条纹，基部有带红色线条的绿黄色斑点，花药向下弯曲（图33）。

地理分布： 特产于中国湖南娄底。

生态习性： 生于石灰岩山地亚热带常绿落叶阔叶混交林下岩溶洞穴洞口处崖壁上荫蔽处。

4.3.8 光雾山马铃苣苔

Oreocharis guangwushanensis Z.L.Li & Xin Hong, PhytoKeys 201: 123-129 (2022). TYPUS: CHINA, Sichuan Province: Guangwushan Provincial Nature Reserve, 31 July 2020, *Hai Jun Ma, MHJ 21073102* (Typus: Holotype IBK; Isotype AHU).

识别特征： 粉红色花冠，花冠筒在喉部收缩，略微向上弯曲；上唇2浅裂到（或高于）中部，两裂片左右分开，先端近圆形，形似红色爱心。下唇3深裂到基部，长圆形，裂片中间有一条红线。雄蕊4，成对，无毛，花丝在顶部强力扭曲，接近270°弯曲，钩状，底部有白色腺点（图34）。

地理分布： 特产于中国四川南江。

生态习性： 生于石灰岩山地亚热带常绿落叶阔叶混交林下崖壁上荫蔽处。

4.3.9 文山马铃苣苔

Oreocharis wenshanensis W.H.Chen & Y.M.Shui, PhytoKeys 157: 83-99 (2020). TYPUS: CHINA, Yunnan Province: Wenshan County, Bozu

图33 紫纹马铃苣苔（温放 摄）

图34 光雾山马铃苣苔（洪欣 提供）

图35 文山马铃苣苔（何德明 提供）

图36 网纹马铃苣苔（温放 摄）

Mt., in dense forests, elev. 2 700m, 27 July 1993, in flower, *Shui Y.M. 3126* (Typus: Holotype KUN; Isotype PE).

识别特征：宽卵形叶片，叶正面疏被短柔毛，花萼边缘具圆齿，较短的花冠（1.5～1.6cm），花冠上唇双裂，花盘近全缘（图35）。

地理分布：特产于中国云南文山。

生态习性：生于砂页岩山地亚热带常绿落叶阔叶混交林下崖壁上荫蔽处。

4.3.10 网纹马铃苣苔

Oreocharis reticuliflora Li H.Yang & X.Z.Shi, Nordic Journal of Botany 2021: e03322. TYPUS: CHINA, Guangdong Province: Guangzhou City, vouchers were made from cultivated plants at South China Botanical Garden, 4 May 2021 (flowering), *L.H.Yang YLH1178* (Typus: Holotype IBSC; Isotypes IBSC).

识别特征：具明显的网状次级脉，花冠的每

个唇瓣上有网状的紫色条纹，子房被腺毛，蒴果较短，叶背面、苞片和花萼萼片的外侧面被浓密的棕色绵状毛（图36）。

地理分布：特产于中国四川叙永。

生态习性：生于砂岩山地亚热带常绿落叶阔叶混交林下崖壁上荫蔽处。

4.3.11 齿叶瑶山苣苔

Oreocharis dayaoshanioides Yan Liu & W.B.Xu, Botanical Studies (2012) 53: 393-399. TYPUS: CHINA, Guangxi Zhuangzu Autonomous Region: Wuzhou City, suburb, 15 April 2007, *W.B.Xu and Y.Liu, 07235* (Typus: IBK).

识别特征：叶缘具有细锯齿，多分枝聚伞花序，花小但数量多，下唇瓣裂片宽卵形至圆形卵形，雌蕊无毛（图37）。

地理分布：特产于中国广西梧州。

生态习性：生于页岩砂岩山地亚热带常绿阔叶混交林下水边崖壁上荫蔽处。

图 37　齿叶瑶山苣苔（温放　摄）　　　　图 38　红纹马铃苣苔（温放　摄）

06

4.3.12　红纹马铃苣苔

Oreocharis rubrostriata F. Wen & L.E.Yang, Kew Bulletin (2019) 74:23. TYPUS: CHINA, Guangxi Zhuangzu Autonomous Region: Rongshui County, Sanfang Town, Jiuwanshan National Natural Reserve, 1 048m, *L.E.Yang 60* (Typus: holotype KUN; isotypes IBK, KUN).

识别特征：具有独特的花冠，花冠内有红色条纹。花冠有不明显的双唇，花冠轴线左右对称，在马铃苣苔属中是独特的存在（图38）。

地理分布：特产于中国广西融水。

生态习性：生于砂岩山地亚热带常绿针阔叶混交林下道旁黄壤上荫蔽处。本种群可能是一个残存和退化中的种群，仅见于人工杉木林和部分阔叶混交林下黄壤上，原大种群可能因开垦栽植杉木的关系已经消亡。

4.3.13　乌蒙马铃苣苔

Oreocharis wumengensis Lei Cai & Z.L.Dao, PhytoKeys 157: 113-119 (2020). TYPUS: CHINA, Yunnan: Yanjin County, Miaoba Town, Liuchang Village, Houshanping, elev. ca. 1 050m, on moist rocks (cultivated in KBG), in flowering, 3 August 2018, *Lei Cai CL198* (Typus: Holotype KUN; Isotype KUN).

识别特征：扁叶柄上具棕色短柔毛，叶片长圆形、长椭圆形至倒披针形；花梗具短腺毛；花萼5裂到基部；花药顶端连贯（图39）。

地理分布：特产于中国四川盐津。

生态习性：生于石灰岩山地亚热带常绿落叶阔叶混交林下崖壁上荫蔽处。

4.3.14　姑婆山马铃苣苔

Oreocharis tetraptera F. Wen, B. Pan & T.V.Do, PhytoKeys 131: 83-89 (2019). TYPUS: CHINA, Guangxi Zhuangzu Autonomous Region: Hezhou City, Lisong Town, Gupo Mountain, 25 August 2018, *Wen Fang WF160825–01* (Typus: Holotype IBK; Isotype IBK).

识别特征：具有左右对称的四瓣花冠，上面下面各两个花冠裂片，两个可育雄蕊位于后方，在修订扩增后的广义马铃苣苔属植物中，其花器官特征显然是独一无二的（图40）。

地理分布：特产于中国广西贺州。

生态习性：生于砂岩页岩山地亚热带常绿阔叶林和高山竹类混交林下水旁崖壁上荫蔽处。

4.3.15　条纹马铃苣苔

Oreocharis striata F.Wen & C.Z.Yang, Annales Botanici Fennici 52:369-372 (2015). TYPUS: CHINA, Fujian Province. Youxi County, Qingkeng Village, alt. 330m a.s.l., 22 Aug. 2014, in flower, *C.Z.Yang et al. 350426201308822016* (Typus: holotype IBK; Isotype IBK, FNU).

识别特征：叶柄密被红色长柔毛。叶片正面浓密贴伏短柔毛，背面密被棕色绢毛，在中脉和侧脉具绵毛。叶片边缘不规则锯齿和具圆齿。花序梗疏生被微柔毛。苞片外面疏生微柔毛通常在开花时枯萎。花冠红紫色，内部和外部具16～18

图39 乌蒙马铃苣苔（蔡磊 提供）

图40 姑婆山马铃苣苔（温放 摄）

图41 条纹马铃苣苔（温放 摄）

纵向白色条纹，内部和外面疏生白色被微柔毛。花冠筒狭漏斗状，不膨胀。雄蕊和花丝2，花丝的上半部分被疣状隆起覆盖（图41）。

地理分布：特产于中国福建尤溪。

生态习性：生于花岗岩山地亚热带常绿落叶阔叶混交林下水边崖壁上荫蔽处。

4.4 芒毛苣苔属

Aeschynanthus Jack, Transactions of the Linnean Society of London 14: 42. 1823 [Type Species: 马来芒毛苣苔 *Aeschynanthus volubilis* Jack, Transactions of the Linnean Society of London 14: 42, t. 2, f. 3. 1823 (1825)].

附生小灌木。叶对生，也有3~4枚轮生，具柄或近无柄；叶片肉质，革质或纸质，全缘。花1~2朵腋生，或组成具多数花的聚伞花序；苞片小或大，卵形，通常于花期脱落。花萼钟状或筒状，5裂达基部，或5深裂至5浅裂并形成筒状。花冠多鲜艳，深红色、暗红色、鲜红色、橙色等，绿色、黄色或白色较为少见，花冠筒近筒状，比檐部长，上部常弯曲，有时内面基部之上有一毛环，檐部直立或开展，不明显二唇形或明显二唇形，上唇2裂，下唇与上唇近等长或较长，3裂，裂片近等大或不等大。能育雄蕊4，二强，伸出花冠外或与花冠筒等长，花药长圆形，通常成对在顶端连着，偶见4枚花药一起在顶端连着，2药室平行，顶端不汇合；退化雄蕊1，位于后方中央，小或不存在。花盘环状。雌蕊具柄，子房线形或长圆形，1室，花柱长或短，柱头扁球形。蒴果线形，室背纵裂成2瓣。种子多数，小、长圆形或纺锤形，在近种脐一端有1~2或多根毛状附属物，另一端常有1根毛状附属物，少有在每端各有1条扁平的狭线形附属物。

我国已知有35种，分布于西藏南部和东南部、云南、四川南部、贵州南部、广西、广东和台湾，具体见下表。

Aeschynanthus Jack	芒毛苣苔属	地理分布
Aeschynanthus acuminatissimus W.T.Wang	长尖芒毛苣苔	云南西畴
Aeschynanthus acuminatus Wall. ex A.DC.	芒毛苣苔	华南至西南广布；不丹、老挝、越南、印度东北部
Aeschynanthus andersonii Clarke	轮叶芒毛苣苔	云南西南部；缅甸东北部
Aeschynanthus angustioblongus W.T.Wang	狭矩芒毛苣苔	云南贡山
Aeschynanthus angustissimus (W.T.Wang) W.T.Wang	狭叶芒毛苣苔	西藏墨脱
Aeschynanthus bracteatus Wall. ex A.DC	显苞芒毛苣苔	西藏至云南
Aeschynanthus bracteatus Wall. ex A.DC. var. *orientalis* W.T.Wang	黄棕芒毛苣苔	云南东南部，广西西北部
Aeschynanthus buxifolius Hemsl.	黄杨叶芒毛苣苔	云南南部、东南部，广西中部至北部，贵州南部、东南部
Aeschynanthus chiritoides C.B.Clarke	小齿芒毛苣苔	云南东南部，广西西北部
Aeschynanthus fulgens Wall. ex R.Br.	亮花芒毛苣苔	云南沧源
Aeschynanthus gracilis Parish ex C.B.Clarke	细芒毛苣苔	云南勐海、蒙自、屏边、西畴
Aeschynanthus hookeri Clarke	束花芒毛苣苔	云南南部至西南部
Aeschynanthus humilis Hemsl.	矮芒毛苣苔	云南景东、思茅、屏边
Aeschynanthus lancilimbus W.T.Wang	披针芒毛苣苔	云南砚山
Aeschynanthus lasianthus W.T.Wang	毛花芒毛苣苔	云南贡山
Aeschynanthus lasiocalyx W.T.Wang	毛萼芒毛苣苔	西藏墨脱
Aeschynanthus linearifolius C.E.C.Fisch	条叶芒毛苣苔	西藏察隅，云南贡山
Aeschynanthus lineatus Craib	线条芒毛苣苔	云南南部、西部
Aeschynanthus longicaulis Wall. ex R.Br.	长茎芒毛苣苔	云南南部；越南、泰国、缅甸、马来西亚
Aeschynanthus medogensis W.T.Wang	墨脱芒毛苣苔	西藏墨脱，云南贡山
Aeschynanthus mengxingensis W.T.Wang	勐醒芒毛苣苔	云南沧源、勐醒
Aeschynanthus micranthus C.B.Clarke	滇南芒毛苣苔	云南南部，广西北部至西南部，贵州南部
Aeschynanthus monetaria Dunn	贝叶芒毛苣苔	西藏墨脱
Aeschynanthus moningeriae (Merr.) Chun	红花芒毛苣苔	海南东方、白沙、保亭
Aeschynanthus parasiticus (Roxb.) Wall.	伞花芒毛苣苔	云南麻栗坡、马关
Aeschynanthus parviflorus (D.Don) Spreng.	具斑芒毛苣苔	西藏墨脱
Aeschynanthus planipetiolatus H.W.Li	扁柄芒毛苣苔	云南勐海
Aeschynanthus poilanei Pellegr.	药用芒毛苣苔	云南金平
Aeschynanthus sinolongicalyx W.T.Wang	长萼芒毛苣苔	云南屏边
Aeschynanthus stenosepalus Anthony	尾叶芒毛苣苔	西藏墨脱，云南福贡、贡山
Aeschynanthus superbus Clarke	华丽芒毛苣苔	西藏墨脱；云南西部至东南部
Aeschynanthus tengchungensis W.T.Wang	腾冲芒毛苣苔	云南福贡、贡山
Aeschynanthus tubulosus Anthony	筒花芒毛苣苔	云南临沧；缅甸
Aeschynanthus tubulosus Anthony var. *angustilobus* Anthony	狭萼片芒毛苣苔	云南腾冲
Aeschynanthus wardii Merr.	狭花芒毛苣苔	云南福贡、贡山；缅甸

4.4.1 芒毛苣苔

Aeschynanthus acuminatus Wall. ex A.DC., Prodromus Systematis Naturalis Regni Vegetabilis 9: 263. 1845. TYPUS: Thailand: Chieng–mai, *Kerr 2302* (Isotype: K).

识别特征：附生小灌木；茎长约90cm；叶对生，无毛，长圆形、椭圆形或窄倒披针形，全缘；花序生茎顶部叶腋，有1~3花；花序梗长无毛；苞片宽卵形；花梗长约1cm，无毛；花萼，无毛，5裂至基部，裂片窄卵形或卵状长圆形；花冠红色（有绿色变型），外面无毛，内面在口部及下唇基部有短柔毛；雄蕊伸出，下部及顶部有稀疏短腺毛，线形，无毛（图42）。

地理分布：广布于中国华南、西南华东；中南半岛至马来西亚也见分布。

生态习性：生于山地热带亚热带常绿阔叶林内附生于树干上，偶见附生于崖壁上潮湿处。

4.4.2 腾冲芒毛苣苔

Aeschynanthus tengchungensis W.T.Wang, Acta Botanica Yunnanica 6(1): 25-26, pl. 4, f. 10–11. 1984. TYPUS: CHINA, Yunnan: Tengchong Xian, on trees in broad–leaved forests, 1 700~2 300m, 20 May 1964, *S.K.Wu 6743* (Typus: Holotype KUN).

识别特征：附生小灌木；茎圆柱形，粗约3mm，无毛；叶对生，具短柄，无毛；叶片干时革质，线形，两端渐狭，边缘全缘，侧脉不明显；叶柄粗壮，长5~7mm；花盘环状，高约1mm（图43）。

地理分布：特产于中国云南福贡、贡山。

生态习性：生于山地热带亚热带常绿阔叶林内附生于树干上潮湿处。

4.4.3 墨脱芒毛苣苔

Aeschynanthus medogensis W.T.Wang, Bulletin of Botanical Research, Harbin 2(4): 59–60. 1982. TYPUS: CHINA, Xizang: Medog Xian, on trees in forests, ca. 1 900m, 27 July 1980, *W.L.Chen et al. 11339* (Typus: Holotype PE).

识别特征：附生小灌木；枝条圆柱形，灰色，粗约3mm，无毛；芽鳞狭三角形，长约3mm，外面被短腺毛；叶对生，无毛；叶片厚革质，长圆形或倒披针状长圆形，顶端渐尖，基部楔形，全缘，侧脉每侧约5条，不明显；叶柄粗壮，长0.9~1.5cm；花冠红色，上部稍弯曲，外面被短腺毛，内面在下唇裂片之下有腺体；花盘环状

图42 芒毛苣苔（温放 摄）

图43 腾冲芒毛苣苔（温放 摄）

图44　墨脱芒毛苣苔（王文广　提供）

（图44）。

地理分布：特产于中国西藏墨脱、云南贡山。

生态习性：生于山地热带亚热带常绿阔叶林内附生于树干上。

4.5　石山苣苔属

Petrocodon Hance, Journal of Botany, British and Foreign 21(6): 167. 1883 [Type Species: 石山苣苔 *Petrocodon dealbatus* Hance, Journal of Botany, British and Foreign 21(6): 167. 1883].

多年生草本，具根状茎。叶均基生，具柄，披针形、长圆形、卵形、倒卵形、近心形等，具羽状脉。聚伞花序腋生，苞片2；花萼钟状，5裂达基部，裂片线形、披针形、长圆形等。花冠颜色丰富，红色、紫色、蓝紫色、白色、黄色、绿色、粉红色等；筒宽漏斗形、窄漏斗形、坛状、壶状、细筒形、粗筒形、坛状粗筒形等，变化丰富；筒比檐部稍长或等长；檐部不明显二唇形或二唇形，上唇比下唇稍短或上唇明显短于下唇，2深裂，下唇3深裂；或檐部辐射或近辐射，裂片近等大等长。可育雄蕊2，少数为4，内藏，花丝狭线形或线形，或膝状弯曲或直，花药连着，顶端汇合；退化雄蕊3或1，具辐射花冠者无退化雄蕊。花盘环形。雌蕊常伸出，子房线形，无柄或罕有柄，有侧膜胎座2，柱头小，近球形。蒴果线形或卵球形、长圆形，室背开裂成2瓣。种子多数，纺锤形，无附属物。本属有45种，分布于中国和泰国、越南及老挝。

我国有45余种，分布于华中、华南、西南至华东（除西藏和台湾外）各地，具体见下表。

***Petrocodon* Hance**	石山苣苔属	地理分布
Petrocodon albinervius D.X.Nong & Y.S.Huang	白脉石山苣苔	广西靖西
Petrocodon ainsliifolius W.H.Chen & Y.M.Shui	兔儿风叶石山苣苔	云南马关、麻栗坡
Petrocodon anoectochilus F.Wen & B.Pan	开唇石山苣苔	广西隆林，贵州兴义
Petrocodon asterocalyx F.Wen, Y.G.Wei & R.L.Zhang	星萼石山苣苔	广西资源，湖南新宁
Petrocodon chishuiensis Z.B.Xin, F.Wen & S.B.Zhou	赤水石山苣苔	贵州赤水
Petrocodon chongqingensis F.Wen, B.Pan & L.Y.Su	重庆石山苣苔	重庆，贵州赤水，四川泸水
Petrocodon coccineus (C.Y.Wu ex H.W.Li) Yin Z.Wang	朱红苣苔	广西北部至西南，贵州南部，云南东南部；越南
Petrocodon confertiflorus H.Q.Li & Y.Q.Wang	密花石山苣苔	广东阳山
Petrocodon coriaceifolius (Y.G.Wei) Y.G.Wei & Mich. Möller	革叶石山苣苔	广西阳朔，湖南道县
Petrocodon dealbatus Hance	石山苣苔	广东北部，广西中部至北部，贵州南部，湖北西部，湖南南部
Petrocodon dealbatus Hance var. *denticulatus* (W.T.Wang) W.T.Wang	齿缘石山苣苔	湖南黔阳，贵州黎平
Petrocodon fangianus (Y.G.Wei) J.M.Li & Yin Z.Wang	方鼎苣苔	广西那坡
Petrocodon ferrugineus Y.G.Wei	锈色石山苣苔	广西忻城
Petrocodon guangxiensis (Yan Liu & W.B.Xu) W.B.Xu & K.F.Chung	广西石山苣苔	广西凤山、东兰

（续）

Petrocodon Hance	石山苣苔属	地理分布
Petrocodon hancei (Hemsl.) A.Weber & Mich. Möller	东南石山苣苔	华南至华东广布
Petrocodon hechiensis (Y.G.Wei, Yan Liu & F. Wen) Y.G.Wei & Mich. Möller	河池石山苣苔	广西河池、环江
Petrocodon hispidus (W.T.Wang) A.Weber & Mich. Möller	细筒苣苔	云南西畴
Petrocodon hunanensis X.L.Yu & Ming Li	湖南石山苣苔	湖南东安
Petrocodon integrifolius (D.Fang & L.Zeng) A.Weber & Mich. Möller	全缘叶石山苣苔	广西龙州
Petrocodon ionophyllus F.Wen, S.Li & B.Pan	紫叶石山苣苔	广西靖西
Petrocodon jasminiflorus (D.Fang & W.T.Wang) A.Weber & Mich. Möller	长檐苣苔	广西那坡
Petrocodon jiangxiensis F.Wen, L.F.Fu & L.Y.Su	江西石山苣苔	江西乐平
Petrocodon jingxiensis (Yan Liu, H.S.Gao & W.B.Xu) A.Weber & Mich. Möller	靖西石山苣苔	广西靖西
Petrocodon lancifolius Fang Wen & Y.G.Wei	披针叶石山苣苔	贵州惠水
Petrocodon laxicymosus W.B.Xu & Yan Liu	疏花石山苣苔	广西靖西、那坡
Petrocodon lithophilus Y.M.Shui, W.H.Chen & Mich. Möller	岩生石山苣苔	云南昆明至石林
Petrocodon longgangensis W.H.Wu & W.B.Xu	弄岗石山苣苔	广西龙州
Petrocodon longitubus Cong R. Li & Yang Luo	长筒石山苣苔	贵州望谟
Petrocodon lui (Yan Liu & W.B.Xu) A.Weber & Mich. Möller	陆氏石山苣苔	广西靖西
Petrocodon luteoflorus Lei Cai & F. Wen	小黄花石山苣苔	贵州荔波
Petrocodon mollifolius (W.T.Wang) A.Weber & Mich. Möller	柔毛石山苣苔	云南镇康
Petrocodon multiflorus F.Wen & Y.S.Jiang	多花石山苣苔	广西苍梧，广东怀集
Petrocodon niveolanosus (D.Fang & W.T.Wang) A.Weber & Mich. Möller	绵毛石山苣苔	广西隆林、靖西、那坡，贵州兴义
Petrocodon pseudocoriaceifolius Yan Liu & W.B.Xu	近革叶石山苣苔	广西罗城、河池
Petrocodon pulchriflorus Y.B.Lu & Q.Zhang	丽花石山苣苔	广西天等
Petrocodon retroflexus Q.Zhang & J.Guo	反折石山苣苔	贵州长顺、紫云
Petrocodon rubiginosus Y.G.Wei & R.L.Zhang	锈梗石山苣苔	广西靖西
Petrocodon scopulorum (Chun) Yin Z. Wang	世纬苣苔	贵州贵阳、修文
Petrocodon tenuitubus W.H.Chen, F.Wen & Y.M.Shui	细管石山苣苔	云南麻栗坡
Petrocodon tiandengensis (Yan Liu & B.Pan) A.Weber & Mich. Möller	天等石山苣苔	广西天等
Petrocodon tongziensis R.B.Zhang & F.Wen	桐梓石山苣苔	贵州桐梓
Petrocodon urceolatus F. Wen, H.F.Cen & L.F.Fu	壶状石山苣苔	湖南张家界
Petrocodon villosus Xin Hong, F.Wen & S.B.Zhou	长毛石山苣苔	广西德保
Petrocodon viridescens W.H.Chen, Mich. Möller & Y.M.Shui	绿花石山苣苔	云南马关
Petrocodon wenshanensis Xin Hong, W.H.Qin & F.Wen	文山石山苣苔	云南文山

4.5.1 星萼石山苣苔

Petrocodon asterocalyx F. Wen, Y.G.Wei & R.L. Zhang, Phytotaxa 343 (3): 259-268 (2018). TYPUS: CHINA, Guangxi Zhuangzu Autonomous Region: Ziyuan County, Meixi Town, Tianmenshan, elev. ca.

130m, 10 May 2012 (fl.), *F. Wen WF120510* (Typus: Holotype IBK; Isotype IBK).

识别特征：叶片呈长菱形或菱形，基部浅楔形，边缘具细圆锯齿；花萼萼片线形，20~40mm×2~3mm；花冠长2.5~3.0cm；雄蕊2，花药长3.5~3.8mm，疏生短柔毛，椭圆形；退化雄蕊3（图45）。

地理分布：特产于中国广西资源、湖南新宁。

生态习性：生于丹霞山地亚热带常绿阔叶林下石壁上。

4.5.2 赤水石山苣苔

Petrocodon chishuiensis Z.B.Xin, F.Wen & S.B.Zhou, Taiwania 65(2): 181-186, 2020. TYPUS: CHINA, Guizhou Province: Chishui City, at damp and shaded bottom of cliff in a valley of Danxia landform, alt. ca. 732m, flowering, 01 Oct 2010, *F.W.–Ges20101001*

(Typus: Holotype IBK; Isotypes IBK, TAI).

识别特征：无茎；叶片薄黄褐色，长圆形或倒披针形，长5～7cm；叶柄长3～8cm，密被白色绵状毛；苞片长圆形，7～12mm（对披针形，1～3mm）；萼裂片线形，9～10mm×1mm左右；花冠白色，带粉红色的阴影，在背面唇上有2排明显的橙黄色腺毛；退化雄蕊无或极不明显；子房长18～20mm，无柄（图46）。

地理分布：特产于中国贵州赤水。

生态习性：生于丹霞山地亚热带常绿阔叶林下石壁上潮湿处。

图45 星萼石山苣苔（温放 摄）

图46 赤水石山苣苔（温放 摄）

4.5.3 河池石山苣苔

Petrocodon hechiensis (Y.G.Wei, Yan Liu & F. Wen) Y.G.Wei & Mich. Möller, Annales Botanici Fennici 45: 299-300 (2008). TYPUS: CHINA, Guangxi Zhuangzu Autonomous Region, Hechi City, Liuxu Town, in limestone shrub, altitude 250m, 31. V. 2006, *Y.G.Wei 06101* (Typus: IBK).

识别特征：多年生草本植物。根状茎近圆柱状，叶基生；叶片硬纸质，卵形或宽卵形，先端钝，基部心形或斜心形，边缘具圆齿；聚伞花序，花序苞片密被糙硬毛；小苞片对生，线状披针形；萼片披针状线形；花冠白色，筒部纤细，退化雄蕊无毛贴生于花冠筒基部，子房线形（图47）。

地理分布：特产于中国广西河池、环江。

生态习性：生于石灰岩山地亚热带常绿阔叶林下石壁上及石灰岩溶洞洞口弱光带处。

4.5.4 文山石山苣苔

Petrocodon wenshanensis Xin Hong, W.H.Qin

& F.Wen, PhytoKeys 157: 183-189 (2020). TYPUS: CHINA, Guangxi Zhuangzu Autonomous Region, introduced from Yunnan Province: Muyang Town, Funing County, Wenshan Zhuang and Miao Autonomous Prefecture 1 360m a.s.l., 14 June 2019, flowering, *WF170807–06* (Typus: Holotype IBK; Isotype AHU).

识别特征：多年生草本植物。根茎近圆柱状。叶基生；叶柄密被短柔毛。叶片黄褐色，卵形先端锐尖，基部宽楔形或浅心形，稍偏斜，边缘具圆齿，两面密被短柔毛。聚伞花序；花序梗密被腺微柔毛和疏生具糙伏毛；花筒漏斗状，纤细，逐渐膨大并向喉部弯曲；花冠裂片边缘近全缘，仅在先端附近具缺刻。雄蕊2，无毛；花丝在中部强烈膝曲；花盘环状，高约0.7mm，边缘波状（图48）。

地理分布：特产于中国云南文山。

生态习性：生于石灰岩山地亚热带常绿阔叶林下石灰岩溶洞洞口弱光带处。

4.5.5 江西石山苣苔

Petrocodon jiangxiensis F. Wen, L.F.Fu & L.Y.

图47 河池石山苣苔（温放 摄）

图48 文山石山苣苔（温放 摄）

06

图49 江西石山苣苔（温放 摄）

Su, Annales Botanici Fennici, 56(4-6): 277–284 (2020). TYPUS: CHINA, Jiangxi Province: Leping County, Wenshan Town, growing in rocky crevices at the foot of a limestone hill, ca. 280m a.s.l., in flower, 2 May 2017, *Wen Fang & Hong Xin, WF170502–01* (Typus: Holotype IBK; Isotype AHU).

识别特征： 叶片卵状椭圆形至宽卵形；苞片

3个且其边缘具细齿至锯齿；花萼更小，5～6mm 长，宽约1mm；花冠更小，长1.7～2.3cm；花药 无毛（图49）。江西石山苣苔体细胞染色体数为 2*n*=36。

地理分布： 特产于中国江西乐平。

生态习性： 生于石灰岩山地亚热带常绿阔叶 林下石壁上。

4.6 长蒴苣苔属

Didymocarpus Wall., Edinburgh Philosophical Journal 1: 378. 1819 (Type Species: 藏南长蒴苣苔 *Didymocarpus primulifolius* D. Don, Prodromus Florae Nepalensis 123. 1825).

多年生草本，稀为灌木或亚灌木，有或无地上茎。叶对生、轮生、互生或簇生。聚伞花序腋生，有少数或多数花；苞片对生，通常小。花萼小，或辐射对称，5裂达基部，或5深裂至5浅裂，有一明显的萼筒，或左右对称，檐部呈二唇形，上唇3裂，下唇2裂。花冠紫色或红紫色，稀白色或黄色，筒细筒状或漏斗状筒形，稀基部囊状，檐部二唇形，比筒短，上唇2裂，下唇3裂。能育雄蕊2，位于花下（前）方，着生于花冠筒中部或上部，花丝狭线形，花药腹面连着，2药室极叉开，顶部汇合；退化雄蕊2~3，位于花上（后）方，小或不存在。花盘环状或杯状。雌蕊有柄或无柄，子房线形，稀披针状线形，一室，两侧膜胎座内伸，极叉开；花柱长或短，柱头1，盘状、扁球形或截形。蒴果线形或披针状线形，室背开裂为2瓣。种子小，椭圆形或纺锤形，光滑。

我国现约有41种（含变种）。分布由西藏南部、云南、华南向北达四川、贵州、湖南和安徽南部，具体见下表。

Didymocarpus Wall.	长蒴苣苔属	地理分布
Didymocarpus adenocalyx W.T.Wang	腺萼长蒴苣苔	云南福贡
Didymocarpus anningensis Y.M.Shui, Lei Cai & J.Cai	安宁长蒴苣苔	云南安宁
Didymocarpus aromaticus Wall. ex D. Don	互叶长蒴苣苔	西藏南部；尼泊尔、印度东北部
Didymocarpus brevipedunculatus Y.H.Tan & Bin Yang	短序长蒴苣苔	云南西盟
Didymocarpus cordifolius P.W.Li & Li H. Yang	心叶长蒴苣苔	云南元阳
Didymocarpus cortusifolius (Hance) W.T.Wang	温州长蒴苣苔	浙江温州、乐清
Didymocarpus dissectus Fang Wen, Y.L.Qiu, Jie Huang & Y.G.Wei	深裂长蒴苣苔	福建福州
Didymocarpus glandulosus (W.W.Smith) W.T.Wang	腺毛长蒴苣苔	云南东南部、西南部
Didymocarpus glandulosus (W.W.Smith) W.T.Wang var. *lasiantherus* (W.T.Wang) W.T.Wang	毛药长蒴苣苔	重庆，四川，贵州
Didymocarpus glandulosus (W.W.Smith) W.T.Wang var. *minor* (W.T.Wang) W.T.Wang	短萼长蒴苣苔	广西凌云、田林、融水
Didymocarpus grandidentatus (W.T.Wang) W.T.Wang	大齿长蒴苣苔	云南勐遮
Didymocarpus heucherifolius Hand.-Mazz.	闽赣长蒴苣苔	广东东北部，江西，福建西部，浙江西部，安徽南部
Didymocarpus heucherifolius Hand.-Mazz. var. *yinzhengii* J.M.Li & S.J.Li	印政长蒴苣苔	湖南郴州、永兴
Didymocarpus heucherifolius Hand.-Mazz. var. *gamosepalus* X. Hong & F.Wen	合萼闽赣长蒴苣苔	广东平远
Didymocarpus leiboensis Z. P. Soong & W.T.Wang	雷波长蒴苣苔	四川雷波
Didymocarpus lobulatus F. Wen, X. Hong & W.Y.Xie	浙东长蒴苣苔	浙江嵊州、宁波
Didymocarpus longicalyx G.W.Hu & Q.F.Wang	长萼长蒴苣苔	云南盈江
Didymocarpus margaritae W.W.Smith	短茎长蒴苣苔	云南思茅
Didymocarpus medogensis W.T.Wang	墨脱长蒴苣苔	西藏墨脱
Didymocarpus mengtze W.W.Smith	蒙自长蒴苣苔	云南蒙自
Didymocarpus nanophyton C.Y.Wu ex H.W.Li	矮生长蒴苣苔	云南元江
Didymocarpus praeteritus Burtt & Davidson	片马长蒴苣苔	云南片马；缅甸
Didymocarpus primulifolius D. Don	藏南长蒴苣苔	西藏聂拉木；尼泊尔
Didymocarpus pseudomengtze W.T.Wang	凤庆长蒴苣苔	云南凤庆、临沧、景东
Didymocarpus punduanus Wall. ex R. Br. var. *pulcher* (C.B.Clarke) Su. Datta & B.K.Sinha	美丽长蒴苣苔	西藏错那；尼泊尔、不丹、印度东北部
Didymocarpus purpureobracteatus W.W.Smith	紫苞长蒴苣苔	云南屏边、金平、马关、文山、西畴

Didymocarpus Wall.	长蒴苣苔属	地理分布
Didymocarpus reniformis W.T.Wang	肾叶长蒴苣苔	湖南郴州、永兴
Didymocarpus salviiflorus Chun	迷裂长蒴苣苔	浙江丽水
Didymocarpus silvarum W.W.Smith	林生长蒴苣苔	云南思茅
Didymocarpus sinoindicus N.S.Prasanna, Lei Cai & V.Gowda	中印长蒴苣苔	云南腾冲；印度
Didymocarpus sinoprimulinus W.T.Wang	报春长蒴苣苔	湖南黔阳、洪江
Didymocarpus stenanthos Clarke	狭冠长蒴苣苔	云南东部，四川西部
Didymocarpus stenanthos Clarke var. *pilosellus* W.T.Wang	疏毛长蒴苣苔	贵州贞丰、黄平、凯里、铜仁
Didymocarpus stenocarpus W.T.Wang	细果长蒴苣苔	云南盈江
Didymocarpus subpalmatinervis W.T.Wang	掌脉长蒴苣苔	云南石林
Didymocarpus tonghaiensis J.M.Li & F.S.Wang	通海长蒴苣苔	云南通海
Didymocarpus villosus D.Don	长毛长蒴苣苔	西藏樟木
Didymocarpus yuenlingensis W.T.Wang	沅陵长蒴苣苔	湖南沅陵
Didymocarpus yunnanensis (Franch.) W.W.Smith	云南长蒴苣苔	云南漾濞、邓川、大理、宾川、景东、凤庆、四川西南部；印度东北部
Didymocarpus zhenkangensis W.T.Wang	镇康长蒴苣苔	云南镇康、冕宁、凤庆
Didymocarpus zhufengensis W.T.Wang	珠峰长蒴苣苔	西藏珠穆朗玛峰北坡

06

4.6.1 深裂长蒴苣苔

Didymocarpus dissectus F. Wen, Y.L.Qiu, Jie Huang & Y.G.Wei, Nordic Journal of Botany, 2013, 31(3):316-320. TYPUS: CHINA, Fujian Province, Fuzhou, Rixixiang. Endemic to Fujian Province, China, 104 +m a.s.l, 6 May 2011, *Yan–Lian Qiu and Jie Huang, CSTT110506* (Typus: Holotype IBK; Isotype BJFU).

识别特征：很容易通过叶片形状来区分本种。叶片边缘不规则，在远侧1/3～1/2处有明显3或4裂；花萼5深裂到基部和裂片相等，花冠无毛，退化雄蕊2（图50）。

地理分布：特产于中国福建福州。

生态习性：生于花岗岩山地亚热带常绿落叶混交阔叶林下水边石壁上。

4.6.2 合萼闽赣长蒴苣苔

Didymocarpus heucherifolius Hand. -Mazz. var. ***gamosepalus*** Xin Hong & F. Wen, PhytoKeys 128: 33-38 (2019). TYPUS: CHINA, Guangxi Zhuangzu Autonomous Region, introduced from north of Guangdong Province: Pingyuan County, Meizhou City, 22 February 2019, *WF20190222–05* (Typus: Holotype IBK; Isotype AHU).

识别特征：花萼基部合生，5裂至中部以上；花朵超过5cm；花冠无毛。适生丹霞地貌（图51）。

图50 深裂长蒴苣苔（温放 摄）

图51 合萼闽赣长蒴苣苔（温放 摄）

地理分布：特产于中国广东平远。

生态习性：生于丹霞山地亚热带常绿阔叶林下石壁上。

4.6.3 浙东长蒴苣苔

Didymocarpus lobulatus F. Wen, Xin Hong & W.Y.Xie, PhytoKeys 157: 145-153 (2020). TYPUS: CHINA, Zhejiang Province: Shengzhou City, Chongren Town, Liwang Village, 223m a.s.l., 23 May 2014, *Wen–Yuan Xie & JiaJun Zhou 140523–01* (Typus: Holotype IBK; Isotype AHU).

识别特征：白色略带粉红色的漏斗状花冠筒；花序梗密被短腺毛和短柔毛；苞片钻形至钻状三角形，边缘中部稀具圆齿；花萼5浅裂，约裂至花萼长度的2/3处。花冠白色，花丝疏生棕色短腺毛（图52）。

地理分布：特产于中国浙江嵊州、宁波。

生态习性：生于丹霞山地亚热带常绿阔叶林下石壁上。

4.6.4 安宁长蒴苣苔

Didymocarpus anningensis Y.M.Shui, Lei Cai & J. Cai, Phytotaxa 255 (3): 292-296 (2016). TYPUS: CHINA, Yunnan: Kunming, Anning, Qinglong Community, Zongshuyuan Village, elev. ca. 1 840m, forest margin and roadside, in flowering, 29 August 2013, *Jie Cai et al. 13CS7155* (Typus: Holotype KUN; Isotype KUN).

识别特征：叶对生。茎密被柔毛和腺毛，苞片在基部合生。花萼稍5浅裂。花冠紫色具深色条纹，无毛。花药具短柔毛。退化雄蕊3（图53）。

地理分布：特产于中国云南安宁。

生态习性：生于石灰岩山地亚热带常绿阔叶林下石壁上。

4.7 半蒴苣苔属

Hemiboea C.B. Clark, Hooker's Icones Plantarum 18: pl. 1798. 1888 [Type Species: 华南半蒴苣苔 *Hemiboea follicularis* C.B.Clarke, Hooker's Icones Plantarum 18(4): , pl. 1798. 1888].

多年生草本。茎直立或斜升，基部常具匍匐茎。叶对生，同一对叶等大或不等大；叶缘具齿或全缘。花序具短梗，假顶生或腋生，二歧聚伞状或合轴式单歧聚伞状，偶单花；苞片2，常合生成总苞，近球形或三角形，顶端常具小尖头，偶钝尖至钝圆；也有总苞早落者。花萼5深裂至基部或浅裂。花冠多漏斗状筒形，以白、淡黄、黄或粉红色为多，花冠内面常具或多或少的紫斑；檐部二唇形，上唇2裂，下唇3裂，花冠筒内常具一毛环，偶无。可育雄蕊2，内藏；花药药室平行，顶端不汇合，一对花药以顶端或腹面连着；花丝狭线形，基部略弯曲；退化雄蕊3，中央的1枚有时候退化至极不明显。花盘环状。子房线形至线状披针形，2室，前方1室发育，后方1室退化，2室平行，而单座苣苔和紫叶单座苣苔则子房1室；柱头1，截形、头状、扁球形等。蒴果较粗壮，线状披针形至长圆状披针形，成熟时向内弧曲，前

图52 浙东长蒴苣苔（谢文远、林海伦 提供）

图53 安宁长蒴苣苔（温放 摄）

方一心皮沿室背开裂散布种子。种子小，多数，长椭圆形或狭卵形，无附属物。

中国目前已知共分布45种（含变种），具体见下表。

Hemiboea C.B.Clarke	半蒴苣苔属	地理分布
Hemiboea albiflora X.G.Xiang, Z.Y.Guo & Z.W.Wu	白花半蒴苣苔	贵州兴义
Hemiboea angustifolia F. Wen & Y.G.Wei	披针叶半蒴苣苔	广西大新
Hemiboea bicornuta (Hayata) Ohwi	台湾半蒴苣苔	我国台湾；日本
Hemiboea cavaleriei Lévl.	贵州半蒴苣苔	江西南部，福建，湖南，广东，广西，四川（叙永），贵州南部
Hemiboea cavaleriei Lévl. var. paucinervis W.T.Wang & Z.Z.Yu Liex Z.Yu Li	疏脉半蒴苣苔	广西西南，贵州南部，云南东南；越南北部
Hemiboea crystallina Y.M.Shui & W.H.Chen	水晶半蒴苣苔	云南麻栗坡；越南北部
Hemiboea fangii Chun ex Z.Yu Li	齿叶半蒴苣苔	四川峨眉、乐山
Hemiboea flaccida Chun ex Z.Yu Li	毛果半蒴苣苔	广西那坡、隆林，贵州安龙、兴义
Hemiboea follicularis Clarke	华南半蒴苣苔	广东北部，广西和贵州
Hemiboea follicularis Clarke var. retroflexa Yan Liu & Y.S.Huang	卷瓣半蒴苣苔	广西环江，贵州荔波
Hemiboea gamosepala Z.Yu Li	合萼半蒴苣苔	贵州兴义、安龙
Hemiboea glandulosa Z.Yu Li	腺萼半蒴苣苔	云南屏边
Hemiboea gracilis Franch.	纤细半蒴苣苔	华南，华中，华东，西南广布
Hemiboea gracilis Franch. var. pilobracteata Z.Yu Li	毛苞半蒴苣苔	湖北咸丰，湖南保靖，贵州
Hemiboea gracilis Franch. var. guixiensis G.X.Chen, X.M.Xiang & L.Tan	鬼溪半蒴苣苔	湖南古丈
Hemiboea guangdongensis (Z.Yu Li) X.Q.Li & X.G.Xiang	广东半蒴苣苔	广东北部
Hemiboea integra C.Y.Wu ex H.W.Li	全叶半蒴苣苔	云南屏边
Hemiboea latisepala H.W.Li	宽萼半蒴苣苔	云南东南部
Hemiboea longgangensis Z.Yu Li	弄岗半蒴苣苔	广西龙州
Hemiboea longisepala Z. Yu Li	长萼半蒴苣苔	广西东兴
Hemiboea longzhouensis W.T.Wang ex Z.Yu Li	龙州半蒴苣苔	广西龙州
Hemiboea lutea F. Wen, G.Y.Liang & Y.G.Wei	黄花半蒴苣苔	广西阳朔
Hemiboea magnibracteata Y.G.Wei & H.Q.Wen	大苞半蒴苣苔	广西木论，贵州荔波
Hemiboea malipoensis Y.H.Tan	麻栗坡半蒴苣苔	云南麻栗坡；越南北部
Hemiboea mollifolia W.T.Wang & K.Y.Pan	柔毛半蒴苣苔	湖北西南部，湖南西部及贵州东部
Hemiboea omeiensis W.T.Wang	峨眉半蒴苣苔	四川峨眉、天全
Hemiboea ovalifolia (W.T.Wang) A.Weber & Mich. Möller	单座苣苔	广西环江、那坡，贵州荔波，云南东南部
Hemiboea parvibracteata W.T.Wang & Z.Yu Li	小苞半蒴苣苔	贵州施秉
Hemiboea parviflora Z.Yu Li	小花半蒴苣苔	广西龙州
Hemiboea pingbianensis Z.Yu Li	屏边半蒴苣苔	云南屏边
Hemiboea pseudomagnibracteata B.Pan & W.H.Wu	拟大苞半蒴苣苔	广西天峨、乐业、东兰
Hemiboea pterocaulis (Z. Yu Li) J.Huang, X.G.Xiang & Q.Zhang	翅茎半蒴苣苔	广西桂林、阳朔
Hemiboea purpurea Yan Liu & W.B.Xu	紫花半蒴苣苔	广西融水
Hemiboea purpureotincta (W.T.Wang) A.Weber & Mich. Möller	紫叶单座苣苔	广西环江、田林
Hemiboea roseoalba S.B.Zhou, Xin Hong & F.Wen	粉花半蒴苣苔	广东连南，广西富川
Hemiboea rubribracteata Z.Z.Yu Li & Yan Liu	红苞半蒴苣苔	广西靖西、那坡；越南北部
Hemiboea shimentaiensis S.Y.Miao, Y.Q.Li & T.Chen	石门台半蒴苣苔	广东清远

06

（续）

Hemiboea C.B.Clarke	半蒴苣苔属	地理分布
Hemiboea sinovietnamica W.B.Xu & X.Y.Zhuang	中越半蒴苣苔	广西靖西
Hemiboea strigosa Chun ex W.T.Wang	腺毛半蒴苣苔	江西南部，湖南南部、西部，广东北部
Hemiboea subacaulis Hand.-Mazz.	短茎半蒴苣苔	湖南，广西东部，贵州东部
Hemiboea subacaulis Hand.-Mazz. var. *jiangxiensis* Z.Yu Li	江西半蒴苣苔	江西井冈山
Hemiboea subcapitata Clarke	半蒴苣苔	华南，华东，华中，西南广布
Hemiboea suiyangensis Z.Yu Li, S.W.Li & X.G.Xiang	绥阳半蒴苣苔	贵州绥阳
Hemiboea wangiana Z.Yu Li	王氏半蒴苣苔	云南个旧
Hemiboea yongfuensis Z.P.Huang & Y.B.Lu	永福半蒴苣苔	广西永福

4.7.1 披针叶半蒴苣苔

Hemiboea angustifolia F. Wen & Y.G.Wei, Phytotaxa, 30(1): 53. (2011). TYPUS: CHINA, Guangxi Zhuangzu Autonomous Region: Daxin County, Encheng Town, 162 ~ 170m, 21 November 2008, *F. Wen & W.X.Tang 08112101* (Typus: Holotype IBK; Isotypes PE).

识别特征： 多年生草本。茎高20~100cm，不分枝或具少数分枝，肉质，叶对生；叶片肉质，干后草质，长圆状披针形、卵状披针形或椭圆形，叶面绿色，疏生短柔毛，背面淡绿色，散生短柔毛，聚伞花序，具花；花序梗无毛；总苞球形，无毛，萼片5，卵状三角形、椭圆状披针形至线状披针形，花冠乳白色、淡黄色，散生，有紫斑，花冠筒长3.6~4.0cm（图54）。

地理分布： 特产于中国广西大新。

生态习性： 生于石灰岩山地亚热带常绿阔叶林下石灰岩溶洞洞口处。

4.7.2 黄花半蒴苣苔

Hemiboea lutea F. Wen, G.Y.Liang & Y.G.Wei, Nordic Journal of Botany 31: 720-723, 2013. TYPUS: CHINA, Guangxi Zhuangzu Autonomous Region:

图54　披针叶半蒴苣苔（温放 摄）

图55　黄花半蒴苣苔（温放　摄）

图56　粉花半蒴苣苔（温放　摄）

Yangshuo County, Dayuan Forestry Farm, 580m a.s.l., 12 Oct 2009, *Wen Fang 091012* (Typus: Holotype IBK; Isotype BJFC).

识别特征：多年生草本或半灌木。茎具10～18节或更多。叶对生；聚伞花序近顶生或顶生，少腋生；总苞近三角状球形或心形，无毛。花冠外部黄色或浅黄色，唇瓣内部有纵向紫红色斑点；喉部褐黄色，内侧有一圈毛；雄蕊2，花药无毛。退化雄蕊3，无毛，先端具钩（图55）。

地理分布：特产于中国广西阳朔。

生态习性：生于砂岩山地亚热带常绿阔叶林下。

4.7.3　粉花半蒴苣苔

Hemiboea roseoalba S.B.Zhou, Xin Hong & F. Wen, Bangladesh Journal of Plant Taxonomy 20(2): 171-177, (2013). TYPUS: CHINA, Guangdong Province: Liannan Yao Autonomous County, Gutian Village, 20 Sep. 2012, *F. Wen 201209031* (Typus: Holotype IBK; Isotype ANU).

识别特征：叶缘自中部至叶尖具不规则锯齿，侧脉7～9条，花序梗2.5～3.0cm长且无毛，每一花序4～6花，总苞近三角形，绿色，花冠粉色，长4.0～4.3cm，花冠裂片反折（图56）。

地理分布：特产于中国广东连南、广西富川。

生态习性：生于石灰岩山地亚热带常绿阔叶林下石壁上。

4.8　汉克苣苔属

Henckelia Spreng., Anleitung zur Kenntniss der Gewächse, ed. 2 2(1): 402. 1817 [Type Species: 汉克苣苔 *Henckelia incana* (Vahl) Spreng., Systema Vegetabilium, editio decima sexta 1: 38. 1825 (1824)].

多年生或一年生草本。有茎或无茎，具茎者有时于基部木质化，稀匍匐生长。叶对生、互生或轮生，有时簇生于茎或根状茎顶部或退化为仅剩余1或少数叶。聚伞花序腋生或近于顶生，花数量不一，1～15；苞片对生或轮生、离生或于基部联合，圆形至线形、狭卵形或狭三角形，有时早落。花萼5裂至基部，或于下部不同位置连合成二唇形的筒状。花冠漏斗状筒形、漏斗形、管状，花冠筒下部常略微肿胀，有时于喉部缢缩；二唇形，上唇2裂，下唇3裂；颜色变化丰富，且于花冠喉部具有不同颜色的条纹。可育雄蕊2，花丝具膝状弯曲或直，花药常以整个腹面黏连，无毛或具柔毛。花盘环状或5裂。子房具短柄或无柄，柱头上方一片退化至近无或残存片状物，下方一片常2裂或不裂。蒴果常成熟后裂呈瓣或沿着脊线开裂，萼片宿存或不存在。种子多数，常椭圆形，无附属物。本属已知超过60个种，分布在自斯里兰卡、印度南部和东北部、尼泊尔、不丹、越南北部、老挝北部、泰国北部以及我国华南和西南地区。

我国已知约有25种，广东、广西、贵州、云南、西藏等地有分布，具体见下表。

Henckelia Spreng.	汉克苣苔属	地理分布
Henckelia adenocalyx (Chatterjee) D.J.Middleton & Mich. Möller	腺萼汉克苣苔	云南贡山；印度、缅甸北部
Henckelia anachoreta (Hance) D.J.Middleton & Möller	光萼汉克苣苔	云南南部，广西，湖南南部，广东，福建，台湾；缅甸北部、泰国北部、老挝、越南北部
Henckelia auriculata (J.M.Li & S.X.Zhu) D.J.Middleton & Mich. Möller	耳状汉克苣苔	云南河口
Henckelia briggsioides (W.T.Wang) D.J.Middleton & Mich. Möller	鹤峰汉克苣苔	湖北鹤峰
Henckelia ceratoscyphus (B.L.Burtt) D.J.Middleton & Mich. Möller	角萼汉克苣苔	广西崇左、防城港、东兴；越南北部
Henckelia connata X.Z.Shi & Li H.Yang	合柄汉克苣苔	西藏察隅、波密、墨脱，云南福贡、贡山
Henckelia dasii Taram, D.Borah, R.Kr.Singh & Tag	瓮萼汉克苣苔	西藏墨脱
Henckelia dielsii (Borza) D.J.Middleton & Mich. Möller	圆叶汉克苣苔	云南凤庆、禄丰、永胜、新平
Henckelia dimidiata (Wall. ex C.B.Clarke) D.J.Middleton & Mich. Möller	墨脱汉克苣苔	西藏墨脱
Henckelia fasciculiflora (W.T.Wang) D.J.Middleton & Mich. Möller	簇花汉克苣苔	云南勐遮
Henckelia forrestii (J. Anthony) D.J.Middleton & Mich. Möller	滇川汉克苣苔	云南香格里拉，四川木里
Henckelia fruticola (H.W.Li) D.J.Middleton & Mich. Möller	灌丛汉克苣苔	云南金平、马关；越南北部
Henckelia grandifolia A.Dietr	大叶汉克苣苔	云南南部，贵州西南部，西藏南部；泰国、缅甸北部、印度东北部、不丹、尼泊尔
Henckelia inaequalifolia Li H.Yang & X.Z.Shi	不等叶汉克苣苔	四川洪雅
Henckelia infundibuliformis (W.T.Wang) D.J.Middleton & Mich. Möller	合苞汉克苣苔	西藏墨脱
Henckelia lachenensis (C.B.Clarke) D.J.Middleton & Mich. Möller	卧茎汉克苣苔	西藏墨脱；缅甸北部、印度东北部、不丹
Henckelia lallanii Taram, D.Borah, Tag & R.Kr. Singh	橙花汉克苣苔	西藏墨脱
Henckelia longisepala (H.W.Li) D.J.Middleton & Mich. Möller	密序苣苔	云南金平、屏边、河口；越南北部、泰国北部
Henckelia medogensis W.G.Wang, J.Y.Shen & F.Wen	雅鲁藏布汉克苣苔	西藏墨脱
Henckelia mishmiensis (Debb. ex Biswas) D.J.Middleton & Mich. Möller	秀丽汉克苣苔	西藏墨脱
Henckelia monantha (W.T.Wang) D.J.Middleton & Mich. Möller	单花汉克苣苔	湖南桑植
Henckelia multinervia Lei Cai & Z.L.Dao	多脉汉克苣苔	云南河口
Henckelia nanxiheensis Lei Cai & Z.L.Dao	南溪河汉克苣苔	云南河口
Henckelia oblongifolia (Roxb.) D.J.Middleton & Mich. Möller	长圆叶汉克苣苔	西藏墨脱，云南贡山；缅甸北部、印度东北部
Henckelia puerensis (Y.Y.Qian) D.J.Middleton & Mich. Möller	普洱汉克苣苔	云南普洱
Henckelia pumila (D.Don) A.Dietr	斑叶汉克苣苔	华南，西南广布；泰国、越南北部、不丹、印度东北部
Henckelia pycnantha (W.T.Wang) D.J.Middleton & Mich. Möller	密花汉克苣苔	云南思茅
Henckelia shuii (Z.Yu Li) D.J.Middleton & Mich. Möller	税氏汉克苣苔	云南文山
Henckelia siangensis Taram, D.Borah & Tag	翅萼汉克苣苔	西藏墨脱
Henckelia speciosa (Kurz) D.J.Middleton & Mich. Möller	美丽汉克苣苔	云南南部、西部；越南北部、泰国、缅甸、印度东北部

（续）

Henckelia Spreng.	汉克苣苔属	地理分布
Henckelia tibetica (Franch.) D.J.Middleton & Mich. Möller	康定汉克苣苔	云南东北部，四川西部
Henckelia umbellata Kanthraj & K.N.Nair	伞序汉克苣苔	西藏墨脱
Henckelia urticifolia (D. Don.) A.Dietr	麻叶汉克苣苔	云南屏边、绿春；缅甸北部、印度东北部、不丹、尼泊尔
Henckelia xinpingensis Y.H.Tan & Bin Yang	新平汉克苣苔	云南新平

4.8.1 多脉汉克苣苔

Henckelia multinervia Lei Cai & Z.L.Dao, PhytoKeys 130: 151-160 (2019). TYPUS: CHINA, Yunnan: Hekou County, Laofanzhai Town, Jinzhuliang Village, Shiqiao, 3 Apr 2018, *G.L.Zhang CL2018008* (Typus: Holotype KUN; Isotypes KUN).

识别特征：多年生植物。茎极短，通常不到1cm。叶片长椭圆形至宽椭圆形，正背面密被微柔毛。聚伞花序；苞片2，两面短柔毛。花梗具短柔毛。花萼5裂到近基部，裂片等长，角状。花冠蓝紫色，在下唇有两条黄色条纹和几条紫色条纹，外面腺状短柔毛，里面无毛；花筒漏斗状。雄蕊2；退化雄蕊3。子房长椭圆形，密被短柔毛（图57）。

地理分布：特产于中国云南河口。

生态习性：生于砂岩山地亚热带常绿阔叶林下石壁上。

4.8.2 南溪河汉克苣苔

Henckelia nanxiheensis Lei Cai & Z.L.Dao, PhytoKeys 130: 151-160 (2019). TYPUS: CHINA, Yunnan: Pingbian County, Baiheqiao Town, Dujiao, 255m a.s.l., 18 Mar 2017, *Lei Cai CL035* (Typus: Holotype KUN; Isotypes KUN).

识别特征：多年生草本。叶对生；叶片长圆形至椭圆形，正背面密被微柔毛。聚伞花序；苞片2，离生，两面短柔毛。花萼5裂，裂至3/4的位置，角状。花冠长约2cm，白色到浅蓝色，内部

06

图57　多脉汉克苣苔（温放 摄）

图58 南溪河汉克苣苔（温放 摄） 图59 新平汉克苣苔（温放 摄）

有浅紫色条纹，下唇紫色；筒部稍弯曲。雄蕊2，疏生微柔毛；退化雄蕊3。雌蕊被短柔毛；柱头扇形，2浅裂（图58）。

地理分布：特产于中国云南河口。

生态习性：生于砂岩石灰岩混杂山地亚热带常绿阔叶林下石壁上。

4.8.3 新平汉克苣苔

Henckelia xinpingensis Y.H.Tan & Bin Yang, PhytoKeys 130: 183-203 (2019). TYPUS: CHINA, Yunnan Province: Xinping County, Yubaiding, a.s.l. 1500 m, 17 Aug. 2018, *Y.H.Tan, B.Yang, H.B.Ding & X.D.Zeng Y0130* (Typus: Holotype HITBC).

识别特征：纤细的匍匐茎；叶片对称，基部圆形至心形，椭圆形叶片有时背面有紫色斑点，正面呈现棕绿色；花萼裂至基部或到中部以下；漏斗状花冠，花冠为浓重的黄色，柱头不裂或稍2裂（图59）。

地理分布：特产于中国云南新平。

生态习性：生于砂岩山地亚热带常绿阔叶林下。

4.9 吊石苣苔属

Lysionotus D. Don, Edinburgh Philosophical Journal 7(13): 85-86. 1822 [Type Species: 齿叶吊石苣苔 *Lysionotus serratus* D. Don, Edinburgh Philosophical Journal 7(13): 86. 1822].

小灌木或亚灌木。通常附生于岩石或树干上，稀攀缘并具木栓。叶对生或三叶轮生，稀互生，近等大或不等大，稀等大，通常有短的叶柄。聚伞花序腋生或近顶生，常具细花序梗，有多数或少数花；苞片对生，线形或卵形，常不显著。花萼5裂达或接近基部，稀5浅裂至合生。花冠白色、蓝紫色、紫色或黄色至橙黄色，罕红色，筒细漏斗状，稀筒状，檐部二唇形，比筒短，上唇2裂，下唇3裂。可育雄蕊2枚，内藏；花丝线形，常扭曲，花药连着，二室近平行；退化雄蕊3，小，有时中央的1枚退化至几不可见。花盘环状或杯状。雌蕊内藏，常与雄蕊近等长，子房线形，侧膜胎座2，花柱常较短，柱头盘状或扁球形。蒴果线形，室背开裂最终为4瓣。种子纺锤形，每端各有1枚附属物。

我国约有25种和6变种，分布于秦岭以南各地，但主要见于云南、广西、四川等。具体见下表。

Lysionotus D.Don	吊石苣苔属	地理分布
Lysionotus aeschynanthoides W.T.Wang	桂黔吊石苣苔	云南东南部，广西西部，贵州西南部；越南北部
Lysionotus atropurpureus Hara	深紫吊石苣苔	西藏墨脱、定结；尼泊尔、印度东北部
Lysionotus chatungii M.Taram, A.P.Das & H.Tag	藏南吊石苣苔	西藏墨脱
Lysionotus chingii Chun ex W.T.Wang	攀缘吊石苣苔	云南金平、屏边，广西龙州、凌云、乐业、南丹、那坡、靖西、防城港、东兴；越南北部
Lysionotus coccinus G.W.Hu & Q.F.Wang	猩红吊石苣苔	云南盈江
Lysionotus denticulosus W.T.Wang	多齿吊石苣苔	云南麻栗坡、富宁、马关，广西那坡、南丹，贵州荔波
Lysionotus fengshanensis Yan Liu & D.X.Nong	凤山吊石苣苔	广西凤山、河池
Lysionotus forrestii W.W.Smith	滇西吊石苣苔	云南腾冲、贡山
Lysionotus gamosepalus W.T.Wang	合萼吊石苣苔	西藏墨脱、察隅
Lysionotus gracilis W.W.Smith	纤细吊石苣苔	云南西部；缅甸东北部
Lysionotus heterophyllus Franch.	异叶吊石苣苔	云南东北部，四川西部
Lysionotus heterophyllus Franch. var. *lasianthus* W.T.Wang	龙胜吊石苣苔	广西龙胜、融水
Lysionotus heterophyllus Franch. var. *mollis* W.T.Wang	毛叶吊石苣苔	四川洪雅、峨眉山
Lysionotus involucratus Franch	圆苞吊石苣苔	重庆城口、开县，湖南桑植
Lysionotus kwangsiensis W.T.Wang	广西吊石苣苔	广西融水
Lysionotus levipes (Clarke) Burtt	狭萼吊石苣苔	云南贡山，西藏林芝
Lysionotus longipedunculatus (W.T.Wang) W.T.Wang	长梗吊石苣苔	云南屏边，广西靖西、那坡
Lysionotus metuoensis W.T.Wang	墨脱吊石苣苔	西藏墨脱
Lysionotus microphyllus W.T.Wang	小叶吊石苣苔	西藏
Lysionotus microphyllus W.T.Wang var. *omeiensis* (W.T.Wang) W.T.Wang	峨眉吊石苣苔	湖南桑植，湖北咸丰
Lysionotus oblongifolius W.T.Wang	长圆吊石苣苔	广西那坡、靖西、龙州、大新；越南北部
Lysionotus pauciflorus Maxim.	吊石苣苔	华南，西南，华中，华东广布
Lysionotus pauciflorus Maxim. var. *ikedae* (Hatusima) W.T.Wang	兰屿吊石苣苔	台湾兰屿
Lysionotus pauciflorus Maxim. var. *indutus* Chun ex W.T.Wang	灰叶吊石苣苔	贵州威宁
Lysionotus petelotii Pellegr	细萼吊石苣苔	云南金平、屏边
Lysionotus pubescens C.B.Clarke	毛枝吊石苣苔	西藏墨脱，云南贡山、绿春、河口
Lysionotus sangzhiensis W.T.Wang	桑植吊石苣苔	湖南桑植
Lysionotus serratus D.Don	齿叶吊石苣苔	西藏东南部，云南西部和南部，广西西北部，贵州西南部；不丹、尼泊尔、印度北部、缅甸北部、泰国北部、越南北部
Lysionotus serratus D.Don var. *pterocaulis* C.Y.Wu ex W.T.Wang	翅茎吊石苣苔	云南屏边
Lysionotus sessilifolius Hand.-Mazz	短柄吊石苣苔	云南福贡、贡山
Lysionotus sulphureoides H.W.Li & Y.X.Lu	保山吊石苣苔	云南保山
Lysionotus sulphureus Hand.-Mazz	黄花吊石苣苔	云南维西、贡山
Lysionotus wilsonii Rehd	川西吊石苣苔	四川峨边、峨眉、天全、宝兴、灌县
Lysionotus ziroensis Nampy, Nikhil, Amrutha & Akhil	刺齿吊石苣苔	西藏墨脱

06

4.9.1 长圆吊石苣苔

Lysionotus oblongifolius W.T.Wang, Guihaia 3(4): 263-264, 1983. TYPUS: CHINA, Guangxi Zhuangzu Autonomous Region: Napo, terrestrial in forests on limestone hills, ca. 300m, 27 Oct. 1977, *D. Fang et al. 3–1576* (Typus: Holotype GXMI; Isotypes GBI).

识别特征： 亚灌木。茎高达80cm，分枝；枝条长15~28cm，上部与叶柄均密被贴伏锈色短柔毛，下部变无毛，节间长0.5~9cm。叶对生；叶片长圆形或倒卵状长圆形。聚伞花序二回二叉状分枝，有4~7花；花序梗与花序分枝均密被锈色长柔毛；苞片狭三角形或披针形；花梗丝形。花萼5裂达基部；裂片线状披针形。花冠紫红色，外面被短柔毛和短腺毛，内面无毛（图60）。

地理分布： 分布于中国广西那坡、靖西、龙州、大新；越南北部。

生态习性： 生于石灰岩山地亚热带常绿阔叶林下石壁上。

4.9.2 凤山吊石苣苔

Lysionotus fengshanensis Yan Liu & D.X.Nong, Nordic Journal of Botany 28: 720, 2010. TYPUS: CHINA, Guangxi Zhuangzu Autonomous Region: Fengshan County, at the entrance of karst caves, rare, 715m, 27 Aug. 2005, *Y. Liu & W.B.Xu L1277* (Typus: Holotype IBK; Isotypes: PE, IBK).

识别特征： 亚灌木。茎直立，被短柔毛，具稀疏椭圆形皮孔。叶对生或轮生；叶片长圆形至卵状长圆形，边缘全缘或具小齿两侧密被短柔毛，背面紫色。聚伞花序，2~3分枝，6~12花；苞片通常早落；花萼5，近基部深裂，裂片狭披针形，外部紫色短柔毛，内部无毛。花冠黄色；雄蕊2，花丝近中部稍膝曲，线形，无毛；退化雄蕊3。柱头盘状；子房线形（图61）。

地理分布： 分布于中国广西凤山、河池。

生态习性： 生于石灰岩山地亚热带常绿阔叶林下石壁上及石灰岩洞穴内弱光带处。

4.9.3 桑植吊石苣苔

Lysionotus sangzhiensis W.T.Wang, Guihaia 6(3): 164-165, 1986. TYPUS: CHINA, Hunan: Sangzhi Xian, rocks in forests, 700~1 400m, 7 Aug. 1983, *C.Y.Wu, H. Li et al. 3305* (Typus: Holotype KUN; Isotypes PE).

识别特征： 小灌木；茎平卧石上，长约12cm，无毛或近无毛，分枝，枝长1.6~3.5cm，被贴伏弯曲短柔毛；叶3枚轮生或对生，具短柄；叶片革质或薄革质，倒披针形、倒披针状楔形或狭长圆形，长0.9~3.1cm，宽3~7mm，顶端微尖或截形，基部渐狭，边缘上部有小牙齿，无毛，侧脉不明显；叶柄长1.2~4mm，边缘被短柔毛；花单生枝顶叶腋，花梗长3~5.4cm，纤细，无毛；花萼钟状，长7~10mm，无毛，5浅裂，裂片三角形，长约2mm（图62）。

图60 长圆吊石苣苔（蔡磊 提供）

图61 凤山吊石苣苔（温放 摄）

图62 桑植吊石苣苔（温放 摄）

06

地理分布：分布于中国湖南桑植。

生态习性：生于山地亚热带常绿阔叶林下，附生于树干和石壁上。

4.10 蛛毛苣苔属

Paraboea (C.B.Clarke) Ridl., Journal of the Straits Branch of the Royal Asiatic Society 44: 63. 1905 (Type Species: 沙捞越蛛毛苣苔 *Paraboea clarkei* B. L. Burtt, Kew Bulletin 1948: 56. 1948).

多年生草本，根状茎木质化，稀为亚灌木，幼时被蛛丝状绵毛。叶对生，有时螺旋状排列，上面被蛛丝状绵毛，后变近无毛，下面通常密被彼此交织的毡毛、毛簇生、星状或呈树枝状分枝。聚伞花序腋生或组成顶生圆锥状聚伞花序；苞片1~2枚。花萼钟状，5裂达基部，裂片近相等。花冠斜钟状，白色、蓝色或紫色，稍二唇形，上唇2裂，下唇3裂。可育雄蕊2，着生于花冠近基部，花丝通常淡黄色，花药狭长圆形、稀椭圆形，两端钝或尖，顶端连着，药室2，汇合，极叉开；退化雄蕊1~3，稀不存在。无明显花盘。子房卵圆形或长圆形，向上渐细成花柱，柱头小，头状，稀近于舌状。蒴果通常筒形，稍扁，不卷曲或稍螺旋状卷曲。种子小，多数，无附属物。

我国有35种，分布于台湾、广东、海南、广西、云南、贵州、四川及湖北，具体见下表。

Paraboea (C.B.Clarke) Ridl.	蛛毛苣苔属	地理分布
Paraboea angustifolia Yan Liu & W.B.Xu	细叶蛛毛苣苔	广西环江，贵州荔波
Paraboea birmanica (Craib) C. Puglisi	唇萼苣苔	云南南部，四川西南部，广西西南部；缅甸
Paraboea brevipedunculata W.H.Chen Y.M.Shui W.H.Chen & Y.M.Shui	短序蛛毛苣苔	云南麻栗坡
Paraboea changjiangensis F.W.Xing & Z.X.Li	昌江蛛毛苣苔	海南昌江
Paraboea clavisepala D.Fang & D.H.Qin	棒萼蛛毛苣苔	广西那坡、靖西
Paraboea crassifila W.B.Xu & J.Guo	粗丝蛛毛苣苔	广西容县
Paraboea crassifolia (Hemsl.) Burtt	厚叶蛛毛苣苔	湖北西部，四川东南部，贵州
Paraboea dictyoneura (Hance) Burtt	网脉蛛毛苣苔	广东西北部，广西北部至西北部；泰国、越南
Paraboea dolomitica Z.Yu Li, X.G.Xiang & Z.Y.Guo	白云岩蛛毛苣苔	贵州施秉
Paraboea dushanensis W.B.Xu & M.Q.Han	独山蛛毛苣苔	贵州独山
Paraboea filipes (Hance) Burtt	丝梗蛛毛苣苔	广东连州
Paraboea glanduliflora Barnett	腺花蛛毛苣苔	云南沧源、孟连、宁洱
Paraboea glutinosa (Handel-Mazzetti) K.Y.Pan	白花蛛毛苣苔	贵州南部，广西西北部至西南部；越南北部
Paraboea guilinensis L.Xu & Y.G.Wei	桂林蛛毛苣苔	广西桂林、临桂
Paraboea hainanensis (Chun) Burtt	海南蛛毛苣苔	海南东方
Paraboea hekouensis Y.M.Shui & W.H.Chen	河口蛛毛苣苔	云南河口
Paraboea manhaoensis Y.M.Shui & W.H.Chen	曼耗蛛毛苣苔	云南曼耗
Paraboea martinii (H.Lév. & Vaniot) B.L.Burtt	髯丝蛛毛苣苔	广西那坡，贵州荔波，云南西畴
Paraboea minutiflora D.J.Middleton	微花蛛毛苣苔	云南麻栗坡；越南北部
Paraboea myriantha Y.M.Shui & W.H.Chen	千花蛛毛苣苔	云南河口、马关
Paraboea nanxiensis Lei Cai & Gui L.Zhang	南溪蛛毛苣苔	云南河口
Paraboea neurophylla (Coll. & Hemsl.) Burtt	云南蛛毛苣苔	云南中部；越南北部、缅甸北部
Paraboea nutans D.Fang & D.H.Qin	垂花蛛毛苣苔	广西那坡
Paraboea paramartinii Z.R.Xu & B.L.Burtt	思茅蛛毛苣苔	云南思茅
Paraboea peltifolia D.Fang & L.Zeng	盾叶蛛毛苣苔	广西马山
Paraboea rufescens (Franch.) Burtt	锈色蛛毛苣苔	广西西南部，贵州南部，云南
Paraboea sinensis (Oliv.) Burtt	蛛毛苣苔	广西西南部，云南西南部及东南部，贵州，四川东南部，湖北西部，重庆
Paraboea sinovietnamica W.B.Xu & J.Guo	中越蛛毛苣苔	广西龙州；越南北部
Paraboea swinhoei (Hance) Burtt	锥序蛛毛苣苔	贵州，广西，台湾；泰国、越南至菲律宾
Paraboea tetrabracteata F.Wen, Xin Hong & Y.G.Wei	四苞蛛毛苣苔	广东阳春
Paraboea trisepala W.H.Chen & Y.M.Shui	三萼蛛毛苣苔	广西靖西
Paraboea umbellata (Drake) B.L.Burtt	伞花蛛毛苣苔	广西西南部；越南北部
Paraboea velutina (W.T.Wang & C.Z.Gao) Burtt	密叶蛛毛苣苔	广西凤山
Paraboea wenshanensis X.Hong & F.Wen	文山蛛毛苣苔	云南文山
Paraboea xiangguiensis W.B.Xu & B.Pan	湘桂蛛毛苣苔	广西全州，湖南永州
Paraboea yunfuensis F.Wen & Y.G.Wei	云浮蛛毛苣苔	广东云浮

4.10.1 桂林蛛毛苣苔

Paraboea guilinensis L. Xu & Y.G.Wei, Acta Phytotaxonomica Sinica, 2004, 42(4): 380-382. TYPUS: CHINA, Guangxi Zhuangzu Autonomous Region: Guilin, Dabuxiang, on rocky cliff in limestone hill, *1995-04-20, Y.G.Wei & S.H.Zhong 95-14* (Typus: Holotype, IBK; Isotype, IBK).

识别特征：多年生草本或矮小亚灌木。茎长2~10cm，不分枝或分枝。叶基生或聚生于茎枝顶端，具柄；叶片革质，边缘内卷，具齿，上面深绿色，初被灰白色绵毛，后近无毛，下面被淡褐色蛛丝状绵毛；叶柄密被褐色绵毛，基部密被暗褐色绵毛。聚伞花序；花序梗无毛，紫褐色；苞片未见；花梗丝状。花萼5裂至基部，无毛。花冠蓝紫色，无毛；檐部二唇形，开展，上唇2裂，裂片长圆形，下唇3裂，裂片近圆形。雄蕊2，无毛，内藏；花丝狭线形，上部稍粗，近中部膝状弯曲；花药椭圆形，黄色；退化雄蕊2。无花盘。雌蕊无毛（图63）。

地理分布：分布于中国广西桂林、临桂、灵川、阳朔。

生态习性：生于石灰岩山地亚热带常绿阔叶林下石壁上，是一种极耐干旱的复苏植物。

4.10.2 四苞蛛毛苣苔

Paraboea tetrabracteata F. Wen, Xin Hong & Y.G.Wei, Phytotaxa 131 (1): 1-8 (2013). TYPUS: CHINA, Guangdong Province: Yangchun City, Kongtong Mountain, elevation 38～80m, 8 June 2008 (fl.), *Fang Wen 080608* (Holotype IBK, Isotype ANU).

识别特征：多年生莲座状草本。根状茎木质化、粗壮。叶基生或簇生在根状茎附近，具短柄；叶片厚纸质，椭圆形至卵形或长圆形。聚伞花序1～4（6）条，每花序具2～3分枝，具数朵至多数花。花冠钟形，淡紫色至白色。蒴果细长。花期6月，有时1月亦会开放一次（图64）。

地理分布：特产于中国广东阳春。

生态习性：生于石灰岩山地亚热带常绿阔叶林下石壁上。

4.10.3 云浮蛛毛苣苔

Paraboea yunfuensis F. Wen & Y.G.Wei, Telopea 19: 126 (2016). TYPUS: CHINA, Guangdong Province: Yunfu City, Yuncheng District, Luoshi Village, Hongyan, alt. ± 164m, 28 Nov 2013, *Fang Wen 141128–01* (Typus: Holotype IBK; Isotypes IBK).

识别特征：长的花梗和花丝及短的退化雄蕊，线状披针形花萼裂片，总花梗、花梗和花萼裂片上被毛（图65）。

地理分布：特产于中国广东云浮。

生态习性：生于石灰岩山地亚热带常绿阔叶林下石壁上。

图63 桂林蛛毛苣苔（温放 摄）

图64 四苞蛛毛苣苔（温放 摄）

图65 云浮蛛毛苣苔（温放 摄）

4.11 异唇苣苔属

Allocheilos W.T.Wang, Acta Phytotaxonomica Sinica 21(3): 321. 1983 [Type Species: 异唇苣苔*Allocheilos cortusiflorum* W.T.Wang, Acta Phytotaxonomica Sinica 21(3): 323-324, pl. 1, f. 7-13. 1983].

多年生小草本，无茎；根状茎圆柱形，细。叶均基生，具柄，近圆形，具羽状脉。聚伞花序腋生，有2苞片和少数花；花小。花萼钟状，5裂达基部，裂片披针状线形。花冠斜钟状；筒比檐部短；檐部二唇形，上唇4裂，裂片三角形，下唇与上唇近等长，不分裂，三角形。可育雄蕊2；花丝狭线形，弧状弯曲；花药狭椭圆球形，连着，顶端汇合。退化雄蕊2或3，小。花盘环状。雌蕊长，伸出；子房近长圆形，1室，两侧膜胎座内伸，2裂，裂片向后弯曲，有多数胚珠，花柱比子房长2.5倍，柱头小，扁球形。蒴果近线形，最后裂成4瓣。

本属已知4种，特产我国，分布于贵州、广西和云南，具体见下表。

Allocheilos W.T.Wang	异唇苣苔属	地理分布
Allocheilos cortusiflorus W.T.Wang	异唇苣苔	贵州兴义
Allocheilos guangxiensis H.Q.Wen, Y.G.Wei & S.H.Zhong	广西异唇苣苔	广西永福、灌阳
Allocheilos maguanensis W.H.Chen & Y.M.Shui	马关异唇苣苔	云南马关
Allocheilos rubroglandulosus W.H.Chen & Y.M.Shui	红腺异唇苣苔	云南文山

广西异唇苣苔

Allocheilos guangxiensis H.Q.Wen, Y.G.Wei & S.H.Zhong, Acta Phytotaxonomica Sinica, 38(3): 297. 2000. TYPUS: CHINA, Guilin, Yanshan, cultivated in Guangxi Inst. Bot. introduced from Yongfu, 13 Mar 1997, *Y.G.Wei; S.H.Zhong 97–01* (Typus: holotype IBK).

识别特征：多年生草本。根状茎长约5mm。叶基生，叶片纸质，阔卵形至近圆形，顶端钝至近圆形，基部心形，边缘具圆钝齿，上面被疏柔毛，下面被近贴伏的褐色长柔毛；叶柄圆柱形，被开展的褐色长柔毛。聚伞花序2~4，腋生；花序梗被开展的褐色长柔毛，苞片对生，条形至叶状，被褐色长柔毛。花萼5裂至基部，外面散生褐色长柔毛。花冠白稍带紫色，外面几乎无毛，内面无毛。雄蕊2，花丝狭条形，无毛；退化雄蕊2，丝状。花盘环状。柱头近头状（图66）。

图66　广西异唇苣苔（温放 摄）

地理分布：特产于中国广西永福、灌阳。

生态习性：生于石灰岩山地亚热带常绿阔叶林下石壁上。

4.12 大苞苣苔属

Anna Pellegr., Bulletin de la Société Botanique de France 77: 46. 1930 (Type Species: 大苞苣苔 *Anna submontana* Pellegr., Bulletin de la Société Botanique de France 77: 46. 1930).

亚灌木。小枝有棱，幼时密被短柔毛，老时脱落至近无毛。叶对生，节间膨大或膨大不明显；每对叶稍不等大；具叶柄；叶片椭圆状披针形、披针状长圆形，近全缘或具不明显小齿。聚伞花序伞状，腋生，具花序梗。苞片扁球形至椭圆状球形，幼时包着花序，于花期早落。花萼钟状，5 裂至近基部，裂片近相等。花冠漏斗状筒形，白色、淡黄色至粉红色；筒粗筒状，比檐部长，下方一侧肿胀，喉部无毛；檐部二唇形，上唇 2 裂且短于下唇，下唇 3 裂。能育雄蕊 4 枚，2 强，内藏于花冠，花丝弯曲，花药成对连着，药室 2，汇合；退化雄蕊 1 枚。花盘环状，全缘。雌蕊线形，无毛，花柱明显短于子房；柱头 1，盘状或扁球形。蒴果线形。种子多数，纺锤形，两端各具 1 条钻形附属物。

本属在我国分布已知有 4 种，分布于广西西南部、云南东南部、四川及贵州，具体见下表。

Anna Pellegr.	大苞苣苔属	地理分布
Anna mollifolia (W.T.Wang) W.T.Wang & K.Y.Pan	软叶大苞苣苔	云南东南部，广西西南部；越南北部
Anna ophiorrhizoides (Hemsl.) Burtt & Davidson	白花大苞苣苔	四川西部至东南部，贵州西北部，云南绥江
Anna rubidiflora S.Z.He, Fang Wen & Y.G.Wei	红花大苞苣苔	贵州贵阳、开阳、都匀、金沙
Anna submontana Pellegr.	大苞苣苔	云南东南部，广西西南部；越南北部

红花大苞苣苔

Anna rubidiflora S.Z.He, F. Wen & Y.G.Wei, Pl. Ecol. Evol. 146(2): 206 (2013). TYPUS: CHINA, Zijiang Gorge, Kaiyang County, grows on cliffs under forests along the road, *Shun–Zhi He 090818* (Typus: Holotype HGCM; Isotype IBK).

识别特征：多年生亚灌木。具根状茎和地上茎，有不明显的棱，无毛。叶对生，纸质，全缘，轻微偏斜，披针形或窄披针形，先端尾尖或渐尖，基部斜楔形，上面被紧贴柔毛，下面脉上被紧贴柔毛；叶柄紫红色，被短柔毛。聚伞花序生；总花梗无毛。总苞淡绿色，倒卵形，苞片三角状圆形，白色略带淡紫色；花萼裂片 5，深裂至基部。花冠紫红色，被短腺毛；花冠管中部以上扩大；檐部二唇形。雄蕊 4，上面 1 对明显"Z"字形弯曲，下面 1 对从中部开始弯曲；花丝无毛，淡黄色；花药肾形。退化雄蕊 1。花盘高 1.5mm，全缘。雌蕊线形，无毛（图 67）。

地理分布：特产于中国贵州贵阳、开阳、都匀、金沙。

生态习性：生于石灰岩山地亚热带常绿阔叶林下石壁上，偶见于砂岩或花岗岩山地石壁上。

4.13 异裂苣苔属

Pseudochirita W.T.Wang, Botanical research: Contributions from the Institute of Botany, Academia Sinica 1: 21. 1983 [Type Species: 异裂苣苔 *Pseudochirita*

图 67 红花大苞苣苔（温放 摄）

guangxiensis (S.Z.Huang) W.T.Wang, Botanical research: Contributions from the Institute of Botany, Academia Sinica 1: 22. 1983.]

多年生草本。茎粗壮，与叶密被柔毛。叶对生，具柄，椭圆形，边缘具齿，叶脉羽状。聚伞花序具梗，腋生；花中等大。花萼钟状，5浅裂，裂片扁三角形。花冠黄绿色至绿白色，筒漏斗状筒形，檐部二唇形，比筒短，上唇较短，2裂，下唇较长，3浅裂。下（前）方2雄蕊能育，内藏，着生于花冠筒近中部处，花丝狭线形，稍弧状弯曲，花药基着，长圆形，顶端连着，2药室平行，顶端不汇合，药隔背面隆起；退化雄蕊3，位于上（后）方，侧生的狭线形，中央的极小。花盘杯状。雌蕊内藏，子房线形，具柄，两侧膜胎座稍内伸后极叉开，花柱细，柱头2，不等大。蒴果线形，室背开裂为2瓣。种子小，纺锤形，两端有小尖头。

本属已知1种1变种，产广西。越南也有分布，具体见下表。

Pseudochirita W.T.Wang	异裂苣苔属	地理分布
Pseudochirita guangxiensis (S.Z.Huang) W.T.Wang	异裂苣苔	广西龙州、靖西、上林、来宾、融水、马山、忻城；越南北部
Pseudochirita guangxiensis (S.Z.Huang) W.T.Wang var. *glauca* Y.G.Wei & Yan Liu	粉绿异裂苣苔	广西都安、靖西

粉绿异裂苣苔

Pseudochirita guangxiensis (S.Z.Huang) W.T.Wang var. ***glauca*** Y.G.Wei & Yan Liu, Acta Phytotaxonomica Sinica 42(6): 555-556. 2004. TYPUS: CHINA, Guangxi Zhuangzu Autonomous Region: Guilin, Yanshan, cultivated in Guangxi Inst. Bot.; introduced from Du'an, rare, 14 Aug 2001, *Y.Liu 10632* (Typus: Holotype IBK).

识别特征：多年生草本植物。茎密被短绒毛。叶对生，叶片草质，两侧常不相等，椭圆形或椭圆状卵形，基部宽楔形，稍斜，上面密被贴伏柔毛，下面被短绒毛，边缘有小牙齿，茎和叶背、叶面密被近贴伏的绒毛，花冠外疏被腺毛。叶柄被短绒毛。聚伞花序生茎顶叶腋，具梗，花序梗被短柔毛；苞片对生，速落，宽卵形，花萼钟状，外面密被短腺毛，内面无毛，花冠白色，雄蕊花丝着生于花冠筒中部，有小腺体，花药长圆形，无毛；花盘杯状，子房无毛，子房与柱均有极短的腺毛，蒴果线形，近无毛。种子狭椭圆形或纺锤形（图68）。

地理分布：特产于中国广西都安、靖西。

生态习性：生于石灰岩山地亚热带常绿阔叶林下石壁上。

图68 粉绿异裂苣苔（温放 摄）

4.14 凹柱苣苔属

Litostigma Y.G.Wei, F. Wen & Mich. Möller, Edinburgh Journal of Botany 67(1): 178-179. 2010 [Type Species: 凹柱苣苔 *Litostigma coriaceifolium* Y.G.Wei, F. Wen & Mich. Möller, Edinburgh Journal of Botany 67(1): 179-180, f. 1, 3A–C, 4. 2010].

该属多年生小草本，无地上茎。根状茎圆柱状，基生，革质，无毛，椭圆形，顶端圆，基部钝或尖，全缘，边缘轻微卷曲，叶柄被稀疏短柔毛。聚伞花序，每花序具花，苞片线状披针形，花冠淡蓝色至粉红色，退化雄蕊无毛，花盘环形，蒴果窄卵形，无毛。

该新属是旧世界苦苣苔亚科进化链条中一个过渡类型，在发现它之前，旧世界的苦苣苔科植物系统树上始终存在着缺憾，进化类群与原始类群之间存在着空白。该属的发现使得旧世界的苦苣苔科植物系进化链条变得更加完整和精确，既为旧世界苦苣苔科植物系统的重新构建提供了一个关键的科学证据，也解决了世界苦苣苔科植物系统进化研究中一直令植物学家们困惑的重大难题。

我国分布4种，除水晶凹柱苣苔（越南也见分布）外，均为我国特有种（但那坡凹柱苣苔和屏边凹柱苣苔也有可能为中越共有分布的物种），具体见下表。

Litostigma Y.G.Wei, F.Wen & Mich. Möller	凹柱苣苔属	地理分布
Litostigma coriaceifolium Y.G.Wei, F.Wen & Mich. Möller	凹柱苣苔	贵州兴义
Litostigma crystallinum Y.M.Shui & W.H.Chen	水晶凹柱苣苔	云南麻栗坡
Litostigma napoense Y.Feng Huang, B.M.Wang & Y.S.Chen	那坡凹柱苣苔	广西那坡
Litostigma pingbianense Y.S.Chen& B.M.Wang	屏边凹柱苣苔	云南屏边

凹柱苣苔

Litostigma coriaceifolium Y.G.Wei, F. Wen & Mich. Möller, Edinburgh Journal of Botany 67(1): 179-180, (2010). TYPUS: CHINA, Guizhou: Xingyi City, Maling Gorge, 1 186m, 24 April 2007, *Y.G.Wei & F. Wen 0701* (Typus: Holotype IBK; Isotype PE).

识别特征：多年生小草本，无地上茎。根状茎圆柱状。叶10～15枚，基生，革质，无毛，椭圆形，顶端圆，基部钝或尖，全缘，边缘轻微卷曲；叶柄被稀疏短柔毛。聚伞花序1～4，总花梗被柔毛；苞片1，线状披针形，全缘，两面被短柔毛；花梗被短柔毛；萼片5，披针形至窄卵形，外面被短柔毛，内面无毛。花冠淡蓝色至粉红色，外面被短柔毛，内面无毛，花冠管漏斗状；上唇2深裂至近基部，下唇长3深裂至近基部，裂片卵圆形。雄蕊2，花丝线形，轻微弧曲，花药椭圆形。退化雄蕊3，无毛。花盘环形。雌蕊长1.5cm，被短柔毛（图69）。

地理分布：特产于中国贵州兴义。

生态习性：生于石灰岩山地峡谷内滴水石壁上。

4.15 异片苣苔属

Allostigma W.T.Wang, Acta Phytotaxonomica Sinica 22(3): 185-187. 1984 [Type Species: 异片苣苔 *Allostigma guangxiense* W.T.Wang, Acta Phytotaxonomica Sinica 22(3): 187-188, pl. 1. 1984].

多年生草本，具茎。叶对生，具柄，卵形或椭圆形，具羽状脉。聚伞花序腋生，具梗；苞片对生，小。花中等大。花萼钟状，5深裂，筒短，裂片狭披针状线形。花冠筒漏斗状筒形，檐部二唇形，比筒短，上唇2深裂，下唇3浅裂。可育雄蕊2，花丝稍弧状弯曲，近线形，在中部最宽，向两端渐变狭，花药椭圆球形，基着，顶端连着，药室平行，顶端不汇合，药隔背面隆起；退化雄蕊3，小。花盘环状。雌蕊近内藏，子房线形，基部具柄，具中轴胎座，2室，花柱细，柱头2，不等大，上方的小，三角形，下方的大，近长方形，顶端近截形。蒴果长，线形。种子小，椭圆形。1种，产广西西南部。

我国特有单型属，仅1种，具体见下表。

Allostigma W.T.Wang	异片苣苔属	地理分布
Allostigma guangxiense W.T.Wang	异片苣苔	广西龙州

图69　凹柱苣苔（温放 摄）

06

图70 异片苣苔（温放 摄）

异片苣苔

Allostigma guangxiense W.T.Wang, Acta Phytotaxonomica Sinica 22(3): 187-188, pl. 1. 1984. TYPUS: CHINA, Guangxi: Daxin Xian, Taiping, limestone hills, Sept. 1976, *S.Y.Liou & H.C.Nung, 414* (Typus: Holotype PE).

识别特征：单种属，识别特征详见属形态介绍（图70）。

地理分布：特产于中国广西龙州。

生态习性：生于石灰岩山地亚热带常绿阔叶林下石壁上。

4.16 漏斗苣苔属

Raphiocarpus Chun, Sunyatsenia 6: 273. 1946

[Type Species: 无毛漏斗苣苔 *Raphiocarpus sinicus* Chun, Sunyatsenia 6(3-4): 275-276, pl. 44, f. 32. 1946].

多年生草本，稀为灌木。具匍匐茎，茎分枝或不分枝。叶1~4对，密集于茎顶端，或数对散生，每对不等大，基部偏斜，具柄或近无柄。聚伞花序不分枝，稀2~3次分枝，腋生，具1~10花；苞片2或不存在。花萼钟状，5裂至近基部，稀2/3以下合生。花冠较大，筒状漏斗形，白色、紫色、紫蓝色、橙红色，外面被腺状短柔毛或短柔毛，筒向下逐渐变细，长为檐部的4~5倍，檐部二唇形，上唇2裂，短于下唇，下唇3裂。雄蕊2对，有时各对不等大，内藏，无毛或被腺毛，着生于花冠中部之上，花丝细，直立，花药狭长圆形，中部缢缩或椭圆形，顶端成对连着或腹面连着，药室不汇合或汇合；退化雄蕊小或不存在。花盘环状，全缘或5浅裂。雌蕊无毛，或具腺状柔毛或被微柔毛，子房线形，比花柱长或与花柱等长，柱头2，相等，不裂，或柱头2，不等，上方1枚不裂，下方1枚微2裂。

我国已知分布有本属植物8种，分布于广东、广西、贵州、云南和四川西南部等地，具体见下表。漏斗苣苔属在《中国植物志》和 *Flora of China* 均使用 *Didissandra* C.B.Clarke 作为属名，但从《中国苦苣苔科植物》出版后开始将本属中文名称对应的属名更改（恢复）为 *Raphiocarpus* Chun。本属在形态上，部分种与斜柱苣苔属（原紫花苣苔属）的一些种很难区分。

Raphiocarpus Chun	漏斗苣苔属	地理分布
Raphiocarpus begoniifolius (Lévl.) Burtt	大苞漏斗苣苔	广西西部，云南东南部，贵州，湖北西部；越南北部
Raphiocarpus jinpingensis W.H.Chen & Y.M.Shui	金平漏斗苣苔	云南金平
Raphiocarpus longipedunculatus (C.Y.Wu ex H.W.Li) Burtt	长梗漏斗苣苔	云南屏边
Raphiocarpus macrosiphon (Hance) Burtt	长筒漏斗苣苔	广东西南部，广西东南部
Raphiocarpus maguanensis Y.M.Shui & W.H.Chen	马关漏斗苣苔	云南马关
Raphiocarpus petelotii (Pellegr.) B.L.Burtt	合萼漏斗苣苔	广西靖西；越南北部
Raphiocarpus sesquifolius (Clarke) Burtt	大叶锣	四川西南部
Raphiocarpus sinicus Chun	无毛漏斗苣苔	广西防城港、东兴；越南北部
Raphiocarpus sinovietnamicus Z.B.Xin, L.X.Yuan & T.V.Do	中越漏斗苣苔	海南保亭

马关漏斗苣苔

Raphiocarpus maguanensis Y.M.Shui & W.H.Chen, Annales Botanici Fennici 47: 71-75, f. 1. 2010. TYPUS: CHINA, Yunnan: Maguan County, 11 Oct. 2002, *Y.M.Shui et al. 31120* (Typus: Holotype KUN).

识别特征：多年生草本，高约60cm。茎直立或在基部匍匐，分枝，最初贴伏，近球形，后脱落，有角。叶对生，在茎先端通常密集，5～6.3cm，不等长；正面密被短刚毛（图71）。

图71　马关漏斗苣苔（温放 摄）

地理分布：特产于中国云南马关。

生态习性：生于石灰岩山地亚热带常绿阔叶林下。

4.17　线柱苣苔属

Rhynchotechum Blume, Bijdragen tot de flora van Nederlandsch Indië (14): 775. 1826 [Type Species: 小花线柱苣苔 *Rhynchotechum parviflorum* Blume, Bijdr. Fl. Ned. Ind. 14: 775 (1826)].

直立亚灌木，幼嫩部黄褐色，被丝毛；叶通常大，对生或下部的互生；聚伞花序生于下部叶腋内，多花，三歧分枝或为复伞形花序式排列；萼片5，狭窄；花冠小，近钟状，紫红色或白色，裂片5，圆形，近相等；发育雄蕊4；花盘小或缺；子房卵状，花柱延长；浆果小，球形、白色。

本属中国分布9种（含种下等级），自西藏东南部，经云南、四川南部、贵州南部、广西、广东、福建南部至台湾，具体见下表。

Rhynchotechum Blume	线柱苣苔属	地理分布
Rhynchotechum brevipedunculatum J.C.Wang	短梗线柱苣苔	台湾台北、屏东
Rhynchotechum discolor (Maxim.) Burtt	异色线柱苣苔	海南，广东东部，福建南部，台湾；菲律宾
Rhynchotechum ellipticum (Wall. ex D.F.N.Dietr.) A.DC	椭圆线柱苣苔	西藏墨脱；印度东北部、不丹
Rhynchotechum formosanum Hatusima	冠萼线柱苣苔	云南东南部（西畴），广西西南部，海南，广东南部，台湾
Rhynchotechum longipes W.T.Wang	长梗线柱苣苔	广西南部（宁明、上林）；越南北部
Rhynchotechum nirijuliense Taram & D.Borah	高大线柱苣苔	西藏墨脱
Rhynchotechum obovatum (Griff.) Burtt	线柱苣苔	云南西部南部至东部，四川南部，贵州西南部，广西，广东，福建南部；越南、老挝、泰国、缅甸及印度东北部
Rhynchotechum parviflorum Blume	小花线柱苣苔	西藏墨脱，广西百色、防城港，海南保亭、陵水、崖县，香港；东南亚
Rhynchotechum vestitum Wall. ex Clarke	毛线柱苣苔	西藏东南部（墨脱），云南南部，广西西部（百色）；印度东北部、不丹

长梗线柱苣苔

Rhynchotechum longipes W.T.Wang, Guihaia 4(3): 187-188, f. s.n. 1984. TYPUS: CHINA, Guangxi Zhuangzu Autonomous Region: Ningming Xian, 8 July 1977, *K.Q. Wen 2-144* (Typus: Holotype GXMI).

识别特征：亚灌木。茎高约35cm，粗5mm，不分枝，近顶部处与叶柄均被褐色绵毛，其他部分变无毛。叶对生，具柄；叶片狭长圆形、长圆形或倒披针形，两端均渐狭，边缘有小齿，上面变无毛，下面初被褐色绵毛，后被褐色绢状柔毛；叶柄长0.5～3cm。聚伞花序，四回分枝，稀疏，

06

图72　长梗线柱苣苔（温放 摄）

4.18　异叶苣苔属

Whytockia W.W.Sm., Transactions and Proceedings of the Botanical Society of Edinburgh 27: 338. 1919. (Type Species: 异叶苣苔 *Whytockia chiritiflora* (Oliv.) W.W.Sm. Transactions of the Botanical Society of Edinburgh 27(83): 338. 1919.)

有多数花；花序梗长与花序分枝均密被褐色柔毛；苞片披针形；花梗长5~16mm。花萼5裂达基部，裂片狭线形，外面密被贴伏褐色长柔毛，内面无毛。花冠白色，无毛；筒长1.3~1.8mm；上唇2裂近基部，下唇3裂，裂片宽卵形，顶端圆形。雄蕊无毛；退化雄蕊长0.3~0.5mm。雌蕊，子房卵球形，有短毛，花柱除基部被短毛外其他部分无毛（图72）。

地理分布：特产于中国广西南部（宁明、上林）及越南北部。

生态习性：生于山地亚热带常绿阔叶林下土上。

有茎、被毛草本；叶对生，不等大，在每一对中其中一枚较小，托叶状，大的一枚膜质，无柄，偏斜，有锯齿；花序柄腋生，短于叶；花具柄，排成总状花序，无小苞片；萼阔钟状，辐射对称，5裂，裂片近相等；花冠阔管状，一边肿胀，上部二唇形，上唇2裂，下唇3裂，裂片卵形，钝圆；发育雄蕊4，内藏，着生于冠管的基部，花药贴连；花盘小，浅环状；子房卵状，上位，2室，有2裂的胎座而全部有胚珠，花柱稍长，宿存，果开裂时基部壁裂；蒴果球形，内藏，上部2瓣裂，有种子极多数。

我国特有属，9种（含种下等级），产于中国云南、广西、贵州、湖南、四川和台湾等地，具体见下表。

Whytockia W.W.Sm.	异叶苣苔属	地理分布
Whytockia arunachalensis Taram, D.Borah & Tag	墨脱异叶苣苔	西藏墨脱
Whytockia bijieensis Yin Z.Wang & Zhen Y.Li	毕节异叶苣苔	贵州毕节
Whytockia chiritiflora (Oliv.) W.W.Smith	异叶苣苔	云南文山
Whytockia gongshanensis Yin Z.Wang & H.Li	贡山异叶苣苔	云南贡山
Whytockia hekouensis Yin Z.Wang	河口异叶苣苔	云南河口，广西那坡
Whytockia hekouensis Yin Z.Wang var. *minor* (W.W.Sm.) Yin Z.Wang	屏边异叶苣苔	云南屏边、西畴
Whytockia minxiensis B.J.Ye & S.P.Chen	闽西异叶苣苔	福建闽西
Whytockia purpurascens Yin Z.Wang	紫红异叶苣苔	云南马关、河口
Whytockia sasakii (Hayata) Burtt	台湾异叶苣苔	台湾
Whytockia tsiangiana (Hand.-Mazz.) A.Weber	白花异叶苣苔	云南东南部（西畴），广西北部（龙胜），贵州（贞丰、兴仁、印江、都匀），四川南部，湖南西部（保靖），湖北西南部（咸丰）
Whytockia wilsonii (A.Weber) Yin Z.Wang	峨眉异叶苣苔	四川西部及南部（雷波、峨边、峨眉山、洪雅）

紫红异叶苣苔

Whytockia purpurascens Yin Z.Wang, Acta Phytotaxonomica Sinica 33(3): 297-300, pl. 1, f. 1-8. 1995. TYPUS: CHINA, Yunnan: Hekou Xian, Yuemaji, 1 300m, 8 Aug. 1993, *Y.Z.Wang & Z.J.Yan 93021* (Typus: Holotype PE).

识别特征：茎上升，基部平卧，被紫色的短柔毛，后脱落。正常的叶无柄或具叶柄，长约1mm；叶片被紫色，卵形至卵状长圆形，正面紫

图73　紫红异叶苣苔（温放 摄）

色具柔毛，背面紫色短柔毛，退化的叶无柄，卵形至宽卵形。聚伞花序顶生；花序梗长2.6~4cm，紫色的短柔毛和紫色短腺毛。花萼5裂达近基部；裂片狭长圆形至卵状披针形，花冠淡蓝紫色，外边无毛。冠筒长约0.8mm；上唇长约2.5mm；下唇5~7mm，背面3mm，被微柔毛；花药宽约0.9mm；退化雄蕊宽卵形，长约0.8mm，雌蕊5~6.5mm，无毛。花柱4~4.7mm；柱头1，椭圆形（图73）。

地理分布：特产于中国云南河口、马关。

生态习性：生于石灰岩山地亚热带常绿阔叶林下石上潮湿处。

4.19　尖舌苣苔属

Rhynchoglossum Blume, Bijdragen tot de flora van Nederlandsch Indië (14): 741. 1826 [Type Species: 尖舌苣苔 *Rhynchoglossum obliquum* Blume, Bijdragen tot de flora van Nederlandsch Indië (14): 741. 1826. (Jul–Dec 1826)].

多年生或一年生草本。叶互生，椭圆形，两侧不对称，基部极斜，侧脉多数。花序总状；花偏向一侧，中等大或小。花萼近筒状，5浅裂，有时具翅。花冠蓝色，筒细筒状，檐部二唇形，上唇短，2裂，下唇较大，3裂，偶尔不分裂。雄蕊内藏，4枚，二强，或只下（前）方2枚能育，花丝狭线形，直，花药成对连着，2室近平行或极叉开，顶端汇合；退化雄蕊3、2或不存在。花盘环状。雌蕊内藏，子房卵球形，两侧膜胎座内伸，2裂，裂片有多数胚珠，花柱细，柱头近球形。蒴果椭圆球形，室背开裂为2瓣。种子小，长椭圆形，光滑。

我国分布有本属植物2种，分布于四川、云南、广西、贵州及台湾，具体见下表。

Rhynchoglossum Blume	尖舌苣苔属	地理分布
Rhynchoglossum obliquum Bl.	尖舌苣苔	云南、贵州、台湾、广西；尼泊尔、印度、斯里兰卡、缅甸、中南半岛、马来西亚、印度尼西亚
Rhynchoglossum omeiense W.T.Wang	峨眉尖舌苣苔	四川峨眉山、美姑、雷波

峨眉尖舌苣苔

Rhynchoglossum omeiense W.T.Wang, Bulletin of Botanical Research, Harbin 2(2): 148-150. 1982. TYPUS: CHINA, Sichuan: Emei Shan, Hungchunping, shaded areas on slopes in valleys, 900~1 700m, 5 Aug. 1957, *S.Y.Chen et al. 4113* (Typus: Holotype J).

识别特征：多年生草本。根状茎横走。茎高40~90cm，分枝，无毛。叶互生；叶片薄草质，斜长圆形，顶端长渐尖，基部一侧楔形，另一侧宽楔形、圆形或近截形，边缘有稀疏不明显小齿，上面散生短粗毛，下面无毛；叶柄无毛或腹面被短柔毛。花序顶生；花序梗无毛；苞片线形，近无毛；花梗长1~7mm。花萼近筒状，外面无毛，内面有极短的小毛，5浅裂。花冠深紫色，比花萼稍长，无毛；筒长约1.5cm。雄蕊4，二强，无毛。花盘环状，高1mm。雌蕊长约6mm，无毛（图74）。

地理分布：特产于中国四川峨眉山、雷波、美姑。

生态习性：生于山地亚热带常绿阔叶林下石上潮湿处。

4.20　圆唇苣苔属

Gyrocheilos W.T.Wang, Bulletin of Botanical

图74　峨眉尖舌苣苔（蒋洪　提供）

图75　北流圆唇苣苔（温放　摄）

Research, Harbin 1(3): 28. 1981 [Type Species: 圆唇苣苔 Gyrocheilos chorisepalus W.T.Wang, Bulletin of Botanical Research, Harbin 1(3): 31-32, pl. 2, f. 1–5; pl. 4, f. 2. 1981].

多年生草本植物，具粗壮根状茎。叶均基生，具长柄，肾形或心形，边缘有重牙齿，有掌状脉。花序聚伞状，腋生，三至四回分枝，有多数花和2苞片；花小。花萼宽钟状，5裂至基部，或萼片中2～5枚深裂，裂片线形或长圆形。花冠紫色或淡红色，筒粗筒状，与檐部近等长，檐部二唇形，上唇半圆形，不分裂，下唇3深裂。下（前）方2雄蕊能育，花丝披针状线形，不膝状弯曲，花药宽椭圆球形，连着，2药室极叉开，顶端汇合；退化雄蕊2，位于上（后）方，小，狭线形或棒状。花盘环状。雌蕊自花冠口伸出甚高，子房线形，顶端渐变狭成与其近等长的花柱，两侧膜胎座稍内伸即极叉开，具胚珠，柱头小，头状。蒴果构造与长蒴苣苔属的相似。种子小，扁，纺锤形（图75）。

我国产7种（含种下等级），除越南产1种外其余均见于我国，具体见下表。

Gyrocheilos W.T.Wang	圆唇苣苔属	地理分布
Gyrocheilos chorisepalus W.T.Wang	圆唇苣苔	广西武鸣、宁明
Gyrocheilos chorisepalus W.T.Wang var. *synsepalus* W.T.Wang	北流圆唇苣苔	广西东部（北流），广东西部
Gyrocheilos lasiocalyx W.T.Wang	毛萼圆唇苣苔	广西桂平、象州
Gyrocheilos microtrichus W.T.Wang	微毛圆唇苣苔	广东信宜
Gyrocheilos retrotrichus W.T.Wang	折毛圆唇苣苔	广东信宜、云浮
Gyrocheilos retrotrichus W.T.Wang var. *oligolobus* W.T.Wang	稀裂圆唇苣苔	广西融水、罗城
Gyrocheilos taishanensis G.T.Wang, Yu Q. Chen & R.J.Wang	台山圆唇苣苔	广东台山

北流圆唇苣苔

Gyrocheilos chorisepalus W.T.Wang var. ***synsepalus*** W.T.Wang, Bulletin of Botanical Research, Harbin 2(2): 135. 1982. TYPUS: CHINA, Beiliu Xian, rocky hills, 700～900m, 14 June 1977, *Beiliou Exped. 8–4031* (Typus: Holotype GXMI).

识别特征：多年生草本。根状茎长2.5～4.5cm，叶5基数，基生，具长柄；叶片薄革质或纸质，近圆形或肾形，叶片边缘具重牙齿至深圆齿，上面被两种白色柔毛，下面疏被柔毛；叶柄具开展的柔毛；聚伞花序腋生，2～3条，二至三回分枝，每花序具5至多数花；花序梗被柔毛；苞片2，对生，被短柔毛，边缘全缘；花梗无毛。花萼4深裂，裂片不等大，外面近先端处疏被柔毛，内面无毛。花冠淡红色，无毛；筒长6mm；上唇长2.8mm，下唇3裂至中部，裂片圆卵形。雄蕊2，无毛；花丝线形；退化雄蕊2，狭线形。花盘环状。雌蕊长约1.1cm，无毛。

地理分布：特产于中国广西东部和广东西部。

生态习性：生于砂岩或花岗岩山地亚热带常绿阔叶林下石上潮湿处。

4.21 辐冠苣苔属

Actinostephanus F. Wen, Y.G.Wei & L.F.Fu, PhytoKeys 193: 89-106 (2022) [Type Species: 辐冠苣苔 *Actinostephanus enpingensis* F. Wen, Y.G.Wei & Z.B.Xin, PhytoKeys 193: 89-106 (2022)].

多年生草本，无茎或多年生长后形成肉质根状茎，根状茎圆柱形，表面密被棕色短柔毛，须根丝状，可形成不定芽。叶基生，3片轮生，有时对生，在顶部紧密簇生，莲座状。叶片倒卵状椭圆形，不对称，或少数对称，渐狭到基部，基部通常偏斜。苞片2。花萼辐射对称，5裂到基部。花冠辐射对称，碗状；花筒非常短，浅碗状；瓣片五裂，裂片相等。雄蕊4，彼此分开，花药背对，离生，纵向开裂。花盘无毛，边缘具圆齿。子房圆锥形，柱头具点。蒴果长圆状卵球形，具贴伏的长柔毛，常被宿存花萼裂片包裹，花萼裂片的背面密被短柔毛。蒴果内种子数量少。种子大，椭圆形，两端尖。

单型属，目前，该属已知一种，即辐冠苣苔（*Actinostephanus enpingensis* F. Wen, Y.G.Wei & Z.B.Xin），分布于广东恩平七星坑省级自然保护区林下，具体见下表。该种在保护区内分布种群数量较多，生长状况良好，其濒危等级按照IUCN的评价标准，目前被评为无危（Least Concern, LC）。

Actinostephanus F.Wen, Y.G.Wei & L.F.Fu	辐冠苣苔属	地理分布
Actinostephanus enpingensis F. Wen, Y.G.Wei & Z.B.Xin	辐冠苣苔	广东恩平

辐冠苣苔

Actinostephanus enpingensis F. Wen, Y.G.Wei & Z.B.Xin, PhytoKeys 193: 89-106 (2022). TYPUS: CHINA, Guangdong Province, Enping City, Naji Town, Qixingkeng provincial natural reserve, ca. 153 m, *Chen Xiaoyun & Liang Junjie 210519-01* (Typus: Holotype IBK; Isotypes IBK).

识别特征：该种具独特的碗状且辐射对称的花冠、短椭圆形且硬质并密被贴伏长柔毛的果实、宿存的花萼和花柱，可以很容易将其分辨出。单种属，更详细的描述参考属的形态介绍（图76）。

地理分布：特产于中国广东恩平，据报道阳春亦见分布。

生态习性：生于砂岩山地亚热带常绿阔叶林下水边潮湿处。

图76　辐冠苣苔（温放　摄）

5 中国苦苣苔科植物的园艺和园林应用

5.1 中国苦苣苔科植物在世界园艺和园林中的应用

大部分的苦苣苔科植物具有花大色艳、花型独特、辨识度高等特点，一直以来是世界各大植物园、科研单位、高等院校的植物种质资源圃搜集和保存的重点对象。我国各大植物园很早以来就开始了具有较高的观赏价值苦苣苔科植物的收集工作。例如，尽管上海植物园1974年才建园，但作为其前身的"龙华苗圃"（1954—1973）早已开始培育和生产国外的苦苣苔科大岩桐［Sinningia speciosa（G. Lodd. ex Ker Gawl.）Hiern］的园艺品种。在1981年6月，时任技术室负责人的王大钧就提出了上海植物园应重点引种苦苣苔科植物，开展相关科普展示和研究，并获得相关经费支持。20世纪80年代初，虽然处于与国外交流不畅的时期，上海植物园经过多方努力，1984年也已收集到了13种苦苣苔科长筒花属植物（上海植物园编委会，2014）。而近年来，苦苣苔科植物专类展在各大植物园日渐兴起。还是以上海植物园为例，2016年春季，"上海（国际）花展暨首届苦苣苔科植物专类展"在上海植物园展出，展览以"绿野仙踪，精致园艺"为主题，采用餐桌、阳台、书桌等生活化的场景，营造出一种精致、舒适的氛围，深受广大市民和游客喜爱。此后，在2016年秋季、2017年秋季、2018年春季和秋季也分别多次举办了苦苣苔科植物的展览。其中，以石蝴蝶属、喜荫花属、非洲紫罗兰属在展厅中表现最为优异，在较暗的室内灯光下展示长达1个月仍能保持很好的状态，甚至有些在展出结束后搬至保育温室内仍能继续开花。其他属植物的花朵大部分都会在2周左右凋谢，需要更换展品。在温室的日常造景中，常用到的苦苣苔科植物有6个属：芒毛苣苔属、喜荫花属、鲸鱼花属、报春苣苔属、海角苣苔属、大岩桐属。大部分在造景应用上表现优良，养护简便，花期较长，且抗病虫害性较强，是园林绿化应用的优良材料。随着各大植物园、科研院所、大专院校对苦苣苔科植物的重视程度日益提高，针对苦苣苔科植物不同类群的观赏性状评价也分别独立开展起来。例如，后蕊苣苔属（现已并入马铃苣苔属）、唇柱苣苔属和小花苣苔属（现大部分已并入报春苣苔属）的初步评价已经完成，已经完成了报春苣苔属60个种4个变种进行引种栽培及相关观赏性状观察和对比研究，按照观赏特性进行分析和评价，初步筛选出具有较高观赏价值和开发前途的29个种和3个变种植物，其评价标准涉及了植株形态、叶片、花序高度、花朵大小、开花繁密度、花色、群体开花延续期、花期、气味、附属物等指标。一批具有极高观赏价值和应用前景的国产苦苣苔科植物物种也得以筛选出来，如毡毛后蕊苣苔、黄花牛耳朵、寿城报春苣苔、百寿报春苣苔等。

5.1.1 微型盆花的育种资源

现代生活居室和办公环境中，微型盆花都因为占据空间面积较小，可以案头和掌心把玩，往往得到人们更多的青睐，观花观叶和微型化都成为微型盆花发展的重要方向。国产苦苣苔科植物丰富的种质资源提供了众多的育种选择，如文采苣苔，多年生小型草，叶肾形，叶面深绿叶背紫红色，花粉红至紫红色，开花密集，植株微型，极具开发价值；长檐苣苔，多年生微型莲座型草本，花筒细长，檐部呈五角星状，粉红色，叶两面具白色柔毛，花开时盛放于叶丛之上；石蝴蝶属的滇黔石蝴蝶、石蝴蝶；报春苣苔属的永福报春苣苔、微小报春苣苔、弯花报春苣苔等；吊石苣苔属的吊石苣苔原变种的小叶生态型等。

5.1.2 特殊花型的育种资源

该类育种资源，主要集中在广义石山苣苔属、广义马铃苣苔属（*Oreocharis* Benth.）以及广义报春苣苔属内。如花朵蝶形开展的瑶山苣苔和目前已知唯一的四瓣左右对称的马铃苣苔属植物——姑婆山马铃苣苔；檐部五角星形状伸长的长檐苣苔、细筒苣苔和全缘叶细筒苣苔等。奇特花型是育种的重要资源，是后续的花部器官观赏性状多样化育种的物质基础。

5.1.3 特殊花色的育种资源

国产所有的苦苣苔科植物，除了台闽苣苔属（*Titanotrichum*）台闽苣苔外，全部都属于长蒴苣苔亚科，该亚科中具黄色、红色花的类群大多属于芒毛苣苔族，该族几乎全部为具地上茎的大型草本、攀缘附生草本和藤本、亚灌木至小灌木。相对来说更适于作为室内盆花观赏的莲座型植株类型则主要集中在长蒴苣苔族内，而该族内往往鲜红色、黄色、桃红或深粉红色的花色基因资源相对于蓝紫色等偏冷色调的色系来说比较少见。莲座类群中唯一的具有深红色花的物种就是朱红苣苔（花朱红色至深红色），而朱红苣苔所隶属的石山苣苔属与其姐妹类群——报春苣苔属具有相同的染色体基数，因此在育种上是有可能将深红色导入其远缘杂交杂种后代中的。其他具有显著鲜艳颜色的类群是广义马铃苣苔属，但马铃苣苔属的染色体数据现在尚不充分，且该属的引种限制因子尚不清楚，尽管其具有极佳的花色育种潜力，但仍需要大量的工作。

5.1.4 繁密花序的育种资源

苦苣苔科植物株型变化多样，但仍以地莲座型的植株类型最具有观赏园艺开发的价值，而具地上茎的类型多显得株型粗野，需进一步选育。由于迄今一年多次开花的杂交后代尚不多见，因此单盆植株花期的延续时间，每枝花序上花朵数量的多少、花朵是否完全伸出叶丛形成叶上花及花团锦簇的效果等，对于开发此类观赏盆花显得

尤为重要。仍以最具开发潜力的报春苣苔属植物为例，花朵极其繁密以至于花期能够几乎全部掩盖叶丛的有柳江报春苣苔、融安报春苣苔、药用报春苣苔、螺序草状报春苣苔、龙氏报春苣苔、寿城报春苣苔。

5.1.5 室内观叶盆花的育种资源

叶片上出现天然的花斑、镶边和毛被等附属物及深度皱缩、叶面凹凸不平等可供观赏的特征的种或种下变型，均极具开发做观叶类型的室内观赏植物的潜力，如报春苣苔属的永福报春苣苔、九万山报春苣苔、羽裂报春苣苔、复叶报春苣苔等，马铃苣苔属的龙胜金盏苣苔、大齿马铃苣苔、弯管马铃苣苔等，异裂苣苔属的粉绿异裂苣苔，蛛毛苣苔属的桂林蛛毛苣苔和丝梗蛛毛苣苔，旋蒴苣苔属的地胆旋蒴苣苔等。

5.1.6 植株香气的育种资源

目前国产的苦苣苔科植物，报春苣苔属中香花报春苣苔、龙州小花苣苔、中越报春苣苔等花朵具有浓郁芳香，而肥牛草、小花苣苔、桂林小花苣苔、心叶小花苣苔、阳朔小花苣苔等的叶具有明显香气，尤其是桂林小花苣苔和阳朔小花苣苔具有一种浓郁的蜂蜜绿茶的气息，心叶小花苣苔具有类似薄荷的香气，用手揉搓其叶片，或将其置于较强烈阳光之下时尤甚，可作为芳香盆花育种的优良资源。

5.1.7 特殊类型的育种资源

长蒴苣苔亚科长蒴苣苔族里具有肉质叶，类似百合科条纹十二卷的类型共有3个种，分别是刺齿报春苣苔、条叶报春苣苔、文采报春苣苔，全部产在广西，其他近肉质叶，具有粗壮根状茎，可供制作成盆景的苦苣苔还包括线叶报春苣苔、弄岗报春苣苔、线萼报春苣苔、雷氏报春苣苔等；肥牛草等以及芒毛苣苔属的物种更是作为垂吊育种的重要亲本。而苞片作为花器官观赏的重要附属物，苞片硕大的种，如牛耳朵、黄花牛耳朵、龙州报春苣苔、马关报春苣苔、北流报春苣苔、齿苞报春苣苔等，其苞片自花序伸长时便极具观

赏价值，开花后苞片才凋萎，使得整个观赏期可长达2～3个月；半蒴苣苔属的半蒴苣苔苞片在花前膨大，半透明，其中满盛液体，十分特殊，而红苞半蒴苣苔的苞片更是殷红可爱，也都是十分特殊的育种资源。

5.2 中国苦苣苔科植物的园艺应用现状和展望

我国丰富的苦苣苔科植物资源促使有关该类群的引种驯化等方面逐渐成为研究的热点之一。许多研究人员开展了苦苣苔科植物的引种保育研究工作，但相比具有同等重要价值的兰科等明星类群，国内对苦苣苔科植物资源的收集保存以及育种工作还远远不足。苦苣苔科植物出众的观赏性状也吸引着全球园艺爱好者及园艺公司的关注，他们正逐渐将目光转移到原产我国丰富的苦苣苔科种质资源上。这些珍贵遗传资源的流失将使我国失去开发拥有自己知识产权的苦苣苔类植物新品种的优势。因此，对苦苣苔科观赏植物资育种源的引种驯化及发掘利用已刻不容缓。

在我国上述的45个属的苦苣苔科植物中，具有较大观赏价值和开发价值的属有：

（1）报春苣苔属（*Primulina* Hance）

广义的报春苣苔属目前在世界范围内已知包含了226多个物种，仅分布于我国南部、西南至华东地区［本属分布的最北界在甘肃的陇南，记载了斯氏报春苣苔 *Primulina skogiana* (Z. Yu Li) Mich. Möller & A. Weber］和越南北部至中部（本属分布的最南界在越南中部，为钟冠报春苣苔）。而目前已知除了13个已知的越南分布特有种和11个中国和越南共有分布的种外，余下的203种均为我国特有，也就是说目前该属已知的植物中有超过90%的物种分布于我国，而特产于我国的物种数也已经超过89%，在这其中，华南的广西分布了该属植物的75%以上，华南的湖南、广东也有不少的特有种。因此该属植物不仅是一个中国特有性极高的类群，华南地区，尤其是广西为该属植物的现代分布和分化中心，使得该属植物具有了极强的广西地域特性和特色。该属植物的花朵

拥有着除正红色和黑色外的所有色系变化（一些远缘杂交后代出现了橙色的花色），也拥有着纷繁复杂的花冠形态变异，如钟形、碗形、筒形、漏斗形、高脚碟形、龙骨形、荷包形、粗筒形、曲管形、铃铛形、喇叭形等；而叶形变化和叶面斑纹也十分多样化，使这个类群具有了园艺化的无限可能性。近一个世纪以来由于室内园艺的兴起，包括报春苣苔属在内的苦苣苔科植物因其适应于室内种植环境的特点逐渐受到人们的关注，产生了巨大的经济价值。报春苣苔属植物大部分原产于我国，对我国的气候条件适应性更强，而高耐阴性、高抗性（耐热及耐旱等）、低维护程度、少病虫害、低莳养难度及花色花形叶斑较为丰富等优点，使本属植物具备较高的园艺价值，值得进一步开发。

（2）石山苣苔属（*Petrocodon* Hance）

石山苣苔属100多年来一直被认为只有一个种［随后发表的长柱石山苣苔（*P. longistylus* Kraenzlin, 1928）被并入石山苣苔］，齿缘石山苣苔（王文采）1975发表后又被降为变种等级，因此本属长期被认为只有1种1变种。但锈毛石山苣苔（*P. ferrugineus* Y. G. Wei）（2007）和多花石山苣苔（*P. multiflorus* F. Wen & Y.S. Jiang）（2011）作为原狭义石山苣苔属的第2和第3个种的相继发表，揭开了石山苣苔属植物物种数量剧增的序幕。这一类植物，具有斑驳多变的叶色和叶片纹理，奇异多样的叶形，斑斓绮丽色彩丰富的花色，变化绮丽多端的花型，使得石山苣苔属植物从一个与报春苣苔属相近似的准单型属一跃成为物种多样性和形态多样性最为丰富的、以我国华南至西南为分布中心的准特有属之一。目前，广义的石山苣苔属植物已知的有45种1变种，分布于广西的超过一半。显然，作为我国喀斯特分布最为集中的省区之一，广西是石山苣苔属植物起源和演化的中心，分化出了极其多样化的叶形态、花器官形态和各种独特的生活型。广义的石山苣苔属除少数种（石山苣苔、东南石山苣苔、朱红苣苔等）外，绝大部分种类分布范围狭窄，生境特殊，形成许多特有种，具狭域分布性，特有性极强，具有重要的科学研究价值。该属植物其花型、花色、叶

形、叶色更是变化多端、极具开发潜力、育种价值和经济价值。石山苣苔属植物，在漫长的一年四季中，都有不同的原种开花，在其自然生境下又常分布在阴暗潮湿的岩洞洞口、悬崖崖壁及林下，对于低光照强度、不定期的干旱、贫瘠的生长基质有很强的适应能力。这些特点，无一不是保证其成为室内观赏植物盆花新宠的有利条件，也是其成为未来具有华南特色花卉新成员和生力军的最有利条件。

（3）马铃苣苔属（*Oreocharis* Benth.）

马铃苣苔属是苦苣苔科长蒴苣苔族中分布范围较广的一个属，在中国广西、广东、福建、安徽、江西、湖南、贵州、云南、四川以及西藏等地区均能发现它们的踪迹。目前，在我国分布有记录的、正式发表的已经超过了150种，种数仅次于报春苣苔属。在最新的中国苦苣苔科植物分类系统中，原直瓣苣苔属、狭义粗筒苣苔属中莲座状形态的物种、瑶山苣苔属、全唇苣苔属、金盏苣苔属、后蕊苣苔属、弥勒苣苔属、辐花苣苔属、短檐苣苔属等皆并入广义马铃苣苔属。该属物种多分布于海拔200~3 000m不等的山谷、沟边及林下阴湿岩石上，花色有黄色、粉色、紫色（蓝紫－紫红）、白色、橘红色等，花冠内常密布有斑点；而诸如网叶马铃苣苔等物种的叶面常凸起且呈现出多样的叶色，此外，诸如国家二级保护植物的瑶山苣苔单花花期5~14天，单花序花期11~20天，单株花期8~20天，因此该属具有极佳的观赏价值。基于其野外生境条件，马铃苣苔属物种可开发为适于温带及亚热带地区的室内花卉品种。与苦苣苔科其他属一样，马铃苣苔属的物种在野外的种群现状也不容乐观，绝大多数物种的生境极易受到外界因素影响，自然灾害，道路修建、农牧业开发等常使生境愈发破碎化，并且相当多的物种在分布地区常被当作药材使用，如长瓣马铃苣苔、大叶石上莲、石上莲、融安直瓣苣苔、广西粗筒苣苔、湘桂马铃苣苔等，当下市场上流通的马铃苣苔属药材均采自野外，尚未有专业的药材生产商开展该属药用植物的开发与利用。但目前马铃苣苔属植物的引种限制因子仍未明了，栽培困难，是其可持续开发和利用的主要限制因素。

（4）石蝴蝶属（*Petrocosmea* Oliv.）

石蝴蝶属目前确认的物种数量已经接近70种，中国共记录有超过60种，其中40余种为中国特有种，中国是石蝴蝶属的现代分布中心和多样性中心。石蝴蝶属植物主要分布于云贵高原及其延伸地带的岩溶地貌区域内林下阴湿石缝和石壁上，有大量穴居性物种存在，是一类生活在特殊生境内的稀有植物。石蝴蝶属植物分布在彼此隔离的喀斯特斑块状特殊生境上，这一分布特点与其对环境的特异性选择密切有关，也与新生代以来因青藏高原二次隆起造成云贵高原气候变迁有关。彼此之间的地理隔离使得本属植物大多正处于物种分化的激烈阶段，是研究物种形成和分化的极佳材料。石蝴蝶属植物形态优美，花朵美丽，在均匀的光照下会长成美丽整齐的莲座状，十分迷人；众多花梗长度一致的腋生花序使得盛花期的植株秀雅可观，清丽逼人，近年来，深受国外的苦苣苔科植物爱好者欢迎，成为国外爱好者以及园艺公司争相收集的种质资源对象（图77）。此外，石蝴蝶属植物在栽培上除了需要低温环境外，其余要求很低，适宜大城市中具有24小时中央空调的地方盆栽观赏。

Petrocodon 'Snow Phoenix'

Aeschynanthus 'Big Apple'

Primulina 'GCCC's Annie'（河池 × 黄牛）

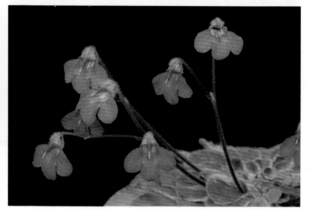

Petrocosmea 'Keystone's Bluejay'

图77　部分苦苣苔科园艺植物

6 中国苦苣苔科植物的濒危现状

截至2021年12月31日，我国的苦苣苔科植物种类已经有805种（http://gccc.gxib.cn）。根据世界自然保护联盟（IUCN）红色名录标准和评估方法，在不同时期出版的多个版本的中国高等植物受威胁物种名录中，苦苣苔科物种受威胁种类的数量呈现急剧增加的趋势（汪松和解焱，2004；环境保护部和中国科学院，2013；覃海宁 等，2017；覃海宁，2020）。而从全国首个区域性苦苣苔科植物濒危等级评估角度来看，仅广西一个省级行政区域，该

科中受到威胁的种类已经达到了231种（韦毅刚，2018；葛玉珍 等，2020）。

苦苣苔科的物种濒危状况评估大多依据文献记载、标本记录或专家意见而定。但由于很多苦苣苔科植物难以准确鉴定，且近年来其属级分类地位变动频繁，而相关标本的遗漏、信息不详和鉴定错误等因素也会直接影响到评估结果的准确性（Nic Lughadha et al.，2019）。此外，每年新增的大量新分类群中还有相当部分的种类未被进行

IUCN濒危等级评价（杜诚 等，2021；万霞和张丽兵，2021）。虽然苦苣苔科植物目前尚未如兰科植物那样被重点关注，但同样具有重要的保护意义——苦苣苔科植物与兰科植物一样，也是评价当地生态环境优劣的重要植物类群之一（辛子兵 等，2019）。

6.1 文献来源

以《中国植物志》（第六十九卷）（王文采等，1990）、*Flora of China*（Vol.18）（Wang et al.，1998）、《中国苦苣苔科植物》（李振宇和王印政，2005）为参评物种的本底基础资料，以《中国物种红色名录（第一卷 红色名录）》（汪松和解焱，2004）、《华南苦苣苔科植物》（韦毅刚 等，2010）、《中国生物多样性红色名录——高等植物卷》（环境保护部和中国科学院，2013）、《中国高等植物受威胁物种名录》（覃海宁 等，2017）、《广西本土植物及其濒危状况》（韦毅刚，2018）、《广西苦苣苔科植物濒危程度和优先保护序列研究》（葛玉珍 等，2020）、《国家重点保护野生植物名录》（国家林业和草原局，农业农村部，2021）、《中国种子植物多样性名录与保护利用》（覃海宁，2020）等文献中通过了IUCN濒危等级评估或开展了不同类型的濒危评估的中国苦苣苔科植物物种为基础的分析与研究。

6.2 中国苦苣苔科植物濒危现状

截至2021年12月31日，中国已知苦苣苔科植物有45属805种，其中特有种达629种。我国苦苣苔科植物的濒危等级评估情况详见表2。表1中包含了目前被评估为极危（CR）、濒危（EN）、易危（VU）、近危（NT）、数据缺乏（DD）、野外灭绝（EW）以及灭绝（EX）的所有国产苦苣苔科植物。

表2　中国已知苦苣苔科植物的受威胁和数据缺乏物种名录

中文名	学名	IUCN 等级
芒毛苣苔属 *Aeschynanthus* Jack		
轮叶芒毛苣苔	*A. andersonii* C.B.Clarke	NT
披针芒毛苣苔	*A. lancilimbus* W.T.Wang	NT
毛花芒毛苣苔	*A. lasianthus* W.T.Wang	NT
伞花芒毛苣苔	*A. macranthus* (Merr.) Pellegr.	NT
贝叶芒毛苣苔	*A. monetaria* Dunn	VU
贝叶芒毛苣苔	*A. monetaria* Dunn	VU
扁柄芒毛苣苔	*A. planipetiolatus* H.W.Li	VU
药用芒毛苣苔	*A. poilanei* Pellegr.	NT
长萼芒毛苣苔	*A. sinolongicalyx* W.T.Wang	NT
狭萼片芒毛苣苔	*A. tubulosus* Anthony var. *angustilobus* Anthony	DD
异唇苣苔属 *Allocheilos* W.T.Wang		
异唇苣苔	*A. cortusiflorum* W.T.Wang	EN
广西异唇苣苔	*A. guangxiensis* H.Q.Wen, Y.G.Wei & S.H.Zhong	VU
马关异唇苣苔	*A. maguanensis* W.H.Chen & Y.M.Shui	NT
红腺异唇苣苔	*A. rubroglandulosus* W.H.Chen & Y.M.Shui	CR
异片苣苔属 *Allostigma* W. T. Wang		
异片苣苔	*A. guangxiense* W.T.Wang	VU
横蒴苣苔属 *Beccarinda* Kuntze		
红毛横蒴苣苔	*B. erythrotricha* W.T.Wang	NT
小横蒴苣苔	*B. minima* K.Y.Pan	VU

（续）

中文名	学名	IUCN 等级
少毛横蒴苣苔	*B. paucisetulosa* C.Y.Wu ex H.W.Li	VU
短筒苣苔属 *Boeica* C.B.Clarke		
粉萼短筒苣苔	*B. arunachalensis* D.Borah, R.Kr. Singh, M.Taram and A.P.Das	DD
墨脱短筒苣苔	*B. clarkei* Hareesh, L.Wu, A.Joe & M.Sabu	DD
扁蒴苣苔属 *Cathayanthe* Chun		
扁蒴苣苔	*C. biflora* Chun	EN
浆果苣苔属 *Cyrtandra* J.R.Forst. & G.Forst.		
浆果苣苔	*C. umbellifera* Merr.	VU
奇柱苣苔属 *Deinostigma* W.T.Wang & Z.Yu Li		
弯果报春苣苔	*D. cyrtocarpa* (D.Fang & L.Zeng) Mich. Möller & H.J.Atkins	EN
簇花奇柱苣苔	*D. fasciculatum* W.H.Chen & Y.M.Shui	CR
长蒴苣苔属 *Didymocarpus* Wall.		
腺萼长蒴苣苔	*D. adenocalyx* W.T.Wang	DD
安宁长蒴苣苔	*D. anningensis* Y.M.Shui, Lei Cai & J.Cai	VU
短序长蒴苣苔	*D. brevipedunculatus* Y.H.Tan & Bin Yang	EN
心叶长蒴苣苔	*D. cordifolius* P.W.Li & Li H.Yang	DD
深裂长蒴苣苔	*D. dissectus* F. Wen, Y.L.Qiu, Jie Huang & Y.G.Wei	CR
雷波长蒴苣苔	*D. leiboensis* Soong & W.T.Wang	VU
长萼长蒴苣苔	*D. longicalyx* G.W.Hu & Q.F.Wang	DD
矮生长蒴苣苔	*D. nanophyton* C.Y.Wu ex H.W.Li	VU
迭裂长蒴苣苔	*D. salviiflorus* Chun	NT
中印长蒴苣苔	*D. sinoindicus* N.S.Prasanna, Lei Cai & V.Gowda	DD
细果长蒴苣苔	*D. stenocarpus* W.T.Wang	NT
镇康长蒴苣苔	*D. zhenkangensis* W.T.Wang	VU
双片苣苔属 *Didymostigma* W.T.Wang		
光叶双片苣苔	*D. leiophyllum* D.Fang & X.H.Lu	DD
圆唇苣苔属 *Gyrocheilos* W.T.Wang		
北流圆唇苣苔	*G. chorisepalus* W.T.Wang var. *synsepalum* W.T.Wang	NT
毛萼圆唇苣苔	*G. lasiocalyx* W.T.Wang	VU
圆果苣苔属 *Gyrogyne* W.T.Wang		
圆果苣苔	*G. subaequifolia* W.T.Wang	EX
半蒴苣苔属 *Hemiboea* C.B.Clarke		
披针叶半蒴苣苔	*H. angustifolia* F.Wen & Y.G.Wei	CR
水晶半蒴苣苔	*H. crystallina* Y.M.Shui & W.H.Chen	VU
齿叶半蒴苣苔	*H. fangii* Chun ex Z.Yu Li	NT
合萼半蒴苣苔	*H. gamosepala* Z.Yu Li	NT
腺萼半蒴苣苔	*H. glandulosa* Z.Yu Li	NT
全叶半蒴苣苔	*H. integra* C.Y.Wu ex H.W.Li	NT
弄岗半蒴苣苔	*H. longgangensis* Z.Yu Li	NT
小苞半蒴苣苔	*H. parvibracteata* W.T.Wang & Z.Yu Li	DD
小花半蒴苣苔	*H. parviflora* Z.Yu Li	VU
屏边半蒴苣苔	*H. pingbianensis* Z.Yu Li	VU
紫叶单座苣苔	*H. purpureotincta* (W.T.Wang) A.Weber & Mich. Möller	VU

（续）

中文名	学名	IUCN 等级
江西半蒴苣苔	*H. subacaulis* Hand. -Mazz. var. *jiangxiensis* Z.Yu Li	NT
绥阳半蒴苣苔	*H. suiyangensis* Z.Yu Li, S.W.Li & X.G.Xiang	EN
王氏半蒴苣苔	*H. wangiana* Z.Z.Yu Li	DD
汉克苣苔属 *Henckelia* Spreng.		
腺萼汉克苣苔	*H. adenocalyx* (Chatterjee) D.J.Middleton & Mich. Möller	DD
耳叶汉克苣苔	*H. auriculata* (J.M.Li & S.X.Zhu) D.J.Middleton & Mich. Möller	NT
坛苞汉克苣苔	*H. dasii* Taram, D.Borah, R.Kr. Singh & Tag	DD
簇花汉克苣苔	*H. fasciculiflora* (W.T.Wang) D.J.Middleton & Mich. Möller	VU
滇川汉克苣苔	*H. forrestii* (J. Anthony) D.J.Middleton & Mich. Möller	VU
灌丛汉克苣苔	*H. fruticola* (H.W.Li) D.J.Middleton & Mich. Möller	NT
不等叶汉克苣苔	*H. inaequalifolia* Li H.Yang & X.Z.Shi	NT
合苞汉克苣苔	*H. infundibuliformis* (W.T.Wang) D.J.Middleton & Mich. Möller	NT
密序苣苔	*H. longisepala* (H.W.Li) D.J.Middleton & Mich. Möller	EN
藏南汉克苣苔	*H. mishmiensis* (Debb. ex Biswas) D.J.Middleton & Mich. Möller	DD
棕纹汉克苣苔	*H. pathakii* G.Krishna & Lakshmin	DD
普洱汉克苣苔	*H. puerensis* (Y.Y.Qian) D.J.Middleton & Mich. Möller	EN
密花汉克苣苔	*H. pycnantha* (W.T.Wang) D.J.Middleton & Mich. Möller	VU
税氏汉克苣苔	*H. shuii* (Z.Yu Li) D.J.Middleton & Mich. Möller	DD
翅萼汉克苣苔	*H. siangensis* Taram, D.Borah & Tag	DD
凹柱苣苔属 *Litostigma* Y.G.Wei, F. Wen & Mich. Möller		
凹柱苣苔	*L.coriaceifolium* Y.G.Wei, F.Wen & Mich. Möller	VU
水晶凹柱苣苔	*L. crystallinum* Y.M.Shui & W.H.Chen	CR
那坡凹柱苣苔	*L. napoense* Y.Feng Huang, B.M.Wang & Y.S.Chen	NT
屏边凹柱苣苔	*L. pingbianense* Y.S.Chen & B.M.Wang	EN
斜柱苣苔属 *Loxostigma* C.B.Clarke		
短柄紫花苣苔	*L. brevipetiolatum* W.T.Wang & K.P.Pan	NT
河口斜柱苣苔	*L. hekouensis* Lei Cai, G.L.Zhang & Z.L.Dao	DD
澜沧紫花苣苔	*L. mekongense* (Franch.) B.L.Burtt	VU
蕉林紫花苣苔	*L. musetorum* H.W.Li	DD
吊石苣苔属 *Lysionotus* D. Don		
藏南吊石苣苔	*L. chatungii* M. Taram, A.P.Das & H.Tag	DD
猩红吊石苣苔	*L. coccinus* G.W.Hu & Q. F.Wang	DD
龙胜吊石苣苔	*L. heterophyllus* Franch. var. *lasianthus* W.T.Wang	NT
毛叶吊石苣苔	*L. heterophyllus* Franch. var. *mollis* W.T.Wang	NT
圆苞吊石苣苔	*L. involucratus* Franch.	NT
广西吊石苣苔	*L. kwangsiensis* W.T.Wang	VU
狭萼吊石苣苔	*L. levipes* (C.B.Clarke) B.L.Burtt	NT
小叶吊石苣苔	*L. microphyllus* W.T.Wang var. *microphyllus*	NT
峨眉吊石苣苔	*L. microphyllus* W.T.Wang var. *omeiensis* (W.T.Wang) W.T.Wang	DD
兰屿吊石苣苔	*L. pauciflorus* Maxim. var. *ikedae* (Hatus.) W.T.Wang	EN
短柄吊石苣苔	*L. sessilifolius* Hand. -Mazz.	NT
保山吊石苣苔	*L. sulphureoides* H.W.Li & Y.X.Lu	NT
刺齿吊石苣苔	*L. ziroensis* Nampy, Nikhil, Amrutha & Akhil	DD

06

（续）

中文名	学名	IUCN 等级
钩序苣苔属 *Microchirita* (C.B.Clarke) Yin Z.Wang		
薰衣草色钩序苣苔	*M. lavandulacea* (Stapf.) Yin Z.Wang	DD
马铃苣苔属 *Oreocharis* Benth.		
小花后蕊苣苔	*O. acaulis (*Merr.) Mich. Möller & A.Weber	NT
尖瓣粗筒苣苔	*O. acutiloba* (K.Y.Pan) Mich. Möller & W.H.Chen	EN
灰毛粗筒苣苔	*O. agnesiae* (Forrest ex W.W.Sm.) Mich. Möller & W.H.Chen	DD
马铃苣苔	*O. amabilis* Dunn	DD
银叶马铃苣苔	*O. argentifolia* Lei Cai & Z.L.Dao	CR
卵心叶马铃苣苔	*O. aurea* Dunn var. *cordato–ovata* (C.Y.Wu ex H.W.Li) K.Y. Pan, A.L.Weitzman & L. E.Skog	DD
细齿马铃苣苔	*O. auricula* (S.Moore) Clarke var. *denticulata* K.Y.Pan	NT
黄花粗筒苣苔	*O. billburttii* Mich. Möller & W.H.Chen	NT
泡叶直瓣苣苔	*O. bullata* (W.T.Wang & K.Y.Pan) Mich. Möller & A.Weber	EN
龙南后蕊苣苔	*O. burttii* (W.T.Wang) Mich. Möller & A.Weber	NT
贵州马铃苣苔	*O. cavaleriei* Lévl.	DD
灰叶后蕊苣苔	*O. cinerea* (W.T.Wang) Mich. Möller & A.Weber	EN
肉色马铃苣苔	*O. cinnamomea* J.Anthony	VU
心叶马铃苣苔	*O. cordatula* (Craib) Pellegr.	NT
瑶山苣苔	*O. cotinifolia* (W.T.Wang) Mich. Möller & A.Weber	EN
圆齿金盏苣苔	*O. crenata* (K.Y.Pan) Mich. Möller & A.Weber	EN
毛花马铃苣苔	*O. dasyantha* Chun var. *dasyantha*	NT
齿叶瑶山苣苔	*O. dayaoshanioides* Yan Liu & W.B.Xu	VU
川西马铃苣苔	*O. dentata* A.L.Weitzman & L.E.Skog	DD
异萼直瓣苣苔	*O. dimorphosepala* (W.H.Chen & Y.M.Shui) Mich. Möller	NT
鼎湖后蕊苣苔	*O. dinghushanensis* (W.T.Wang) Mich. Möller & A.Weber	NT
紫花粗筒苣苔	*O. elegantissima* (H.Lév. & Vaniot) Mich. Möller & W.H.Chen	VU
毛果马铃苣苔	*O. eriocarpa* W.H.Chen & Y.M.Shui	VU
辐花苣苔	*O. esquirolii* Léveillé	EN
多裂金盏苣苔	*O. eximia* (Chun ex K.Y.Pan) Mich. Möller & A.Weber	VU
城口金盏苣苔	*O. fargesii* (Franch.) Mich. Möller & A.Weber	NT
扇叶直瓣苣苔	*O. flabellata* (C.Y.Wu ex H.W.Li) Mich. Möller & A.Weber	VU
青翠马铃苣苔	*O. flavovirens* Xin Hong	EN
褐毛马铃苣苔	*O. fulva* W.H.Chen & Y.M.Shui	CR
黄花直瓣苣苔	*O. gamosepala* (K.Y.Pan) Mich. Möller & A.Weber	VU
剑川马铃苣苔	*O. georgei* Anthony	VU
短檐金盏苣苔	*O. glandulosa* (Batalin) Mich. Möller & A.Weber	NT
河口直瓣苣苔	*O. hekouensis* (Y.M.Shui & W.H.Chen) Mich. Möller & A.Weber	NT
红河短檐苣苔	*O. hongheensis* W.H.Chen & Y.M.Shui	EN
矮直瓣苣苔	*O. humilis* (W.T.Wang) Mich. Möller & A.Weber	NT
迎春花马铃苣苔	*O. jasminina* S.J.Ling, F.Wen & M.X.Ren	VU
江西全唇苣苔	*O. jiangxiensis* (W.T.Wang) Mich. Möller & A.Weber	VU
金平马铃苣苔	*O. jinpingensis* W.H.Chen & Y.M.Shui	VU
羽裂马铃苣苔	*O. lacerata* W.H.Chen & Y.M.Shui	VU

（续）

中文名	学名	IUCN 等级
汶川金盏苣苔	*O. lancifolia* (Franch.) Mich. Möller & A.Weber var. *mucronata* (K.Y.Pan) Mich. Möller & A.Weber	VU
宽萼粗筒苣苔	*O. latisepala* (Chun ex K.Y.Pan) Mich. Möller & W.H.Chen	VU
多花粗筒苣苔	*O. longifolia* (Craib) Mich. Möller & A.Weber var. *multiflora* (S.Y.Chen ex K.Y.Pan) Mich. Möller & A.Weber	NT
长梗马铃苣苔	*O. longipedicellata* Lei Cai & F.Wen	DD
东川短檐苣苔	*O. mairei* H.Lév	DD
湖南马铃苣苔	*O. nemoralis* Chun	NT
宁蒗马铃苣苔	*O. ninglangensis* W.H.Chen & Y.M.Shui	CR
贵州直瓣苣苔	*O. notochlaena* (H. Léveillé & Vaniot) Léveillé	DD
斜叶马铃苣苔	*O. obliqua* C.Y.Wu ex H.W.Li	VU
狭叶短檐苣苔	*O. obliquifolia* (K.Y.Pan) Mich. Möller & A.Weber	NT
齿瓣粗筒苣苔	*O. odontopetala* Q. Fu & Y.Q.Wang	EN
卵圆叶马铃苣苔	*O. ovata* Li H.Yang, L.X.Zhou & M.Kang	CR
小粗筒苣苔	*O. parva* Mich. Möller & W.H.Chen	EN
小叶粗筒苣苔	*O. parvifolia* (K.Y.Pan) Mich. Möller & W.H.Chen	VU
毛柄马铃苣苔	*O. pilosopetiolata* Li H.Yang & M.Kang	NT
羽裂金盏苣苔	*O. primuliflora* (Batalin) Mich. Möller & A.Weber	NT
裂檐苣苔	*O. pumila* (W.T.Wang) Mich. Möller & A.Weber	CR
紫纹马铃苣苔	*O. purpurata* B.Pan, M.Q.Han & Yan Liu	VU
菱叶直瓣苣苔	*O. rhombifolia* (K.Y.Pan) Mich. Möller & A.Weber	NT
融安直瓣苣苔	*O. ronganensis* (K.Y.Pan) Mich. Möller & A.Weber	NT
锈毛粗筒苣苔	*O. rosthornii* (Diels) Mich. Möller & A.Weber var. *xingrenensis* (K.Y.Pan) Mich. Möller & A.Weber	DD
贞丰粗筒苣苔	*O. rosthornii* (Diels) Mich. Möller & A.Weber var. *crenulata* (Hand. -Mazz.) Mich. Möller & A.Weber	DD
圆叶马铃苣苔	*O. rotundifolia* K.Y.Pan	EN
红短檐苣苔	*O. rubra* (Hand. -Mazz.) Mich. Möller & A.Weber	DD
红纹马铃苣苔	*O. rubrostriata* F.Wen, Y.G.Wei & L.E.Yang	EN
云南粗筒苣苔	*O. shweliensis* Mich. Möller & W.H.Chen	NT
全唇苣苔	*O. sichuanensis* (W.T.Wang) Mich. Möller & A.Weber	VU
四川金盏苣苔	*O. sichuanica* (K.Y.Pan) Mich. Möller & A.Weber	EN
毡毛后蕊苣苔	*O. sinohenryi* (Chun) Mich. Möller & A.Weber	NT
皱叶后蕊苣苔	*O. stenosiphon* Mich. Möller & A.Weber	VU
条纹马铃苣苔	*O. striata* F.Wen & C.Z.Yang	CR
友谊马铃苣苔	*O. synergia* W.H.Chen, Y.M.Shui & Mich. Möller	CR
姑婆山马铃苣苔	*O. tetraptera* F.Wen, B. Pan & T.V.Do	CR
东川粗筒苣苔	*O. tongtchouanensis* Mich. Möller & W.H.Chen	NT
毛花直瓣苣苔	*O. trichantha* (B.L.Burtt & R. Davidson) Mich. Möller & A.Weber	VU
蔡氏马铃苣苔	*O. tsaii* Y.H.Tan & Jian W.Li	VU
单花马铃苣苔	*O. uniflora* Li H. Yang & M. Kang	EN
木里短檐苣苔	*O. urceolata* (K.Y.Pan) Mich. Möller & A.Weber	VU
狐毛直瓣苣苔	*O. vulpina* (B.L.Burtt & R. Davidson) Mich. Möller & A.Weber	NT
万山金盏苣苔	*O. wanshanensis* (S.Z.He) Mich. Möller & A.Weber	EN

06

（续）

中文名	学名	IUCN 等级
文山马铃苣苔	*O. wenshanensis* W.H.Chen & Y.M.Shui	CR
文采后蕊苣苔	*O. wentsaii* (Z.Yu Li) Mich. Möller & A.Weber	NT
文县马铃苣苔	*O. wenxianensis* Xiao J.Liu & X.G.Sun	DD
乌蒙马铃苣苔	*O. wumengensis* Lei Cai & Z.L.Dao	CR
镇坪马铃苣苔	*O. zhenpingensis* J.M.Li, T.Wang & Y.G.Zhang	EN
喜鹊苣苔属 *Ornithoboea* Parish ex C.B.Clarke		
灰岩喜鹊苣苔	*O. calcicola* C.Y.Wu ex H.W.Li	VU
贵州喜鹊苣苔	*O. feddei* (H.Lév.) B.L.Burtt	NT
蛛毛苣苔属 *Paraboea* (C.B.Clarke) Ridl.		
短序蛛毛苣苔	*P. brevipedunculata* W.H.Chen & Y.M.Shui	DD
棒萼蛛毛苣苔	*P. clavisepala* D.Fang & D.H.Qin	NT
白云岩蛛毛苣苔	*P. dolomitica* Z.Yu Li, X.G.Xiang & Z.Y.Guo	VU
丝梗蛛毛苣苔	*P. filipes* (Hance) B.L.Burtt	CR
海南蛛毛苣苔	*P. hainanensis* (Chun) B.L.Burtt	NT
千花蛛毛苣苔	*P. myriantha* Y.M.Shui & W.H.Chen	DD
南溪蛛毛苣苔	*P. nanxiensis* Lei Cai & Gui L.Zhang	CR
盾叶蛛毛苣苔	*P. peltiolia* D.Fang & L.Zeng	NT
四苞蛛毛苣苔	*P. tetrabracteata* F.Wen, Xin Hong & Y.G.Wei	NT
三萼蛛毛苣苔	*P. trisepala* W.H.Chen & Y.M.Shui	VU
密叶蛛毛苣苔	*P. velutina* (W.T.Wang & C.Z.Gao) B.L.Burtt	EN
云浮蛛毛苣苔	*P. yunfuensis* F.Wen & Y.G.Wei	EN
石山苣苔属 *Petrocodon* Hance		
白脉石山苣苔	*P. albinervius* D.X.Nong & Y.S.Huang	CR
赤水石山苣苔	*P. chishuiensis* Z.B.Xin, F.Wen & S.B.Zhou	NT
方鼎苣苔	*P. fangianus* (Y.G.Wei) J.M.Li & Yin Z.Wang	CR
锈色石山苣苔	*P. ferrugineus* Y.G.Wei	VU
河池细筒苣苔	*P. hechiensis* (Y.G.Wei, Yan Liu & F.Wen) Y.G.Wei & Mich. Möller	VU
细筒苣苔	*P. hispidus* (W.T.Wang) A.Weber & Mich. Möller	VU
湖南石山苣苔	*P. hunanensis* X.L.Yu & Ming Li	CR
全缘叶细筒苣苔	*P. integrifolius* (D.Fang & L.Zeng) A.Weber & Mich. Möller	VU
紫叶石山苣苔	*P. ionophyllus* F.Wen, S.Li & B.Pan	EN
长檐苣苔	*P. jasminiflorus* (D.Fang & W.T.Wang) A.Weber & Mich. Möller	NT
靖西石山苣苔	*P. jingxiensis* (Yan Liu, H.S.Gao & W.B.Xu) A.Weber & Mich. Möller	VU
披针叶石山苣苔	*P. lancifolius* F.Wen & Y.G.Wei	NT
弄岗石山苣苔	*P. longgangensis* W.H.Wu & W.B.Xu	EN
长筒石山苣苔	*P. longitubus* Cong R.Li & Yang Luo	VU
陆氏细筒苣苔	*P. lui* (Yan Liu & W.B.Xu) A.Weber & Mich. Möller	EN
近革叶石山苣苔	*P. pseudocoriaceifolius* Yan Liu & W.B.Xu	VU
丽花石山苣苔	*P. pulchriflorus* Y.B.Lu & Q.Zhang	CR
反折石山苣苔	*P. retroflexus* Q.Zhang & J.Guo	CR
锈梗石山苣苔	*P. rubiginosus* Y.G.Wei & R.L.Zhang	EN
细管石山苣苔	*P. tenuitubus* W.H.Chen, F.Wen & Y.M.Shui	CR
天等石山苣苔	*P. tiandengensis* (Yan Liu & B.Pan) A.Weber & Mich. Möller	EN

（续）

中文名	学名	IUCN 等级
桐梓石山苣苔	*P. tongziensis* R.B.Zhang & F.Wen	VU
壶状石山苣苔	*P. urceolatus* F.Wen, H.F.Cen & L.F.Fu	NT
长毛石山苣苔	*P. villosus* Xin Hong, F.Wen & S.B.Zhou	CR
绿花石山苣苔	*P. viridescens* W.H.Chen, Mich. Möller & Y.M.Shui	NT
文山石山苣苔	*P. wenshanensis* Xin Hong, W.H.Qin & F.Wen	CR
石蝴蝶属 *Petrocosmea* Oliv.		
金腺石蝴蝶	*P. adenophora* Z.J.Huang & Z.B.Xin	DD
启无石蝴蝶	*P. chiwui* M.Q.Han, H.Jiang & Yan Liu	DD
蓝石蝴蝶	*P. coerulea* C.Y.Wu ex W.T.Wang	EN
汇药石蝴蝶	*P. confluens* W.T.Wang	DD
绵毛石蝴蝶	*P. crinita* (W.T.Wang) Zhi J.Qiu	EN
都匀石蝴蝶	*P. duyunensis* Sheng H.Tang	DD
富宁石蝴蝶	*P. funingensis* Q.Zhang & B.Pan	VU
光喉石蝴蝶	*P. glabristoma* Zhi J.Qiu & Yin Z.Wang	NT
大花石蝴蝶	*P. grandiflora* Hemsl.	CR
大叶石蝴蝶	*P. grandifolia* W.T.Wang	NT
环江石蝴蝶	*P. huanjiangensis* Yan Liu & W.B.Xu	VU
会东石蝴蝶	*P. intraglabra* (W.T.Wang) Zhi J.Qiu	VU
蒙自石蝴蝶	*P. iodioides* Hemsl.	NT
滇泰石蝴蝶	*P. kerrii* Craib	NT
华丽石蝴蝶	*P. magnifica* M.Q.Han & Yan Liu	NT
东川石蝴蝶	*P. mairei* Lévl	DD
滇黔石蝴蝶	*P. martinii* (Lévl.) Lévl	VU
孟连石蝴蝶	*P. menglianensis* H.W.Li	NT
宽萼石蝴蝶	*P. oblata* Craib var. *latisepala* (W.T.Wang) W.T.Wang	DD
秦岭石蝴蝶	*P. qinlingensis* W.T.Wang	NT
琦润石蝴蝶	*P. qiruniae* M.Q.Han, Li Bing Zhang & Yan Liu	DD
菱叶石蝴蝶	*P. rhombifolia* Y.H.Tan & H.B.Ding	DD
圆叶石蝴蝶	*P. rotundifolia* M.Q.Han, H.Jiang & Yan Liu	DD
丝毛石蝴蝶	*P. sericea* C.Y.Wu ex H.W.Li	NT
四川石蝴蝶	*P. sichuanensis* Chun ex W.T.Wang	NT
热点石蝴蝶	*P. thermopuncta* J.M.H.Shaw	DD
蔡氏石蝴蝶	*P. tsaii* Y.H.Tan & Jian W.Li	DD
青翠石蝴蝶	*P. viridis* M.Q.Han & Yan Liu	CR
毅刚石蝴蝶	*P. weiyigangii* F.Wen	CR
兴义石蝴蝶	*P. xingyiensis* Y.G.Wei & F.Wen	EN
报春苣苔属 *Primulina* Hance		
白萼报春苣苔	*P. albicalyx* B.Pan & Li H.Yang	EN
银叶报春苣苔	*P. argentea* Xin Hong, F.Wen & S.B.Zhou	NT
黑腺报春苣苔	*P. atroglandulosa* (W.T.Wang) Mich. Möller & A.Weber	DD
紫萼报春苣苔	*P. atropurpurea* (W.T.Wang) Mich. Möller & A.Weber	DD
北流报春苣苔	*P. beiliuensis* B.Pan & S.X.Huang var. *beiliuensis*	NT
齿苞报春苣苔	*P. beiliuensis* B.Pan & S.X.Huang var. *fimbribracteata* F.Wen & B.D.Lai	VU

06

（续）

中文名	学名	IUCN 等级
二色报春苣苔	*P. bicolor* (W.T.Wang) Mich. Möller & A.Weber	VU
短头报春苣苔	*P. brachystigma* (W.T.Wang) Mich. Möller & A.Weber	DD
大苞短毛报春苣苔	*P. brachytricha* (W.T.Wang & D.Y.Chen) R.B.Mao & Yin Z.Wang var. *magnibracteata* (W.T.Wang & D.Y.Chen) Mich. Möller	DD
芥状报春苣苔	*P. brassicoides* (W.T.Wang) Mich. Möller & A.Weber	NT
泡叶报春苣苔	*P. bullata* S.N.Lu & F.Wen	EN
碎米荠叶报春苣苔	*P. cardaminifolia* Yan Liu & W.B.Xu	EN
囊筒报春苣苔	*P. carinata* Y.G.Wei, F.Wen & H.Z.Lü	NT
肉叶报春苣苔	*P. carnosifolia* (C.Y.Wu & H.W.Li)Yin Z.Wang	NT
瀑生报春苣苔	*P. cataractarum* X.L.Yu & A.Liu	CR
暗硫色小花苣苔	*P. cerina* F.Wen, Yi Huang & W.C.Chou	CR
密小花苣苔	*P. confertiflora* (W.T.Wang) Mich. Möller & A.Weber	EN
粗茎报春苣苔	*P. crassirhizoma* F.Wen, Bo Zhao & Xin Hong	VU
粗筒报春苣苔	*P. crassituba* (W.T.Wang) Mich. Möller & A.Weber	VU
十字报春苣苔	*P. cruciformis* (Chun) Mich. Möller & A.Weber	DD
弯花报春苣苔	*P. curvituba* B.Pan, Li H.Yang & M.Kang	CR
珙桐状报春苣苔	*P. davidioides* F.Wen & Xin Hong	CR
德保报春苣苔	*P. debaoensis* N.Jiang & Hong Li	CR
巨柱报春苣苔	*P. demissa* (Hance) Mich. Möller & A.Weber	DD
匍茎报春苣苔	*P. diffusa* Xin Hong, F.Wen, & S.B.Zhou	VU
都安报春苣苔	*P. duanensis* F.Wen & S.L.Huang	NT
方氏报春苣苔	*P. fangii* (W.T.Wang) Mich. Möller & A.Weber	DD
凤山报春苣苔	*P. fengshanensis* F.Wen & Yue Wang	NT
密毛蚂蝗七	*P. fimbrisepala* (Hand. -Mazz.) Yin Z.Wang var. *mollis* (W.T.Wang) Mich. Möller & A.Weber	VU
曲管报春苣苔	*P. flexusa* F.Wen, Tao Peng & B.Pan	CR
多花报春苣苔	*P. floribunda* (W.T.Wang) Mich. Möller & A.Weber	VU
桂粤报春苣苔	*P. fordii* (Hemsl.) Yin Z.Wang var. *fordii*	NT
鼎湖报春苣苔	*P. fordii* (Hemsl.) Yin Z.Wang var. *dolichotricha* (W.T.Wang) Mich. Möller & A.Weber	NT
褐纹报春苣苔	*P. glandaceistriata* X.X.Zhu, F.Wen & H.Sun	VU
紫腺小花苣苔	*P. glandulosa* (D.Fang, L.Zeng & D.H.Qin) Yin Z.Wang	NT
恭城报春苣苔	*P. gongchengensis* Y.S.Huang & Yan Liu	CR
大苞报春苣苔	*P. grandibracteata* (J.M.Li & Mich. Möller) Mich. Möller & A.Weber	NT
衡山报春苣苔	*P. hengshanensis* L.H.Liu & K.M.Liu	VU
异色报春苣苔	*P. heterochroa* F.Wen & B.D.Lai	CR
贺州小花苣苔	*P. hezhouensis* (W.H.Wu & W.B.Xu) W.B.Xu & K.F.Chung	VU
怀集报春苣苔	*P. huaijiensis* Z.L.Ning & Jing Wang	CR
黄进报春苣苔	*P. huangjiniana* W.B.Liao, Q.Fan & C.Y.Huang	NT
湖南报春苣苔	*P. hunanensis* K.M.Liu & X.Z.Cai	VU
粗筒小花苣苔	*P. inflata* Li.H.Yang & M.Z.Xu	CR
江永报春苣苔	*P. jiangyongensis* X.L.Yu & Ming Li	VU
宽脉报春苣苔	*P. latinervis* (W.T.Wang) Mich. Möller & A.Weber	VU

（续）

中文名	学名	IUCN 等级
李氏报春苣苔	*P. leei* (F.Wen, Yue Wang & Q.X.Zhang) Mich. Möller & A.Weber	NT
光叶报春苣苔	*P. leiophylla* (W.T.Wang) Yin Z.Wang	NT
癞叶报春苣苔	*P. leprosa* (Yan Liu & W.B.Xu) W.B.Xu & K.F.Chung	CR
连城报春苣苔	*P. lianchengensis* B.J.Ye & S.P.Chen	NT
连县报春苣苔	*P. lienxienensis* (W.T.Wang) Mich. Möller & A.Weber	CR
香花报春苣苔	*P. linglingensis* (W.T.Wang) Mich. Möller & A.Weber var. *fragrans* F.Wen, Y.Z.Ge & B.Pan	NT
弄岗报春苣苔	*P. longgangensis* (W.T.Wang) Yan Liu & Yin Z.Wang	NT
长萼报春苣苔	*P. longicalyx* (J.M.Li & Yin Z.Wang) Mich. Möller & A.Weber	CR
龙州小花苣苔	*P. longzhouensis* (B.Pan & W.H.Wu) W.B.Xu & K.F.Chung	EN
隆林报春苣苔	*P. lunglinensis* (W.T.Wang) Mich. Möller & A.Weber	NT
钝萼报春苣苔	*P. lunglinensis* (W.T.Wang) Mich. Möller & A.Weber var. *amblyosepala* (W.T.Wang) Mich. Möller & A.Weber	NT
浅黄报春苣苔	*P. lutescens* B.Pan & H.S.Ma	EN
黄纹报春苣苔	*P. lutvittata* F.Wen & Y.G.Wei	NT
鹿寨报春苣苔	*P. luzhaiensis* (Yan Liu, Y.S.Huang & W.B.Xu) Mich. Möller & A.Weber	VU
马坝报春苣苔	*P. mabaensis* K.F.Chung & W.B.Xu	EN
大根报春苣苔	*P. macrorhiza* (D.Fang & D.H.Qin) Mich. Möller & A.Weber	VU
花叶牛耳朵	*P. maculata* W.B.Xu & J.Guo	VU
麻栗坡报春苣苔	*P. malipoensis* Li H.Yang & M.Kang	CR
黑丝报春苣苔	*P. melanofilamenta* Ying Liu bis & F.Wen	NT
莫氏报春苣苔	*P. moi* F.Wen & Y.G.Wei	CR
密毛小花苣苔	*P. mollifolia* (D.Fang & W.T.Wang) J.M.Li & Yin Z.Wang	NT
多裂小花苣苔	*P. multifida* B.Pan & K.F.Chung	VU
那坡报春苣苔	*P. napoensis* (Z.Yu Li) Mich. Möller & A.Weber	NT
宁明报春苣苔	*P. ningmingensis* (Yan Liu & W.H.Wu) W.B.Xu & K.F.Chung	CR
绵毛小花苣苔	*P. niveolanosa* F.Wen, S.Li & W.C.Chou	CR
毛序报春苣苔	*P. obtusidentata* var. *mollipes* (W.T.Wang) Mich. Möller & A.Weber	DD
小叶报春苣苔	*P. parvifolia* (W.T.Wang) Yin Z.Wang & J.M.Li	NT
彭氏报春苣苔	*P. pengii* W.B.Xu & K.F.Chung	CR
彭镜毅小花苣苔	*P. chingipengii* W.B.Xu & K.F.Chung	NT
刺疣报春苣苔	*P. papillosa* Z.B.Xin, W.C.Chou & F.Wen	EN
桃红小花苣苔	*P. persica* F.Wen, Yi Huang & W.C.Chou	CR
石蝴蝶状报春苣苔	*P. petrocosmeoides* Bo Pan & F.Wen	NT
紫纹报春苣苔	*P. pseudoeburnea* (D.Fang & W.T.Wang) Mich. Möller & A.Weber	VU
阳朔小花苣苔	*P. pseudoglandulosa* W.B.Xu & K.F.Chung	NT
紫麟报春苣苔	*P. purpureokylin* F.Wen, Yi Huang & W.C.Chou	CR
文采苣苔	*P. renifolia* (D.Fang & D.H.Qin) J.M.Li & Yin Z.Wang	NT
融安报春苣苔	*P. ronganensis* (D.Fang & Y.G.Wei) Mich. Möller & A.Weber	VU
融水报春苣苔	*P. rongshuiensis* (Yan Liu & Y.S.Huang) W.B.Xu & K.F.Chung	NT
卵圆报春苣苔	*P. rotundifolia* (Hemsl.) Mich. Möller & A.Weber	NT
红花报春苣苔	*P. rubella* Li H.Yang & M.Kang	EW
红苞报春苣苔	*P. rubribracteata* Z.L.Ning & M.Kang	EN
清镇报春苣苔	*P. secundiflora* (Chun) Mich. Möller & A.Weber	NT

06

（续）

中文名	学名	IUCN 等级
锯缘报春苣苔	*P. serrulata* R.B.Zhang & F.Wen	NT
寿城报春苣苔	*P. shouchengensis* (Z.Yu Li) Z.Yu Li	NT
中越报春苣苔	*P. sinovietnamica* W.H.Wu & Q.Zhang	NT
斯氏报春苣苔	*P. skogiana* (Z.Yu Li) Mich.Möller & A.Weber	DD
小报春苣苔	*P. speluncae* (Hand.-Mazz.) Mich. Möller & A.Weber	DD
刺齿报春苣苔	*P. spinulosa* (D.Fang & W.T.Wang) Yin Z.Wang	NT
螺序草状报春苣苔	*P. spiradiclioides* Z.B.Xin & F.Wen	CR
菱叶报春苣苔	*P. subrhomboidea* (W.T.Wang) Yin Z.Wang	NT
钻丝小花苣苔	*P. subulata* (W.T.Wang) Mich. Möller & A.Weber	VU
薄叶报春苣苔	*P. tenuifolia* (W.T.Wang) Yin Z.Wang	EN
天等报春苣苔	*P. tiandengensis* (F.Wen & H.Tang) F.Wen & K.F.Chung	VU
泰坦报春苣苔	*P. titan* Z.B.Xin, W.C.Chou & F.Wen	VU
光华报春苣苔	*P. tribracteata* (W.T.Wang) Mich. Möller & A.Weber var. *zhuana* (Z.Yu Li, Q.Xing & Yuan B.Li) Mich. Möller & A.Weber	CR
变色报春苣苔	*P. varicolor* (D.Fang & D.H.Qin) Yin Z.Wang	EN
多色报春苣苔	*P. versicolor* F.Wen, B.Pan & B.M.Wang	CR
细筒报春苣苔	*P. vestita* (D.Wood) Mich. Möller & A.Weber	VU
王氏报春苣苔	*P. wangiana* (Z.Yu Li) Mich. Möller & A.Weber	DD
软叶报春苣苔	*P. weii* Mich. Möller & A.Weber	VU
文采报春苣苔	*P. wentsaii* (D.Fang & L.Zeng) Yin Z.Wang	VU
吴氏报春苣苔	*P. wuae* F.Wen & L.F.Fu	CR
燕峒报春苣苔	*P. yandongensis* Ying Qin & Yan Liu	CR
阳朔报春苣苔	*P. yangshuoensis* Y.G.Wei & F.Wen	VU
永福报春苣苔	*P. yungfuensis* (W.T.Wang) Mich. Möller & A.Weber	NT
资兴报春苣苔	*P. zixingensis* Li H.Yang & B.Pan	DD
漏斗苣苔属 *Raphiocarpus* Chun		
长梗漏斗苣苔	*R. longipedunculatus* (C.Y.Wu ex H.W.Li) Burtt	VU
金平漏斗苣苔	*R. jinpingensis* W.H.Chen & Y.M.Shui	DD
尖舌苣苔属 *Rhynchoglossum* Blume		
峨眉尖舌苣苔	*R. omeiense* W.T.Wang	CR
线柱苣苔属 *Rhynchotechum* Blume		
长梗线柱苣苔	*R. longipes* W.T.Wang	VU
异叶苣苔属 *Whytockia* W.W.Sm.		
贡山异叶苣苔	*W. gongshanensis* Yin Z.Wang & H.Li	NT
河口异叶苣苔	*W. hekouensis* Yin Z.Wang	NT
紫红异叶苣苔	*W. purpurascens* Yin Z.Wang	VU
峨眉异叶苣苔	*W. wilsonii* (A.Weber) Yin Z.Wang	NT

注：表中仅列出受威胁等级为灭绝（EX）、野外灭绝（EW）、极危（CR）、濒危（EN）、易危（VU）、近危（NT）以及目前数据缺乏（DD）的中国苦苣苔科植物；无危（LC）等级者未列出。

6.2.1 不同版本的中国高等植物受威胁物种名录中苦苣苔科植物的调整情况评析

（1）受威胁的苦苣苔科植物种类变化情况分析

在《中国物种红色名录（第一卷红色名录）》中，有38种苦苣苔科植物濒危状况首次被评估（汪松和解焱，2004）。随后，在《中国生物多样性红色名录——高等植物卷》（环境保护部和中国科学院，2013）、《中国高等植物受威胁物种名录》（覃海宁等，2017）中分别评估了489种和642种苦苣苔科植物，其中受威胁的种类分别为154种和203种，但在上述时间段内，尚有72种国产苦苣苔科植物虽然被认为受到了生存威胁，但仅提供了极危（CR）、濒危（EN）和易危（VU）3类受威胁等级的种类，而近危（NT）、无危（LC）和数据缺乏（DD）等级的种类未列出（覃海宁等，2017），因此，2017年的数据并不能完全体现我国苦苣苔科植物整体的濒危情况变化。同时，上述评估中都存在大量数据缺乏（DD）的种类，如：环境保护部和中国科学院（2013）所评估的物种中有52种（占比10.63%），覃海宁（2020）所评估的物种中有67种（占比10.47%）属于此类情况。需要指出的是，在覃海宁（2020）评估的所有物种数据中，有部分物种并未做任何评估，故我们暂时将这些物种的濒危状况视为数据缺乏（DD）。此外，一些目前被评估为无危（LC）的种类随着后续野外调查的进一步深入开展，所了解到的实际受威胁情况也会有变化，因此我国苦苣苔科植物中受威胁的种类数量可能还会进一步增加。

目前，中国苦苣苔科植物分类系统的修订已基本完成（Wang et al., 2011; Weber et al., 2011; Möller et al., 2016）。尽管很多物种系统位置发生了变更，但某个物种的分类隶属关系与其是否濒危并不存在直接关系。因此，仅有极少数物种被归并后其种群现状数据发生变化。如钟氏报春苣苔被并入莲座状河池报春苣苔，而莲座状河池报春苣苔本身又经历了由变种提升为种（莲座报春苣苔），之后再被恢复为变种等级的修订。钟氏报春苣苔在《中国种子植物多样性名录与保护利用》（覃海宁，2020）中未被评估，而莲座状河池报春苣苔的濒危等级目前已经调整为无危（LC）。

（2）被评估为无危（LC）的苦苣苔科植物种类变化情况分析

2013年被评估的中国苦苣苔科植物中无危（LC）的种类有269个，占总种数的55.01%（环境保护部和中国科学院，2013）。《中国种子植物多样性名录与保护利用》（覃海宁，2020）收录的642种苦苣苔科植物中，无危（LC）的类群数量增加至355种，占比上升至55.30%（表2）。这一数字与2013年的评估结果相近，但由于其基数包括了相当一部分新分类群，故实际上被评估为无危（LC）种类的比例仍然是有所下降的。但覃海宁等（2017）并未列出中国苦苣苔科植物中无危（LC）级别的类群。在2013年评估被列入无危（LC）的类群中，至覃海宁（2020）评估时有长花芒毛苣苔、浆果苣苔等共计28种被发现具有生存受威胁的可能，占2013年被评估为无危（LC）类群的10.41%。而在覃海宁（2020）的评估中被列入无危（LC）的361个种中，除了上述28种自无危（LC）移入受威胁的各级别之外，还新增了合萼漏斗苣苔等共120种。这些新增的无危（LC）类群中包括了2013年未收录的新分类群和国家级分布新记录（薰衣草色钩序苣苔、雷氏喜鹊苣苔、腺花蛛毛苣苔3种）等共计78种（其中不含物种本身成立，但仅以系统修订提升为种的类群，如翅茎半蒴苣苔、广东半蒴苣苔2种）。需要指出的是，绢毛马铃苣苔、疏花唇柱（报春）苣苔和灵川小花苣苔已分别被并入了原本就被评为无危（LC）的类群，即长瓣马铃苣苔、钟冠报春苣苔和羽裂小花苣苔（原变种），因此上述被评估为无危（LC）的28个种中，实际上仅有25个种被移入了覃海宁（2020）所评估列出的受威胁类群。

《中国生物多样性红色名录——高等植物卷》（环境保护部和中国科学院，2013）中列出的苦苣苔科植物部分未采用该科的最新分类系统，故一些在当时分类学上已被处理为异名的学名依然在列，如唇柱苣苔属、短檐苣苔属等，但在《中国种子植物多样性名录与保护利用》（覃海宁，2020）则已经采用了部分新的修订结果，如广义的报春苣苔属、石山苣苔属和马铃苣苔属等，之前的物种基本上只是系统位置和学名的变更，仅有少数

06

物种在随后的分类修订中已被归并，如灵川小花苣苔先是被并入报春苣苔属，修订为 *Primulina lingchuanensis*，进而被并入羽裂小花苣苔原变种中。

6.2.2 《国家重点保护野生植物名录》中有关苦苣苔科植物的评估状况评析

1999 年，国务院发布了《国家重点保护野生植物名录》（第一批），其中包含了苦苣苔科植物 5 种，分别是被列为国家一级保护的瑶山苣苔（*Dayaoshania cotinifolia* W.T.Wang）、单座苣苔（*Metabriggsia ovalifolia* W.T.Wang）、报春苣苔（*Primulina tabacum* Hance）和辐花苣苔 [*Thamnocharis esquirolii* (H.Lév.) W.T.Wang]，以及被列为国家二级保护的秦岭石蝴蝶（*Petrocosmea qinlingensis* W.T.Wang）。在上述被列为国家一级保护的 4 个种中，前 3 个在当时均被认为是我国特有的单型属，而单座苣苔则属于我国特有属和寡种属；秦岭石蝴蝶则是石蝴蝶属植物分布的北界，均具有重要的科学研究价值。2021 年 9 月，《国家重点保护野生植物名录》正式发布。共列入国家重点保护野生植物 455 种和 40 类，包括国家一级保护野生植物 54 种和 4 类，国家二级保护野生植物 401 种和 36 类（鲁兆莉 等，2021）。其中，由林业和草原主管部门分工管理的 324 种和 25 类，苦苣苔科全部归属国家林业和草原局监管。《国家重点保护野生植物名录》（第一批）中收录的单座苣苔由于近年来在广西、贵州和云南等多地发现有大面积分布（韦毅刚 等，2010；谭运洪，2012），因此《国家重点保护野生植物名录》中删除该种的理由是充分的。

6.2.3 新分类群和国家级分布新纪录的濒危现状评析

2004 年之前出版的《中国植物志》（第六十九卷）、*Flora of China*（Vol.18）以及《中国苦苣苔科植物》等专著均未有苦苣苔科植物濒危等级评估的相关内容。汪松和解焱（2004）首次提出了 38 个受威胁的物种名单。自 2005 年开始，中国苦苣苔科植物开始受到越来越多的关注，新分类群出现了爆发性增长（黎舒 等，2018；Möller，2019）。

仅 2020 年，我国报道的该科新分类群就高达 42 个新种和 1 个新变种，主要集中在广义报春苣苔属（10 个）和广义马铃苣苔属（10 个）（杜诚 等，2021）。

据统计，2005—2021 年，共计发表了 272 个新分类群（含种下等级）和 3 个国家级分布新记录，其中在发表时被评估为极危（CR）的有 79 种（29.04%），濒危（EN）19 种（6.99%），易危（VU）22 种（8.09%），近危（NT）0 种，无危（LC）6 种（2.21%），数据缺乏（DD）11 种（4.04%），未予评估 135 种（49.63%）。统计结果显示，上述新分类群发表时有约 50% 的论文对所发表的对象进行了初步的居群调查和濒危评价，而未进行评估的也有 50% 左右，说明对于这些物种的濒危现状还需要进行进一步的调查。另外，《中国种子植物多样性名录与保护利用》（覃海宁，2020）中遗漏了一些种类，如水晶半蒴苣苔、阳山报春苣苔、星萼石山苣苔等，因此也缺失了相应的濒危等级评估信息。

6.2.4 苦苣苔科植物区域性濒危现状评估情况评析

目前，国内已正式出版的涉及苦苣苔科植物省级濒危状况评估的只有广西和广东，分别为韦毅刚（2018）、葛玉珍 等（2020）和王瑞江（2022）。其余公开发表文献中涉及省级范畴的苦苣苔科植物濒危等级评估的还有广西和云南的极小种群野生植物名录，前者列出了瑶山苣苔 [已修订置入马铃苣苔属，即 *Oreocharis cotinifolia* (W.T.Wang) Mich. Möller & A.Weber] 和报春苣苔，后者列出了圆叶马铃苣苔和大花石蝴蝶（卢燕华，2012；孙卫邦，2021）。

我们以广西为例进行相关分析。韦毅刚（2018）所做的是广西省级区域性物种濒危现状评估，其仅考虑本地区的对应物种濒危现状，而非考虑到该种在全国乃至全世界的濒危现状，因此将其为基准资料较为适合——广西的 297 种苦苣苔科植物中，无危的类群仅有 66 种（22.22%）；其余受威胁的种类共计为 211 种，分别为极危（CR）87 种（29.29%），濒危（EN）66 种（22.22%），易危（VU）52种（17.51%）和近危（NT）6种（2.02%），而数据缺乏（DD）的15种和部分诸如"标本存疑""标本鉴定可能有误""仅文献记载"的类群，实际上也应该属于数据缺乏（DD）的范畴，共有5种，故数据缺乏（DD）的类群应该有20种，约占6.73%。葛玉珍等（2020）未对无危（LC）和数据缺乏（DD）的类群进行分析，并且仅就前期初步濒危等级评估的类群进行了分析，其目的在于能够筛选出需要优先保护的、广西分布的苦苣苔科物种，并基于保护区、保护小区和政策方面对这些物种的保护和可持续利用予以倾斜。其与韦毅刚（2018）的研究目标并不相同，因此结果存在差异：共有56个种因为"前期预评为无危（LC）或数据缺乏（DD）等原因"而未收录；在受威胁的类群中，极危（CR）58种，濒危（EN）69种，易危（VU）75种，近危（NT）30种。

我们仍以《广西本土植物及其濒危状况》（韦毅刚，2018）为基准，在《中国种子植物多样性名录与保护利用》（覃海宁，2020）中，涉及广西分布的物种，由于其是针对该物种的全国范围进行评估，因此其结果出现了相当大的差异：无危的类群为156种，受威胁的类群总计为88种，分别为极危（LC）3种、濒危（EN）15种、易危（VU）34种、近危（NT）36种、数据缺乏（DD）13种。但是考虑到一些特有分布的情况，如广西特有种黑腺报春苣，除了发表时提及的模式标本外，近数十年没有任何采集和影像记录，韦毅刚（2018）评为数据缺乏（DD）但覃海宁（2020）评为无危（LC），其间的差异需要进一步商榷和重新评估，但我们认为以数据缺乏（DD）作为其目前的评估结论更符合实际情况。

6.3　讨论

6.3.1　从《国家重点保护野生植物名录》中苦苣苔科植物物种变化看我国苦苣苔科植物保护

红色名录中的不同等级，只是体现了被评估的物种相对的野外灭绝风险，从无危（LC）、近危（NT）、易危（VU）、濒危（EN）、极危（CR）

其相对绝灭风险依次上升，后三者均属于受威胁物种，理应成为生物多样性优先保护的重点对象。红色名录等级中还有灭绝（EX）、野外灭绝（EW）、区域灭绝（RE）和数据不明（DD）等，进一步还有不宜评估（NA）以及未予评估（NE）。但是这些与被评估物种是否珍稀或者是否应该列入法律规定的保护等级属于不同的概念，不可混为一谈（覃海宁，2020）。例如，目前《国家重点保护野生植物名录》中仍然在列的4个种，分别是被列为一级保护的辐花苣苔（已修订置入马铃苣苔属，即 *Oreocharis esquirolii* Léveillé），被列为国家二级保护的瑶山苣苔、秦岭石蝴蝶和报春苣苔。秦岭石蝴蝶分类地位没有改变，但报春苣苔原为单型属报春苣苔属模式种，现在该属已经由单型属转变成我国苦苣苔科植物中多样性最为丰富的、拥有超过200个种的大属。在最近的评估中，辐花苣苔（EN A2a; C1）、瑶山苣苔〔EN B1ab (i, iii, iv); D2〕、秦岭石蝴蝶（CR D）和报春苣苔（LC）的濒危等级各不相同。由此可见，物种在红色名录中的濒危等级情况与该种的实际受国家层面保护的情况并不完全一致。而报春苣苔目前已经在广东、广西、湖南和江西等地发现了大面积分布的居群，根据《中华人民共和国野生植物保护条例》规定的5条基本原则与4条补充性原则，报春苣苔与"条例"中基本原则的前3小项均不符合，反而与补充原则内反列原则中的（d）——"尚未发现经济价值的、无人专门采集的、生境相对稳定的、灭绝风险小的物种，可以不列或谨慎列入"相吻合。因此，该种仍然被列入国家二级保护值得商榷。

在进一步开展了标本查阅、文献查证、实地野外调查以及与国内各大科研院所和大专院校的苦苣苔科专家沟通交流后，根据国家林业和草原局2020年7月9日在线公布的《国家重点保护野生植物名录（征求意见稿）》中的"三、调整的基本原则和变化情况"——"具体标准一是数量极少、分布范围极窄的珍稀濒危物种；二是重要作物的野生种群和有重要遗传价值的近缘种；三是有重要经济价值，因过度开发利用，资源急剧减少、生存受到威胁或严重威胁的物种；四是在维持（特殊）生态系统功能中具有重要作用的珍稀濒危物种；五是在传统文化中具有重要作用的珍稀濒危物种"相关定义和标准，《国家重点保护野生植物名录》中所列苦苣苔科的物种其所记载种群和个体数量不能体现实际的分布状况和受威胁情况，我们认为除了仍然保留的4个物种外，也应该增加一些重要的、具有代表性的和受威胁极严重的物种。

此外，覃海宁（2020）列出了目前我国苦苣苔科植物濒危等级为极危（CR）的共9种，除秦岭石蝴蝶外，其余为合萼半蒴苣苔［CR B1ab (i, ii, iii, v)］、全叶半蒴苣苔［CR B1ab (i, ii, iii, v); D1］、披针叶半蒴苣苔［CR B1ab (i, ii, v)］、裂檐苣苔［CR B1ab (i, ii, v)］、峨眉尖舌苣苔［CR B1ab (i, ii, v)］、世纬苣苔［CR B1ab (i, iii, v)］、大根报春苣苔［CR B2ac (ii, v)］以及丝梗蛛毛苣苔（CR C1），这些都是可以作为列入国家或省级保护的范畴，更何况还有除辐花苣苔和瑶山苣苔外被列为濒危（EN）的30个种可资考虑，如方鼎苣苔［EN A2ac; B1ab (i, ii, iii, iv, v)］。而秋海棠属就是一个很好的例子，其下有多个种被列入了国家保护植物名录。只有真正得到法律保护，才能进一步遏制资源破坏和外流的可能。

中国苦苣苔科植物的修订基本完成已超过10年，很多物种的系统位置发生了变更，但是其作为物种的等级是不存疑的（Wang et al., 2011; Weber et al., 2011）。瑶山苣苔和辐花苣苔已被并入广义马铃苣苔属，但《国家重点保护野生植物名录》中两者仍然使用了 Dayaoshania cotinifolia 和 Thamnocharis esquirolii 的学名，这可能是为了凸显原被列为我国特有单型属的价值。

6.3.2 区域性特有种、区域性濒危等级评估与全国濒危等级评估之间的关系

如前所述，我们仍然基于韦毅刚（2018）的评估资料来探讨我国苦苣苔科植物中的区域特有种及其对应的区域性濒危等级评估和全国性濒危等级评估之间的关系。某一物种因历史、生态或生理因素等原因，造成其分布仅局限于某一有限的地区或某种局部特殊生境，而未在其他地方

中出现，被称为特有种（Endemism 或 Endemic species）（左家哺和傅德志，2003）。因此，广西的地区特有种一定是中国的特有种，反之则不然。这一概念拓展到濒危等级评估体系中，国内某一地区的特有分布和特有种的濒危等级评估结果，一定反映了该种在全国范围水平上的濒危现状，除非在后续的研究中进一步发现其不同分布的居群，使其不再局限为该地区的特有种。从这个角度上分析，韦毅刚（2018）和葛玉珍等（2020）的广西苦苣苔科植物濒危等级评估中，涉及广西地区特有分布的物种共计有159种。我们以韦毅刚（2018）数据为基准与覃海宁（2020）的相关数据进行比较，可知在这些广西特有种评估中两位学者的差异——极危（CR）的数量为：72（韦毅刚）vs. 3（覃海宁，顺序下同），濒危（EN）：43 vs. 13；易危（VU）：30 vs. 32；近危（NT）：1 vs. 27；无危（LC）：7 vs. 45；数据缺乏（DD）：3 vs. 11。

以靖西石山（细筒）苣苔和陆氏石山（细筒）苣苔为例，截至2019年年底，野外调查表明其均属于小种群、依赖于特化的洞穴适生生境、与共生植物存在着竞争劣势以及人为干扰严重等因素，确定其濒危等级均应为极危（CR），但在《中国种子植物多样性名录与保护利用》（覃海宁，2020）中则均评为了易危（VU）。尽管我们在2020年和2021年的野外扩大范围考察中又发现了靖西石山苣苔的新居群（仍然是穴居性类群）而使得其最新拟评级别下降为易危（VU）。可见，两位学者评估差异仍然是显著的。再如曾被评价为野外灭绝（EW）的焰苞报春（唇柱）苣苔（覃海宁 等，2017），韦毅刚等在2018年重新发现了该种集中分布在贵港市附近当地一座石靠近村庄石灰岩独峰上的野外居群，数量少且受到了严重干扰，故其濒危等级于当年被评为极危（CR）。但随后3年针对该种的持续野外考察发现了更多的居群，其最近评级被降级为无危（LC），而这也与覃海宁（2020）的评估吻合。又如红花报春苣苔是广东特有种，根据该新分类群的发表者详细的野外调查，发现该种所依赖生存的岩溶洞穴因人为利用已导致该新种的种群全部消亡，且2017年至今再无野

外个体和新分布地得以发现，仅在中国科学院华南植物园、广西植物研究所国家苦苣苔科种质资源库和中国科学院植物研究所保存有活植物，故本文将其评估为我国苦苣苔科植物中目前唯一野外灭绝（EW）的物种，而圆果苣苔是已被评估为唯一灭绝（EX）的物种。

总而言之，对地区特有种的评估，需要谨慎且全面地考虑致濒因素；而在进行全国性评估时，需要及时与地方评估专家进行沟通，才能真正了解该特有种的实际濒危情况。我们根据2018—2021年持续开展的野外考察工作，进一步对广西分布的苦苣苔科植物进行了相关的濒危等级评估的更新，其中也新增加了近年来发表的新分类群，尤其是在《广西本土植物及其濒危状况》（韦毅刚，2018）和《中国种子植物多样性名录与保护利用》（覃海宁，2020）出版之后发表的，或被评估时遗漏的类群，逐一参照原文章发表时的评估结合实地考察进行了进一步评估。

6.3.3 新分类群的濒危等级评估

如前所述，2005年之后我国苦苣苔科植物的新分类群爆发式性增长，且参与发表新分类群的学者、科研单位日益增多，出现新分类群最多的属为报春苣苔属、马铃苣苔属、石蝴蝶属、蛛毛苣苔属等，尤以喀斯特地区特有分布的类群为甚（Möller，2019）。大部分苦苣苔科植物分布范围狭窄，很多种类仅发现1或2个分布点，因此在植物分类学界常有"一山一种""一沟一种""一洞一种"之说。生境好的区域常常属于人迹罕至之地，这些区域在我国实施"村村通"公路项目之前，交通状况极差，直接导致了这些地区的植物考察极不充分。如今所有乡镇和90%的建制村都已通公路，为科研人员深入偏远山区提供了便利条件，加之越来越多的科研人员和苦苣苔科植物爱好者关注这一类群，这为我国该类群的发现、挖掘和正式发表的大爆发奠定了坚实的基础。

但是，也正是由于这些新分类群通常都是局限分布于某些独特的狭域生境内，也使得它们的生存现状不容乐观，如凹柱苣苔属是2010年才发表的新属，模式种凹柱苣苔分布于喀斯特峡谷

内，已知的其他3个种（水晶凹柱苣苔、那坡凹柱苣苔和屏边凹柱苣苔）均为典型的仅见分布于1个或相邻数个洞穴内的特化性分布植物类群，所有类群在发表的时候均被评为极危（CR）。但在覃海宁（2020）的评估中凹柱苣苔和水晶凹柱苣苔均为无危（LC），这需要进一步探讨。而广布种或适应性极强的物种被发现为新种的可能性就远较特殊生境小得多，除了未评估及数据缺乏（DD）的类群外，2005年至今在发表时被评为无危（LC）的物种仅有6个，占同期发表的267个新分类群的2.25%，分别为雷氏报春苣苔、九嶷山报春苣苔、新平汉克苣苔、密毛大花石上莲、小黄花石山苣苔、台山圆唇苣苔。由于新分类群在发表时需要研究者基于种群的角度对该新种进行详细的野外考察，因此建议研究者都应对其进行濒危等级评估，这将有助于尽可能地完善苦苣苔科植物分布及种群现状信息，帮助我们正确了解、评估和采纳其濒危现状信息，进而采取及时有效的保育措施以避免面临物种灭绝的危险。

6.4 建议

6.4.1 进一步加强对中国苦苣苔科植物种质资源保护紧迫性的认识

如前所述，我国目前已知的苦苣苔科植物已超过800种，其中特有种达620种以上，具有重要的科研和经济价值，濒危程度高，但植物多样性现状不明，同时由于多数种类为对生境要求较特殊的小草本，随着经济的快速发展，许多种类赖以生存的环境随着城镇化进程的扩大不断遭到破坏，尤其是在中低海拔交通便利的地区，道桥施工、农田开垦、水电站和水泥厂的建设、人为采挖等都使苦苣苔科植物野生资源日趋减少，而那些狭域分布的种类更是处于绝灭的边缘。近年来电商的迅速发展，大物流打通了产地到社区的"最后一公里"，淘宝、闲鱼、微商等网购平台使得植物自然资源利用的门槛大大降低。而目前已知的800多种国产苦苣苔科植物中仅有4种被列入《国家重点保护野生植物名录》，违法成本低而获利高，更是造成了资源的极大破坏，也加大了种

质资源外流至境外的风险，甚至有可能一些珍稀濒危、狭域分布的物种在还未被正式发表之前就已被掠劫一空，甚至灭绝了。所以中国苦苣苔科植物种质资源保护的任务迫在眉睫。

6.4.2　针对濒危物种，尤其是被评估为极危（CR）和濒危（EN）的类群开展"抢救性保护"、基础应用和原生境及相似地回归研究

保护生物学常常是基础性研究先行，解析完致濒因子之后再针对性地开展解濒和保护工作，但是实际操作中有可能会出现研究结果滞后于解濒的情况（刘德团 等，2020）。国产苦苣苔科植物均为草本至亚灌木，很多极度依赖其原生生境，在保护上不容乐观。同时，由于目前我国的国家级、省市级和县级的保护区覆盖面积相对国土面积来说仍然较少，针对苦苣苔科植物资源的保护，更不能仅仅依赖保护区的功能。缺乏规模性的、有组织的、科学性的保护行动，对苦苣苔科植物的保护力度是远远不够的。迄今为止，我国的植物保护工作者没有针对该科植物规划出一套合适的整体保护方案，零星的小范围区域或单一物种的保护行动实则对整个科一级的植物保育益处甚少。笔者团队作为中国野生植物保护协会苦苣苔专业委员会主任单位，依托广西植物研究所国家苦苣苔科种质资源库和中国苦苣苔科植物保育中心平台，创新了从新种发现和发表、开展濒危状况评估、即时启动保育和新品种培育同步进行的新模式，如最近发表的匍茎报春苣苔、异色报春苣苔、无毛光叶苣苔等的种质资源创新利用等为非传统应用的野生植物种质资源的调查、保护、收集和可持续利用起到了很好的示范作用。

我们迫切需要进一步开展有关国产苦苣苔科植物的IUCN濒危等级评价方面的培训、开展珍稀濒危类群的"抢救性"保护和基础研究工作：① 尽可能地对苦苣苔科植物研究者，尤其是从事植物分类和自然保护区的相关科研和管理人员，有条件的话可以包括苦苣苔科植物爱好者在内，开展利用IUCN相关标准对苦苣苔科植物进行濒危等级评估的培训；② 优先开展对被评估为极危（CR）和濒危（EN）类群的抢救性保护、迁地保

护和濒危限制因子研究；③ 优先开展对分布于中低海拔类地区、极易受到人为干扰的类群的抢救性保护、保育以及相似地回归研究；④深入开展对被评估为受威胁的物种的种质资源材料，包括活植物、种子、花粉和DNA材料等的收集保存，进一步提高我国战略生物资源的储备存量；⑤开展对迁地保育极难成功的类群，如马铃苣苔属、长蒴苣苔属等类群的迁地保护和引种栽培限制因子分析与研究；⑥开展迁地保护，建设集收集、保存、展示和科普为一体的极小种群和濒危苦苣苔科植物活体资源圃；⑦开展新品种选育研究，选育具有高观赏价值的园艺品种；⑧基于很多苦苣苔科植物有重要的民间民族植物学用途，尤其在药用植物方面，开展民间药用植物挖掘和规模化生产方面的研究，培育药用植物新品种，减少对自然资源的过度利用情况，最终实现可持续发展的目标。

参考文献

MÖLLER M, 2019. 物种的及时发现: 以中国苦苣苔科植物为例[J]. 广西科学, 26(1): 1-16.

MÖLLER M, 韦毅刚, 温放, 等, 2016. 得与失: 苦苣苔科新的属级界定与分类系统——中国该科植物之变迁[J]. 广西植物, 36: 44-60.

杜诚, 刘军, 叶文, 等, 2021. 中国植物新分类群、新名称2020年度报告[J]. 生物多样性, 29 (8): 1011-1020.

方鼎, 覃德海, 2004. 广西苦苣苔科一新属——文采苣苔属[J]. 植物分类学报, 42: 533-536.

符龙飞, 黎舒, 辛子兵, 等, 2019. 中国苦苣苔科植物中王文采旧分类系统与Weber新分类系统的名实更替[J]. 广西科学, 26(1): 118-131.

葛玉珍, 辛子兵, 黎舒, 等, 2020. 广西苦苣苔科植物濒危程度和优先保护序列研究[J]. 广西植物, 40(10): 1491-1504.

国家林业和草原局和农村和农业部, 2021. 2021年第15号公告《国家重点保护野生植物名录》[EB/OL]. http://www.forestry.gov.cn/main/5461/20210908/162515850572900.html.

国家林业局, 2018. 中华人民共和国林业行业标准, 极小种群野生植物保护原则与方法 [EB/OL]. http://www.forestry.gov.cn/uploadfile/lykj/2018–3/file/2018-3-9-072eca55f03442a9a6d629213c5596d4. pdf.

国家林业局, 农业部, 1999. 国家重点保护野生植物名录(第一 批) [EB/OL]. http://www.gov.cn/gongbao/content/2000/content_60072.htm.

侯宽昭, 1982. 中国种子植物科属辞典 [M]. 北京: 科学出

版社.

韩孟奇, 2018. 中国石蝴蝶属(苦苣苔科)的分类学研究[D]. 桂林: 广西师范大学.

环境保护部, 中国科学院, 2013.《中国生物多样性红色名录——高等植物卷》评估报告[EB/OL]. https://www.mee.gov. cn/gkml/hbb/bgg/201309/W020130912562095920726.pdf.

兰茂, 1959. 滇南本草[M]. 昆明: 云南人民出版社.

黎舒, 辛子兵, 苏兰英, 等, 2018. 从新发表的分类群濒危现状探讨中国苦苣苔科植物保护与保育的重要性[J]. 中国植物园, 21: 24-35.

李汶霏, 邓莉兰, 2015. 福雷斯特在中国采集标本简史及其园林植物资源[J]. 现代园艺(17): 38-41.

李振宇, 王印政, 2005. 中国苦苣苔科植物[M]. 郑州: 河南科学技术出版社.

刘德团, 常宇航, 马永鹏, 2020. 本底资源不清严重制约我国杜鹃花属植物的生物多样性保护[J]. 植物科学学报, 38(4): 517-524.

卢燕华, 2012. 广西极小种群野生植物名录(下)[J]. 广西林业, 8: 47.

芦笛, 2014. 英国邱园和外国人在中国的植物采集活动[J]. 中国野生植物资源, 33(1): 55-62.

鲁兆莉, 覃海宁, 金效华, 等, 2021.《国家重点保护野生植物名录》调整的必要性、原则和程序[J]. 生物多样性, 29(12): 1577-1582.

屈小玲, 2014. 近代西方人进入中国西南地区采集山地植物线路考略[J]. 中华文化论坛(6): 16-22, 191.

孙卫邦, 2021. 云南省极小种群野生植物保护名录(2021)[M]. 昆明: 云南出版集团, 云南科技出版社.

覃海宁, 刘演, 2010. 广西植物名录[M]. 北京: 科学出版社.

覃海宁, 2020. 中国种子植物多样性名录与保护利用[M]. 石家庄: 河北科学技术出版社: 1092-1131.

覃海宁, 杨永, 董仕勇, 等, 2017. 中国高等植物受威胁物种名录[J]. 生物多样性, 25(7): 696-744.

谭运洪, 2012. 云南苦苣苔科一新记录属——单座苣苔属[J]. 西北植物学报, 32(10): 2122-2123.

万霞, 张丽兵, 2021. 2020年发表的全球维管植物新种[J]. 生物多样性, 29(8): 1003-1010.

汪松, 解焱, 2004. 中国物种红色名录: 第1卷红色名录[M]. 北京: 高等教育出版社.

王文采, 1990. 苦苣苔科[M]// 中国植物志: 第六十九卷. 北京: 科学出版社.

王瑞江, 刘演, 陈世龙, 2017. 中国生物物种名录第一卷植物(种子植物Ⅷ)[M]. 北京: 科学出版社.

汪小全, 李振宇, 1998. rDNA片段的序列分析在苦苣苔亚科系统学研究中的应用[J]. 植物分类学报, 36(2): 97-105.

韦毅刚, 2018. 广西本土植物及其濒危状况[M]. 北京: 中国林业出版社.

韦毅刚, 温放, MÖLLER M, 等, 2010. 华南苦苣苔科植物[M]. 南宁: 广西科学技术出版社: 1-777.

韦毅刚, 2004. 广西苦苣苔科一新属——方鼎苣苔属[J]. 植物分类学报, 42: 528-532.

吴其濬, 1957. 植物名实图考[M]. 上海: 商务印书馆.

辛子兵, 符龙飞, 黎舒, 等, 2019. 中国苦苣苔科植物的分类系统历史变化——兼论该科植物在我国合格发表的新分类群与国家级分布新记录情况分析[J]. 广西科学, 26(1): 102-117.

许为斌, 郭婧, 盘波, 等, 2017. 中国苦苣苔科植物的多样性与地理分布[J]. 广西植物, 37(10): 1219-1226, 1-32.

杨文光, 储嘉琳, 张耀广, 等, 2014. 中国苦苣苔科植物濒危状况评估分析[J]. 河南农业大学学报, 48(6): 746-751, 756.

左家哺, 傅德志, 2003. 植物区系学中特有现象的研究进展(I)——概念、类型、起源及其研究意义[J]. 湖南环境生物职业技术学院学报, 9(1): 11-20.

ARNOTT G A W, 1832. Botany[M]// Napier, M. & Browne, J. (Eds.) Encyclopaedia Britannica, ed. 7, vol 5. Edinburgh: Encyclopaedia Britannica Inc.

BURNETT G T, 1835. Outlines of Botany[M]. London: J. Churchill.

BRAMLEY G L C, WEBER A, CRONK Q C B, et al, 2003. The genus *Cyrtandra* (Gesneriaceae) in peninsular Malaysia and Singapore[J]. Edinburgh Journal of Botany, 60(3): 331-360.

BURTT B L, 2001. A survey of the genus *Cyrtandra* (Gesneriaceae)[J]. Phytomorphology, 51: 393-404.

BURTT B L, 1964. Studies in the Gesneriaceae of the Old World 25: Additional notes on Saintpaulia[J]. Notes from the Royal Botanic Garden Edinburgh, 25: 191-195.

CRONK Q C, KIEHN M, WAGNER W L, et al, 2005. Evolution of *Cyrtandra* (Gesneriaceae) in the Pacific Ocean: The origin of a supertramp clade[J]. American Journal of Botany, 92(6): 1017-1024.

CHUN H Y, 1974. Flora of Hainan (海南植物志) 3[M]. Beijing: Science Press: 526, 588.

DE CANDOLLE A P, 1816. Essai sur les propriétés médicales des plantes, comparées avec leurs formes extérieureset leur classification naturelle[M]. Paris: Crochard.

FANG D, QIN D H, 2004. Wentsaiboea D. Fang, D. H. Qin, a new genus of the Gesneriaceae from Guangxi, China[J]. Acta Phytotaxonomica Sinica, 42: 533-536.

FERREIRA G E, DE ARAÚJO A O, HOPKINS M J G, et al, 2017. A new species of *Besleria* (Gesneriaceae) from the western Amazon rainforest [J]. Brittonia, 69(2): 241-245.

IUCN Standards and Petitions Subcommittee, 2022. Guidelines for using the IUCN Red List Categories and Criteria. Version 15. Prepared by the Standards and Petitions Committee of the IUCN Species Survival Commission. Available from: http://www.iucnredlist.org/documents/RedListGuidelines.pdf (accessed January 2022).

IUCN, 2012. Guidelines for Application of IUCN Red List Criteria at Regional and National Levels, Version 4.0. Gland, Switzerland and Cambridge, UK.

IUCN, 2019. Guidelines for using the IUCN Red List Categories and Criteria. Version 14. The Standards and Petitions Subcommittee.

06

LI J M, WANG Y Z, 2008. *Chirita longicalyx* (Gesneriaceae), a new species from Guangxi, China[J]. Annales Botanici Fennici, 45: 212-214.

LI P W, LIU F P, HAN M Q, et al, 2022. Molecular and morphological evidence supports the inclusion of *Deinostigma* into *Metapetrocosmea* (Gesneriaceae)[J]. Annals of the Missouri Botanical Garden, 107: 447-466.

MÖLLER M, CHEN W H, SHUI Y M, et al, 2014. A new genus of Gesneriaceae in China and the transfer of *Briggsia* species to other genera[J]. Gardens' Bulletin Singapore, 66: 195-205.

MÖLLER M, MIDDLETON D J, NISHII K, et al, 2011. A new delineation for *Oreocharis* incorporating an additional ten genera of Chinese Gesneriaceae[J]. Phytotaxa, 23: 1-36.

MÖLLER M, WEI Y G, WEN F, et al, 2016b. You win some you lose some: updated generic delineations and classification of Gesneriaceae–implications for the family in China[J]. Guihaia, 36(1): 44-60.

NIC LUGHADHA E, WALKER B E, CANTEIRO C, et al, 2019. The use and misuse of herbarium specimens in evaluating plant extinction risks[J]. Phil Trans R Soc B, 374(1763): 20170402.

SMITH J F, CLARK J L, AMAYA–MÁRQUEZ M, et al, 2017. Resolving incongruence: Species of hybrid origin in *Columnea* (Gesneriaceae)[J]. Molecular Phylogenetics and Evolution, 106: 228-240.

WANG W T, PAN K Y, LI Z Y, et al, 1998. Gesneriaceae[M]// WU ZY, RAVEN PH (eds). Flora of China. Vol. 18. Beijing: Science Press; St. Louis, Missouri: Missouri Botanical Garden Press: 244-401.

WANG Y Z, MAO R B, LIU Y, et al, 2011. Phylogenetic reconstruction of *Chirita* and allies (Gesneriaceae) with taxonomic treatments[J]. J Syst Evol, 49(1): 50-64.

WEBER A, CLARK J L, MÖLLER M, 2013. A new formal classification of Gesneriaceae[J]. Selbyana, 31(2): 68-94.

WEBER A, MIDDLETON D J, FORREST A, et al, 2011. Molecular systematics and remodelling of *Chirita* and associated genera (Gesneriaceae)[J]. Taxon, 60(3): 767-790.

WEBER A, WEI Y G, PUGLISI C, et al, 2011c. A new definition of the genus *Petrocodon* (Gesneriaceae)[J]. Phytotaxa, 23: 49-67.

WEBER A, WEI Y G, SONTAG S, et al, 2011b. Inclusion of *Metabriggsia* into *Hemiboea* (Gesneriaceae)[J]. Phytotaxa, 23: 37-48.

WEI Y G, 2004. *Paralagarosolen* Y.G.Wei, a new genus of the Gesneriaceae from Guangxi, China[J]. Acta Phytotaxonomica Sinica, 42: 528-532.

WEI Y G, WEN F, CHEN W H, et al, 2010. *Litostigma*, a new genus from China: a morphological link between basal and derived didymocarpoid Gesneriaceae[J]. Edinburgh Journal of Botany, 67: 161-184.

WEN F, XIN Z B, HONG X, et al, 2022. *Actinostephanus* (Gesneriaceae), a new genus and species from Guangdong, South China[J]. PhytoKeys, 193: 89-106.

XU W B, WU W H, NONG D X, et al, 2010. *Hemiboea purpurea* sp. nov. (Gesneriaceae) from a limestone area in Guangxi, China[J]. Nordic Journal of Botany, 28(3): 313-315.

标本馆数字化查询网址

[1] 邱园标本馆 (Royal Botanic Gardens, KEW) http://apps. kew.org/herbcat/gotoHomePage.do

[2] 爱丁堡皇家植物园标本馆 (Royal Botanic Gardens, Edinburgh) https://data.rbge.org.uk/search/herbarium/

[3] 法国国家自然历史博物馆标本馆 (Museum National d'Histore Naturelle), https://science.mnhn.fr/institution/ mnhn/collection/p/item/search/form?lang=en_US

[4] 密苏里州植物园标本馆 (Missouri Botanical Garden), https://www.tropicos.org/home

[5] 纽约植物园标本馆 (The New York Botanical Garden), https://blog.sciencenet.cn/blog–47449–1180715.html

[6] 哈佛大学标本馆 (Herbaria of Harvard University), https:// blog.sciencenet.cn/blog–47449–1180715.html

[7] 中国数字植物标本馆 (Chinese Virtual Herbarium), https:// www.cvh.ac.cn/index.php

致谢

本文得到国家自然科学基金项目（31860047）、广西科技计划项目（桂科 AD20159091、ZY21195050）、中国科学院战略生物资源能力建设项目（KFJ-BRP-017-68）、花卉产业技术创新战略联盟项目（2020hhlm005）、广西科学院基本业务费桂科学者项目（CQZ-C-1901）支持；对康明、杨丽华、孔航辉、蔡磊、韩孟奇、何德明、洪欣、符龙飞、辛子兵、Stephen Maciejewski 等诸位博士、老师、同仁、朋友以及未能一一列明的各位之大力协助，由衷表示谢意！

作者简介

温放（广东梅县人，1976年生），研究员，于广西工学院轻纺工程系获得学士学位（1998）、北京林业大学园林学院获得博士学位（硕博连读，2008），2008—2010年于浙江森禾种业有限公司从事春石斛育种研究，2010年至今于广西壮族自治区中国科学院广西植物研究所植物资源与植物地理学研究中心和园林园艺研究中心，现任广西喀斯特植物保育与恢复生态学重点实验室副主任，广西植物研究所中国科学院国家苦苣苔科种质资源库负责人与中国野生植物保护协会苦苣苔专业委员会副主任并兼秘书长。研究方向为植物分类学与地理学及保育生物学、园林植物与观赏园艺。邮箱：wenfang760608@139.com。

韦毅刚（广西象州人，1967年生），研究员。1988年毕业于广西农学院生物专业（现广西大学生命科学与技术学院）。1988年至今先后于广西壮族自治区中国科学院广西植物研究所植物资源与植物地理学研究中心和园林园艺研究中心工作，现任园林园艺研究中心副主任，从事植物分类学和地理学、植物保育生物学、园林植物研究。邮箱：weiyigang@aliyun.com。

李政隆（安徽阜阳人，1997年生），于安徽大学资源与环境工程学院获得生态学学士学位（2020），现为安徽大学资源与环境工程学院生态学在读硕士（2021—）。中国苦苣苔科植物保育中心（华东）成员，主要从事苦苣苔科分类与保护及生态学等方面的学习与工作。曾参与发表越南长萼苣苔、文山石山苣苔和光雾山马铃苣苔新分类群等工作。邮箱：1548294876@qq.com。

China

07

-SEVEN-

植物猎人——傅礼士

George Forrest, Plant hunter

王　涛[1]* 江延庆[2] 刘振华[3] 梁立雄[4] 王晓静[5]
[[1]国家植物园（北园）; [2]海南加钗; [3]湖南省林业科学院; [4]河北工程大学; [5]运城学院]

WANG Tao[1]* GANG Yanqing[2] LIU Zhenhua[3] LIANG Lixiong[4] WANG Xiaojing[5]
[[1]China National Botanical Garden (North Garden); [2]Hainan Jiachai; [3]Hunan Academy of Forestry; [4]Hebei University of Engineering; [5]Yuncheng University]

邮箱：wangtao@chnbg.cn

摘　要： 在来华采集的众多英国植物猎人中，George Forrest（乔治·福里斯特，中文名傅礼士，1873—1932）是最具代表性的一位，他于1904—1932年先后7次来华采集动植物标本，并将大量中国活植物引种到英国。调研傅礼士在华采集和引种植物的历史，对分析英国在华引种植物以及植物分类学研究具有重要意义。本章首次系统并全面地总结了傅礼士的个人经历、7次来华详细情况、采集成果，以及爱丁堡皇家植物园对中国植物研究关系等，彰显中国作为园林之母对世界的贡献。

关键词： 植物猎人　乔治·福里斯特　傅礼士　杜鹃花

Abstract: Among the plant hunters from British who came to China, George Forrest (1873—1932, with Chinese name being 'Fu Lishi') was one of the most representative. During the twenty-eight years from 1904 to 1932, he came to China seven times. He had varied up and down experiences in southwest China. His collection and introduction of plants from China was invaluable for the analysis of the plants introduced into Britain and of great significance to the study of plant taxonomy. For the first time, we systematically and comprehensively summarized the personal experience of George Forrest, the details of his seven visits to China, the achievements of his collection, and the relationship of Royal Botanic Garden, Edinburgh to the studies of Chinese plants; and highlighting the contribution of China to the world as the mother of gardens.

Keywords: Plant hunter, George Forrest, Fu Lishi, Rhododendron

王涛，江延庆，刘振华，梁立雄，王晓静，2023，第7章，植物猎人——傅礼士；中国——二十一世纪的园林之母，第五卷：455-513页.

图1　傅礼士在中国云南（McLean, 2004）

George Forrest（乔治·福里斯特，中文名傅礼士，1873—1932），为欧洲最知名的采集家之一，被称为英国的"杜鹃花之王"等。他起初受雇于英国 A. Bees Ltd. 公司，被派往我国进行野外考察和植物采集，1904—1932 年的 28 年间，他先后 7 次来华，最后在我国腾越（Tengyueh，今云南腾冲）去世。这位传奇的植物猎人在我国西南地区的采集经历跌宕而丰富。他除自己采集外，还用商业办法雇用当地人采集。他采集了 31 015 号中国植物标本（秦仁昌，1940; Cox, 1945），将 1 000 多种活植物材料带到英国（Cowan, 1952; Maspero, 2004; McLean, 2004）。

他采集的中国植物标本和种子中有很多新发现，特别是杜鹃花科、报春花科等植物尤为突出；这些新发现的植物像潮水般地涌入当时的欧洲，打开了英国人对中国植物，特别是对杜鹃花科植物的认知，帮助英国研究者在杜鹃花科植物分类学研究上占据了优先位置；而且傅礼士引种的中国植物极大地丰富了英国的植物多样性，为后人研究提供了基础资料，他的成就促进了世界范围植物大迁徙，为中国乃至世界植物传播做出了巨大贡献（林佳莎 等，2008; 芦笛，2014; 蒂娜尔，2017）。与此同时，傅礼士采集的中国植物数量之大，时间之久，方式之粗暴，也对我国植物多样性保护提出了警示。

07

1 成长背景

傅礼士的祖籍在英国苏格兰福尔柯克地区北部的拉伯特小镇（Larbert, Falkirk Council），和父亲同名。他的父亲出身技艺精湛的工匠家庭，具有良好的社会地位。他的母亲玛丽·贝恩（Mary Bain）出身于航海世家，其家族成员大多过着海上漂泊冒险的生活。1852 年 11 月 9 日傅礼士的父母结婚时，父亲老福里斯特是苏格兰佩斯利（Paisley, Renfrewshire Council）的一名杂货商。由于后来四个孩子相继离世，悲痛的福里斯特夫妇带着幸存的两个孩子搬到了福尔柯克的格雷厄姆斯顿（Grahamston, Falkirk Council），随后作为父亲的老福里斯特找到一份布料商学徒的工作，开始了全新的生活。

1873 年 3 月 13 日，傅礼士在福尔柯克的格雷厄姆路出生，福里斯特夫妇共育有 13 个子女，傅礼士是家里最小的儿子。1876 年，他的父亲在家附近开了一家布店，随着布匹生意的不断扩大，福里斯特一家的生活品质有了很大的改善。

1885 年老福里斯特健康状况恶化，便放弃了布店的生意，举家搬到基尔马诺克（Kilmarnock, East Ayrshire）与大儿子詹姆斯·福里斯特（James Forrest）会合。相较于其他兄弟姐妹，傅礼士和 2 位姐姐伊莎贝拉·福里斯特（Isabella Forrest）和格雷丝·福里斯特（Grace Forrest），还有哥哥詹姆斯关系最为亲密。傅礼士自幼聪明好动，热爱大自然，从小就有对探索大自然的渴望，常常喜欢到家附近的乡村去闲逛。

傅礼士就读于基尔马诺克学院（Kilmarnock Academy），该学院博学而杰出的休·迪基（Hugh Dickie, 1837—1910）校长热衷于推广科学教学的教育理念。基尔马诺克学院在迪基校长的建设和管理下具有良好的社会声誉，更高的教学水平，鼓励探索和创新，注重课程学习和探索实践相结合。1887 年，基尔马诺克学院新建了苏格兰埃尔郡（Ayrshire）的第一个科学实验室，它的建成与开放使学院成为苏格兰西部科学教学的先驱之一。

学院里的每个人都可以接触并学习到广泛的知识，包括地质学、自然地理学、植物学、实用无机化学、数学、法语、德语和拉丁语等。傅礼士在那里接受了良好的教育；这一教育背景为他后来可以掌握世界植物学家的通用植物学拉丁语奠定了扎实基础。

傅礼士的哥哥詹姆斯是一位热情的博物学家，从事牧师的工作。父亲老福里斯特于1889年9月14日去世后，詹姆斯便承担了家里"父亲"的责任，给年幼的傅礼士如父般的关爱。

1891年，18岁的傅礼士从基尔马诺克学院毕业后在当地一家医药化学家族企业师从化学药剂师约翰·博兰（John Borland）工作学习。其间，

傅礼士学到了多种植物的药用性能和用途，学会了如何干燥和保存植物标本，还学会做一些简单的手术护理。这些植物学和护理知识为他后来的海外活动提供了重要的技能储备。

1898年，傅礼士先后从两位富有的叔叔那里继承了两笔遗产。1898年2月底，他背上行囊，随着淘金的人流去到澳大利亚。25岁的傅礼士开始了他在异国他乡的第一次大冒险，在那里的经历对这位年轻人以后的人生产生了深远的影响。在澳大利亚，他先后在牧羊场和淘金场工作。而后离开澳大利亚去到南非殖民地。艰苦的条件下，凭着坚韧不拔的毅力和决心，傅礼士逐渐练就了超凡的生存能力。1902年他从非洲回到英国。

2 与植物结缘

回到苏格兰后，经哥哥詹姆斯介绍，傅礼士在格拉斯哥自然历史学会（Glasgow Natural History Society）工作，收集当地植物，这段经历对他未来的职业发展是非常重要的。

1903年6月，29岁的傅礼士在爱丁堡南部的Gladhouse水库钓鱼时，在被侵蚀的河岸发现一具骨架，他带着骨头去到当时的爱丁堡国家文物博物馆（Museum of National Antiquities in Edinburgh）请教时，结识了苏格兰古物协会（Society of Antiquaries of Scotland）的约翰·阿伯克龙比（John Abercromby, 1841—1924）。两人一起回到发现地探查，结果发现了公元1000年下半叶早基督教时期（中世纪早期）的墓葬。通过这次合作，阿伯克龙比发现傅礼士身上具有探险家的探索精神和收藏家乐于分享的品质，于是便给时任爱丁堡皇家植物园主任的艾萨克·贝利·鲍尔弗（Isaac Bayley Balfour, 1853—1922）教授写推荐信。经鲍尔弗教授推荐，傅礼士于同年9月前往爱丁堡皇家植物园

的植物标本室从事助理的工作。

1903年9月7日，当傅礼士走进爱丁堡皇家植物园时，他发现自己进入了一个全新的世界，从此这个新世界将永远改变他的生活。傅礼士不仅在这个安静的学习环境中接触到了丰富知识，还结识了忠实的同事和一生的朋友。而且，正是在这里傅礼士遇到了他未来的妻子哈里特·克莱门蒂娜·玛丽·华莱士·特雷尔（Harriet Clementina Mary Wallace Traill, 1877—1937）。鲍尔弗教授在植物学和园艺学领域具有极高的建树和声誉，交友广泛，可以说他是傅礼士和他的两个挚爱——妻子和中国之间的"媒人"。

克莱门蒂娜的父亲乔治·华莱士·特雷尔（George Wallace Traill, 1836—1897）是著名的藻类博物学家，如 *Trailliella* 属和 *Phyllophora traillii* 就是以他的姓氏命名。乔治·华莱士·特雷尔通过爱丁堡植物学会认识了鲍尔弗教授，他在1897年去世之前通过鲍尔弗教授将收藏的部分藻类标本

图2　鲍尔弗教授（Isaac Bayley Balfour, 1853—1922），担任爱丁堡皇家植物园主任34年（1888—1922），作为导师和朋友与傅礼士合作长达19年（McLean, 2004）

捐赠给了爱丁堡皇家植物园。克莱门蒂娜自小便在父亲藻类收藏的耳濡目染下长大，积累了扎实的植物学知识，之后进入爱丁堡皇家植物园的藻类植物标本室工作。

在爱丁堡皇家植物园标本室工作期间，傅礼士系统地学习了植物标本采集相关技能，掌握了植物学专业知识，认识到一个完整的植物标本的巨大价值和意义，了解到很多热带和温带植物的分布及习性，还认识并研究了一些以前未知的植物种类。随着工作的不断深入，他更加坚定了探险世界植物的决心和信念，迫切想去发现那些在欧洲人的视野中未能所及的丰富植物资源。每天的工作结束后，他常常是步行回家，以便可以多些时间对工作地附近的植物种类进行观察。诚实坚定的性格以及与生俱来的对植物的热爱和对探索大自然的渴望，为他日后成为一个成功的植物采集家奠定了良好的基础（马斯格雷夫 等，2005）。

3 时代契机

中国跨越了地球上所有气候带，地形地貌复杂多变，孕育着丰富的植物资源和多样性。这里有3.8万余种高等植物，约占世界总数的10%，其中16 316种中国特有维管植物，堪称全球生物多样性最丰富的国家之一（中国科学院中国植物志编辑委员会，2004；吴征镒 等，2013；李波，2023）。

在18世纪之前，整个中国内陆的野生动植物资源在国外几乎无人知晓。中国西南这个美丽的角落，被大山和遥远的距离隔绝，不仅是外国人，就连周边省份的人也很难深入涉足这里。18世纪中期之前我国的通商口岸对外国人关闭，且内陆被禁止勘探。外国的博物学家们最早只能在

广东等沿海港口活动搜集植物，因此只有一小部分园艺植物被引种到欧洲（Mueggler, 2011；李晋，2018）。

19世纪，随着清政府的衰落，1842年的《南京条约》，1858年的《中英天津条约》等一系列不平等条约的签订打开了中国的大门。英国获得驻华大使的权利，英国公民持领事护照可以进入中国并受到中国当局的保护。英、法、德等西方人在中国内陆自由旅行突破了以往的限制。随着长江中上游通商口岸的增多，一些西方国家的传教士、商人、探险家从沿海地区进入到我国偏远荒凉的西南地区，再深入我国内陆，打开西方进入我国内陆的通道，中国丰富的动植物资源自此进

入西方人的视野，并开始引起世界关注，且为后来的西方植物猎人进入中国内陆开展植物采集探险打开了大门。

我国是西方人魂牵梦绕的生物多样性天堂，其中以横断山区为中心的地区是我国物种最丰富的地区和新特有现象集中的区域，也是世界生物多样性热点地区之一。我国云南地处低纬度内陆，为山地高原地形，且属于热带季风和亚热带气候，动植物资源十分丰富，生物多样性居全国之首，素有"动植物王国"之称（中国科学院中国植物志编辑委员会，2004；吴征镒 等，2013）。对西方植物学家和园艺爱好者而言，我国云南是重要的生物多样性宝库和植物采集的圣地，这也是为什么许多植物猎人都会选择我国云南作为采集目的地的重要原因之一。

另外，从全球地理位置上看，我国云南和缅甸接壤。19世纪中叶至20世纪中叶，云南的地理位置为英法植物探险家提供了很大的地理优势和便利。另外，自1886年开始，缅甸是英属殖民地，越南是法属殖民地，云南的蒙自、思茅、腾越、昆明相继开设海关方便英法通商。这些口岸也成为了英法人在云南进行植物采集活动的根据地，保证了其生命安全，通过这些口岸为采集成果顺利离开中国提供安全保障（龙溪敏树，2022[1]）。

另一个重要的原因可能是这里出入中国最便捷。伊洛瓦底江是缅甸境内第一大河，贯穿缅甸南北，船只可直达密支那，是滇缅贸易最重要的交通枢纽之一。在英政府的资助下，英国的伊洛瓦底船运公司（Irrawaddy Flotilla Company）开通了从缅甸仰光（Yangon, Myanmar）到曼德勒（Mandalay, Myanmar）的航线，缅甸八莫（Bhamo, Myanmar）距中国云南的边界仅56km。探险者到我国云南采集植物后，可以从我国腾冲抵达八莫，直接乘船通过伊洛瓦底江就可以抵达仰光，再从仰光坐轮船抵达安达曼海（Andaman Sea，现在称缅甸海），向西可以横渡印度洋去到欧洲，是一条来往于中国和欧洲最便捷的路线。

通过缅甸八莫不必途经我国内陆便可进入西部云南边陲。这条路线的开通为傅礼士提供了探索"植物学家天堂——中国云南"的绝佳机会。

4 成为"植物猎人"

英国 McWell Botanical Garden（麦克威尔植物园，现已是 University of Liverpool Botanic Garden 利物浦大学尼斯植物园 Ness Botanic Gardens）的经营者，商人亚瑟·基尔平·布利（Arthur Kilpin Bulley, 1861—1942），曾在利物浦主营棉花生意，但他酷爱园艺，想为自己的植物园引进一些新的植物。于是他向全球园艺爱好者、植物园和苗圃管理者等发出私信，面向全球寻求珍稀植物种子。

时任英国驻中国蒙自海关关长韩尔礼（Augustine Henry, 1857—1930）是布利的种子重要来源之一（马金双和叶文，2012；叶文和马金双，2013；马文章，2014[2]）。在1885—1900年的15年在

---

1 龙溪敏树，2022-10-31. 引领世界潮流，让整个欧洲上流社会为之疯狂的中国名花——杜鹃花 [N]. 搜狐网 .（https://www.sohu.com/a/601209717_121450132, 2023-05 登录）。

2 马文章，2014-01-17. 沿着奥古斯汀·亨利的采集足迹 [N]. 中国科学院昆明植物研究院，科普文章 .（http://www.kib.ac.cn/kxcb/kpwz/201401/t20140117_4024390.html, 2023-05 登录）。

华期间，韩尔礼利用业余时间雇佣当地人为英国皇家植物园邱园（Royal Botanic Garden, Kew）收集植物标本和种子，也会给布利分享一些中国种子。1897年，韩尔礼在中国云南写给邱园园长的信被刊登在 Kew Bulletin 上，布利被其中描述的中国云南植物吸引。1901年，韩尔礼拜访布利时建议他派遣专业的全职采集者到中国云南进行植物采集。1903年年底，布利开办了自己的苗圃 A. Bees Ltd.（以他名 Arthur 的首字母命名），并接受了韩尔礼的建议。1904年4月30日，他在 Gardeners' Chronicle 上发布了一则招募采集员的广告，并写信给鲍尔弗教授请他推荐一位具有植物学基础的人到中国采集植物。鲍尔弗教授毫不犹豫地向布利推荐了傅礼士。

有了鲍尔弗教授的推荐书，布利很快便决定雇佣傅礼士代表 A. Bees Ltd. 公司前往中国进行采集。在傅礼士的整个植物采集生涯中，他曾受雇于不同的人和机构，但他始终与鲍尔弗教授保持联系，并给鲍尔弗教授寄回大量的植物标本。鲍尔弗教授注定是傅礼士生命史上的点拨者，同时也是受益者。这也是现今，傅礼士采集的标本大部分都保存在爱丁堡皇家植物园标本馆的主要原因。

1904年春，傅礼士和克莱门蒂娜在他前往中国之前订婚。这对年轻夫妇之间亲密的、忠诚的爱情将受到可预见之外的多重考验，但也正是这份彼此忠诚和坚定的爱情鼓励和伴随了傅礼士的整个野外采集生涯。

07

5 主要采集区域与路线

傅礼士在早期的采集生涯中主要采用了雇用当地居民作为植物采集助手这一方式进行，其采集活动集中在云南西北部，还到过与云南毗邻的四川和西藏一些边缘地区（罗桂环，1994）。概括地总结，其主要采集活动可分为3个区域：金沙江-澜沧江、澜沧江-怒江、怒江-缅甸恩梅开江。1904—1932年，傅礼士7次来华，主要采集路线见表1。

表1 傅礼士在华的主要采集路线（Cox, 1945; McLean, 2004; 李汶霏和邓莉兰，2015）

序号	时间	主要路线
1	1904—1906	缅甸八莫—中国云南（腾越—龙陵—贡山茨开—维西立地坪—中甸—丽江—鹤庆松桂—洱源—鹤庆—大理—昆明—大理—腾冲）
2	1910—1911	缅甸八莫—云南（腾冲）—缅甸恩梅开江、云南怒江分水岭—云南（腾冲—大理—丽江）
3	1912—1914	缅甸八莫—云南（腾冲—大理—丽江—宁蒗—永北、永宁）—四川（泸沽湖周边地区）—云南（中甸—维西立地坪—维西阿墩子—金沙江、澜沧江分水岭—更里山垭口—德钦—维西立地坪）
4	1917—1919	缅甸恩梅开江、云南怒江分水岭—云南（澜沧江、怒江分水岭—贡山茨开—怒江拉嘎贝—德钦阿墩子—德钦白马山—宁蒗阿伯乡—更里山垭口—中甸—独龙江）—四川（木里）—云南（丽江）
5	1921—1923	缅甸恩梅开江、云南怒江分水岭—云南（洱源及鹤庆间山地—维西—独龙江—中甸）—西藏（察隅）—四川（木里）—云南（丽江—永宁—永北）
6	1924—1925	云南（六库）—缅甸恩梅开江、云南怒江分水岭—云南（澜沧江、怒江分水岭—维西—顺宁）
7	1930—1932	上述多地均又到过，同时他雇用的当地百姓采集者分散多地进行采集

6 七次采集简介

6.1 首次中国之行（1904—1907）

1904年5月，傅礼士和布利以100英镑年薪签订了为期三年的到中国进行植物采集的合同。5月14日（星期六），他乘坐P & O passenger liner S.S.Australia号邮轮，经过苏伊士运河和印度孟买（Bombay, India），前往缅甸仰光。

6月4日（星期六），他抵达印度孟买，并在入住的沃森海滨酒店（Watson's Esplanade Hotel）给未婚妻克莱门蒂娜寄了一张卡片。在这里，欧洲人们生活的奢华与孟买当地的贫困状况之间的极端差异，带给他强烈的冲击。1904年，印度鼠疫盛行，孟买的防疫措施严格，需随身携带鼠疫检查护照。以致他离开孟买乘坐火车去往印度金

图3　1904年傅礼士在前往中国的游轮上（McLean, 2004）

奈（Chennai, India）的两周内，每天都要接受鼠疫检查。到达缅甸仰光后，他购买了步枪和左轮手枪，还为每支枪配了200发子弹，并准备了毯子、防水布、行军床和药品等物品，然后乘火车前往缅甸曼德勒，转乘伊洛瓦底船队公司的蒸汽机船继续前行约550km到达缅甸八莫。

八莫距离我国边境约50km。自1867年起，英国人有权在八莫设立商业代理从边境的陆路贸易中获利，但直到1904年，仍没有修建通往中国的公路。从八莫出发的最初16km之后，只有一条山路通往云南，两国商队通过骡子或马匹运载货物进行中缅跨国贸易。

傅礼士在7月初季风最旺盛时抵达八莫。在这里任职的英国海关副署长强烈建议他返回仰光，等到10月气象条件好转再出发。但此时傅礼士急切地想进入中国腾越。正在权衡之际，他收到一封来自英国驻腾越领事利顿（George John L'Establere Litton, 1867—1906）的介绍信，经利顿的介绍，在缅甸去往中国途中，傅礼士可以在沿途的驿站入住。期间他尽量每天写日记记录第一次由缅甸进入中国的路线和体验。到达腾越时，他在写给母亲的信中提到这次旅行的艰难，原本预期9天的路程，实际用了23天才抵达。

傅礼士到达时，利顿已经在腾越工作了3年，他是一个事业心强且精力充沛的人，在云南各地迂回采集，考察中缅贸易情况。傅礼士接受了利顿的邀请，在领事馆暂时安顿下来。在腾越停留的6天时间里，傅礼士开始学习和适应中国的生活方式，并为此准备了必要的文书、货币等。利顿精通粤语和普通话，能流利使用中文书写和交流。在后来的交往中，利顿与傅礼士成为了很好的朋友，并为傅礼士的采集工作提供了极大的支持和帮助。

利顿和海关关长塞西尔·内皮尔（Cecil Napier）帮助他起了中文名字"傅礼士"，他们把

它翻译成"Fu the learned scholar"。傅礼士获得两本两英尺（60cm）见方的中文护照，护照内用汉字竖写"《天津条约》第九条允许英国人持有旅行和商务护照"等内容，他的中文名字和头衔一起被插入其中，护照有效期自1904年8月12日开始为期一年。利顿在右上角亲手写下"Employee by Britain"并签名，随后盖上了英国领事馆的公章。

利顿还建议他在"Happy Spring"银行开户，以便他到达大理府（Talifu，今云南省大理市、洱源县和祥云县部分地区）后取用。傅礼士还在缅甸仰光的Cook & Son公司开了一个账户。当时，他需要用银锭来进行大规模的交易活动。为此他还买了一种被外国人称为"dotchin"的便携式小型秤，用来付钱时给银锭称重。在利顿的帮助下，傅礼士很快就雇用到了骡子和助手，当然还有一个中国厨师。

1904年8月，傅礼士和利顿率领采集队向东出发行进约320km，穿过了雄伟的萨尔温江（我国境内为怒江）和湄公河之间的高山与峡谷，到达他们在云南西北部采集的主要根据地——大理府。在这里，傅礼士学会了当地的语言，还了解很多当地的风土人情。当时，那里天花疫病肆虐，他自费为当地居民接种天花疫苗，挽救了众多人的生命。他雇用当地百姓作为向导和助手进行采集，与其一起从事采集工作的百姓很欣赏他的刻苦精神，有很多成为了他的忠实朋友，并自此建立了长期合作关系，这为后续的采集探索创造了良好开端。

澜沧江、长江[3]和怒江这3条大江决定了这一地区的地形特色，独特的生态环境形成了特有的植物群落。傅礼士第一次来到云南就被云南壮丽的山川和丰富的生物资源所吸引，开始了对云南等西南地区动植物的采集，但遗憾的是，这些采

07

图4　1904年傅礼士在云南大理与几箱植物标本的合影（杨长青，2023-01-11[4]）

3 即长江上游的金沙江段，下同。
4 杨长青，2023-01-11. 不可被遗忘的纳西族人与大树杜鹃的再发现 [N]. 蜜植生境微信公众号。

集活动多是粗暴式采集。

1904年英军在我国西藏亚东、江孜等地大规模屠杀藏族同胞，致使许多藏族同胞居住区变成无人区，英军便在这些地方插上英国旗宣称是英国占领的无主土地。英国军队的这种行为引起藏族同胞对外来入侵者的极度仇恨，尤其对西方人分外不满甚至敌视。

傅礼士原本打算在大理过冬并学习中文。但是1904年9月7日他随利顿一起前往大理府北部参加在松桂（Sung-kwei，今云南省大理白族自治州鹤庆县松桂镇）举行的年度骡马交易会时，遇到一位美国旅行者尼科尔斯（E. Nichols），便相约一起前往西藏边境探查当时局势。途中他们多次登上开满蓝色龙胆花的中甸（Chungtien，今香格里拉）高原，在距离长江渡口一英里的地方扎营时，傅礼士第一次看到了世界著名的长江。在海拔4 500m高的地方，他们收集了许多龙胆属植物的标本和种子，其中就有当今英国花园中最受欢迎的深蓝秋季开花龙胆之一的类华丽龙胆（*Gentiana sino-ornata*）（图5）。除此之外，还有滇西龙胆（*Gentiana georgei*），德国马尔堡的植物学家弗里德里希·路德维希·艾米尔·迪尔斯（Friedrich Ludwig Emil Diels, 1874—1945）教授以傅礼士的英文名字George为其命名（图6）。

在中甸附近海拔大约3 800m的地方，他发现了另一种龙胆科（Gentianaceae）新种，并以他的未婚妻的名字命名*Gentiana trailliana*（现在的高杯喉毛花*Comastoma traillianum*，图7）。渡过长江后，他们开始了为期6天的行程，穿越湄公河-长江分水岭，爬到海拔超过4 600m的高山牧场福贡（Fu-kung，今云南福贡县）。

他们向北行进，到达茨开（Tsekou; Yang et al., 2022）。这个村庄仅有十几座房屋和一个法国教堂，在那里结识了年长的迪贝尔纳神父（Père Dubernard, 1864—1905）（图8）。傅礼士和利顿在这里停留整顿了2天；期间，法国神父向他们展示了从澜沧江-怒江分水岭采来的植物标本，并向他们介绍附近山中有丰富的杜鹃花、龙胆、玫瑰和报春花等植物。傅礼士被神父的描述吸引，于是便计划明年2~3月冬雪融化的时候再回到这里进

图5 英国爱丁堡皇家植物园盛放的类华丽龙胆（*Gentiana sino-ornata*）（陈又生 摄）

图6 以傅礼士的英文名字George命名的滇西龙胆（*Gentiana georgei*）（宋鼎 摄）

图7 高杯喉毛花（*Comastoma traillianum*）（田琴 摄）

图8　1905年7月傅礼士在茨开结识的法国传教士布尔多内克神父（Père Bourdonnec，左）和迪贝尔纳神父（Père Dubernard，右）（McLean, 2004; Paterson, 2019-08-26[5]）

行采集。接下来他们便在海拔4 500m的维西（Wei-hsi, Wei-si，淮西，今云南省迪庆藏族自治州维西傈僳族自治县）山口环行采集。1904年年底他给布利寄回78种植物种子，给鲍尔弗教授寄去380份植物标本。

1905年春，在收到傅礼士的第二批植物标本时，鲍尔弗教授便对其中的15种虎耳草科植物进行分类鉴定研究，当傅礼士收到初步鉴定结果时，感到备受鼓舞。

1905年的夏天，傅礼士开始了他在云南西北部第一次真正的采集。从大理府出发，4月底到达茨开，用了大概一周的时间在茨开西北约19km的山上采集。7月13日，傅礼士一行发现了杜鹃花、报春、百合等珍稀植物，还有大量盛开的黄色罂粟科植物——全缘叶绿绒蒿（*Meconopsis integrifolia*）（图9），兴奋不已。然而，7月17日

图9　全缘叶绿绒蒿（*Meconopsis integrifolia*）（李光敏　摄）

5　PATERSON L, 2019-08-26. A Desperate Escape–George Forrest on the run in China, July 1905[N], RBGE Botanic Stories 网站（https://stories.rbge.org.uk/archives/28455，2023-05 登录）。

凌晨2点，杜伯纳德神父叫醒傅礼士并告诉他，阿墩子（A-tun-tze, Teh-ching Hsien，德钦县）已经被喇嘛包围，茨开也可能很快会沦陷。19日下午5点，传来阿墩子已失守的消息，晚上7点，傅礼士一行和神父沿湄公河西岸向南逃去，但在途中走散。一周后，傅礼士得知两位法国神父均已被害。

在夜以继日地逃命途中，傅礼士甚至采了几朵花塞在钱夹里。这些花后来寄给了鲍尔弗教授，是以称他为"a born collector"。9天后，在当地村民的救助下，他得以脱险。驻守湄公河的丽江府（Lichiang-Fu）官兵帮他通过绳桥渡过湄公河前往维西县（Wei Hsi Hsien，淮西县）。在那里他遇到了佩尔·彭培（Père Monbeig）神父（图10），8月25日，二人结伴安全抵达大理府。利顿安排他到附近的中国内地会C.I.M（China Inland Mission）去疗养，在克拉克（W.T.Clark）医生（1902年被派往大理府工作）的照顾下逐渐康复。

8月17日英国外交部的电报将傅礼士在中国被"杀害"的错误消息传回苏格兰，家人和朋友们悲伤之余尽是惋惜。但是19日的另一份电报证实他还活着而且已无性命之忧，家人和朋友们终于释然。

傅礼士曾回忆过这段噩梦般的逃难经历：他爬过一座座满山遍野覆盖着报春花、龙胆草、虎耳草、百合花的山峦，但却无暇采集，这对于一位狂热的植物爱好者来说，无疑是遗憾的（图11）。当在大理府回顾这段逃亡经历时发现，他几乎失去了整个采集季的成果：700种干燥标本、70种植物种子，相机和50多张照片底片。这样的损失无疑是巨大的，但仍有少量植物标本和种子得以保留，他零散地寄回英国的一些标本中就有约12种新物种，如紫背杜鹃（*Rhododendron forrestii*），于1905年傅礼士在云南被喇嘛追杀前采集，引种到英国后，作为亲本被广泛用于杂交育种（图12、图13）。

10月11日，利顿带傅礼士到腾越英国驻云南领事馆，拿到了颁发给他的新版护照，新护照可以

07

图10　佩尔·彭培（Père Monbeig）神父在湄公河流域森林中（Paterson, 2019-08-26）

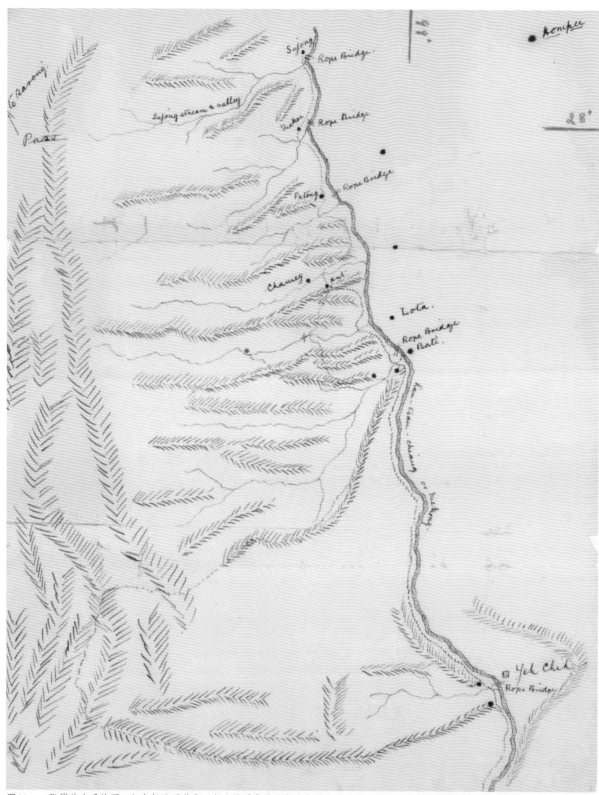

图11 一张傅礼士手绘图，红色标注了他们一行人的采集路线和当年逃亡的路线（Paterson, 2019-08-26）

图12　紫背杜鹃（*Rhododendron forrestii*）（金宁 摄）

图13　爱丁堡皇家植物园引种栽培的紫背杜鹃（*Rhododendron forrestii*）（叶喜阳 摄）

在云南和四川的所有检查站使用（图14）。第二天，他们再次从腾越出发前往怒江上游地区探索采集。

傅礼士与利顿一行，由两名来自缅甸边境的傈僳族士兵护送，还带了助手、驮畜和向导犬。他们向正北行进，前往龙川江的源头和大竹坝（Ta-chu-pa，今云南省保山市腾冲市北海乡竹坝村）的傈僳族村庄。冒着大雨，泥路难行，他们穿过了恩梅开江–陇川江分水岭（N'Mai Kha-Shweli），来到与缅甸接壤的山脉，途中他们丢失一头骡子和一捆植物标本。他们转向东行进，经过3 200m高的片马风雪垭口，到达鲁掌镇。后来，傅礼士在 *Geographical Journal* 的一篇文章中回顾了这段旅程，文中随处可见他对雨季道路泥泞难行的描写，以及对行路难的感叹（图15）。

沿途几乎所有的村庄都在打仗，这使得他们雇用向导非常困难，很难得到路线和距离的准确信息。当攀登到海拔4 000m的Chi-mi-li山口时，他们发现那里太荒凉了，很难成为通往缅甸的常规交通线。他们还爬上了海拔3 750m的怒江–湄公河分水岭，并向西穿过怒江山谷，到更远的地方采集。庞大的怒江–伊洛瓦底江分水岭就像一道巨大的石灰岩墙，把云南和缅甸分隔开来。尽管他开始预感此次植物采集的结果可能会令人失望，但还是向爱丁堡皇家植物园寄去了360份植物标本和大约100种植物种子；包括傅礼士当时收藏的中国"黑傈僳"弓弩至今保存在苏格兰国家博物馆。1905年11月6日，*Scotsman* 杂志发表了傅礼士的题为 *Lama disturbances in Northwest Yunnan: Destruction of a French Mission. A Scotsman's Personal Narrative* 的文章。

12月中旬他们回到大理驻地，利顿坚持建议傅礼士停下休息几周，养精蓄锐，为来年春天采集做好充分准备（图16）。此时傅礼士已经和布利协商好要在中国多待一年。为了鼓励他继续采集，鲍尔弗教授送给他一台新相机以及配套的打印纸、烘干纸等，还有全部七卷本的 *Flora of British India*（《英属印度植物志》）。傅礼士还收到哥哥詹姆斯寄给他的一本大约900页的 *Manual of Botany*。

1906年1月，利顿因疟疾去世，享年36岁。新任领事奥特威尔（H.A.Ottewill）于2月初上任。

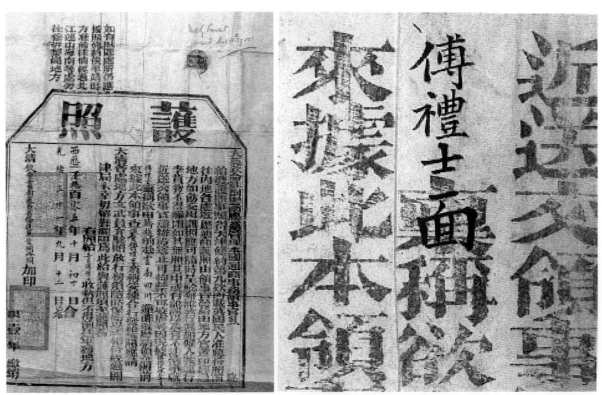

图14　傅礼士于1905年10月来我国采集时的护照（大小为40cm×70cm，有效期1年），与护照上插入的他的中国名字——傅礼士（McLean, 2004）

图15　1905年利顿（前排左3）和采集助手们在萨尔温江流域采集间隙合影（McLean, 2004）

图16　1905年傅礼士在云南大理领事馆月亮门前的照片（Paterson, 2019-08-26）

朋友身故，傅礼士非常伤心，但他没有放弃采集工作。3月他便再次前往丽江山脉采集。但途中他自己也感染了疟疾，于是放弃远征，回到大理府驻地治病疗养。傅礼士养病期间，他的助手们则按计划继续进行采集，直到他痊愈回归。

1906年的采集生境多样，包括大理山脉的低坡到峰顶，还有松林和玉龙雪山（Lichiang Range, Yulong Shan）的高山牧场和峭壁，而且收集工作一直持续到10月。4月，他在低纬度的牧场上采

集到蓝色的球花报春（*Primula denticulata*）；5月，在玉龙雪山的东侧，采集到沿着雪山线向上生长的雪山报春（*P. nivalis*），苣叶报春（*P. sonchifolia*），以及后来以他名字命名的灰岩皱叶报春（*P. forrestii*）。6月，在玉龙雪山发现了此前他从未见过、开满浅橙至金黄色花的高大花楸。傅礼士采集了花楸根茎标本，将其编号为F2440，后来被鉴定为一个新种，为纪念布利先生命名为中甸花楸（*Sorbus bulleyana*）。8月，他们在玉龙

雪山东部开阔的山间草地上采集，再次发现了一种对他来说完全陌生的植物，傅礼士以他曾经的亲密朋友，已故的腾越领事利顿（G.J.L.Litton）的名字将其命名为 *P. littoniana*（现在的高穗花报春 *P. vialii*）（图17），此新种后来被布利的 A. Bees Ltd. 公司在 RHS（Royal Horticultural Society）展会上展出并获得一级证书。后经统计，此次在大理他收集了近1 200种植物，在玉龙雪山他们收集了近900种植物。

傅礼士在雇用采集助手方面有自己的选择，最早他雇佣藏族人甘东（Anton，安东）为自己的首席采集助手（图18）。1906年，傅礼士在雪嵩村（又名玉湖村，今云南省丽江市玉龙纳西族自治县白沙镇玉湖村）遇到赵成章（Chao Ch'engchang）。

图17　以利顿（G. J. L. Litton）的名字命名的高穗花报春（*Primula littoniana*，现在的 *Primula vialii*）（邢艳兰　摄）

图18　1905年傅礼士在茨开采集时的首席采集助手甘东（Anton, 安东；Paterson, 2019-08-26）

赵成章有文化，非常能干，傅礼士对他很满意，于是任命其为采集队队长。赵成章在做队长期间能力尤为突出，傅礼士称呼他为"Lao Chao（老赵）"（图19）。1906—1932年，傅礼士的采集队基本上都是由赵成章带领，而且雇用的队员也都是纳西族人。只有傅礼士自己采集时，才会雇用一些当地人作为后勤保障人员进行临时工作（杨长青，2023-01-11）（图20至图23）。

图19 左：考察中的傅礼士和向导赵成章（傅礼士称呼他"Lao Chao，老赵"）（McLean, 2004; Paterson, 2015-03-04[6]）；右：赵成章（杨长青，2023-01-11）

图20 傅礼士的采集队在玉龙雪山的采集集合点（杨长青，2023-01-11）

---

6 PATERSON L, 2015-03-04. George Forrest (1873—1932) [N]. RBGE Botanic Stories 网站（https://stories.rbge.org.uk/archives/14188, 2023-05 登录）。

图21 傅礼士雇用的采集助手在分选种子（Harvey, 2020-07-16[7]）

图22 傅礼士雇用的采集助手（赵成章，右五）把成堆的烘干纸捆在木鞍上，准备用骡子运输（McLean, 2004 和 Harvey, 2020-07-16）

图24 以法国传教士迪贝尔纳神父（Père Dubernard）名字命名的小苞报春（*Primula dubernardiana*，现在的 *Primula bracteata*）（格茸取扎 摄）

图23 1905年7月的一天，傅礼士雇用的3名采集助手在位于湄公河-萨尔温江分水岭东侧的茨开西北约10英里的林间休息（Paterson, 2019-08-26[8]）

1906—1907年间，他在大理还认识了传教士汉纳（Mr J.W.Hanna 和 Mrs Hanna）夫妇。

1907年4月，傅礼士带着收集到的大量植物标本、种子和根茎乘船返回英国。这其中有后来

以布利的英文名字Bulley命名的西南鸢尾（*Iris bulleyana*），在*Gardeners' Chronicle*中被称为"new Chinese irises"之一。还有Bees' Nursery苗圃从傅礼士由中国西部采集的第一包种子中培育而来，后栽培于英国尼斯植物园的 *Pieris forrestii*［现在的美丽马醉木（*Pieris formosa*）］；以及1904年傅礼士在我国云南茨开附近的石灰岩悬崖上首次发现并采集的报春属植物，后来为了纪念法国传教士迪贝尔纳神父（Père Dubernard）而被命名为 *P. dubernardiana*［现在的小苞报春（*P. bracteata*）］（图24）（McLean, 2004）。

1907年傅礼士在 *Notes R.B.G.Edinburgh*（Notes from the Royal Botanic Garden, Edinburgh）发表了他首次到中国采集期间采集的龙胆科植物；第二年4月，他又整理发表了在云南采集的报春花科植

---

7 HARVERY Y, 2020-07-16. Collecting with Lao Chao [Zhao Chengzhang]: Decolonising the Collecting Trips of George Forrest. Natural Sciences Collections Association (NatSCA) 网站（https://natsca.blog/2020/07/16/ collecting-with-lao-chao-zhao-chengzhang-decolonising-the-collecting-trips-of-george-forrest/，2023-05 登录）。

8 PATERSON L, 2019-08-26. A Desperate Escape–George Forrest on the run in China, July 1905[N]. RBGE Botanic Stories 网站（https://stories.rbge.org.uk/archives/28455，2023-05 登录）。

物。两年后的1909年，*Notes R.B.G.Edinburgh*发表了相关专家分类整理的傅礼士首次来华采集的其他植物种类，主要有蔷薇属（*Rosa*）9种，悬钩子属（*Rubus*）19种，马先蒿属（*Pedicularis*）43种，兰科（Orchidaceae）68种，景天属（*Sedum*）24种，虎耳草属（*Saxifraga*）36种和1种岩白菜属（*Bergenia*）植物，另外还有一些新种和优异植物约290种。随后鲁道夫·施勒希特（Rudolf Schlechter, 1872—1925）博士整理了傅礼士在1906年采集的中国兰科植物，发表在1912年的*Notes R.B.G.Edinburgh*上。

根据后来整理出版的*Notes R.B.G.Edinburgh*中记载，德国的迪尔斯教授经傅礼士同意，整理发表了他在1904—1906年首次到中国采集期间采集到的1 120种植物。但实际上傅礼士采集的植物远不止这些，他的采集成果后来继续由相关专家进行分类整理，主要发表在*Notes R.B.G.Edinburgh*上。1913—1915年的*Notes R.B.G.Edinburgh*发表的傅礼士首次来华采集的部分植物新种，包括5种卫矛科（Celastraceae）新种，3种鹿蹄草科（Pyrolaceae）新种，3种莎草科（Cyperaceae）新种，3种胡枝子属（*Lespedeza*）新种，5种萝藦科（Asclepiadaceae）新种，4种老鹳草属（*Geranium*）新种，35种兰科和32种马先蒿属（*Pedicularis*）植物。

在傅礼士回到英国后不久的1907年7月15日，他和克莱门蒂娜在美丽而庄严的罗斯林教堂（Rosslyn Chapel）举办了婚礼。

此时，鲍尔弗教授又介绍傅礼士到爱丁堡皇家植物园植物标本室工作，报酬是每周2英镑。入职后，他的第一项工作便是整理研究收集的龙胆科植物标本，经鉴定发现了9个新种。不过他却于1908年8月14日向鲍尔弗教授申请辞职，辞去了在爱丁堡皇家植物园标本室的工作。傅礼士在家继续整理研究从中国采集的植物标本，仍继续向鲍尔弗教授咨询请教。

哈佛大学阿诺德植物园（The Arnold Arboretum of Harvard University）主任萨金特（Charles Sprague Sargent, 1841—1927），已聘请威尔逊帮助其在中国进行植物采集，但他还想再在英国寻找一位专职的植物采集者。他从朋友那里听闻傅

礼士在中国的采集经历后，便写信给鲍尔弗教授，请他帮忙安排与傅礼士见面。起初萨金特主任提出以300英镑的年薪和400英镑的旅行津贴，聘请傅礼士去中国北方采集。但傅礼士仍然被中国云南那些丰富的植物和美丽的花朵所吸引，更重要的是他的第一个儿子小乔治即将出生（1909年3月26日生），傅礼士坚持要看到儿子出生后再出发。于是焦急的萨金特主任只好聘请了一位名叫威廉·珀德姆（William Purdom, 1880—1921）的邱园学者前往中国北方开展采集工作。

1908年11月，*Gardeners' Chironicle*报道了傅礼士采集的中国植物成果。在英国皇家园艺学会的会议上，Messrs Bees Ltd.公司展示了傅礼士在中国云南高海拔地区采集种子所培育的多花耐寒的报春花*P. malacoides*，荣获优秀奖。同年12月，鲍尔弗教授将其推荐给Bees Ltd.公司。1909年春天，这种杜鹃花就被刊印在Bees Ltd.公司的目录上进行宣传销售，并广受英国园艺爱好者喜爱，这对傅礼士采集的中国观赏植物来说是一个重要的开端。在20世纪50年代，当时中国本土以外所栽种的报春花*P. malacoides*，可能都源于傅礼士送给A. Bees Ltd.公司的第一批种子。在云南，傅礼士曾收集了4磅（约1.8kg）报春花属种子，在此基础上建立了A. Bees Ltd.公司种子收集和交换平台。

1908年11月和12月出版的*Gardeners' Chronicle*刊物，其中整整两页都是傅礼士在中国拍摄的报春花［*P. bulleyana*, *P. forrestii*和*P. littoniana* (vialii)］、西藏杓兰（*Cypripedium tibeticum*）（图25）和斑叶杓兰（*C. margaritaceum*）的照片。随

图25 西藏杓兰（*Cypripedium tibeticum*）（王涛 摄）

后出版的 *Gardeners' Chronicle* 专栏经常刊登傅礼士采集和拍摄的中国植物照片，而且英国皇家园艺学会还把傅礼士采集的中国报春花送给了世界各地的园艺爱好者。Bees Ltd.公司和"George Forrest"的名字从此闻名世界，同时也扩大了中国植物在全世界的影响。

美国植物学家大卫·费尔柴尔德（David Fairchild, 1869—1954）在1909年夏天采访布利时，对用傅礼士采集的中国种子所培育出的一系列植物感到十分惊讶。经布利的介绍，费尔柴尔德和傅礼士很快就建立了良好的合作关系。费尔柴尔德的来访一定程度上表明傅礼士的采集成果在其他国家也得到了认可，布利信心倍增。于是他决定再次聘请傅礼士到云南进行1年的中国植物采集，年薪200英镑，外加初始费用和超过650英镑的旅行津贴。费尔柴尔德在 *Geographical*

Journal 上读到傅礼士与利顿在怒江流域旅行的游记后，鼓励他多写文章，并将他介绍给了 *National Geographic* 杂志的编辑吉尔伯特·格罗夫纳（Gilbert Grosvenor）。格罗夫纳以18美元的价格购买了12张傅礼士在云南所拍摄照片的版权，并以一篇6 000字文章50美元的稿费向他约稿。傅礼士很高兴自己拍摄的照片有了新的用处，撰写的文字也得到了国外读者的喜爱。1909年12月20日，在启程前往中国进行第二次采集之前，傅礼士向格罗夫纳提交了他的文章稿件，并向他介绍说，为了下一篇稿件的素材，自己已安排当地人进行中国植物和民风民俗的拍摄。

6.2　再来中国（1910—1911）

1910年1月，傅礼士从英国利物浦出发乘

图26　傅礼士摄的通往大理西门的街道，背景是高耸绵延的苍山山脉（Paterson, 2021-05-11[9]）

---

9 PATERSON L, 2021-05-11. Hidden Histories: Stories found in the George Forrest archive – The Temple of the Goddess of Mercy[N]. RBGE Botanic Stories 网站（https://stories.rbge.org.uk/archives/23138，2023-05 登录）。

图27　傅礼士摄的位于中国云南大理古城的观音堂（Goddess of Mercy [Guanyintang]；左）和石碑上的刻字以及左边凹室里的观音雕像（右）（Paterson, 2021-05-11）

坐亨德森航运公司（Henderson Line）的轮船 S.S.Irrawaddy（Ⅱ）号，前往仰光，再进入我国云南收集植物资源。在漫长的旅途中，他为 Gardeners' Chronicle 写了一篇题为 The Perils of Plant-Collecting 的文章，讲述了1905年他从喇嘛主导的仇外事件中历经折磨和生命危险最终逃离的经历，几个月后这篇文章顺利发表。

当他抵达中国边境城市腾越时，他的传教士朋友们还在云南——恩贝里在腾越而克拉克医生在大理。傅礼士顺利地召集了以前的采集队伍。刚到大理，他就注意到过去三年发生了很大的变化。当地政府建立了一支由 3 000 名装备精良的士兵组成的守军，每个十字路口都有岗亭，城市治安很好，商业更加繁荣，民众工资也更高。这些现象表明，此时的中国正在觉醒。傅礼士在前往丽江的路上收到布利的来信，请他帮忙采集石生紫草（Lithospermum hancockianum）的种子。他回忆起自己1905年曾在云南府以北见过这种植物，于是便把收集种子的详细说明交代给了克拉克医生，请其帮忙监督助手在大理附近采集石生紫草

种子。

5月，在松桂山口（Sung-kwei pass），傅礼士一行遇到一片杜鹃花海，各种杜鹃竞相绽放在绿色的山谷中，姹紫嫣红扮靓山林，有云南杜鹃（Rh. yunnanense）、锈红杜鹃（Rh. bureavii）、露珠杜鹃（Rh. irroratum）、滇隐脉杜鹃（Rh. crassum，现在的 Rh. maddenii subsp. crassum、乳黄杜鹃（Rh. lacteum）和亮鳞杜鹃（Rh. heliolepis）等。他把采集基地建在丽江南部海拔约 3 000m 的地方，沿着周边山脉跋涉了三周时间，期间发现了橘红灯台报春（P. bulleyana），以及其与霞红灯台报春（P. beesiana）的一些天然杂交种 'Crushed Strawberry' 和 'Apricot-red'。他还把大花象牙参（Roscoea humeana）活体植物引种到英国，并首次栽培于爱丁堡皇家植物园，这种植物是为了纪念一位在1914年8月26日从蒙斯之战撤退时牺牲的年轻园丁戴维·休姆（David Hume）而命名。傅礼士还发现了玫瑰色的豹子花（Nomocharis pardanthina）（现在的 Lilium pardanthinum，图28），而且拍摄到了全缘叶绿绒蒿、石岩报春（P.

图28　豹子花（*Lilium pardanthinum*）（孙立萍 摄）

dryadifolia）和 *Isopyrum grandiflorum*（现在的乳突拟耧斗菜 *Paraquilegia anemonoides*）等。在1910年10月2日，他再次拍摄到了美丽的蓝色类华丽龙胆（*Gentiana sino-ornata*），这是傅礼士最著名的发现之一，曾被布利作为他所经营的 New Botanic Gardens 的标志（McLean，2004）。

在这次采集中，傅礼士发现高耸的石灰岩山脊上生长着茂盛的杜鹃花，以及纯石灰石上的各种植物，很多纸叶杜鹃（*Rh. chartophyllum*，现在的云南杜鹃）都生长在裸露的岩石上……该区域几乎所有的种类都适合在这种环境下生长（罗桂环，2005）。由于英国的杜鹃花通常在酸性土壤中生长得最好，所以可以想到当时英国园艺工作者对傅礼士的报告普遍表示怀疑，这个现象直到今天仍然是杜鹃花类植物生理和栽培生物学研究的重要主题之一。

野外采集工作间隙，傅礼士仍保持着大量的通信的习惯。在他收到的众多信件中，有来自剑桥大学植物学院（The Botany School of Cambridge）的雷金纳德·菲利普·格雷戈里（Reginald Philip Gregory，

1879—1918）、卡尔特修道院（Charterhouse）的威廉·里卡森·戴克斯（William Rickatson Dykes，1877—1925）、圣彼得堡植物园博物馆（Museum of the Botanic Garden, St. Petersburg）的伊万·弗拉基米罗维奇·帕利宾（Ivan Vladimirovich Palibin，1872—1949）和美国的大卫·费尔柴尔德等。这些信件证明了人们对他采集工作的认可和赞赏。但遗憾的是，向 *Geographical Journal* 投稿文章的承诺却没有实现。

1910年的采集季中尽管天气恶劣，但这次采集成果收获颇丰；共采集到约2 000份植物标本，采集到的种子中有很多种可以在英国广泛种植，如美丽的蓝色类华丽龙胆、大花象牙参、紧凑的小灌木粉紫杜鹃（*Rh. impeditum*）、两色杜鹃（*Rh. dichroanthum*）、山育杜鹃（*Rh. oreotrephes*）以及乳黄杜鹃（*Rh. lacteum*）等。另外，他将在丽江附近收集的约2 000只昆虫标本捐给了（现在的）苏格兰国家博物馆（National Museums of Scotland），另外收集到的一些青蛙、水蛭、鸟类和蝙蝠，以及18条蛇送给了自然历史博物馆的（Natural History）的伊格尔·克拉克（Eagle Clark）。

这次中国云南采集之行为期1年，傅礼士于1911年1月，转道仰光乘坐 S. S. Amarapoora 号轮船返回英国。他来华的前两次植物采集几乎完全由布利的 Bees Ltd. 公司资助，但第二次采集返回英国后，英国园艺家约翰·查尔斯·威廉斯（John Charles Williams，1861—1939）向 Bees Ltd. 公司支付了部分费用来交换杜鹃花和针叶树种子。而其他5次则是由园艺企业联合组织、英国的杜鹃协会等其他不同机构赞助。

6.3　第三次来中国（1912—1914）

1911年下半年，傅礼士向 *Gardeners' Chronicle* 投稿并发表中国云南植物调查和采集相关的文章，成果的发表逐渐扩大了傅礼士在采集中国植物方面的知名度（图29）。英国西南康沃郡卡尔汉思城堡（Caerhays Castle, Cornwall）的拥有者威廉斯非常欣赏傅礼士在中国云南取得的成果，邀请他到城堡做客，交流中国植物采集经验。

图29　傅礼士第三次来中国采集主要受到来自英国西南部康沃郡卡尔汉思城堡（Caerhays, Cornwall）的约翰·查尔斯·威廉斯（John Charles Williams, 1861—1939）的资助（McLean, 2004）

1911年8月，威廉斯计划以年薪500英镑资助傅礼士再次到中国云南进行采集，为期3年。考虑到当时云南及周边地区的政治局势不稳定，所以不限定他的具体采集地点，这样傅礼士就可以相对灵活地制定采集计划。而且威廉斯同意会将采集到的植物标本和种子与爱丁堡皇家植物园分享（图30至图32）。

1912年1月7日傅礼士的第2个儿子约翰·埃里克·福里斯特（John Eric Forrest）出生。2月，在威廉斯的资助下，傅礼士开启了他的第

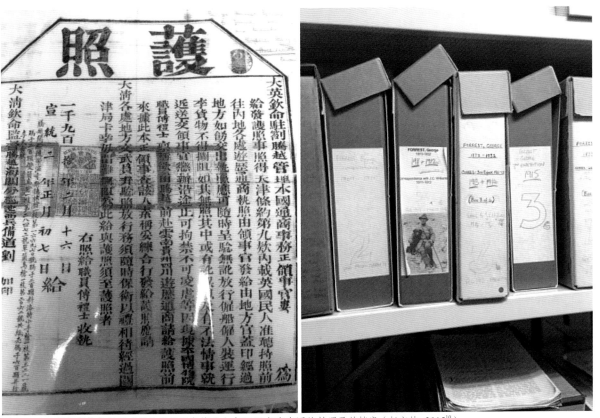

图30　爱丁堡皇家植物园图书馆收藏的当年傅礼士在1910年来中国的护照及其档案（赵宝林，2015[10]）

10　赵宝林，2015. 赴英国爱丁堡皇家植物园学习报告。

11　PATERSON L, 2015-03-13a. George Forrest's camera work[N]. RBGE Botanic Stories 网站（https://stories. rbge. org. uk/archives/14301, 2023-05 登录）。

图31　1910年傅礼士在玉龙雪山海拔4 000英尺（约1 219m）处摄的羽叶穗花报春（*Primula pinnatifida*）（Paterson, 2015-03-13a[11]）

图32　生长在云南丽江老君山的羽叶穗花报春（*Primula pinnatifida*）（宋鼎 摄）

三次中国植物采集之行。登上开往缅甸仰光的 S.S.Martaban 号轮船，转到我国云南腾越。在途中，傅礼士向 *Gardeners' Chronicle* 投稿一篇题为

Rhododendrons in China 的文章，文中他提道：杜鹃花属的真正"家园"是在中藏边境的高海拔地区，在那里杜鹃花属植物有非常丰富的多样性。在仰光他收到来自鲍尔弗教授的信，告诉他"之前采集的兰科植物、景天属和虎耳草属植物已经在爱丁堡皇家植物园的最新一期 *Notes R.B.G.Edinburgh* 发表，而且德国植物学家迪尔斯对他采集的中国植物的最新分类及命名也很快会出版"。傅礼士因此备受鼓舞。

时任腾越海关关长豪厄尔（E.B.Howell）和傅礼士分析了当时中国云南的形势，当时中国正在进行民主革命，整个国家都处在战乱之中，去往中国云南会异常危险。但傅礼士仍坚持出发，在去往大理沿途，傅礼士发现永宁几乎被烧毁，许多人丧生。更糟糕的是，满清时期流通的银锭货币被新的货币所取代，汇率下降，粮食价格上涨，所以傅礼士需要付给雇用助手的薪资比1907年多出一倍有余。

5月初，傅礼士便开始组织在腾越附近开展采集工作，当时他以前的一些纳西族助手已回到他身边，他们在亚热带森林植被的怒江-陇川江分水岭附近自由采集。到了7月，他们已收集了整整

图33 凸尖杜鹃（*Rhododendron sinogrande*）（方晔 摄）　图34 卷叶杜鹃（*Rhododendron roxieanum*）（金文 摄）

900种植物标本，准备寄回英国。当时局势越发混乱，英国驻腾越领事不建议他再继续采集。

8月31日，武装革命爆发，腾越面临被攻击的危险，傅礼士可能随时都需要离开这里。他们收集了1 700种植物标本和近45kg种子，其中包括一些来自怒江-陇川江分水岭的杜鹃花种子。无疑这些标本和种子给他们的撤离造成了很大负担，但他还是坚持尽快把这些材料送到英国。他们计划将8箱标本和种子伪装成中国出口的货物，冒险运往缅甸八莫。但腾越当时局势恶化，通往八莫的路被封锁了，"出口运输"计划落空。而且英国领事拒绝对傅礼士和他的藏品承担任何责任。对傅礼士来说，当时可能的唯一选择就是带上标本和种子，先撤到缅甸密支那。9月4日早晨大雨滂沱，他带着植物标本和种子离开了腾越，转道密支那，乘坐火车和汽船前往八莫，再通过伊洛瓦底江轮船航线将标本和种子运往仰光，再运回英国。傅礼士被迫暂时撤到缅甸境内后，仍然没有停止采集工作，他聘请当地人进行植物采集。11月底，武装革命平息，傅礼士回到腾越。

1912年他第一次见到高大的凸尖杜鹃（*Rh. sinogrande*）（图32），并将其成功引种到英国。

1913年伊始，傅礼士又开始在大理和丽江附近的山脉采集。他不仅增加了采集助手的数量，而且将人员分派多路扩大采集区域。派4个人到怒江-陇川江分水岭，2个人到当时尚未被进行过植物采集的大理苍山西侧，他自己带8个人在玉龙雪山西北部，另外2~4个人往西北190km以外的中甸山脉进行采集。

图35 傅礼士的采集助手们将采集的标本装箱准备运输。据说现在皇家园艺学会还保留有一些当年用来装运标本的采集箱（Harvey, 2020-07-16）

傅礼士在采集季搬到离丽江以北15km的雪山村（Snow Mountain Village）安顿下来，与当地村民相处融洽。在这次考察中，腾越海关关长豪厄尔先生，以及在大理府的汉纳夫妇，为他们提供了整理和晾晒植物的房间，对傅礼士来说这是莫大的帮助和支持。后来他还以罗克西·汉纳（Roxie Hanna）夫人的名字命名了杜鹃新种——卷叶杜鹃（*Rh. roxieanum*）（图34），以感谢汉纳夫妇在大理府对他的接待和帮助。

当时的中国局势动荡，6个月后，傅礼士收到佩尔·彭培神父在理塘（Litang）被害的消息。1914年1月，大理的兵变刚被平息，傅礼士就和他的采集队继续前往腾越进行采集。在返回英国之前，他一直在丽江整理收集的标本和种子，把采集的标本和种子分成小份包装好，分批次运回英国（图35）。同时把采集人员派往湄公河上游和白马山等不同的区域采集。虽然1914年多雨季,对户外采集造成很大困难,但结束这次采集时,他还是成功地将6 000多号标本运回英国,这是他所有探险中采集数量最多的一次。他还把一些石灰石装在口袋里运回英国,向英国人展示杜鹃花自然生长的基质。1915年1月,傅礼士通过仰光乘坐S.S.Tenasserin号轮船返回英国。

6.4 第四次来中国(1917—1919)

1917年1月11日,傅礼士乘坐S.S.Chindwin号轮船从利物浦出发前往仰光,再到中国云南,开启他的第四次来华采集。这次采集主要有12家机构或个人资助(McLean, 2004),其中至少4家是杜鹃花协会的成员(详见附录3)。此次来华采集,傅礼士大获成功,收集了近300个种的标本,包括红色马缨杜鹃(Rh. delavayi)。正是在此次采集的基础上,鲍尔弗教授重新修订了杜鹃属植物的分类。

1917年5月5日,傅礼士一行到达云南中部,那里一片混乱,通往云南的道路几乎被强盗和士兵封锁,抢劫谋杀事件时有发生。在6月中旬到达被他称为"Shiemalatsa"的地方后,便借宿在一户藏民的家里。

当时云南和爱丁堡之间的信件往来至少需要2个月的时间,但1917年间傅礼士仍然坚持给英国皇家园艺学会和鲍尔弗教授写信。而且他写给英国皇家园艺学会的信件会在资助者中传阅,部分内容发表在Gardeners' Chronicle上。

1918年2月1日,他写信给鲍尔弗教授的助理威廉·赖特·史密斯(William Wright Smith, 1875—1956),告诉对方说此次采集收获巨大,已采集2 509种植物标本和将近160kg的种子。威廉斯将傅礼士采集的植物标本分享给鲍尔弗教授进行分类研究,鲍尔弗教授在Notes R.B.G.Edinburgh(1918—1919)上发表了傅礼士于1917—1918年间在中国云南和西藏东南地区采集的杜鹃花属植物。

1918年8月,他将采集的部分动植物材料搭乘轮船送回英国,但当轮船从缅甸仰光开往利物浦,途经地中海时,被同盟国海军潜艇击沉,大量材料丢失,损失惨重。

图36 1914年的Bees Ltd.公司信封上展示的以傅礼士英文名命名的灰岩皱叶报春(Primula forrestii)(McLean, 2004)

图37　Bees Ltd.公司在1914年的RHS切尔西花展使用的报春花属植物宣传册封面，其中展示宣传了傅礼士采集的中国植物（Harvey, 2020-07-16）

6.5　第五次来中国（1921—1923）

在英国康沃郡卡尔汉思城堡的威廉斯和卡迪夫达夫林城堡（Duffryn Castle, Cardiff）的雷金纳德·科里（Reginald Cory）的资助下，傅礼士开始了他到中国的第五次采集。期间斯蒂芬森·R.克拉克（Stephenson R.Clarke）上校出资帮助傅礼士购买了枪支（图40），请其为他捕捉鸟类。据McLean（2004）在 *George Forrest: Plant Hunter* 一书记载，当科里看到一幅绘有红腹角雉（*Tragopan temmincki*）的插画时，被其美丽的羽毛所吸引，便出资请傅礼士帮其收集鸟兽的彩色毛皮。

1921—1922年，傅礼士主要在我国云南西北部、西藏东南部和四川西南部地区探险采集。两年间他采集植物标本3 924号（秦仁昌，1940），其中很大一部分是杜鹃花属植物。而且，此次采集成果对前几次采集进行了很好的补充，还进一步将采集区域向西北方向进行了扩展。向西，傅礼士越过了萨尔温江（怒江）独龙江（俅江）（Salwin-Kiu Chiang，今高黎贡山两侧）分水岭；向北，他们沿着湄公河–怒江分水岭调查采集。

在这次植物采集探险期间，傅礼士在怒江峡

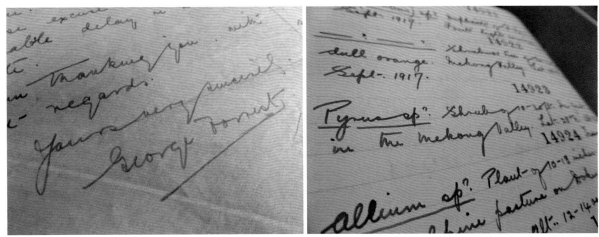

图38　傅礼士的英文签名 George Forrest（左）和爱丁堡皇家植物园档案馆（RBGE Archives）收藏傅礼士在野外工作记录本中对川梨（*Pyrus pashia*）的描述（右）（Maclean, 2015-03-13[12]; Hinchliffe, 2018-07-17[13]）

12　MACLEAN P, 2015-03-13. The Letters of George Forrest[N]. RBGE Botanic Stories 网站（https://stories.rbge.org.uk/archives/14339, 2023-05 登录）。

13　HINCHLIFFE W, 2018-07-17. 100th birthday for a Himalayan Wild Pear collected by George Forrest[N]. RBGE Botanic Stories 网站（https://stories.rbge.org.uk/archives/29097, 2023-05 登录）。

图39　傅礼士在第5次出发前往中国之前的全家福（McLean, 2004）

图40　傅礼士1921年在我国采集时的持枪证，由云南腾越的道尹熊为签发并加盖印章（McLean, 2004）

谷采集了大量植物，而且在怒江-独龙江分水岭见到了花色变异最丰富的杂色杜鹃（*Rh. eclecteum*）。随着他们往西北方向前行，杜鹃花的种类变得越来越丰富。傅礼士当时推测：在离此分水岭向北不远处的西藏某个海拔较高的地方应该有一个山谷盛产杜鹃花，那里可能才是杜鹃花属植物真正的发源地（罗桂环，2005）。

1922年11月30日鲍尔弗教授去世。直到1923年1月，第五次采集结束返回英国前，傅礼士在缅甸八莫梅德（G.H.Medd）船长的家里借住期间才得知鲍尔弗教授去世的消息，他悲痛万分。后来傅礼士以梅德船长的名字命名了红萼杜鹃（*Rh. meddianum*），以示感谢和纪念。

1923年3月，乘船返回英国，结束了他的第五次来华采集。资助人威廉斯和科里将傅礼士这两年采集的植物标本分享给了爱丁堡皇家植物园。

6.6　第六次来中国（1924—1925）

傅礼士第六次来华采集探险的初始费用由布利和威廉斯出资，后来沃尔特·罗思柴尔德（Walter Rothschild, Tring, Hertfordshire）出资请他同时进行动物收集。据1924年 *The Garden*（Vol.8）杂志报道，1924年是傅礼士到中国探险采集的第20年，他已采集了25 000多号植物标本，并发现了1 000多种新植物。

傅礼士返回英国后，仍继续以远程遥控的商业模式雇佣云南当地人进行采集，其中很多人与他合作已有8～12年之久。傅礼士通过书信等形式联系当时在云南丽江的传教士詹姆斯·H.安德鲁斯（James H. Andrews），请他帮忙协助具体的采集安排和标本的整理等工作。利用这种方式进行采集的几年，尤属1929年的采集收获最大。1929年9月下旬，傅礼士收到的采集报告中记载，当

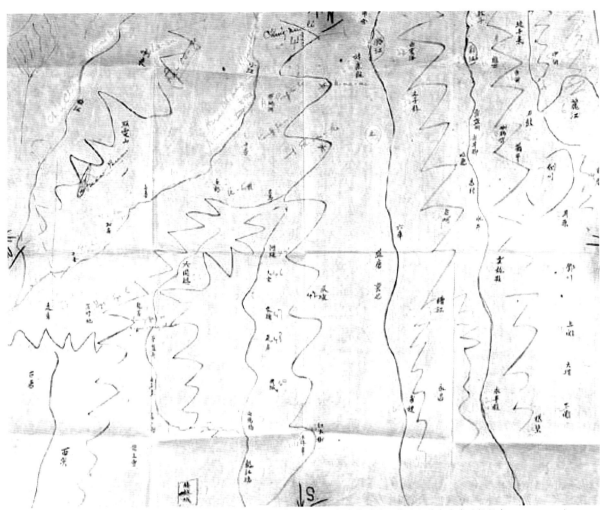

图41　傅礼士1925年第六次来华采集使用的云南西部手绘采集区域图，赵成章手绘，傅礼士补充完成（杨长青，2023-01-11）

07

时已收集了400多种干燥的植物标本和200多种种子。1929年12月底，一箱种子和两箱标本经由腾越海关寄出，后转道仰光，1930年4月初，搭载S.S.Burma号轮船安全抵达格拉斯哥（Glasgow, Scotland）。新任爱丁堡皇家植物园主任、爱丁堡大学植物学史密斯教授和傅礼士在爱丁堡皇家植物园迎接了这批珍贵的植物材料。

6.7　最后（第七次）的中国采集（1930—1932）

　　傅礼士多年来华采集为英国收集了大量中国珍稀动植物资源，其中很多具有非常高的商业价值，很多英国商人也希望能获得来自遥远东方的动植物资源，于是纷纷出资资助采集。在傅礼士

的整个在华采集生涯中，共有46家不同的资助者，其中10家曾多次资助他来华采集。他的第七次来华采集资助者最多，有39家的个人/机构（详见附录3）。

　　1930年11月7日，傅礼士再次离开家国，出发前往这个他付诸大半生辛劳并深切热爱的东方国度——中国。他这次采集的另一个重要目的是寻找他在以往的采集之旅错过的植物。1931年2月到达腾越，当采集助手们自豪地向他展示采集成果时，他非常激动，感谢这些朴实可靠的朋友们又帮他采集了近1 000种植物标本和300~400种种子。

　　在前往腾越附近硫磺泉（Sulphur Springs）的途中，他发现了一种美丽的扇形鸢尾（*I. wattii*）生长在灌溉渠附近，还有芳香的攀缘植物多花素馨（*Jasminum polyanthum*）和两种漂亮的灌木阿

里山十大功劳（*Mahonia lomariifolia*，现在的 *M. oiwakensis*）和长柱十大功劳（*M. siamensis*，现在的 *M. duclouxiana*），并将这些植物成功引种到位于英格兰格洛斯特郡的希德蔻特花园（Hidcote, Gloucestershire）。

这次采集是他最富有成效的一次，几乎完成了所有既定目标，还发现了更多的新物种。仅采得的植物种子和鳞茎即达 300 磅（约 136kg），400~500 种植物。傅礼士去世后，他的中国助手协助英国领事将 12 箱标本和种子转运到英国爱丁堡皇家植物园（罗桂环，2005；Godfrey，2017）。

大树杜鹃在 1919 年被发现，到 1926 年发表定名以后，引起植物界的高度关注[14]。但当时很少人相信它有多高多粗，为了证明他的观点，傅礼士每次出发采集都会留意寻找大树杜鹃踪迹。1931 年，傅礼士一行在中国云南腾越高黎贡山的森林中（腾冲县以北的界头乡大塘村）发现了高达 20 多米的大树杜鹃，如此高大的植株还是第一次见到，这是人类对杜鹃花属植物最著名的发现之一。为了设法把它运到英国，他指挥助手们砍倒了一株高 25m、直径 87cm、树龄约 280 年的大树杜鹃古树；在树干近底部锯下一块圆盘，作为树干标本偷偷运走。最终动用了 16 个人，才把那个"巨无霸"运回腾冲，再辗转缅甸、印度运到英国。这块从"杜鹃花王"身上取下的巨大树干圆盘，是傅礼士在高黎贡山采集到的最大也是最重的一个标本，轰动了当时的世界植物学界。这棵长在高黎贡山半山腰的大树杜鹃是世界上 800 多种杜鹃花中树型、花朵最大的物种，被科学家们称为"大树杜鹃王"。同时，这个巨大的大树杜鹃树干标本让傅礼士成功加冕为"杜鹃花之王"[15]。

半个世纪过去了，国内了解大树杜鹃的信息仅为华南植物研究所收藏的一份傅礼士采集的大树杜鹃标本。从那以后鲜有大树杜鹃的报道。大树杜鹃王，从默默无闻地沉寂到再次闻名世界，

归功于我国植物学家的艰辛探索。著名植物学家冯国楣（1917—2007）带领团队坚持对大树杜鹃的探索。经过几十年的寻找，1981 年，在高黎贡山海拔 2 400m 的密林深处重新发现了"大树杜鹃王"的身影（冯国楣，1981）。之后，在大塘的其他地方也相继发现了大树杜鹃。这是中国科技人员在杜鹃花属研究中的重大突破。自此，"大树杜鹃王"在国内国际开始慢慢被人熟知，成为高黎贡山的镇山之宝。我国学者关于大树杜鹃的研究工作逐渐展开[16]。大树杜鹃野外分布数量至今不超过 3 000 棵，被列为国家一级保护植物。现在高黎贡山的每一棵大树杜鹃都有了自己的编号，借助护林员们观测到的数据，期望可以助力大树杜鹃繁衍后代（申仕康 等，2009；Li et al.，2018）（图 42）。

图 42　高黎贡山国家级自然保护区的大树杜鹃（*Rhododendron protistum* var. *giganteum*）（张开文 摄）

14 华叶长青，2023-01-04. 巅峰与深渊，大树杜鹃与福里斯特的索命纠葛（https://baijiahao.baidu.com/s?id=1754089022842865521&wfr=spider&for=pc，2023-05 登录）。
15 杨长青，2022-12-27. 百年悬案，高黎贡山的镇山之宝——世界杜鹃之王大树杜鹃是如何被福里斯特砍伐的 [N]. 蜜植生境公众号。
16 高黎贡山国家级自然保护区保山管护局腾冲分局，2021-08-26. 大树杜鹃的前世今生 [Z]。

07

S.W.
YUNNAN, WEST CHINA.
Coll. GEORGE FORREST.   No.19335
March 1921
Alt. 9-10,000 ft
Locality Eastern flank of the N Maikha
- Salwin divide
Lat 25°45'N. Long 98°25'E.
Rhodo giganteum. Forrest.
Tree of 80 ft flowers deep rose
with a crimson blotch at base

ROYAL BOTANIC GARDEN
EDINBURGH
E00001387

图43 傅礼士在我国云南采集的大树杜鹃标本，编号19335，爱丁堡皇家植物园标本馆编号E00001387（http://data.rbge.org.uk/herb/E00001387）[17]

17 采集者/探险队：George Forrest；收藏编号：19335；收藏日期：1921年3月；原产国：中国：云南西部；采集地点：恩梅开江-怒江分水岭的东侧；纬度：25°40'N，经度：98°25'E；栖息地：开阔的森林。

图44　傅礼士指挥助手们砍伐大树杜鹃做标本时摄的照片（Paterson, 2015-03-13b[18]；纪录片《花开中国》第2集——杜鹃, 2020[19]）

图45　英国爱丁堡皇家植物园保存的大树杜鹃王树干圆盘标本（Paterson, 2015-03-13b；纪录片《花开中国》第2集——杜鹃, 2020）[20]

18　PATERSON L, 2015-03-13b. Forrest's Rhododendron Giant[N]. RBGE Botanic Stories 网站（https://stories.rbge.org.uk/archives/ 14186，2023-05 登录）。

19　纪录片《花开中国》第2集杜鹃 [Z]. 2020, 央视频（https://tv.cctv.com/2020/05/02/VIDEesIaMbL1RPW9zkHK9EKI200502.shtml, 2023-05 登录）。

20　*Rh. giganteum*，specimen of fully 90ft, section cut 12ft from base, cut 15/3/31，GF（译文：大树杜鹃的标本是从一棵 90 英尺高的 大树杜鹃基部 12 英尺处切割的一部分，1931 年 3 月 15 日，福里斯特）。

图46　傅礼士在云南某个采集基地的房间（McLean, 2004）[21]

21　一袋袋的种子挂在房顶晾干，动物的皮毛充当地毯，他的个人物品均摆放整齐，可以看出傅礼士有很强的自律和组织能力，这可能是他探险活动成功的关键品质之一。

28年间，傅礼士的采集事业逐渐发展；期间不断有新的赞助商加入，每个人都各有新的兴趣和要求。布利想要高山耐寒植物的种子，威廉斯想要更多的灌木和木本植物，尤其是杜鹃花和木兰类，埃尔威斯（H.J.Elwes）对哺乳动物和鸟类感兴趣，罗思柴尔德特别安排傅礼士对鸟类的收集。傅礼士非常感激赞助者们，他们的热情也更加刺激和鼓励了他对搜集新物种的热情。

与傅礼士长期合作的中国云南当地采集助手，经过多次采集历练，经验丰富，他们在傅礼士回英国的情况下仍可以按照计划继续收集，这样的经历奠定了他们之间牢固的合作基础。基于这种真诚的互信，傅礼士在苏格兰接受眼部手术期间，为英国McLaren集团成功组织了一场远程指挥的中国云南种子采集活动。傅礼士去世后，这些助手们仍继续按照傅礼士生前的安排进行采集。类似这种情况在英国派往世界各地的植物采集家们很少见，令英国的赞助者们惊叹不已，更加强了他们对傅礼士采集能力的信任。

在野外工作和生活的经历贯穿了傅礼士的一生，而他那永不停歇的天性则一直保持到1932年去世时终止。1932年1月5日，当他的大部分工作即将完成时，在腾越的最后一次考察途中一场疾病突如其来，傅礼士倒在了腾越，因心脏衰竭

图47 傅礼士当年的坟墓，右后边不远处是利顿的坟墓（McLean, 2004）

图48 全缘叶绿绒蒿（*Meconopsis integrifolia*）的这张照片是傅礼士利用展示次数最多的照片之一（McLean, 2004），例如 *Gardeners' Chronicle*（1911），*Bees' Catalogue*（1912）和 *Country Life*（1923）等

图49 傅礼士摄的石岩报春（*Primula dryadifolia*）及其自然生境，1911年发表于 *Gardeners' Chronicle*（McLean, 2004）

去世。傅礼士的遗体被安葬在云南古城腾冲郊外来凤山上的外国人公墓，就在老朋友利顿先生的坟墓旁边。连傅礼士自己大概也没想到，他会永远留在中国腾越，与他所热爱的中国草木长眠相伴（Hutchison, 1999[22]；晏启 等，2019[23]；和匠宇，2022-12-21[24]）[25]。

7 傅礼士引种的中国植物对英国乃至世界园林界的影响

1904—1932年的28年中，傅礼士足迹几乎遍及滇西北等地；他先后组织的7次大规模采集活动而且收获巨大，寄回英国31 015号植物标本（秦仁昌，1940; Cox，1945）（表2），1 000多种活植物，及大量的植物种子、鸟兽标本和昆虫标本，其中一些种类还采集有多份。其中已发表的就有1 200多种为科学上新的发现，3 000多种为新的地理分布（秦仁昌，1940），使得无论是中外生物学界在研究喜马拉雅区域及高黎贡山的植物区系、动物区系及其名目时，都不得不借助他的采集成果作为研究基础。中国高黎贡山国家级自然保护区云南保山管理处，在20世纪末着手整理、编撰《高黎贡山植物名录》工作之前，也要前往大英博物馆查询资料，并与之合作。

表2　傅礼士7次来我国采集的植物标本数量（秦仁昌，1940）

序号	年份	标本编号
1	1904—1906	标本1~5498号
2	1910—1911	标本5499~7401号
3	1912—1914	标本7402~13598号
4	1917—1919	标本13599~19333号
5	1921—1923	标本19334~23258号
6	1924—1925	标本23259~26161号（内有815号是其助手于1923年傅礼士回英国期间采集）
7	1930—1932	标本26162~31015号（内有2200号是其助手于1929年傅礼士回英国养病期间采集）

根据相关文献记载的爱丁堡皇家植物园标本采集记录整理与统计，傅礼士在中国境内采集植物160科834属3 081种（包括232变种14变型39亚种）。其中，被子植物141科805属3 022种，尤其以杜鹃花科（Ericaceae）植物最多，占总采集种的8.8%，涉及10属269种，包括50变种14亚种（Cox，1945；罗桂环，1994，2000，2005；耿玉英，2001；张石宝 等，2005）。

22 Hutchison P, 1999. Hunting the Plant Hunter: The Search for George Forrest's Grave. Journal American Rhododendron Society, v53n1. （https://scholar.lib.vt.edu/ejournals/JARS/v53n1/v53n1-hutchison.html，2023-03 登录）.
23 来凤山与洋人墓 / 晏启，刘胜祥 / 伊江科考日记 04/20190731[N]. 资源与环境保护微信公众号。
24 和匠宇，2022-12-21. 植物天堂的猎手——乔治·弗瑞斯特 [N]. 云南香格里拉高山植物园微信公众号。
25 Hutchison（1999）和和匠宇（2022）实地调查发现，现在傅礼士和利顿的坟墓已不存在。晏启等（2019）实地考察发现，流传作为文物保存在腾冲博物馆里的傅礼士墓碑实为传教士爱丽娃卡尔逊的墓碑。

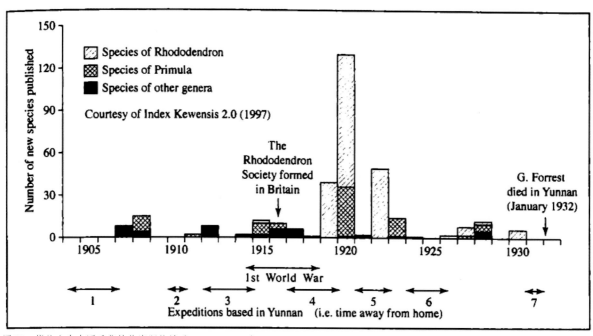

图 50　傅礼士在中国采集植物资源统计（McLean, 2004）

傅礼士从中国为英国采集回一个庞大的植物类群，大部分干制标本保存在爱丁堡皇家植物园。爱丁堡皇家植物园已经对其开展信息化整理工作，以期建立完善的傅礼士采集中国植物资料库，2015年报道已完成9 595份标本的整理，近年已初步完成数据库的建立，相关数据还在不断补充完善，可以在爱丁堡皇家植物园标本馆数据库浏览并下载（Drinkwater, 2015-03-13[26]）。

7.1　傅礼士采集引种的杜鹃花

杜鹃花是一个庞大的花卉家族，植物分类上属于杜鹃花科杜鹃属，全世界有967种，我国有杜鹃花561种，其中420种是我国特有种；云南是杜鹃花的分布中心和发祥地，分布有243种（华叶长青, 2022-10-18）。

杜鹃花属植物在园艺界占有重要位置，在西方被称为"花园中的贵族"。早在100多年前，大量的西方植物猎人便涌向中国横断山地区的高山

峡谷中寻找杜鹃。傅礼士将4 651号杜鹃花标本带回了英国[27]，他以杜鹃花为中心的园艺植物的引进显然是极为成功的。英国的气候很适合杜鹃花的栽培，加上杜鹃花种类繁多，色彩艳丽，深受英国园林界的欢迎。自此完全打开了英国人对中国植物特别是杜鹃花属植物的全新认知。他们对中国杜鹃花的喜爱，更是让"无鹃不成园"的说法成为了园艺界的名言。在我国人民饱受战争摧残的情况下，中国杜鹃花已漂洋过海成为了海外异国的花园主角。

傅礼士采集的杜鹃花帮助英国研究者在杜鹃花属植物分类学研究上占据了优先地位，采集的标本主要保存在英国爱丁堡皇家植物园，并由鲍尔弗教授、史密斯教授等进行系统研究，许多种类的模式标本成为英国研究杜鹃花分类、区系等领域研究的重要材料和依据。傅礼士采集的中国杜鹃花标本曾被作为新种描述过的达400多号，其中302个杜鹃花新种（秦仁昌, 1940），经过近百年的研究至今仍被接受的名称有150多种（耿玉英,

26　DRINKWATER R, 2015-03-13. Finding minimally databased Forrest specimens[N]. RBGE Botanic Stories 网站 (https://stories.rbge.org.uk/archives/14092，2023-05 登录）。

27　牧羊, 2021-11-22. 外国猎人, 正在悄悄 [围猎] 中国植物 [N]. 视觉志 . (https://baijiahao.baidu.com/s?id=1717091902027648967&wfr=spider&for=pc，2023-05 登录）。

2010a），如腺房杜鹃（*Rh. adenogynum*）、迷人杜鹃（*Rh. agastum*）、亮红杜鹃（*Rh. albertsenianum*）、棕背杜鹃（*Rh. alutaceum*）、显萼杜鹃（*Rh. erythrocalyx*）等。如今由他引入西方的钟花杜鹃（*Rh. campanulatum*）、腺房杜鹃、硫黄杜鹃（*Rh. sulfureum*）（图51）、宽钟杜鹃（*Rh. beesianum*）等已在英国多家植物园生活了近百年。鲍尔弗教授认为，他的引种使爱丁堡皇家植物园成为世界上研究杜鹃花植物的中心和收种杜鹃花最多的植物园，对促进杜鹃花属植物的研究和在园林中的广泛应用起到了重要作用（池淼 等，2023）。

傅礼士采集引种到爱丁堡皇家植物园的我国原产杜鹃花属植物，有些在我国已濒危。

朱红大杜鹃（*Rh. griersonianum* Balf. f. et Forrest）株形紧凑优美，大型红色钟状花冠簇生枝头，极具观赏价值，园艺价值极高，是我国花卉产业育种的重要种质资源。傅礼士于1917年在我国云南发现朱红大杜鹃并将其引种到英国，为了感谢并纪念在我国腾越海关工作的格里尔森（K.C.Grierson）而命名，1924年傅礼士在英国发表。朱红大杜鹃对低温敏感，开花晚，使其与耐寒种/品种杂交，其杂交品种抗寒性加强，且花期延长。30多个杂交品种获得了英国皇家园艺学会颁发的园艺奖（McLean, 2004）。全世界杜鹃品种约10%的亲本都与朱红大杜鹃有着直接或间接的关系，超过了所有的野生杜鹃种类，是名副其实

图51　硫黄杜鹃（*Rhododendron sulfureum*）（张正权 摄）

的超级育种亲本（Ma et al., 2021）。

目前，我国朱红大杜鹃自然居群已发现的仅2个，不足500株，属于典型的极小种群野生植物（赵汉斌，2022）。在 *The Red List of Rhododenrons*（《杜鹃花红色名录》）（Gibbs et al., 2011）、和《中国高等植物受威胁物种名录》（覃海宁 等，2017）中，朱红大杜鹃均被评为极度濒危（CR）（图52）。为抢救性保护朱红大杜鹃，中国科学院昆明植物研究所联合中国林业科学研究院、中国环境科学研究院和云南省农业科学院相关研究团队，对朱红大杜鹃以及近缘广布种进行保护基因组学研究，终使其基因组学和保护遗传学研究取得突破性进展：人类活动导致的生境丧失、遗传多样性极低，地质历史事件导致的遗传瓶颈，近交和与热适应相关基因的有害突变，是朱红大杜鹃极小种群形成和维持的主要原因。相关结果发表于植物学国际主流期刊 *The Plant Journal*（Ma et al., 2021），为我国乃至世界濒危杜鹃属植物资源

保育研究奠定了坚实的基础。

还有，凸尖杜鹃（*Rh. sinogrande* Balf. f. et W.W.Smith）因其分布地狭窄，自然资源较少，是我国珍稀的野生杜鹃资源。凸尖杜鹃世界上杜鹃花属叶片最大的杜鹃花之一，叶片四季常青，油亮硕大，花红、白、黄三色，与叶片对比鲜明，交相辉映，具有较高的观赏价值。傅礼士于1912年于我国采集引种到英国，是其引种到英国的中国杜鹃花属植物中知名度较高的植物之一。以其作为杂交亲本，产生的后代品种'Fortune'，以傅礼士的英文姓氏Forrest命名。

傅礼士从我国云南采集引种到英国杜鹃花属植物在英国园林中被大量应用，后来还培育出不少园艺品种。如，紫背杜鹃，又称"福里斯特杜鹃"，是傅礼士20世纪初在云南德钦发现的新种，1912年由鲍尔弗教授和德国植物学家迪尔斯定名发表，为了褒扬傅礼士的贡献，即以他的英文姓氏Forrest为该新种的种加词（耿玉英，2001

图52 朱红大杜鹃自然生境和形态特点。A: Houqiao自然居群生境；B: Jietou自然居群生境，红色箭头指示朱红大杜鹃开花植株；C: 朱红大杜鹃的花；D: 已知分布地点：红点指示我国云南腾冲市，绿点指示另外2个分布地 Jietou 镇和 Houqiao 镇（Ma et al., 2021）

和2009）。紫背杜鹃也是英国植物猎人弗兰克·金登 沃德（Frank Kingdon-Ward, 1885—1958）在西藏林芝多雄拉山区最喜爱杜鹃花之一（耿玉英，2010b）。该种分布于云南西北部和西藏东南部、海拔3 300～4 100m的高山上，如今在欧洲很多园内都有栽培。花冠深红色，具有极高的观赏性，是西方园林许多杜鹃杂交种的亲本，筛选产生的杂交品种中，至少8个获得了英国皇家园艺学会颁发的园艺奖（表3）。

表3 傅礼士引种的中国杜鹃花属植物为亲本产生的部分杂交品种及其获奖情况
（Salley et al., 1992; McLean, 2004）

序号	品种名	奖项	序号	品种名	奖项
朱红大杜鹃 _Rh. griersonianum_ 杂交品种					
1	'Aladdin'	AM	18	'Master Dick'	AM
2	'Arthur Osborn'	AM	19	'Matador'	AM, FCC
3	'Dorinthia'	FCC	20	'May Day'	AM
4	'Elizabeth'	AM, FCC	21	'Mrs Leopold de Rothschild'	AM
5	'T.C.Puddle'	AM	22	'Ouida'	AM
6	'Fabia'	AM	23	'Romany Chai'	AM
7	'Fire Flame'	AM	24	'Roinany Chal'	AM, FCC
8	'Fusilier'	AM, FCC	25	'Romarez'	AM
9	'Glamour'	AM	26	'Rosabel'	AM
10	'Grenadine'	AM, FCC	27	'Saltwood'	AM
11	'Gretia'	AM	28	'Sarita Loder'	AM
12	'Guielt'	AM	29	'Tally Ho'	FCC
13	'Ivanhoe'	AM	30	'Tensing'	AM
14	'Jeritsa'	AM	31	'Tortoiseshell Wonder'	AM
15	'Jibuti'	AM	32	'Vanessa'	FCC
16	'Karkov'	AM	33	'Vulcan'	AM
17	'Laura Aberconway'	AM	34	'Winsome'	AM
紫背杜鹃 _Rh. forrestii_ 杂交品种					
1	'Badeilsen'	AM	5	'Tittle Ben'	FCC
2	'Ethel'	FCC	6	'Little Bert'	FCC
3	'Fascinator'	AM	7	'Kcd Carpet'	AM
4	'Red Lacquer'	AM	8	'Spring magic'	AM
粉紫杜鹃 _Rh. impeditum_ 杂交品种					
1	'Blue Star'	\	3	'Tittle Imp'	\
2	'Blue Tit'	\	4	'St Tudy'	AM

注：AM：Award of Merit，RHS优秀奖；FCC：First Class Certificate，RHS一等奖。

卷叶杜鹃（_Rh. roxieanum_ Forrest），也是傅礼士命名的杜鹃花属植物之一，以其作为杂交亲本，筛选产生了后代品种'Blewbury'。

大白杜鹃（_Rh. decorum_ Franch.），又称大白花、白花树，是云南、四川少数民族地区传统食用蔬菜（史军，2017）。傅礼士将大白杜鹃引种到英国，后来主要种植于爱丁堡皇家植物园的分园——本莫植物园（图53）。

我国藏医所用的塔勒为杜鹃花科的常绿、小叶型、具鳞片的植物。傅礼士在我国云南采集的紫蓝杜鹃（_Rh. russatum_ Balf. f. et Forrest），就是我国藏药塔勒娜保的植物来源之一（图54）。收载

图53　爱丁堡皇家植物园盛开的大白杜鹃（*Rhododendron decorum*）（徐晔春 摄）

图54　爱丁堡皇家植物园盛开的紫蓝杜鹃（*Rhododendron russatum*）（徐晔春 摄）

图55 粉紫杜鹃（*Rhododendron impeditum*）（宋鼎 摄）

于《度母本草》《鲜明注释》《甘露本草明镜》等书中。有清热消炎、止咳平喘、健胃强身、抗衰老之功效（周则 等，2011）。傅礼士将其引种到英国后，以其作为杂交亲本，筛选产生了后代品种'Blue Chip'。

粉紫杜鹃（*Rh. impeditum* Balf. f. et W.W.Smith），傅礼士于1910年在我国云南高寒草甸发现并引种到英国。1916年在英国种植成功，其株型紧凑，颜色鲜艳，园艺价值极高，被广泛栽培应用。作为育种亲本，被用于多种知名杜鹃花品种的生产（图55）。

由他引进的灰背杜鹃（*Rh. hippophaeoides*）是很受欢迎的栽培种之一，而从紫白纹杜鹃（*Rh. simsii*）选育出来的新品种，则成为圣诞节期间非常受欢迎的室内花卉。还有英国培育的'Forrest'杜鹃品种 *Rh. racemosum* 'Forrest' 等。

7.2 傅礼士采集引种的其他植物

傅礼士带回英国的大量种子、苗木和活体植物，除了杜鹃花属，还包括大量举世闻名的高山野

生花卉报春花属和龙胆属（*Gentiana*）植物，如著名的橘红灯台报春、麝草报春（*P. muscarioides*）、高穗花报春（*P. vialii*）、滇西龙胆和类华丽龙胆等。新发现的报春花属植物新种有116个（秦仁昌，1940），每一种都可以对照充实当时的植物学分类，大大推进了植物分类图谱的建立。其中的麝草报春是傅礼士首次发表的他采集的中国植物之一，于1905年来华采集时引种回英国（McLean，2004）。

此外，我国百合科（Liliaceae）的豹子花虽被前人记述过，但真正作为栽培引种是从傅礼士开始的。云南豹子花（*N. saluenensis*）〔已正名为 *Lilium saluenense* (Balf. f.) Liang〕（图56），在云南被傅礼士多次采集到并报道。还有，大理百合（*L. taliense*）野生生长在云南和四川，1883年由法国传教士佩尔·让·马里耶·德拉维（Père Jean Marié Delavay，1834—1895）首次发现，但在傅礼士之前尚未有人工栽培的记载，他收集的种子经园艺养护实现了大理百合首次在英国开花。由于英国的气候条件与中国的西南相似，土壤都呈酸性，因此大批原产中国的植物在那里茁壮成长，

图56 云南豹子花（*Lilium saluenense*）（曾佑派 摄） 图57 怒江红山茶（*Camellia saluenensis*）（朱仁斌 摄）

其中一些适应性强的植物很快传遍英国全境。

傅礼士通过种子向英国引入的中国植物还有假朝天罐（*Osbeckia yunnanense*，*Osbeckia crinite*）、川滇冷杉（*Abies forrestii*）、丽江云杉（*Picea likiangensis*）等，后经萌发培育成功获得可栽培的活体植株。他于1917年首次向英国引进的怒江红山茶（*Camellia saluenensis*）（图57），在英国通过杂交培育出著名的'J. C.Williams'（威廉斯山茶花*C. williamsii*），开创山茶花繁殖育种的新纪元。后来的1924年，傅礼士在中国腾越附近采集到滇山茶（*C. reticulata*）种子，引入英国后经由康沃郡卡尔汉思城堡的威廉斯萌发培育成功（Bruce, 1986）。1932年3月，傅礼士去世后，威廉斯将滇山茶的标本寄到*Curtis's Botanical Magazine*发表。

后来山茶花传到美国受到热捧，经过他们的杂交育种，美国现在已有各种山茶花品种3 000多个。其中英国著名的*Camellia* × 'Donation'，花粉色，且芳香，由斯蒂芬森·克拉克（Stephenson

Clarke, 1862—1948）利用傅礼士在中国采集引种的*C. saluenensis*和*C. japonica*为亲本杂交选育获得。

同样由他引进的滇藏木兰（*Magnolia campbellii*）在西方很受欢迎，并被广泛种植在英伦南部和中部，以及北美太平洋沿岸温暖地区的大花园中。英国还培育'傅礼士'槭（*Acer caudatum* 'George Forrest'）。

傅礼士在中国境内采集的蕨类植物12科17属35种，如灰背铁线蕨（*Adiantum myriosorum*）、剑叶铁角蕨（*Asplenium ensiforme*）、棕鳞短肠蕨（*Allantodia subintegra*）、阴地蕨（*Botrychium ternatum*）、西南鳞盖蕨（*Microlepia khasiyana*）、全缘凤丫蕨（*Coniogramme fraxinea*）、波纹蕗蕨（*Mecodium crispatum*）、陵齿蕨（*Lindsaea cultrata*）、海金沙（*Lygodium japonicum*）、凤尾蕨（*Pteris cretica*）、丽江粉背蕨（*Aleuritopteris likiangensis*）、书带蕨（*Vittaria flexuosa*）等。

裸子植物7科12属14种，如银杏（*Ginkgo biloba*）、杉木（*Cunninghamia lanceolata*）、干香柏（*Cupressus duclouxiana*）、刺柏（*Juniperus* formosana）、侧柏（*Platycladus orientalis*）、红豆杉（*Taxus chinensis*）、西藏红豆杉（*T. wallichiana*）、高山三尖杉（*Cephalotaxus fortunei* var. *alpina*）、买麻藤（*Gnetum montanum*）等。

以傅礼士的英文名字 George Forrest 命名的植物就有 100 多种（秦仁昌，1940; McLean, 2004）。例如，丽江槭（*Acer forrestii*）、美丽马醉木（*Pieris formosa* var. *forrestii*）、刺喙薹草（*Carex forrestii*）、丽江绿绒蒿（*M. forrestii*）、黄花独蒜兰（*Pleione forrestii*）、紫背杜鹃、中甸高山豆（*Tibetia forrestii*）和 *Vaccinium forrestii*［现更名为云南越橘（*Vaccinium duclouxii*）］等。

7.3 傅礼士获得的荣誉

傅礼士出色的中国植物采集和引种成果使他名利双收，在国际上享有盛誉。1920 年 11 月 30 日，英国皇家园艺学会授予傅礼士维多利亚荣誉勋章（Victoria Medal of Honour, VMH），这个奖项由英国皇家植物园邱园、爱丁堡皇家植物园和格拉斯奈文植物园（Glasnevin Botanic Garden at Dublin）共同颁发。20 年前，曾经的布料商之子在爱丁堡皇家植物园从事一份标本整理的工作，如今的维多利亚荣誉勋章标志着傅礼士已成长为一名园艺家。同年 12 月 13 日，他还荣获了美国著名的马萨诸塞州园艺学会（Massachusetts Horticultural Society）授予的乔治·罗伯特·怀特奖章（George Robert White Medal），奖励他为世界园艺发展做出的杰出贡献。该奖是美国最高的园艺奖之一，1920 年傅礼士同时获得了英国和美国的最高奖项。同年，他还被选为杜鹃花协会的荣誉会员（An Honorary Member of the select Rhododendron Society）。

1924 年，他还当选为林奈学会会员（Fellow of the Linnean Society），得到了两个皇家植物园（爱丁堡和邱园）主任和其他三位会员的支持。1927 年，他被选为新成立的杜鹃花协会的荣誉终身会员（Hon. Life Member of the new Rhododendron Association），并获得了他的第三枚金质奖章，英国皇家园艺学会的 Veitch 纪念奖章（RHS Veitch

Memorial Medal），以表彰他的远征对植物界做出的卓越贡献。1927—1928 年期间，傅礼士被选为爱丁堡植物学会会员（an Associate of the Botanical Society of Edinburgh），而且他的妻子和他们的两个儿子也分别被选为该学会的 Ordinary Fellow 和 Ordinary Member（McLean, 2004）。

7.4 对世界植物传播的贡献

傅礼士在中国植物（特别是杜鹃花科）采集方面的成就有目共睹，取得了巨大成功，贡献卓越。在搜集哺乳动物、昆虫、鸟类标本和地质样本等方面，他更像是维多利亚时代的博物学家，为后人研究提供了丰富的基础资料。傅礼士匆匆过世，没有将其在中国西部 28 年的发现和植物采集工作完整地记录下来，也未发表过植物学专著，但他留下的珍贵照片及采集笔记等资料对中国西南地区自然史的研究提供了重要帮助（Cox, 1945; 马斯格雷夫 等，2005）。

傅礼士为代表的西方植物猎人引种的中国植物极大地丰富了英国的植物多样性。此前整个英伦三岛所有植物加起来不过 1 500 种，他们将无数中国珍稀植物带回英国，大规模新发现，影响了英国植物园和园林发展方向，带来了巨大的经济效益，给英国乃至欧美园林带来了革命性的影响。这些珍稀植物的发现和引种改变了世界植物的分布，促进了世界生物学的发展，为中国乃至世界植物传播做出了巨大贡献。

中国是世界园林之母、花卉王国，已得到世界认同，现在中国这个世界园林母亲的"子孙"在世界大放异彩。在他们引种的植物中，大部分都是美丽的观赏植物，这些源自中国的美丽，大大改善了欧美地区人居环境。正是这些源于遥远中国的美丽，直接促进了各国尤其是英国园林艺术的发展，改变和影响了世界现代文明的进程，这或许也是中国对世界最大的影响之一。

傅礼士排除万难艰险远在异国他乡开展植物采集的执着，造就了植物界的一段传奇，他对植物的热爱和他的"敬业精神"非常值得尊敬。但傅礼士指挥助手砍伐"大树杜鹃"古树树干标本运回英国的行为，为我国国人所不齿。西方在我国野蛮引种了大量植物资源，造成我国野生植物多样性的极大破坏和流失，有些破坏甚至是不可挽回的。

从环境史的角度来看，19—20世纪西方对中国植物探险与采集是一种跨越了有形国界的"战争"，带走了我国本土植物的大量资源和信息（弗里，2015），从命名与学术成果上都占据了优先权，给我国生物多样性保护工作提出了警醒，尤其是目前我国濒危种、特有种和重要生物遗传资源的管理和保护。

生物多样性是人类赖以生存的必要条件，植物多样性是生物多样性的基础，是国家以及全球生态安全的基础保障。我国是世界上高等植物种类最多的国家之一，在植物遗传资源的交易中主要处于提供国的地位，更应该完善相关法律法规，以维护我国的合法权益。因此，需要加强对我国植物遗传资源的保护，完善国际社会在遗传资源获取和利益分享方面的机制（吴小敏 等，2002；胡健，2010；吴仁武 等，2022）。全球各国应严格遵守《生物多样性公约》，大力促进植物多样性保护工作，使各国的植物资源得以保护、恢复和发展（薛达元，2021；于书霞 等，2021；吴仁武 等，2022）。

为拯救珍稀濒危植物，中国政府已做了大量的工作，颁布了《中华人民共和国野生植物保护条例》，发布了《国家重点保护野生植物名录》，制定公布了受保护的濒危物种红色名录，一些省份也相应制定了地方性法规和地方重点保护植物名录。在此基础上，通过建立自然保护区和国家公园就地保护，建立国家植物园迁地保护，及建成"中国西南野生生物种质资源库"，率先实施极小种群物种保护行动等多种方式，以期缓解中国野生植物面临的生存危机，使其得到切实有效保护。

我们生活在拥有如此丰富资源的土地上，应真正懂得欣赏和利用这些宝贵资源。让更多的人了解、关注、保护并合理有效地创新利用这些资源，增强我们自身的民族自豪感，提高国际竞争力，促进我国乃至世界生物多样性保护和可持续利用的和谐发展。

参考文献

蒂娜尔，2017. 探险家的传奇植物标本簿 [M]. 魏舒，译. 北京：北京联合出版公司 .

冯国楣，1981. 大树杜鹃采集记 [J]. 植物杂志，5: 31.

耿玉英，2001. 杜鹃花的追求——西方采集者素描 [J]. 植物杂志，3: 44-46.

耿玉英，2009. 从喜马拉雅到欧洲大陆——中国杜鹃百年路 [J]. 森林与人类，8: 28-37.

耿玉英，2010a. 乔治·福雷斯特在中国采集的杜鹃花属植物 [J]. 广西植物，30(1): 13-25.

耿玉英，2010b. 西藏林芝地区杜鹃花属植物资源考察及分类学考证 [J]. 中国园艺文摘：36-38.

胡健，2010. 论植物遗传资源的法律保护 [J]. 河南社会科学，18(5): 221-223.

弗里，2015. 植物大发现——植物猎人的传奇故事 [M]. 张全星，译. 北京：人民邮电出版社 .

李波，2023. 新一代植物志的起点——读《中国维管植物科属词典》《中国维管植物科属志》的几点思考 [J]. 生物多样性，31(1): 23004.

李晋，2018. 纸·路·西方博物学家的中国之旅 [J].《读书》新刊，8: 67-73.

李汶霏，邓莉兰，2015. 福雷斯特在中国采集标本简史及其园林植物资源 [J]. 现代园艺，9: 38-41.

林佳莎，包志毅，2008. 英国的"杜鹃花之王"乔治·福雷斯特 [J]. 北方园艺，88: 140-143.

芦笛，2014. 英国邱园和外国人在中国的植物采集活动 [J]. 中国野生植物资源，33(1): 55-62.

罗桂环，1994. 近代西方人在华的植物考察和收集 [J]. 中国科技史料，15(2): 17-31.

罗桂环，2000. 西方对"中国—园林之母"的认识 [J]. 自然科学史研究，19(1): 72-88.

罗桂环，2005. 近代西方识华生物史 [M]. 济南：山东教育出版社 .

马金双，叶文，2012. 书评：In the footsteps of Augustine Henry and his Chinese plant collectors[J]. 植物分类与资源学报，35(2): 216-218.

覃海宁，杨永，董仕勇，等，2017. 中国高等植物受威胁物种名录 [J]. 生物多样性，25 (7): 696-744.

秦仁昌，1940. 乔治福莱斯（George Forrest）氏与云南西部植物之富源 [J]. 西南边疆，9: 1-24

申仕康，王跃华，2009. 杜鹃王——大树杜鹃 [N]. 大自然，3: 48-49.

史军，2017. 你吃过杜鹃花么？[J]. 中国科技教育，2: 68-69.

吴仁武，南歆格，晏海，等，2022. 梅耶（Frank Nicholas Meyer）在亚欧国家引种植物的路线和种类调查 [J]. 生物多样性，30 (11): 22063.

吴小敏，徐海根，朱成松，2002. 遗传资源获取和利益分享与知识产权保护 [J]. 生物多样性，10: 243-246.

吴征镒，Raven PH，洪德元，2013. Flora of China: 第一卷 [M]. 北京：科学技术出版社 .

薛达元，2021. 中国履行《生物多样性公约》进入新时代 [J]. 生物多样性，29: 131-132.

叶文，马金双，2013. 书评：In the Footsteps of Augustine Henry and His Chinese Plant Collectors[J]. Journal of Fairylake Botanical Garden, 11 (3-4): 56-58.

于书霞，邓梁春，吴琼，等. 2021.《生物多样性公约》审查机制的现状、挑战和展望 [J]. 生物多样性，29: 238-246.

赵汉斌，2022-07-21. 重要种质资源朱红大杜鹃极度濒危的原因找到了 [J]. 科技日报，第 5 版.

张石宝，胡虹补，王华，等. 2005. 云南的高山花卉种质资源及开发利用 [J]. 中国野生植物资源，24(3): 19-22.

中国科学院中国植物志编辑委员会，2004. 中国植物志：第一卷 [M]. 北京：科学出版社.

周则，卓玛，张浩，2011. 藏药塔勒两种基源植物的生药鉴定 [J]. 华西药学杂志，26(1): 17-19.

BRUCE B, 1986. The Chinese Species of Camellia in Cultivation[J]. Arnoldia, 46(1): 2-15.

COWAN J M, 1952. The Journeys and plant introduction of George Forrest[M]. London: Oxford University Press.

COX EHM, 1945. Plant-Hunting in China: A History of Botanical Exploration in China and the Tibetan Marches[M]. London: The scientific book guild, Beaverbrook Newspapers Ltd.

GIBBS D, CHAMBERLAIN D, ARGENT G, 2011. The Red List of Rhododendrons [M]. Botanic Gardens Conservation International, Richmond, UK.

GODFREY J, 2017. A Brief History of the British Plant Hunters[J]. Australian Rhododendron Society, Vic. Branch, 12-14.

LI S H, SUN W B, Ma Y P, 2018. Current conservation statues and reproductive biology of the giant tree Rhododendron in China[J]. Nordic Journal of Botany, e01999.

MA H, LIU Y, LIU D, et al, 2021. Chromosome-level genome assembly and population genetic analysis of a critically endangered Rhododendron provide insights into its conservation[J]. The Plant Journal, 107(5): 1533-1545.

MACLEAN P, 2015-03-13. The Letters of George Forrest[N]. RBGE Botanic Stories.

MASPERO I, 2004. The magazine of the National Botanical Gardens of Scotland in association with its members. George Forrest, life and legacy of a plant hunter[N]. The Botanics, Issue 16.

MCLEAN B, 2004. George Forrest: Plant Hunter[M]. Printed in Spain, by the Antique Collectors' Club Ltd, Sandy Lane, Old Martlesham, Woodbridge, Suffolk.

MUEGGLER E, 2011. The paper road: Archive and experience in the botanical exploration of west China and Tibet[M]. California: University of California Press.

SALLEY H E, GREER H E, 1992. Rhododendron Hybrids[M].

Portland, Oregon (USA): Timber Press.

YANG Z, LIU B, YANG Y, et al, 2022. Phylogeny and taxonomy of Cinnamomum (Lauraceae)[J]. Ecology and Evolution, 12(10): e9378.

致谢

由衷感谢马金双老师对本章撰写给出的宝贵建议，从资料收集，到组织架构、内容编排，再到植物分类学专业知识校正，以及地名考证，无不倾注了马老师大量的精力和心血。特别感谢爱丁堡皇家植物园 Dr. Mark Watson 和 Leonie Peterson、哈佛大学植物学图书馆和阿诺德树木园图书馆、和匠宇老师提供傅礼士有关的参考资料。向各位领导、老师和同仁给予的指导和帮助致以最衷心的感谢！

作者简介

王涛（女，1983 年生），河北保定人，河北大学海洋科学本科（2007），河北农业大学生物化学与分子生物学硕士，北京林业大学园林植物与观赏园艺专业博士（2014），中国林业科学研究院林业研究所博士后；2018 年入职北京市植物园［现国家植物园（北园）］植物研究所，主要从事濒危植物保育工作，主要研究方向：兰科植物遗传育种与菌根共生调控机制研究。

江延庆（男，1977 年生），黑龙江哈尔滨人，哈尔滨建筑大学建筑学专科（1999），中国信息管理学院经济管理专业本科（2003），中国人民大学土地资源管理（房地产开发）硕士（2004）；主要从事产业园区的开发及特色植物的开发与应用。

刘振华（男，1984 年生），湖南宁乡人，湖南省林业科学院副研究员。中南林业科技大学园艺专业学士（2007），中国林业科学研究院园林植物与观赏园艺专业硕士（2010），林木遗传育种专业博士（2023），主要从事乡土树种培育研究工作。

梁立雄（男，1989 年生），河北保定人，西南民族大学生物技术专业学士（2013），中国林业科学研究院林木遗传育种专业硕士（2016），园林植物与观赏园艺专业博士（2019），毕业后在仲恺农业工程学院工作 1 年，2020 年入职河北工程大学园林与生态工程学院，主要从事园林植物保育研究工作。

王晓静（女，1993 年生），河南洛阳人，洛阳师范学院生物科学学士（2014），北京农学院森林培育专业硕士（2017），中国林业科学研究院园林植物与观赏园艺专业博士（2022），2022 年入职运城学院生命科学系，主要从事园林植物资源发掘与应用。

07

附录1 傅礼士年表

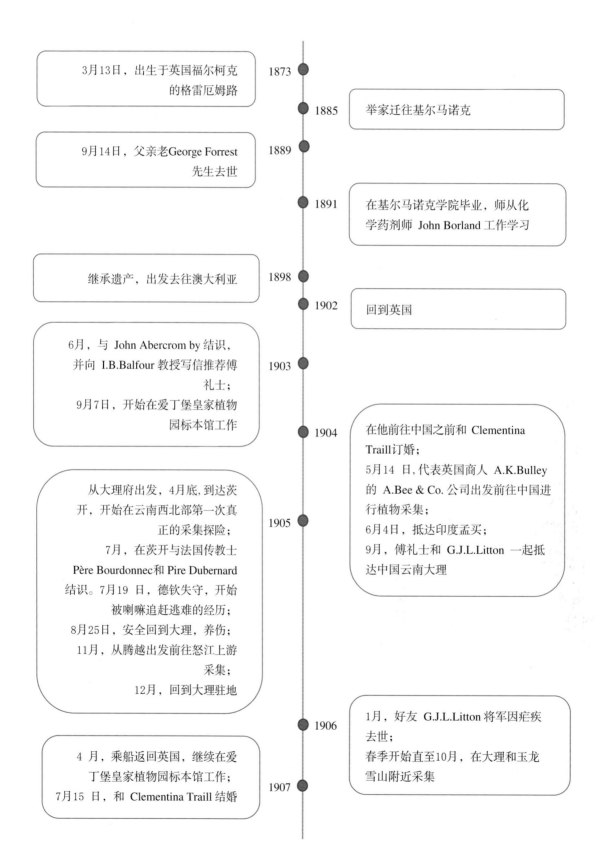

3月13日，出生于英国福尔柯克的格雷厄姆路 — 1873

1885 — 举家迁往基尔马诺克

9月14日，父亲老George Forrest 先生去世 — 1889

1891 — 在基尔马诺克学院毕业，师从化学药剂师 John Borland 工作学习

继承遗产，出发去往澳大利亚 — 1898

1902 — 回到英国

6月，与 John Abercrom by 结识，并向 I.B.Balfour 教授写信推荐傅礼士；
9月7日，开始在爱丁堡皇家植物园标本馆工作 — 1903

1904 — 在他前往中国之前和 Clementina Traill 订婚；
5月14 日，代表英国商人 A.K.Bulley 的 A.Bee & Co. 公司出发前往中国进行植物采集；
6月4日，抵达印度孟买；
9月，傅礼士和 G.J.L.Litton 一起抵达中国云南大理

从大理府出发，4月底，到达茨开，开始在云南西北部第一次真正的采集探险；
7月，在茨开与法国传教士 Père Bourdonnec和Pire Dubernard 结识。7月19 日，德钦失守，开始被喇嘛追赶逃难的经历；
8月25日，安全回到大理，养伤；
11月，从腾越出发前往怒江上游采集；
12月，回到大理驻地 — 1905

1906 — 1月，好友 G.J.L.Litton 将军因疟疾去世；
春季开始直至10月，在大理和玉龙雪山附近采集

4 月，乘船返回英国，继续在爱丁堡皇家植物园标本馆工作；
7月15 日，和 Clementina Traill 结婚 — 1907

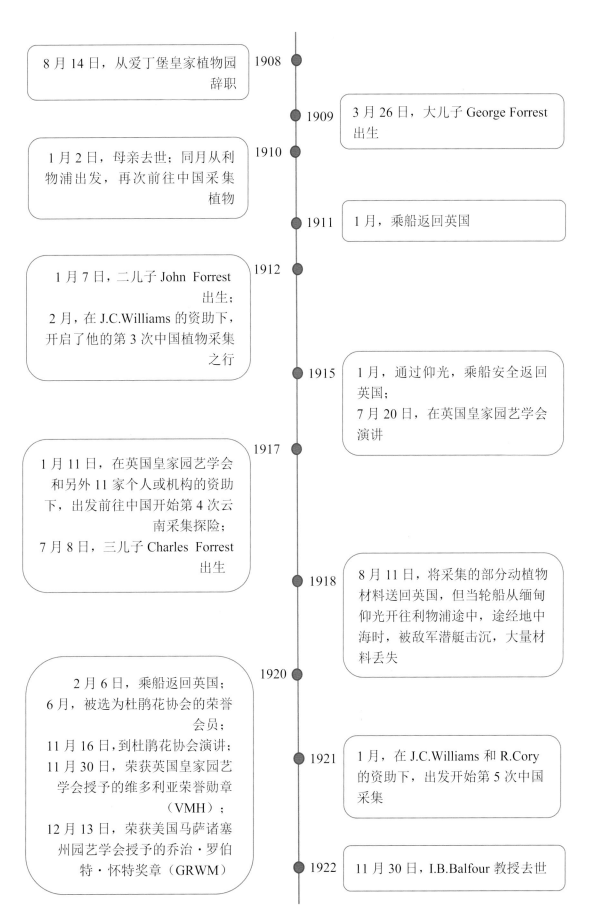

8月14日，从爱丁堡皇家植物园辞职　1908

1909　3月26日，大儿子George Forrest出生

1月2日，母亲去世；同月从利物浦出发，再次前往中国采集植物　1910

1911　1月，乘船返回英国

1月7日，二儿子John Forrest出生；
2月，在J.C.Williams的资助下，开启了他的第3次中国植物采集之行　1912

1915　1月，通过仰光，乘船安全返回英国；
7月20日，在英国皇家园艺学会演讲

1月11日，在英国皇家园艺学会和另外11家个人或机构的资助下，出发前往中国开始第4次云南采集探险；
7月8日，三儿子Charles Forrest出生　1917

1918　8月11日，将采集的部分动植物材料送回英国，但当轮船从缅甸仰光开往利物浦途中，途经地中海时，被敌军潜艇击沉，大量材料丢失

2月6日，乘船返回英国；
6月，被选为杜鹃花协会的荣誉会员；
11月16日，到杜鹃花协会演讲；
11月30日，荣获英国皇家园艺学会授予的维多利亚荣誉勋章（VMH）；
12月13日，荣获美国马萨诸塞州园艺学会授予的乔治·罗伯特·怀特奖章（GRWM）　1920

1921　1月，在J.C.Williams和R.Cory的资助下，出发开始第5次中国采集

1922　11月30日，I.B.Balfour教授去世

07

1923

3月，乘船返回英国，结束了他的第五次来华采集；
11月，在杜鹃花协会发表演讲；
12月20日，在爱丁堡皇家植物园发表演讲

1924

1月，J.C.Williams、R.Cory和W.Rothschild 的资助下，傅礼士出发开始第六次中国采集探险；
6月19日，当选林奈学会会员

1925

11月21日，哥哥 James Forrest 去世

1926

3月，乘船返回英国，结束了他的第六次来华采集

1927

7月，被选为新成立的杜鹃花协会的荣誉终身会员；
10月20日，获得英国皇家园艺学会的 Veitch 纪念奖章

1928

1月13日，参加爱丁堡植物学会讲座；
2月16日，妻子 Clementina Traill 当选为爱丁堡植物学会"Ordinary Fellow"，同时他的2个儿子当选为"Ordinary Members"；
3月3日，在 Kirkcaldy Naturalists' Society 发表演讲；
6月，眼部手术；
8月23日，姐姐 Isabella Forrest 去世

1929

在苏格兰远程指挥远在云南雇用的当地助手为 McLaren 集团采集中国植物；
10月，荣获英国皇家园艺学会颁发的"罗德杜鹃花奖杯"

1930

11月7日，再次离开家国，出发前往中国开始第七次来华采集

1931

3月，在中国云南腾越高黎贡山的森林中发现了 280 年龄的大树杜鹃，并指挥助手砍伐树干圆盘标本，并将其辗转运回英国

1932

1月5日，在中国腾越野外去世，享年 59 岁

附录2　傅礼士简易家谱[1]

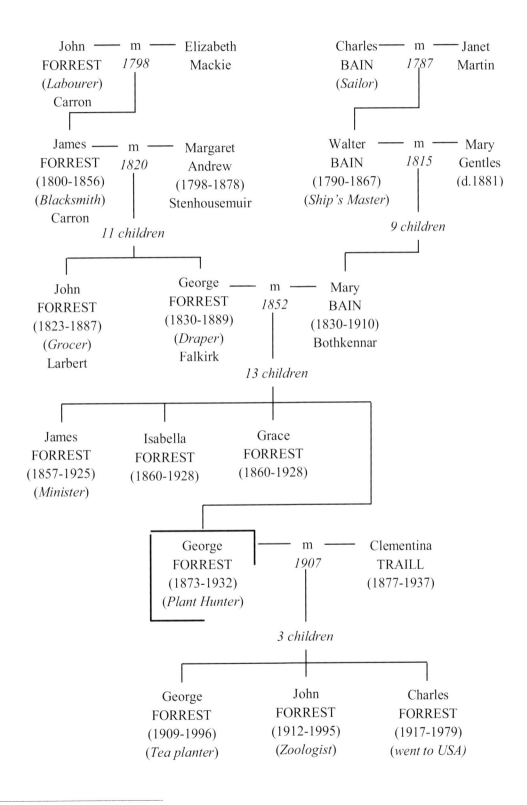

附录3 傅礼士七次来华资助者名单

代码	资助个人/机构		总费用（£）
	第一次来华采集（1904—1907）		
1	A.K.Bulley's nursery, Bees Ltd	Ness, Neston, Cheshire	/
	第二次来华采集（1910—1911）#		
1	A.K.Bulley's nursery, Bees Ltd	Ness, Neston, Cheshire	933.9
	第三次来华采集（1912—1914）		
2	J.C.Williams	Caerhays Castle, Cornwall	3108.13
	第四次来华采集（1917—1919）		
2	J.C.Williams	Caerhays Castle, Cornwall	4100
3	The Royal Horticultural Society	Wisley, Surrey	
4	Reginald Cory	Duffryn, Cardiff	
5	Duke of Bedford	Woburn Abbey, Bedfordshire	
6	SirJ.T.D.-Llewellyn	Penllergaer, Swansea	
7	Col.Stephenson R.Clarke	BordeHill, HaywardsHeath, Sussex	
8	H.J. Elwes	Colesborne, Gloucestershire	
9	Gerald W.E. Loder	Wakehurst Place.Ardingly, Sussex	
10	Lord Barrymore	Fota, Carrigtwohill, Co.Cork, Ireland	
1	A.K. Bulley	Ness, Neston, Cheshire	
11	C.C. Eley	East Bergholt Place, East Bergholt, Suffolk	
12	M.Yorke	??	
	第五次来华采集（1921—1923）		
4	Reginald Cory	Duffryn,Cardiff	5600
2	J.C.Williams	Caerhays Castle, Cornwall	
	第六次来华采集（1924—1925）		
4	Reginald Cory	Duffryn,Cardiff	7350
2	J.C.Williams	Caerhays Castle, Cornwall	
13	Lord W. Rothschild	Tring, Hertfordshire	
1929年为McLaren集团组织采集			
14	Hon. H.D. McLaren	Bodnant, Tal-y-Cafn, N.Wales	340.1
15	Hon. R. James	St. Nicholas, Richmond, Yorkshire	
16	L.de Rothschild	Exbury House, Exbury, Hampshire	
17	Sir F.C. Stern	Highdown, Goring-on-Sea, Sussex	
18	The Royal Botanic Garden, Edinburgh		
	第七次来华采集（1930—1932）*		
3	The Royal Horticultural Society	Wisley, Surrey	5974
4	J.J. Crosfield	Embley Park, Romsey, Hampshire	
5	Major L.W. Johnston	Hidcote Manor, Campden, Gloucestershire	
16	L.de Rothschild	Exbury House, Exbury, Hampshire	
4	Reginald Cory (for RBGE)	Duffryn, Cardiff	

（续）

代码	资助个人 / 机构		总费用（£）
2	J.C.Williams	Caerhays Castle, Cornwall	
16	L.de Rothschild (for RBG Kew)	Exbury House, Exbury, Hampshire	
1	A.K. Bulley	Ness, Neston, Cheshire	
19	Col. Stephenson R. Clarke	Borde Hill,Haywards Heath, Sussex	
20	K. McDouall	Logan, PortLogan, Wigtownshire, Scotland	
14	Hon.H.D. McLaren	Bodnant, Tal-y-Cafn, N.Wales	
21	Leonard C.R.Messel	Nymans, Handcross, HaywardsHeath, Sussex	
22	Sir Milner William	Parcevall Hall,Skipton,Yorkshire	
23	J.B. Stevenson	Tower Court,Ascot,Berkshire	
24	Lord S.A.S.M. Swaythling	Townhill Park, West End, Southampton, Hampshire	
25	Bentley	48, Rickmansworth Road, Watford, Hertfordshire	
26	Mrs.A.C.U. Berry	Portland, Oregon, U.S.A	
27	R.B. Cooke	Kilbryde, Corbridge, Northumberland	
28	Marquess of Headfort	Headfort, Kells, Co.Meath, Ireland	
29	Admiral A.W. Heneage-Vivian	Clyne Castle, Blackspill, Swansea, Wales	
30	Lt.-Col.J.N. Horlick	Achamore, Isle of Gigha, Scotland	
31	G.H. Johnstone	Trewithen, Probus, Cornwall	
32	Sir S.H. Kent	Chapelwood Manor, Nutley, Sussex	
33	Lady Leconfield	Petworth House, Petworth, Sussex	
9	Gerald W.E. Loder	Wakehurst Place, Ardingly, Sussex	
34	Brig.-Gen.D.L. MacEwen	Corsock, Dalbeattic, Kirkcudbrightshire, Scotland	
35	Sir J.F. Ramsden	Muncaster Castle, Ravenglass, Cumbria	
36	E.D.S. Sandeman	The Laws, Kingennie, Angus, Scotland	
37	Mrs. Straker	Stagshaw House, Corbridge, Northumberland	
38	H.G. Younger	Kittoes, Bishopsteignton, Teignmouth, Devon	
15	Hon. R. James	St.Nicholas, Richmond, Yorkshire	
39	Earl of Morley	Saltram, Plympton, Devon	
40	E.H.M. Cox	Glendoick, Perthshire, Scotland	
41	J.E. Renton	Branklyn, Perth, Scotland	
42	Dr. J.P.L. Guiseppe	Trevose, Felixstowe, Suffolk	
43	Marchioness of Londonderry	Mount Stewart, Newtownards, Co. Down, Ireland	
44	F.R.S. Balfour	Dawyck, Stobo, Peeblesshire, Scotland	
45	Sir J. Stirling-Maxwell,	Pollok House, Pollockshaws, Glasgow, Scotland	
46	Lady Beatrix Stanley	Sibbertoft Manor, Market Harborough, Leicestershire	

07

J.C. Williams 付钱给 A.K.Bulley 的 Bees Ltd. 公司购买傅礼士第二次来华采集的杜鹃花和松柏类植物的种子。

* 傅礼士第七次来华采集，赫特福德郡（Hertfordshire）的沃尔特·罗思柴尔德勋爵（Lord Walter Rothschild）除了请他为自己和英国皇家植物邱园采集植物外，另外出资500英镑请他同时为伦敦大英博物馆（现在的自然历史博物馆）收集鸟类和哺乳动物等。傅礼士这次探险有39个赞助商。

另，依据McLean2004年记载，正文及附录1中赞助商资助费用（£）额度均已换算为2002年英镑。

附录4 傅礼士发表的出版物

1905-11-06	Lama disturbances in North-west Yunnan; Destruction of a French Mission. A Scotsman's personal narrative, The Scotsman.
1907	Gentianaceae from eastern Tibet and south-west China, Notes R.B.G.Edinburgh, 4: 69-81.
1908	Primulaceae from western Yunnan and eastern Tibet, Notes R.B.G. Edinburgh, 4: 213-239.
1908	Journey on the Upper Salwin, October-December 1905, The Geographical J., 32: 239-266.
1909-11-20*	Chinese primulas [*Primula listera, Primula vincaeflora* and *Primula poissonii*]. Gardeners' Chronicle, 46: 344-345.
1909-12-18	*Cypripedium tibeticum* and *C. margaritaceum*. Gardeners' Chronicle, 46: 419.
1910	The land of the crossbow. National Geographic Magazine, 21: 132-156.
1910-01-01	*Lycoris aurea*. Gardeners' Chronicle, 47:12.
1910-01-08	*Androsace spinulifera*. Gardeners' Chronicle, 47:27.
1910-01-15	*Crawfurdia trailliana*. Gardeners' Chronicle, 47:44.
1910-01-22	*Primula sonchifolia*. Gardeners' Chronicle, 47:58.
1910-03-05*	Our supplementary illustration, [*Primula denticulata*]. Gardeners' Chronicle, 47:152.
1910-03-26	Our supplementary illustration, Scenes in Tibet and China. Gardeners' Chronicle, 47: 202.
1910-05-21	The perils of plant-collecting. Gardeners' Chronicle, 47: 325-326.
1910-05-28	The perils of plant-collecting(cont.). Gardeners' Chronicle, 47: 344.
1910-05-28	*Rhododendron racemosum*. Gardeners' Chronicle, 47: 343.
1910	Gentianaceae novae Orienti-Tibeticae atque Austro-Occidentali-Chinenses. Repert. Sp. Nov. Fedde, 8:152-157. (A republication of the descriptions of 10 species, originally published in Forrest, G., 1907.)
1911-07-22*	*Meconopsis delavayi*. Gardeners' Chronicle, 50: 51-52.
1911-08-19*	Our supplementary illustration [*Incarvillea lutea*]. Gardeners' Chronicle, 50:130.
1911-09-16	Chinese primulas, *Primula membranifolia* and *P. dryadifolia*.Gardeners' Chronicle, 50: 207-209.
1911-09-30	*Primula Beesiana*, Forrest. Gardeners' Chronicle, 50: 242-243.
1911-11-11	Our supplementary illustration [*Meconopsis integrifolia*]. Gardeners' Chronicle, 50: 339
1911-12-02*	*Iopyrum grandiflorum*. Gardeners' Chronicle, 50:391.
1911-12-30*	Our supplementary illustration [*Primula lichiangensis*]. Gardeners' Chronicle, 50: 473.
1912-01-11	Plant collecting in Western China. J. Horticulture and Home Farmer, 64: 34-36.
1912-02-10	*Saussurea gossypiphora* and *S. leucoma*. Gardeners' Chronicle, 51: 85.
1912-04-13	Our supplementary illustration [*Primula forestii*]. Gardeners' Chronicle, 51:240.
1912-05-04	Rhododendrons in China. Gardeners' Chronicle, 51:291-292.
1912-05-11	*Primula vincaeflora* and *P. pinnatifida*. Gardeners' Chronicle, 51: 320.
1915	The flora of north-western Yunnan. J. Royal Horticultural Soc., London, 41: 200-208
1916	New garden Dracocephalums from China, Trans, Bot. Soc. Edinburgh, 27: 89-93.
1916-05-13	*Primula blattariformis*. Gardeners' Chronicle, 59: 254.
1916-05-27	*Meliosma cuneifolia*, Fr.. Gardeners' Chronicle, 59: 279-280.
1916-09-02	New Chinese plants [*Aster staticefolius*]. Gardeners' Chronicle, 60: 116.
1916-09-09	New Chinese plants [*Delphinium likangense*]. Gardeners' Chronicle, 60: 129.
1916-10-28	*Didissandra lanuginosa*, Clarke. Gardeners' Chronicle, 60: 205-206.
1916	Notes on the flora of northwestern Yunnan. J. Rayal Horticultural Soc. London 42: 39-46.

1917	Contribution to Millais, J.G., Rhododendrons and the various hybrids, Longman, pp.18-25.
1917-09-15	Flora of the Chinese-Tibet borderland. Gardeners' Chronicle, 62: 105.
1917-10-27	Plant collecting in China. Gardeners' Chronicle, 62: 165-166.
1917	Plant hunting in Upper Burmah. The flora of Yunnan and Upper Burmah, Garden, 81: 346-347.
1918-01-26	Plant collecting in China. Gardeners' Chronicle, 63: 31-33.
1920	A lecture by Mr.George Forrest on recent discoveries of rhododendrons in China, Rhod, Soc. Notes, 2: 3-23.
1923	Some Meconopsis of Yunnan, (I), Country Life 54: 614-615. (II), Country Life, 54: 652-653.
1923	Rhododendrons of 1921 and 1922 and some trees and shrubs of Yunnan, Rhod. Soc. Notes, 2: 147-158.
1923	New Primulaceae. By Professor William Wright Smith and George Forrest, Notes R.B.G. Edinburgh, 14: 31-56.
1924	Exploration of N.W.Yunnan and S.E.Tibet, 1921-1922, Royal Horticultural Soc., London, 49: 25-36.
1924	The explorations and work of George Forrest (pp.16-19) and Exploration for Rhododendron,1917-22 (pp.19-26) in Millais, J.G. Rhododendrons and the various hybrids. Longnan, 2nd edition.
1927	Magnolias of Yunnan. In Millais, J.C.Magnolias, Longman. pp. 31-40.
1927	Some mew Asiatic Primulaceae, Notes R.B.G. Edinburgh, 15: 247-258.
1927	New species and varieties of Asiatic rhododendrons, Notes R.B.G. Edinburgh,15: 305-320.
1928	The sections of the genus Primula, Notes R.B.G. Edinburgh, 16: 1-50. [Reprinted with alterations in J. Royal Horticultural Soc., London 54: 4-50 (1929)].
1932	*Primula klaveriana*, New Flora & Silva, 5: 51-52.

★*Gardeners' Chronicle* 的 notes 和一幅整页的插图。文章中提到的材料是他的，但他的名字没有出现在注释的末尾。

07

附录5　基于傅礼士的采集而发表的论著

1909	Plantae Chinenses Forrestianae (plants discovered and collected by George Forrest during his first exploration of Yunnan and Eastern Tibet in the years 1904, 1905, 1906), in the Notes R.B.G. Edinburgh. Enumeration and Description of Species of Rosa. (With Plate LXII). By Dr. W. O. Focke, pp.65-70. Enumeration and Description of Species of Rubus. (With Plates LXIII-LXIX). By Dr. W. O. Focke, pp.71-78. Enumeration and Description of Species of Pedicularis. (With Plates LXX-LXXV). By M. Gustave Bonati, pp.79-92. Enumeration and Description of Species of Orchid. (With Plates LXXVI-LXXXIV). By Dr. Rudolf Schlechter, pp.93-114. Enumeration and Description of Species of Sedum. (With Plates LXXXV-LXXXVI). By M. Raymond Hamet, pp.115-122. Enumeration and Description of Species of Saxifraga and Bergenia. (With Plates LXXXVII-CII). By Professor A. Engler and E. Irmscher, pp. 123-148. New and Imperfectly Known Species. By Professor Dr. L. Diels, pp.161.
1912	The orchids obtained by George Forrest from the explorations of the year 1906 were identified and described by Dr. Schlechter in the Notes R.B.G. Edinburgh, pp. 93-113.
1912	Seeds and Plants Imported From April 1 to June 30, 1911. Plant Inventory No. 27; Nos. 30462 to 31370 (by united states). Washington government printing office.
1912—1913	Plantae Chinenses Forrestianae. Catalogue of all the Plants collected by George Forrest during his first exploration of Yunnan Tibet in the Years 1904, and Eastern 1905, 1906. Prepared by professor Dr. Louis Diels Marburg, in the Notes R.B.G. Edinburgh.
1913	The orchids obtained by George Forrest during his expeditions in the years 1904-1905 were dealt with by Mr Rolfe in the Notes R.B.G. Edinburgh, pp. 19-29.
1913—1915	Plantae Chinenses Forrestianae (plants discovered and collected by George Forrest during his first exploration of Yunnan and Eastern Tibet in the years 1904, 1905, 1906) , in the Notes R.B.G. Edinburgh. Description of new species of Celastraceae. With plates CXI-CXII. By professor Dr. Theodor Loesener, pp. 1-5. Description of new species of Pirolaceae. With plates CXIII-CXV. By H. Andres, pp. 7-9. Description of new species of Cyperaceae. By Oberpfarrer G. Kukenthal, pp. 10-11. Description of new species of Lespedeza. With plates CXVI-CXVIII. By Dr. A. K. Schindler, pp. 11-14. Description of new species of Asclepiadaceae. By Dr. Rudolf Schlechter, pp. 15-18. Enumeration and description of species of Orchideae. With plates CXIX-CXXII. By R. A. Rolfe, A.L.S., pp. 19-30. Description of new species of Geranium. By Dr. R. Knuth, pp. 31-36. Enumeration and description of species of Pedicularis. By Gustave Bonati, pp. 37-46.
1918	The genus *Nomocharis* by Professor Bayley Balfour, F.R.S. Botanical Society Edinburgh, pp. 273-300.
1918—1919	The species of *Rhododendron* have been discovered by George Forrest during his botanical exploration of Yunnan and the bordering area of S.E.Tibet in the years 1917 and 1918, were described by Professor Bayley Balfour, F.R.S, in the Notes R.B.G. Edinburgh.
1919—1921	The Maddeni Series of *Rhododendron*, by J. Hutchinson, F.L.S. including the beautifully preserved and fully annotated Yunnan collections of Mr George Forrest, in the Notes R.B.G. Edinburgh.
1920	Thomas O. 'Four new squirrels of the genus *Tamiogs*'. Annals and Magazine of Natural History, 5(9): 304-308.
1920—1922	New Orchids collected by George Forrest during the years 1912—1914 and 1917—1919, from Yunnan and Northern Burma, by W. W. SMITH, M.A. Notes from the R.B.G. Edinburgh.
1921	Rothschild L. 'On a collection of birds from West-Central and North-Western Yunnan'. Novitates Zoologicae, 28: 14-67
1922	Thomas O. 'On mammals from the Yunnan Highlands collected by Mr.George Forrest and presented to the British Museum by Col. Stephenson R. Clarke'. Annals and Magazine of Natural History, 10(9): 391-403.
1923	Allen GM. New Chinese Insectivores. New York: American Museum of Natural History, 100: 1-11.

（续）

1923	Rothschild L. 'On a second collection sent by Mr. George Forrest from N.W. Yunnan'. Nvvitates Zoologicae, 30: 33-58
1923	Rothschild L. 'On a third collection of birds made by Mr.George Forrest in North-West Yunnan'. Novitates Zoolegicae, 30: 247-267
1923	Hinton MAC. 'On the voles collected by Mr G. Forrest in Yunnan; with remarks upon the genera *Eothenomys* and *Neodon* and upon their allies'. Annals and Magazine of Natural History, 11(9): 145-162.
1923	Thomas O. 'On mammals from the Li-kiang Range, Yunnan, being a further collection obtained by Mr George Forrest'. Annals and Magazine of Natural History, 11(9): 655-663.
1923	Thomas O. 'Geographical races of *Petaurista alborufus*'. Annals and Magazine of Natural History, 12(9): 171-172.
1923—1924	Plantae Chinenses Forrestianae: Catalogue of the Plants (excluding- Rhododendron-collected by George Forrest during his fifth exploration of Yunnan and Eastern Tibet in the Years 1921-1922. By the Staff of the Royal Botanic Garden, Edinburgh. Notes from the R.B.G. Edinburgh.
1925	Rothschild L. 'On a fourth collection of birds made by Mr. George Forrest in North-Western Yunnan'. Novizates Zoologicae, 32: 292-313.
1926	Rothschild L. 'On the avifauna of Yunnan, with critical motes'. Novitates Zoologicae, 33: 189-343.
1929—1931	William Wright Smith. 'George Forrest'. Rhododendron Society Notes, Volume Ⅲ, No.V, pp. 271-275.
1944	Stern FC. Papers on the exploration of China. 3. The discoveries of the great French missionaries in Central and Western China. Proceedings of the Linnean Society of London, 156: 3-44.
1947	Sherff EE. Further studies in the genus *Dodonaea*. Botanical series, Field museum of natural history, 23(6): 269-317.

07

附录6 同行介绍傅礼士的经历和采集成果

1930	Stevenson JB. The species of Rhododendron. The Rhododendron Society.
1932	Anon. 'Mr. George Forrest'. Nature, 129(3251): 270.
	Anon. 'George Forrest, VMH'. Gardeners' Chronicle, 53-54.
	Anon. 'George Forrest'. Kew Bulletin, 106-107.
	Anon. 'George Forrest'. Ibis, 2(13): 354-355.
	Cox EHM. 'George Forrest'. New Flora & Silva 4: 180-186.
	Smith WW. 'George Forrest', 1873—1932. Rhododendron Soc., Notes, 3(5): 271-275 (reprinted in J. Horticultural Soc., 57(2): 356-360, and in Trans. Bot. Soc. Edinburgh, 31: 239-243)
	Taylor G. 'George Forrest (1873—1932)'. J. Botamy, 70: 79-81.
1934	Taylor G. An account of the genus *Meconopsis*, New Flora and Sylva Lid., London.
1935	Scottish Rock Garden Club. George Forrest, VMH, 1873—1932. Scottish Rock Garden Club.
1935	Forrest G. Explorer and Botanist who by his discoveries and plants successfully introduced has greatly enriched our gardens, Scottish Rock Garden Club. Edinburgh: Stoddart & Malcolm Ltd.
1945	Cox EHM. Plant-Hunting in China: A History of Botanical Exploration in China and the Tibetan Marches, Oxford University Press.
1947	A list of hardy plants suited to rock gardens and woodland gardens. Green Pastures Gardens, 4-22.
1952	Cowan JM. The Journeys and plant introduction of George Forrest, VMH, Oxford University Press for the RHS.
1953	Sealy JR, and Cowan JM. George Forrest, Plant Collector. Kew Bulletin, 8(2): 205.
1969	Alice C. The plant hunters. McGraw-Hill.
1969	Fletcher HR. The story of The Royal Horticultural Society, 1804-968. Oxford University Press for the RHS.
1970	Fletcher HR, and Brown WH. The Royal Botanic Garden Edinburgh, 1670—1970. George Forrest (1873-1932), foremost plant collector in the Himalaya and Western China. Edinburgh Her Majesty's Stationery Office.
1973	Forrest G Jr. George Forrest "the man" by his eldest son. Journal of the Scottish Rock Garden Club, 13(3): 169-175.
1973	Keenan J. 'George Forrest, 1873—1932'. J. Royal Horticultural Soc. 98: 112-117.
1973	Aitken JT, Forrest G(jnr), Hulme JK, and Keenan J. A special George Forrest centenary issue of J. Scottish Rock Garden Club, 13(52).
1974—1975	Aitken JT. 'George Forrest in perspective' (The Clark Memorial Lecture given at West Kilbride an 14 October 1973). J. Scottish Rock Garden Club, 14: 33-43.
1996	Postan C. The Rhododendron story, RHS.
1997	McLean B. A Pioneering Plantsman: A.K.Bulley and the Great Plant Hunter, The Stationery Office, London.
1997	Whittle T. The Plant Hunters: Tales of the Botanist-Explorers Who Enriched Our Gardens (Horticulture Garden Classic). Lyons Press.
1998	Mearns B, and Mearns R. The bird collectors, Academic Press, London.
1999	Musgrave T, Gardner C, and Musgrave W. The plant hunters, Seven Dials, Cassell & Co. The Orion Publishing Group Wellington House, 125 Strand London.
2000	Robertson FW, and Alistair M. Scottish rock gardening in the 20th Century, Scottish Rock Garden Club.
2001	LeCroy M, and Dickinson EC. 'Systematic notes on Asian birds,17: Types of birds collected in Yunnan by George Forrest and described by Walter Rothschild'. Zoologische Verhandelingen (Leiden), 335: 183-198.
2003	Hitchmough J. Review of George Forrest Plant Hunter by Brenda McLean. Garden History, 31(2): 230-231.

（续）

2004	McLean B. George Forrest: Plant Hunter. Printed in Spain, by the Antique Collectors' Club Ltd, Sandy Lane, Old Martlesham, Woodbridge, Suffolk.
2004	Ida M. *The Botanics* (production of Royal Botanic Garden Edinburgh). The magazine of the National Botanical Gardens of Scotland in association with its members. George Forrest, life and legacy of a plant hunter.
2004	Marincola J, Derow P, and Parker R. Herodotus and his World. Essays from a Conference in Memory of George Forrest. The Journal of Hellenic Studies, 124: 193.
2005	Schilling T. Review of George Forrest Plant Hunter by Brenda McLean. Curtis's Botanical Magazine, 22(2): 141-142.
2005	Dixon G. Review of George Forrest Plant Hunter by Brenda McLean. The Horticulturist, 14(2): 22.
2005	Nottle T. Review of GEORGE FORREST: PLANT HUNTER by Brenda McLean. Australian Garden History, 16(5): 20-21.
2005	[英]托比·马斯格雷夫(Toby Musgrave), [英]克里斯·加德纳(Chris Gardner), [英]威尔·马斯格雷夫(Will Musgrave) 编著, 杨春丽, 袁瑀译. 植物猎人 (The Plant Hunters). 太原: 希望出版社.
2011	Glover DM, Harrell S, McKhann CF, et al. Explorers and Scientists on China's Borderlands, 1880—1950. University of Washington Press.
2019	Sim H. George Forrest (1873—1932) Yun-nan Plant Collection and Image Errors. 江原始学, 32: 222. (韩文）

07

China 园林之母

08
-EIGHT-

中国植物标本馆
Chinese Herbaria

崔　夏*

[国家植物园（北园）]

CUI Xia*

[China National Botanical Garden (North Garden)]

* 邮箱：cuixia@chnbg.cn

摘　要： 对《中国植物标本馆索引》（*Index Herbariorum Sinicorum*）（1993）、《中国植物标本馆索引（第二版）》（*Index Herbariorum Sinicorum*）（Second Edition）（2019）、《世界植物标本馆索引》网络版（*Index Herbariorum*）（IH-Online）三方中国植物标本馆信息进行汇总、对比、分析与讨论，同时结合国家植物标本网络数据库和各地区实际物种数对各省（自治区、直辖市）的标本实际收藏进行评价，对目前标本馆的现状以及存在的问题进行了探讨。结果表明中国实际有效标本馆382家，其中263家（68.85%）的标本馆集中于1950—1990年间建立；实际标本馆更新277家（72.51%），但是网络版自2011年至今，全球植物标本馆约2/3进行了更新，我国标本馆仅约1/4进行了更新（105家）。中国实际标本馆收藏量已经达到24 967 343份，平均每个物种约有675份，约占世界平均水平的3/5。近年来中国植物标本的积累突飞猛进，但针对标本采集薄弱地区，仍需加强重视采集活动；与此同时，尤其要加强国际网络版的注册以及及时更新。

关键词： 标本馆　中国

Abstract: The herbarium information in China of *Index Herbariorum Sinicorum* (1993), *Index Herbariorum Sinicorum* (Second Edition) (2019) and *Index herbariorum* (IH-Online) are summarized, compared, analyzed and discussed. At the same time, the actual collections of specimens in each province based on the national herbaria network database and the actual species number in each province are evaluated, and the current situation and existing problems of the herbaria in China are discussed. The results showed that there were 382 effective herbaria in China, of which 263 (68.85%), were established between 1950 and 1990. Among them, 277 (72.51%) of the actual herbaria have been updated. Since 2011, about the two-thirds of the global herbaria have been updated, while only about one quarter (105) of the Chinese herbaria have been updated. The number of herbarium specimens in China has reached 24 969 243, with an average of 675 specimens per species, accounting for about 3/5 of the world average. Recent years, the rapid progress of the accumulation of plant specimens has been made in China, but the collective activities in the weak areas should be paid to more attention. In addition, the international online registration of Chinese herbaria and timely updated are needed specially.

Keywords: Herbaria, China

崔夏，2023，第8章，中国植物标本馆；中国——二十一世纪的园林之母，第五卷：515-574页.

植物标本馆是保藏植物标本和开展科学研究及科普教育的重要机构。首先，植物标本馆是生物标本保藏及其相关信息的收集和储藏中心。每一张植物标本包含着一个植物的大量信息，诸如形态特征、地理分布、生态环境和物候期等，是植物分类和植物区系研究必不可少的科学依据，也是植物资源调查、开发利用和保护的重要基础资料。植物标本馆则是专门保存植物标本并对外开放的场所；而电子信息技术的发展又为标本馆的现代化和信息化管理创造了便利条件，大量的标本信息借助电子信息技术以惊人的速度在世界范围内发送和传播。其次，植物标本馆是植物分类与系统学及相关学科研究的重要中心。世界著名的《植物种志》（*Species Plantarum*）、《植物属志》（*Genera Plantarum*）、《中国植物志》等巨作无一不是依靠各标本馆的众多植物标本为基础资料编写而成。植物标本馆提供了分类学、系统学、生态学、形态学、保护生物学、生物多样性、民族植物学等众多学科的基础材料，是一个名副其实的信息储藏库。再次，植物标本馆是重要的教学和科普基地。标本馆凭借丰富的馆藏及图书资料等素材为学生、研究者提供各类教育课程和培训，并可以针对不同年龄、职业人群进行适宜的标本介绍、植物展览、甚至野外科考等科普工作。最后，植物标本馆也是政府为维护国际关系，开展本地、区域和全球研究及交流活动的重要平台（覃海宁和杨志荣，2011；张宪春 等，2018）。

中国最早的植物标本馆是香港植物标本馆（HK），于1878年成立；而中国内陆的现代植物标本馆则始于20世纪初，1914年钟观光先生建立了北京大学植物标本室（孟世勇 等，2018）。此后秉志、胡先骕等在1928年成立了静生生物调查所植物标本馆，刘慎谔、林镕等在1929年建立了北平研究院植物学研究所标本馆；1950年两所标本馆重组，成立了中国科学院植物分类学研究所标本馆（PE），当时馆藏各类植物标本20万份（覃海宁和杨志荣，2011）。新中国成立后，我国的标本馆建设进入大发展时期，1950—1990年间我国共建馆263家。截至1993年，全国植物标本馆共收藏植物标本16 135 547份。到2021年底，中国共建有植物标本馆391家，遍布31个省（自治区、直辖市）及香港、台湾，植物标本总馆藏量达21 958 010份（Thiers, 2022[1]）。可以看出，近30年间标本数量增加了5 822 463份，增幅高达36.08%。目前我国馆藏量超过20万份以上的大型植物标本馆有17家，馆藏量最多的是中国科学院植物研究所植物标本馆（PE），馆藏量为265万份[2]，名列亚洲地区植物标本馆之首、全球排名第25。百年来，我国标本馆从无到有，馆藏量逐年攀升，标本馆信息逐步完善，种种成绩无不说明中国植物标本馆的发展突飞猛进，中国乃名副其实的"园林之母"。

本文根据现有资料，对中国植物标本馆现状以及存在的问题进行探讨，不仅仅是展示百余年来中国植物标本馆事业的发展，更重要的是借以提高相关人员的意识和管理水平、展示其相关的科学功能并发挥其最大的影响与效益。

08

1 数据来源

1.1 《中国植物标本馆索引》

《中国植物标本馆索引》（*Index Herbariorum Sinicorum*, 傅立国, 1993; 中英文版）首次根据国际惯例记载中国318家标本馆（室）的标准缩写代码、收藏量、研究人员的特长、出版物、联系人以及详细的联系地址等（包括港澳台）及植物标本馆标本藏量总计约1 600万份。该书不但详细列出现有学者而且还包括已经过世的学者，这样的工作即使是世界性的工作 *Index Herbariorum*（1990）第8版也没有做到（马金双，2022）。该书附录4共收录345家标本馆，其中10家（标有*）因为缺资料暂未列入。该书出版后，*Index Herbariorum*（1990）第8版的主持人Patricia K.Holmgren等先后在Taxon上连续报道，并依据1993年版本数据添加至国际网络数据库。

当时由于时间太匆忙，加之资料有限，还有很多历史性的信息没有收集，甚至一些在 *A Bibliography of Eastern Asiatic Botany*（Merrill & Walker, 1938）和 *A Bibliography of Eastern Asiatic Botany Supplement*（Walker, 1960）中的内容都没有来得及考虑，同时还有一些遗漏以及个别错误等。进一步考虑，该书再版时应该考虑申请IAPT的 *Regnum Vegetabile* 出版系列，这样会增加该书

---

1 至2023年6月30日本文截稿，该网站一直未发布2022年度的年报。
2 网络数据，与第二版略有不同，特此说明。

在世界上的影响与使用，以及中国植物标本馆的影响（马金双，2022）。

1.2 《中国植物标本馆索引》（第二版）

《中国植物标本馆索引》（第二版）（*Index Herbariorum Sinicorum*, Second Edition, 覃海宁 等，2019）是《中国植物标本馆索引》的修订版，共收载中国植物标本馆359家，其中226家标本馆的信息得到更新或记载，包括原来第一版的185家和第二版首次记载的41家，每家标本馆的主要信息包括联系方式、收藏情况、职员以及专长等。194家标本馆还附有标本馆库房及建筑照片。该书除226家标本馆得到更新外，转移20家、未取得联系91家、联系不上1家、不存在6家、未更新14家、闲置中1家。

《中国植物标本馆索引》（第二版）中226家信息得到更新的标本馆馆藏标本共2 150万份；其中约1 000万份实现了数字化且共享。与《中国植物标本馆索引》（第一版）相比，在第二版中，原第一版的185家信息更新标本馆馆藏标本总量达到1 989万份，比1993年时（1 415万份）增加了40.56%；近半数中国标本馆馆藏标本少于5万份，仅有3家标本馆拥有100万份以上标本。他们分别是中国科学院植物研究所标本馆（PE）280万份、中国科学院昆明植物研究所标本馆（KUN）145万份、中国科学院华南植物园标本馆（IBSC）105万份（覃海宁 等，2019）。

诚然，《中国植物标本馆索引》（第二版）的再版存在些许不足。例如，本书第一版遗漏的很多历史性信息应该收集或增补；再版也应考虑申请IAPT的*Regnum Vegetabile*出版系列，这样会增加本书在世界上的影响与使用，特别是中国学者的名字在海外并不是很清楚，包括IPNI等相关数据库等都存在诸多漏洞甚至错误（杜诚和马金双，2022）。但瑕不掩瑜，修订版自2003年、2006年

和2013年三次启动，前后达十多年，终于成书，包括作者亲自赴相关地区进行实地调研等，不仅原来第一版的185家得到了更新，而且还有41家首次记载，不仅增加了新内容（包括原来人员的变动等），而且还填补了网址和邮箱以及图片，外加兴趣索引等（马金双，2022）。本版针对第一版遗留的未记载标本馆问题也尽力进行了补充，如对CTC和JLAU两家标本馆进行了信息更新。此外，第一版遗留的10家未定里面的7家（包括：IQ并入MBMCAS、TC并入ATCH）在第二版再版时给予了交代；其他3家未定[3]；17家（注有**）已被转并（杜诚和马金双，2022）。总之，全国性的基本资料收集，特别是数字化的今天，可谓十分艰辛；再版工作实属不易，值得称赞。

1.3 《世界植物标本馆索引》（*Index Herbariorum*）

《世界植物标本馆索引》（*Index Herbariorum*）是国际植物分类学会（International Association for Plant Taxonomy, IAPT: https://www. iaptglobal. org）官方的权威出版物（Cowan & Stafleu, 1982）。记载了世界各国与地区植物标本馆的基本信息，诸如所在地、成立时间、标本储藏量与特色、人员的特长以及联系方式、网址、更新信息、目前状态等。该工作于"二战"之后正式启动，起先经历了8版纸质版（Holmgren et al., 1981; Holmgren et al., 1990）。20世纪90年代初，Holmgren夫妇承担了世界植物标本馆索引数据库的开发工作，并于1997年上线运行（http://sweetgum.nybg.org/science/ih/，又称国际植物标本馆注册数据库；Index Herbarioum, IH-Online）。至此，现代的网络版取代了传统的纸质版。2008年9月，Barbara M.Thiers博士接任纽约植物园标本馆馆长并接手世界植物标本馆索引的编辑工作；2017年又得到了美国国家科学基金会的资助，园内的生物多样性信息管理小组对索引数据库进行了较大的修改与

---

3 GZCM贵阳中医学院中药系植物标本室；XZCA西藏农牧学院；LZDS中国科学院兰州沙漠研究所沙坡头试验站植物标本室。

更新，包括新增了馆藏主要类群的标本总量、馆藏物数字化进度，并提供了数据接口便于其他应用程序接入获取相关数据，进而提高了植物标本馆数据的使用效率。世界上每一家植物标本馆均可注册，而注册之后均可以自行随时在网上更新以确保信息的完整并及时（葛斌杰 等，2020）。

《世界植物标本馆索引》网络版（*Index Herbariorum*）（IH-Online）有详细的标本馆收藏量概况介绍，诸如馆藏数量、主要收藏类群、主要来源地以及主要采集者、特色收藏等。但也存在诸多不尽如人意之处。其一，所有的数据依靠网络注册之后，各家单位主动更新频率不同将导致网络信息与实际不同步。自2011年至今，全球植物标本馆约2/3进行了更新，我国标本馆仅约1/4进行了更新，尤应引起注意；特别是很多标本馆网站上显示为截至2017年已经有15年未进行更新。其二，由于各自理解或者把握的尺度不一，所提供的同一类数据其一致性与系统性也并非完全一致；例如：目前状态栏有的标本馆标注为空、有的标注为状态不清楚；而有的标本馆在目前状态栏里不标注，但又在注释栏里注明目前状态不清楚；工作人员方面的信息就更为复杂，除了研究人员和标本管理员外，是否包括退休人员、助理人员、实习生和志愿者等等各标本馆尺度也不尽相同。

截至2021年年底，《世界植物标本馆索引》网络版数据库共收载183个国家或地区的3 522家标本馆；累计总馆藏标本397 598 253份，全球标本馆累计记载12 771名人员。就中国而言，截至2021年年底，《世界植物标本馆索引》网络版数据库共收载中国标本馆416家[4]，其中目前状态为活跃的396家，不活跃19家，永久关闭的1家；中国累计总馆藏标本21 958 010份，累计记载1 541名人员，包括台湾16家标本馆1 527 126份标本、66名人员（Thiers, 2022）。

2 中国标本馆现状分析

2.1 实际标本馆数据校对

对3个来源的标本馆信息进行整合分析，尽可能地了解中国目前的标本馆数目及现状。因《中国植物标本馆索引（第二版）》收载的359家标本馆包括第一版的所有318家，则主要分析《中国植物标本馆索引（第二版）》和《世界植物标本馆索引》网络版目前有效的中国植物标本馆情况。以《世界植物标本馆索引》网络版为基础，结合《中国植物标本馆索引（第二版）》更新时间等信息进行分析，推算有效的标本馆信息。

截至2021年年底，《世界植物标本馆索引》网络版数据库共收载中国（包括台湾）标本馆416家，其中运行的（active）396家，停止（inactive）19家，永久关闭（permanently closed）1家。此处需要说明的是：19家停止的标本馆中有17家是已转移，1家是指YH不存在，1家是指LUS，LUS与LBG是同一家，使用LBG；永久关闭的1家是指WCU，

---

4 截至2023.6.30本文截稿，该网站一直未发布2022年度的年报。此处中国相关标本馆个数均采用主页搜索的结果，作者认为这样会更全面、完整。截至2023.6.30通过网站主页搜索目前活跃的标本馆比2021年年报多出来5个标本馆，分别是TIO、HMSAU、FAFU、HJAUP、ZJSC，其中FAFU与FJFC为同一个标本馆，计算标本馆总数时取其一。

目前已转移至SZ；也就是说《世界植物标本馆索引》网络版数据库真正有效运行的中国植物标本馆是396家，包括台湾标本馆为16家。

《中国植物标本馆索引（第二版）》中以*标记为未取得联系的91家标本馆，其中90家在网站上均标记为截至2017年已有15年未进行更新，另一家注释标记为空。《中国植物标本馆索引（第二版）》中*联系不上的1家标本馆是HLNM，在网站注释标记为截止2017年已有15年未更新。《中国植物标本馆索引（第二版）》中*未取得联系或者联系不上的现在均无法通过在线的《世界植物标本馆索引》网络版（Index Herbariorum: IH-Online）数据库有关信息进行实际情况的判断，仅能判断目前状态都是运行，因此本文计算总数时均暂且保留。

《中国植物标本馆索引（第二版）》中*转移了20家标本馆（AIB、AMMS、CIS、SWAU、NWUB、IBSD、HFB、HEBI、HUE、HUTM、NMFC、YL、SDFS、SHCT、KUNE、PYU、YCE、SMAO、ZAU、ZJMA），而《世界植物标本馆索引》网络版数据库标注转移的仅AMMS 1家且已停止（inactive）；标注2011年8月进行过更新的1家是PYU，其余18家标本馆（AIB、CIS、SWAU、NWUB、IBSD、HFB、HEBI、HUE、HUTM、NMFC、

YL、SDFS、SHCT、KUNE、YCE、SMAO、ZAU、ZJMA）均标注为截至2017年已有15年未更新。也就是说《中国植物标本馆索引（第二版）》中已标注转移的20家标本馆中，有18家在《世界植物标本馆索引》网络版数据库上明确说明未更新。从这个角度来说，更新率仅为10%。因此，计算总数时应减去19家确实转移且运行的标本馆。

《中国植物标本馆索引（第二版）》中*已不存在6家标本馆（GXEM、HFBG、HUIF、NAN、SDFI、ZMU），在《世界植物标本馆索引》网络版数据库上目前均未更新，网站状态为运行且注释标注均是截至2017年已有15年未更新。实则这6家标本馆在《世界植物标本馆索引》网络版上均应更改为停止。计算总数时应减去这已不存在的这6家标本馆。

《中国植物标本馆索引（第二版）》中首次记载的41家标本馆中有12家未在《世界植物标本馆索引》网络版数据库上注册。说明网络在线的《世界植物标本馆索引》应进一步加大注册普及力度，尤其在欠发达省份提高普及意识。计算总数时应加上12家未在《世界标本馆索引》网络在线版上注册的标本馆。详细（所在省份，单位名称，英文名称，标本馆缩写及建立年代）见表1：

表1　12个未在网站上注册的标本馆

省份 Province	中文全称 Chinese Name	英文全称 English Name	标本馆代码 Acronym	建馆时间（年） Est. time (Year)
陕西	西北农林科技大学植物保护学院真菌标本室	Fungus Herbarium, College of Plant Protection, Northwest Agriculture and Forestry University	NAUFH	1940
黑龙江	东北农业大学生命科学学院植物标本室	Herbarium, College of Life Science, Northeast Agricultural University	NEAU	1948
江苏	南京森林警察学院植物标本室	Herbarium, Nanjing Forest Police College	NFP	1953
福建	福建林业职业技术学院植物标本室	Herbarium, Fujian Forestry Vocational Technical College	FFVTC	1954
上海	第二军医大学（海军军医大学）植物标本馆	Herbarium, Second Military Medical University	SMMU-BH	1956
云南	云南中医学院中药标本馆	Herbarium, Yunnan University of Traditional Chinese Medicine	YNTCM	1972
湖南	湖南食品药品职业学院中药系植物标本室	Herbarium, Department of Chinese Materia Medica, Hunan Food and Drug Vocational College	HUFD	1979
新疆	新疆大学"中国西北干旱区地衣研究中心"地衣标本室	Lichen Herbarium, Lichens Research Center in Arid Zones of Northwest China, Xinjiang University	XJU-NALH	1985

（续）

省份 Province	中文全称 Chinese Name	英文全称 English Name	标本馆代码 Acronym	建馆时间（年） Est. time (Year)
云南	云南香格里拉高山植物园标本馆	Herbarium, Shangri-la Alpine Botanical Garden, Yunnan	SABG	1987
山西	山西中医学院植物标本室	Herbarium, Shanxi University of Traditional Chinese Medicine	SXTCM	2005
贵州	贵阳药用资源博物馆标本室	Herbarium, Guiyang Museum of Medical Resources	GYBG	2008
山东	聊城大学生命科学学院地衣标本室	Lichen Herbarium, College of Life Science, Liaocheng University	LCU（曾用LHS）	2013
山东	山东省林木种质资源中心植物标本室	Herbarium, Shandong Forest Germplasm Resources Center	SDFGR	2016

通过以上分析，作者利用《世界植物标本馆索引》网络版数据库中运行的396家，减去《中国植物标本馆索引（第二版）》标注转移同时又在《世界植物标本馆索引》网络版运行的19家，再减去《中国植物标本馆索引（第二版）》标注不存在的6家，加上在《世界植物标本馆索引》网络版不存在而在《中国植物标本馆索引（第二版）》中首次记载的12家，减去HNHPS（经核实HNHPS与HHNNR为同一家标本馆，使用HHNNR）。汇总后中国目前有效标本馆数不超过382家。详见附表。

2.2　建馆时间分布

通过信息汇总（图1）：中国目前有效标本馆382家，其中中国大陆361家、中国台湾16家、中国香港5家；这些标本馆中有14家没有建馆年代，有263家（约占有建馆年代标本馆数的71.47%）集中于1950—1990年间建馆，最早建馆的是1878年的香港植物标本馆（HK），2010—2021年末共建馆25家，几乎每年都有新建馆。

2.3　标本馆更新情况校对

《世界植物标本馆索引》网络版数据库中各省（自治区、直辖市）标本馆情况如下（图2）：各省（自治区、直辖市）进行更新的标本馆数，前6位由多到少依次为台湾、广东、北京、山东、云南、吉林，更新数/省（自治区、直辖市）总数分别为

08

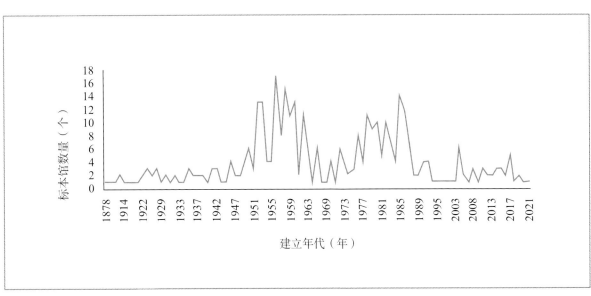

图1　中国标本馆建立时间和数量

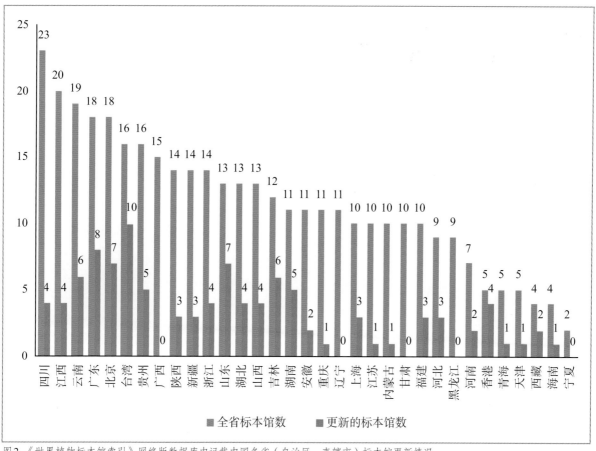

图2 《世界植物标本馆索引》网络版数据库中记载中国各省（自治区、直辖市）标本馆更新情况

10/16、8/18、7/18、7/13、6/19、6/12；就更新率来说，更新率超过各省（自治区、直辖市）一半且由大到小依次为香港、台湾、山东、西藏、吉林，它们的更新率分别为80%、62.5%、53.85%、50%、50%。

通过对三方面数据来源进行整合，实际各省（自治区、直辖市）标本馆更新情况如下（图3）：前6位由多到少依次为广东、北京、贵州、广西、云南、四川，更新数/省（自治区、直辖市）总数分别为16/18、15/18、15/16、15/15、14/19、13/23；就更新率来说，更新率超过全省（自治区、直辖市）标本馆总数的90%且由大到小依次为广西、河南、西藏、贵州、山西、湖南、安徽，它们的更新率分别为100%、100%、100%、93.75%、92.31%、90.91%、90.91%。

仅从《世界植物标本馆索引》网络版数据库看（参见图4），具有更新时间的仅105家标本馆，更新率仅为27.49%，其中有99家都是从2011年起

在网站更新的，更新最多的年份为2017年更新了28家，2017、2018、2019、2020和2021年在《世界植物标本馆索引》网络版数据库上的更新数目分别是28、6、7、10和11家。这可能是受国际植物学大会相关呼吁的影响（马金双，2015），当然，也间接说明我们有能力引导各标本馆进行积极的信息更新。

对三个数据来源进行整合看标本馆更新情况（参见图5），一共累计更新了277家标本馆，更新率为72.51%，其中，2015年更新数量最多，为87家，这主要是由于《中国植物标本馆索引（第二版）》在编写时，2013—2016年间进行了材料收集，2015年提交信息的标本馆数量较多。其次，2017年也是更新较多的年份，为66家。

从《世界植物标本馆索引》网络版数据库看，具有更新时间的仅105家标本馆，更新率仅为27.49%；通过3个数据来源进行整合后看，实际更新了277家标本馆，更新率为72.51%。更新率为

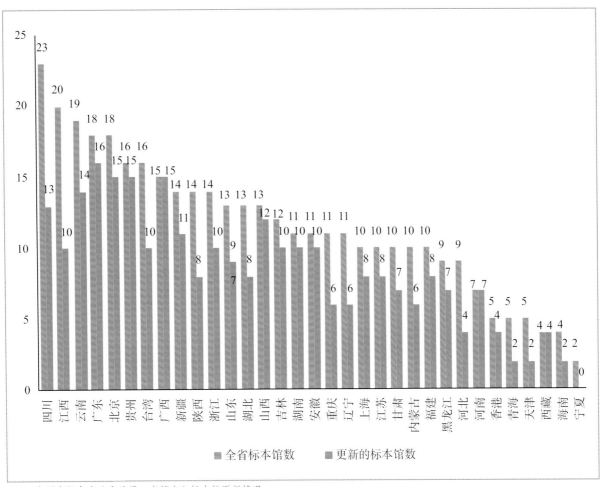

图3　中国实际各省（自治区、直辖市）标本馆更新情况

08

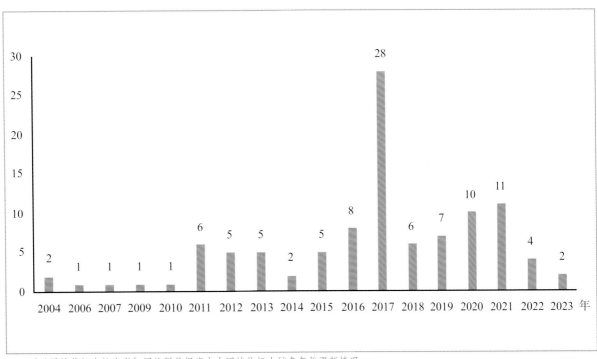

图4　《世界植物标本馆索引》网络版数据库中中国植物标本馆各年份更新情况

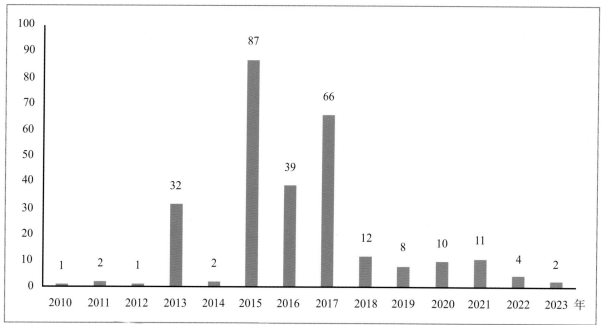

图5　中国植物标本馆实际各年份更新情况

27.49%到72.51%的巨大差距也能看出，我国各标本馆在世界网络数据库上及时进行更新的迫切性。在此呼吁无论人员、标本数、联系方式等任何信息发生变更，各标本馆均应积极主动更新，以便同行进行有效交流。

2.4　各省（自治区、直辖市）标本馆馆藏

整理并掌握各省（自治区、直辖市）区目前的标本收藏状况，对于我们的工作具有明显的借鉴意义，并借此看到我们的不足以及努力方向。

2.4.1　各省（自治区、直辖市）标本馆馆藏

截止到2021年年底，《世界植物标本馆索引》网络版数据库共记载183个国家或地区拥有标本馆计3 522家，累计总馆藏标本397 598 253份，全球标本馆累计记载12 771名人员。过去3年间（2019—2021）（Thiers, 2020, 2021, 2022），全球累计新注册标本馆（并非新成立而是新注册的）275所，新增馆藏标本2 677 704份，全世界物种共计约37万种。按保守估计，目前平均每个物种至少有1 070份标本，这个数字相当惊人。现在世界已有37家

机构收藏量超过200万份，且主要集中于欧美等发达国家，世界上英国皇家植物园邱园（K）排名第一，标本已经达到812.5万份；中国科学院植物研究所植物标本馆（PE）为我国馆藏量最多，目前馆藏量为265万份，全球排名第25。

《中国植物标本馆索引》（1993）记载中国318家植物标本馆收藏标本16 135 547。中国按照3.7万种高等植物物种数目计，那么平均每个物种至少有标本430份，不足当时世界平均水平的一半。如今30年过去了，依据《世界植物标本馆索引》网络版（Index Herbariorum: IH-Online）数据库上2021年年底统计资料显示，中国现行的标本馆收藏量已经达到21 958 010份，平均每个物种至少有590份，超过世界平均水平的一半，比30年前平均每个种增加了160份（增幅达37.21%）。若依据的目前中国的382家有效标本馆的最新馆藏量计算，中国现行的标本馆收藏量已经达到24 967 343份，平均每个物种约有675份，达到世界平均水平的3/5，比30年前平均每个种增加了245份（增幅达56.00%）；这充分说明近年来中国植物标本的积累突飞猛进。中国大型植物标本馆（20万份以上）有17所（详见表2）。

表2　中国大型植物标本馆（馆藏量20万份以上）

标本数量 Specimens	单位名称 Institution Names	标本馆代码 Acronym	建馆时间（年） Est. time（Year）
2 650 000	中国科学院植物研究所植物标本馆	PE	1928
1 114 000	中国科学院昆明植物研究所标本馆	KUN	1938
1 000 000	中国科学院华南植物园标本馆	IBSC	1928
700 000	江苏省中国科学院植物研究所标本馆	NAS	1923
550 000	西北农林科技大学生命科学学院植物标本馆	WUK	1936
550 000	广西植物研究所标本馆	IBK	1935
521 000	中国科学院沈阳应用生态研究所东北生物标本馆	IFP	1953
450 000	四川大学生物系植物标本室	SZ	1935
350 000	北京林业大学博物馆	BJFC	1923
340 000	中国科学院西北高原生物研究所植物标本馆	HNWP	1962
300 000	武汉大学植物标本馆	WH	1930
296 000	重庆市中药研究院标本馆	SM	1957
200 000	中国科学院成都生物研究所植物标本馆	CDBI	1959
200 000	中山大学植物标本室	SYS	1912
200 000	中国科学院武汉植物园标本馆	HIB	1956
200 000	贵州省生物研究所植物标本馆	HGAS	1959
200 000	西南林业大学林学院植物标本室	SWFC	1939

08

2.4.2　各省（自治区、直辖市）标本收藏现状

中国植物标本数据库的建设成效显著，已经积累了大量的数字化资料，可进行数据挖掘与应用（陈建平 等，2018）。数字植物标本馆建设也已经成为大多数标本馆日常工作不可或缺的重要部分（林祁 等，2017）。为评估我国各省（自治区、直辖市）的标本实际收藏水平，作者选择两个目前业界最好的标本平台：国家标本平台（NSSI，http://www.nsii.org.cn/2017/home.php）及中国数字植物标本馆（CVH，https://www.cvh.ac.cn/）的数据，结合我国各地区实际物种数进行探讨。尽管这些数据为各个省（自治区、直辖市）标本馆统计的数字，代表本省（自治区、直辖市）现存的标本，但所存标本并非都是采自本省的。然而，仍可推测目前省级标本馆馆藏量高的地区，存在较好的相关单位，并比较重视标本收藏管理；且极有可

能其本省的收藏量也最大。

根据中国各省（自治区、直辖市）物种数（Raven & Hong，2013）及其所占比例，结合NSSI所有子平台上、NSSI植物平台上及CVH平台3种情况下统计的各省标本收藏情况，绘制图6至图9。尽管3个平台上全国及各省（自治区、直辖市）植物标本收藏量不同，NSSI所有子平台植物部分全国标本为10 768 185份，NSSI植物平台全国标本为7 607 976份，CVH平台全国植物标本为7 167 758份，但是仍然能够从图上看出3种情况下，各省（自治区、直辖市）占比的趋势基本一致。

为精确的了解各省（自治区、直辖市）各自的标本收藏水平，作者计算了每个省每个物种的平均标本收藏数。全国各省（自治区、直辖市）物种数直接相加（不考虑各省市物种的重复）[5]之和为107 153种（Raven & Hong，2013），全国各省

---

5 尽管计算全国各省（自治区、直辖市）物种之和存在重复计算，但所有数据性质相同。

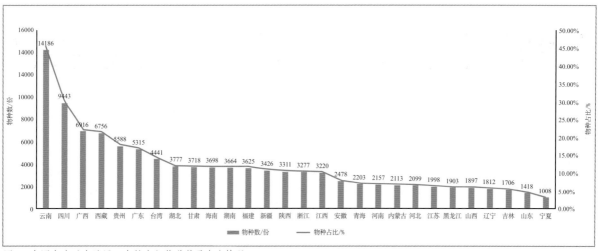

图6 中国各省（自治区、直辖市）物种数及占比情况

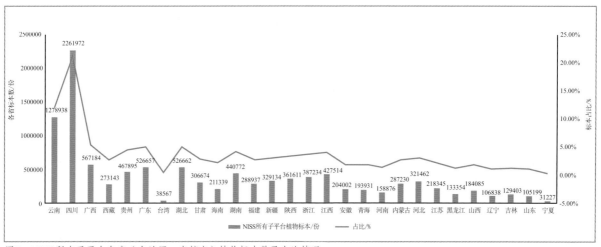

图7 NSSI所有子平台各省（自治区、直辖市）植物标本数及占比情况

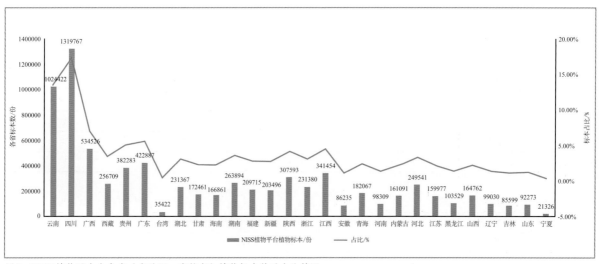

图8 NSSI植物平台上各省（自治区、直辖市）植物标本数及占比情况

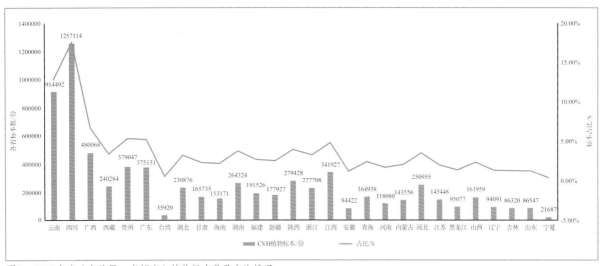

图9 CVH各省（自治区、直辖市）植物标本数及占比情况

（自治区、直辖市）共收藏植物标本10 768 185份 [NSSI所有子平台各省（自治区、直辖市）植物标本数]，那么平均每个物种大约有标本100份。此处低于我国平均值的被认为这个地区属于标本采集薄弱地区，有待加强。四川、湖北、湖南、陕西、浙江、江西、内蒙古、河北、江苏9个省（自治区、直辖市）高于平均值，其余均为标本采集薄弱地区，需加强并重视采集活动[6]。

08

表3 全国各省（自治区、直辖市）物种数[12]

地区 Province	物种数 Species number	物种占比 % Species proportion	标本数 Specimen number	标本占比 % Specimen proportion	平均每个物种标本数 Average number of specimen per species
全国	31 362		10 768 185		
安徽	2 478	7.90	204 002	1.89	82
福建	3 625	11.56	288 937	2.68	80
甘肃	3 718	11.86	306 674	2.85	82
广东	5 315	16.95	526 657	4.89	99
广西	6 916	22.05	567 184	5.27	82
贵州	5 588	17.82	467 895	4.35	84
海南	3 698	11.79	211 339	1.96	57
河北	2 099	6.69	321 462	2.99	153
黑龙江	1 903	6.07	133 354	1.24	70
河南	2 157	6.88	158 876	1.48	74
湖北	3 777	12.04	526 662	4.89	139
湖南	3 664	11.68	440 772	4.09	120
江苏	1 998	6.37	218 345	2.03	109
江西	3 220	10.27	427 514	3.97	133
吉林	1 706	5.44	129 403	1.20	76
辽宁	1 812	5.78	106 838	0.99	59

6 此处香港、澳门计入广东，北京、天津计入河北，上海计入江苏，重庆计入四川。

（续）

地区 Province	物种数 Species number	物种占比 % Species proportion	标本数 Specimen number	标本占比 % Specimen proportion	平均每个物种标本数 Average number of specimen per species
内蒙古	2 113	6.74	287 230	2.67	136
宁夏	1 008	3.21	31 227	0.29	31
青海	2 203	7.02	193 931	1.80	88
陕西	3 311	10.56	361 611	3.36	109
山东	1 418	4.52	105 199	0.98	74
山西	1 897	6.05	184 085	1.71	97
四川	9 443	30.11	2 261 972	21.0	240
台湾	4 441	14.16	38 567	0.36	9[7]
新疆	3 426	10.92	329 134	3.06	96
西藏	6 756	21.54	273 143	2.54	40
云南	14 186	45.23	1 278 938	11.88	90
浙江	3 277	10.45	387 234	3.60	118

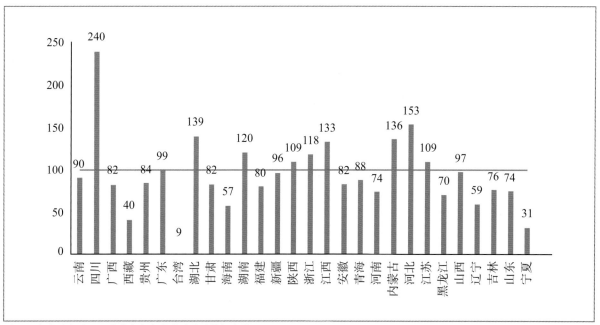

图10 各省（自治区、直辖市）每个物种的平均标本数

---

7 由于众所周知的原因，台湾各地的标本馆目前并没有加入相关的网络数据库，因此数据异常。

3 中国植物标本馆存在的问题

显然，中国植物标本馆从无到有，百年间已经取得了巨大成就。然而，二十一世纪的今天，我们也不得不面对诸多现实存在的问题。

3.1 多处矛盾信息有待相关标本馆进一步核实并确认

第一，《世界植物标本馆索引》网络版数据库上中国标本馆中湖北 CCNU 和台湾 TUNG 两家标本馆信息有矛盾。一方面标记为截至 2017 年，已经有 15 年未更新；另一方面二者又有最新的更新时间，分别为 06/04/2020 和 09/03/2019。第二，《中国植物标本馆索引（第二版）》中 6 家标本馆（GXEM、HFBG、HUIF、NAN、SDFI、ZMU）已不存在，但在《世界植物标本馆索引》网络版数据库上目前均未更新，实则这 6 家标本馆均应在线上网络数据库上更新为 inactive。第三，《中国植物标本馆索引（第二版）》中 * 转移了 20 家标本馆（AIB、AMMS、CIS、SWAU、NWUB、IBSD、HFB、HEBI、HUE、HUTM、NMFC、YL、SDFS、SHCT、KUNE、PYU、YCE、SMAO、ZAU、ZJMA），而《世界植物标本馆索引》网络版数据库上标注转移的仅 AMMS1 家，标注 2011 年 8 月进行过更新的 1 家是 PYU，其余 18 家标本馆（AIB、CIS、SWAU、NWUB、IBSD、HFB、HEBI、HUE、HUTM、NMFC、YL、SDFS、SHCT、KUNE、YCE、SMAO、ZAU、ZJMA）均标记为截止 2017 年，已经有 15 年未更新。也就是说：《中国植物标本馆索引（第二版）》书中已标注转移的 20 家标本馆中，有 18 家在网站上明确说明未更新。因此《世界植物标本馆索引》网络版数据库上信息应及时进行更新。第四，JLAU 在《中国植物标本馆索引（第二版）》中建立年代为 1983 年，在《世界植物标本馆索引》（*Index Herbariorum*）网络数据库上建立年代

为 1982 年；WZU 在《中国植物标本馆索引（第二版）》中建立年代为 1984 年，在《世界植物标本馆索引》网络版数据库上建立年代为 1987 年。此类对外信息，均需要各自标本馆再核实、确认其准确性。

3.2 标本馆更新等主动性亟待提高

《中国植物标本馆索引（第二版）》中 * 未取得联系 91 家标本馆，其中 90 家在网站上均标记为截至 2017 年，已经有 15 年未更新；另一家标本馆标记为空；由此可见，各标本馆的更新主动性不高。《世界植物标本馆索引》网络版数据库为英文注册，自己维护；直接面对世界范围内的业界同仁与同行；一方面是宣传的窗口，另一方面也是沟通的渠道。更进一步考虑，目前有效的中国植物标本馆共 382 家，其中 8 家（1.59%）没有联系人、111 家（29.06%）没有邮箱、21 家（5.50%）没有电话、151 家（39.53%）既没有单位网址也没有标本馆官网。在此强烈呼吁，线上对外信息是其机构、国家展示自己的良好平台，应给与足够的重视，并积极联系、及时更新自己的最新动态。植物大国在世界网络数据库目前面临的局面，显然与我们的现状严重不符，且亟待业界同仁的共同努力。

3.3 网站注册与更新应统一标准并仔细谨慎

第一，《世界植物标本馆索引》网络版数据库中，中国青海共注册 5 家标本馆，但其中 QDC、QF、QG、QUA 4 家 physical state 是青海 Qinghai，却错写成了 Qinhai。第二，西藏 XZE 标本馆 physical state 是 Xizang，而西藏其他标本馆写的是

Tibet，应尽可能统一。第三，山东的SDFI已经不存在了，但在《世界植物标本馆索引》网络版数据库上未更新。第四，贵州的QNUN在《中国植物标本馆索引（第二版）》中更新日期是2017/3/2，但在《世界植物标本馆索引》网络版数据库上是2017/4，理论上差不多，但是网络数据库上标本数为30 000，而《中国植物标本馆索引（第二版）》中标本数为80 000（其中：数字化标本30 000）。这说明每家标本馆对《世界植物标本馆索引》网络版数据库的理解也不一样。因此，在注册、填写信息时，《世界植物标本馆索引》网络版数据库应针对容易引起疑惑的地方给予解释说明，便于各标本馆准确填写信息，同时保持沟通渠道通畅；一旦发现问题，可及时交流解决。

3.4 内地应与香港和台湾进一步加强联系与合作

《中国植物标本馆索引（第二版）》中*未

更新14家标本馆，其中12家在台湾，2家在香港。就香港而言，《世界植物标本馆索引》网络版数据库显示CUHK在2016年9月对机构名称、联系人和网址进行了更新，HK在2023年1月31日对标本数进行了更新。就台湾而言，《世界植物标本馆索引》网络版数据库上显示12家标本馆（CHIA、HAST、NCKU、NTUF、PPI、TAI、TAIF、TCB、TCF、TNM、TNU、TUNG）中有9家（HAST、NCKU、NTUF、PPI、TAI、TAIF、TCB、TNU、TUNG）分别都在2019年12月4日、2013年4月、2010年2月、2017年3月、2021年3月30日、2018年6月5日、2022年9月13日、2021年5月21日和2019年3月9日进行过更新。尽管《中国植物标本馆索引（第二版）》与《世界植物标本馆索引》网络版数据库并无直接关系，但我们仍能通过对比看出基本现象：内地与香港、台湾联系不多，需要进一步加强联系与合作；另一方面，第二版时，如果能够参考网络数据库，也许能够弥补其不足。

4 展望

近年来，我国政府高度重视生物多样性保护工作，中国植物标本馆藏量突飞猛进，各大标本馆对标本馆管理、运营、数字化等相关工作有了新的起色；特别是网络版（https://www.cvh.ac.cn/，CVH 和 https://www.cfh.ac.cn/，CFH）的创建等。截至2021年年底，《世界标本馆索引》网络版（Index Herbariorum: IH-Online）数据库共收载183个国家或地区的3 522家标本馆，从标本总量分布来看，世界排名前五的分别为美国、英国、德国、中国、法国。中国收藏量已高达21 958 010份（Thiers，2021）。然而，我们应该清醒地看到，世界发达国家标本收集起步早、收集范围广，世界标本馆总数

占比高，标本增加速度也相当快。因此，我们仍需在以下几个方面继续努力。

第一，加强标本馆管理工作。一方面进一步及时更新各类植物标本馆对外信息，特别是国际网络数据库，包括单位联系人及联系方式、标本数量、数字化程度、标本馆特色、工作人员、采集人员、英文网址等信息；另一方面优化绩效考核指标，使广大管理人员能够将更多的精力放在有效管理上，做好入库标本的整理、装订、信息录入、分类鉴定、按系统归类排列、防虫防潮护理等工作，从而避免标本无法查阅、虫害霉烂、专家鉴定不及时等现象的发生。第二，多渠道支

持标本馆事业，以保证标本馆具有稳定的建设和维护经费。特别是一些地方小型标本馆，往往会收集到地方性的特有标本，而这是我国标本馆不可或缺的重要组成部分；地方上显然还有很多工作要做，而且都是非常基础性的任务，可谓任重道远。第三，大力推进数字化。全力保证已有标本的全部数字化、新增标本的及时数字化，以及已经数字化信息的更新、订正等。第四，站在国家战略发展的高度，加强各省（自治区、直辖市）标本馆资源的整合优化，构建起布局合理、优势互补、各具特色、辐射全国的立体化标本馆体系，线上线下有机融合，从而进一步提高植物标本资源信息的全方位开发和高效利用。第五，培养相关领域的人才，可谓刻不容缓！分类学本身人才队伍已经岌岌可危，更谈不上相关的辅助领域。只有对标本资源的建设和管理进行更加全面地收集和保藏，加强深层次信息的获取和数据整合平台的建设，才能更好地为我国生态文明建设和生物多样性保护贡献力量（贺鹏 等，2021）。另外，与此相关的参考书极为缺乏，目前国内除科普性质（张宪春 等，2018）外，专业领域参考资料书更是匮乏至极，仅有的只有翻译版的《标本馆手册》（布里得森、福门，1998），而且原版是20世纪90年代，不仅有待更新，而且当初在海外印刷，国内很少见到。

百余年来，中国植物标本馆事业取得了从无到有、从小到大的发展，几代植物人付出了艰辛努力，才有了今天这样的成就，才使得我们先后完成两版国家级植物志到几十部省（自治区、直辖市）的植物志，并培养了一代又一代分类学人。从植物大国向植物强国的历史进程之中，国人的视野不仅仅只关注先头部队的最新成果，更要打好基础，做好基本保障，做好每一个环节与相关内容，尽早迈入世界先进行列。

08

附：全球收载与中国有关的标本馆情况[8]

中国因植物资源的多样性和丰富性使其被西方赞誉为"园林之母"。19~20世纪，西方国家在华进行了长期和大规模的植物考察、采集和引种活动，并基于此，对中国植物进行了大规模的研究。然而，这些散落于世界各地的中国标本，数字化时代的今天，绝大多数我们还无法获取或者得到，同时也是我们分类学目前比较艰难的重要部分。本附录对全球范围内与中国标本有关的20家标本馆进行介绍，既展示了中国植物资源对世界的贡献，也为今后植物分类学研究提供参考。

A/GH: Harvard University Herbaria, Harvard University, 22 Divinity Avenue, cambridge, Massachusetts 02138, u.s.a. (www.huh.harvard.edu、http://kiki.huh.harvard.edu/databases/specimen_index.html)[9]。

哈佛大学植物标本馆（常根据英文 Harvard University Herbaria 缩写为 HUH，但这并不是其具体标本馆的缩写，实为以下6个标本馆的统称：A 成立于1872年，GH 成立于1864年，AMES 成立于1899年，ECON 成立于1858年，FH 成立于1919年，NEBC 成立于1896年）[10]，现有标本量

8 自《东亚高等植物分类学文献概览》（马金双，2022；第二版，附录一；高等教育出版社）修改而成。
9 所有网址进入时间为2023年5月15日。
10 每一个都有自己的代号，详细参见，马金双，2022，中国：二十一世纪的园林之母，第13章，哈佛大学与中国植物分类学的历史渊源，463-489.

500多万份，是美国最大的标本馆和主要的植物分类学研究机构之一，特别是以收藏东亚，尤以中国木本植物面闻名；现在出版的分类刊物主要是 *Harvard Papers in Botany* 和 *Arnoldia*。该单位的网站还有植物学者和植物出版物数据库以及 *Flora of China* 网站等。

AA: Herbarium. Institute of Botany and Phytointroduction, Ministry of Science, Academy of Sciences, 44 Temirajzev Street, Alma-Ata 480070, Kazakhstan。

哈萨克斯坦共和国科学院植物研究所位于阿拉木图，创办于1933年，标本量30万份，主要是哈萨克斯坦植物，还包括早年采自我国新疆的大量标本。出版物有 *Flora Kazakhstana, Notulae Systematicae ex Herbario Instituti Botanicae Academiae Scientiarum Kazachstanicae*。

BM: Herbarium, Department of Botany, The Natural History Museum, Cromwell Road, London, SW 7 5 BD, England, UK (www.nhm.ac.uk/)。

英国自然历史博物馆是世界著名的标本馆之一，同时也是英国标本馆中收藏中国早期标本的主要单位之一，如 James Cunningham 等。创建于1753年，现有标本520万份，主要采自欧洲、非洲、美洲及喜马拉雅等国家和地区。目前主办的刊物是 *Systematics and Biodiversity*。

CAL: Central National Herbarium, P.O.Botanic Garden, Howrah, Calcutta 711103, West Bengal, India (https://bsi.gov.in/bsi-units/en?rcu=137)。

印度国立中央标本馆（近年来其单位名称更改为印度国家植物园）位于加尔各答，是亚洲著名的标本馆；创建于1793年，标本量200万份；主要是印度的维管束植物，还有东南亚、南亚以及早年来自喜马拉雅和中国西南的早期标本，如 Renchang CHING, Frank Kingdon-Ward, Joseph D.Hooker, Augustine Henry, George Forrest, William Griffith 等人的主要标本。其出版物有 *Bulletin of the Botanical Survey of India* 和 *Flora of India*；另正在编写各种地方植物志。详细参见：Rudolf Schmid, 1990, Taxon, 39(2):264-268。

E: Herbarium, Royal Botanic Garden, Edinburgh

EH3 5LR, Scotland, U.K. (www.rbge.org.uk)

苏格兰爱丁堡皇家植物园标本馆是世界上著名的植物学研究机构之一，同时也是欧洲收藏中国标本的著名单位之一；创办于1839年，标本300万份；主要标本来自西亚、东南亚、土耳其、中国、喜马拉雅、欧洲和地中海等地；其中中国标本主要是早年采集的高山植物，包括 George Forrest 等人采集的杜鹃花标本等，是世界上研究中国植物主要的机构之一。主办的刊物有 *Edinburgh Journal of Botany*，另外出版物还有 *Flora of Bhutan* 和 *Flora of* Myanmar 以及 *Flora of Turkey and the East Aegean Islands*。

H: Herbarium, Botany Unit, Finnish Museum of Natural History, University of Helsinki, P.O.Box 7, University of Helsinki 00014, Finland (http://www.luomus.fi/english/botany/)

芬兰赫尔辛基大学植物博物馆是世界上著名的机构，创建于1750年，标本收藏量335万份，尤以孢子植物（特别是苔藓、地衣和菌物）著称于世，有很多著名的老标本，包括早年采自中国的模式标本以及近年来与中国学者合作的采集等。

K: Herbarium, Royal Botanic Gardens, Kew, Richmond, Surrey TW9 3AE, London, England. UK (https://www.kew.org/science/collections-and-resources/collections/herbarium)。

英国皇家植物园邱园是当代国际植物分类的中心，不仅世界闻名而且收藏很多早年采自中国的标本，如 William Hancock, Augustine Henry, Arthur F.G.Kerr, Nathaniel Wallich, Ernest H.Wilson 等人采集的标本；创建于1841年，标本量812万份；特别是包括大量的模式标本；主办的刊物有 *Curtis's Botanical Magazine, Index Kewensis, The international plant names index* (www.ipni.org), *Kew Bulletin, Kew Record of Taxonomic Literature* 等著名刊物。其网站有很多资料，包括文献和数据等。

KYO: Herbarium, Botany Department, Graduate School of Science, Kyoto University, kyoto 606-8502, Japan (www.museum.kyoto-u.ac.jp/en/)。

京都大学植物标本馆是日本收藏中国植物标本的主要单位之一；创建于1921年，标本量120万份；主要是日本及其近邻国家的标本；主

办刊物为 *Memoirs of the Faculty of Science, Kyoto University, Series of Biology*。

LE: Herbarium, Russian Academy of Sciences, V. L.Komarov Botanical Institute, Prof. Popov Street 2, Saint Petersburg 197376, Russia (www.binran.ru)。

俄罗斯科学院科马洛夫植物研究所不仅是当年苏联最大的植物分类研究机构，同时也是世界上著名的大标本馆之一，更是当年苏联收藏中国早年标本最多的单位。创建于1823年[11]，标本量800万份，以苏联等地区的植物为主。早年采自中国东北、西北及华北等地的标本均在此，如Alexander A. van Bunge, Vladimir. L. Komarov, Carl J. Maximowicz, Grigorii N. Potanin, Nikolai M. Przewalski, Nicolao S. Turczaninov 等。出版物除著名的 *Flora of the Ussr* 外，还有 *Flora Partis Europaeae URSS, Novitates Systematicae Plantarum Vascularum, Plantae Asiae Centralis, Schedae ad Herbarium Florae URSS, Komarovia* 及 *Botanicheskii Zhurnal* 等。

MBK: Herbarium, Department of Botany, Makino Botanical Garden, 4200-6 Godaisan, Kochi City, Kochi 781-8125, Japan (www.makino.or.jp/index.html)。

牧野植物标本馆及图书馆是牧野植物园的一部分，是牧野富太郎（Tamitaro Makino, 1862—1957）的私人收藏与研究机构；标本量不大，只有22万份（其他牧野自己的标本在 Tokyo Metropolitan University，MAK），但图书馆收藏量超过6万册，尤其是牧野的个人收藏达4.5万册，特别是日本和中国的本草著作及植物学文献极其丰富，可谓东亚乃至世界之最。

MO: Herbarium, Missouri Botanical Garden, P. O. Box 299, Saint Louis, Missouri 63166-0299, USA (www.mobot.org/)。

密苏里植物园是世界上著名的植物园之一，创建于1859年，标本量685万份；主要是中美洲、南美洲、非洲和马达加斯加的植物。与其他美国植物分类研究单位相比，密苏里植物园与中国的关系并没有辉煌的历史，但却是一个著名的后起之秀。因为该单位与中国合作编写英文版的 *Flora of China* 和 *Moss Flora of China*，同时这里也是 *Flora Mesoamericana* 的编写单位之一，另外还是 *Flora of North America* 编辑委员会所在地。目前有关分类的刊物有 *Annals of the Missouri Botanical Garden, Flora of North America Newsletter, Icones Plantarum Tropicarum, Series II, Index to Plant Chromosome Numbers, Missouri Botanical Garden Bulletin, Monographs in Systematic Botany from the Missouri Botanical Garden, Novon*。其网站有很多数据，包括物种和文献等。

NY: William and Lynda Steere Herbarium, New York Botanical Garden, Bronx, New York 10458-5126, USA (www.nybg.org/)。

纽约植物园是美国从事植物分类研究的重要单位之一；创建于1891年，标本量792万份，主要是美洲的标本，也有一定数量的中国早期标本。有关分类学的出版物有 *Advances in Economic Botany, The Botanical Review, Brittonia, Contributions from the New York Botanical Garden, Economic Botany* (published for the Society for Economic Botany), *Flora Neotropica* (published for the Organization for Flora Neotropica), *Intermountain Flora, Memoirs of the New York Botanical Garden, North American Flora*。其网站包括世界植物标本馆数据库详细信息（http://sweetgum.nybg.org/science/ih/）等。

P: Herbier National, Direction des Collections, CP39, Muséum National d'Histoire Naturelle, 57 rue Cuvier, Paris 75231 cedex 05, France (http://science.mnhn.fr/institution/mnhn/collection/p/item/search/form)。

法国自然历史博物馆植物标本馆不仅是当今世界上标本储藏量最多、最古老的单位之一，同时也是收藏中国植物标本最多的西方标本馆之一，且全部数字化并可检索。创建于1635年，标本量800万份（包括PC，即隐花植物部）；主要采自非

---

11 Stanwyn G. Shetler, 1967, The Komarov Botanical Institute: 250 Years of Russian Research, 240 p; Washington, D. C.: Smithsonian Institution Press。

洲、欧洲、法属圭亚那、南亚等，还有历史上采集中国的大量标本，如 Julien Cavalerie、Père Armand David、Abbé Pierre Jean M. Delavay、Père Francois Ducloux、Urbain J. Faurie、A. A. Hector Léveillé、Jean André Soulié 等。该馆以研究中国周边的南亚（越南、老挝、柬埔寨）植物闻名，目前仍然在编写柬埔寨、老挝、越南三国的植物志。除此之外还有期刊 *Adansonia*。

SING: Herbarium, Singapore Botanic Gardens, Cluny Road, Singapore 259569, Singapore (https://www.nparks.gov.sg/sbg/research/herbarium)。

新加坡植物园在世界上非常著名，其标本馆不仅成立于1880年，而且今日收藏量达75万份，包括很多东南亚以及中国的标本。其出版物有 *Gardens' Bulletin Singapore*。

TI: Herbarium, University Museum, University of Tokyo, 7-3-1 Hongo, Bunkyoku, Tokyo, Tokyo 113-0033, Japan (http://umdb.um.u-tokyo.ac.jp/Dshokubu/Tshokubu.htm)。

日本东京大学植物标本馆不仅是亚洲著名的植物标本馆，同时也是日本收藏中国标本最多的单位之一；创建于1877年，标本量170万份，主要是东亚（中国、朝鲜、韩国、日本）以及喜马拉雅的标本，早年日本学者采自中国并发表中国植物的模式主要在此。出版刊物有 *The University Museum, The University of Tokyo, Bulletin*。

TNS: Herbarium, Department of Botany, National Museum of Nature and Science, Amakubo 4-1-1, Tsukuba 305-0005, Japan (www.kahaku.go.jp/english/)。

日本国立科学博物馆植物部为日本最大的标本馆之一，创建于1877年，标本量194万份；主要是隐花植物和东南亚的蕨类，包括一定数量的中国标本；出版刊物有 *Bulletin of the National Museum of Nature and Science, Series B, Botany, Memoirs of the National Museum of Nature and Science*。

UPS: Museum of Evolution, Botany Section (Fytoteket), Evolutionary Biology Center, Uppsala University, Norbyvägen 16, SE-752 36, Uppsala, Sweden (http://www.evolutionsmuseet.uu.se/samling/collectionseng.html)。

瑞典乌普萨拉大学的博物馆是瑞典标本馆中较大的一个，创建于1785年；标本量310万份，包括 Carl Linnaeus 的部分标本，还有 Harry Smith 采自中国的大量标本。现主办的刊物有 *Symbolae Botanicae Uppsaienses* 和 *Thunbergia*。

US: United States National Herbarium, Botany Department, NHB-166, Smithsonian Institution, P. O. Box 37012, Washington, D.C. 20560-0001, USA (botany.si.edu/)。

美国史密森学会国家植物标本馆是美国最重要的植物分类学机构之一[12]；创建于1848年，标本量510万份；主要是新热带、北美、太平洋岛屿、菲律宾和印度次大陆等地的标本，也有一些采自中国的标本。与植物分类学有关的刊物有 *Smithsonian Contributions from the U.S. National Herbarium*。其网站有很多数据资源。

W: Herbarium, Department of Botany, Natürhistorisches Museum Wien, Burgring 7, A-1010 Wien, Austria (www.nhm-wien.ac.at/nhm/Botanik/)。

奥地利维也纳自然历史博物馆是世界上著名的植物标本馆，创建于1807年，标本量550万份；主要是欧洲和地中海的标本，但这里也收藏有很多中国的标本，包括历史上 Heinrich R.E.Handel-Mazzetti 所著 *Symbolae Sinicae* 所依据的标本有一部分（另外参见WU）。目前出版的刊物有 *Annalen des Natürhistorischen Museums in Wien, Serie B*。

WU: Herbarium, Faculty Center Botany, Department of Plant Systematics and Evolution, Faculty of Life Sciences, Universität Wien, Rennweg 14, A-1030 Wien, Austria (https://herbarium.univie.ac.at/)

---

12 有关历史参见 Conrad V. Mortont* & William L. Stern,2010, The History of the US National Herbarium, The Plant Press 13（2）: 1, 16-19（https://nmnh.typepad.com/the_plant_press/2010/04/plant-press-2010-vol-13-issue-2-6.html；2023 年 5 月 15 日进入）。

奥地利维也纳大学植物研究所也同W一样是世界上著名的研究机构，创建于1879年，标本量140万份；主要是中欧、巴尔干半岛、西亚南美和非洲的标本。对中国来说主要是Heinrich R.E.Handel-Mazzetti (1882—1940)所著*Symbolae Sinicae* 一的全套标本（另一部分在W）。目前出版的刊物有 *Plant Systematics and Evolution*。

08

附表　中国植物标本馆明细

名称 Names	地址 Address	标本馆代码 Acronym	标本总数（模式、数字化）Total Number of Specimens(Type, Digital)	人员（采集人¹）Staff (Collectors)	建立时间（更新时间）Established Year (Updated)	网址 Website	联系人（电话、邮箱）Contacts (Telephone, Email)	信息来源 Information Sources
安徽亳州职业技术学院中药标本中心 Herbarium, Bozhou Vocational and Technical College	236800安徽省亳州市药都路1625号	BZCM	15 000	8(4)	2006(2015)	www.bzvtc.com	√(√, √)	IH-Online 2019
安徽农业大学生命科学学院植物标本室 Herbarium, School of Life Science, Anhui Agricultural University	230036安徽省合肥市长江西路130号	AAUB	10 000	6(4)	1982(2015)	http://smkx.ahau.edu.cn/	√(√, √)	1993 IH-Online 2019
安徽农业大学林学与园林学院树木标本室 Dendrological Herbarium, School of Forestry and Landscape Architecture, Anhui Agricultural University	230036安徽省合肥市长江西路130号	AAUF	40 000	7(6)	1947(2015)	http://lxyyl.ahau.edu.cn/	√(√, √)	1993 IH-Online 2019
合肥师范学院生命科学学院植物标本室 Herbarium, School of Life Science, Hefei Normal University	230601安徽省合肥市莲花路1688号	ACE	6 000	5(4)	1985(2019)	http://bio.hfnu.edu.cn/	√(√, √)	1993 IH-Online 2019
安徽中医药大学中药标本中心药用植物标本室 Herbarium, Traditional Chinese Medicine Specimen Center, Anhui University of Traditional Chinese Medicine	230011安徽省合肥市新站区前江路	ACM	120 000(1 000份301种+50 000)	7(12)	1977(2013)	http://www.ahtcm.edu.cn/	√(√, √)	1993 IH-Online 2019
安徽大学生命科学学院植物标本室 Herbarium, School of Life Sciences, Anhui University	230601安徽省合肥市经济技术开发区九龙路111号	ANU	22 000	5(7)	1958(2017)	http://life.ahu.edu.cn/	√(√, √)	1993 IH-Online 2019
'安徽农业大学食药用真菌标本室' 'The Edible-medicinal Fungal Herbarium of Anhui Agriculture University'	230036安徽省合肥市长江西路130号	EFHAAU	5 103(0+5 103)	1(7)	2021(2021)		√(√, √)	IH-Online
宿州学院生物与食品工程学院标本室 Herbarium, College of Biology and Food Engineering, Suzhou University	234000安徽省宿州市汴河中路49号	ST	3 014	2(3)	1986(2013)		√(√, √)	1993 IH-Online 2019

1 包括采集队。

（续）

名称 Names	地址 Address	标本馆代码 Acronym	标本总数（模式、数字化）Total Number of Specimens(Type, Digital)	人员（采集人[1]）Staff(Collectors)	建立时间（更新时间）Established Year(Updated)	网址 Website	联系人（电话，邮箱）Contacts(Telephone, Email)	信息来源 Information Sources
安徽师范大学生命科学学院植物标本馆 Herbarium, College of Life Sciences, Anhui Normal University	241000安徽省芜湖市北京东路1号	ANUB	60 000(34+30 000)	14(9)	1957(2013)	http://biology.ahnu.edu.cn/5928/view	√(√，√)	1993 IH-Online 2019
安徽师范大学国土资源与旅游学院植物标本室 Herbarium, College of Territorial Resources and Tourism, Anhui Normal University	241002安徽省芜湖市九华南路189号	ANUG	5 000	4(3)	1958(2015)	http://tourism.ahnu.edu.cn/	√(√，√)	1993 IH-Online 2019
芜湖中医学校药用植物标本室 'Medicinal Herbarium, Wuhu School of Traditional Chinese Medicine'	241000安徽省芜湖市邢家山7号	WUH	3 000	2(5)	1975（无）		√(√，×)	1993 IH-Online 2019
中国农业大学生物学院植物标本室 Herbarium, College of Biology Sciences, China Agricultural University	100193北京市海淀区圆明园西路2号	BAU	30 000	6(2)	1949(2015)	http://cbs.cau.edu.cn/index.html	√(√，√)	1993 IH-Online 2019
北京中医学院中药博物馆植物标本室 'Herbarium, Museum of Chinese Materia Medica, Beijing College of Traditional Chinese Medicine'	100029北京市和平街北口11号	BCMM	30 000	4(5)	1960（无）		√(√，×)	1993 IH-Online 2019
北京林业大学博物馆 Museum of Beijing Forestry University	100083北京市海淀区清华东路35号	BJFC	350 000(60+20 000)	19(25)	1923(2016)	http://bjfc.bjfu.edu.cn	√(√，√)	1993 IH-Online 2019
北京自然博物馆植物标本室 Beijing Museum of Natural History	100050北京市东城区天桥南大街126号	BJM	40 000(0+40 000)	12(8)	1959(2015)	http://www.bmnh.org.cn; http://www.bmnh.org.cn	√(√，√)	1993 IH-Online 2019
首都师范大学生命科学学院植物标本室 Herbarium, School of Life Sciences, Capital Normal University	100048北京市海淀区西三环北路105号	BJTC	52 000	8	1956(2014)	http://smkxxy.cnu.edu.cn	√(√，√)	1993 IH-Online 2019
北京师范大学生命科学学院植物标本室 Herbarium, College of Life Science, Beijing Normal University	100875北京市海淀区新街口外大街19号	BNU	100 000(8种30份+18 000)	11(5)	1916(2015)	http://cls.bnu.edu.cn/	√(√，√)	1993 IH-Online 2019
中国林业科学研究院森林植物标本馆 Dendrological Herbarium, Chinese Academy of Forestry	100091北京市海淀区香山路东小府1号	CAF	120 000	13(7)	1953(2015)	www.ifeep.cn	√(√，√)	1993 IH-Online 2019

08

（续）

名称 Names	地址 Address	标本馆代码 Acronym	标本总数（模式、数字化）Total Number of Specimens(Type, Digital)	人员（采集人[1]）Staff (Collectors)	建立时间（更新时间）Established Year (Updated)	网址 Website	联系人（电话，邮箱）Contacts (Telephone, Email)	信息来源 Information Sources
中国中医科学院中药资源中心标本馆 Herbarium, National Resource Center for Chinese Materia Medica, China Academy of Chinese Medical Sciences	100700北京市东城区东直门南小街16号	CMMI	200 000	14(7)	1955(2016)	http://www.nrc.ac.cn/	√(√, √)	1993 IH-Online 2019
中国药品生物制品检定所中药标本馆 'Herbarium, Museum of Traditional Chinese Drugs, National Institute for the Control of Pharmaceutical and Biological Products'	100050北京市天坛西里2号	CPB	20 000	4(2)	1950（无）		√(√, ×)	1993 IH-Online 2019
中国科学院菌物标本馆 Fungarium, Chinese Academy of Science	100101北京市朝阳区北辰西路1号院3号	HMAS	500 000(2 615份(含国外模式标本315份)1 957种+50 000)	48(19)	1953(2018)	http://www.im.cas.cn	√(√, √)	1993 IH-Online 2019
'国际竹藤中心标本室' 'Herbarium, International Centre for Bamboo and Rattan'	100102北京市朝阳区阜通东大街8号	ICBR	15 000	1(1)	2005(2016)	www.fgr.cn	√(√, √)	IH-Online
'中国科学院地质与地球物理研究所标本室' 'Herbarium of Bacilliarophyceae, Institute of Geology and Geophysics, Chinese Academy of Sciences'	100029北京市朝阳区土城西路19号	IGGDC	无这项记录	1(1)	2012(2013)		×(√, √)	IH-Online
中国医学科学院药用植物研究所标本馆 Herbarium, The Institute of Medicinal Plant, Chinese Academy of Medical Sciences	100193北京市海淀区马连洼北路151号	IMD	50 000	8(8)	1949(2015)	http://www.implad.ac.cn/cn/index.asp	√(√, √)	1993 IH-Online 2019
中国医学科学院药物研究所植物标本馆 Herbarium, Institute of Materia Medica, Chinese Academy of Medical Sciences	100050北京市西城区先农坛街1号	IMM	52 000	7	1956(2015)	http://www.imm.ac.cn/en/index.asp	√(√, √)	1993 IH-Online 2019
中国农业科学院蔬菜花卉研究所植物标本室 'Herbarium, Institute of Vegetables and Flowers, Chinese Academy of Agricultural Sciences'	100081北京市海淀区白石桥路30号	IVF	500	7(4)	1980（无）		√(√, ×)	1993 IH-Online 2019
中国科学院植物研究所植物标本馆 Herbarium, Institute of Botany, Chinese Academy of Sciences	100093北京市海淀区香山南辛村20号	PE	2 800 000(17 000份)7 923种+1 900 000)	114(80)	1928(2018)	http://pe.ibcas.ac.cn/	√(√, √)	1993 IH-Online 2019

（续）

名称 Names	地址 Address	标本馆代码 Acronym	标本总数（模式、数字化）Total Number of Specimens(Type、Digital）	人员（采集人¹）Staff (Collectors)	建立时间（更新时间）Established Year (Updated)	网址 Website	联系人（电话、邮箱）Contacts (Telephone, Email)	信息来源 Information Sources
北京大学药学院中药标本馆 Herbarium, School of Pharmaceutical Sciences, Peking University	100083北京市海淀区学院路38号	PEM	40 000(0+10 000)	8(9)	1943(2013)	http://sps.bjmu.edu.cn/	√(√、√)	1993 IH-Online 2019
北京大学生物系植物标本室 Herbarium, Department of Biology, Peking University	100871北京市海淀区颐和园路5号	PEY	68 000(0+68 000)	5(7)	1914(2015)	http://www.bio.pku.edu.cn/	√(√、√)	1993 IH-Online 2019
'福建省农业科学院真菌馆' 'Fungarium of Fujian Academy of Agricultural Sciences, Institute of Edible Mushroom, Fujian Academy of Agricultural Sciences, China'	350011福建省农业科学院新店镇埔垱路104号	FFAAS	2 000(0+300)	2(1)	2019(2020)		√(√、√)	IH-Online
福建农林大学林学院树木标本室 Dendrological Herbarium, College of Forestry, Fujian Agriculture and Forestry University	350002福建省福州市仓山区上下店路15号	FJFC	75 000(14份+0)	9(7)	1942(2015)	http://lxy.fafu.edu.cn/	√(√、√)	1993 IH-Online 2019
福建省中医药研究院药用植物标本室 'Medicinal Herbarium, Fujian Academy of Traditional Chinese Medicine and Pharmacology'	350003福建省福州市五四北路53号	FMP	20 000	4(3)	1962（无）		√(√、×)	1993 IH-Online 2019
福建师范大学生命科学院植物标本馆 'Herbarium, College of Life Science, Fujian Normal University	350108福建省福州市闽侯县大学城	FNU	145 000(110份25种+72 000)	5(9)	1940(2015)	http://life.fjnu.edu.cn/	√(√、√)	1993 IH-Online 2019
福建林业职业技术学院植物标本室 Herbarium, Fujian Forestry Vocational Technical College	353000福建省南平市延平区夏道镇海瑞	FFVTC	20 000(5号+0)	6(3)	1954(2016)	http://www.fjlzy.com/	√(√、√)	2019
宁德师范专科学校生物系植物标本室 'Herbarium, Biology Department, Ningde Teachers College'	352100福建省宁德市	NDTC	6 000	1(1)	1981（无）		√(√、×)	1993 IH-Online 2019
厦门大学生命科学学院植物标本室 Herbarium, School of Life Sciences, Xiamen University	361102福建省厦门市翔安区翔安南路	AU	100 000(300份140种+30 000)	9(14)	1922(2015)	http://life.xmu.edu.cn/	√(√、√)	1993 IH-Online 2019
福建省亚热带植物研究所植物标本室 Herbarium, Fujian Institute of Subtropical Botany	361006福建省厦门市嘉禾路780-800号	FJSI	35 000(约40份+0)	4(5)	1977(2016)	http://www.fjisb.com	√(√、√)	1993 IH-Online 2019

08

（续）

名称 Names	地址 Address	标本馆代码 Acronym	标本总数（模式、数字化）Total Number of Specimens(Type, Digital)	人员（采集人¹）Staff (Collectors)	建立时间（更新时间）Established Year (Updated)	网址 Website	联系人（电话，邮箱）Contacts (Telephone, Email)	信息来源 Information Sources
'自然资源部第三海洋研究所海洋生物学和生态学标本馆' 'Herbarium, Marine Biology and Ecology, Third Institute of Oceanography, Ministry of Natural Resources, China'	'361005福建省厦门市思明区大学路178号'	TIO	30(0+30)	(1)	2013(2022)		×(×, √)	IH-Online
厦门园林植物园标本室 Herbarium, Xiamen Botanical Garden	361003福建省厦门市思明区虎园路25-1号	XMBG	18 000(15份+5 000)	4(8)	2008(2015)	http://www.xiamenbg.com/	√(√, √)	IH-Online 2019
甘肃农业大学林学院森林植物标本室 Dendrological Herbarium, College of Forestry, Gansu Agricultural University	730070甘肃省兰州市安宁区营门村1号	GAUF	50 000(13份5种+0)	4(7)	1972(2015)	http://lxy.gsau.edu.cn/	√(√, √)	1993 IH-Online 2019
中国农业科学院兰州畜牧研究所牧草标本室 'Forage Herbarium, Lanzhou Institute of Animal Science, Chinese Academy of Agricultural Sciences'	730050甘肃省兰州市小西湖硷沟沿20号	LZAH	8 000	6(6)	1957（无）		√(√, ×)	1993 IH-Online 2019
中国科学院集区旱区环境与工程研究所植物标本室 Herbarium, Cold and Arid Regions Environmental and Engineering Research Institute, Chinese Academy of Sciences	730000甘肃省兰州市东岗西路320号	LZD	45 000(43份23种+20 000)	8(5)	1959(2015)	http://www.nieer.cas.cn/	√(√, √)	1993 IH-Online 2019
兰州大学生命科学学院植物标本室 Herbarium, School of Life Sciences, Lanzhou University	730000甘肃省兰州市天水路222号	LZU	130 000(22份16种+78 000)	9(7)	1947(2013)	http://lifesc.lzu.edu.cn/	√(√, √)	1993 IH-Online 2019
西北师范大学生命科学学院植物标本室 Herbarium, College of Life Sciences, Northwest Normal University	730070甘肃省兰州市安宁区十里店	NWTC	200 000(150份95种+75 000)	13(7)	1937(2015)	https://www.nwnu.edu.cn/	√(√, √)	1993 IH-Online 2019
甘肃省治沙研究所民勤沙生植物园标本室 Desert Herbarium, Mingin Botanical Garden of Desert Plants, Gansu Institute of Desert Control	733300甘肃省民勤县	MQ	10 000	5(7)	1959(2015)		√(√, √)	1993 IH-Online 2019
陇东学院生命科学与技术学院植物标本馆 Herbarium, College of Life Science& Technology, Longdong University	745000甘肃省庆阳市西峰区兰州路45号	QYTC	11 000	5(5)	1989(2015)	http://smkxx.ldxy.edu.cn/	√(√, √)	1993 IH-Online 2019

（续）

名称 Names	地址 Address	标本馆代码 Acronym	标本总数（模式、数字化）Total Number of Specimens (Type, Digital)	人员（采集人¹）Staff (Collectors)	建立时间（更新时间）Established Year (Updated)	网址 Website	联系人（电话、邮箱）Contacts (Telephone, Email)	信息来源 Information Sources
甘肃省林业学校树木标本室 'Dendrological Herbarium, Gansu Forestry School'	741020甘肃省天水市北道区马跑泉路58号	GSFS	25 000	3(3)	1978（无）		√(√、×)	1993 IH-Online 2019
甘肃省小陇山林业实验局麦积山植物标本室 'Herbarium, Maijishan Botanic Garden, Xiaolongshan Forestry Experiment Bureau'	741026甘肃省天水市北道区麦积山	MJS	6 000	4(4)	1981（无）		√(×、×)	1993 IH-Online 2019
河西学院农业与生物技术学院植物标本室 Herbarium, College of Agriculture and Biotechnology, Hexi University	734000甘肃省张掖环城北路846号	ZYTC	20 000(0+1 500)	4(5)	1986(2015)	http://www.hxu.edu.cn/	√(√、√)	1993 IH-Online 2019
韩山师范学院食品工程与生物科技学院植物标本室 Herbarium, School of Food Engineering and Biotechnology, Hanshan Normal University	521041广东省潮州市湘桥区桥东	CZH	20 000(0+10 000)	4(4)	1958(2017)	http://swx.hstc.edu.cn/	√(√、√)	IH-Online 2019
'中国洋葱标本馆' 'Herbarium Cepullae Sinicae'	523000广东省东莞市育才路13号	NEGI	1 500	1(1)	2017(2017)		√(√、√)	IH-Online
华南农业大学林学与风景园林学院树木标本室 Dendrological Herbarium, College of Forestry and Landscape Architecture, South China Agricultural University	510642广东省广州市天河区五山	CANT	100 000(170号+3 000)	18(12)	1952(2016)	http://lf.scau.edu.cn/	√(√、√)	1993 IH-Online 2019
广东省微生物研究所真菌标本馆 Fungal Herbarium of Guangdong Institute of Microbiology	510070广东省广州市先烈中路100号	GDGM	5 000(150种+0)	9(12)	1962(2013)	http://www.cfh.ac.cn/Subsite/Default.aspx?Siteid=GDGM	√(√、√)	1993 IH-Online 2019
广东省中药研究所药用植物标本室 Medicinal Herbarium, Guangdong Institute of Chinese Materia Medica	510520广东省广州市天河区龙洞北路321号	GDMM	10 000	7(1)	1985(2017)	www.gdtcm.org.cn	√(√、√)	1993 IH-Online 2019
广东医学院药学系药用植物标本室 'Medicinal Herbarium, Pharmacy Department, Guangdong Medical and Pharmaceutical College'	510224广东省广州市海珠区光汉直街40号	GDMP	2 000	4	1953（无）		√(√、×)	1993 IH-Online 2019

08

（续）

名称 Names	地址 Address	标本馆代码 Acronym	标本总数（模式、数字化）Total Number of Specimens(Type, Digital)	人员（采集人）Staff (Collectors)	建立时间（更新时间）Established Year (Updated)	网址 Website	联系人（电话、邮箱）Contacts (Telephone, Email)	信息来源 Information Sources
'广州中医药大学中药学院植物标本室' 'Herbarium, School of Chinese Materia Medica, Guangzhou University of Chinese Medicine'	510006广东省广州市	GUCM	80 000	8(12)	1976(2011)	http://www.gzucm.edu.cn	√(√,√)	IH-Online
中国科学院华南植物园标本馆 Herbarium, South China Botanical Garden, Chinese Academy of Sciences	510650广东省广州市天河区兴科路723号	IBSC	1 050 000(7 000份+750 000)	76(33)	1928(2015)	http://herbarium.scib.ac.cn/	√(√,√)	1993 IH-Online 2019
暨南大学水生生物研究所藻类标本室 'Algal Herbarium, Institute of Hydrobiology, Jinan University'	510632广东省广州市	JU	5 500	7(3)	1963 (无)		√(√,×)	1993 IH-Online 2019
深圳市兰科植物保护研究中心标本馆 Herbarium, the National Orchid Conservation Center of China	518114广东省深圳市罗湖区望桐路889号	NOCC	5 000	14(8)	1999(2021)	http://www.cnocc.cn	√(√,√)	IH-Online 2019
华南农业大学生命科学学院植物标本室 Herbarium, College of Life Sciences, South China Agricultural University	510642广东省广州市天河区五山	SCAUB	25 000(0+4 000)	5(8)	1952(2017)	http://life.scau.edu.cn/index.asp	√(√,√)	IH-Online 2019
中国科学院南海海洋研究所南海海生物标本馆 Biological Specimen Museum, South China Sea Institute of Oceanology, Chinese Academy of Sciences	510301广东省广州市海珠区新港西路164号	SCSG	10 393(0+10 393)	4(7)	1960(2015)	http://www.scsio.ac.cn/jgsz/zcbm/bbg/	√(√,√)	1993 IH-Online 2019
华南师范大学生命科学学院植物标本馆 Herbarium, School of Life Sciences, South China Normal University	510631广东省广州市天河区石牌	SN	40 000(0+10 000)	9(7)	1946(2016)	http://life.scnu.edu.cn	√(√,√)	1993 IH-Online 2019
中山大学植物标本室 Herbarium of Sun Yat-sen University	510275广东省广州市海珠区新港西路135号	SYS	240 000(1 450号(种)+180 000)	14(15)	1912(2013)	http://lifesciences.sysu.edu.cn/	√(√,√)	1993 IH-Online 2019
'中国国家基因库标本室' 'Herbarium, China National GeneBank'	518120广东省深圳市大鹏新区金沙路	HCNGB	8 978	5(8)	2017(2019)		√(√,√)	IH-Online
深圳市中国科学院仙湖植物园标本馆 'Herbarium, Fairylake Botanical Garden, Shenzhen & Chinese Academy of Sciences'	518004广东省深圳市罗湖区仙湖路160号	SZG	100 000(0+31 000)	15(19)	1983(2015)	http://www.szbg.ac.cn/index.aspx	√(√,√)	1993 IH-Online 2019

（续）

名称 Names	地址 Address	标本馆代码 Acronym	标本总数（模式、数字化）Total Number of Specimens(Type, Digital)	人员（采集人¹）Staff (Collectors)	建立时间（更新时间）Established Year (Updated)	网址 Website	联系人（电话，邮箱）Contacts (Telephone, Email)	信息来源 Information Sources
岭南师范学院生命科学与技术学院植物标本室 Herbarium, Life Science & Technology School, Lingnan Normal University	524048广东省湛江市赤坎区寸金路29号	ZHAN	2 315	4(4)	1982(2013)	http://www.lingnan.edu.cn/index.htm	√(√、√)	1993 IH-Online 2019
'肇庆学院植物标本室' 'Herbarium, Zhaoqing University'	'526061广东省肇庆市端州区迎宾大道'	GDZQU	600	2(2)	无(2021)		√(×、√)	IH-Online
桂林医学院药学院生药学教研室药用植物标本室 Medicinal Herbarium, College of Pharmacy, Guilin Medical University	541100广西桂林市临桂区致远路1号	GLMC	580	3(3)	1978(2017)	https://mgmt.glmc.edu.cn/yxy/	√(√、√)	1993 IH-Online 2019
广西师范大学生命科学学院植物标本室 Herbarium, College of Life Science, Guangxi Normal University	541006广西桂林市雁山镇雁中路1号	GNU	50 000	8(9)	1965(2013)	www.bio.gxnu.edu.cn	√(√、√)	1993 IH-Online 2019
广西植物研究所标本馆 Herbarium, Guangxi Institute of Botany	541006广西桂林市雁山区雁山镇雁山街85号	IBK	550 000(4 958份2 015种+300 000)	27(17)	1935(2013)	http://www.gxib.cn/spIBK/	√(√、√)	1993 IH-Online 2019
广西生态工程职业技术学院树木标本室 Dendrological Herbarium, Guangxi Eco-engineering Vocational and Technical College	545003广西柳州市沙塘镇	GXFS	8 000	4(8)	1984(2017)	http://www.gxstzy.cn/	√(√、√)	1993 IH-Online 2019
广西大学森林植物标本馆 Dendrological Herbarium, Forestry College, Guangxi University	530004广西南宁市大学东路100号	GAC	33 000	10(8)	1958(2015)	http://lxy.gxu.edu.cn/index.htm	√(√、√)	1993 IH-Online 2019
广西大学农学院植物标本室 Herbarium, College of Agriculture, Guangxi University	530005广西南宁市大学东路100号	GAUA	20 000	7(10)	1950(2017)	http://nxy.gxu.edu.cn/	√(√、√)	1993 IH-Online 2019
广西中医药大学医药会展中心腊叶标本室 Herbarium, Medical Convention and Exhibition Center, Guangxi University of Chinese Medicine	530001广西南宁市西乡塘区明秀东路179号	GXCM	5 500(60份9种+0)	6(7)	1976(2013)	http://www.gxtcmu.edu.cn	√(√、√)	1993 IH-Online 2019
广西食品药品检验所植物标本室 Herbarium, Guangxi Institute for Food and Drug Control	530021广西南宁市青秀区青湖路9号	GXDC	20 000	6(2)	1953(2013)	http://www.gxyjs.org.cn	√(√、√)	1993 IH-Online 2019

08

（续）

名称 Names	地址 Address	标本馆代码 Acronym	标本总数（模式、数字化）Total Number of Specimens(Type, Digital)	人员（采集人¹）Staff (Collectors)	建立时间（更新时间）Established Year (Updated)	网址 Website	联系人（电话，邮箱）Contacts (Telephone, Email)	信息来源 Information Sources
广西林业勘测设计院植物标本室 Herbarium, Guangxi Forest Inventory and Planning Institute	530011广西南宁市中华路14号	GXF	60 000(100份30种+50 000)	6(11)	1953(2015)	http://www.gxforestry.com/	√(√, √)	1993 IH-Online 2019
广西林业科学研究院植物标本室 Herbarium, Guangxi Forestry Research Institute	530002广西南宁市邕武路23号	GXFI	20 000(30份+0)	6(5)	1956(2015)	http://www.gxlky.com.cn/	√(√, √)	1993 IH-Online 2019
广西药用植物园标本馆 Herbarium, Guangxi Medicinal Botanic Garden	530023广西南宁市长堤路189号	GXMG	150 000(8号+30 000)	10(14)	1979(2015)	http://www.gxyyzwy.com/	√(√, √)	1993 IH-Online 2019
广西中医药研究院植物标本馆 Herbarium, Guangxi Institute of Chinese Medicine & Pharmaceutical Science	530022广西南宁市东葛路20-1号	GXMI	68 000(1 100份约400种+58 000)	7(11)	1960(2016)	http://www.gicmp.com/	√(√, √)	1993 IH-Online 2019
广西自然博物馆植物标本室 Herbarium, Guangxi Natural History Museum	530012广西南宁市人民东路1-1号	GXNM	6 000	5(4)	1989(2015)	http://www.nhmgx.cn/	√(√, √)	1993 IH-Online 2019
广西卫生职业技术学院植物标本室 Herbarium, Guangxi Medical College	530023广西南宁市昆仑大道8号	GXSP	5 300	4(4)	1972(2013)	http://www.gxwzy.com.cn/	√(√, √)	1993 IH-Online 2019
广西南宁树木园标本室 Herbarium, Nanning Arboretum	530031广西南宁市江南区友谊路78号	NNA	1 000	5	1980(2017)	http://www.gxliangfengjiang.com/	√(√, √)	1993 IH-Online 2019
贵州工程应用技术学院植物标本室 Herbarium, Guizhou University of Engineering Science	551700贵州省毕节市学院路	BJ	20 000(5份(种)+0)	5(7)	2005(2016)	http://st.gues.edu.cn/	√(√, √)	IH-Online 2019
黔南民族师范学院植物标本馆 Herbarium, Qiannan Normal University for Nationalities	558000贵州省都匀市龙山大道	QNUN	80 000(0+30 000)	4(4)	2017(2017)	http://www.sgmtu.edu.cn/	√(√, √)	IH-Online 2019
贵州大学自然博物馆植物标本室 Herbarium, Museum of Nature History, Guizhou University	550025贵州省贵阳市花溪区	GACP	85 000(26份13种+15 000)	8(7)	1950(2015)	http://www.gzu.edu.cn/	√(√, √)	1993 IH-Online 2019
贵州省林业科学研究院植物标本室 Herbarium, Guizhou Academy of Forestry	550005贵州省贵阳市富源南路382号	GF	26 000(0+26 000)	9(6)	1962(2015)	http://www.gzslky.com/	√(√, √)	1993 IH-Online 2019
'贵州医科大学医学院植物标本室' 'Herbarium, School of Medicine, Guizhou Medical University'	550025贵州省贵阳花溪区大学城	GMB	50 000	3(2)	1956(2016)	http://stcmchina.com/zybbg/	√(√, √)	IH-Online

（续）

名称 Names	地址 Address	标本馆代码 Acronym	标本总数（模式、数字化）Total Number of Specimens(Type, Digital)	人员（采集人¹）Staff (Collectors)	建立时间（更新时间）Established Year (Updated)	网址 Website	联系人（电话、邮箱）Contacts (Telephone, Email)	信息来源 Information Sources
贵州师范大学生命科学学院植物标本室 Herbarium, College of Life Science, Guizhou Normal University	550001贵州省贵阳市宝山北路116号	GNUB	66 000(3号+0)	10(12)	1957(2016)	http://sjxy.gznu.edu.cn	√(√、√)	1993 IH-Online 2019
贵州师范大学地理与环境科学学院植物标本室 Herbarium, School of Geographic and Environmental Sciences, Guizhou Normal University	550025贵州省贵阳市贵安新区花溪	GNUG	35 000	8(7)	1956(2015)	http://dhxy.gznu.edu.cn/	√(√、√)	1993 IH-Online 2019
贵阳药用资源博物馆标本室 Herbarium Guiyang Museum of Medical Resources	550002贵州省贵阳市南明区沙冲南路202号	GYBG	15 000(10份+0)	6(8)	2008(2016)	http://www.gyybg.com/	√(√、√)	2019
贵州大学林学院树木标本室 Dendrological Herbarium, College of Forestry, Guizhou University	550025贵州省贵阳市花溪区	GZAC	60 000(50份15种+30 000)	8(10)	1965(2015)	http://fc.gzu.edu.cn/	√(√、√)	1993 IH-Online 2019
贵阳中医学院药学院标本室 Herbarium, Collage of Pharmacy, Guiyang University of Traditional Chinese Medicine	550025贵州省贵阳花溪区大学城	GZTM	100 000(50份25种+30 000)	6(18)	1957(2017)	http://yaoxue.gyctcm.edu.cn/index.htm	√(√、√)	1993 IH-Online 2019
贵州省生物研究所植物标本馆 Herbarium, Guizhou Institute of Biology	550000贵州省贵阳小河	HGAS	160 000(约100号250份+30 000)	12(8)	1959(2015)	http://www.gzpib.org.cn	√(√、√)	1993 IH-Online 2019
梵净山自然保护区博物馆植物标本室 'Herbarium, Museum of Fanjingshan National Nature Reserve'	554400贵州省江口县三星路100号	FAN	40 000	2(5)	1980（无）		√(√、×)	1993 IH-Online 2019
六盘水师范学院生命科学系植物标本室 Herbarium, Department of Life Sciences, Liupanshui Normal University	553001贵州省六盘水市钟山区明湖路	LPSNU	12 000	7(7)	1985(2017)	http://www.lpssy.edu.cn/s/117/main.htm	√(√、√)	IH-Online 2019
贵州省黔西南布依族苗族自治州林业科学研究所标本室 Herbarium, Southwester Guizhou Institute of Forestry	562400贵州省兴义市观音路79号	XIN	30 000	1(1)	1987(2013)		√(√、√)	1993 IH-Online 2019
贵州省林业学校树木标本室 Dendrological Herbarium, Guizhou Forestry School	550201贵州省修文县扎佐镇	GFS	45 000(0+10 000)	6(5)	1956(2015)	http://www.gzslyxx.com/	√(√、√)	1993 IH-Online 2019

08

（续）

名称 Names	地址 Address	标本馆代码 Acronym	标本总数（模式、数字化）Total Number of Specimens(Type, Digital)	人员（采集人[1]）Staff (Collectors)	建立时间（更新时间）Established Year (Updated)	网址 Website	联系人（电话，邮箱）Contacts (Telephone, Email)	信息来源 Information Sources
遵义师范学院植物标本馆 Herbarium of Zunyi Normal College	563002贵州省遵义市红花岗区平安大道中段	ZY	20 000	4(9)	1985(2016)	http://www.zync.edu.cn/index.html	√(√, √)	IH-Online 2019
中国热带农业科学院植物标本室 Herbarium, Tropical Crops Genetic Resources Institute, Chinese Academy of Tropical Agricultural Sciences	571737海南省儋州市宝岛新村（两院）	ATCH	100 000	3(8)	1958(2017)	http://www.catas.cn/pzs/	√(√, √)	IH-Online 2019
'海南医科大学真菌标本室' 'Fungal Herbarium, Hainan Medical University'	571199海南省海口市龙华区学院路3号	FHMU	20 000	1(3)	2012（无）		√(×, √)	IH-Online
海南大学植物标本室 Herbarium, Hainan University	570028海南省海口市美兰区人民大道58号	HUTB	30 000(0+1 000)	4(5)	1983(2016)	http://www.hainu.edu.cn/nonglin/	√(√, √)	1993 IH-Online 2019
海南省林业科学研究所植物标本室 'Herbarium, Hainan Forestry Institute'	571100海南省琼山县府城镇东门外	HAF	7 000	1(2)	1960（无）		√(√, ×)	1993 IH-Online 2019
'河北省中药研究与开发重点实验室标本室' 'Herbarium, Hebei Key Laboratory of Study and Exploitation of Chinese Medicine, Chengde Medical University'	67000河北省承德市双桥区安远路	CDMU	200	1	无(2020)		√(√, √)	IH-Online
河北农业大学植物标本室 'Herbarium, Hebei Agricultural University'	071001河北省保定市	HBAU	15 000	2(2)	1952（无）		√(√, ×)	1993 IH-Online 2019
河北林学院基础部植物标本室 'Herbarium, Basic Courses Department, Hebei Forestry College'	071000河北省保定市油田路	HBFC	10 000	4(4)	1909（无）		√(√, ×)	1993 IH-Online 2019
河北大学博物馆植物标本室 Herbarium of Museum, Heibei University	071002河北省保定市五四东路180号	HBU	1 000	1(3)	1921(2020)	http://www.hbu.edu.cn	√(√, √)	IH-Online 2019
河北农业大学中国枣研究中心标本室 'Jujube Herbarium, Research Centre of Chinese Jujube, Hebei Agricultural University'	071001河北省保定市	JUJ	1 500	3(1)	1987（无）		√(√, ×)	1993 IH-Online 2019
河北科技师范学院植物标本室 Herbarium, Hebei Normal University of Science & Technology	066600河北省秦皇岛市昌黎县学院路113号	CHA	10 000	9(8)	1952(2015)	http://www.hevttc.edu.cn/	√(√, √)	1993 IH-Online 2019

（续）

名称 Names	地址 Address	标本馆代码 Acronym	标本总数（模式、数字化）Total Number of Specimens(Type, Digital)	人员（采集人）Staff (Collectors)	建立时间（更新时间）Established Year (Updated)	网址 Website	联系人（电话、邮箱）Contacts (Telephone, Email)	信息来源 Information Sources
河北省药品检验所植物标本室 'Herbarium, Hebei Institute for Drug Control'	050016河北省石家庄市裕华路富强大街	HBDC	6 100	2(1)	1971（无）		√(√、×)	1993 IH-Online 2019
河北师范大学博物馆植物标本室 Herbarium, College of Life Science, Hebei Normal University	050024河北省石家庄市南二环东路20号	HBNU	91 000(0+35 000)	7(11)	1950(2017)	http://202.206.100.3/xi/smxy/index.htm	√(√、√)	1993 IH-Online 2019
河北农业大学邯郸分校农学系植物标本室 'Herbarium, Agriculture Department, Hebei Agricultural University, Handan Branch'	057150河北省永年县临洺关	HBAUD	4 000	3(3)	1985（无）		√(√、×)	1993 IH-Online 2019
河南大学生命科学学院动植物标本室 Herbarium, School of Life Science, Henan University	475004河南省开封市金明大道	KAI	400	7(11)	1912(2017)	http://bio.henu.edu.cn/index.htm	√(√、√)	1993 IH-Online 2019
'商丘师范学院生命科学与食品系标本馆' Herbarium, Department of Biology and Food, Shangqiu Normal University'	476000河南省商丘市睢阳区文化路298号	SQNU	10 000	2(3)	无(2020)		√(×、√)	IH-Online
河南师范大学生命科学学院标本馆 Herbarium, College of Life Sciences, Henan Normal University	453007河南省新乡市建设东路46号	HENU	32 211	14(13)	1955(2015)	http://www.htu.cn/smkx/	√(√、√)	1993 IH-Online 2019
信阳师范学院生命科学学院植物标本室 Herbarium, College of Life Science, Xinyang Normal University	464000河南省信阳市南湖路237号	XYTC	15 000(0+5 000)	5(6)	1985(2015)	http://www.xytc.edu.cn/	√(√、√)	1993 IH-Online 2019
河南农业大学植物标本室 Herbarium, Henan Agricultural University	450002河南省郑州市农业路63号	HEAC	55 000(60号+55 000)	9(9)	1945(2015)	http://www.henau.edu.cn/	√(√、√)	1993 IH-Online 2019
河南中医学院中药标本馆 Herbarium, Henan University of Traditional Chinese Medicine	450046河南省郑州市郑东新区	HECM	6 000	5(4)	1959(2013)	http://yxy.hactcm.edu.cn/index.htm	√(√、√)	1993 IH-Online 2019
'郑州大学生命科学学院植物标本室' Herbarium, School of Life Sciences,Zhengzhou University'	450001河南省郑州市中原区科学大道100号	ZZU	30 000(0+5 000)	5(4)	2006(2020)		√(×、√)	IH-Online
大庆师专生物系植物标本室 'Herbarium, Biology Department, Daqing Teachers College'	163712黑龙江省大庆市	DQTC	6 000	2(2)	1982（无）		√(√、×)	1993 IH-Online 2019

08

（续）

名称 Names	地址 Address	标本馆代码 Acronym	标本总数（模式、数字化）Total Number of Specimens(Type, Digital)	人员（采集人¹）Staff (Collectors)	建立时间（更新时间）Established Year (Updated)	网址 Website	联系人（电话，邮箱）Contacts (Telephone, Email)	信息来源 Information Sources
哈尔滨师范大学生命科学与技术学院植物标本室 Herbarium, College of Life Science and Technology, Harbin Normal University	150025黑龙江省哈尔滨市利民经济开发区师大南路1号	HANU	20 000	15(8)	1954(2017)	http://www.hrbnu.edu.cn/	√(√、√)	1993 IH-Online 2019
黑龙江中医药大学中医药博物馆 Museum of Traditional Chinese Medicine, Heilongjiang University of Chinese Medicine	150040黑龙江省哈尔滨市香坊区和平路24号	HLCM	6 000	4(3)	1972(2013)	http://www.hljucm.net/	√(√、√)	1993 IH-Online 2019
黑龙江省博物馆植物标本室 'Herbarium, Heilongjiang Provincial Museum'	150001黑龙江省哈尔滨市红军街50号	HLNM	30 000	4(5)	1922（无）		√(√、×)	1993 IH-Online 2019
黑龙江省科学院自然与生态研究所植物标本室 Herbarium, Institute of Nature Resources and Ecology, Heilongjiang Academy of Sciences	150040黑龙江省哈尔滨市香坊区哈平路103号	HNR	23 500(9份3种+0)	9(9)	1982(2015)	http://ine.has.ac.cn/	√(√、√)	1993 IH-Online 2019
东北农业大学生命科学院植物标本室 Herbarium, College of Life Science, Northeast Agricultural University	150030黑龙江省哈尔滨市香坊区长江路600号	NEAU	55 000(0+20 000)	10(10)	1948(2017)	http://smkxxy.neau.edu.cn/index.htm	√(√、√)	2019
东北林业大学植物标本室 Herbarium, Northeast Forestry University	150040黑龙江省哈尔滨市和兴路26号	NEFI	51 082(69号+30 217)	15(8)	1953(2016)	http://www.nefu.edu.cn/	√(√、√)	1993 IH-Online 2019
佳木斯大学药学院药用植物标本室 Medicinal Herbarium, College of Pharmacy, Jiamusi University	154007黑龙江省佳木斯市学府街148号	JMSMC	6 000	4(7)	1976(2016)	http://yxy.jmsu.edu.cn	√(√、√)	1993 IH-Online 2019
齐齐哈尔大学生命科学与农林学院植物标本室 Herbarium, College of Life Sciences and Agriculture and Forestry, Qiqihar University	161006黑龙江省齐齐哈尔市文化大街42号	QTC	7 000	4(2)	1978(2015)	http://www.qqhru.edu.cn/smkxynlxy/xyjj.htm	√(√、√)	1993 IH-Online 2019
湖北民族学院生物多样性标本馆 The Biodiversity Specimens Museum, Hubei University for Nationalities	445000湖北省恩施市学院路39号	ENS	20 000	7(9)	1985(2015)	http://www.hbmy.edu.cn/templet/default/index.html/	√(√、√)	1993 IH-Online 2019

（续）

名称 Names	地址 Address	标本馆代码 Acronym	标本总数（模式、数字化）Total Number of Specimens(Type, Digital)	人员（采集人¹）Staff(Collectors)	建立时间（更新时间）Established Year (Updated)	网址 Website	联系人（电话、邮箱）Contacts (Telephone, Email)	信息来源 Information Sources
黄冈师范专科学校生物系植物标本室 'Herbarium, Biology Department, Huanggang Teachers College'	436100湖北省黄州市胜利街82号	HGTC	3 500	3	1973（无）		√(√、×)	1993 IH-Online 2019
'后河国家自然保护区植物标本室' 'Herbarium, HouHe National Nature Reserve'	443499湖北省宜昌市五峰县	HHE	2 000	1(3)	2015(2017)		√(√、√)	IH-Online
华中农业大学博物馆植物标本馆 Herbarium, Museum of Huazhong Agricultura University	430070湖北省武汉市洪山区狮子山街1号	CCAU	60 000(0+11 500)	9(7)	1986(2015)	http://www.hzau.edu.cn	√(√、√)	1993 IH-Online 2019
华中师范大学生命科学学院植物标本馆 Herbarium, School of Life Sciences, Central China Normal University	430079湖北省武汉市洪山区珞喻路152号	CCNU	100 000	12(13)	1952(2020)	http://sky.ccnu.edu.cn/English/Home.htm	√(√、√)	1993 IH-Online 2019
湖北省林业科学研究所树木标本室 'Dendrological Herbarium, Hubei Forestry Institute'	430075湖北省武汉市武昌九峰	EBF	10 000	2(5)	1957（无）		√(√、×)	1993 IH-Online 2019
湖北中医学院中药系标本中心 'Herbarium, Department of Chinese Materia Medica, Hubei College of Traditional Chinese Medicine'	430061湖北省武昌云架桥110号	ECM	4 000	2	1984（无）		√(√、×)	1993 IH-Online 2019
湖北省药品检验所植物标本室 'Herbarium, Hubei Institute for Drug Control'	430064湖北省武汉武昌丁字桥路110号	EDC	24 000	2(1)	1972（无）		√(√、×)	1993 IH-Online 2019
湖北大学生命科学学院植物标本室 Herbarium, College of Life Sciences, Hubei University	430062湖北省武汉武昌区友谊大道368号	EU	50 000(50份+0)	12(6)	1955(2015)	http:/bio.hubu.edu.cn/	√(√、√)	1993 IH-Online 2019
中国科学院水生生物研究所藻类标本室 Algae Herbarium, Institute of Hydrobiology, Chinese Academy of Sciences	430072湖北省武汉武昌珞珈山	HBI	30 000	11(15)	1946(2017)	http://www.ihb.ac.cn/	√(√、√)	1993 IH-Online 2019
中国科学院武汉植物园阿标本馆 Herbarium, Wuhan Botanical Garden, Chinese Academy of sciences	430074湖北省武汉武昌磨山	HIB	240 000(422份156种+190 000)	20(10)	1956(2016)	http://www.wbg.cas.cn	√(√、√)	1993 IH-Online 2019
武汉大学植物标本馆 Herbarium, Wuhan University	430072湖北省武汉武昌珞珈山	WH	200 000(0+80 000)	13(8)	1930(2013)	http://www.bio.whu.edu.cn/	√(√、√)	1993 IH-Online 2019

08

（续）

名称 Names	地址 Address	标本馆代码 Acronym	标本总数（模式、数字化）Total Number of Specimens(Type, Digital)	人员（采集人[1]）Staff (Collectors)	建立时间（更新时间）Established Year (Updated)	网址 Website	联系人（电话，邮箱）Contacts (Telephone, Email)	信息来源 Information Sources
'湖北省长江珍稀植物研究所植物标本室' 'Herbarium, Rare plants research institute of Yangtze river, Hubei province'	443000湖北省	YZB	无这项记录	1(6)	2007（无）		√(√, √)	IH-Online
'湖南高望界国家级自然保护区标本馆' 'Herbarium, Gaowangjie National Nature Reserve'	416307湖南省古丈县	GWJ	2 000	1(2)	2015(2017)	http://gwjnr.forestry.gov.cn/	√(√, √)	IH-Online
湖南省林业专科学校树木标本室 'Dendrological Herbarium, Hunan Forestry School'	421005湖南省衡阳市北郊周坳	HUF	6 000	2(1)	1988（无）		√(√, ×)	1993 IH-Online 2019
湖南省南岳树木园标本室 Herbarium, Nanyue Arboretum	421900湖南省衡阳市南岳区柽木潭	NYA	20 000	6(6)	1978(2015)		√(√, √)	1993 IH-Online 2019
吉首大学植物标本馆 Herbarium of Jishou University	416000湖南省吉首市人民南路120号	JIU	60 000(0+20 000)	5(4)	1985(2017)		√(√, √)	1993 IH-Online 2019
壶瓶山国家级自然保护区标本馆 Herbarium, Hupingshan National Nature Reserve	415319湖南省石门县壶瓶山镇	HHNNR	50 031	1(2)	1982(2017)	http://hnhpsnr.forestry.gov.cn/	√(√, √)	IH-Online 2019
'湖南科技大学标本馆' 'Herbarium, Hunan University of Science and Technology'	411201湖南省湘潭市桃园路2号	HUNST	70 000	4(7)	1986(2017)		√(√, √)	IH-Online
湖南科技大学生命科学学院植物标本馆 Herbarium, School of Life Science, Hunan University of Science and Technology	411201湖南省湘潭市桃园路	HUST	70 000(0+35 000)	5(7)	1986(2016)	http://science.hnust.edu.cn/	√(√, √)	IH-Online 2019
中南林业科技大学林学院森林植物标本室 Herbarium of Forest Plants, Forestry College, Central South University of Forestry and Technology	410004湖南省长沙市韶山南路498号	CSFI	70 000(20份+40 000)	9(18)	1952(2015)	http://zhxy.csuft.edu.cn/	√(√, √)	1993 IH-Online 2019
湖南师范大学生命科学学院植物标本馆 Herbarium, College of Life Science, Hunan Normal University	410081湖南省长沙市岳麓山南路36号	HNNU	140 000(260份+62 000)	14(12)	1948(2015)	http://lifescience.hunnu.edu.cn/	√(√, √)	1993 IH-Online 2019
湖南中医药大学中药系标本室 Herbarium, School of Pharmacy, Hunan University of Chinese Medicine	410208湖南省长沙市岳麓区学士路300号	HUCM	35 000	5(5)	1976(2016)	http://www.hnucm.edu.cn/	√(√, √)	1993 IH-Online 2019

（续）

名称 Names	地址 Address	标本馆代码 Acronym	标本总数（模式、数字化）Total Number of Specimens(Type, Digital)	人员（采集人¹）Staff (Collectors)	建立时间（更新时间）Established Year (Updated)	网址 Website	联系人（电话，邮箱）Contacts (Telephone, Email)	信息来源 Information Sources
湖南食品药品职业学院中药系植物标本室 Herbarium, Department of Chinese Materia Medica, Hunan Food and Drug Vocational College	410208湖南省长沙市岳麓区学士路400号	HUFD	20 000	5(4)	1979(2015)	http://www.hnyzy.cn/CL0046/	√(√,√)	2019
吉林省长白山科学研究院动植物标本馆 Herbarium, Changbai Mountain Academy of Sciences	133613吉林省安图县二道白河镇	ANTU	16 380(8份+0)	10(10)	1960(2017)	http://kxy.changbaishan.gov.cn/	√(√,√)	1993 IH-Online 2019
'吉林农业科技大学真菌标本室' 'Mycological Herbarium, Jilin Agricultural Science and Technology University'	132101吉林省吉林市昌邑区翰林路77号	HMJU	3 000	1(1)	2019(2019)		√(√,√)	IH-Online
北华大学林学院植物标本室 Herbarium, College of Forestry, Beihua University	132013吉林省吉林市滨江东路3999号	JLFC	35 000(0+35 000)	8(11)	1980(2015)		√(√,√)	1993 IH-Online 2019
通化师范学院生物系植物标本室 'Herbarium, Biology Department, Tonghua Teachers College'	134002吉林省通化市头道沟路151号	TONG	2 000	2	1990（无）		√(√,√)	1993 IH-Online 2019
长春中医药大学中药标本馆 Chinese Medicine Herbarium, Changchun University of Chinese Medicine	130021吉林省长春市博硕路1035号	CCM	23 000	8(11)	1963(2013)	http://jyxy.ccucm.edu.cn/	√(√,√)	1993 IH-Online 2019
'人参新品种选育与开发国家地方联合工程研究中心标本馆' 'Herbarium, Engineered Research Center of Ginseng, Jilin Agriculture University'	130118吉林省长春市南关区新城大街2888号	ERCG	300	1(2)	无(2019)		×(×,×)	IH-Online
吉林农业大学食药用菌教育部工程研究中心菌物标本馆 Herbarium, Engineering Research Center of Chinese Ministry of Education for Edible and Medicinal Fungi Jilin Agricultural University	130118吉林省长春市新城大街2888号	HMJAU	35 000(25份25种+0)	3(3)	1996(2017)	http://202.198.0.76/junwusuo/index.asp	√(√,√)	IH-Online 2019
中国科学院东北地理与农业生态研究所湿地标本馆 Wetland Herbarium, Northeast Institute of Geography and Agroecology, Chinese Academy of Sciences	130102吉林省长春市高新北区盛北大街4888号	IGA	35 000(0+5 000)	10(8)	1962(2017)	http://www.neigae.ac.cn/	√(√,√)	IH-Online 2019

08

（续）

名称 Names	地址 Address	标本馆代码 Acronym	标本总数（模式、数字化）Total Number of Specimens(Type, Digital)	人员（采集人）Staff (Collectors)	建立时间（更新时间）Established Year (Updated)	网址 Website	联系人（电话，邮箱）Contacts (Telephone, Email)	信息来源 Information Sources
吉林农业大学中药材学院植物标本室 Herbarium, College of Chinese Medicinal Materials, Jilin Agricultural University	130118吉林省长春市新城大街2888号	JLAU	12 000	9(10)	1982(2017)	http://www.jlau.edu.cn/index_2015.asp	√(√, √)	IH-Online 2019
'吉林省药品检验研究院标本馆' 'Herbarium, Jilin Institute for Drug Control'	130033吉林省长春市南关区湛江路657号	JLDC	6 000	3(1)	1953(2016)	http://www.jlidc.org.cn/	√(√, √)	IH-Online
吉林省中医中药研究院药用植物标本室 'Medicinal Herbarium, Jilin Academy of Traditional Chinese Medicine and Materia Medica'	130021吉林省长春市工农大路17号	JLMP	30 000	3(5)	1965（无）		√(√, ×)	1993 IH-Online 2019
东北师范大学植物标本馆 Herbarium, Northeast Normal University	130024吉林省长春市南关区人民大街5268号	NENU	42 000(0+10 000)	10(7)	1949(2015)		√(√, √)	1993 IH-Online 2019
中国药科大学药学博物馆植物标本室 Herbarium, China Pharmaceutical University	211198江苏省南京市江宁区龙眠大道639号	CPU	28 000	7(3)	1938(2015)	http://www.cpu.edu.cn	√(√, √)	1993 IH-Online 2019
南京大学生命科学学院植物标本室 Herbarium, School of Life Sciences, Nanjing University	210023江苏省南京市栖霞区仙林大道163号	N	100 000(500份+40 000)	25(27)	1915(2017)	http://life.nju.edu.cn/plantae/index.htm	√(√, √)	1993 IH-Online 2019
江苏省中国科学院植物研究所标本馆 Herbarium, Institute of Botany, Jiangsu Province and Chinese Academy of Sciences	210014江苏省南京市中山门外前湖后村1号	NAS	700 000(4 322份约1 823种+450 000)	29(24)	1923(2015)	http://www.cnbg.net	√(√, √)	1993 IH-Online 2019
南京农业大学生命科学学院植物标本室 Herbarium, College of Life Science, Nanjing Agricultural University	210095江苏省南京市玄武区卫岗1号	NAU	60 000(0+40 000)	13(11)	1963(2015)	http://lfc.njau.edu.cn/	√(√, √)	1993 IH-Online 2019
南京林业大学树木标本室 Dendrological Herbarium, Nanjing Forestry University	210037江苏省南京市龙蟠路159号	NF	210 000(200号+0)	17(19)	1923(2015)	http://shengwu.njfu.edu.cn/default.php	√(√, √)	1993 IH-Online 2019
南京森林警察学院植物标本室 Herbarium, Nanjing Forest Police College	210023江苏省南京市仙林大学城文澜路28号	NFP	3 100	10(5)	1953(2013)	http://jdzx.forestpolice.net/	√(√, √)	2019

（续）

名称 Names	地址 Address	标本馆代码 Acronym	标本总数（模式、数字化）Total Number of Specimens(Type, Digital)	人员（采集人¹）Staff (Collectors)	建立时间（更新时间）Established Year (Updated)	网址 Website	联系人（电话，邮箱）Contacts (Telephone, Email)	信息来源 Information Sources
南京师范大学珍稀动植物博物馆 Herbarium, College of Life Sciences, Nanjing Normal University	210023江苏省南京市文苑路1号	NJNU	30 000	8(4)	1926(2017)	http://sky.njnu.edu.cn/cn/lab/zhen-xi-dong-wu-bo-wu-guan	√(√, √)	1993 IH-Online 2019
'中国科学院南京地质古生物研究所标本馆' 'Herbarium, Paleobotany Laboratory, Nanjing Institute of Geology and Paleontology, Academia Sinica'	'210008江苏省南京市玄武区北京东路39号'	NPA	15 460	2	1951（无）	http://www.nigpas.cas.cn/	×(√, ×)	IH-Online
'江苏省海洋水产研究所标本馆' 'Herbarium, Jiangsu Marine Fisheries Research Institute'	226007江苏省南通市崇川区教育路31号	JSMI	700	1	2010(2017)		√(√, √)	IH-Online
徐州师范学院生物系植物标本室 'Herbarium, Biology Department, Xuzhou Teachers College'	221009江苏省徐州市和平路57号	XZTC	5 000	2(2)	1982（无）		√(√, ×)	1993 IH-Online 2019
抚州师范专科学校生物系植物标本室 'Herbarium, Biology Department, Fuzhou Teachers College'	344000江西省抚州市羊城路154号	FTS	3 500	3(4)	1933（无）		√(√, ×)	1993 IH-Online 2019
江西赣州林校树木标本室 'Dendrological Herbarium, Ganzhou Forestry School'	341002江西省赣州市湖边	GAFS	30 000	4(5)	1958（无）		√(√, ×)	1993 IH-Online 2019
赣南师范大学生命与环境科学学院南宁标本馆 Nanling Herbarium, College of Life & Environmental Sciences, Gannan Normal University	341000江西省赣州市蓉江新区师院南路1号	GNNU	45 000	3(9)	2005(2019)		√(√, √)	IH-Online
井冈山大学生命科学学院植物标本室 Herbarium, School of Life Sciences, Jinggangshan University	343009江西省吉安市青原区学苑路28号	JGSU	4 000(0+3 000)	3(3)	1992(2017)	http://www.jgsu.edu.cn/	√(√, √)	IH-Online 2019
井冈山自然保护区管理处标本室 'Herbarium, Administration Office, Jinggang Mountain Nature Reserve'	343600江西省井冈山市茨坪狮子岩	JN	6 470	1(2)	1981（无）		√(√, ×)	1993 IH-Online 2019

08

（续）

名称 Names	地址 Address	标本馆代码 Acronym	标本总数（模式、数字化）Total Number of Specimens(Type, Digital)	人员（采集人¹）Staff (Collectors)	建立时间（更新时间）Established Year (Updated)	网址 Website	联系人（电话，邮箱）Contacts (Telephone, Email)	信息来源 Information Sources
九江森林植物标本馆 Herbarium, Forestry Institute of Jiujiang	332100江西省九江沙城工业园富园二路	JJF	50 000(0+10 000)	2(7)	1981(2015)	http://www.jjslzwyjs.com/	√(√、√)	1993 IH-Online 2019
江西九江学院药学与生命科学院植物标本室 Herbarium, College of Pharmacy and Life Science, Jiujiang University	332000江西省九江市浔阳东路320号	JJT	10 000	7(7)	1985(2013)	http://yxsm.jju.edu.cn/index.htm	√(√、√)	1993 IH-Online 2019
江西省九连山自然保护区管理处植物标本室 'Herbarium, Administration Department, Jiulian Mountain Nature Reserve'	341701江西省龙南县古坑	JNR	6 000	3(2)	1981（无）		√(×、×)	1993 IH-Online 2019
江西省中国科学院庐山植物园标本馆 Herbarium, Lushan Botanical Garden, Jiangxi Province and Chinese Academy of Sciences	332900江西省九江市庐山市植青路9号	LBG	180 000(576份376种+130 000)	9(9)	1934(2015)	http://www.lsbg.cn/	√(√、√)	1993 IH-Online 2019
'江西农业大学植物病理学标本馆' 'Herbarium, Plant Pathology, Jiangxi Agricultural University'	330045江西省南昌市志敏大道1101号	HJAUP	1 100	(9)	2013(2022)		√(×、√)	IH-Online
江西省科学院生物技术开发中心植物标本室 'Herbarium, Biological Resources Institute, Jiangxi Academy of Sciences'	330029江西省南昌市北京东路昙家桥上访路18号	JAS	3 000	2(3)	1987（无）		√(√、×)	1993 IH-Online 2019
江西教育学院生物系植物标本室 'Herbarium, Biology Department, Jiangxi College of Education'	330029江西省南昌市北京东路87号	JCE	20 000	4(4)	1986（无）		√(√、×)	1993 IH-Online 2019
江西农业大学林学院树木标本馆 Dendrological Herbarium, College of Forestry, Jiangxi Agricultural University	330045江西省南昌市南昌北经济技术开发区志敏大道1101号	JXAU	65 000(19号+10 000)	8(10)	1958(2015)	http://yuanlin.jxau.edu.cn/main.htm	√(√、√)	1993 IH-Online 2019
江西中医药大学药用植物标本室 Medicinal Herbarium, Jiangxi University of Traditional Chinese Medicine	330004江西省南昌市湾里区兴湾大道818号	JXCM	50 000	11(4)	1959(2016)	http://www.jxutcm.edu.cn/	√(√、√)	1993 IH-Online 2019
江西省林业科学研究所树木标本室 'Dendrological Herbarium, Jiangxi Forestry Institute'	330032江西省南昌市麦园	JXF	5 000	2(1)	1976（无）		√(√、×)	1993 IH-Online 2019

（续）

名称 Names	地址 Address	标本馆代码 Acronym	标本总数（模式、数字化） Total Number of Specimens(Type, Digital)	人员（采集人[1]） Staff (Collectors)	建立时间（更新时间） Established Year (Updated)	网址 Website	联系人（电话，邮箱） Contacts (Telephone, Email)	信息来源 Information Sources
江西省药物研究所药用植物标本室 'Medicinal Herbarium, Jiangxi Institute of Materia Medica'	330029江西省南昌市南京东路15号	JXM	43 000	3(4)	1977（无）		√(√、×)	1993 IH-Online 2019
南昌大学生物标本馆 Herbarium, School of Life Sciences, Nanchang University	330031江西省南昌市红谷滩新区学府大道999号	JXU	80 000(0+10 000)	15(8)	1940(2013)	http://bio.ncu.edu.cn/	√(√、√)	1993 IH-Online 2019
江西农业大学真菌标本馆 Herbarium of Fungi of Jiangxi Agricultural University	330045江西省南昌市青山湖区经济技术开发区志敏大道1101号	HFJAU	3 400(0+2 134)	1(5)	2015(2021)		√(×、√)	IH-Online
江西省上饶地区林业科学研究所植物标本室 'Herbarium, Shangrao Forestry Institute'	334000江西省上饶市前进路82号	SRF	7 490	3	1975（无）		√(√、×)	1993 IH-Online 2019
江西省赣南树木园植物标本室 'Herbarium, Gannan Arboretum of Jiangxi, Forestry Bureau of Ganzhou District'	341212江西省上犹县陡水镇	GNA	7 000	2(2)	1978（无）		√(×、×)	1993 IH-Online 2019
大连自然博物馆植物标本室 Herbarium, Dalian Natural History Museum	116029辽宁省大连市沙河口区西村街40号	DNHM	30 000	6(7)	1926(2017)	http://www.dlnm.org/	√(√、√)	1993 IH-Online 2019
辽宁省经济林研究所植物标本室 'Herbarium, Economic Forestry Institute of Liaoning Province'	116031辽宁省大连市甘井子区育林街252号	LEF	1 106	8(3)	1964（无）		√(√、×)	1993 IH-Online 2019
辽宁中医药大学药学院中药标本馆 Medicinal Herbarium, Liaoning University of Traditional Chinese Medicine	116600辽宁省大连市双D港生命一路77号	LNCM	10 000	13(9)	1956(2017)	http://yxy.lnutcm.edu.cn/home	√(√、√)	1993 IH-Online 2019
辽宁师范大学生物系植物标本室 'Herbarium, Biology Department, Liaoning Normal University'	116022辽宁省大连市黄河路850号	LNNU	10 000	7(6)	1957（无）		√(√、×)	1993 IH-Online 2019
辽宁省芦苇科学研究所植物标本室 'Herbarium, Liaoning Reed Science Institute'	124000辽宁省盘锦市双台子区	RE	300	1(2)	1983（无）		√(√、×)	1993 IH-Online 2019
中国科学院沈阳应用生态研究所东北生物标本馆 Herbarium of Northeast China, Institute of Applied Ecology, Chinese Academy of Sciences	110016辽宁省沈阳市文化路72号	IFP	600 000(1 168份+150 000)	27(31)	1953(2016)	http://www.iae.cas.cn/	√(√、√)	1993 IH-Online 2019

08

（续）

名称 Names	地址 Address	标本馆代码 Acronym	标本总数（模式、数字化）Total Number of Specimens(Type, Digital)	人员（采集人¹）Staff (Collectors)	建立时间（更新时间）Established Year (Updated)	网址 Website	联系人（电话，邮箱）Contacts (Telephone, Email)	信息来源 Information Sources
辽宁省林业科学研究院综合标本室 'Herbarium, Liaoning Academy of Forestry'	110032辽宁省沈阳市崇山东路鸭绿江街12号	LNAF	8 000	3(3)	1962（无）		√(√，×)	1993 IH-Online 2019
沈阳市园林科学研究所树木标本室 'Herbarium, Shenyang Municipal Academy of Landscape Gardening'	110015辽宁省沈阳市青年大街199号	SY	2 000	1(3)	1963（无）		√(√，×)	1993 IH-Online 2019
沈阳农业大学植物标本室 'Herbarium, Shenyang Agricultural University'	110161辽宁省沈阳市东陵路120号	SYAU	50 000(0+10 000)	12(14)	1953(2015)	http://www.syau.edu.cn	√(√，√)	1993 IH-Online 2019
沈阳农业大学林学院树木标本室 'Dendrological Herbarium, College of Forestry, Shenyang Agricultural University'	110161辽宁省沈阳市沈河区东陵路120号	SYAUF	5 000	6(6)	1956(2017)	http://www.syau.edu.cn/	√(√，√)	1993 IH-Online 2019
沈阳药科大学中药标本馆 'Herbarium of Traditional Chinese Medicine, Shenyang Pharmaceutical University'	110016辽宁省沈阳市沈河区文化路103号	SYPC	52 000	12(14)	1931(2015)	http://www.syphu.edu.cn/	√(√，√)	1993 IH-Online 2019
'赤峰学院菌物标本室' 'Mycological Herbarium, Chifeng University'	024000内蒙古赤峰市红山区	CFSZ	21 000(0+10 000)	1(1)	无(2020)		√(×，√)	IH-Online
中国林业科学研究院沙漠林业研究中心植物标本馆 'Herbarium, Chinese Academy of Forestry, Desert Forestry Experimental Centre'	015200内蒙古自治区磴口县巴彦高勒镇	DFEC	1 700	2(3)	1984（无）		√(√，×)	1993 IH-Online 2019
中国农业科学院草原研究所饲用植物标本室 Forage Herbarium, Grassland Research Institute, Chinese Academy of Agricultural Sciences	010010内蒙古呼和浩特市乌兰察布东路120号	FGC	50 000	7(7)	1963(2017)	http://www.chinaforage.com/	√(√，√)	1993 IH-Online 2019
内蒙古大学生命科学院植物标本馆 Herbarium, School of Life Sciences, Inner Mongolia University	010021内蒙古呼和浩特市赛罕区大学西路1号	HIMC	110 000(35份+80 000)	11(19)	1958(2016)	http://smkxxy.imu.edu.cn/	√(√，√)	1993 IH-Online 2019
内蒙古自治区药品检验所植物标本室 'Herbarium, Inner Mongolia Institute for Drug Control'	010020内蒙古呼和浩特市大学路22号	IMDC	14 000	2(5)	1956（无）		√(√，×)	1993 IH-Online 2019
内蒙古林业科学研究院树木标本室 'Dendrological Herbarium, Inner Mongolia Academy of Forestry'	010010内蒙古呼和浩特市新城南门外	IMFA	2 000	2(2)	1976（无）		√(√，×)	1993 IH-Online 2019

（续）

名称 Names	地址 Address	标本馆代码 Acronym	标本总数（模式、数字化）Total Number of Specimens(Type, Digital)	人员（采集人¹）Staff (Collectors)	建立时间（更新时间）Established Year (Updated)	网址 Website	联系人（电话，邮箱）Contacts (Telephone, Email)	信息来源 Information Sources
内蒙古农业大学植物标本馆 Herbarium, Department of Pratacultural Science, College of Ecology and Environment, Inner Mongolia Agricultural University	010019内蒙古呼和浩特市赛罕区学苑东街275号	NMAC	85 000(0+75 000)	15(11)	1958(2018)	http://grass.imau.edu.cn/	√(√, √)	1993 IH-Online 2019
内蒙古师范大学生命科学与技术学院植物标本室 Herbarium, Biology Department, Inner Mongolia Normal University	010022内蒙古呼和浩特市赛罕区昭乌达路81号	NMTC	30 000(12份+0)	12(13)	1952(2015)	http://bio.immu.edu.cn/default.jsp	√(√, √)	1993 IH-Online 2019
哲里木畜牧学院草原系植物标本室 'Herbarium, Range Science Department, Zhelimu College of Animal Husbandry'	028042内蒙古通辽市	ZCA	10 000	2(3)	1982（无）		√(√, ×)	1993 IH-Online 2019
内蒙古大兴安岭森林调查规划院植物标本室 Herbarium, Forest Survey and Design Institute, Forestry Administrative Bureau of Daxinganling	022150内蒙古牙克石市兴安西街31号	YAK	4 000	6(6)	1987(2015)	http://www.nmsgghy.com/	√(√, √)	1993 IH-Online 2019
宁夏农林科学院林研究所树木标本室 'Dendrological Herbarium, Institute of Forestry, Ningxia Academy of Agriculture and Forestry Sciences'	750004宁夏银川市南郊	NXF	1 200	3(2)	1972（无）		√(√, ×)	1993 IH-Online 2019
宁夏农学院植物标本室 'Herbarium, Ningxia Agricultural College'	750105宁夏永宁县王太堡	NXAC	5 000	2	无（无）		√(×, ×)	1993 IH-Online 2019
中国科学院西北高原生物研究所植物标本馆 Herbarium, Northwest Institute of Plateau Biology, Chinese Academy of Sciences	810001青海省西宁市新宁路23号	HNWP	340 000(200余份+220 000)	8(7)	1962(2017)	http://www.nwipb.cas.cn/jgsz/zcbm/qzgyswbbg/bbgjj/	√(√, √)	1993 IH-Online 2019
青海省药品检验检测院植物标本室 Herbarium, Qinghai Provincial Drug Inspection and Testing Institute	810016青海省西宁市城北区经二路19号	QDC	20 100	8(3)	1960(2017)	http://www.qhyjy.org.cn/	√(√, √)	1993 IH-Online 2019
青海省农林科学院林业研究所标本室 'Dendrological Herbarium, Institute of Forestry, Qinghai Academy of Agriculture and Forestry Sciences'	810016青海省西宁市	QF	2 200	4(4)	1958（无）		√(√, ×)	1993 IH-Online 2019

08

（续）

名称 Names	地址 Address	标本馆代码 Acronym	标本总数（模式、数字化）Total Number of Specimens(Type, Digital)	人员（采集人¹）Staff (Collectors)	建立时间（更新时间）Established Year (Updated)	网址 Website	联系人（电话，邮箱）Contacts (Telephone, Email)	信息来源 Information Sources
青海省草原总站植物标本室 'Herbarium, General Grassland Station of Qinghai'	810008青海省西宁市胜利路44号	QG	3 600	3(4)	1978（无）		√(√、×)	1993 IH-Online 2019
青海大学农学系植物标本室 'Herbarium, Agriculture Department, Qinghai University'	810016青海省西宁市宁张路40号	QUA	3 000	5(3)	1980（无）		√(√、×)	1993 IH-Online 2019
山东大学生命科学学院植物标本馆 Herbarium, College of Life Sciences, Shandong University	250100山东省济南市山大南路27号	JSPC	50 000(0+10 000)	4(2)	1946(2018)	http://ecology.sdu.edu.cn/	√(√、√)	1993 IH-Online 2019
山东中医药大学药用植物标本室 Medicinal Herbarium, Shandong University of Traditional Chinese Medicine	250355山东省济南市长清区大学路4655号	SDCM	20 000	8(12)	1980(2017)	http://www.sdutcm.edu.cn	√(√、×)	1993 IH-Online 2019
山东省林木种质资源中心植物标本室 Herbarium, Shandong Forest Germplasm Resources Center	250102山东省济南市历城区港九路0号	SDFGR	28 000	2(2)	2016(2016)		√(√、√)	2019
山东省中医药研究所药用植物标本室 'Medicinal Herbarium, Shandong Institute of Traditional Chinese Medicine and Materia Medica'	250014山东省济南市燕子山西路7号	SDMP	5 000	4	1957（无）		√(√、×)	1993 IH-Online 2019
山东师范大学生命科学学院植物标本室 Herbarium, College of Life Sciences, Shandong Normal University	250014山东省济南市文化东路88号	SDNU	26 500(110份35种+0)	3	1952(2017)	http://www.lsc.sdnu.edu.cn/	√(√、√)	1993 IH-Online 2019
'山东省林木种质资源中心植物标本室' Herbarium, Shandong Forest Germplasm Resources Center	250102山东省济南市历城区港九路	SFGRH	28 000	5(6)	2016(2017)	http://www.sdfgr.cn/	√(√、√)	IH-Online
莱阳农学院基础部植物标本室 'Herbarium, Department of Basic Courses, Laiyang Agricultural College'	265200山东省莱阳市文化路46号	LYAC	10 000	4(2)	1965（无）		√(√、×)	1993 IH-Online 2019
聊城大学生命科学学院地衣标本室 Lichen Herbarium, College of Life Science, Liaocheng University	252059山东省聊城市湖南路1号	LCUF（曾用LHS）	20 000	2(8)	2017(2018)		√(√、√)	IH-Online 2019
中国科学院海洋生物标本馆 The Marine Biological Museum of the Chinese Academy of Sciences	266071山东省青岛市南海路7号	MBMCAS	142 000(254份+53 400)	2(4)	1950(2020)	http://www.mbmcas.com/	√(√、√)	IH-Online 2019

（续）

名称 Names	地址 Address	标本馆代码 Acronym	标本总数（模式、数字化）Total Number of Specimens(Type、Digital)	人员（采集人[1]）Staff(Collectors)	建立时间（更新时间）Established Year (Updated)	网址 Website	联系人（电话、邮箱）Contacts (Telephone, Email)	信息来源 Information Sources
青岛海洋大学海洋生物系海藻标本室 'Seaweed Herbarium, Marine Biology Department, Ocean University of Qingdao'	266003山东省青岛市鱼山路5号	QD	15 000	2(3)	1959（无）		√(√、×)	1993 IH-Online 2019
曲阜师范大学生命科学学院植物标本室 Herbarium, College of Life Sciences, Qufu Normal University	273165山东省曲阜市静轩西路57号	QFNU	60 000(19份7种+10 000)	4(10)	1976(2017)	http://sky.qfnu.edu.cn/	√(√、√)	IH-Online 2019
山东农业大学植物标本室 'Herbarium, Shandong Agricultural University'	271018山东省泰安市	SDAU	10 000	3(3)	1952（无）		√(√、×)	1993 IH-Online 2019
山东药品食品职业学院植物标本室 'Herbarium, Shandong Drug and Food Vocational College'	264210山东省威海市高技术产业开发区科技部城和兴路	SDFH	10 000	4	2010(2017)	http://www.sddfvc.edu.cn/	√(√、×)	IH-Online
山西省雁北地区林业科学研究所植物标本室 'Herbarium, Yanbei Forestry Institute'	038300山西省怀仁县	YF	6 000	2(3)	1986（无）		√(√、×)	1993 IH-Online 2019
山西师范大学生命科学学院植物标本室 Herbarium, College of Life Sciences, Shanxi Normal University	041004山西省临汾市贡院街1号	LINF	15 000	7(7)	1963(2013)	http://smxy.sxnu.edu.cn/	√(√、√)	1993 IH-Online 2019
'山西农业大学食品科学与工程学院真菌标本室' 'Herbarium of Mycology, College of Food Science and Engineering, Shanxi Agricultural University'	030801山西省太谷县铭贤南路1号	HMSAU	5 100(0+5 000)	2(4)	无(2022)		×(√、√)	IH-Online
山西农业大学林学院植物标本室 'Herbarium, College of Forestry, Shanxi Agricultural University'	030801山西省太谷县铭贤南路1号	SXAU	5 000(3份+0)	11	1985(2015)	http://lxy.sxau.edu.cn/	√(√、√)	1993 IH-Online 2019
'山西中医学院植物标本室' 'Herbarium, Shanxi College of Traditional Chinese Medicine'	030619山西省晋中市榆次区大学街121号	TY	10 000	4(4)	2005(2017)		√(√、√)	IH-Online
山西省生物研究所植物标本室 'Herbarium, Biology Institute of Shanxi'	030006山西省太原市师范街50号	HSIB	26 000(0+13 000)	5(10)	1959(2015)	http://www.sxsws.com/	√(√、√)	1993 IH-Online 2019
山西药科职业学院植物标本室 'Herbarium, Shanxi Pharmaceutical Vocational College'	030031山西省太原市民航南路16号	SSMM	5 000	6(6)	1986(2015)	http://www.sxphc.cn/	√(√、√)	1993 IH-Online 2019

08

（续）

名称 Names	地址 Address	标本馆代码 Acronym	标本总数（模式、数字化）Total Number of Specimens(Type, Digital)	人员（采集人¹）Staff (Collectors)	建立时间（更新时间）Established Year (Updated)	网址 Website	联系人（电话，邮箱）Contacts (Telephone, Email)	信息来源 Information Sources
山西中医学院植物标本室 Herbarium, Shanxi University of Traditional Chinese Medicine	030619山西省高校园区大学街121号原市	SXTCM	10 000(0+5 000)	4(4)	2005(2015)	http://www.sxtcm.edu.cn/	√(√, √)	2019
山西大学生命科学学院植物标本室 Herbarium, College of Life Science, Shanxi University	030006山西省太原市坞城路92号	SXU	37 000(0+20 000)	17(11)	1949(2015)	http://life.sxu.edu.cn/	√(√, √)	1993 IH-Online 2019
山西省林业科学研究院标本室 Herbarium, Shanxi Academy of Forestry Sciences	030012山西省太原市新建南路105号	TYF	6 000	6(2)	1973(2015)	http://www.sxaf.ac.cn/	√(√, √)	1993 IH-Online 2019
'太原植物园植物标本室' 'Herbarium, Taiyuan Botanical Garden'	030025山西省太原市晋源区晋阳大道	TYH	5 000	6	2020(2021)		√(×, √)	IH-Online
太原师范学院生物系植物标本馆 Herbarium, Department of Biology, Taiyuan Normal University	030031山西省太原市小店区黄陵路西巷5号	TYNUB	10 000	6(6)	2002(2017)	http://swx.tynu.edu.cn/	√(√, √)	IH-Online 2019
长治学院生物科学与技术系植物标本馆 Herbarium, Department of Biological Science and Technology, Changzhi University	046011山西省长治市城北东街73号	SES	15 000	4(4)	1990(2015)	http://swx.czc.edu.cn	√(√, √)	1993 IH-Online 2019
汉中师范学院生物系植物标本室 'Herbarium, Biology Department, Hanzhong Teachers College'	723001陕西省汉中市小关子街105号	HZTC	5 000	4(1)	1979 （无）		√(√, ×)	1993 IH-Online 2019
商业部西安生漆研究所植物标本室 'Herbarium, Xian Institute of Lacquer'	710061陕西省西安市吴家坟天坛路	LAC	10 000	3(2)	1970 （无）		√(√, ×)	1993 IH-Online 2019
陕西师范大学生命科学学院植物标本室 Herbarium, College of Life Sciences, Shaanxi Normal University	710119陕西省西安市长安区西长安街620号	SANU	10 000	7(4)	1960(2016)	http://lifesci.snnu.edu.cn/	√(√, √)	1993 IH-Online 2019
陕西省药品检验所植物标本室 'Herbarium, Shaanxi Institute for Drug Control'	710061陕西省西安市未雀大街187号	SXDC	6 000	2(1)	1974 （无）		√(√, ×)	1993 IH-Online 2019
'陕西省微生物研究所植物标本室' 'Herbarium, Shaanxi Institute of Microbiology'	710043陕西省西安市雁塔区西影路76号	SXIM	10 000	4(4)	2010(2011)	http://www.sxsmicro.com/index.asp	√(√, √)	IH-Online
陕西省中医药研究院中草药标本室 'Medicinal Herbarium, Shaanxi Academy of Traditional Chinese Medicine and Pharmacology'	710003陕西省西安市西华门120号	SXMP	11 000	3(1)	1958 （无）		√(√, ×)	1993 IH-Online 2019

（续）

名称 Names	地址 Address	标本馆代码 Acronym	标本总数（模式、数字化）Total Number of Specimens(Type, Digital)	人员（采集人¹）Staff (Collectors)	建立时间（更新时间）Established Year (Updated)	网址 Website	联系人（电话，邮箱）Contacts (Telephone, Email)	信息来源 Information Sources
西北大学生命科学学院植物标本馆 Herbarium, College of Life Sciences, Northwest University	710069陕西省西安市太白北路229号	WNU	103 000(50份+45 000)	9(9)	1952(2013)		√(√、√)	1993 IH-Online 2019
西安植物园植物标本馆 Herbarium, Xian Botanical Garden	710061陕西省西安市翠华南路17号	XBGH	80 000(10余份和30余份+20 000)	8(18)	1960(2013)		√(√、√)	1993 IH-Online 2019
'秦岭国家植物园标本馆' 'Herbarium, Qinling National Botanical Garden'	710000陕西省西安市周至县S107省道	QL	5 000	1	2018(2021)		√(×、√)	IH-Online
'陕西中医学院秦岭中草药标本室' 'Chinese herbal medicine herbarium of Qinling Mountain, Shaanxi University of Chinese Medicine'	712000陕西省咸阳市秦都区渭阳中路1号	SNTCM	300	1	2014(2019)	http://www.sntcm.edu.cn	√(×、√)	IH-Online
西北农林科技大学植物保护学院真菌标本室 Fungus Herbarium, College of Plant Protection, Northwest Agriculture and Forestry University	712100陕西省杨凌示范区邰城路3号	NAUFH	70 000(62份+0)	5(11)	1940(2015)	http://ppc.nwsuaf.edu.cn/	√(√、√)	2019
西北林学院森林资源保护系树木标本室 'Dendrological Herbarium, Forest Resource College, Northwest University of Agriculture Forestry Science & Technology'	712100陕西省咸阳市杨凌镇	NWFC	60 000	7(6)	1932（无）		√(√、×)	1993 IH-Online 2019
西北农林科技大学生命科学学院植物标本馆 Herbarium, College of Life Sciences, Northwest Agriculture and Forestry University	712100陕西省杨凌区西农路22号	WUK	750 000(300余份+350 000)	27(29)	1936(2017)	http://www.nature-museum.net/subsite/default.aspx?siteid=WUK	√(√、√)	1993 IH-Online 2019
陕西省榆林地区治沙研究所沙地植物标本室 'Herbarium, Yulin Institute of Desert Control Research'	719000陕西省榆林市西沙	YLD	1 100	6(4)	1983（无）		√(√、×)	1993 IH-Online 2019
上海辰山植物标本馆 Shanghai Chenshan Herbarium	201602上海市松江区辰花路3888号	CSH	140 000(20份+150 000)	38(47)	2005(2021)	http://csh.ibiodiversity.net/	√(√、√)	IH-Online 2019
复旦大学生命科学学院植物标本室 Herbarium, School of Life Sciences, Fudan University	200433上海市邯郸路220号	FUS	100 000(112份80种+80 000)	8(5)	1951(2015)	http://life.fudan.edu.cn/	√(√、√)	1993 IH-Online 2019

08

（续）

名称 Names	地址 Address	标本馆代码 Acronym	标本总数（模式、数字化）Total Number of Specimens(Type, Digital)	人员（采集人¹）Staff (Collectors)	建立时间（更新时间）Established Year (Updated)	网址 Website	联系人（电话，邮箱）Contacts (Telephone, Email)	信息来源 Information Sources
华东师范大学生命科学学院植物标本馆 Herbarium, School of Life Sciences, East China Normal University	200241 上海市东川路500号	HSNU	160 000(0+60 000)	15(10)	1952(2015)	http://museum.ecnu.edu.cn/	√(√, √)	1993 IH-Online 2019
上海植物园标本室 Herbarium, Shanghai Botanical Garden	200231 上海市龙吴路1111号	SG	18 000	9(5)	1978(2015)	http://www.shbg.org/	√(√, √)	1993 IH-Online 2019
上海市药品检验所中药标本室 'Medicinal Herbarium, Shanghai Institute for Drug Control'	200233 上海市宜山路同沈巷500号	SHDC	10 000	8(6)	1960（无）		√(√, ×)	1993 IH-Online 2019
上海自然博物馆（上海科技馆分馆）植物标本室 Herbarium, Shanghai Natural History Museum（Branch of Shanghai Science & Technology Museum）	200232 上海市龙吴路1102号	SHM	180 680(28份19种+10 000)	23(16)	1962(2017)		√(√, √)	1993 IH-Online 2019
中国科学院上海药物研究所生药标本室 'Herbarium, Phytochemistry Department, Shanghai Institute of Materia Medica, Chinese Academy of Sciences'	200031 上海市岳阳路319号	SHMI	10 000	3(2)	1956（无）		√(√, ×)	1993 IH-Online 2019
复旦大学药学院药用植物标本室 Medicinal Herbarium, School of Pharmacy, Fudan University	201203 上海市浦东新区张衡路826号	SHMU	20 000	6(4)	1962(2013)	http://spfdu.fudan.edu.cn/	√(√, √)	1993 IH-Online 2019
上海师范大学生命与环境科学院植物标本室 Herbarium, College of Life and Environmental Science, Shanghai Normal University	200234 上海市徐汇区桂林路100号	SHTU	80 000	10(9)	1954(2018)	http://web.shnu.edu.cn/bryophyte/	√(√, √)	1993 IH-Online 2019
第一军医大学（海军军医大学）植物标本馆 Herbarium, Second Military Medical University	200433 上海市杨浦区国和路325号	SMMU-BH	11 027(0+11 027)	9(7)	1956(2018)	http://www.smmu.edu.cn/_s2/126/list.psp	√(√, √)	2019
中国科学院成都生物研究所植物标本馆 Herbarium, Chengdu Institute of Biology, Chinese Academy of Sciences	610041四川省成都市武侯区人民南路四段9号	CDBI	200 000(449份+180 000)	19(28)	1959(2017)	http://www.cib.ac.cn/	√(√, √)	1993 IH-Online 2019
成都市药品检验所植物标本室 'Herbarium, Changdu Institute for Drug Control'	610061四川省成都市双槐树街25号	CDC	12 000	3(4)	1962（无）		√(√, ×)	1993 IH-Online 2019

（续）

名称 Names	地址 Address	标本馆代码 Acronym	标本总数（模式、数字化）Total Number of Specimens(Type, Digital)	人员（采集人¹）Staff (Collectors)	建立时间（更新时间）Established Year (Updated)	网址 Website	联系人（电话，邮箱）Contacts (Telephone, Email)	信息来源 Information Sources
成都中医药大学中药标本馆 Chinese Materia Medica Herbarium, Chengdu University of Traditional Chinese Medicine	611137四川省成都市温江区柳台大道1166号	CDCM	70 000(0+55 000)	10(7)	1956(2016)	http://www.cdutcm.edu.cn	√(√、√)	1993 IH-Online 2019
四川农业大学林学院树木标本室 Dendrological Herbarium, College of Forestry, Sichuan Agricultural University	611130四川成都市温江区惠民路211号	SAUF	20 000(8份2种+0)	3(7)	1979(2013)	http://lxy.sicau.edu.cn/	√(√、√)	1993 IH-Online 2019
四川农业大学小麦研所标本室 Triticeae Research Institute, Sichuan Agricultural University	611130四川成都市温江区惠民路211号	SAUT	6 000(29份14种+5 063)	10(9)	1984(2016)	http://xms.sicau.edu.cn	√(√、√)	1993 IH-Online 2019
四川省林业科学研究院植物标本室 Herbarium, Sichuan Academy of Forestry	610066四川省成都市下沙河铺街44号	SCFI	100 000(2 000份100种+0)	10(13)	1935(2017)	http://www.sclky.com	√(√、√)	1993 IH-Online 2019
四川师范大学生物系植物标本室 'Herbarium, Biology Department, Sichuan Normal University'	610068四川省成都市东郊狮子山	SCNU	5 000	3(2)	1985 （无）		√(√、×)	1993 IH-Online 2019
四川省自然资源研究所植物标本室 'Herbarium, Sichuan Institute of Natural Resources'	610015四川省成都市一环路南二段24号	SR	20 000	6(6)	1978 （无）		√(√、×)	1993 IH-Online 2019
'西南交通大学生命科学与工程学院植物标本室' 'Herbarium, School of Life Science and Engineering, Southwest Jiaotong University'	610031四川省成都市二环路北一段111号	SWJTU	5 000(0+1)	1	1952(2020)		√(×、√)	IH-Online
四川大学生物系植物标本室 Herbarium, College of Life Sciences, Sichuan University	610065四川省成都市武侯区一环路南一段24号	SZ	720 000(1 186份972种+530 000)	19(18)	1935(2016)	http://mnh.scu.edu.cn/	√(√、√)	1993 IH-Online 2019
四川农业大学都江堰校区植物标本室 Herbarium, Sichuan Agricultural University Dujiangyan Campus	611830四川都江堰市建设路288号	SIFS	35 000(1 500份250种+0)	7(1)	1953(2015)	http://djy.sicau.edu.cn/	√(√、√)	1993 IH-Online 2019
华西亚高山植物园标本室 Herbarium, West China Subalpine Botanical Garden	611803四川省都江堰市玉堂镇白马村	WCSBG	20 000(0+20 000)	3(8)	1986(2016)	http://eco.ibcas.ac.cn/huaxi/default_gb.asp	√(√、√)	IH-Online 2019
四川省食品药品学校植物标本室 Herbarium, Sichuan Food and Drug School	614201四川省峨眉山市名山路南段216号	EMA	60 000(150份+0)	10(10)	1968(2015)	http://www.emtcm.com/	√(√、√)	1993 IH-Online 2019

08

（续）

名称 Names	地址 Address	标本馆 代码 Acronym	标本总数（模式、数字化）Total Number of Specimens(Type, Digital)	人员 （采集人） Staff (Collectors)	建立时间 （更新时间） Established Year (Updated)	网址 Website	联系人（电话、邮箱）Contacts (Telephone, Email)	信息来源 Information Sources
四川省草原科学研究院标本馆 Herbarium, Sichuan Grassland Research Institute	624400四川省红原县邛溪镇阳嘎中街9号	HON	50 000(0+20 000)	5(7)	1979(2017)	http://www.scgrassland.cn	√(√, √)	1993 IH-Online 2019
阿坝药品检验所植物标本室 'Herbarium, Aba Institute for Drug Control'	624000四川省马尔康县马尔镇美谷街10号	ABDC	10 000	4(1)	1980（无）		√(√, ×)	1993 IH-Online 2019
四川省绵阳市药品检验所植物标本室 'Herbarium, Mianyang Institute for Drug Control'	621000四川省绵阳市安昌路44号	MYDC	45 000	2(2)	1970（无）		√(√, ×)	1993 IH-Online 2019
西华师范大学生命科学学院植物标本室 Herbarium, College of Life Science, Chinese West Normal University	637009四川省南充市师大路1号	SITC	41 000	7(11)	1956(2015)	http://life.cwnu.edu.cn/	√(√, √)	1993 IH-Online 2019
四川中医药学院药用植物种植研究所植物标本室' 'Herbarium, Institute of Medicinal Plant Cultivation, Sichuan Academy of Traditional Chinese Medicine and Pharmacy'	648408四川省南川市	IMPC	150 000	2	1942（无）		×(√, ×)	IH-Online
卧龙自然保护区植物标本室 'Herbarium, Wolong Nature Reserve'	623006四川省汶川县	WL	2 310	2(1)	1978（无）		√(√, ×)	1993 IH-Online 2019
四川省凉山州药品检验所植物标本室 'Herbarium, Liangshan Institute for Drug Control'	615000四川省西昌市长安中街69号	LSDC	100 000	2(1)	1978（无）		√(√, ×)	1993 IH-Online 2019
西昌农业专科学校植物标本室 'Herbarium, Xichang Agricultural School'	615013四川省西昌市	XIAS	300	2(2)	1978（无）		√(√, ×)	1993 IH-Online 2019
四川农业大学生命科学学院植物标本室 Herbarium, College of Life Science, Sichuan Agricultural University	625014四川省雅安市新康路46号	SAU	15 000(10份5种+0)	9(6)	1956(2016)	http://smkx.sicau.edu.cn/	√(√, √)	1993 IH-Online 2019
四川宜宾地区药品检验所植物标本室 'Herbarium, Yibin Institute for Drug Control'	64000四川省宜宾市翠屏村48号	YBDC	31 000	2(2)	1979（无）		√(√, ×)	1993 IH-Online 2019
台湾中山大学生物科学系植物标本室' 'Herbarium, Department of Biological Sciences, Taiwan Sun Yat-Sen University'	80424台湾高雄市莲海路70号	SYSU	8 819	3	1992（无）		√(√, ×)	IH-Online

（续）

名称 Names	地址 Address	标本馆代码 Acronym	标本总数（模式、数字化）Total Number of Specimens(Type, Digital)	人员（采集人）Staff (Collectors)	建立时间（更新时间）Established Year (Updated)	网址 Website	联系人（电话、邮箱）Contacts (Telephone, Email)	信息来源 Information Sources
嘉义大学森林系标本室 'Herbarium, Forestry Department, Taiwan Chiayi Agricultural College'	600355台湾省嘉义县	CHIA	10 000	2(2)	无（无）		√(×、×)	1993 IH-Online 2019
'台湾特有生物研究保育中心植物标本馆' 'Herbarium, Botany, Endemic Species Research Institute, Taiwan'	552台湾省南投集集镇民生东路1号	TAIE	87 964(0+59 291)	7	1992(2020)	http://plant.tesri.gov.tw/plant106/index.aspx	√(√、√)	IH-Online
'台湾林业试验所恒春分所热带植物园植物标本室' 'Herbarium, Heng-Chun Tropical Botanic Garden, Taiwan Forestry Research Institute'	94606台湾屏东县恒春	HCT	14 000	1	无（无）		√(√、×)	IH-Online
屏东商业技术学院森林资源技术系植物标本室 'Herbarium, Department of Forestry, Taiwan Pingtung University of Science and Technology'	900391台湾省屏东县内埔乡	PPI	77 820	3(3)	1958(2017)	http://agriculture8.npust.edu.tw/	√(√、√)	1993 IH-Online 2019
"中央研究院" 生物多样性研究中心植物标本馆 'Herbarium, Biodiversity Research Museum, Academia Sinica'	11529台湾省台北市南港区研究院路二段128号	HAST	144 000(0+124 500)	5(3)	1961(2019)	http://hast.sinica.edu.tw/	√(√、√)	1993 IH-Online 2019
台湾大学森林系腊叶标本馆 'Herbarium, School of Forestry and Resource Conservation, College of Bioresources and Agriculture, Taiwan University'	10617台湾省台北市罗斯福路四段1号	NTUF	113 401	4(2)	1960(2010)		√(√、×)	1993 IH-Online 2019
台湾大学植物学系标本馆 'Herbarium, College of Life Science, Taiwan University'	10617台湾省台北市罗斯福路四段1号	TAI	280 000	9	1928(2021)	http://homepage.ntu.edu.tw/~ntutai/	√(√、√)	1993 IH-Online 2019
台湾省林业试验所植物标本馆 'The Herbarium of Taiwan Forestry Research Institute, Botanical Garden Division, Taiwan Forestry Research Institute'	100台湾省台北市南海路53号	TAIF	515 000	10	1904(2018)	http://taif.tfri.gov.tw/en/	√(√、√)	1993 IH-Online 2019
'台湾博物馆植物标本室' 'Herbarium, Taiwan Museum'	100台湾台北市襄阳路2号	TAIM	8 819	4	无（无）		√(√、×)	IH-Online
台湾师范大学生物系植物标本室 'Herbarium, Department of Life Science, Taiwan Normal University'	11718台湾省台北市汀州路四段88号	TNU	56 000	4(1)	1946(2021)		√(√、×)	1993 IH-Online 2019

08

（续）

名称 Names	地址 Address	标本馆代码 Acronym	标本总数（模式、数字化）Total Number of Specimens(Type, Digital)	人员（采集人[1]）Staff (Collectors)	建立时间（更新时间）Established Year (Updated)	网址 Website	联系人（电话、邮箱）Contacts (Telephone, Email)	信息来源 Information Sources
成功大学生物系标本室 'Herbarium, Biology Department, Taiwan Cheng-Kung University'	701301台湾省台南市大学路1号	NCKU	28 000	3	1985(2013)		√(√, ×)	1993 IH-Online 2019
中兴大学植物系标本室 'Herbarium, Department of Life Sciences, Biodiversity, Taiwan Chung Hsing University'	402台湾省台中市国光路	TCB	1 122	4(3)	1956(2022)		√(×, √)	1993 IH-Online 2019
中兴大学森林系标本室 'Herbarium, Forestry Department, Taiwan Chung Hsing University'	40227台湾省台中市国光路	TCF	55 000	3(1)	无（无）		√(×, ×)	1993 IH-Online 2019
台湾自然科学博物馆植物标本室 'Herbarium, Botany Department, Taiwan Museum of Natural Science'	404台湾省台中市馆前路1号	TNM	16 000	7(5)	1986（无）		√(√, ×)	1993 IH-Online 2019
东海大学生物系植物标本馆 'Herbarium, Life Science Department, Tunghai University'	40704台湾省台中市台中港路三段181号	TUNG	20 000(0+1 000)	1	1969(2019)		√(√, ×)	1993 IH-Online 2019
南开大学生命科学院植物标本室 'Herbarium, College of Life Science, Nankai University'	300071天津市卫津路94号	NKU	30 000	4(2)	1930(2017)	http://sky.nankai.edu.cn/	√(√, √)	1993 IH-Online 2019
天津自然博物馆植物标本室 'Herbarium, Tianjin Natural History Museum'	300201天津市河西区友谊路31号	TIE	100 000(48份+70 000)	15(8)	1952(2015)	http://www.tjnhm.com	√(√, √)	1993 IH-Online 2019
国家医药管理局天津药物研究院标本室 'Medicinal Herbarium, State Pharmaceutical Administration, Institute of Pharmaceutical Research'	300193天津市南开区鞍山西道308号	TIPR	10 000	2(4)	1983（无）		√(√, ×)	1993 IH-Online 2019
天津市药品检验所中药室药用植物标本室 'Medicinal Herbarium, Department of Traditional Chinese Medicine, Tianjin Municipal Institute for Drug Control'	300070天津市和平区贵州路98号	TJDC	5 000	2(4)	1953（无）		√(√, ×)	1993 IH-Online 2019
天津医药科学研究所药用植物标本室 'Medicinal Herbarium, Tianjin Institute of Medical and Pharmaceutical Sciences'	300070天津市和平区贵州路96号	TJMP	10 000	2(6)	1979（无）		√(√, ×)	1993 IH-Online 2019
西藏自治区高原生物研究所菌物标本室 'Alpine Fungarium, Tibet Plateau Institute of Biology'	850001西藏拉萨市城关区北京西路19号	AF	9 000	1(1)	2008(2018)		√(√, √)	IH-Online 2019

（续）

名称 Names	地址 Address	标本馆代码 Acronym	标本总数（模式、数字化）Total Number of Specimens(Type、Digital)	人员（采集人¹）Staff (Collectors)	建立时间（更新时间）Established Year (Updated)	网址 Website	联系人（电话，邮箱）Contacts (Telephone, Email)	信息来源 Information Sources
西藏自治区高原生物研究所植物标本室 Herbarium, Tibet Plateau Institute of Biology	850001西藏拉萨市城关区北京西路19号	XZ	23 000	13(12)	1980(2017)		√(√、√)	1993 IH-Online 2019
西藏自治区食品药品检验所植物标本室 Herbarium, Tibet Institute for Food and Drug Control	850000西藏拉萨市林廓北路24号	XZDC	18 000	6(1)	1975(2013)	http://www.xizangfda.gov.cn/WS01/CL0001/	√(√、√)	1993 IH-Online 2019
西藏高原生态研究所植物标本室 Herbarium, Research Institute of Xizang Plateau Ecology	860000西藏自治区芝市八一镇学院路8号	XZE	23 000(15种+0)	3(6)	1988(2017)	http://www.xza.cn/gljg/shengtaisuo/first.asp	√(√、√)	IH-Online 2019
香港中文大学生物系植物标本室 'Shiu-Ying Hu Herbarium, School of Life Sciences, The Chinese University of Hong Kong'	'香港沙田区'	CUHK	38 000	2	1965(2016)	http://syhuherbarium.sls.cuhk.edu.hk/	√(√、√)	1993 IH-Online 2019
香港植物标本室 'Hong Kong Herbarium, Agriculture, Fisheries, and Conservation Department'	'香港九龙长沙湾道303号长沙湾政府合署七楼737室'	HK	46 100	1(8)	1878(2023)	http://www.herbarium.gov.hk/	√(√、√)	1993 IH-Online 2019
香港浸会大学生物系植物标本室 'Herbarium, Biology Department, Hong Kong Baptist University'	香港窝打老道24号	HKBU	5 000	2	1994（无）		√(√、×)	IH-Online
香港大学生物科学学院植物标本室 'Herbarium, School of Biological Sciences, The University of Hong Kong'	'香港薄扶林道'	HKU	11 500	1	无(2021)		√(√、×)	IH-Online
香港嘉道理农场暨植物园植物保护部标本馆 'Herbarium, Flora Conservation Department, Kadoorie Farm and Botanic Garden'	香港特别行政区新界大埔区林锦公路	KFBG	11 795	3(12)	1990(2018)	http://www.kfbg.org/eng/index.aspx	√(√、√)	IH-Online
塔里木大学菌物标本馆 Herbarium Mycologicum Universitatis Tarimensis	843300新疆阿拉尔市虹桥南路705号	HMUT	12 000(12份(种)+0)	3(3)	2009(2017)	http://www.taru.edu.cn/	√(√、√)	IH-Online 2019
石河子大学生命科学学院植物标本室 Herbarium, College of Life Sciences, Shihezi University	832003新疆石河子市北四路	SHI	60 000(40份8种+0)	9(7)	1959(2017)	http://skxy.shzu.edu.cn/main.htm	√(√、√)	1993 IH-Online 2019

08

（续）

名称 Names	地址 Address	标本馆代码 Acronym	标本总数（模式、数字化）数 Total Number of Specimens(Type, Digital)	人员（采集人¹）Staff (Collectors)	建立时间（更新时间）Established Year (Updated)	网址 Website	联系人（电话，邮箱）Contacts (Telephone, Email)	信息来源 Information Sources
中国科学院吐鲁番沙漠植物园标本室 Herbarium, Turpan Desert Botanical Garden of Chinese Academy of Sciences	838008新疆吐鲁番市恰特喀勒乡	TURP	20 000(0+10 000)	7(6)	1985(2015)	http://www.tebg.org/category_1/index.aspx	√(√, √)	1993 IH-Online 2019
新疆畜牧科学院草原研究所植物标本室 'Herbarium, Grassland Research Institute, Xinjiang Academy of Animal Sciences'	830001新疆乌鲁木齐市新华南路23号	XAG	12 000	2	1980（无）		√(√, ×)	1993 IH-Online 2019
新疆农业大学植物标本馆 Herbarium, Xinjiang Agricultural University	830052新疆乌鲁木齐市农大东路311号	XJA	78 000(0+76 000)	9(6)	1954(2015)	http://lib.xjau.edu.cn或http://lib.xjau.edu.cn/bbg	√(√, √)	1993 IH-Online 2019
中国科学院新疆生态与地理研究所植物标本馆 Herbarium, Xinjiang Institute of Ecology and Geography, Chinese Academy of Sciences	830011新疆乌鲁木齐市北京南路818号	XJBI	100 000(100份80种+65 000)	9(7)	1965(2015)	http://www.egi.cas.cn/jgsz/zcbm/bbg/	√(√, √)	1993 IH-Online 2019
新疆药品检验所中药标本室 'Medicinal Herbarium, Xinjiang Institute for Drug Control'	830002新疆乌鲁木齐市新华南路9号	XJDC	7 200	3(4)	1974（无）		√(√, ×)	1993 IH-Online 2019
新疆林业科学院标本馆 Herbarium, Xinjiang Academy of Forestry Sciences	830002新疆乌鲁木齐市安居南路191号	XJFA	30 000(0+6 000)	5(5)	1960(2017)	http://www.xjlky.cn/	√(√, √)	1993 IH-Online 2019
新疆师范大学生物系植物标本室 'Herbarium, Biology Department, Xinjiang Normal University'	830053新疆乌鲁木齐市昆仑路30号	XJNU	15 000	3(5)	1986（无）		√(√, ×)	1993 IH-Online 2019
新疆大学生命科学与技术学院植物标本室 Herbarium, College of Life Sciences and Technology, Xinjiang University	830046新疆乌鲁木齐市胜利路666号	XJU	105 000(0+60 000)	6(11)	1958(2017)	http://sky.xju.edu.cn/	√(√, √)	1993 IH-Online 2019
新疆大学资源与环境科学学院植物标本室 Herbarium, College of Resource and Environment Sciences, Xinjiang University	830046新疆乌鲁木齐市胜利路14号	XJUG	60 500	4(5)	1961(2013)	http://zyhj.xju.edu.cn/	√(√, √)	1993 IH-Online 2019
新疆大学"中国西北干旱区地衣研究中心"地衣标本室 Lichen Herbarium, Lichens Research Center in Arid Zones of Northwest China, Xinjiang University	830046新疆乌鲁木齐市胜利路666号	XJU-NALH	78 900(12份9种+0)	5(1)	1985(2014)	http://sky.xju.edu.cn/index.htm?	√(√, √)	2019

（续）

名称 Names	地址 Address	标本馆代码 Acronym	标本总数（模式、数字化）Total Number of Specimens(Type, Digital)	人员（采集人¹）Staff (Collectors)	建立时间（更新时间）Established Year (Updated)	网址 Website	联系人（电话、邮箱）Contacts (Telephone, Email)	信息来源 Information Sources
新疆医科大学中药民族药标本馆 Herbarium, Institute of TCM, Xinjiang Medical University	830054新疆乌鲁木齐市新医路8号	XM	7 000	3(6)	1986(2013)	http://www.xjmu.edu.cn/index.htm	√(√、√)	1993 IH-Online 2019
新疆中药民族药研究所所植物标本室 Herbarium, Xinjiang Institute of Traditional Chinese and Minorities Medicine	830002新疆乌鲁木齐市新民路9号	XTNM	60 000(0+60 000)	4(12)	1987(2017)	http://www.xjzmyyjs.com/	√(√、√)	1993 IH-Online 2019
云南香格里拉高山植物园标本馆 Herbarium, Shangri-la Alpine Botanical Garden, Yunnan	674499云南省香格里拉市建塘镇解放村	SABG	30 000(0+10 000)	7(4)	1987(2016)	www.sabg.com.cn	√(√、√)	2019
中国医学科学院药用植物研究所云南分所标本馆 Herbarium, Yunnan Branch, Institute of Medicinal Plant, Chinese Academy of Medical Sciences	666100云南省景洪市宣慰大道138号	IMDY	26 000(0+26 000)	3(15)	1959(2017)	http://www.yn-implad.ac.cn/news/	√(√、√)	1993 IH-Online 2019
'资源昆虫研究所国际真菌研发中心标本室' 'Herbarium, International Fungal Research & Development Centre, Research Institute of Resource Insects'	650224云南省昆明市盘龙区白龙寺	IFRD	13 000	2	2003(2012)		√(√、√)	IH-Online
中华全国供销合作总社昆明食用菌研究所食用菌标本馆 Fungi Herbarium, Kunming Edible Fungi Institute, All China Federation of Supply and Marketing Cooperatives	650221云南省昆明市五华区政教路14号	KEF	20 355	8(9)	1982(2017)	http://www.chinafungi.cn/	√(√、√)	1993 IH-Online 2019
中国科学院昆明植物研究所标本馆 Herbarium, Kunming Institute of Botany, Chinese Academy of Sciences	650201云南省昆明市黑龙潭蓝黑路132号	KUN	1 450 000(12 000份+878 722)	80(26)	1938(2017)	http://www.kun.ac.cn	√(√、√)	1993 IH-Online 2019
'昆明医科大学真菌标本室' 'The Mycological Herbarium of Kunming Medical University, School of Pharmaceutical Sciences and Yunnan Key Laboratory of Pharmacology for Natural Products, Kunming Medical University'	650500昆明市呈贡区雨花街道春融西路1168号	MHKMU	8 000(0+8 000)	(8)	2014(2021)	https://www.kmmc.cn/	×(√、√)	IH-Online
西南林业大学林学院植物标本室 Herbarium, College of Forestry, Southwest Forestry University	650224云南省昆明市盘龙区白龙寺300号	SWFC	200 000(1 000份301种+100 000)	17(24)	1939(2017)	http://lxy.swfu.edu.cn/index.php?s=/	√(√、√)	1993 IH-Online 2019

08

（续）

名称 Names	地址 Address	标本馆代码 Acronym	标本总数（模式、数字化）Total Number of Specimens(Type, Digital)	人员（采集人¹）Staff (Collectors)	建立时间（更新时间）Established Year (Updated)	网址 Website	联系人（电话，邮箱）Contacts (Telephone, Email)	信息来源 Information Sources
云南省林业科学院植物标本馆 Herbarium, Yunnan Academy of Forestry	650204云南省昆明市盘龙区蓝桉路2号	YAF	41 000(46份17种+0)	10(3)	1963(2017)	http://www.ynlky.org.cn/	√(√, √)	1993 IH-Online 2019
国家林业局云南珍稀濒特森林植物保护利繁育实验室植物标本馆 Herbarium, Yunnan Laboratory for Conservation of Rare, Endangered & Endemic Forest Plants of the State Forestry Administration	650201云南省昆明市盘龙区蓝桉路2号	YCP	20 000(50份13种+2 000)	9(8)	1995(2017)	http://www.ynlky.org.cn/	√(√, √)	IH-Online 2019
云南省药品检验所标本室 'Herbarium, Yunnan Institute for Drug Control'	650011云南省昆明市盘龙路29号	YDC	10 000	1	1955（无）		√(√, ×)	1993 IH-Online 2019
云南省林业学校植物标本室 'Dendrological Herbarium, Yunnan Forestry School'	650224云南省昆明市金殿	YFS	20 000	2(4)	1980（无）		√(√, ×)	1993 IH-Online 2019
云南省药物研究所植物标本室 'Herbarium, Yunnan Institute of Pharmacology'	650111云南省昆明市西山高峣	YIM	26 000	3(5)	1956（无）		√(√, ×)	1993 IH-Online 2019
'云南中医药大学民族医药学院标本馆' 'Herbarium, Yunnan University of Traditional Chinese Medicine and Ethnomedicine'	650500云南省昆明市呈贡新城雨花路1076号	YNTCEM	12 980	10(18)	1976(2017)	http://www1.ynmtcm.com/index.html	√(√, √)	IH-Online
云南中医学院中药标本馆 Herbarium, Yunnan University of Traditional Chinese Medicine	650500云南省昆明市呈贡新区雨花路1076号	YNTCM	20 000	10(9)	1972(2016)	http://www.ynutcm.edu.cn/index.shtml	√(√, √)	2019
云南师范大学生命科学学院植物标本室 Herbarium, School of Life Sciences, Yunnan Normal University	650000云南省昆明市呈贡区大学城聚贤街	YNUB	35 000	5(3)	1950(2015)	http://life.ynmu.edu.cn/	√(√, √)	1993 IH-Online 2019
云南大学植物标本馆 Herbarium, Yunnan University	650091云南省昆明市翠湖北路2号	YUKU	220 000(5 000余份+160 000)	14(7)	1937(2016)	http://www.ynusky.ynu.edu.cn/index.htm	√(√, √)	1993 IH-Online 2019
中国科学院西双版纳热带植物园标本馆 Herbarium, Xishuangbanna Tropical Botanical Garden, Chinese Academy of Sciences	666303云南省勐腊县勐仑镇	HITBC	219 655(757份+167 079)	25(7)	1958(2018)	http://www.xtbg.ac.cn/jgsz/zcxt/rdzwzzzyk/	√(√, √)	1993 IH-Online 2019

（续）

名称 Names	地址 Address	标本馆代码 Acronym	标本总数（模式、数字化）Total Number of Specimens(Type, Digital)	人员（采集人）Staff (Collectors)	建立时间（更新时间）Established Year (Updated)	网址 Website	联系人（电话，邮箱）Contacts (Telephone, Email)	信息来源 Information Sources
云南省思茅地区民族医药研究所标本室 'Herbarium, Simao District National Medical and Pharmaceutical Institute'	665000云南省思茅市洗马河	SMN	10 000	2(1)	1970（无）		√(√，×)	1993 IH-Online 2019
玉溪地区药品检验所中药标本室 'Herbarium, Yuxi District Institute for Drug Control'	653100云南省玉溪市儿曲巷2号	YXDC	10 000	1	1973（无）		√(√，×)	1993 IH-Online 2019
杭州植物园植物标本室 Herbarium, Hangzhou Botanical Garden	310013浙江省杭州市桃源岭1号	HHBG	120 000(108份+62 000)	13(11)	1956(2015)	http://www.hzbg.cn/; http://db.hzbg.cn/herb/	√(√，√)	1993 IH-Online 2019
杭州师范大学生命与环境科学学院植物标本室 Herbarium, College of Life and Environmental Sciences, Hangzhou Normal University	310036浙江省杭州市江干区学林街16号	HTC	40 000(58份+35 000)	11(7)	1977(2016)	http://www.cls.hznu.edu.cn	√(√，√)	1993 IH-Online 2019
浙江大学生命科学学院植物标本馆 Herbarium, College of Life Sciences, Zhejiang University	310058浙江省杭州市余杭塘路866号	HZU	90 000(50份+82 000)	14(19)	1932(2016)	http://www.cls.zju.edu.cn/cn/	√(√，√)	1993 IH-Online 2019
浙江省中药研究所国家药用植物种质资源库标本室 'Herbarium, National Medicinal Plants Seedbank, Zhejiang Institute of Traditional Chinese Medicine'	310023浙江省杭州市新凉亭	NMPG	2 000	3(3)	1992（无）		√(√，×)	1993 IH-Online 2019
中国农业科学院茶叶研究所茶树标本室 Herbarium, Tea Research Institute, Chinese Academy of Agricultural Sciences	310008浙江省杭州市西湖区梅灵南路9号	TEA	1 000	8	1962(2016)	http://www.tricaas.com/	√(√，√)	1993 IH-Online 2019
浙江省药品检验所植物标本室 'Herbarium, Zhejiang Institute for Drug Control'	310004浙江省杭州市机场路一巷	ZDC	15 000	3(2)	1960（无）		√(√，×)	1993 IH-Online 2019
浙江省林业科学研究所植物标本室 'Herbarium, Bamboo Department, Zhejiang Forestry Institute'	310023浙江省杭州市留下小和山	ZJFI	17 000	8(8)	无（无）		√(√，×)	1993 IH-Online 2019
浙江自然博物馆植物标本室 Herbarium, Zhejiang Museum of Natural History	310014浙江省杭州市下城区西湖文化广场6号	ZM	60 000(0+60 000)	8(4)	1929(2017)	http://www.zmnh.com/	√(√，√)	1993 IH-Online 2019

08

（续）

名称 Names	地址 Address	标本馆 代码 Acronym	标本总数（模式、数 字化）Total Number of Specimens(Type、 Digital)	人员 （采集人[1]） Staff (Collectors)	建立时间 （更新时间） Established· Year (Updated)	网址 Website	联系人（电 话、邮箱） Contacts (Telephone, Email)	信息来源 Information Sources
浙江师范大学化学与生命科学学院植物 标本室 Herbarium, College of Chemistry and Life Sciences, Zhejiang Normal University	321004浙江省金华 市迎宾大道688号	ZNU	20 000	7(9)	1982(2013)	http://sky.zjnu. edu.cn/	√(√、√)	1993 IH- Online 2019
浙江农林大学植物标本馆 Herbarium, Zhejiang Agricultural and Forestry University	311300浙江省临安 市环城北路88号	ZJFC	110 000(0+75 000)	8(10)	1958(2016)	http://sky.zafu. edu.cn/	√(√、√)	1993 IH- Online 2019
'宁波植物园植物标本室' 'Herbarium, Ningbo Botanical Garden'	315201浙江省宁 波市镇海区北环 东路1177号	NPH	1728	3(4)	2014（无）		√(√、√)	IH-Online
'浙江泛亚生命科学研究院' 'Zhejiang BioAsia Herbarium, Culture Collection & Herbarium, Zhejiang BioAsia Pharmaceutical Co., Ltd'	314200浙江省平湖 市新群路1938号	ZBAH	1 765(0+1 765)	(6)	无（2018）		×(√、×)	IH-Online
'浙江省亚热带作物研究所标本馆' 'Herbarium, Zhejiang Institute of Subtropical Crops'	325005浙江省温 州市瓯海区雪山 路334号	ZJSC	1 500(0+1 500)	1(4)	1962(2023)		√(√、√)	IH-Online
温州大学生命与环境科学学院植物标本室 Herbarium, College of Life and Environmental Science, Wenzhou University	325035浙江省温州 市茶山高教园区	WZU (WZUH)	35 000	5(6)	1987(2015)	http://shxy. wzu.edu.cn/	√(√、√)	IH-Online 2019
重庆市药物种植研究所标本馆 Herbarium, Chongqing Institute of Medicinal Plant Cultivation	408435重庆市南 川区三泉镇	IMC	220 000(415份129种 +50 000)	10(14)	1942(2015)	http://www. cqsywyjs.com/	√(√、√)	1993 IH- Online 2019
四川省万县地区检验所植物标本室 'Herbarium, Wanxian Institute of Drug Control'	634000四川省万 县市果园路34号	WXDC	6 370	3(3)	1970（无）		√(√、×)	1993 IH- Online 2019
重庆师范专科学校植物标本室 'Herbarium, Chongqing Teachers College'	632168重庆市永川 市黄瓜山卫星湖畔	CTS	6 000	2(1)	1983（无）		√(√、×)	1993 IH- Online 2019
中国农业科学院柑橘研究所标本室 'Herbarium, Citrus Research Institute, Chinese Academy of Agricultural Sciences'	630712重庆市北 碚区歇马镇	CIT	6 244	6(4)	1960（无）		√(√、×)	1993 IH- Online 2019
重庆市植物园植物标本室 'Herbarium, Chongqing Botanical Garden'	630702重庆市北 碚区缙云山	CQBG	8 500	2(3)	1979（无）		√(√、×)	1993 IH- Online 2019

（续）

名称 Names	地址 Address	标本馆代码 Acronym	标本总数（模式、数字化）Total Number of Specimens(Type、Digital)	人员（采集人¹）Staff (Collectors)	建立时间（更新时间）Established Year (Updated)	网址 Website	联系人（电话，邮箱）Contacts (Telephone, Email)	信息来源 Information Sources
重庆自然博物馆植物标本室 Herbarium, Chongqing Museum of Natural History	400711重庆市北碚区金华路466号	CQNM	29 046(6份+10 000)	7(12)	1936(2015)	http://www.cmmh.org.cn/	√(√, √)	1993 IH-Online 2019
重庆师范大学生命科学学院植物标本室 Herbarium, College of Life Sciences, Chongqing Normal University	401331重庆市沙坪坝区师大虎溪校区	CTC	29 000(6份+0)	3(8)	1979(2015)	http://smkx.cqnu.edu.cn/	√(√, √)	IH-Online 2019
西南大学植物标本馆 Herbarium, Southwest University	400716重庆市北碚区天生路216号	HWA	100 000(42份+80 000)	7(10)	1951(2015)	http://yyyl.swu.edu.cn/s/yyyl/	√(√, √)	1993 IH-Online 2019
重庆市中药研究院标本馆 Herbarium, Chongqing Academy of Chinese Materia Medica	400065重庆市南岸区黄桷垭南山路34号	SM	330 000(124份+120 000)	16(13)	1957(2015)	http://www.cqacmm.com/	√(√, √)	1993 IH-Online 2019
西南大学自然博物馆植物标本室 Herbarium of Natural Museum, Southwest University	400715重庆市北碚区天生路2号	SWCTU	100 000(100余份约30种+80 000)	9(14)	1953(2016)	http://www.swu.edu.cn/	√(√, √)	1993 IH-Online 2019
渝州大学水生植物标本室 'Aquatic Herbarium, Yuzhou University'	630700重庆市井口先锋街	YZU	6 000	1(1)	1990（无）		√(×, ×)	1993 IH-Online 2019

注释与说明：

1. 表中所有数据来源为1993，IH-Online，2019。标本总数，数字化，研究及管理人员总数，采集人数按照三个数据来源中最新的记录为准。需要说明的是河南大学生命科学院动植物标本室（KAI）原有30 000多份，地址中标记"﹡"指非三个数据来源的直接引用，而是作者增加，特此标记。

2. 中文全称，英文全称，地址中标记"﹡"指非三个数据来源系合并和标本室搬迁，大部分损毁，仅剩400多份用于教学。

3. 三个数据来源中单位网址/标本馆网址已经发生变化，此处已实时更新。

573

08

参考文献

布里得森, 福门, 1998. 标本馆手册 (第三版)[M]. 姚一建等, 译. 克佑: 皇家植物园.

陈建平, 郭莉, 高燕萍, 等, 2018. PVH: 省级数字植物标本馆平台的开发与应用 [J]. 科研信息化技术与应用, 9(5): 84-93.

杜诚, 马金双, 2022. 中国植物分类学者 [M]. 北京: 高等教育出版社.

傅立国, 1993. 中国植物标本馆索引 [M]. 北京: 中国科学技术出版社.

葛斌杰, 严靖, 杜诚, 等, 2020. 世界与中国植物标本馆概况简介 [J]. 植物科学学报, 38(2): 288-292.

贺鹏, 陈军, 孔宏智, 等, 2021. 生物样本: 生物多样性研究与保护的重要支撑 [J]. 中国科学院院刊, 36(4): 425-435.

林祁, 杨志荣, 包伯坚, 等, 2017. 植物模式标本的考证与数字化: 以中国国家植物标本馆为例 [J]. 科研信息化技术与应用, 8(4): 63-76.

马金双, 2014. 第19届国际植物学大会: 中国植物分类学家的任务 [J]. Journal of Fairy lake Botanical Garden, 13(3-4): 58-60.

马金双, 2022. 东亚高等植物分类学文献概览 [M]. 2版. 北京: 高等教育出版社.

孟世勇, 刘慧圆, 余梦婷, 等, 2018. 中国植物采集先行者钟观光的采集考证 [J]. 生物多样性, 26(1): 79-88.

覃海宁, 杨志荣, 2011. 标本馆的前世今生与未来 [J]. 生命世界, (9): 4-8.

覃海宁, 刘慧圆, 何强, 等, 2019. 中国植物标本馆索引 [M]. 2版. 北京: 科学出版社.

张宪春, 陈莹婷, 杨志荣, 2018. 台纸上的植物世界 [M]. 北京: 中国科学技术出版社 (科学普及出版社).

COWAN R S, STAFLEU F A, 1982. The origins and early history of IAPT [J]. Taxon, 31(3): 415-420.

HOLMGREN P K, KEUKEN W, SCHOFIELD E X, 1981. Index Herbariorum. Part I. The Herbaria of the world [M]. 7th ed. Utrecht:Bohn, Scheltema & Holkema.

HOLMGREN P K, HOLMGREN N H, BARNETT L, 1990. Index Herbariorum. Part I. The Herbaria of the World [M]. 8th ed. Bronx: New York Botanical Garden.

MERRILL E D, WALKER E H, 1938. A Bibliography of Eastern Asiatic Botany [M]. 719 pp; Jamaica Plain: The Arnold Arboretum of Harvard University.

RAVEN P H, HONG D Y, 2013. History of the Flora of China, In WU Z Y, RAVEN P H, & HONG D Y (eds.), Flora of China, volume 1: 1-20 [M]. Beijing: Science Press, & St. Louis: Missouri Botanical Garden.

THIERS B M, 2020. The World's Herbaria 2019: A summary report based on Data from Index Herbariorum [R/OL]. (2020-10-Jan) (http://sweetgum.nybg.org/science/docs/The_Worlds_Herbaria_2019.pdf).

THIERS B M, 2021. The World's Herbaria 2020: A summary report based on Data from Index Herbariorum [R/OL]. (2021-07-Jan) (http://sweetgum.nybg.org/science/wp-content/uploads/2021/01/The_World_Herbaria_2020_7_Jan_2021.pdf).

THIERS B M, 2022. The World's Herbaria 2021: A summary report based on Data from Index Herbariorum [R/OL]. (2022-Feb) (http://sweetgum.nybg.org/science/wp-content/uploads/2022/02/The_Worlds_Herbaria_Jan_2022.pdf).

WALKER E H, 1960, A Bibliography of Eastern Asiatic Botany Supplement I [M]. 552 pp; Washington DC: American Institute of Biological Sciences.

致谢

感谢马金双老师对本文参考图书、文献的推荐, 对成文思路的框架性指导及审阅。感谢中国科学院植物研究所李敏拍摄题图照片。

作者简介

崔夏 (女, 陕西咸阳人, 1986年生), 西南林学院环境工程专业本科 (2008)、昆明理工大学环境工程专业硕士 (2012); 2012—2018年就职于清华大学环境学院, 工程师; 2018年至今就职于国家植物园 (北园), 工程师; 主要从事植物研究, 特别是北方植物以及外来入侵植物等。

植物中文名索引
Plant Names in Chinese